ÉLÉMENS
DE
PHYSIOLOGIE VÉGÉTALE
ET
DE BOTANIQUE.

DE L'IMPRIMERIE DE FIRMIN DIDOT.

ÉLÉMENS
DE
PHYSIOLOGIE VÉGÉTALE
ET
DE BOTANIQUE.

Par C. F. BRISSEAU-MIRBEL, de l'Institut.

SECONDE PARTIE.

A PARIS,

CHEZ MAGIMEL, LIBRAIRE, RUE DE THIONVILLE, N° 9.

1815.

SECONDE PARTIE.

NOTIONS ÉLÉMENTAIRES DE LA BOTANIQUE.

PREMIÈRE SECTION.

THÉORIE FONDAMENTALE.

INTRODUCTION.

En exposant ici la théorie qui sert de fondement à la science du Botaniste, j'ai deux objets en vue : d'une part, je veux vous tracer des règles par lesquelles vous puissiez vous diriger dans l'étude des plantes et de leur classification ; d'une autre part, je veux vous mettre en état de juger par vous-même du mérite relatif des différens auteurs dont je vais bientôt vous entretenir, et de l'influence qu'ils ont eue sur les progrès de la Botanique. Cette courte dissertation, si elle est telle que je le désire, sera une pierre de touche au moyen de laquelle vous reconnaîtrez ce qu'il y a de bon ou de défectueux, de rationnel ou d'empirique, dans les opinions généralement admises de nos jours.

Je pourrais donner de grands développemens à cette partie théorique, mais l'expérience m'a appris que dans un sujet de cette nature le professeur doit s'en tenir aux idées les plus générales, et sur-tout éloigner autant qu'il est possible tout appareil d'érudition et de métaphysique. Le mérite consiste ici à suivre pas à pas les notions du simple bon sens. Rien n'est moins compliqué en soi que la philosophie des sciences naturelles ; et si elle paraît quelquefois obscure et embarrassée, c'est que ceux qui en ont traité ne se sont pas toujours défendus de l'esprit de système.

Caractères.

Les connaissances en botanique résultent de l'examen et de la comparaison des plantes. *Toute particularité organique qui établit entre les individus une ressemblance ou une différence quelconque, est un Caractère, c'est-à-dire, un signe pour les reconnaître et les distinguer.*

La présence d'un organe, ses diverses modifications, ses fonctions, ou même, dans bien des cas, l'absence de cet organe, sont autant de caractères dont le Botaniste fait usage.

La présence d'un organe fournit des *caractères positifs*, son absence, *des caractères négatifs.*

Les caractères positifs offrant des moyens de comparaison, montrent les ressemblances et les différences que les êtres ont entre eux. Les êtres dans lesquels ces caractères ne présentent que des différences très-légères, doivent être rapprochés en groupes; ceux dans lesquels ces caractères diffèrent plus sensiblement, doivent être éloignés les uns des autres; c'est une suite naturelle de la marche de nos idées. Mais les caractères négatifs ne donnant lieu à aucune comparaison, ne peuvent être employés que pour séparer les êtres, et jamais pour les réunir; car ceux dans lesquels un organe quelconque manquera, n'auront pas pour cela plus d'analogie entre eux; et il se pourrait même à la rigueur qu'ils n'eussent aucun trait de ressemblance.

Quand nous disons qu'il y a des plantes dont l'embryon a un ou deux cotylédons, dont la fleur est monopétale ou polypétale, et qui sont pourvues d'étamines et de pistils, nous indiquons des êtres entre lesquels il y a des ressemblances visibles et palpables, et les caractères que nous en pouvons abstraire sont positifs, puisqu'ils sont fondés sur quelque chose de très-réel.

Mais quand nous disons qu'il y a des plantes sans cotylédons, sans corolle, sans organes sexuels, que résulte-t-il de cet énoncé pour la connaissance de ces plantes, et sur quelle base établirons-nous une comparaison, un rapport ?

Si je veux séparer les plantes dont les fleurs sont monopétales, de celles dont les fleurs sont polypétales, la seule expression des caractères établit à-la-fois la différence qui existe entre les deux groupes et la ressemblance que les êtres qui se placent dans chaque groupe ont entre eux; et tel est l'avantage des caractères positifs sur les caractères négatifs. On ne doit donc employer ceux-ci pour distinguer une collection d'êtres, qu'à défaut des autres; et toutes les fois que l'on parviendra à substituer des caractères positifs à des caractères négatifs, on aura travaillé d'une manière efficace au perfectionnement de la Botanique.

Vous concevez bien que des caractères positifs ne peuvent être fondés que sur des faits évidens par eux-mêmes, et jamais, quoiqu'en puissent penser quelques esprits systématiques, sur des faits présumés dont on conclut l'existence par analogie. La présence d'un tegmen ou d'un périsperme est un caractère très-positif dans une multitude de graines; mais conclure de là que le tegmen ou le périsperme, dans des graines où il est impossible de l'apercevoir, existe néanmoins, parce que ces graines ont beaucoup d'analogie avec les premières, c'est vouloir contre toute logique que des raisonnemens hypothétiques prévalent sur l'observation directe des faits.

Nous distinguerons dans les caractères positifs, les *caractères constans* et les *caractères inconstans*. Toutes les graines provenues d'une même plante ont la même structure; toutes les plantes qui naîtront de ces graines produiront d'autres graines semblables à celles dont elles sont sorties : par conséquent les caractères tirés de la structure des graines sont constans. Mais il se pourra que parmi ces plantes il y en ait de petites et de grandes; qu'il y en ait qui portent des corolles blanches, d'autres des corolles rouges, d'autres des corolles bleues; que leurs fleurs soient odorantes ou sans odeur : par conséquent la grandeur, la couleur, l'odeur, offriront des caractères inconstans.

Il n'y a de connaissances solides en Botanique, que celles qui reposent sur des caractères constans, et c'est par cette raison que l'on regarde ces caractères comme beaucoup plus importans que les autres.

On doit encore, parmi les caractères constans, établir une différence entre ceux qui sont *isolés* et ceux qui sont *coexistans*, c'est-à-dire qui s'enchaînent de telle sorte que la présence de l'un d'eux nécessite toujours la présence des autres. Les pétales d'un *Silene* sont garnis d'appendices en forme de lames. Ce caractère est constant dans tous les individus; mais il est isolé et ne suppose pas l'existence nécessaire d'un ou de plusieurs autres traits caractéristiques. Le calice d'une Campanule adhère à l'ovaire; de toute nécessité l'ovaire est simple, et la corolle et les étamines sont attachées à la surface interne du calice. Le caractère de l'adhérence du calice à l'ovaire entraîne donc après lui une suite d'autres traits caractéristiques. Ainsi l'*importance des caractères se déduit*, *non-seulement de leur constance*, *mais encore de la nécessité de leur coexistence* (1).

Comme nous avons séparé les organes en deux grands systêmes, celui de la *végétation* et celui de la *reproduction*, nous pouvons aussi considérer deux ordres de caractères, selon qu'ils se rapportent à l'un ou à l'autre systême.

Les *caractères de la végétation* sont peu multipliés, et presque toujours isolés; les *caractères de la reproduction* sont très-nombreux, et souvent un seul devient l'indice certain de l'existence de plusieurs autres.

Il est rare que des plantes, qui se rapprochent par les caractères de la reproduction, s'éloignent beaucoup par les caractères de la végétation. Par exemple, toutes les plantes qui ont quatre étamines didynames, attachées sur une corolle monopétale bilabiée, et quatre érèmes au fond d'un calice monosépale, ont une tige carrée et des feuilles opposées.

Il arrive communément, au contraire, que des plantes qui se rapprochent par les caractères de la végétation, s'éloignent par ceux de la fructification. Les Labiées, les Myrtacées, les Caryophyllées ont toutes également des feuilles opposées, et cependant il n'y a aucune ressemblance entre leurs fleurs. Cette considération suffit, en général, pour établir conventionnellement la suprématie des caractères de la reproduction sur ceux de la

(1) J'ai développé ce principe fondamental dans ma lettre à M. Deleuze, imprimée en 1810, dans les *Annales du Muséum d'histoire naturelle.*

végétation, et l'expérience journalière confirme ce jugement.

La graine a cette prérogative, qu'elle réunit en elle des caractères propres aux deux séries, et c'est la raison pourquoi l'on en peut tirer d'excellentes notes caractéristiques. L'embryon est le commencement d'une nouvelle plante, et il nous offre les premiers caractères de la végétation; mais sa situation dans le fruit, le nombre, la forme, la consistance de ses enveloppes, sont évidemment des caractères que l'on doit rapporter à ceux de la reproduction.

On doit, autant qu'on le peut, éloigner ou rapprocher les plantes par des caractères saillans, que l'œil saisisse d'abord, sans même faire usage des verres; mais si l'expérience venait à nous apprendre que des caractères plus constans et plus propres à donner l'explication des phénomènes physiologiques, ne se découvrent qu'au moyen du microscope, il faudrait bien avoir recours à cet instrument pour établir les rapports naturels des plantes, car le but que se propose le Botaniste est moins de rendre la science facile, que solide, profonde et vaste (1).

Individu.

Tout être organisé, complet dans ses parties, distinct et séparé des autres êtres, est un Individu. Une Giroflée, un Abricotier, un Chêne, une Mousse, qui sont provenus de graine, ou de bouture, ou de marcotte, et dont l'existence est indépendante de celle des végétaux qui les ont engendrés, sont autant d'individus du Règne végétal.

---

(1) ... *cum rerum Natura nunquam magis quam in minimis tota sit.* Plin. *Minimis partibus, per totum Naturæ campum, certitudo ominis innititur; quas qui fugit, pariter Naturam fugit.* Phil. Bot.

Que des plantes provenant de la séparation de parties d'autres plantes soient, comme on dit communément, la *continuation* de ces dernières, cette manière de s'exprimer est une métaphore par laquelle on indique un mode particulier de génération; mais ce mode n'exclut point l'individualité, quand une fois les parties séparées ont développé les organes nécessaires à la conservation de l'individu (1).

Le nombre des individus est, pour ainsi dire, infini. Aucun ne ressemble parfaitement à un autre ; tous éprouvent de perpétuelles modifications; tous meurent après un laps de temps plus ou moins considérable. Comme il est évident qu'il n'est pas en notre pouvoir d'examiner et de comparer tant d'êtres divers et périssables, la connaissance des individus ne doit pas être l'objet de nos études. *C'est la connaissance des Espèces, des Genres et des Familles, qui constitue la science du Botaniste.*

Espèce et Variété.

L'Espèce se compose de la succession des individus qui naissent les uns des autres, par génération directe et constante, soit qu'elle s'opère par œufs ou par graines, soit qu'elle s'opère par simple séparation de parties. Ainsi, l'idée de l'espèce résulte de la connaissance d'un fait physiologique très-positif, et ce serait une grande erreur

---

(1) C'est une opinion également insoutenable en physique et en métaphysique, que de prétendre que deux plantes qui sont tout-à-fait isolées l'une de l'autre, dont l'une peut végéter à une extrémité du monde, et l'autre à l'autre extrémité; dont l'une peut venir à mourir sans que l'autre en soit du tout affectée; que ces deux plantes, dis-je, parce qu'elles proviennent d'une même souche, ne sont qu'un seul et même individu.

de soutenir, comme l'avait fait d'abord M. de Buffon, avant d'y avoir mûrement réfléchi, qu'*il n'y a pas d'espèce dans la Nature*, puisqu'au contraire le monde organisé ne subsiste qu'en vertu de la propriété qu'ont les êtres vivans de reproduire des êtres de la même espèce qu'eux.

Chaque individu appartient nécessairement à une espèce quelconque, et le point essentiel pour le Botaniste est de reconnaître l'espèce dans l'individu; car ce n'est que par celui-ci qu'il peut acquérir une notion de l'autre. Or, on a fait cette remarque que nous devons considérer comme la base principale de nos classifications botaniques, qu'en faisant abstraction des différences individuelles, résultats sensibles de mille circonstances inappréciables et diversement combinées, *on retrouve communément dans l'individu, l'ensemble des caractères qui distinguent l'espèce à laquelle il appartient, de toutes les autres espèces du Règne végétal*. Par exemple, quelles que soient les différences individuelles des Lis blancs, nous retrouvons dans tous des traits de ressemblance si frappans, qu'un seul pied suffit pour nous donner une idée juste de tous les autres, de même qu'un seul Cheval nous offre le type de tous les individus qui font partie de cette espèce; et nous ne sommes pas plus disposés à confondre le Lis blanc avec le Lis Martagon ou avec le Lis de Calcédoine, que le Cheval avec l'Ane ou le Zèbre, quoiqu'il y ait réellement entre les trois espèces de Lis, aussi bien qu'entre le Cheval, l'Ane et le Zèbre, une analogie très-prononcée. De là nous concluons que le Lis blanc est une espèce particulière, et nous pouvons en effet d'après un seul individu, décrire les caractères qui distinguent cette espèce des autres.

On a des preuves que deux espèces peu différentes sont aptes à engendrer une nouvelle race d'êtres, par le concours des parties mâles de l'une avec les parties femelles de l'autre. Ces races constituent les *Hybrides*, espèces nouvelles qui ont certaines ressemblances avec les espèces auxquelles elles doivent la vie. Ainsi, *la propagation, par la puissance des organes sexuels, ne prouve pas toujours que le père et la mère appartiennent à la même espèce.*

Parmi les modifications que subissent les individus, quelques-unes se reproduisent durant un temps plus ou moins long par la génération, en sorte qu'une même espèce se divise naturellement en petits groupes aussi distincts que les espèces le sont entre elles. C'est ce que le Naturaliste nomme des *Variétés*. Le Muguet rose est une variété du blanc; la Rose ponceau et la Rose jaune sont des variétés de l'Églantier commun; le Sureau à feuilles laciniées est une variété du Sureau noir.

En général les variétés sont sujettes à disparaître. Les modifications qui les isolent étant accidentelles, s'effacent tôt ou tard; mais les traits caractéristiques qui forment le type de l'espèce ne s'effacent point. Si certaines modifications deviennent constantes dans une variété (ce que je n'oserais nier absolument), il faut avouer qu'il s'élève des doutes sur la légitimité d'une multitude d'espèces.

Au reste, ces doutes sont inévitables en Botanique, puisque dans l'usage journalier nous ne constatons l'identité de l'espèce que par la comparaison des individus, et par les ressemblances que nous remarquons entre elles; moyens suffisans dans beaucoup de cas, mais qui peuvent quelquefois laisser place à l'erreur; car nous n'avons jusqu'ici aucune règle certaine pour distinguer les modifications individuelles, des différences spécifiques, et c'est pourquoi un botaniste voit une espèce où un autre botaniste ne voit qu'une variété.

En Zoologie il y a moins de dissentiment, et vous allez en sentir la raison. Les fonctions des plantes sont peu multipliées ; l'absorption, la transpiration et la nutrition, s'exécutent très-bien chez elles, quels que soient d'ailleurs l'aspect et la proportion des parties ; aussi, dans les individus d'une même espèce, voyons-nous souvent les feuilles, les pétales, les racines, varier par la forme et la grandeur ; mais le nombre, la complication, la nature des fonctions animales, telles que la mastication, la digestion, la circulation, les divers modes de la sensation, la locomotion, etc., nécessitaient un dessin plus fixe dans la structure des parties, et par conséquent des formes extérieures moins variables (1).

Genre.

La plupart des espèces du Règne végétal peuvent être rapportées à un moindre nombre de formes générales qui sont comme des *types*, d'après lesquels ces espèces auraient été dessinées avec de légères modifications. Il suit de là que sans connaître toutes les espèces, il est facile de prendre une idée juste des principaux traits de leur organisation, par l'examen approfondi d'une ou de plusieurs espèces modelées sur chacun des types. Vous voyez donc que *les espèces se groupent ou s'enchaînent naturellement par des analogies de structure et de forme.* Ces associations sont ce qu'on appelle des *Genres.*

Les espèces qui appartiennent à un même genre ressemblent les unes aux autres, toujours par les caractères essentiels de la reproduction, et presque toujours par les caractères essentiels de la végétation.

Puisque les genres résultent d'analogies organiques

(1) J'ai développé cette opinion dans ma lettre à M. Deleuze.

très-réelles, la classification générique adoptée par les Botanistes, a sa base dans la Nature. Mais il faut convenir que nous pouvons dans nombre de cas, multiplier les coupures et rendre les genres plus ou moins nombreux, selon qu'il nous plaît d'attacher plus ou moins d'importance à tel ou tel caractère. Tournefort divisait les Chèvre-feuilles en trois genres; Linné a réuni ces trois genres en un seul. Linné ne faisait qu'un genre des *Geranium;* Lhéritier en a fait trois. N'imaginez pas pour cela que le groupe des *Geranium* et celui des Chèvre-feuilles soient artificiels; loin de là, car toutes les espèces s'y placent d'elles-mêmes en vertu de leur affinité; aucun botaniste n'en doute, et les changemens opérés par Linné et Lhéritier ne roulent que sur des considérations secondaires, et n'affectent que la nomenclature, laquelle, quoiqu'on fasse, admettra toujours quelque chose d'arbitraire.

Le Botaniste se propose deux buts dans la classification générique : le premier, c'est de montrer les rapports les plus naturels; le second, c'est de faciliter l'acquisition des connaissances. Il manque à-la-fois ces deux buts, quand il admet comme genres, des associations contraires aux analogies.

Linné, usant du droit de législateur, a déclaré que l'on ne devait chercher les caractères des genres que dans le calice, la corolle, les étamines, les pistils, les péricarpes, les graines et le réceptacle; et il a mis, par cette décision, des bornes au désordre que Tournefort n'avait qu'imparfaitement réprimé. Mais la loi rendue par Linné est trop absolue. Quand les sept parties dont il veut que l'on fasse usage se ressemblent, tandis que les organes accessoires de la fleur diffèrent, soit par la forme, soit par la disposition, il est souvent permis de tirer les caractères des genres de ces dernières parties;

sans cela combien de genres très-naturels et très-distincts, qui pourtant ne sont établis que sur les caractères de l'inflorescence, ne faudrait-il pas supprimer dans les Synanthérées, les Cônifères, etc.! Et notez encore que je ne parle ici que des plantes phénogames; car si l'on passe aux Champignons, aux Lichens, aux Algues, etc., dans lesquels la fleur n'existe pas, la loi de Linné n'a plus du tout d'application, puisque les associations génériques résultent pour les espèces de ces familles, d'une certaine ressemblance dans la forme générale, la nature de la substance, la position des parties régénératrices, et quelquefois même la couleur du tissu.

Il y a trois sortes de genres; 1° les *genres systématiques;* 2° les *genres par enchaînement ou polytypes;* 3° les *genres en groupe ou monotypes.*

Les premiers sont composés d'espèces qui ne se distinguent de celles qui composent les genres voisins que par un seul trait de l'organisation reproduit dans toutes. Les Sauges rentrent dans cette classe : cherchez ce qui les isole des autres Labiées, vous verrez que c'est uniquement l'organisation de leurs anthères, dont le connectif grêle et allongé est porté transversalement par le filet comme sur un pivot. Les genres systématiques se gravent facilement dans la mémoire, mais ils fournissent peu de matière à l'observation, parce qu'ils reposent sur un caractère isolé.

Les genres par enchaînement existent lorsque les espèces qui les constituent se rattachent les unes aux autres comme les anneaux d'une chaîne, et se suivent sans interruption marquée, de manière que l'on peut passer de la première espèce à la dernière, par des nuances insensibles. Ces genres n'ont point de caractères distinctifs; leurs limites sont incertaines; ils ne sont la plupart, susceptibles d'aucun perfectionnement, et souvent les efforts des Naturalistes, pour se rendre exacts, n'ont d'autres résultats que de multiplier les noms sans aucun profit pour la connaissance des choses. Les genres *Melissa*, *Thymus*, etc., rentrent dans cette catégorie. Pour avoir une idée juste de ces associations, il est nécessaire de connaître les espèces qui les composent.

Les genres par groupes sont les plus satisfaisans pour l'esprit. Ils offrent une réunion d'êtres étroitement liés par une multitude de rapports que le naturaliste le moins exercé aperçoit du premier coup-d'œil. Chaque organe essentiel, comparé dans les diverses espèces, se présente avec des modifications si légères, que l'étude d'un seul individu suffit pour donner des notions exactes sur toutes lés espèces.

Ce sont les seuls genres sur lesquels les observateurs soient parfaitement d'accord. Le lien qui les un[illegible]rable, et il est impossible que les esprits judic[illegible] reconnaissent pas la solidité. Quel Botaniste sensé [illegible]rait avoir la fantaisie de bouleverser les genres *Rosa*, *Dianthus*, *Scutellaria*, *Narcissus*? Ces groupes sont indépendans de nos systêmes; ils ont une réalité métaphysique aussi évidente pour nous, que l'existence matérielle des individus.

On ne peut faire entrer dans les trois divisions que je viens de tracer, la totalité des genres. Il en est un grand nombre qui n'ont point de caractères bien tranchés, et qui prennent une place différente, selon la manière dont on les envisage; mais en développant la théorie de la formation de ces petites familles, mon unique dessein a été de vous mettre en garde contre les préjugés et l'esprit de systême.

Famille.

De même que l'on a rattaché les espèces les unes aux

autres pour constituer les genres, on a réuni les genres entre eux pour composer les *Familles*. Ces associations sont fondées, comme les premières, sur la ressemblance des traits caractéristiques, et particulièrement sur la ressemblance des organes de la reproduction. Si l'on conçoit que certaines modifications des organes puissent se retrouver les mêmes dans plusieurs genres, il est facile d'imaginer comment les familles se sont établies. Les unes offrent des réunions que l'on prendrait volontiers pour de grands genres, tant les espèces qui viennent y prendre place ont de ressemblance dans toutes leurs parties : ce sont les *familles en groupe*, telles que les Crucifères, les Labiées et les Ombellifères ; les autres sont composées de genres qui ne présentent à la vérité qu'un petit nombre de caractères communs, mais qui, étant rangés suivant les règles de l'analogie, offrent une série d'espèces dont la liaison est évidente : ce sont les *familles par enchaînement*, telles que les Borraginées et les Renonculacées.

Il y a aussi des *familles systématiques*, si toutefois on peut donner le nom de *familles* à des démembremens de grandes familles très-naturelles, que l'on subdivise pour la simple commodité de l'étude, d'après la considération d'un caractère isolé. Les Semiflosculeuses, les Flosculeuses et les Radiées, ou bien les Chicoracées, les Cynarocéphales et les Corymbifères, dans la famille en groupe des Synanthérées, sont des exemples frappans de ces coupures artificielles.

Les familles sont, dans le Règne végétal, le terme de ces réunions successives d'individus, fondées sur les analogies organiques. A la vérité, on aperçoit encore de loin à loin des points de contact entre quelques familles, mais ils sont généralement parlant, trop rares et trop faibles pour donner jamais lieu à de grandes associations avouées de tous les Botanistes.

J'excepte pourtant la division des végétaux en quatre classes, distinguées par la structure du tissu interne, par l'absence, la présence, le nombre des cotylédons, par l'absence ou la présence des organes sexuels, et par l'évolution des germes. Malgré quelques exceptions évidentes, cette division doit plaire aux botanistes qui ne sont pas étrangers aux grandes vues de la Physiologie végétale; mais elle présente des considérations d'un ordre trop relevé pour être jamais d'une application facile dans de simples recherches de Botanique.

Emploi des Caractères.

Il est évident, par la constitution des espèces, des genres et des familles, que toute espèce doit offrir les caractères essentiels de la famille et du genre auxquels elle appartient, et que, par conséquent, les caractères spécifiques, c'est-à-dire les traits qui la distinguent des autres espèces de son genre, ne seront ni ceux de ce genre, ni ceux de la famille.

Il n'est pas moins évident que d'ordinaire la plupart des caractères de famille seront nuls pour distinguer un genre, car ils devront se retrouver dans tous les genres de la famille, sur-tout s'il s'agit d'une famille en groupe. D'où il suit que chaque individu d'une famille quelconque, offrira trois sortes de caractères: les *caractères de famille*, les *caractères génériques*, et les *caractères spécifiques.*

Lorsqu'on forme une famille, on cherche dans les caractères des genres qui doivent y trouver place, les traits généraux qui les groupent ou qui les enchaînent, et qui, par cette raison, distinguent cette famille des autres. Ces traits généraux sont les caractères de famille; ils sont les plus importans de tous.

Pour distinguer les genres, on adopte relativement aux espèces, une marche semblable, et l'on obtient de cette manière les caractères génériques qui ont encore une grande valeur, quoiqu'ils soient inférieurs aux premiers.

Enfin, pour établir une espèce, on cherche dans les individus les traits qui séparent cette espèce de celles du même genre, et ces traits sont les caractères spécifiques, lesquels sont presque toujours des caractères de la végétation, qui sont isolés et n'ont que peu de valeur.

Une conséquence de la constitution des familles, des genres et des espèces, c'est que *dans un groupe ou dans une série donnés, la valeur d'un caractère quelconque croît en raison directe du nombre de genres, d'espèces ou d'individus dans lesquels le caractère se manifeste.* Mais comme chaque famille a une physionomie qui lui est propre; que par cette raison les traits dominans n'y sont pas les mêmes que dans les autres familles; que telle modification y affecte plus ou moins de constance, selon que les genres se groupent ou s'enchaînent; et que les genres et les espèces donnent lieu à des observations tout-à-fait semblables; il est certain que *si l'on veut suivre avec rigueur les lois de l'analogie dans la classification des plantes, il faut renoncer à l'idée séduisante, mais fausse, d'une gradation fixe de valeur dans les caractères.*

L'insertion des étamines, si importante dans les Renonculacées, les Rosacées, les Crucifères, n'a plus du tout la même valeur dans les Saxifragées, les Rhodoracées, les Liliacées.

Terminologie.

On emploie un substantif pour désigner chaque partie des plantes dans laquelle on reconnaît ou l'on soupçonne des fonctions particulières, et un adjectif pour indiquer chaque modification ou caractère de cette partie. La collection des mots consacrés à cet usage, porte le nom de *Terminologie.*

Deux opinions se sont élevées naguères touchant la terminologie. Quelques botanistes ont prétendu qu'il fallait perfectionner cette langue technique à ce point, que chaque caractère quel qu'il fût, eût un nom particuler invariable, de sorte que plusieurs auteurs décrivant séparément la même plante ou des plantes analogues, fussent dans l'impossibilité d'employer des termes différens à la vue des mêmes caractères. D'autres botanistes ont pensé qu'il fallait éviter tout néologisme, et s'en tenir religieusement à la langue linnéenne pour les organes et les caractères que Linné a définis, et se servir pour le reste, des mots tirés de la langue vulgaire.

L'idée des premiers est inexécutable. Il ne suffit pas de créer de nouveaux mots, il faut les définir; et si la définition manque de rigueur, l'application des mots est nécessairement vague. Or, les définitions en Histoire naturelle, n'ont en général rien d'absolu. La forme, l'attache, les dimensions, les proportions, et même jusqu'à un certain point, les fonctions d'un organe, varient quelquefois d'une espèce à l'autre. Les Botanistes n'ont point encore proposé, et ne proposeront peut-être jamais une définition de la fleur, du péricarpe, de la graine, de la feuille, de l'épi, du chaton, etc., qui, contenant tout ce que les fleurs, les péricarpes, les graines, les feuilles, les épis, les chatons ont de commun, et ne contenant que cela, donne une idée nette de ces parties, et les fasse reconnaître dans tous les cas. Aussi, sous le nom de définition, offrons-nous très-souvent l'énumération des caractères les plus habituels de l'organe que nous voulons faire connaître. La proposition d'une terminologie rigoureuse résulte donc d'un faux jugement porté sur la nature même des choses.

Quant à l'avis des seconds, qui est que l'on doit se borner à l'usage de la terminologie linnéenne, il est selon moi, trop timide; si on le suivait à la lettre, bientôt la plus grande confusion s'introduirait dans la science. Les nouvelles découvertes, les aperçus neufs, les analogies mieux déterminées, les définitions plus exactes, les classifications plus savantes, amènent inévitablement l'emploi de nouveaux mots. Il ne faut point les multiplier sans nécessité; il ne faut point les rejeter s'ils sont nécessaires.

La science, le goût et le discernement, doivent présider au perfectionnement de la terminologie. Dans la création des mots, il convient de se conformer autant que possible, au génie de la langue dans laquelle on écrit. Si l'on a recours au grec ou au latin pour y chercher des étymologies, les meilleures seront celles qui sont déja en usage dans la Botanique, parce que l'esprit en saisira plus rapidement le sens, et que l'oreille en sera moins étonnée. Toute expression rude et mal sonnante sera proscrite. L'on fera bien d'emprunter les mots de la langue vulgaire, quand on le pourra, sans en changer l'acception. Enfin, une périphrase devra presque toujours être préférée à un terme nouveau, s'il s'agit d'indiquer un caractère organique qui se rencontre très-rarement.

De tous les idiômes de l'Europe, le notre est peut-être celui qui offre le moins de ressources pour la composition d'un vocabulaire technique. Le génie de la langue française ne permet guère ces élisions de syllabes, au moyen desquelles on unit deux mots pour en créer un troisième, et je crains bien que nous n'en soyons toujours réduits à franciser les mots latins. Au reste, l'inconvénient n'est pas aussi grave qu'on le croit communément.

Je conviens que d'abord l'oreille repousse ces mots étrangers, mais elle ne tarde pas à s'y habituer quand ils sont nécessaires et n'ont rien de choquant que leur nouveauté. On ne peut nier d'ailleurs qu'ils ne soient très-commodes pour l'étude; car comme ils ne diffèrent du latin que par la désinence, il s'ensuit que la terminologie est à-peu-près la même dans les deux langues. Par-là l'étude se simplifie, et la mémoire moins chargée de mots, a plus d'aptitude à retenir les faits. Considérez aussi qu'une version, quelque rigoureuse qu'elle soit, laisse toujours beaucoup à désirer. Ne condamnez donc point nos botanistes, par la seule raison qu'ils introduisent dans la science des expressions que la langue vulgaire désavoue; mais gardez-vous de les approuver, et plus encore de les imiter, quand ils emploient des mots ridicules, barbares, ou superflus. En ceci comme en tout, il faut tenir un juste milieu, et c'est le point difficile.

Exposition des Caractères, et Description.

Le Botaniste habile expose les traits caractéristiques des familles, des genres et des espèces, avec clarté et précision. Il néglige, en parlant d'une famille, ce qui a rapport aux genres; en parlant d'un genre, ce qui a rapport aux espèces; en parlant d'une espèce, ce qui a rapport aux individus : il n'insiste que sur les modifications qui distinguent l'association dont il veut donner le signalement. Les détails trouvent place dans la description des espèces. Le célèbre Adanson, et depuis, M. Antoine-Laurent de Jussieu, chacun selon la trempe de son génie et sa façon de voir, nous fournissent de beaux exemples de la manière dont il convient d'exposer les caractères des familles. Linné a porté dans ses descriptions génériques et spécifiques, une méthode et une précision inconnues jusqu'à lui. C'est en cherchant à imiter les modèles que nous a laissés ce grand maître, que nous apprendrons les secrets d'un art plus difficile que ne le pense la foule des botanistes.

Après le genre, viennent les *Phrases* (1) et les *Descriptions spécifiques.*

Une description spécifique passe en revue les diverses parties de la plante, et note successivement les caractères, en prenant d'abord les racines, puis les tiges, les branches, les boutons, les feuilles, les stipules, les bractées, le périanthe, les étamines, les pistils, le péricarpe, et la graine. Comme il ne s'agit pas de décrire un individu, mais une collection d'individus dont on veut fixer les traits généraux, il est bon de ne déterminer les caractères que lorsqu'on les a comparés dans un grand nombre d'individus; sans cette précaution, on risque de donner comme caractères spécifiques, des modifications individuelles.

Les descriptions doivent être complètes, mais non pas minutieuses : trop abrégées, elles ne donneraient qu'une idée imparfaite de la plante; trop détaillées, elles fatigueraient l'attention, et ne laisseraient point de trace dans la mémoire. Un bon peintre ne copie pas servilement les rides et les taches de la peau; il sait que ce travail pénible rebute l'œil du connaisseur, et nuit à l'effet général. Un naturaliste est un peintre. Voyez avec quelle économie de mots, et quelle sagacité, Clusius, Linné, Haller, Smith, Vahl, Desfontaines, décrivent les plantes qu'ils veulent nous faire connaître : rien de ce qui doit

---

(1) Faites attention que dans le *Philosophia botanica*, la phrase spécifique est appelée *nom spécifique*. Linné suit à cet égard l'exemple des anciens.

frapper l'observateur n'est omis ; chaque trait caractéristique est distinct, et pourtant se rattache à tous les autres ; la rigueur de l'analyse ne détruit point l'unité du portrait ; le style emprunte une élégance particulière de la rapidité des tours et de la justesse des expressions ; mais remarquez qu'on n'arriverait jamais à ce haut degré de perfection, si l'on avait négligé de faire une étude approfondie de l'ensemble des traits caractéristiques. C'est uniquement lorsqu'on a tout vu, tout comparé, que l'on sait bien ce qu'il faut dire ou taire ; et pour ce qui est de la manière de s'exprimer, elle suppose dans le Naturaliste, outre la connaissance des faits, du goût et de la littérature ; car il ne faut pas croire que le talent de faire de bonnes descriptions en Histoire naturelle, soit indépendant de l'art d'écrire. Nous devons imputer à ce préjugé trop répandu, les descriptions diffuses, obscures, surchargées de termes barbares, dont on trouve tant d'exemples dans les livres d'un grand nombre de botanistes anciens et modernes.

Après avoir décrit l'espèce, on indique, s'il y a lieu, les phénomènes particuliers qui tiennent à la physiologie, les faits historiques de nature à intéresser le lecteur, et tout ce qui est relatif à la médecine, à l'agriculture, au jardinage, aux arts, à l'économie domestique. Ces notes font goûter d'avantage l'étude du Règne végétal.

Une bonne description est indispensable ; mais elle ne suffit pas. Le botaniste doit nous apprendre en quoi l'espèce qu'il décrit diffère de toutes ses congénères. Que de temps péniblement employé, s'il nous fallait comparer les unes aux autres les descriptions des espèces de chaque genre pour y découvrir les caractères distinctifs ! Au moyen des phrases spécifiques ce travail n'est qu'un jeu.

La description offre l'ensemble des caractères ; la phrase ne présente que des notes différentielles ; la première fait mieux connaître l'espèce en elle-même ; la seconde la fait mieux distinguer de ses congénères ; supprimez celle-ci, il n'y a plus de point fixe de comparaison ; supprimez l'autre, il n'y a plus de certitude dans le résultat des recherches ; enfin, s'il m'est permis de parler par images à la manière de Linné, je dirai que la phrase sans description est un fanal sans port, et la description sans phrase un port sans fanal.

Le Botaniste ne compose la phrase qu'après la description, car c'est dans celle-ci qu'il trouve les élémens de l'autre ; mais quand il vient à publier son travail, il place la phrase immédiatement après le genre, parce qu'elle offre des caractères sur lesquels l'attention doit se porter d'abord. Puisque la destination de la phrase est d'indiquer en quoi une espèce diffère de toutes ses congénères, il est clair que pour la bien rédiger, le Botaniste doit avoir présens à l'esprit les caractères des autres espèces du genre. Le choix des notes ne s'étend pas au-delà des caractères constans. Les caractères variables, tels que la grandeur, la durée, la couleur, la saveur, le lieu natal, etc., doivent être rejetés. Sans cette précaution, on proposerait à chaque instant des variétés pour des espèces. Il faut que les phrases soient très-significatives et très-brèves. Avant Linné elles étaient souvent très-longues et toujours insignifiantes. Celles de beaucoup de botanistes modernes sont trop détaillées : leurs descriptions n'ont point de fin ; leurs phrases sont de petites descriptions. Qu'ils resserrent les unes et les autres, s'ils veulent atteindre le but.

Noms de Familles et de Genres.

Chaque famille a reçu un *Nom* qui rappelle communément quelques traits généraux de la famille, ou bien le genre le plus remarquable ou le plus connu qu'elle renferme. Les noms de Labiées, de Crucifères, etc., sont tirés de la forme de la corolle ; ceux d'Ombellifères, de Corymbifères, etc., de l'inflorescence ; celui de Légumineuses, de la nature du fruit ; ceux d'Iridées, d'Orchidées, de Verbenacées, des genres Iris, Orchis, Verveine.

Pour éviter la confusion, il ne faut pas que le nom de la famille soit absolument le même que celui de l'un des genres qu'elle renferme. M. Antoine-Laurent de Jussieu a donc très-bien fait de changer la terminaison des noms génériques, quand il les a appliqués aux familles.

Un substantif collectif désigne toutes les espèces d'un genre ; c'est le *Nom générique.* Il doit avoir une origine quelconque ; car il serait choquant de rassembler des sons au hasard pour forger de nouveaux noms. Mais comme les genres sont sujets à des modifications et à des réformes, suites inévitables des découvertes successives, l'expérience journalière montre que *les meilleurs noms génériques sont ceux qui n'indiquent aucun caractère, à moins que ce ne soit le propre caractère de la fructification ou de l'inflorescence, qui sert de lien commun aux espèces, et sans lequel le genre qu'on veut désigner n'existerait pas.*

Lorsque le père Plumier nomma le genre *Chrysophyllum*, des mots grecs *Chrysos*, or, et *Phyllon*, feuille, il ne connaissait qu'une espèce de ce genre, le Caïnito à feuilles dorées ; mais depuis, Jacquin vit une autre espèce de *Chrysophyllum* à feuilles argentées, et il l'appela *Chrysophyllum argenteum*, deux mots dont l'alliance est condamnable, puisque le second contredit formellement la signification du premier. Le père Plumier eût prévenu cette inconvenance, s'il eût adopté un nom générique insignifiant.

Beaucoup d'autres noms génériques sont également défectueux. Ils indiquent des caractères qui n'appartiennent pas à toutes les espèces de chaque genre; mais dès que l'autorité de quelque botaniste accrédité, ou que l'usage a consacré un nom, on doit se garder de le changer, parce que rien n'est aussi nuisible à la connaissance des êtres que les changemens dans la nomenclature. D'ailleurs, c'est une opinion reçue qu'il ne faut pas juger les caractères des genres par les noms qu'ils portent; mais on exige à bon droit, que les Botanistes respectent le goût et les règles de la grammaire lorsqu'ils créent de nouvelles dénominations.

La plupart imposent des noms d'hommes à des genres. Ces noms patronymiques sont très-bons quand ils rappellent des personnages recommandables par d'importans ouvrages ou par les encouragemens qu'il donnent aux sciences; mais trop souvent la flatterie ou la légèreté immortalisent des noms qu'il eût fallu laisser tomber dans l'oubli.

Les noms de pays que Linné appelle *barbares*, et dont il condamne l'usage, méritent plus d'indulgence. Peut-être même doit-on les préférer quand la prononciation en est facile et qu'ils peuvent recevoir une terminaison latine.

Noms spécifiques.

Une espèce quelconque porte toujours le nom du genre auquel elle appartient; mais pour la distinguer nominativement de ses congénères, on place à la suite du nom générique, un adjectif qui est le *Nom spécifique.* Cet adjectif est d'autant mieux choisi, qu'il indique avec plus de netteté quelques particularités de l'espèce, telles que la disposition, la forme, le nombre des feuilles [*Veronica decussata*, - *multifida*, - *hederæfolia*; *Orchis bifolia*]; la disposition ou le nombre des fleurs [*Saxifraga pyramidalis; Viola biflora*]; la réunion ou la séparation des sexes [*Carex hermaphrodita*, *Lychnis dioica*]; le nombre des styles ou des étamines [*Celosia trigyna; Spergula pentandra, – decandra*]; la nature de la racine [*Solanum tuberosum; Ranunculus bulbosus*]; le pays, le sol où la plante croît naturellement [*Camellia japonica; Salvia nemorosa*]; son emploi dans la médecine ou dans l'économie domestique [*Chenopodium anthelminticum; Rubia tinctorum*]; etc., etc. Quelquefois aussi on désigne l'espèce par le nom que les anciens botanistes lui donnaient [*Leontodon Taraxacum*], ou même par le nom de l'auteur qui l'a fait connaître [*Origanum Tournefortii*].

On conçoit que pour que le nom spécifique ne laissât rien à desirer, il serait nécessaire qu'il indiquât toujours un caractère organique propre à l'espèce, de sorte qu'il ne convînt qu'à elle seule dans un genre donné. Alors il aurait ce grand avantage, qu'il tiendrait lieu de phrase spécifique. Lorsque Lhéritier nomma *obliqua* une espèce de *Begonia*, parce que la lame de la feuille a des bords obliques relativement au pétiole, il indiqua un caractère qui se retrouve dans toutes les espèces du genre, et qui par cette raison n'en désigne aucune en particulier. Le nom spécifique donné par Lhéritier n'est donc point caractéristique; mais en y réfléchissant, nous verrons que souvent il n'est pas en notre pouvoir d'éviter de telles imperfections de nomenclature. L'intérêt de la science veut qu'on enregistre toutes les espèces nouvelles aussitôt qu'on en a reconnu les caractères, et qu'on leur impose des noms spécifiques; or, on ne peut comparer ces espèces qu'à celles que l'on possède déja, et les noms spécifiques que l'on adopte, et qui souvent sont très-heureusement choisis vu l'état de la science, deviennent presque toujours vagues ou insignifians par suite des nouvelles découvertes. Ajoutons que lorsqu'un genre est composé de beaucoup d'espèces, il est impossible d'exprimer par une seule épithète ce qui distingue chaque espèce de toutes les autres; et cependant le nom spécifique n'admet qu'un mot. Ces réflexions nous conduisent à conclure avec Linné, que le nom spécifique ou *trivial*, comme il l'appelle, échappe à toutes les règles, et ne saurait remplacer les phrases spécifiques.

Dés botanistes modernes prétendant rectifier ce qu'il leur a plu d'appeler des vices de nomenclature, ont changé beaucoup de noms anciens; mais cette pratique a l'inconvénient de surcharger et d'obscurcir la synonymie, autre partie de la science dont je vais vous entretenir.

Synonymie.

Tout botaniste qui travaille dans le but d'avancer ou d'éclaircir la science est tenu, lorsqu'il décrit une espèce connue, ou qu'il donne ses principaux caractères, de citer à la suite du nom ou de la phrase spécifique qu'il adopte, les ouvrages originaux où déja il a été fait mention de cette plante, et les noms différens, aussi bien que les caractères essentiels qui ont été employés pour la distinguer de ses congénères, afin que le lecteur puisse consulter sur-le-champ et sans recherches ultérieures les auteurs auxquels on doit les premières notions de l'espèce qu'il étudie. Cette série de citations est ce qu'on appelle la *Synonymie*. Une synonymie est bonne quand elle est exacte, complète, disposée dans un ordre méthodique, et qu'elle n'admet rien de superflu. A quoi servirait-il de renvoyer aux ouvrages d'une foule de compilateurs, si ce n'est à étaler une érudition aussi nuisible que vaine? Les grands botanistes portent dans ce travail une attention scrupuleuse. Ils savent que les erreurs de synonymie qui consistent sur-tout à attribuer à une espèce le nom et les caractères d'une autre, sont les plus puissans obstacles aux progrès de l'Histoire naturelle. Cette partie de la science qui n'est, à parler rigoureusement, qu'un moyen de conserver intactes les connaissances acquises, devient de jour en jour plus difficile, car non-seulement elle s'accroît par les découvertes des nouveaux botanistes, mais encore par les fautes qu'ils commettent. Beaucoup, traitant la synonymie avec une négligence impardonnable, accumulent, comme à plaisir, les fausses citations; beaucoup d'autres trouvant plus commode et plus facile d'imaginer des noms que de découvrir ou de vérifier des faits, changent incessamment la nomenclature, et usurpent une réputation qui n'appartient de droit qu'aux observateurs assidus et aux critiques judicieux. Quand on considère ces abus, on doit souhaiter que quelque homme de vaste savoir et de grande autorité, fixe de nouveau la synonymie, comme autrefois les deux illustres frères, Jean et Gaspard Bauhin, et de nos jours, l'immortel Linné.

Méthodes.

Tous les botanistes tombent d'accord que la connaissance des espèces et des rapports qui les unissent, doit être le but de leurs études; aussi tous admettent le rapprochement des espèces en genres, et la plupart celui des genres en familles. Mais beaucoup croient qu'on ne peut atteindre promptement et sûrement le but, que par le moyen des *Méthodes*.

On appelle *méthode*, en botaniqne, une *classification symétrique des genres, qui les rapproche ou les éloigne en vertu de caractères semblables ou différens, de telle manière que l'on puisse descendre, par l'analyse la compa-*

raison et l'exclusion des caractères, de l'ensemble des genres compris dans la méthode à des groupes particuliers qui renferment un moindre nombre de genres.

Les derniers de ces groupes sont désignés sous le nom *d'Ordres*, les avant-derniers sous celui de *Classes*. Chaque ordre est formé par une collection de genres, chaque classe par une collection d'ordres. Depuis Tournefort, les botanistes, d'un consentement unanime, tirent les *Caractères classiques* et *ordinaux* des organes de la reproduction.

On a essayé de distinguer les méthodes en *artificielles* et *naturelles*, et l'on a subdivisé les artificielles en *Systêmes* et en *Méthodes artificielles* proprement dites. Voici la définition que l'on donne de ces trois sortes de méthodes :

Le Systême trouve les caractères de ses divisions correspondantes dans un seul organe, envisagé sous un même point de vue.

La Méthode artificielle emploie, pour ses divisions correspondantes, des caractères divers, choisis souvent dans différens organes, selon le besoin ou la commodité.

La Méthode naturelle fait usage uniquement des caractères généraux des groupes que la Nature a formés, et elle fonde toutes ses divisions sur ces caractères, de sorte que l'exposition de cette méthode doit être l'expression des principaux rapports que les êtres ont entre eux.

Mais cette manière de considérer les méthodes n'a rien de réel. Nous ne connaissons point de véritables systêmes en Botanique; il ne peut même y en avoir, parce qu'il n'existe dans les plantes aucun organe extérieur commun à toutes les espèces. Et quant à la méthode naturelle, il est permis de douter qu'on la trouve jamais, puisque les efforts multipliés que l'on a faits jusqu'ici pour la découvrir, n'ont abouti qu'à prouver que *la valeur des caractères est variable.* Aussi peut-on dire, en appliquant aux familles ce que Linné dit si judicieusement des genres, que *c'est la famille qui fait le caractère, et non le caractère la famille.*

Il ne reste donc que les méthodes artificielles, et en effet, toutes les méthodes qu'on a imaginées sont de cette sorte; aucune n'a la simplicité d'un système, aucune ne conserve tous les rapports naturels.

S'il est impossible d'atteindre l'un ou l'autre de ces deux buts, on peut en approcher plus ou moins. La méthode de Tournefort se prête souvent à la marche de la Nature; celle de Linné s'en éloigne davantage, mais elle est plus simple, et elle a quelque chose de l'espèce de perfection que l'on cherche dans un système.

Je ne cite point ici comme modèle la méthode de Bernard de Jussieu, que son illustre neveu, Antoine-Laurent, a développée avec tant de sagacité, attendu que si nous considérons cette méthode dans son application, nous voyons qu'elle a été constamment sacrifiée à l'intégrité des familles naturelles, et que les genres ne s'y classent qu'à la faveur d'une foule d'exceptions.

Les méthodes artificielles disposent les faits dans un ordre qui soulage la mémoire; elles attirent fortement l'attention sur les traits caractéristiques qu'elles mettent en évidence. On leur doit le perfectionnement des familles; car si tous les caractères n'eussent été soumis successivement à l'épreuve des méthodes, il est certain que la plupart des ressemblances et des différences, d'où résultent les rapports, seraient encore à découvrir.

Une bonne méthode artificielle doit être sûre et commode; il faut même qu'elle ne soit pas dénuée d'un certain agrément, c'est-à-dire qu'il est nécessaire que les caractères qu'elle emploie soient du nombre de ceux qui éveillent la curiosité. Elle est d'autant plus utile qu'elle est plus générale; ainsi, toute exception dans une méthode artificielle est un défaut. C'est un avantage sans doute d'y trouver un grand nombre de familles dans leur intégrité, mais comme l'objet que les auteurs de méthodes ont en vue est sur-tout de faciliter l'étude des genres, tous les moyens qui conduisent promptement à ce but sont bons, et la plus commode des méthodes artificielles sera toujours la meilleure.

Ceux qui proscrivent l'usage des méthodes artificielles n'en ont point saisi le véritable esprit; ceux qui ne s'attachent qu'à ces classifications arbitraires, et qui négligent l'étude des rapports naturels, ignorent la beauté et la dignité de la science.

Les principes que je viens d'exposer sont bien simples; il semble qu'ils ont dû se présenter d'eux-mêmes à l'esprit des premiers observateurs; mais jetons un regard sur l'histoire de la science, et nous verrons que ce n'est qu'après une longue suite de siècles que l'on a pris pour guide les lumières d'une saine logique. Le moindre des élèves sortis de nos écoles modernes, l'emporte sur Théophraste, par l'étendue de ses connaissances et la solidité de sa doctrine; cependant cet élève a une intelligence très-bornée, et Théophraste était plein de génie: qu'en devons-nous conclure? que les découvertes successives des générations passées sont venues jusqu'à nous par héritage, et que la philosophie aidée de ces secours, a fait d'immenses progrès. Pour apprécier les hommes selon leur mérite, il faut les comparer à leurs contemporains. La science commune à tous ne fait la gloire d'aucun; mais celui qui dans quelque temps que ce soit s'élève au-dessus de son siècle, se place pour toujours parmi les instituteurs du Genre humain.

DEUXIÈME SECTION.

NAISSANCE ET PROGRÈS DE LA BOTANIQUE.

L'HISTOIRE des progrès d'une science fait partie de cette science elle-même. Les efforts des philosophes pour parvenir à la connaissance des choses, nous intéressent et nous éclairent; nous n'avons une juste idée des faits qui sont l'objet de nos recherches, et des moyens que nous devons mettre en œuvre pour atteindre à de nouveaux résultats, que lorsque nous savons par quelles expériences, par quelles observations, par quelle suite de raisonnemens, l'esprit humain est arrivé à ces importantes découvertes qui sont les bases de la science.

Ce n'est pas le seul avantage que nous puisions dans l'étude de l'histoire littéraire. La connaissance des fautes de nos devanciers tient notre esprit en garde contre ses propres faiblesses, et lui découvre à-la-fois les routes qu'il peut suivre, et celles qu'il doit éviter. Ainsi la vérité et l'erreur mises en lumière, concourent également à nous instruire.

Le temps me manque pour vous donner l'histoire complète de la Botanique. Je me bornerai à vous faire remarquer les progrès qui ont résulté des efforts de tous les observateurs, et l'esprit des doctrines vraies ou fausses, qui ont été introduites par les chefs d'écoles.

En Botanique, de même que dans les autres sciences, les besoins physiques ont été nos premiers guides. L'homme a voulu trouver dans les végétaux, d'abord sa nourriture, ensuite des remèdes, enfin des jouissances.

Pour ne pas commettre d'erreurs nuisibles, il s'est appliqué à retenir les caractères les plus apparens des plantes usuelles. La naissance de la Botanique remonte donc aux premiers jours du monde. Mais l'homme ne s'est point arrêté à des notions empiriques. Il ne lui a pas suffi de distinguer les espèces utiles dans la médecine, les arts et l'économie domestique; il a conçu le dessein de les étudier toutes, et de connaître autant qu'il est en lui, la variété de leurs formes, le mécanisme de leur organisation, et les lois de leur existence. Ce dessein est plus sensé qu'il ne paraît au vulgaire des gens du monde. Les sciences ne sont pas, comme il le croit communément, de simples recueils de recettes pour les besoins et les jouissances corporelles; ce sont des séries de vérités qui plaisent aux esprits élevés indépendamment de toute application particulière.

La Bible, les poëmes d'Homère, et les ouvrages de la sculpture antique, sont les seuls monumens qui nous offrent quelques vestiges des connaissances botaniques des plus anciens peuples dont les noms soient venus jusqu'à nous.

La Botanique, de même que les autres parties de l'Histoire naturelle, s'enrichit et se perfectionne par les voyages. Le peuple juif avait long-temps erré sur la terre avant de se fixer en Judée. Maître de cette contrée, il étendit au loin ses relations commerciales. Les vaisseaux de Salomon fréquentaient les rivages de la mer Rouge, du golfe Persique, et les îles de la mer des Indes. Cependant il ne paraît pas que la Botanique ait fait de grands progrès chez cette nation grossière et superstitieuse.

Les prêtres d'Isis et les Mages cultivaient toutes les sciences avec ardeur; ils les dérobaient soigneusement aux regards de la multitude, persuadés qu'ils étaient, que des esprits éclairés ne se plient pas sans peine aux lois du despotisme. Nous ignorons jusqu'à quel point ils poussèrent leurs recherches ; mais ce qui n'est pas douteux, c'est que la Grèce reçut de l'Asie et de l'Egypte, les premières notions des connaissances humaines.

Les sages de la Grèce, trop pressés de connaître la Nature, en embrassèrent l'ensemble dans leurs systêmes généraux, et crurent qu'il était possible de deviner les faits par les seules forces de la réflexion et du génie. La plupart disaient que les plantes sont organisées comme les animaux ; qu'elles ont une ame sensible et raisonnable ; qu'elles ont des desirs et des volontés ; qu'elles éprouvent de la douleur et du plaisir.

Pythagore de Samos, qui avait voyagé en Egypte, et s'était instruit par ses communications avec les prêtres d'Isis, est, selon Pline, le plus ancien des auteurs grecs qui ait donné un Traité sur les propriétés des plantes.

Un disciple de ce philosophe, Empédocle d'Agrigente, vaste génie auquel on doit le systême des quatre élémens si long-temps en honneur dans les écoles, semble avoir eu des idées assez nettes sur quelques points de la Physiologie végétale. Pour lui les graines sont les œufs des plantes ; les racines sont leurs têtes et leurs bouches ; elles portent les deux sexes réunis sur un même individu. Comme Empédocle suivait la doctrine de la métempsycose, il admettait qu'après un certain temps les plantes deviennent des animaux, et qu'alors les sexes se séparent. Il prétendait que les feuilles sont des organes analogues aux écailles des poissons et aux poils des quadrupèdes.

Anaxagoras de Clazomène apprécia mieux les fonctions des feuilles ; il avança qu'elles absorbent et qu'elles exspirent de l'air.

Les livres d'Hippocrate, ouvrage de sept hommes qui

portaient ce nom célèbre, et qui se succédèrent comme souverains pontifes dans le temple de Coos, ne laissent entrevoir que de faibles lueurs des connaissances botaniques de ces temps reculés. Il n'y est question que des plantes en usage dans la médecine; elles sont citées sans description. On les compare vaguement à des plantes communes auxquelles il nous est impossible d'appliquer les noms modernes, ensorte que les détails sur les propriétés médicinales de ces végétaux sont absolument perdus pour nous. Cette perte est d'autant plus sensible, que les livres d'Hippocrate sont en plus haute vénération, et elle fait bien comprendre la nécessité des descriptions et de la synonymie à ceux-là même qui n'estiment les sciences que par ce qu'elles ont de moins élevé.

L'esprit et l'imagination ne suffisent point pour les grandes découvertes en physique; il faut encore un génie particulier d'observation que le seul Aristote, parmi les Grecs, semble avoir possédé à un degré éminent. Ce philosophe, le père de l'Histoire naturelle, vit bien que la route qu'avaient suivie ses prédécesseurs ne pouvait conduire à la connaissance des choses. Il renonça aux vaines hypothèses pour s'attacher à l'expérience et à l'observation. Dans ses recherches il fut puissamment favorisé par Alexandre, dont il avait été le précepteur. Alexandre en qui la fougue des passions n'étouffa jamais l'amour de la vraie gloire, voulut que ses conquêtes servissent aux progrès de l'esprit humain, et qu'il subsistât d'utiles témoignages de sa puissance quand son empire ne serait plus. Des milliers d'hommes et des sommes immenses furent mis à la disposition d'Aristote. Ainsi le plus illustre des conquérans fut en même temps le plus zélé protecteur de l'Histoire naturelle.

On sait avec quel succès Aristote écrivit l'histoire des

animaux. Ce beau travail est parvenu jusqu'à nous; mais les deux livres qu'il composa sur les plantes sont perdus. Dans le moyen âge, un imposteur osa faire paraître, sous le nom de ce philosophe, un ouvrage intitulé *de Plantis*, recueil informe d'erreurs et d'absurdités, que personne aujourd'hui n'est tenté d'attribuer à Aristote.

L'idée qu'il existe dans la Nature une progression telle qu'en partant de la matière brute, on peut arriver jusqu'à l'homme par des nuances insensibles, en sorte que, sous le point de vue de la perfection, les êtres composent une chaîne immense dont tous les anneaux se tiennent et se suivent; cette idée séduisante que l'expérience rejette, mais que l'imagination se plaît à réaliser, et qui, tout erronée qu'elle est, se présente avec un tel caractère de grandeur et de simplicité, que jusqu'en ces derniers temps elle a trouvé de zélés défenseurs parmi les plus excellens philosophes; cette belle idée, dis-je, conçue par Démocrite, fut savamment développée par Aristote. Et remarquez bien que si l'enchaînement des êtres ne se peut concilier avec l'ensemble des faits connus, on ne saurait nier pourtant que la Nature n'enferme dans ses limites, une multitude de chaînons qui se présentent quelquefois aux regards du Naturaliste comme les portions d'une grande chaîne dont les anneaux auraient été rompus et désunis çà et là. Ainsi la docrine qu'Aristote voulut faire prévaloir n'est fausse que parce qu'elle est trop généralisée.

Il considère les plantes comme des êtres intermédiaires entre la matière brute et les animaux. Elles ne se distinguent point, dit-il, de ces derniers par l'hermaphrodisme, car dans les animaux d'un ordre inférieur il se trouve des espèces hermaphrodites; elles ne s'en distinguent pas non plus par la privation d'un centre de vie, puisque certains animaux en sont également privés;

mais elles n'ont point d'excrémens solides, et les animaux en ont; elles n'ont point d'organes pour se connaître elles-mêmes et pour connaître ce qui existe hors d'elles, et les animaux en sont pourvus. Les fonctions des racines consistent à puiser la nourriture dans la terre. La fin de la végétation est la production du fruit. Voilà en peu de mots ce que l'histoire des animaux nous apprend des opinions d'Aristote sur les plantes.

Il eut pour disciple, pour ami, pour successeur, Théophraste d'Erésos. Ce philosophe avait fréquenté dans sa première jeunesse l'école de Platon, et y avait puisé sans doute le goût de cette éloquence noble et pure qui rendit depuis son nom si célèbre chez la nation la plus sensible et la plus spirituelle qui fût jamais. Moraliste profond, savant naturaliste, digne en tout point de succéder au fondateur de l'école péripatéticienne, il composa un grand nombre d'excellens ouvrages et entre autres, l'*Histoire des Plantes*, et l'exposé *des Causes de la végétation.*

Dans son *Histoire*, dont nous possédons neuf livres, il traite séparément des plantes aquatiques, parasites, potagères, des arbres forestiers, et des plantes céréales; il indique les usages auxquels chaque végétal est propre, le pays et le lieu où il croît, sa nature ligneuse ou herbacée, etc. D'ailleurs, il ne connaît ni les genres, ni les espèces; sa nomenclature est vague; ses descriptions sont la plupart insuffisantes; il n'a aucune idée des caractères, et parle trop souvent d'après les opinions des Empiriques.

Ses vues générales et sa Physiologie, qui font le sujet de ses six livres des *Causes*, sont supérieures à sa Botanique. A l'exemple d'Aristote, il reconnaît que les plantes n'ont point les organes des sens, et il en tire comme lui la conséquence qu'elles sont privées de sensibilité. Il montre beaucoup de sagacité dans l'examen des divers organes extérieurs, les définit avec soin; distingue les cotylédons des feuilles; décrit les formes de ces dernières; donne des idées assez justes de leurs fonctions et de celles des racines; expose l'Anatomie aussi bien qu'il était possible de le faire sans le secours de l'optique, et reconnaît même quelques-unes des différences organiques qui séparent les Palmiers des arbres à couches concentriques. En général, il incline trop à comparer la structure végétale à celle des animaux; il trouve dans les plantes, des muscles, des os, des veines, des artères; mais il ne suit en cela que l'opinion de son siècle, et certes il est plus excusable que ceux qui de nos jours ont voulu renouveler cette erreur. En jugeant légèrement Théophraste, on pourrait être tenté de lui reprocher d'avoir obscurci les véritables notions sur les sexes des plantes. Les dénominations de mâle et de femelle indiquent quelquefois dans ses ouvrages, des qualités tout-à-fait étrangères à la structure et aux fonctions des organes sexuels. Les fleurs mâles du Potiron y sont désignées comme des fleurs stériles que le cultivateur doit soigneusement retrancher. Mais lorsque, réunissant sous un seul point de vue les traits de lumière que ce philosophe jette de temps en temps sur le phénomène de la fécondation, on les opposé aux erreurs grossières qui rompent l'enchaînement naturel de ses idées, on ne saurait guère douter que ces contradictions manifestes ne soient l'ouvrage des hommes ignorans auxquels le soin de revoir ses écrits fut confié deux siècles après sa mort (1).

Au rapport de Pline, Métrodore disciple de Démo-

(1) Une traduction complète de l'*Histoire des Plantes*, et *des Causes de la Végétation*, à laquelle on joindrait les fragmens de Théophraste que les auteurs grecs nous ont conservés, serait la meilleure réponse aux critiques peu réfléchies que l'on a dirigées contre ce philosophe.

crite et contemporain de Théophraste, Cratévas et Denis, qui parurent beaucoup plus tard, imaginèrent de joindre des figures aux descriptions des plantes. Pline fait peu de cas de cette invention; elle ne pouvait être en effet d'une grande utilité dans un temps où les traits caractéristiques des espèces étant inconnus, échappaient pour la plupart au pinceau de l'artiste. Mais combien ces figures, quelque imparfaites que nous voulions les supposer, n'eussent-elles pas répandu de lumière sur l'histoire de la Botanique, si elles fussent parvenues jusqu'à nous! Quel sûr moyen de rattacher les nouvelles observations aux anciennes! Que de veilles employées à composer d'énormes commentaires où la plus vaste érudition s'efforce en vain de déguiser l'ignorance, eussent été consacrées à des travaux d'une utilité durable! Qui sait même si ces précieux monumens des connaissances antiques n'auraient pas avancé de plusieurs siècles la restauration de la science?

Les livres d'Aristote et de Théophraste furent légués par ce dernier, à Nélée, fils de Corisque, qui les transporta dans la Troade où il mourut. En ces temps Attale roi de Pergame, rival des Ptolomée par son amour pour les lettres, voulant fonder une bibliothèque qui égalât en richesse celle d'Alexandrie, faisait rechercher avec un soin extrême les manuscrits d'Aristote et de Théophraste. Les héritiers de Nélée, afin de les soustraire aux perquisitions d'Attale, les cachèrent dans un caveau humide, où ils se dégradèrent. Ils en furent retirés pour passer entre les mains d'Apellicon de Téos, qui les paya un

M. Thiébaut de Berneaud s'occupe de cette traduction depuis plusieurs années. On doit croire que ce savant recommandable n'aura pas travaillé en vain. Son nom seul suffit pour inspirer une grande confiance.

grand prix, et en orna sa magnifique bibliothèque d'Athènes. Cet Apellicon, homme très-riche et grand amateur de livres, mais d'ailleurs fort ignorant, fit transcrire ces précieux manuscrits, et chargea des auteurs à gages d'en remplir les lacunes. Ils s'acquittèrent de cette tâche difficile comme on devait l'attendre de gens peu versés dans l'étude des sciences. Bientôt ensuite Sylla prit Athènes, et s'empara de la bibliothèque d'Apellicon. Il ordonna au rhéteur Apollonius de Rhodes, de revoir et de publier les livres qu'elle contenait. On en fit des copies sans nombre, et avec elles les erreurs, les omissions, les interpolations se multiplièrent. Des copies d'Aristote et de Théophraste, plus défectueuses que celles d'Apellicon, se répandirent dans Alexandrie et dans Rome.

Déja depuis long-temps les beaux jours de la Grèce étaient passés; des sophistes gouvernaient les écoles; l'art d'observer la Nature, découvert par le chef des Péripatéticiens, s'était pour ainsi dire éteint avec lui.

Cependant les rois de Pergame et d'Egypte s'efforçaient à l'envi d'encourager les sciences. Ils avaient établi des écoles à l'imitation de celles d'Athènes, et des jardins où se trouvaient réunies les plantes les plus curieuses. Les hommes recommandables par leur savoir se rendaient de toutes parts à Alexandrie; ils y étaient reçus avec une munificence vraiment royale. Les Ptolémées avaient acquis à grands frais les ouvrages des poëtes, des philosophes et des savans de la Grèce. Ces princes ne dédaignaient pas de cultiver les lettres: plusieurs composèrent des livres. L'Egypte, à l'ombre de leur autorité, s'enrichissait par le commerce et les voyages. Tout semblait concourir à y favoriser les progrès de l'Histoire naturelle; mais une fausse manière de considérer cette science rendit inutiles les efforts des savans.

Ils cherchèrent dans les livres ce qui est dans la Nature, et se perdirent en de vaines discussions de mots.

Long-temps Rome toute guerrière, avait repoussé loin d'elle les arts et les lettres; elle en reçut enfin le germe des peuples qu'elle avait vaincus. Il ne faut pas chercher des connaissances botaniques dans les livres de Caton, de Varron et de Columelle : l'agriculture fut l'unique objet de leurs recherches; mais par cette raison même, on y trouve quelquefois des notions exactes sur la Physiologie végétale.

Un contemporain de Tibère, Pédanius Dioscoride d'Anazarbe en Cilicie, et Pline de Vérone, qui florissait sous Néron, traitèrent plus particulièrement de l'histoire des plantes; et quoique l'un et l'autre soient bien audessous de Théophraste comme botanistes, l'autorité prodigieuse qu'ils acquirent dans le moyen âge, et la direction qu'ils imprimèrent aux esprits, les placent à bon droit parmi les chefs d'école.

Dioscoride, médecin célèbre, avait parcouru la Grèce, l'Asie mineure, l'Italie, et il avait observé les plantes de ces diverses contrées. Cependant, rien n'annonce dans son ouvrage écrit en langue grecque, qu'il ait travaillé d'après ses propres recherches. Son style n'a ni la pureté ni l'élégance de celui de Théophraste; ses descriptions, quelquefois plus détaillées, ne sont pas moins défectueuses. Il lui arrive souvent aussi de n'indiquer que les noms et les propriétés, en sorte qu'on ne peut presque jamais savoir de quelle plante il parle. Il ne connaît ni les espèces, ni les genres, ni l'art des méthodes. La division des 600 plantes dont il traite, en aromatiques, alimentaires, médicinales, vineuses, est un simple ordre de matières, et ne mérite pas plus que celle de Théophraste, le titre de méthode que quelques auteurs leur ont donné. La principale cause de la grande réputation de Dioscoride dans le moyen âge, c'est qu'il fut soigneux d'indiquer les propriétés des plantes et les différens noms sous lesquels chaque espèce était connue de son temps.

Pline n'a laissé qu'une ébauche de l'ouvrage immense qu'il méditait. Si nous nous permettons de juger cet homme célèbre sur un travail incomplet, nous penserons que de même que Dioscoride, quoique bien supérieur à lui sous tout autre rapport, il négligea la Nature, et puisa toute sa science dans les livres de ses devanciers. Tel était alors l'empire de cette méthode pernicieuse, que les meilleurs esprits ne surent point s'en affranchir. Pline partagea l'erreur commune. Du reste, jamais homme ne fut doué d'un génie plus vaste et plus actif. Il consacrait à des recherches savantes et à des ouvrages de littérature, les momens de loisir que lui laissaient ses charges publiques, et n'ignorait rien de ce qu'on pouvait savoir de son temps. Son Histoire naturelle, le seul de ses écrits échappé en partie aux ravages des siècles et des Barbares, n'est que la moindre portion de ses immenses travaux. S'il ne saisit pas toujours le vrai sens des auteurs qu'il traduit; s'il reçoit pêle-mêle les vérités et les erreurs et les transmet sans critique; s'il donne faveur à des traditions mensongères dont l'absurdité nous révolte, il est blâmable sans doute; mais admirons la grandeur de son plan qui n'embrasse pas de moindres limites que celles de la Nature entière, admirons l'incroyable variété de ses connaissances, l'élégance et la noblesse de son style, les traits hardis de sa mâle éloquence, l'art merveilleux par lequel il ramène à son sujet les plus hautes considérations de la philosophie pratique. Personne avant lui n'avait peint la Nature avec autant de majesté; il serait seul encore si M. de Buffon n'eût écrit.

Tout le monde sait la fin tragique de Pline. Ce grand homme, commandant la flotte de Mycène en l'année 79 de notre ère, voulut contempler de près une éruption du Vésuve, et périt suffoqué par les exhalaisons sulfureuses.

Galien, dans le second siècle, Oribase, dans le troisième, Paul d'Égine et AEtius, dans le cinquième, étudièrent les vertus des végétaux, mais négligèrent totalement la partie descriptive.

En résumé, les Grecs et les Romains ne distinguèrent qu'environ 1200 plantes, qui pour la plupart étaient employées dans la médecine, dans les arts et dans l'économie domestique; et ils ne les distinguèrent qu'empiriquement, puisque les descriptions qu'ils en ont laissées roulent presque toutes sur des caractères si vagues qu'ils sont insuffisans pour les faire reconnaître.

Cependant l'amour des sciences s'éteignait. Les maîtres du monde, corrompus par leurs victoires et par leurs tyrans, s'abandonnaient à la mollesse. La philosophie vaine et frivole de la Grèce vaincue, dominait dans les écoles de Rome victorieuse, et faisait disparaître les traces de la saine philosophie. A ces causes d'ignorance se joignit le fanatisme religieux. Les sectateurs de l'Évangile et ceux du paganisme incendiaient à l'envi les bibliothèques, et détruisaient les monumens de la littérature sacrée et profane. Dans ces conjonctures les Barbares se précipitèrent sur l'Empire et déchirèrent ce grand corps dont les ressorts étaient usés. L'Italie ravagée par les Huns et les Vandales devint successivement la proie des Hérules, des Goths et des Lombards. Ces peuples nourris dans la guerre, abhorraient les sciences et les arts; ils croyaient qu'ils énervent les courages, et ils ne souffraient pas que leurs enfans les cultivassent. Le latin cessa bientôt d'être la langue vulgaire ; la population diminua sensiblement ; des pays jadis cultivés, se couvrirent de marais et de bois, et les bêtes sauvages s'y multiplièrent.

Dans ces temps déplorables, la Botanique eut le sort des autres sciences. Des moines étrangers aux premières notions des lettres, et qui pourtant passaient pour les lumières de leurs siècles, parlaient dans un langage barbare, des plantes de Théophraste, de Dioscoride et de Pline, dont ils ne comprenaient pas les écrits, et mêlaient à des erreurs de faits les plus honteuses superstitions.

Tel s'offrit l'occident aux regards de Charlemagne. Ce monarque qui eut le génie de la civilisation dans un siècle de barbarie, s'efforça vainement de rallumer le flambeau des connaissances humaines ; après lui les ténèbres s'épaissirent. Les études cessèrent alors d'avoir un objet déterminé ; les limites de toutes les sciences se confondirent dans l'ignorance générale.

Tandis que le luxe et la corruption des Romains livraient l'Empire d'occident aux mains des Barbares, l'Empire d'orient attaqué, ébranlé, affaibli, se soutenait encore et conservait le précieux dépôt de la littérature des Anciens ; mais la plupart des lettrés, préoccupés des subtilités de la théologie scolastique, ne faisaient aucun effort pour agrandir le domaine des véritables sciences. L'intolérance religieuse priva même l'Empire d'une multitude d'hommes éclairés. Les Nestoriens condamnés au concile d'Éphèse, et bannis par Théodose le jeune, portèrent chez les Arabes le goût des lettres grecques et latines, et fondèrent sur les rives de l'Euphrate, des écoles où ils enseignèrent la rhétorique, la dialectique, et la médecine.

Les Arabes, amateurs du merveilleux, passionnés pour la poésie, ennemis de toute contrainte, alliant à une imagination ardente un fond de férocité naturelle que n'extirpa jamais la civilisation la plus raffinée, ne semblaient guère faits pour les études assidues et profondes qu'exige la culture des sciences. Sous les lois de Mahomet ce peuple devenu conquérant par fanatisme, fut d'abord le fléau de la civilisation. Alexandrie subjuguée l'éprouva. Alexandrie, tour-à-tour l'asyle et le tombeau des lettres, avait vu périr sous le premier des Césars, la fameuse bibliothèque des Ptolémées ; sous Aurélien, celle qu'Auguste avait fondée ; sous Théodose, celle des Attales qu'Antoine avait donnée à Cléopâtre ; et pour la quatrième fois, en possession d'une immense collection de livres qu'elle devait à son amour pour la philosophie, elle ne put la soustraire à la fureur de ses nouveaux maîtres : Omar fit réduire en cendre cette volumineuse bibliothèque où, sans doute, se retrouvaient encore quelques vestiges des connaissances de l'antiquité.

Mais ce peuple s'adoucit sous les califes de la dynastie des Abbassides. Parmi ces princes se trouvèrent de grands hommes amis des Lettres : un Almansor, un Haroun-al-Raschid, un Almamon, un Motassem. Par leurs soins, Bagdad devint la ville la plus policée de la terre. Ils n'épargnèrent ni peines ni dépenses pour former des bibliothèques ; ils firent traduire les meilleurs livres des Anciens en langue arabe, d'après les versions syriaques des Nestoriens. Des savans furent chargés de donner la topographie des pays conquis, et d'en décrire les productions naturelles ; de grands voyages étendirent et multiplièrent les relations commerciales ; les Mathématiques, la Médecine et l'Histoire naturelle, furent cultivées avec ardeur.

Quand les Arabes eurent conquis l'Espagne, ils y firent prospérer les Lettres et les Arts, et leurs écoles devinrent célèbres par toute la terre. Dès le onzième siècle, des Chrétiens français, italiens, allemands, anglais, allaient y puiser les principes des sciences ignorées chez eux. Ils étaient accueillis par les sectateurs de Mahomet avec une urbanité dont il n'existait plus de traces dans les autres contrées de l'Europe. De retour dans leur patrie, ils donnaient des traductions des livres arabes, et s'empressaient d'en répandre la doctrine.

Les Arabes conservèrent leur supériorité, sinon dans la littérature, du moins dans les sciences, jusque vers la fin du XVe siècle. Mais quand cette nation, dépouillée successivement de ses conquêtes d'Europe, eut perdu Grenade, le dernier boulevard de sa puissance, et eut été contrainte de rentrer en Afrique, elle se replongea comme par force de nature, dans l'ignorance sauvage d'où l'avait fait sortir momentanément le génie de quelques hommes.

Quoique les Arabes aient considéré les plantes plus en médecins et en agriculteurs qu'en botanistes, et qu'ils n'en aient donné que des descriptions incomplètes et fautives, leurs travaux ne furent pas tout-à-fait inutiles à la Botanique. Ils parlent de beaucoup de plantes de la Perse, des Indes, de la Chine, qui étaient ignorées des Anciens. Avicenne, Serapion, Mésué, Averrhoës, Beithar, et quelques autres, ont rendu leurs noms célèbres dans la science. Cependant la plupart tombèrent dans l'erreur commune. Admirateurs aveugles d'Aristote, de Théophraste, de Dioscoride, de Pline, que pourtant ils ne lisaient que dans des traductions vicieuses, ils s'appliquèrent à les citer et à les commenter, ne les comprirent pas toujours, et négligèrent constamment l'examen des faits. En cela ils suivirent l'exemple des Nestoriens leurs maîtres.

Si les croisades, qui commencèrent à la fin du XIe

siècle et ne finirent que vers le milieu du XIIIe, sont des preuves irrécusables de la barbarie et du fanatisme auxquels l'Europe était asservie, on ne saurait douter néanmoins que ces expéditions lointaines, suggérées par le besoin du changement et par un desir inquiet de voir et de connaître, n'aient hâté le réveil de l'esprit humain.

Le XIIe et le XIIIe siècle virent renaître en Italie le goût des lettres et des Beaux-Arts qui bientôt devaient faire la gloire de cette contrée. Le commerce y florissait; on commençait à entreprendre des voyages de long cours, et dans les relations qu'on en publiait, on ne négligeait point de parler des productions végétales qui pouvaient exciter la curiosité des peuples d'Europe. Ces relations, comme il est facile de le concevoir, étaient mêlées de beaucoup d'erreurs et de mensonges.

Environ ce temps, on imagina de composer des herbiers, invention heureuse dont sans doute les auteurs ne sentirent pas toute l'importance, et qui fut réellement l'une des principales causes des rapides progrès de la Botanique dans les siècles qui suivirent.

Cette science, depuis la décadence des lettres jusqu'à la fin du XIVe siècle, époque où la littérature italienne brillait du plus pur éclat, ne fit naître chez les Chrétiens d'orient et d'occident aucun ouvrage digne de notre attention. Que nous importent en effet les écrits d'un Hildegarde, d'un Platéarius, d'un Myrepsic, d'un Vincent de Beauvais, et de tant d'autres, qui manquaient à-la-fois de science, de discernement et de goût. Les plus habiles tout-à-fait étrangers à l'étude des plantes, citaient des passages défigurés des Grecs, des Romains, des Arabes, discutaient sans but et sans fin sur les opinions contraires, transposaient les noms, et souvent au grand préjudice de l'art médical, attribuaient à une espèce les propriétés d'une autre.

Peut-être, à la rigueur, ne connut-on pas mieux les plantes dans le XVe siècle, mais on entendit mieux les langues anciennes, et la critique s'épura. Alors l'Italie était gouvernée par de sages princes qui n'estimaient rien de plus glorieux que de commander à des peuples éclairés. Ils attirèrent dans leurs États des Grecs d'une érudition profonde, les retinrent par leurs largesses, et les chargèrent d'enseigner la langue d'Homère et d'Aristote. Un événement qu'il était facile de prévoir contribua encore à ranimer le goût de la littérature ancienne. Depuis long-temps les Turcs menaçaient Constantinople; cette capitale de l'Empire d'Orient devint enfin leur proie, et les Grecs lettrés se réfugièrent en Italie, où déja l'on entrevoyait l'aurore du beau siècle de Léon X.

Le XVe siècle fut donc l'époque de l'érudition. On s'efforça de rétablir le texte des Anciens; on en donna de bonnes traductions, qui furent éclaircies par de savans commentaires; mais ces grands travaux qui eurent une si heureuse influence sur la littérature, ne furent pas toujours aussi favorables aux progrès de l'Histoire naturelle. George Valla, Théodore Gaza, Marcellus Vergilius, Hermolaus Barbarus, et quelques autres qui traduisirent ou commentèrent Aristote, Théophraste, Dioscoride et Pline, s'exercèrent plus à connaître les livres que la Nature. En ce point, ces savans hommes suivirent l'exemple de Pline et de Dioscoride, et ils eurent eux-mêmes beaucoup d'imitateurs. Cependant, s'il est vrai que l'érudition soit utile au Naturaliste, et qu'il ne lui soit pas permis d'ignorer ce qu'ont écrit ses prédécesseurs, il n'est pas moins vrai que sans l'examen et la comparaison des êtres, il ne peut exister de science solide en Histoire naturelle.

Je ne dois pas omettre que vers la fin du siècle, un certain Cuba, médecin de Francfort, joignit des gravures en bois à 509 mauvaises descriptions de plantes, parmi lesquelles on compte quelques espèces indigènes. Cette alliance du dessin et de la botanique étaient une nouveauté chez les modernes; ainsi, quoique les gravures de Cuba ne soient pas moins défectueuses que son texte, on ne saurait lui contester le mérite de l'invention.

Tandis que l'Italie s'enrichissait une seconde fois des trésors littéraires de la Grèce, l'Espagne et le Portugal s'éclairaient par les voyages. Béthancourt prend possession des Canaries, et en fait hommage au roi de Castille; les Portugais reconnaissent les côtes occidentales de l'Afrique et les îles du cap Vert; Bartholomé Diaz touche au cap de Bonne-Espérance; Vasco de Gama le suit et pénètre dans les Indes; Christophe Colomb découvre le Nouveau-Monde.

Ainsi le XVIe siècle commença sous d'heureux auspices: l'amour des chefs-d'œuvre de l'antiquité renaissait avec la culture des langues anciennes; les princes cherchaient une gloire solide dans la protection qu'ils accordaient aux hommes de génie; des voyageurs intrépides reculaient au loin les limites du monde connu.

Ce fut alors que l'Italie, d'où venait toujours la lumière, fonda des jardins de botanique. Les autres nations l'imitèrent. Vous concevez quel avantage ce fut pour l'observateur, de trouver réunis dans les étroites limites d'un jardin, des végétaux de tous les pays; de pouvoir à chaque instant les comparer les uns aux autres; de les suivre dans leur croissance, et de voir se développer leurs différens organes selon l'influence de la saison et des localités.

Il faut avouer que depuis Théophraste, la Botanique, loin de se perfectionner, avait fait des pas rétrogrades. On connaissait nominativement un plus grand nombre de plantes, mais on avait des idées moins nettes sur leur organisation, et l'art d'observer était perdu. C'était là suite des méthodes vicieuses, bien plus nuisibles, dit Malpighi, au développement des facultés intellectuelles, et par conséquent aux progrès des lumières, que ne le furent jamais les ravages des Barbares.

Enfin on ouvrit les yeux; on vit le mal; on chercha le remède. Les ouvrages d'Othon Brunfels, de Jérôme Tragus, d'Antoine Musa Brasavolus, de Léonard Fusch, et de quelques autres peu consultés aujourd'hui, montrent le retour des esprits vers l'étude de la Nature. La plupart de ces auteurs s'élèvent avec force contre les fausses opinions de leur temps. « Notre aveugle respect « pour les Anciens, disent-ils, est un obstacle insurmon- « table aux progrès de la Botanique. Nous ne voulons « trouver par-tout que les plantes de Théophraste, de « Dioscoride et de Pline; cependant ces botanistes n'ont « pas connu la centième partie des plantes qui couvrent « le globe; Théophraste n'est jamais sorti de la Grèce; « Dioscoride, plus curieux d'exposer les propriétés mé- « dicinales des végétaux que d'en décrire les formes, n'a « laissé en général que des notes incomplètes pour le « botaniste, et Pline a copié sans critique et sans dis- « cernement les auteurs qui l'ont précédé. Nous ne « pouvons appliquer aux plantes de l'Allemagne ou de « la France les noms sous lesquels les Anciens dési- « gnent celles de l'Italie, de la Grèce et de l'Asie. La « main du Créateur a varié presque à l'infini les pro- « ductions du Règne végétal. Il n'y a pour ainsi dire « pas de place qui n'offre quelques plantes inconnues « ailleurs. Avant d'étudier les espèces des pays étrangers « dont nous ne voyons ordinairement que des échantil- « lons défigurés chez les herboristes, examinons celles « qui sont propres à notre sol. Le vrai moyen pour les « connaître, c'est de parcourir les plaines, les vallées,

« les montagnes. Les bibliothèques seules sont insuffi« santes pour former des botanistes. A quoi nous mènent « nos subtiles raisonnemens sur la nature et les qualités « des espèces? nous ne sommes pas même en état de « les distinguer les unes des autres. Et quelle honte pour « nous de citer sans cesse les Arabes, eux qui n'ont su « ni observer la Nature, ni comprendre les livres des « Anciens dont ils ont corrompu le texte, et qui ont « rempli leurs propres écrits des erreurs les plus gros« sières ! »

Ces réflexions amenèrent une heureuse révolution dans les études. De jour en jour les erreurs de critique devinrent moins fréquentes. Les plantes européennes furent examinées, décrites et gravées. Le fils d'un tonnelier de Mayence, Othon Brunfels, parut des premiers dans cette carrière. Voilà ce qui le recommande à la mémoire; car d'ailleurs, ses gravures en bois ne représentent que des plantes très-vulgaires souvent mal nommées, et ses descriptions réunies sans ordre ne correspondent pas toujours à ses figures.

Son ami Jérôme Tragus d'Heydesbach, s'attacha aussi à décrire et à faire dessiner les plantes indigènes. Il était très-érudit; mais n'ayant aucune connaissance des plantes exotiques, il les confondit quelquefois avec celles de l'Allemagne, et tomba ainsi dans les erreurs que lui-même conseillait d'éviter. Les modernes jusqu'alors n'avaient admis que l'ordre alphabétique : Tragus sentit combien cette distribution était vicieuse; il essaya de rapprocher les espèces en vertu de certaines ressemblances générales, et il trouva beaucoup d'imitateurs parmi ses contemporains.

Vous noterez donc comme un fait incontestable, que la recherche des rapports naturels date de la renaissance de la Botanique, et est antérieure à l'invention des Méthodes artificielles.

Les plantes des environs de Cologne furent examinées par Euricius Cordus, né dans la Hesse; celles de la Saxe, des forêts d'Hercynie, de la Misnie, de la Bohême, de l'Autriche, du nord de l'Italie, par Valérius son fils; celles du midi de l'Allemagne, par Léonard Fusch de Wembdingen, qui publia des figures très-exactes; celles de la Ligurie, de la France, de l'Illyrie, par Antoine Musa Brasavolus, noble vénitien. Aloysius Anguillara, romain d'une vaste érudition, visita l'Italie, l'Esclavonie, la Corse, la Sardaigne, la Crète, Chypre et plusieurs contrées de la Grèce; Bartholomée Maranta de Vénuse, les montagnes de la Pouille, de la Calabre, et sur-tout Saint-Jean de la Capitanate; François Calcéolarius et Jean Pona, apothicaires à Vérone, le Mont-Baldus; Ferrand Impérati, apothicaire à Naples, l'Italie et particulièrement les côtes maritimes. Ce fut lui qui soupçonna le premier que les coraux et les madrépores appartiennent au Règne animal.

La Suisse fut le théâtre des recherches de Bénédict Arétius, de Jean Fabricius et de Jean Fischart. Jacques-Pierre Estève, Jean Fragosi, Bernard Cienfuegos, étudièrent les plantes de l'Espagne. Cologne, Strasbourg, Bâle, Padoue et l'Angleterre, furent visitées par Guillaume Turner de Northumberland; la Hollande et la Belgique, par le Frison Rambert Dodoens, qui s'attacha à rapprocher les plantes par l'ensemble des caractères; le Lyonnais et le Dauphiné, par le Normand Jacques Daléchamp, qui mourut avant d'avoir terminé une histoire générale des plantes qu'il avait entreprise; l'Autriche méridionale et l'Italie, par Pierre-André Mathiole, médecin siennois, que ses savans commentaires sur Dioscoride rendirent pour lors si célèbre, mais qui ne craignit pas de mêler à des figures très-exactes des figures imaginaires, et qui ne put jamais supporter la critique en homme sociable et tolérant.

Plusieurs de ces botanistes ne se bornèrent pas à parler des plantes indigènes, ils traitèrent de toutes celles qui vinrent à leur connaissance. Tels furent Daléchamp, Dodoens, Turner.

Parmi les botanistes célèbres du XVIe siècle, je ne dois pas oublier non plus Joachim Camérarius de Nuremberg, et son neveu Joachim Jungermann de Leipsic; Fabius Columna, napolitain, de l'illustre famille des Colonnes; Adam Zaluzian de Bohême, Jacques-Théodore Tabernémontanus d'Alsace, et Mathias Lobel de la Belgique. Ce dernier, écrivain incorrect et dur, qui de plus n'est pas à l'abri de tout reproche d'infidélité, se distingue néanmoins à quelques égards par sa science et par sa doctrine. Il parcourut la Belgique, la Hollande, l'Allemagne, les contrées septentrionales de l'Italie, la France méridionale et l'Angleterre. Ses voyages joints à l'étude des livres, et les relations scientifiques qui s'établirent entre lui et le savant provençal Pierre Péna, lui firent connaître un grand nombre de plantes tant indigènes qu'exotiques. Il entreprit, à l'exemple de Tragus et de Dodoens, de les ranger par la considération de l'ensemble des caractères, et il surpassa de beaucoup ses modèles. Chez lui, les plantes monocotylédones sont en général séparées des plantes dycotylédones, et les espèces de plusieurs familles en groupe sont réunies avec beaucoup de sagacité. C'est assurément tout ce qu'il était possible de faire à cette époque, puisque aujourd'hui même où l'intelligence des caractères est portée si loin, les botanistes exercés à saisir les rapports naturels ont encore tant de peine à former les familles par enchaînement. Zaluzian travailla à perfectionner les groupes naturels de Fuchs ; mais ce qui lui donne un éclat particulier, c'est qu'il est le plus ancien des botanistes modernes qui aient parlé en termes positifs des sexes des plantes.

Pendant que la plupart des botanistes se livraient exclusivement à l'étude des espèces indigènes, d'autres botanistes non moins recommandables voyageaient dans les contrées éloignées. Pierre Belon, français courageux, infatigable, parcourt la Grèce, l'Égypte, la Syrie, la Bithynie. Le prussien Melchior Guilandinus suit les traces de Belon. Jean Cortus va en Syrie. Léonard Rauwolf, médecin d'Augsbourg, visite l'Égypte, la Palestine, et plusieurs provinces occidentales de l'Asie. Prosper Alpin, né à Marostica dans les États de Venise, séjourne trois années en Égypte, et donne sur la végétation de cette terre classique des notions plus positives que ne l'avaient fait Belon, Guilandinus et Rauwolf. Auger Cluyf, fils de Théodore Auger Cluyf fondateur du jardin de Leyde, passe en Afrique, et pénètre dans l'intérieur des terres. Gracias ab Orto, médecin portugais, habite trente années les Indes orientales. Christophe Acosta, autre médecin portugais, né en Afrique, voyage aussi dans les Indes. Un autre Acosta, jésuite espagnol, va au Pérou ; François Hernandez, médecin de Philippe II, au Mexique ; le hollandais Pison et l'allemand Marcgraff, au Brésil.

Malgré tant de travaux utiles à la Botanique, elle serait peut-être encore restée dans l'enfance, s'il ne se fût rencontré en ces mêmes temps des hommes d'un génie supérieur, qui tracèrent des routes plus sûres que celles que l'on avait suivies jusqu'alors. Je veux parler de Conrad Gesner, de Charles de l'Écluse, d'André Cœsalpin, de Jean et Gaspard Bauhin. J'ai cru devoir négliger l'ordre chronologique pour réunir ici sous un seul point de vue ces cinq hommes illustres. Ils sont sans contredit les premiers naturalistes de leur siècle ; on ne peut les comparer qu'entre eux ; leurs découvertes forment un faisceau de lumière qui éclaira les siècles suivans.

Gesner né à Zuric en 1516 de parens pauvres et obscurs, fut un homme étonnant par l'étendue de ses connaissances et la force de son esprit. Obligé de faire des livres pour vivre, il en composa un très-grand nombre sur diverses matières, et tous paraîtront admirables si l'on se reporte au temps où ils furent publiés. Il entreprit le premier de former une collection générale d'Histoire naturelle. Les Alpes, la Provence, le Dauphiné, le Milanais, lui offrirent de nombreux sujets d'observations. Il y trouva sur-tout beaucoup de plantes inconnues. Les gravures qu'il a jointes à ses descriptions botaniques sont supérieures à toutes celles qu'on avait publiées jusqu'alors. Elles offrent souvent la représentation détaillée des organes de la reproduction. De tels titres suffiraient pour assurer à Gesner un rang distingué parmi les savans du XVIe siècle ; mais ce qui doit le faire considérer comme l'un des fondateurs de la Botanique moderne, c'est qu'il enseigna, ce qu'on n'avait pas encore nettement aperçu, qu'il existe dans le Règne végétal des groupes ou genres composés chacun de plusieurs espèces réunies par les caractères semblables de la fleur et du fruit. Bientôt après que ce principe fut promulgué, les botanistes comprirent que les diverses races de plantes ont entre elles des rapports naturels fondés sur la ressemblance ou la différence des caractères ; que les plus évidens ne sont pas toujours les plus importans ; qu'il faut les étudier et les comparer tous pour assigner autant que possible leur subordination et leur valeur respectives. Certes, voilà des vérités fondamentales ; et l'on ne saurait nier que la distinction des espèces, l'établissement des genres et des familles, l'invention des Méthodes artificielles, en un mot le système entier de la science du botaniste, n'en soit une conséquence immédiate. Gesner est donc le promoteur de la plus mémorable et de la plus utile révolution que la Botanique ait jamais éprouvée.

En 1526 naquit à Arras Charles de l'Écluse ou Clusius. Ses parens le destinaient à la jurisprudence; mais son goût décidé pour la Botanique lui fit abandonner l'étude du droit. Il avait une mémoire prodigieuse; les langues anciennes et modernes lui étaient également familières. Il parcourut l'Espagne, le Portugal, la France, l'Angleterre, l'Allemagne et la Hongrie, et il en étudia les productions végétales avec tant d'ardeur, qu'il surpassa bientôt tous les botanistes de son temps par sa profonde connaissance des espèces indigènes. Il se livra avec un égal succès à l'examen des espèces exotiques. Après avoir dirigé pendant plusieurs années le Jardin impérial de Vienne, il se rendit à Leyde, y professa publiquement la Botanique ; et quoiqu'il fût alors accablé d'années et d'infirmités, sa passion pour l'étude des végétaux ne s'affaiblit pas ; il ne cessa de travailler qu'en cessant de vivre.

L'art de bien décrire les plantes était ignoré avant Charles de l'Écluse. Les descriptions tantôt étaient diffuses, obscures, entrecoupées de détails inutiles, en sorte que les caractères distinctifs se perdaient au milieu d'une abondance de mots stériles ; et tantôt étaient si courtes, si incomplètes, si vagues, qu'elles convenaient également à une multitude d'espèces très-différentes les unes des autres. Charles de l'Écluse y fit régner l'exactitude, la précision, la netteté, l'élégance, la méthode. Il ne dit rien de superflu, il n'omit rien de ce qui convenait de dire, si ce n'est certains détails de la fleur et du fruit, qui n'ont été bien observés qu'à la fin du XVIIIe siècle, et c'est uniquement sous ce dernier point de vue que les descriptions des modernes sont plus complètes que les siennes.

Gesner avait démontré l'existence des genres, et même il avait indiqué comment on doit procéder à leur découverte; mais ce n'était pas assez; le nombre des espèces connues allait croissant de jour en jour, et l'invention de Méthodes artificielles, à l'aide desquelles on pût facilement retrouver dans les auteurs, les descriptions des plantes dont on voudrait étudier les caractères ou les propriétés, devenait désormais indispensable. Cæsalpin, né en 1519 à Arezzo en Toscane, imagina de former des groupes d'espèces, et de les subdiviser par des caractères constans, sans d'ailleurs avoir pour but de conserver les affinités naturelles. La durée et la grandeur des plantes, la présence ou l'absence des fleurs, le nombre des cotylédons, la situation des graines dressées ou pendantes, l'adhérence au péricarpe de certaines graines solitaires, le nombre des loges des fruits et le nombre des graines qu'ils renferment, l'adhérence ou la non-adhérence du périanthe à l'ovaire, la nature de la racine bulbeuse ou charnue, furent les caractères que ce grand naturaliste employa et combina de diverses manières pour former ses divisions et ses subdivisions. Voilà sans doute le plus ancien modèle d'une Méthode botanique; car il ne convient nullement, ainsi que je l'ai déja fait observer, de décorer du titre de Méthodes les *Ordres de matières* qu'on avait adoptés jusqu'à cette époque. A la vérité ce modèle est défectueux. Il n'a ni la simplicité, ni l'unité qui pourraient le rendre d'une application facile; mais il serait injuste d'exiger de l'inventeur une perfection que l'on trouve à peine chez les modernes. La Méthode de Cæsalpin contient le germe d'une multitude d'observations et de découvertes qui ont illustré ses successeurs ; toutefois elle n'eut pas autant d'influence sur les esprits qu'elle méritait d'en avoir, parce que l'auteur ne forma point de genres et négligea tout-à-fait la synonymie des espèces.

Comment en effet se reconnaître au milieu de tant d'espèces et rapporter à chacune d'elles ce qui lui appartient, si les botanistes ne prennent soin de citer exactement les auteurs originaux qui ont écrit avant eux et de rappeller les différens noms sous lesquels une seule et même espèce a été désignée. Sans synonymie, toute l'Histoire naturelle est obscure et incertaine. Au temps dont je parle, cette partie de la science était bien négligée. Elle fut mise en honneur par les deux illustres frères Jean et Gaspard Bauhin, et c'est-là sur-tout ce qui a rendu leurs noms recommandables. Ils étaient fils de Jean Bauhin, originaire d'Amiens, retiré à Bâle où il exerçait la médecine avec distinction. Jean, l'aîné des deux frères, naquit en 1541 ; il fut disciple de Fusch et ami de Gesner. Il voyagea en Suisse, en Italie, dans la Suabe, le Jura, la Gaule narbonaise, etc., et composa une Histoire générale des plantes qui comprend 5,266 espèces. Cet ouvrage brille par une érudition immense, une saine critique, une synonymie exacte, et même par beaucoup de rapprochemens naturels.

Gaspard, né en 1560, aussi actif, aussi savant, aussi judicieux que son frère, et doué d'un génie encore plus vaste, conçut le plan d'un ouvrage qui devait renfermer l'histoire détaillée et la synonymie complète de toutes les plantes. Malheureusement la mort vint le surprendre avant qu'il eût mis fin à ce grand travail. Nous n'en possédons que la table et le premier volume ; mais ces fruits de quarante années de recherches et d'observations suffisent pour la gloire de Gaspard. Le premier volume contient l'histoire des Graminées, des Cypéracées et des Liliacées. La table, célèbre sous le nom de *Pinax*, forme à elle seule un ouvrage immense ; elle renferme la citation de 6,000 espèces et la synonymie de tous les auteurs depuis Tragus. On y remarque aussi la première esquisse des genres. Matthiole, Daléchamp, Lobel, Charles de l'Écluse, Jean Bauhin, avaient souvent rapproché les espèces qui leur paraissaient avoir quelques ressemblances, mais ils n'avaient pas exprimé ces ressemblances en tête de chaque groupe. Gaspard Bauhin entreprit de donner des notes génériques. Il faut convenir qu'elles ne ressemblent guère à celles de Tournefort, et moins encore à celles de Linné. Elles ne contiennent pour l'ordinaire que des étymologies de noms et quelques mots vagues sur les propriétés, les usages, la couleur, le port et l'habitation des plantes. D'ailleurs les espèces qui composent chaque genre n'ont point de dénomination commune. Ainsi les idées de Gesner n'avaient pas encore beaucoup fructifié. Gaspard Bauhin voyagea en Suisse, en Italie, en Allemagne, dans le midi de la France, et il enrichit ses ouvrages de plusieurs espèces inconnues avant lui.

Ici se termine ce que j'avais à dire sur la botanique du XVIe siécle. Avant d'aller plus loin, arrêtez-vous un moment; reportez vos regards en arrière; rappelez-vous ce qu'était la science au temps de Cuba; voyez ce qu'elle devint dans l'espace de cent années, et vous reconnaîtrez la puissante et prompte influence des bonnes méthodes sur les progrès de l'esprit humain.

Tous les travaux botaniques du XVIe siècle ont un caractère de nouveauté; car alors il fallut tout créer. C'est pourquoi je n'ai pas autant négligé les détails que je le ferai dans la suite de ce discours.

Le XVIIe siècle ne fut pas aussi favorable aux sciences

dans son commencement que l'avait été le XVIe. L'Europe était déchirée par des guerres continuelles; les princes appliqués aux intérêts de leur politique, ne songeaient guère à encourager les arts de la paix; mais dans la dernière moitié de ce siècle, le goût de l'Histoire naturelle se réveilla; un grand nombre d'hommes d'un esprit supérieur se livrèrent à la Botanique, et plusieurs entreprirent des voyages longs et périlleux, dans l'unique dessein d'examiner les plantes étrangères.

Paul Hermann de Hale en Saxe, va au cap de Bonne-Espérance et à Ceylan. Il étonne les Botanistes par la quantité prodigieuse de plantes remarquables qu'il leur fait connaître, et publie à son retour une Méthode très-savante, mais beaucoup trop compliquée.

Le hollandais Rhéede, gouverneur du Malabar, fait décrire et dessiner beaucoup d'espèces curieuses. Rumphe, autre hollandais consul à Amboine, travaille avec zèle et succès sur les plantes des îles Moluques. Quelques espèces de Madagascar figurent dans une histoire de cette île composée par le commandant français Flacourt. André Cleyer de Cassel, parcourt la Chine et le Japon. Peu après Engelbert Kæmpfer, westphalien très-lettré et d'un courage à toute épreuve, visite la Perse, l'Arabie heureuse, les états du Grand-Mogol, Ceylan, le Bengale, Sumatra, Java, Siam, le Japon et le cap de Bonne-Espérance. Wheler voyage en Grèce et dans l'Asie mineure. Guillaume Sherard, consul anglais, fait connaître les plantes des environs de Smyrne.

En ce même temps, le Nouveau-Monde excitait aussi la curiosité des Botanistes.

Un ami intime de l'illustre J. Rai, le chevalier Hans-Sloane, qui fut nommé président de la Société royale de Londres à la mort du grand Newton, recueillait les plantes de la Jamaïque; Jean Banister son compatriote, celles de la Virginie ; un autre anglais, Guillaume Vernon, et David Kreige, saxon, celles du Maryland ; deux français, Surian et le père Plumier, religieux minime, celles de Saint-Domingue. Ce dernier, habile mathématicien, grand botaniste, va trois fois au Nouveau-Monde, dessine et décrit plus d'espèces qu'aucun autre voyageur, et meurt près de Cadix en 1706, au moment de traverser les mers pour la quatrième fois.

Un demi-siècle auparavant était mort ignoré Joachim Jung de Lubeck, professeur à Helmstadt. Ce fut un homme d'un esprit net et profond, ainsi que le prouve son *Isagoge phytoscopia* qui ne fut imprimé qu'en 1679. Ce naturaliste examina avec une rare perspicacité les diverses modifications des organes, et sur-tout des étamines et des pistils, et jugea en sage métaphysicien, qu'il serait impossible de perfectionner la Botanique tant qu'on négligerait de bien déterminer les espèces, et d'établir les genres, les ordres et les classes sur des bases invariables. Il traita savamment des caractères et de la terminologie, essaya de réduire en axiomes les principes de la Botanique, et laissa de précieux matériaux que Linné a su mettre en œuvre. Pour obtenir une place éminente parmi les maîtres de la science, il n'a manqué à Joachim Jung que de paraître sur un plus grand théâtre, et de pouvoir propager sa doctrine.

Environ trente ou quarante ans après Jung, parurent l'écossais Robert Morison, l'anglais Jean Rai et le français Pierre Magnol, qui s'appliquèrent à trouver et à développer, chacun selon l'étendue de ses lumières et le caractère de son génie, les rapports naturels des espèces.

Morison donna une Histoire des plantes dans laquelle il traite de 3505 espèces qu'il distribue par tableaux, d'après les ressemblances qu'il observe entre elles. Les caractères dont il fait usage sont, la substance, la durée, le port des végétaux, leurs propriétés lactescentes, la nature des fruits, le nombre des pétales, l'aigrette des calices; mais il ne combine point ces caractères, il les isole et les emploie séparément; d'où il suit que les plantes qu'il rapproche n'ont quelquefois d'autre ressemblance que celle qui est exprimée dans le titre du tableau. Néanmoins on doit dire à la louange de Morison, qu'il est le premier qui ait annoncé positivement le dessein de prendre les affinités botaniques pour règle de classification. Cet auteur, dans ses recherches particulières sur les Ombellifères, nous offre aussi le plus ancien modèle d'une monographie, c'est-à-dire d'un travail complet sur un seul groupe de plantes. Avec le temps les monographies se multiplièrent et furent très-utiles. Le nombre des plantes des jardins et des herbiers est devenu si considérable, qu'il a bien fallu renoncer à les étudier toutes quand on a voulu se livrer à des recherches approfondies.

Rai était pénétré de cette importante vérité, que tous les caractères doivent concourir à la formation des groupes; mais ce savant homme connaissait mieux les livres que les plantes, aussi son ouvrage pèche souvent par l'exécution. Il essaya d'établir une Méthode naturelle. Les 18,655 espèces ou variétés dont il parle, sont rapprochées par la considération de leur durée, de leur consistance, de l'absence ou de la présence de la fleur, de l'absence ou de la présence de la corolle, du nombre des pétales, de l'adhérence ou de la non-adhérence du périanthe à l'ovaire, de l'inflorescence, de la disposition des feuilles, de la nature du péricarpe, du nombre des graines, de celui des cotylédons, et de quelques autres caractères encore.

Morison n'avait cherché que des affinités, Rai avait

voulu découvrir la Méthode naturelle ; Magnol tenta de former des familles sans se mettre en peine des rapports qui pourraient exister entre elles. Suivant lui, un caractère isolé ne suffit pas pour rapprocher les espèces ; toutes les parties doivent entrer en considération dans la formation des groupes ; les caractères prédominans varient dans les différentes familles ; ils varient quelquefois aussi par nuances insensibles dans l'intérieur d'une même famille, de sorte que les espèces qui la composent s'enchaînent plutôt qu'elles ne se groupent, et que l'on sent les affinités sans pouvoir les exprimer. Ces idées sont très-judicieuses ; mais dès le premier pas Magnol se montre incapable d'en faire l'application. A l'exemple de ses prédécesseurs, il range d'un côté les herbes, et de l'autre les arbres et les arbrisseaux, et rompt ainsi d'un trait de plume une multitude de rapports naturels. Ils considère ensuite la nature de la racine, de la tige, du fruit et de la graine ; l'absence ou la présence des feuilles et de la corolle ; la forme de celle-ci, monopétale ou polypétale, papillonacée, cruciforme, campanulée, labiée ; la disposition des fleurs isolées ou bien réunies dans un involucre. Ces caractères diversement combinés, lui donnent le moyen de former des associations qu'il qualifie très-improprement pour la plupart, du nom de *familles*.

Sans contredit, Rai et Magnol donnèrent la preuve d'un profond jugement, en reconnaissant que du concours de tous les caractères résultent les associations naturelles ; mais comment seraient-ils parvenus à mettre cette doctrine en pratique, puisqu'ils ignoraient de même que leurs contemporains, les faits les plus importans de l'organisation végétale ?

Pendant que ces botanistes cherchaient à rapprocher les plantes en vertu des affinités, Auguste Quirinus Rivin, professeur à Leipsic, imaginait une Méthode artificielle dans laquelle les herbes et les arbres étaient associés et groupés ensemble. Si l'on fait attention que personne jusque-là n'avait senti la nécessité de cette réunion que réprouvaient également l'habitude et le préjugé, on saura quelque gré à Rivin de l'avoir opérée. L'absence ou la présence des fleurs, leur disposition, le nombre des pièces de la corolle, sa forme régulière ou irrégulière, lui fournirent les motifs de ses classes dans lesquelles il ne s'attacha nullement à conserver les rapports naturels. Cette Méthode, moins remarquable par l'artifice de sa composition que par son extrême simplicité, fut tout-à-fait éclipsée par celle que publia quatre ans après Joseph Pitton de Tournefort, l'un des hommes les plus éclairés de son siècle, et le plus grand naturaliste que la France ait produit jusqu'à Bernard de Jussieu.

Tournefort naquit à Aix en Provence le 5 juin 1656. Son penchant pour la botanique se déclara de bonne heure. Très-jeune encore il parcourut la Provence, le Languedoc, le Dauphiné, les Alpes, les Pyrénées, la Catalogne. Appelé à Paris à l'âge de vingt-sept ans par M. Fagon premier médecin de Louis-le-Grand, il fut nommé professeur au Jardin royal des Plantes; ce fut pour lui un nouveau motif d'accroître ses connaissances botaniques. Il voyagea en Espagne, en Portugal, en Hollande, en Angleterre. Le Roi l'ayant envoyé en 1700 dans le Levant, il visita la Grèce, les îles de l'Archipel, les bords de la mer Noire, et poussa jusqu'aux frontières de la Perse. Il revint à Paris en 1702. Un accident le priva de la vie à l'âge de cinquante-trois ans, lorsqu'il travaillait à perfectionner ses ouvrages. Ce naturaliste célèbre était homme d'esprit et de goût; il avait beaucoup de sagacité, un solide jugement et des connaissances variées : cela paraît dans tous ses écrits. Ses descriptions de plantes sont parfaites ; il sépare nettement en général les variétés des espèces, et fait voir qu'il est des caractères inconstans par leur nature, qu'on ne saurait employer pour distinguer les races.

Tous les Botanistes depuis Gesner, groupaient les plantes qui leur paraissaient avoir beaucoup de rapports dans les organes de la fructification, et ils en formaient des genres ; mais ils n'avaient pas encore imaginé l'art d'abstraire les caractères génériques ; aussi régnait-il une grande incertitude touchant les limites de ces groupes. Morison, Rai et Rivin, avaient travaillé sans succès à les rendre plus rigoureuses ; après eux Tournefort le tenta et réussit. Convaincu de l'excellence de la doctrine de Gesner, il déclare que les caractères de la fleur et du fruit l'emportent sur tous les autres ; mais il reconnaît en même temps, que lorsque les espèces réunies par les caractères de la reproduction diffèrent sensiblement par ceux de la végétation, on peut encore employer ces derniers avec avantage pour établir les genres. Ce précepte très-utile quand on l'applique avec discernement, très-nuisible quand on en fait abus, attaqué par Linné, défendu par Adanson, adopté par Antoine Laurent de Jussieu, semble avoir prévalu dans les écoles modernes.

Les descriptions génériques de Tournefort ne sont pas à l'abri de la critique ; on remarque qu'elles sont écrites dans un langage trop vague, qu'elles ne présentent quelquefois que la moindre partie des caractères distinctifs, et que souvent elles seraient insuffisantes sans les admirables figures d'Aubriet. Toutefois, il serait injuste de dire avec Linné que le peintre a mieux connu la Nature que le botaniste. En ces temps où la terminologie n'était point créée, il était impossible d'exposer briévement les traits génériques; or, la précision est indispensable dans l'exposé des caractères. Tournefort qui ne l'ignorait pas, abrégea son texte par des omissions volontaires, et jugea que les figures suppléeraient aux paroles. S'il n'eût aperçu dans les espèces que ce qu'il a exprimé dans son discours, comment serait-il parvenu à établir cette longue suite de genres où ses successeurs n'ont trouvé presque rien à reprendre? Quoi qu'il en soit, ce vague dans les expressions, ces omissions dans les caractères, sont des défauts très-réels. Sans doute en Histoire naturelle il est nécessaire, il est indispensable même de parler aux yeux, mais il faut plus encore parler à l'esprit, car il importe que la connaissance des choses soit plus rationnelle qu'empirique.

L'invention d'une Méthode artificielle fondée sur la durée et la consistance des végétaux, l'absence ou la présence des fleurs, l'inflorescence, le nombre, la composition, la forme des périanthes, et la nature du fruit, ne fit pas moins d'honneur à Tournefort que l'établissement des genres. A la vérité on retrouve dans ses prédécesseurs les élémens de sa méthode: Rai, Christophe Knaut, Magnol, Rivin, avaient déja examiné scrupuleusement toutes les modifications de la corolle; mais Tournefort sut employer ces caractères avec plus d'art; il les combina de manière à laisser subsister un grand nombre de groupes naturels, et l'on doit avouer que personne avant et depuis lui, n'a concilié avec autant d'habileté et de bonheur, les avantages des affinités organiques et ceux de la Méthode artificielle. Il donna le premier modèle régulier d'un tableau synoptique où les genres composent des ordres, où les ordres composent des classes; et il déclara que les lois de ces associations devaient être les mêmes que celles des associations d'espèces dans la formation des genres; d'où il suit que les caractères de la fleur et du fruit sont préférables à tous les autres pour l'établissement des classes et des ordres. L'assentiment général des Botanistes a confirmé cette décision.

Lorsque la Méthode de Tournefort parut, elle eut un succès prodigieux. Dix mille cent quarante-six espèces rapportées à six cent quatre-vingt-dix-huit genres ; les genres, les ordres et les classes, établis sur des caractères comparatifs ; une gradation, une sorte de hiérarchie dans les caractères; des rapprochemens souvent très-naturels, amenés à l'aide d'un ingénieux artifice ; toute cette belle ordonnance, si neuve, si lumineuse et si savante, entraîna les suffrages. Le plus grand botaniste de l'Angleterre, Rai, dont la simplicité et la modestie égalaient le mérite, fut des premiers à rendre hommage au botaniste français en adoptant ses genres.

Cependant la gloire de Tournefort ne put le soustraire aux coups de l'envie. Un de ses élèves, Sébastien Vaillant, homme habile, mais jaloux et passionné, critiqua sa Méthode avec autant d'injustice que d'amertume. Il s'attacha à prouver qu'elle ne se plie pas toujours aux analogies, et cela est incontestable; mais qui ne voit que le but de Tournefort, ainsi que celui de la plupart des méthodistes, fut moins de conserver les affinités naturelles que de présenter les espèces dans un ordre favorable à l'étude ?

Cette Méthode ne pouvait être d'une application universelle; les nouvelles découvertes l'ont rendue tout-à-fait insuffisante. Un tort de son ingénieux auteur fut de conserver, contre sa propre conviction, l'ancienne division des végétaux en *herbacés* et *ligneux*. Si à l'imitation de Rivin, Tournefort se fût élevé au-dessus du préjugé, sa classification eût été sans doute plus commode et plus naturelle. Elle présente encore un autre défaut qui la rend quelquefois d'une application difficile: les limites des classes et des ordres s'effacent, et les groupes voisins se confondent. Où placer par exemple, la ligne de démarcation entre les fleurs *campaniformes* et *infundibuliformes*, entre les fleurs *infundibuliformes*, *hypocratériformes* et *rotacées*? Mais ce défaut était inévitable, parce qu'il résulte des modifications insensibles des formes de la corolle. Quoi qu'il en soit, la réputation de Tournefort comme méthodiste est encore la seule qui puisse balancer celle de Linné.

Vers ce temps, Leuwenhoek, Grew, Malpighi, R. J. Camérarius, font revivre l'Anatomie et la Physiologie végétales tombées dans l'oubli depuis Théophraste, et remplacent par de solides découvertes, les aperçus douteux et les opinions mal assises de cet ancien philosophe. Alors le microscope, invention récente, éclairait des mystères de la Nature, qu'on n'eût jamais pénétrés sans le secours de cet instrument. Leuwenhoek, Grew, Malpighi l'emploient pour étudier la structure interne des végétaux; ils décrivent avec précision l'écorce, le bois, la moëlle, les insertions; reconnaissent l'existence des cellules et des trachées, et entrevoient les vaisseaux propres, les lacunes, et même les vaisseaux poreux. Payons un juste tribut d'admiration à ces créateurs de l'Anatomie végétale, mais qu'un respect exagéré ne nous ferme pas les yeux sur les imperfections de leur travail. Ils ne s'accordent ni sur les faits ni sur les conséquences qu'il en faut déduire; chacun varie dans sa propre doctrine; tous mêlent beaucoup d'erreurs à de grandes vérités, et leurs observations incertaines restent éparses et sans liaison.

Grew et Malpighi décrivirent soigneusement les étamines; Grew considérant la structure compliquée de ces organes, leurs androphores, leurs anthères, leur pollen, jugea d'abord par suite de la tendance de son siècle à expliquer l'existence des choses par les causes finales, que les étamines devaient remplir des fonctions très-importantes, et bientôt après il alla plus loin; il admit, à l'exemple de Thomas Millington son compatriote et son contemporain, que ces organes représentaient dans les plantes les organes mâles des animaux, opinion qui fut adoptée par J. Rai. De son côté Malpighi montra l'analogie des ovaires des animaux avec ceux des végétaux, et poussa même la comparaison au-delà de ses limites naturelles; car, tout préoccupé qu'il était de ses grandes découvertes sur la formation et le développement du fœtus animal, il lui parut que la graine offrait des phénomènes tout semblables, et il introduisit dans la Botanique la langue de l'Anatomie; de là, les expressions de *cordon ombilical*, de *placenta*, de *chorion*, d'*amnios*, etc. Néanmoins, rien ne prouve que Malpighi ait soupçonné l'existence de l'organe mâle dans les plantes.

Il est certain que les Anciens n'ignoraient pas le phénomène de la fécondation des végétaux: Empédocle, Aristote, Théophraste, Pline, et quelques poëtes, en font mention; mais ils n'en eurent que des notions incomplètes, et elles se perdirent pour long-temps dans le naufrage des connaissances humaines.

Un poëme latin composé dans le quinzième siècle par Jovianus Pontanus, précepteur d'Alphonse roi de Naples, est le premier ouvrage moderne où il est fait mention du sexe des plantes. Pontanus chante les amours de deux Dattiers végétant à quinze lieues l'un de l'autre. Le mâle était à Brindes, la femelle était dans les bois d'Otrante: la distance ne fut pas un obstacle à la fécondation, dès que les deux Palmiers, élevant leurs têtes au-dessus des arbres qui les environnaient, *purent se voir*, pour parler avec le poëte.

Zaluzian, botaniste de la fin du quinzième siècle, dont il a été fait mention précédemment, dit que la plupart des espèces sont *androgynes*, mais qu'il en est quelques-unes dont les sexes sont séparés sur deux individus, et il rappelle à ce sujet un passage de Pline, relatif à la fécondation du Dattier. Jean Bauhin dans le milieu du dix-septième siècle, cite les expressions de Zaluzian; enfin quarante ans après, un professeur de Tubinge, Rudolph Jacob Camérarius, distingue nettement les organes de la génération, et prouve, par des expériences rigoureuses sur le Mûrier, le Maïs et la Mercuriale, que les graines restent infécondes quand on s'oppose par un moyen quelconque à l'action des étamines sur les pistils. Ce savant, qui d'ailleurs n'est connu que par un petit nombre de Mémoires insérés dans les *Actes de l'Académie des curieux de la Nature*, est donc chez les modernes le véritable auteur de la découverte de la fécondation des plantes; car l'honneur d'une découverte n'appartient pas tant à celui qui l'a soupçonnée, ou même qui l'a entrevue, qu'à celui qui l'a démontrée et mise dans tout son jour. C'est une vérité que l'ingratitude et l'envie affectent trop souvent de méconnaître.

Pendant que Camérarius enseignait les fonctions des étamines, Tournefort abusé par des expériences insuffisantes, soutenait que ces organes ne sont que des canaux excrétoires, et Réaumur au commencement du dix-huitième siècle penchait encore pour cette doctrine. Ce fut alors que Geoffroy, apothicaire à Paris, soumit les organes sexuels à de nouvelles observations; il examina les formes variées du pollen, observé déja par Grew et par Malpighi; il indiqua le canal excrétoire et le micropyle ; mais il s'imagina que le pollen n'était autre chose que de petits germes, lesquels s'introduisant par ces conduits jusque dans les ovules, s'y développaient sous la forme d'embryons : hypothèse que les recherches des Anatomistes ont rendue insoutenable. Peu après l'élève et le critique de Tournefort, Sébastien Vaillant auteur d'un excellent ouvrage sur les plantes des environs de Paris, exposa le phénomène de la fécondation dans ses leçons publiques, décrivit l'explosion des anthères, et fit voir que les fleurons et les demi-fleurons des *Synanthérées*, encore qu'ils soient formés sur le type d'une fleur hermaphrodite, sont quelquefois mâles ou femelles ou même neutres, par l'avortement des pistils ou des étamines, ou des étamines et des pistils tout ensemble.

La marche de la sève était inconnue des Anciens ; Théophraste savait que les racines et les feuilles font les fonctions de bouches aspirantes, mais une fois la sève introduite dans l'arbre, il ignorait quelle route elle suit. Perrault qui se fit remarquer par la diversité de ses connaissances et par l'originalité de ses vues, prétendit en 1667, que les plantes ont des vaisseaux semblables aux artères et aux veines, et que la sève passant des uns dans les autres, circule comme le sang. Mariotte et Lahire adoptèrent cette opinion. Lahire crut, avec Tournefort, que les vaisseaux sont garnis de valvules qui s'opposent au retour des fluides ; il chercha dans la capillarité du tissu la force motrice des mouvemens séveux.

L'opinion de la circulation fut attaquée vivement dès sa naissance par le docteur Tonge, anglais. Peu ensuite, les français Duclos, Dodart, Magnol, la combattirent aussi. Magnol, pour découvrir la route de la sève, imagine de faire aspirer une liqueur colorée à une Tubéreuse. Des observations peu concluantes le portent à publier qu'une partie de la sève monte par la moëlle et est employée à développer les fruits.

Dodart admet deux sèves, l'une qui descend des feuilles vers les racines, l'autre qui monte des racines vers les feuilles : sèves aussi distinctes par leur nature et leur destination que par leur origine et leur marche. Avant cela, Raï et Willoughby avaient montré qu'au moyen d'une incision faite au tronc d'un arbre, la sève peut s'échapper par les plaies supérieure et inférieure; et le docteur Tonge avait cherché à établir par la voie de l'expérience et du raisonnement, qu'il n'y a pas à proprement dire de sève descendante ; que la sève montante s'élève à travers les couches ligneuses, et rétrograde quelquefois dans les conduits qui ont servi à son ascension, par une rechûte comparable sous quelques rapports à celle de l'*eau d'un alambic :* c'est l'expression dont se sert l'historien de notre Académie des Sciences.

Les choses en étaient là en 1727, quand Hales publia sa *Statique des Végétaux*. Cet illustre Anglais, l'un des fondateurs de la Chimie pneumatique et de la Physique expérimentale, calcula par des moyens très-ingénieux, la rapidité de la marche de la sève, la force aspirante des racines et des feuilles, et les rapports nécessaires entre l'absorption et la transpiration ; prouva l'influence des causes extérieures sur ces phénomènes ; reconnut le mouvement de la sève du centre à la circonférence, et détruisit de fond en comble le système de la circulation dans les végétaux.

Quelque temps auparavant, Grew avait indiqué l'analogie des cotylédons et des feuilles; Dodart avait constaté la tendance naturelle de la radicule vers le centre de la terre, et de la plumule vers le ciel, et Lahire avait inutilement tenté d'expliquer cette tendance par la chûte des fluides et l'ascension des vapeurs.

Malgré les soins pénibles des dernières années de son règne et les chagrins poignans d'une ambition déçue, Louis XIV toujours sensible à la gloire, ne cessait d'encourager les arts, les lettres et les sciences. La Botanique ne fut point oubliée. A la fin du XVIIe siècle, Surian et Plumier avaient été envoyés aux Antilles; en 1700, Tournefort partit pour le Levant; en 1703, Augustin Lippi pour l'Éthiopie; en 1708, le père Feuillée pour le Pérou.

L'anglais Marc Catesby, peu d'années après, visite la Virginie, la Georgie, la Floride, les îles de Bahama, et publie à son retour en Europe, un ouvrage d'une magnificence jusqu'alors inconnue dans l'Histoire naturelle. Vers cette époque Messerchmid, né à Dantzick, entreprenait un voyage long et pénible. Il employa huit ans à parcourir les bords de l'Oby et de l'Irtz, la Daourie, et les monts Uraliens.

En ces temps, la Russie encore barbare était gouvernée par le Czar Pierre Ier. Ce despote considérant les avantages infinis de la civilisation, se résolut à l'introduire dans ses États; il fit venir de toutes parts des artistes et des savans, fonda des bibliothèques, des académies, des écoles, des établissemens pour l'Histoire naturelle. Par ses ordres, le botaniste saxon J. Christian Buxbaume partit à la suite du comte Romanzow, ambassadeur de Russie auprès de la Porte-Ottomane, et visita les rives du Pont-Euxin, l'Asie mineure et l'Arménie.

Anne Iwanowna poursuivit en femme supérieure le dessein de Pierre-le-Grand. Des historiens, des géographes, des naturalistes furent envoyés dans toutes les parties de l'empire. Heinzelmann parcourut la Tartarie; Gerber, les bords du Tanaïs et du Volga; Gmelin, les diverses contrées de la Sibérie; Étienne Krachenniunikow, le Kamtchatka; Steller se réunit à Béering qui naviguait dans le détroit du Nord, et pénétra jusqu'en Amérique.

Tandis que les Russes dirigés, ou plutôt entraînés par leurs Czars, s'élevaient avec une rapidité inouie au rang des peuples civilisés, ces derniers ne perdaient rien de leur ardeur pour les sciences. L'amour de la Botanique décide presque en même temps trois français à passer dans le Nouveau-Monde. Le médecin de Prat et Granger s'embarquent pour l'Amérique septentrionale; celui-ci en 1733, celui-là en 1734; et Joseph de Jussieu, frère du célèbre Bernard, accompagne, en 1735, les académiciens que Louis XV envoyait au Pérou pour mesurer un degré du méridien.

Depuis Tournefort, le nombre des plantes connues s'était prodigieusement accru; de grands voyages avaient été entrepris dans le seul dessein d'avancer la Botanique. Les découvertes nouvelles mettaient sans cesse en défaut la Méthode ingénieuse, mais insuffisante du naturaliste français. La Méthode de Rivin laissait encore bien plus à désirer. Le hollandais Boerhaave, grand médecin, botaniste moins célèbre, avait publié en 1710, une Méthode artificielle où se retrouvaient combinées les idées de Rai, d'Hermann, et de Tournefort. Cette classification embarrassée n'eut point de vogue malgré le nom de son auteur. Deux allemands, Chrétien Knaut, en 1716, et Henri Bernard Ruppius, en 1718, avaient reproduit sous une nouvelle forme la Méthode de Rivin, et ne l'avaient rendue ni plus commode ni plus générale. L'italien Pontédéra, en 1720, avait essayé de perfectionner celle de Tournefort, et n'avait fait réellement que la compliquer.

Les caractères génériques indiqués par Tournefort

manquaient de précision. Les botanistes qui avaient écrit après lui n'avaient pas été plus sévères dans la description des nouveaux genres. On n'était point d'accord sur ce qu'on devait nommer espèces et variétés. Les noms des espèces se composaient des noms génériques et de quelques épithètes placées à la suite, ce qui répondait à nos phrases spécifiques; mais ces noms, pris dans les anciens auteurs, ou calqués sur les modèles qu'ils avaient laissés, indiquant le lieu natal des plantes, la couleur de leurs périanthes, leurs odeurs, et quelques autres caractères aussi variables, étaient trop longs pour appeler les espèces, et trop vagues pour les faire reconnaître. La mémoire la plus ferme ne pouvait retenir tant de mots souvent rudes et barbares. Les communications entre les botanistes devenaient de jour en jour plus difficiles. La synonymie était presque totalement négligée. Joignez que la langue de la Botanique n'existait pas encore, en sorte que chacun décrivait les plantes à sa mode, désignant les organes et leurs diverses formes par les expressions qui lui paraissaient les plus convenables.

Quoiqu'il en soit, ces temps-là ne manquaient pas de grands botanistes, et sans rappeler ceux que j'ai déja cités et beaucoup d'autres qui jouissent d'une juste célébrité, je me contenterai de dire que l'allemand Jacques Dillen, le suisse Jean Scheuchzer et le florentin Pierre Antoine Micheli, parurent immédiatement après Tournefort.

Tous trois eurent cette sagacité, cette patience, et cet esprit de méthode, qui conduisent toujours à de beaux résultats dans les sciences d'observation. Les divers ouvrages que Dillen a publiés sont excellens; mais son Histoire des *Mousses* mérite une mention particulière. On n'a jamais donné de dessins et de descriptions plus exacts. L'esprit s'étonne qu'un travail si difficile ait été porté d'abord à ce haut degré de perfection. L'*Agrostographie*, ou l'Histoire des *Graminées* de Scheuchzer, ne le céderait point en mérite à l'Histoire des *Mousses*, si l'auteur eût donné les figures entières des plantes dont il traite, et s'il eût fait ressortir davantage dans ses descriptions, les caractères distinctifs des espèces. Les recherches de Micheli sur les *Champignons* sont comparables à celles de Dillen sur les *Mousses*. Cet éloge dispense de tout autre.

A mesure que les observateurs enrichissaient la science, le besoin d'une réforme générale se faisait sentir davantage. L'entreprise était grande et hasardeuse ; elle ne pouvait être conduite que par une seule tête. Ce n'était pas assez que le réformateur homme d'esprit et de talent, fût capable de se livrer avec persévérance à des recherches pénibles, il fallait encore qu'il pût saisir l'ensemble de la science aussi bien que ses moindres détails ; qu'il eût à-la-fois la conception la plus vaste, l'intelligence la plus nette, la mémoire la plus heureuse ; qu'il sût ramener une métaphysique profonde à des expressions simples et claires ; qu'il entraînât la multitude par ses brillans aperçus ; qu'il persuadât les esprits supérieurs par sa solide raison ; et cela même n'eût pas suffi si ce naturaliste peu confiant dans ses forces, eût fléchi sous l'autorité de ses prédécesseurs, et craint les préventions de ses contemporains : absolu dans ses principes il devait les dicter en maître, et braver les préjugés et l'envie qui s'efforceraient d'arrêter les progrès de sa doctrine. Charles Linné, un suédois pauvre et sans appui, né en 1707 au village de Rashult en Smoland, parut tout-à-coup avec ce rare assemblage de qualités éminentes, et surmonta bientôt par l'ascendant de son génie, les obstacles que lui opposèrent la fortune et les hommes.

Le réformateur embrassa dans son plan toutes les parties de l'Histoire naturelle. Il n'est pas de mon sujet de vous dire ce qu'il fit en Zoologie et en Minéralogie ; je ne m'arrêterai un moment que sur ses travaux en Botanique. Il créa la langue de la science, il la rendit aussi rigoureuse qu'elle pouvait l'être. Chaque organe fut défini avec précision, et reçut un nom propre ; chaque modification importante fut désignée par une épithète particulière. Dès-lors les comparaisons devinrent faciles, et l'on put rechercher les moindres détails sans courir le risque de s'égarer et de tout confondre. Avec cet instrument Linné entreprit de reconstruire la science entière. Il put rendre dans son langage énergique et pittoresque, les caractères génériques que Tournefort n'avait exprimés que par ses dessins. Ces caractères furent exposés dans un nouvel ordre et sous un nouveau jour. Chaque espèce prit, outre le nom du genre auquel elle appartenait, un nom spécifique simple et significatif, rappelant pour l'ordinaire quelques particularités distinctives de cette espèce. Les phrases qui avaient servi jusqu'alors de noms spécifiques, changèrent de forme et de destination. Elles offrirent sous un seul point de vue, les caractères les plus saillans de chaque espèce, et servirent de moyen de comparaison entre les diverses espèces d'un même genre. Les descriptions reçurent aussi des améliorations sensibles ; elles furent rédigées dans un seul et même esprit, et présentèrent une suite de portraits d'autant plus reconnaissables qu'il fut plus aisé d'en faire contraster les parties correspondantes. Linné réunit dans un livre excellent, les principes fondamentaux de sa doctrine qui devint en peu d'années celle de tous les Botanistes.

Mais ce qui multiplia prodigieusement le nombre de ses sectateurs, fut la Méthode artificielle suivant laquelle il distribua les genres, et qu'il désigna sous le nom de *Système sexuel*. Personne n'avait encore fondé de Méthode sur les organes de la génération. R. J. Camérarius et Burkard en avaient eu l'idée. Camérarius s'était borné à indiquer trois coupes principales résultant de l'union et de la séparation des sexes. Burkard avait jugé que l'on pouvait employer avec succès le nombre et la proportion des étamines, et il avait indiqué plusieurs des classes que Linné a établies depuis. On trouve aussi dans le travail de Vaillant sur les *Synanthérées*, le principe fondamental des ordres qui divisent cette grande classe dans le Système sexuel; mais cela ne détruit point la gloire de Linné, qui sut développer et généraliser en homme supérieur, des idées trop incomplètes ou trop vagues pour qu'on en eût conservé le souvenir. D'ailleurs, il se rencontre dans sa Méthode plusieurs choses qui lui appartiennent en propre. Il remarqua le premier les différentes insertions des étamines, et fit un bel usage de ces caractères pour diviser en deux classes les plantes hermaphrodites dont les étamines libres passent le nombre douze. L'union des étamines par les filets avait déja été observée, mais l'emploi qu'en fit Linné est neuf et original. Enfin, ce qui établit incontestablement ses droits comme inventeur, est l'art admirable avec lequel il a combiné les diverses parties de sa Méthode, et l'application immédiate qu'il en a faite à tous les végétaux connus.

Le raisonnement aussi bien que l'expérience, prouve qu'en Histoire naturelle il ne peut exister de Méthode parfaite; le Système sexuel a donc ses imperfections. Linné part de ce principe, que toutes les plantes ont des organes mâles et femelles; or, il paraît qu'il y a des plantes agames: voilà par conséquent des espèces qui n'ont pas de place dans le Système, ou qui n'y rentrent qu'en vertu d'une hypothèse pour le moins très-douteuse. Une grande partie des genres est classée par le nombre des étamines, ce qui fait supposer que toutes les espèces comprises dans un même genre ont un nombre égal d'étamines, et cependant nous voyons qu'il y a des exceptions. L'union des étamines par les filets est plus ou moins complète : cela donne matière à des doutes, et rend quelquefois la classification problématique. La séparation des sexes résulte souvent de l'avortement de l'un des deux organes sexuels ; des circonstances accidentelles peuvent déterminer cet avortement ; il n'est pas rare qu'il se manifeste dans certaines espèces associées par d'excellens caractères génériques, à d'autres espèces constamment hermaphrodites, d'où il suit que l'union ou la séparation des sexes ne conduit pas toujours sûrement à la classe que l'on cherche.

Les subdivisions des classes, c'est-à-dire, les ordres présentent de même quelques imperfections.

Mais pour bien apprécier le Systême sexuel il faut le considérer dans son ensemble. Il plaît, il intéresse, il instruit tout-à-la-fois. Les caractères qu'il met en évidence piquent vivement la curiosité, parce qu'ils appartiennent à des organes d'où dépendent les phénomènes les plus mystérieux et les plus importans de la vie. L'esprit saisit sans fatigue et comme d'un regard toutes les parties de cette vaste composition ; on se croit botaniste sitôt qu'on en conçoit bien la savante ordonnance, et de fait on commence à l'être. S'il se rencontre des exceptions qui peuvent induire en erreur, elles ne sont pas très-nombreuses, et pour tout dire enfin, nulle Méthode artificielle n'est aussi sûre, aussi facile, aussi générale, aussi attrayante.

Linné n'ignorait pas que les Méthodes artificielles, ne rapprochant les plantes qu'en vertu de la ressemblance d'un petit nombre de caractères, n'en pouvaient donner qu'une idée incomplète; mais il croyait qu'elles étaient indispensables pour guider le Botaniste. C'était suivant lui, le fil d'Ariane qui empêche qu'on ne s'égare dans les détours du labyrinthe. Du reste il mettait fort au-dessus de tout arrangement systématique, les rapprochemens qui résultent de la concordance d'un grand nombre de caractères. Il disait que la Méthode naturelle était le but vers lequel on devait tendre incessamment. Il travailla toute sa vie à grouper les plantes suivant les lois des affinités, et dans ses entretiens particuliers, il développait à ses élèves chéris cette belle partie de sa doctrine.

Ce naturaliste ne se montra pas moins habile quand il fallut descendre aux détails de la science. Il avait voyagé en Laponie : la Flore qu'il publia de cette contrée hyperboréenne est un parfait modèle en son genre.

Il contribua aux progrès de la Physiologie, soit par de nouvelles recherches, soit en développant ce que ses prédécesseurs n'avaient fait qu'entrevoir. Quelques observations éparses offraient de vagues notions sur le sommeil des plantes. Garcias dans son voyage aux Grandes-Indes, avait noté que le Tamarin tient ses folioles inclinées pendant la nuit. Le père Labat durant son séjour aux Antilles, avait fait la même remarque sur une multitude de plantes à feuilles composées, et il attribuait cette disposition à la fraîcheur des nuits des tropiques. Linné examina et décrivit avec soin les circonstances particulières du phénomène; mais quoique son travail soit parfait à beaucoup d'égards, on peut y apercevoir quelques taches. Linné selon sa coutume (je ne dois pas vous laisser ignorer ce qu'il y eut de faible en lui), exagéra la vérité, négligea les exceptions, et crut pouvoir démontrer l'absolue nécessité des faits par la doctrine séduisante mais trompeuse des causes finales.

Telle fut la pente de son génie. Ses dissertations sur le sommeil des fleurs, sur la dissémination des graines, sur les noces des plantes, sur les espèces hybrides, etc., fournissent matière à de semblables critiques. Il n'est pas jusqu'à son *Genera*, chef-d'œuvre de sagacité et de précision, où l'on ne trouve souvent la preuve de sa trop grande propension à généraliser les faits particuliers. Combien de caractères il propose comme le lien commun de plusieurs espèces, qui n'existent effectivement que dans une seule! Linné n'est donc pas à l'abri de tout reproche; mais je dirai pour son excuse, que ses défauts mêmes tenaient à certaines qualités supérieures sans lesquelles il n'eût jamais eu la gloire d'être le réformateur de la science. Doué d'une imagination vive et brillante, il put répandre tout-à-coup des vérités qui sous la plume d'un écrivain froid, n'eussent fait que d'insensibles progrès. Il sut donner à ses pensées un tour si original et si piquant, qu'une simple lecture les grave pour toujours dans la mémoire. Plusieurs découvertes capitales faites par les botanistes qui l'ont précédé, ne sont devenues vulgaires que lorsqu'il les a reproduites dans ses écrits; et par exemple, l'existence des sexes dans les fleurs ne fut universellement admise comme un fait incontestable, qu'après qu'il eut exposé et développé lui-même le phénomène de la fécondation des plantes.

Le monde ne savait ce qu'il devait admirer davantage de la multiplicité, de la nouveauté ou de la profondeur des vues de l'Aristote du Nord. Son école devint la lumière de l'Europe; de toute part on s'y portait en foule; il y gouvernait despotiquement les esprits comme jadis les philosophes de la Grèce; ses disciples ne concevaient pas de plus grand honneur que de travailler à propager sa doctrine; aucun même après lui, n'osa songer à se frayer des routes nouvelles, et ses détracteurs (car il en ent) furent bientôt réduits au silence. Parmi les hommes qui l'ont censuré avec le moins de ménagement, on compte deux illustres français, Adanson et Buffon. Buffon entrait dans la carrière ; il n'avait pas encore cette maturité de jugement qu'il acquit par l'étude et la réflexion ; il ne pénétra pas d'abord l'esprit des Méthodes de Linné ; il voulut raisonner sur la Botanique qu'il n'entendait point, et ses raisonnemens portent à faux, tant il est vrai qu'en toute chose, et sur-tout en Histoire naturelle, le génie ne peut suppléer à la connaissance des faits. On ne saurait dire qu'Adanson manquât du côté de l'instruction ; mais le désir de se singulariser, et peut-être un sentiment de ses forces qui lui rendait insupportable la gloire immense de Linné, ne le laissèrent pas libre de porter un jugement impartial sur les heureuses innovations de ce profond botaniste.

Jamais l'ardeur pour les sciences naturelles n'avait été portée aussi loin. Les Suédois donnaient l'exemple. Cette nation généreuse voyait avec orgueil qu'elle possédait le Prince des Naturalistes. Les Académies, les sociétés savantes, les particuliers, firent de grands sacrifices ; et vers le milieu du XVIIIe siècle, six botanistes suédois partirent presque en même temps pour différens points de la terre. Kalm se rend en Pensilvanie, et parcourt pendant trois ans l'Amérique septentrionale ; Hasselquist visite l'Égypte, la Palestine, l'Asie mineure ; Lœfling passe dans l'Amérique méridionale, et Ternstrom en Asie ; Toréa habite trois années le Malabar ; Osbeck va à Java, en Chine, et à l'île de l'Ascension. Hasselquist, Lœfling et Ternstrom ne revirent point l'Europe. Le premier mourut à Smyrne, le second sur les bords de l'Orénoque, le dernier dans l'île de Pul-Condor.

En ces temps, Adanson parcourait le Sénégal, les Canaries et les Açores ; le père d'Incarville faisait passer à Bernard de Jussieu des plantes et des graines de la Chine ; Aublet qui peu ensuite visita si utilement pour la Botanique, la Guyane et Saint-Domingue, abordait à l'Ile-de-France ; et M. Jacquin, l'un des botanistes modernes qui ont le plus enrichi la science par la découverte de nouvelles espèces, rassemblait aux Antilles un nombre prodigieux de plantes pour le magnifique jardin de Schœnbrunn.

Alors la Méthode linnéenne prévalait ; la plupart des botanistes l'adoptaient dans leurs ouvrages. Cependant quelques-uns essayaient de combiner les divers caractères de manière à former des groupes naturels. Adrien Van Royen se distingua par ses recherches. Le catalogue des plantes du jardin de Leyde, qu'il publia en 1740, offre des aperçus neufs. Il est le premier qui ait divisé toutes les plantes phénogames, soit herbacées, soit ligneuses, en deux groupes caractérisés par le nombre des cotylédons, et qui ait fait usage pour la classification, du nombre des étamines comparé à celui des pétales.

Le suisse Albert de Haller, contemporain de Royen, employa aussi ce dernier caractère ; mais il ne distingua pas les monocotylédons des dicotylédons, quoiqu'il recherchât curieusement les affinités. Haller développa une singulière force de tête dans tout ce qu'il entreprit. Il brilla comme poëte, politique, anatomiste, physiologiste, médecin, botaniste...... Son Histoire des plantes de la Suisse est un chef-d'œuvre d'érudition et d'observation.

Je ne finirais pas si je voulais citer tous les Botanistes qui se distinguèrent à cette époque mémorable. Je me contenterai donc de rappeler ceux qui ont ouvert des routes nouvelles.

Le seul naturaliste qui aurait pu balancer la réputation

de Linné, était le respectable Bernard de Jussieu, si étonnant par l'étendue de ses connaissances, la pénétration de son esprit, et la solidité de son jugement. Mais Bernard de Jussieu se livrait aux recherches les plus pénibles sans aucun desir de gloire. L'amour de la vérité suffisait pour exciter et entretenir son zèle. Il ne celait ses découvertes à personne. Peu lui importait qu'un autre en recueillît l'honneur, si elles se répandaient et servaient aux progrès des sciences. Beaucoup de nos contemporains ont connu ce sage; ils disent que l'on ne vit jamais réunies en aucun autre homme, plus de candeur et plus de lumière.

Bernard ne publia qu'un petit nombre de Mémoires; il fit connaître les étamines de la Pilulaire et du *Marsilea;* il examina, après Grew et Malpighi, la forme des grains du pollen; il vit ces corpuscules éclater sur l'eau et lancer la liqueur séminale. Il démontra ce qu'Imperati avait soupçonné, et ce que Peyssonnel avait affirmé sans preves suffisantes, que les Madrépores doivent être transférés du Règne végétal dans le Règne animal. Comme le jugement était ce qui dominait en lui, il s'appliqua spécialement à la recherche des rapports naturels, et fit plus à lui seul pour avancer cette partie de la Botanique, que tous ses prédécesseurs ensemble. Le jardin de Trianon fut planté par ses soins. Il y groupa les plantes par familles et y distribua les familles d'après une Méthode fondée sur l'absence, la présence et la nombre des cotylédons, et sur l'insertion des étamines. Les élémens de cette Méthode n'étaient point neufs; Royen, ainsi qu'on vient de le voir, s'était servi des cotylédons dans le même esprit, et Jean Théophile Gleditsch, de Leipsick, dix ans avant Bernard de Jussieu, avait imaginé de prendre l'insertion des étamines pour principal caractère de classification; mais Bernard de

Jussieu, après avoir fait concourir tous les caractères à la formation des familles, disposait ces groupes dans un ordre méthodique, et cela était une nouveauté. Il croyait qu'il existait une affinité naturelle entre les différentes familles, de même qu'entre les différens genres. Il admettait une certaine subordination dans les caractères, et un enchaînement de rapports tels, qu'il lui semblait possible de classer les plantes selon les lois d'une Méthode aussi claire, aussi simple que nos Méthodes artificielles, et qui aurait en outre cet avantage sur ces dernières, que loin de rompre les affinités, elle n'en serait que l'expression la plus nette et la plus précise. La découverte de cette Méthode était le but de ses recherches. Soit que ce but fût réel ou qu'il fût imaginaire, les efforts qu'il faisait pour l'atteindre le conduisaient par une voie directe à la connaissance des rapports naturels, qui font de la Botanique une science vraiment digne des méditations du philosophe. Ainsi Bernard de Jussieu s'avançait à pas sûrs. Sans doute sa Méthode considérée en elle-même, n'est pas moins artificielle que toutes celles que l'on avait proposées jusqu'alors; de plus, elle est d'une application très-difficile, et elle donne lieu à une foule d'exceptions; mais il est visible que c'est un hors-d'œuvre que l'on peut supprimer sans toucher aux familles, et cela seul suffirait pour prouver le profond bon sens de l'auteur.

Bernard de Jussieu n'a rien publié sur les familles. Nous ignorerions quelle part il a prise dans ce travail, si M. Antoine-Laurent de Jussieu ne nous eût rendus juges des travaux de son oncle. M. Antoine-Laurent n'a point renoncé à la Méthode de Bernard, mais il l'a combinée avec celle de Rivin, et par ce moyen il en a singulièrement facilité l'étude. Il s'occupe sans relâche de perfectionner les familles naturelles, et il poursuit cette entreprise avec tant de succès, que les contemporains devançant le jugement de la postérité, reconnaissent en lui le légitime successeur du chef de l'École française.

Ce fut en 1759 que Bernard de Jussieu disposa le jardin de Trianon; ce fut en 1763 qu'Adanson publia ses familles des plantes. Si l'on rapproche ces dates, si l'on considère qu'Adanson avait de continuelles communications avec Bernard, que ce dernier ne faisait point mystère de sa doctrine, qu'il était le promoteur, et si j'ose dire, l'ame de presque tous les grands travaux que les naturalistes français entreprirent alors, on jugera de quelle utilité ses conseils furent pour Adanson.

Quoi qu'il en soit, Adanson n'était pas un homme d'une trempe commune; il avait une profonde connaissance des livres et des choses; il possédait au plus haut degré cette aptitude à bien voir et ce génie de comparaison qui font les grands naturalistes; mais un amour-propre immodéré, des préventions injustes, et l'ambition non moins puérile que bizarre de paraître extraordinaire en quoi que ce fût, obscurcirent un peu ses précieuses qualités.

Adanson reconnut que chaque famille a, suivant son expression, *un génie et des mœurs qui lui sont propres*; c'est-à-dire, en d'autres termes, et comme l'avait très-bien jugé Magnol, que les mêmes caractères n'ont pas une égale importance dans les divers groupes naturels, ensorte que la subordination générale des caractères ne doit être admise qu'avec restriction. Il fit consister la Méthode naturelle dans la formation des familles et dans leur disposition en *une série ou gradation fondée sur tous les rapports possibles de ressemblance*, et il insista fortement sur les avantages de cette classification qui à l'entendre ne renfermait rien de systématique. Mais la gradation qu'il admet est-elle donc autre chose qu'un système?.... Si l'on examine le Règne végétal, on voit que souvent les mêmes plantes, selon le jour sous lequel on les considère, se rapprochent ou s'éloignent par une multitude de points; qu'il n'existe pas de chaîne principale, mais de nombreux chaînons qui se ramifient, se croisent, reviennent sur eux-mêmes, forment un lacis inextricable, et qu'enfin, quelle que soit la direction que l'on suive, on ne trouve jamais cette série continue dont nous parle Adanson.

Magnol et Linné s'étaient bornés à désigner sous des titres différens, les familles qu'ils avaient formées; Adanson fit plus, il exposa avec beaucoup de netteté et de discernement, en tête de chacune d'elles, les caractères qui la distinguent des autres. Il imagina aussi de placer les caractères des genres en colonne, de façon qu'on pût en faire promptement la comparaison.

La Physiologie s'enrichissait tous les jours par les observations de Guettard et de Duhamel, deux français, amis de Bernard de Jussieu. Guettard décrivit avec une exactitude scrupuleuse, les diverses formes des excroissances cellulaires de l'épiderme auxquelles on a donné le nom de *poils* et de *glandes*. Duhamel entreprit un travail beaucoup plus vaste. Il composa un Traité de Physiologie, ouvrage qui contient une foule de belles observations. Il prouva par des expériences très-ingénieuses, que l'aubier se transforme en bois. Il ne se décida pas sur l'origine et les fonctions du liber, mais les expériences qu'il fit pour éclaircir ce point de doctrine, ont contribué à y porter la lumière. Grew avait déja reconnu l'existence du cambium; Duhamel distingua parfaitement ce *chyle* ou plutôt ce *sang végétal*, de la sève et des sucs propres. Hales avait établi par induction, que la sève des arbres dicotylédons a un mouvement du centre à la circonférence; Duhamel rendit palpable, pour ainsi dire, cette vérité importante. L'irritabilité et le sommeil des feuilles attirèrent aussi son attention, cependant il n'épuisa pas la matière, et l'on sait avec quel succès M. Decandolle l'a reprise tout récemment.

Il est fâcheux que la base de la Physiologie, l'Anatomie, soit si défectueuse dans l'ouvrage de Duhamel, et qu'on n'y aperçoive presque jamais, les rapports nécessaires qui existent entre l'organisation et les fonctions.

Je ne pense pas que le père Serrabat, jésuite de Bordeaux, qui précéda Duhamel de vingt ans environ, et l'allemand Hedwig, qui parut trente ans plus tard, aient mieux servi l'Anatomie végétale en reproduisant sous de nouvelles couleurs, les systêmes de Malpighi, de Perrault, de Lahire, touchant la circulation et la respiration dans les végétaux. Mais l'allemand Reichel, qui écrivit en même-temps que Duhamel, me semble avoir fait une découverte intéressante en prouvant que les injections colorées s'élèvent par les trachées. Peu ensuite, Charles Bonnet de Genève, confirma les résultats des expériences de Reichel, et de plus il démontra ce que Théophraste avait annoncé et ce dont personne ne doutait depuis long-temps, que les feuilles ont la propriété d'aspirer l'humidité de même que les racines.

Les expéditions lointaines fournissaient sans cesse de nouveaux matériaux aux Naturalistes. En 1761, le danois Nieburh, accompagné de Forskal élève de Linné, parcourut l'Orient, l'Égypte et l'Arabie. Six ans après, notre célèbre navigateur Bougainville, part pour faire le tour du Monde, et Commerson s'embarque avec lui. Ce botaniste visite les côtes du Brésil, Buenos-Ayres, les terres Magellaniques, la Nouvelle-Angleterre, les îles d'Otaïti, de Bouro, de Java, de Roderic, Maurice, Bourbon, Madagascar.

Cinq voyages q[illegible]urent pas tous une égale importance pour la [illegible]tanique, mais qui tous cependant contribuèrent à ses progrès, furent commencés en l'année 1768. J'entends les voyages de Pallas, de Sonnerat, de Kœnig, de Bruce et de Cook, dont je vais vous rappeler en peu de mots les principales circonstances.

Catherine II marchait d'un pas ferme sur les traces des Czars ses prédécesseurs; avide de puissance et de gloire, elle travaillait à civiliser son empire en même temps qu'elle en reculait les limites. Elle chargea le prussien Pallas, savant si remarquable par l'étendue et la diversité de ses connaissances, de visiter et de décrire les vastes contrées qui s'étendent depuis Tobolsk jusqu'à la Mer Caspienne. Six années furent consacrées à cette grande entreprise.

Alors un naturaliste français, M. Sonnerat, commençait ses utiles recherches. Il emploie cinq années à parcourir l'Ile-de-France, l'Ile-de-Bourbon, Madagascar, les Philippines, les Moluques, la Nouvelle-Guinée; reparaît en France un instant, s'embarque de nouveau pour les Indes; visite Ceylan, les côtes de Malabar, de Coromandel, et la Chine; revient en France, y rédige ses voyages, repart une troisième fois pour les Indes, habite vingt années consécutives ces contrées lointaines, les quitte en 1813 pour revoir encore la France, et meurt en touchant le sol natal, sans avoir eu le temps de s'y reposer de ses longues fatigues. Exemple remarquable d'une vie prodigieusement active et non moins désintéressée, toute entière consacrée à la science sans projet comme sans espoir de laisser un nom célèbre.

Le courlandais Kœnig, élève de Linné, voyagea aussi

dans les Indes. Il vit Ceylan, les côtes de Malabar, de Coromandel, et Siam.

Les côtes de la mer Rouge, la Haute-Égypte, la Nubie, l'Abyssinie, furent le théâtre des recherches de Bruce.

Mais le voyage le plus considérable de cette époque est sans aucune comparaison celui du capitaine Cook. Ce fameux navigateur fut accompagné par deux botanistes, M. Solander, élève de Linné, et le chevalier Joseph Banks, homme digne de tous nos respects par le noble usage qu'il a su faire de son immense fortune. Cook revint en Angleterre en 1771, et repartit en 1772. Les deux Forster, père et fils, et Sparmann, se joignirent à lui pour cette expédition, qui se termina en 1778. Tout le monde sait les résultats des deux voyages de Cook. Des pays neufs furent visités depuis le Kamtschatka jusqu'au détroit de Magellan, et l'Europe, jusqu'alors incertaine, ne douta plus qu'il existât vers le pôle antarctique une autre partie du monde peuplée d'animaux et de végétaux tous différens de ceux de l'ancien et du nouveau continent. Ce ne fut cependant qu'après que le capitaine Philips eut fondé une colonie à la Nouvelle-Hollande, que les naturalistes européens furent à portée d'en étudier les productions.

Parmi les botanistes voyageurs qui portèrent le flambeau de l'observation dans ces contrées lointaines, on doit sur-tout distinguer notre savant et courageux compatriote, M. de la Billardière, qui s'était fait connaître si avantageusement dès 1789, par ses intéressantes recherches sur les plantes de la Syrie. Cet habile naturaliste accompagna M. d'Entrecasteaux dans son voyage à la recherche de la Peyrouse. Il vit Téneriffe, le cap de Bonne-Espérance, la Nouvelle-Hollande, Amboine, la Nouvelle-Calédonie, et les îles de la mer du Sud.

Douze ans après, l'anglais Robert Brown, observateur plein de sagacité, parut dans ces mêmes contrées, et la botanique retire aujourd'hui de grands avantages de ses recherches.

Quelques années avant le voyage de M. de la Billardière, un danois, le célèbre Martin Vahl, et deux français, mon savant ami M. Desfontaines et M. Poiret, parcouraient les côtes de la Barbarie; deux espagnols, MM. Ruiz et Pavon, et le français Dombey, s'étaient embarqué pour le Pérou; un autre français, l'intrépide André Michaux, voyageait dans la Perse; un autre français, M. Palisot de Beauvois, pénétrait dans les royaumes d'Oware et du Bénin, situés sur la côte occidentale de l'Afrique; un autre français encore, M. Richard, visitait la Guyanne, et portait dans ses recherches cette pénétration et cette exactitude qui le distinguent; un suédois, M. Swartz, examinait la végétation de la Jamaïque et des îles voisines.

A peine revenu de la Perse, Michaux part pour New-Yorck; il parcourt pendant dix ans l'Amérique septentrionale, depuis le tropique jusqu'à la baie d'Hudson, revient en France, s'embarque bientôt après pour la Nouvelle-Hollande, mais arrivé à l'Ile-de-France, il se décide à passer à Madagascar, où il termine sa vie laborieuse. Son fils, aussi zélé que lui, poursuit ses utiles recherches dans l'Amérique Septentrionale.

M. Du Petit-Thouars, français, aborde à l'île de Tristan d'Acugna, au cap de Bonne-Espérance, à l'Ile-de-France, à Madagascar, à l'Ile-de-Bourbon. M. Ledru, autre français, va à Ténériffe, à la Trinité, aux Antilles danoises, à Saint-Thomas, à Porto-Ricco, à Sainte-Croix. M. Delisle, au nombre des naturalistes de la grande expédition d'Égypte, visite cette terre célèbre que n'avaient point épuisée les Belon, les Proper Alpin, les Forskal.

M. de Humboldt, prussien, accompagné de M. Bonpland, français, parcourt pendant cinq ans les provinces de Vénésuéla, la Nouvelle-Grenade, le Pérou, la Nouvelle-Espagne, et se montre en toute rencontre, l'un des voyageurs les plus intrépides et les plus éclairés qui furent jamais.

Il serait possible d'étendre beaucoup cette liste des voyageurs de la fin du dernier siècle, et du commencement de celui-ci; mais les limites que j'ai dû me prescrire, ne me laissent pas libres d'entrer dans de longs détails sur l'époque où nous vivons, et je vais terminer ce discours en indiquant en peu de mots quelques-unes des découvertes physiologiques les plus importantes, et l'esprit qui anime les botanistes modernes.

Au commencement du XVIIe siècle, Van Helmont, seigneur belge, fameux alchimiste, déterminé par les résultats d'expériences assez spécieuses, admit que tous les produits de la végétation sont créés par l'eau. Des expériences analogues conduisirent peu après aux mêmes conclusions l'irlandais Robert Boyle, l'un de ces hommes supérieurs dont les opinions sont reçues comme des lois par les contemporains. Vers la fin du même siècle, l'anglais Woodward prouva contre Van Helmont et Boyle, que les plantes tirent une partie de leur nourriture de la terre elle-même. Dans le siècle suivant, Jethro Tull, autre anglais, exagéra les conséquences des expériences de Woodward. Il prétendit que la terre seule sert d'aliment aux plantes, que l'eau n'est qu'un véhicule, et que l'utilité des engrais consiste uniquement à diviser les particules de la terre. Cette opinion fut d'abord adoptée, puis ensuite rejetée par notre savant et laborieux Duhamel. Il reconnut à la fin qu'aucune substance n'est employée exclusivement à la nourriture des végétaux. Mais la chimie de ce temps ne répandait aucune lumière sur la marche que suit la Nature dans l'assimilation des matières nutritives. Pour arriver à quelques notions exactes, il fallait avant tout que l'on eût imaginé de plus rigoureux procédés d'analyse ; que l'on connût au moins une partie des lois de la composition et de la décomposition des corps ; que l'on sût qu'un petit nombre d'élémens simples, diversement combinés, et dans des proportions différentes, donnent naissance à une multitude infinie de produits variés ; que ces produits, par l'effet de l'attraction moléculaire, peuvent se transformer les uns en les autres ; que les substances organiques et inorganiques ne diffèrent chimiquement que par le nombre et l'arrangement de leurs molécules ; que les propriétés de ces molécules, et les lois de renouvellement étant invariables, les composés détruits fournissent incessamment les matériaux des nouveaux composés, et que cette fluctuation perpétuelle, mais réglée, entretient l'ordre et l'harmonie sur la terre. La gloire de ces belles découvertes et de ces vues générales était réservée aux chimistes modernes.

Les principaux matériaux de la végétation sont pour toutes les espèces, le carbone, l'hydrogène et l'oxigène. Quelques espèces y ajoutent un peu d'azote. Ces élémens, les seuls qui entrent dans la composition des principes immédiats, sont fournis par l'air atmosphérique, l'eau, et les résidus des matières animales et végétales. Les parties vertes des plantes, exspirent de l'oxigène à la lumière, et du gaz acide carbonique dans les ténèbres : Priestley nous l'apprend. Elles décomposent le gaz acide, retiennent le carbone, se débarrassent de l'oxigène : Ingenhousz et Sénebier le démontrent. Ces phénomènes suivent des lois qui semblaient impénétrables à la sagacité humaine : M. Théodore de Saussure les dévoile. Ce savant prouve que nuit et jour les plantes décomposent le gaz acide ; que ce travail est si faible dans les ténèbres, qu'à peine les résultats en sont-ils appréciables ; qu'une très-petite portion de l'oxigène du gaz acide décomposé est retenue et fixée. Plusieurs autres découvertes non moins importantes, et notamment celle de la décomposition de l'eau par les plantes, et de l'assimilation de son oxigène et de son hydrogène au tissu végétal, sont dues encore aux profondes recherches de M. Th. de Saussure.

Mais ni l'eau ni le gaz acide carbonique ne suffisent pour entretenir la végétation. Les plantes réduites à cette nourriture n'auraient qu'une vie languissante et de peu de durée ; il faut qu'elles y joignent certaines substances salines : des expériences sans nombre prouvent que ces substances dissoutes par l'eau pénètrent avec elle dans le tissu végétal, et s'y incorporent sans subir de décomposition.

Je vous ai dit quelle vogue Linné sut donner à la découverte des sexes dans les plantes. La foule entraînée par l'autorité de ce philosophe, chercha et crut trouver des étamines et des pistils jusque dans la dernière classe du Règne végétal. Déja même avant Linné, Micheli avait avancé que les Champignons ont des sexes. Cette opinion a été renouvelée de nos jours. Des botanistes modernes ont décrit avec une scrupuleuse exactitude, dans les Algues, les Conferves, les Fougères, les Lycopodiacées, des parties qu'il leur a plu de nommer des *organes sexuels*, et ces parties n'ont presque jamais été les mêmes pour les différens observateurs. Aussi nul d'entre eux n'a pu tirer son opinion du rang des simples hypothèses. Il faut bien croire qu'Hedwig a été plus heureux dans son travail sur les Mousses et les Hépatiques, puisque la plupart des botanistes ont adopté sa théorie.

La doctrine de Bernard de Jussieu ne fut goûtée

d'abord que par un petit nombre d'esprits solides et réfléchis, qui ne se dissimulaient pas que l'étude exclusive de la Méthode linnéenne, par cela même qu'elle était plus attrayante, abusait les botanistes, et les détournait du véritable but de la science. Cette opinion, à laquelle j'oserais dire que Linné lui-même eût souscrit s'il eût vécu vingt ans plus tard, mais que la plupart de ses sectateurs ne voulurent jamais recevoir, se répandit insensiblement dans l'École française; on réunit en familles les plantes des jardins de botanique, et les échantillons des herbiers; des professeurs habiles exposèrent en public les caractères des groupes naturels; la vraie philosophie de la science commença à s'introduire dans tous les livres.

C'était alors que l'éloquent et malheureux Rousseau cherchait un remède contre les infirmités de sa raison; il crut l'avoir trouvé dans l'étude des plantes. Le *Philosophia botanica* de Linné devint sa lecture favorite, et il suivit les herborisations de Bernard de Jussieu. Pénétré de respect pour ces deux grands naturalistes, il fut des premiers à reconnaître que bien qu'ils eussent pris des routes différentes, leur but était le même. Tout le monde a lu ces lettres admirables, où le philosophe de Genève expose avec cette grace de style qui n'appartient qu'à lui, les caractères distinctifs des principales familles de nos climats. On sent à chaque mot qu'il a pénétré le véritable esprit des Méthodes artificielles.

Les imperfections inhérentes à ce genre de classification furent tout-à-fait dévoilées, quand M. Antoine-Laurent de Jussieu vint à publier son *Genera plantarum*. Ce précieux ouvrage fit voir combien l'étude des rapports naturels est préférable à celle des systêmes, quelque ingénieux qu'ils puissent être.

Vous aurez peine à croire que Cæsalpin eut des

connaissances plus approfondies sur l'organisation des graines, que tous ses prédécesseurs jusqu'à Linné inclusivement; toutefois, c'est ce que nous apprend l'histoire littéraire de la botanique. La comparaison des graines des différentes espèces, fournit, ainsi que R. J. Camérarius et Bernard de Jussieu l'avaient reconnu, d'excellens caractères pour la formation des familles. M. Antoine-Laurent de Jussieu le prouvait par nombre d'exemples, au moment même où Gærtner, un allemand modeste, ignoré, après quarante années passées dans le silence, faisait paraître son Traité sur les fruits et les graines, ouvrage le plus riche en observations neuves qu'aucun botaniste ait encore publié. Cet observateur infatigable a laissé dans son fils un digne continuateur de ses travaux.

Toutes les recherches concouraient à démontrer la solidité des principes de Bernard de Jussieu. M. Desfontaines de retour en France après un voyage de deux ans sur les côtes de Barbarie, publia cette découverte fondamentale, que les Monocotylédons ne diffèrent pas moins des Dicotylédons par la structure de leur tige que par la forme de leur embryon, et confirma ainsi la division des végétaux phénogames en deux grandes classes naturelles.

Dès ce temps, cet habile botaniste professait au Jardin des Plantes de Paris la Physiologie végétale qui était négligée dans les autres Écoles de l'Europe, et qui par cette raison ne faisait que de faibles progrès, quoique tous les bons esprits en sentissent l'importance.

Enfin, M. de Lamarck donnait, dans l'*Encyclopédie*, l'Histoire générale des plantes, décrivait une multitude d'espèces inconnues à Linné, publiait une Flore française, et se montrait également ingénieux, soit qu'il inventât des procédés pour arriver à la connaissance des noms spécifiques, soit qu'il s'appliquât à découvrir les rapports naturels qui unissent les genres.

Ce fut par les soins de ces botanistes et de leurs élèves, que la doctrine de Bernard de Jussieu s'établit en France. Elle eut bientôt aussi de nombreux sectateurs en Espagne et en Angleterre. La Suède, le Danemarck, l'Allemagne, ne l'accueillirent pas avec la même faveur. On ne devait guère espérer que les disciples de Linné renonceraient tout-à-coup à son Système ; mais on pouvait croire que ces naturalistes, imbus des sages principes consignés dans le *Philosophia botanica*, sauraient employer à l'exemple de leur maître la Méthode artificielle, sans négliger l'étude des rapports naturels ; et pourtant, si l'on excepte le *Tableau des affinités*, par Batsch, ouvrage dont la conception est très-heureuse, mais qui pèche trop souvent par l'exécution, il n'a rien été publié dans ces contrées qui n'annonce des vues purement systématiques. On s'en étonnera pour peu que l'on considère la foule des savans botanistes qui ont illustré la Suède, le Danemark et l'Allemagne dans ces derniers temps : un Vahl, un Wildenow, un Swartz, un Schrader, et tant d'autres !

Aujourd'hui, malgré les révolutions politiques qui tourmentent l'Europe, telle est la noble et puissante impulsion de l'esprit humain, que toutes les sciences sont cultivées avec une ardeur incroyable. Le Botaniste ne se borne plus comme autrefois, à l'examen superficiel des végétaux ; il s'est créé une science nouvelle. L'expérience lui a prouvé, contre les premières impressions et contre les préjugés qui en sont la suite, que les caractères les meilleurs pour éloigner ou rapprocher les espèces, ne se trouvent point toujours dans les organes les plus apparens ; il examine, il compare, il décrit donc les moindres détails de l'organisation. C'est par ce travail, minutieux en apparence, qu'il élève insensiblement la Botanique au rang des autres branches de l'Histoire naturelle. Cette assertion peut vous paraître hasardée ; mais la connaissance des faits et la réflexion vous en feront sentir la justesse. Une erreur commune aux gens du monde, et dont vous devez vous garantir, c'est de croire qu'on est en état de juger le but et les moyens d'une science, sans en avoir fait une étude particulière.

L'examen des détails, les recherches approfondies, les expériences délicates, sont sur-tout nécessaires pour avancer la Physiologie végétale. L'Anatomie qui en est la base, ne s'éclaire que par l'observation microscopique. Chaque jour voit paraître quelques travaux neufs sur l'organisation des plantes ; la Chimie végétale contribue aussi aux perfectionnemens de la Physiologie ; enfin, le cultivateur commence à y chercher les principes fondamentaux de l'Agriculture.

En suivant les progrès de l'esprit humain dans l'étude de la Botanique, on voit qu'il s'est avancé comme dans les autres sciences, à la faveur des routes nouvelles frayées par quelques hommes célèbres, dont les noms suffisent pour rappeler les différentes *phases* heureuses ou malheureuses de cette belle partie de l'Histoire naturelle. Ainsi nous remarquons :

Théophraste, ou *la Naissance de la Botanique :* les fonctions des organes sont souvent méconnues ; les caractères distinctifs des êtres sont tout-à-fait ignorés ; les espèces sont confondues ; nulle idée de genres et de Méthodes ; tout se borne à des notions empiriques ;

Dioscoride et Pline, ou l'*Étude des livres substituée à celle de la Nature :* immédiatement après Théophraste, toutes les Écoles s'égarent dans cette route qui n'est abandonnée qu'à la renaissance des Lettres ;

BRUNFELS, FUCHS, TRAGUS, etc...., ou *l'Observation et la Comparaison directes des faits :* On revient à la Nature, et la science s'élève sur des bases plus solides que dans les premiers temps ;

GESNER, ou *les Fondemens de toute bonne classification :* La fleur et le fruit sont reconnus pour les parties qui offrent les caractères les plus importans ;

CLUSIUS, ou *l'Art de bien décrire les plantes :* Les descriptions précises et méthodiques s'étendent à toutes les parties, et deviennent comparatives ;

CAESALPIN, ou *l'Introduction de la première Méthode :* Jusqu'à lui, on avait ignoré l'art de rapprocher ou d'éloigner les espèces par la considération de certaines ressemblances ou différences organiques, et de conduire l'élève, par voie d'induction, à la connaissance des faits ;

Les BAUHIN, ou *les Modèles d'une bonne Synonymie :* On apprend à rapporter à chaque espèce tout ce que les auteurs en ont dit quels que soient les noms qu'il leur ait plu de lui donner ;

CAMÉRARIUS, ou *la Connaissance des Sexes :* L'analogie des étamines et des pistils avec les organes mâles et femelles des animaux, est démontrée par l'expérience ;

TOURNEFORT, ou *l'Etablissement d'une Méthode régulière :* Les espèces forment des genres, les genres des ordres, les ordres des classes, et l'on arrive par une analyse sûre et facile, à la découverte du nom et des caractères de la plante qu'on veut connaître ;

LEUWENHOEK, MALPIGHI, GREW, HALES, ou *la Naissance de l'Anatomie et de la Physiologie végétales :* Les organes internes sont décrits, et la Physiologie dévoile les mystères de la végétation ;

LINNÉ, ou *l'Invention d'une Langue philosophique :* Tous les organes, et leurs diverses modifications, après avoir été examinés et comparés avec une scrupuleuse attention, sont définis, nommés et classés selon les lois d'une logique rigoureuse.

Bernard de Jussieu, ou *l'Établissement des Familles naturelles :* Les plantes sont rapprochées ou éloignées par la considération de l'ensemble des caractères, et la découverte de la Méthode naturelle est proposée comme le but principal de la science.

TROISIÈME SECTION.

TERMINOLOGIE MÉTHODIQUE.

INTRODUCTION.

Le premier soin de celui qui veut se livrer à l'étude de la Botanique, doit être d'apprendre à distinguer les organes et leurs caractères essentiels. Les organes sont désignés par des substantifs, les caractères par des adjectifs. Ces mots, joints à leurs définitions, forment la Terminologie. La Botanique ainsi que les autres sciences, a donc son dictionnaire à part. Il a été composé en latin, parce qu'il était important que les hommes lettrés de tous les pays pussent en faire usage. On en a donné des versions dans les différentes langues. Ce travail a été exécuté avec plus ou moins de succès, selon le génie des auteurs et la flexibilité de l'idiome qu'ils parlaient. Les versions françaises offrent beaucoup de mots qui ne sont pas reçus dans l'idiome vulgaire, et beaucoup d'autres qui y sont admis, mais dont nos Botanistes ont jugé à propos de changer, de restreindre ou d'étendre la signification. Il eût été à desirer que nous pussions décrire les plantes en pur langage français, et que le dictionnaire de l'Académie eût fait notre règle, comme il fait celle de nos littérateurs; mais pour peu que l'on y réfléchisse, on verra que cela était impossible. Le dictionnaire de l'Académie ne fournit point assez de mots pour exprimer tous les caractères, à moins que l'on ne substitue des définitions à des termes techniques, ce qui est contraire au résultat qu'on se propose. Les descriptions doivent être claires et comparatives ; il faut par conséquent qu'elles soient courtes, et ce n'est point avec des définitions qu'on parvient à la briéveté. Les Botanistes jusqu'au temps de Linné n'eurent point de langue technique. Chacun décrivait les plantes à sa mode, et choisissait, comme il l'entendait, les termes qui lui paraissaient propres à peindre les caractères qu'il voulait indiquer. C'est une des causes qui ont le plus retardé les progrès de la science. Tournefort était doué de beaucoup de sagacité ; il a formé ses genres avec un art et une justesse que l'on ne saurait trop admirer ; il connaissait certainement les caractères des groupes qu'il établissait ; et pourtant ses descriptions génériques sont si vagues et si incomplètes, que sans les gravures et l'indication des espèces, elles ne seraient bonnes à rien. Pourquoi cela ? C'est que la Terminologie botanique n'existait pas du temps de Tournefort. On vante beaucoup, et avec raison, les descriptions spécifiques de Clusius ; elles sont claires, élégantes et correctes ; il n'emploie en général que des expressions puisées dans les bons auteurs latins ; mais Clusius n'a décrit que treize à quatorze cents plantes ; s'il eût fallu qu'il en distinguât quinze à vingt mille, il eût été forcé pour atteindre à tous les caractères différentiels, d'employer des mots techniques, ou bien de donner des descriptions d'une prolixité insupportable.

Nous retenons sans fatigue un grand nombre de mots simples, et ces mots peuvent nous rappeler un nombre égal de définitions très-compliquées ; mais l'expérience journalière prouve qu'il ne nous est pas aussi facile de retenir des définitions qui n'ont pas des mots simples pour équivalens. L'exactitude est de rigueur dans les descriptions. Il ne s'agit pas de dire les choses à-peu-près, il faut les exprimer de façon à ne laisser aucun doute. Le moindre changement dans les termes modifie les idées. A la vue du même caractère on doit donc employer la même définition ou un mot technique qui la rappelle. Répéter à point nommé une définition avec exactitude, n'est pas chose facile ; d'ailleurs rien ne serait plus fatigant pour le lecteur que le retour perpétuel des mêmes périphrases. Le mot technique est à-la-fois plus sûr et plus commode. Voilà les principales raisons qui justifient les Botanistes d'avoir imaginé une Terminologie. Sans doute on pourrait quelquefois leur reprocher de multiplier les mots sans nécessité, de les mal choisir, de les définir trop arbitrairement ou de donner à leurs définitions une rigueur que la nature des choses ne comporte pas. On pourrait reprocher encore à plusieurs d'employer cette langue scientifique, réservée uniquement pour les phrases et les descriptions, dans des dissertations où elle devient ridicule et pédantesque. Mais ces torts très-réels n'empêchent pas que la Botanique ne doive avoir son vocabulaire particulier. Il se complète à mesure que la science fait des progrès. Je crois inutile de répéter ici ce que j'ai dit précédemment à ce sujet.

La distribution des mots par ordre alphabétique est très-commode pour l'élève, parce qu'elle lui fait connaître promptement la valeur du terme caractéristique qui l'arrête. Je pense donc qu'un dictionnaire de botanique est utile, et c'est pourquoi j'ai placé à la fin de ces Élémens une table alphabétique; mais je n'admets point cet ordre dans ma Terminologie, je suis l'exemple de Linné et de la plupart des auteurs qui ont écrit après lui.

L'objet que le professeur doit avoir en vue n'est pas seulement de donner la définition des mots; il faut encore qu'il montre les principales modifications des organes, afin que l'élève saisisse d'un coup-d'œil la liaison des caractères, leurs transitions et leurs différences. Pour obtenir ce résultat, le professeur n'a d'autre moyen que de traiter de chaque organe séparément.

Les personnes qui n'ont pas réfléchi aux avantages que présente cette méthode, se sont récriées sur ce qu'elle nécessitait la fréquente répétition des mêmes mots. Cette critique serait fondée, s'il n'était question que de définir les mots; mais puisqu'il faut enseigner les faits, il est indispensable de citer les cas où les mots sont applicables. J'ajouterai que la valeur des expressions caractéristiques est presque toujours modifiée par l'application qu'on en fait. Je suis étonné que ces considérations n'aient point frappé l'un de nos plus célèbres botanistes qui, dans un ouvrage tout récent, a sacrifié la classification des organes à celle des termes. Cet ouvrage, où brille d'ailleurs l'érudition et la philosophie, pèche ce me semble par l'idée fondamentale. J'ai admiré le talent et la science de l'auteur, mais je ne l'ai pas pris pour guide.

Une Terminologie qui ne laisserait rien à desirer pour la méthode, les définitions et le choix des termes caractéristiques, formerait un traité complet d'*Organographie comparée* d'une extrême utilité dans l'enseignement. Malheureusement l'exécution de cet ouvrage n'est pas facile; on peut même dire qu'elle offre plusieurs difficultés insurmontables. La Nature ne se prête point à la rigueur de nos définitions. Les organes se réunissent, se séparent, changent d'aspect et de fonctions; et quelque effort que nous fassions pour les classer, il reste toujours des lacunes et des points douteux. Les termes que l'on tire du grec et du latin rebutent souvent par leur nouveauté. Le botaniste n'a point fait assez pour le lecteur, quand il n'est qu'exact et précis, il faut encore qu'il sache présenter les choses avec une certaine élégance. De là la nécessité d'éviter autant que possible, les mots bizarres, rudes, ou trop longs, et ceux qui ne s'associent pas bien avec les mots déja en usage dans la science, qui doivent former le fond du vocabulaire.

S'il s'agit de composer une Terminologie française, je pense qu'on n'a d'autre parti à prendre que de franciser les mots latins, à moins qu'ils ne deviennent trop choquans sous cette nouvelle forme, ou qu'ils n'aient de parfaits équivalens dans notre langue. Les termes usités dans le langage vulgaire ont un sens bien déterminé pour tout le monde. Si l'on change leur valeur, on tombe dans un inconvénient plus grave que par l'introduction de mots qui, appartenant à une langue morte, se prêtent davantage à de nouvelles acceptions. Beaucoup de termes mis en vogue par Linné et ses successeurs, sont évidemment détournés de leur sens primitif, et personne ne s'en plaint. Mais que dirions-nous d'un botaniste français qui changerait la valeur des mots de notre langue? Il serait d'autant moins intelligible, que nous croirions toujours saisir sa pensée lors même que nous en serions le plus éloignés.

Il est essentiel que les adjectifs latins soient représentés par des adjectifs français. Quelques personnes peu versées dans la Botanique ont imaginé que souvent il serait plus convenable d'employer un substantif joint à une préposition, et, par exemple, qu'il vaudrait mieux dire *feuille en cœur* que *feuille cordiforme*. Cela serait vrai si la feuille que l'on décrit ne présentait que ce caractère ; mais s'il est nécessaire d'indiquer une série de caractères, on s'aperçoit bientôt que les adjectifs seuls se rattachent facilement au substantif que l'on veut qualifier.

Le nombre des termes techniques est borné ; le nombre des modifications est en quelque sorte infini. Il y a tel caractère ambigu qui se rapporte à-la-fois à deux ou même à trois définitions, et qui est attiré, si je puis ainsi parler, par chacune d'elles avec une égale force. On exprime ce caractère en associant les termes techniques au moyen d'un trait d'union. Si je dis d'une feuille qu'elle est OVALE-AIGUË, je fais entendre assez clairement que sa forme générale est OVALE, mais que l'ovale est altéré par un angle aigu situé au sommet de la feuille.

On joint les prépositions latines *sub*, *ob*, *semi*, aux termes techniques, pour en modifier le sens. *Sub*, signifie *un peu*, *à peine*, *presque :* SUBORBICULAIRE, presque orbiculaire ; SUBPÉTIOLÉ, un peu ou à peine pétiolé. *Ob*, indique un renversement dans la position habituelle de la forme, ou la juxta-position de deux parties. Feuille OBCORDIFORME, feuille en cœur renversé ; cloison OBSUTURALE, cloison appuyée contre la suture. *Semi*, s'emploie pour ces mots, *jusqu'à moitié* ou *en demi ;* SEMI-ADHÉRENT, adhérent jusqu'à la moitié ; SEMI-LUNÉ, en demi-lune. Il suffit souvent de changer la désinence des termes pour changer leur valeur : on en trouvera la preuve dans la Terminologie.

Évitons autant que nous le pourrons dans les descriptions savantes les articles, les prépositions séparées des termes caractéristiques, les conjonctions, les verbes même, à moins qu'ils ne soient au participe présent ; évitons enfin tout ce qui donnerait à notre langage le ton d'un discours soutenu. Ici le travail littéraire doit tendre particulièrement à la précision. Plus les mots destinés à exprimer les caractères seront serrés, plus les descriptions seront claires et comparatives.

Sur toutes ces choses l'usage et les bons modèles instruisent mieux les élèves que les préceptes du professeur.

J'ai tâché de rendre la Terminologie claire et méthodique ; j'ai évité autant que je l'ai pu, les fautes que je reproche à quelques-uns de mes devanciers ; mais je reconnais que mon travail est bien loin encore du degré de perfection auquel on arrivera par la suite. En général j'ai appuyé mes définitions sur de nombreux exemples. Les termes et les définitions seuls ne sont d'aucun usage pour les élèves. Le livre à la main, ils doivent vérifier les faits sur les plantes elles-mêmes. Les gravures que je joins à ces Élémens, les prépareront à ce travail.

I.

LES PLANTES

CONSIDÉRÉES EN GÉNÉRAL.

PLANTES, *Plantæ.*

Êtres organisés, vivans, insensibles. *Voy.* pag. 7.

Cotylédonation. — Sous ce rapport les plantes sont dites :

ACOTYLÉDONES, *acotyledoneæ.* — C'est-à-dire, privées de cotylédons. — [Champignons. Thalassiophytes. Conferves. Hypoxylées. Lichens.].

MONOCOTYLÉDONES, *monocotyledoneæ.* — Qui n'ont qu'un cotylédon. [Graminées. Palmiers. Liliacées. Orchidées. etc.].

DICOTYLÉDONES, *dicotyledoneæ.* — Qui ont deux cotylédons. — [Labiées. Renonculacées. Crucifères. Légumineuses. etc.].

POLYCOTYLÉDONES, *polycotyledoneæ.* — Qui ont plusieurs cotylédons. — [*Pinus. Abies. Cedrus. Schubertia. Ceratophyllum.*].

Sexe.

AGAMES, *agamæ* [Pl. 65, 66, 67.]. — Qui n'ont point d'organes sexuels. — [Champignons. Lichens. etc.].

CRYPTOGAMES, *cryptogamæ* [Pl. 62, 63, 64.]. — Qui ont des organes sexuels difficiles à reconnaître à cause de leur forme, de leur petitesse, et de leur situation. — [Mousses. Hépatiques. etc.]

PHÉNOGAMES, *phænogamæ* [Pl. 1 à 7.]. — Qui ont des organes sexuels visibles et distincts. — [*Lilium. Rosa. Pinus.* etc.]. — On distingue dans les phénogames les

HERMAPHRODITES OU MONOCLINES, *hermaphroditæ, monoclinæ.* — Tous les individus portent des fleurs pourvues des deux sexes. [*Dianthus. Rosa.* etc.].

MONOÏQUES OU ANDROGYNES, *monoïcæ, androgynæ* [Pl. 1, fig. 1 *d. e.*]. — Qui portent des fleurs mâles et des fleurs femelles sur le même individu. — [*Morus. Betula. Pinus.* etc.].

DIOÏQUES, *dioïcæ* [Pl. 8, fig. 1 A *b.*]. — Qui portent des fleurs mâles sur un individu, et des fleurs femelles sur un autre. — [*Phœnix dactylifera. Vallisneria. Spinacia. Cannabis sativa. Broussonetia papyrifera.* etc.].

POLYGAMES, *polygamæ.* — Qui portent des fleurs hermaphrodites et des fleurs uni-sexuelles; ce qui peut avoir lieu de plusieurs manières.

1° Un seul individu porte des fleurs hermaphrodites et des fleurs mâles. — [*Veratrum. AEgilops. Valantia.* etc.].

2° Deux individus portent, l'un des fleurs hermaphrodites, et l'autre des fleurs mâles. — [*Chamærops. Panax. Nyssa. Diospyros.* etc.].

3° Un seul individu porte des fleurs hermaphrodites et des fleurs femelles. — [*Parietaria. Atriplex.* etc.].

4° Deux individus portent, l'un des fleurs hermaphrodites, et l'autre des fleurs femelles. — [*Fraxinus.*].

5° Deux individus portent, l'un des fleurs hermaphrodites et des fleurs mâles, et l'autre des fleurs femelles. — [*Gleditsia.*].

6° Des fleurs hermaphrodites se trouvent sur un individu, des fleurs mâles sur un autre, et des fleurs femelles sur un troisième. — [*Ceratonia. Ficus.*].

OBS. Ces combinaisons résultant en général d'avortemens, ont peu d'importance dans la classification naturelle.

Consistance.

SPUMESCENTES, *spumescentes.* — Semblables à une écume par l'aspect et la consistance. — [*Spumaria mucilago.* etc.].

GÉLATINEUSES, *gelatinosæ.* — Semblables à une gelée. — [*Tremella.* etc.].

FONGUEUSES, SUBÉREUSES, *fungosæ*, *suberosæ*. — D'une substance épaisse, élastique comme du liège, etc. — [*Boletus igniarius*, et beaucoup d'autres Champignons.].

CHARNUES, *carnosæ*. — D'un substance épaisse, succulente, ferme sans être dure. — [*Tuber cibarium*. etc.].

MEMBRANACÉES, membraneuses, *membranaceæ*, *membranosæ*. — Étendues en lame et d'une substance flexible et un peu succulente. [Beaucoup d'*Ulva* et de *Fucus*.].

CORIACES, *coriaceæ*. — D'une substance tenace, flexible, plus ou moins épaisse, comme du cuir. — [Beaucoup de *Fucus*.].

CORNÉES, *corneæ*. — D'une substance sèche, dure, compacte, flexible, demi-transparente comme de la corne. — [Plusieurs *Fucus*.].

CRUSTACÉES, *crustaceæ*. — D'une substance sèche, dure, friable, étendue en croute. — [Plusieurs genres de Lichens, tels que *Lepraria*, *Variolaria*, etc.].

FILAMENTEUSES, *filamentosæ*. — Allongées en filets grèles simples ou ramifiés. — [*Conferva*. etc.].

HERBACÉES, *herbaceæ*. — Dont les tiges et les branches, qui ne forment point un bois solide, et qui périssent après quelques mois de végétation, sont revêtues d'une écorce ordinairement verte, laquelle a la consistance et les propriétés chimiques des feuilles. — [Toutes les herbes annuelles ⊙, ou à racine vivace ♃].

LIGNEUSES, *lignosæ*. — Dont les tiges et les branches, d'abord faibles comme celles des plantes herbacées, forment un bois solide, et végètent pendant un nombre d'années plus ou moins considérable. — Tous les arbustes, *suffrutices*, les arbrisseaux, *frutices*, et les arbres, *arbores*.]. De là PLANTES ARBORESCENTES, *arborescentes*, qui sont de la nature des arbres, ou qui en ont le port; FRUTESCENTES, *frutescentes*, qui sont de la nature des arbrisseaux; SUFFRUTESCENTES, *suffrutescentes*, qui sont de la nature des arbustes.

GRASSES, *succulentæ* [Pl. 1, fig. 2, 5, 7.]. — Plantes épaisses, succulentes, qui forment beaucoup de tissu cellulaire et peu de tissu ligneux. — [*Aloe. Mesembryanthemum. Crassula. Sedum. Sempervivum tectorum*. etc.].

LACTESCENTES, *lactescentes*. — Contenant un suc laiteux. — [*Euphor-*

bia. Ficus. Lactuca virosa, Sonchus, et autres Synanthérées semiflosculeuses. *Sagittaria.* etc.].

Superficie.

UNIES, *leves.* — Dont la surface ne présente aucune inégalité. — [*Aquilegia vulgaris. Fumaria vulgaris. Adoxa moschatellina.* etc.].

GLABRES, *glabræ.* — Sans villosité. — [*Ruscus aculeatus. Aristolochia clematitis. Datura stramonium. Gentiana. Viburnum opulus,* etc.]

LISSES, *levigatæ.* — Glabres et unies. — [*Veronica beccabunga. Valeriana rubra.* etc.].

LUISANTES, *lucidæ.* — Lisses et renvoyant la lumière comme un métal poli ou un corps vernissé. — [*Arum maculatum. Orchis mascula,* et d'autres Orchidées. *Chenopodium murale. Vinca. Smyrnium olusatrum. Ancthum graveolens.* etc.].

SCABRES, *scabræ, asperæ.* — Munies de petites aspérités rudes au toucher. — [*Lithospermum officinale. Tournefortia scabra. Rubia tinctorum. Galium aparine. Tordylium maximum.* etc.].

PAPULEUSES, *papulosæ.* — Garnies de vésicules (glandes vésiculaires), protubérances arrondies remplies d'un fluide. — [*Hypericum balearicum. Mesembryanthemum crystallinum, - papulosum.* etc.].

GLUTINEUSES, VISQUEUSES, *glutinosæ, viscosæ.* — Recouvertes d'une substance poissante plus ou moins tenace. — [*Hyoscyamus niger. Nicotiana rustica, - fruticosa, - glutinosa. Madia viscosa. Erigeron viscosum. Cerastium vulgatum. Silene anglica.* etc.].

PULVÉRULENTES, *pulvcrulentæ.* — Couvertes de grains pulvérulens, sensibles au tact et à la vue, et se détachant facilement. — [*Primula farinosa. Goodenia ovata.* etc.].

GLAUQUES, *glaucæ.* — Lorsque la matière pulvérulente qui les couvre est couleur vert de mer. — [*Chlora perfoliata. Lactuca saligna. Chelidonium glaucium. Fumaria officinalis. Crambe maritima.* etc.].

Villosité.

PUBESCENTES, duvetées, *pubescentes.* — Munies de poils courts et doux, peu serrés, semblables au duvet du menton d'un adolescent. [*Galium verum. Circæa lutetiana. Althæa officinalis.* etc.].

VELOUTÉES, *velutinæ*. — Garnies de poils courts, doux, serrés comme du velours. [*Digitalis purpurea. Hyssopus scrophularifolius.* etc.]

Obs. Les mots *velutinus* et *pubescens* se prennent souvent l'un pour l'autre.

POILUES, *pilosæ*. — Parsemées de poils rares, longs, mous. — [*Stachys sylvatica. Hyoscyamus niger. Hieracium pilosella. Agrostemma githago. Cistus monspeliensis.* etc.].

VELUES, *villosæ*. — Couvertes de poils nombreux, droits, mous, plus ou moins longs. — [*Veronica officinalis. Chelidonium glaucium. Geranium pratense. Cistus villosus. Lychnis dioïca. Rubus odoratus.* ect.].

SOYEUSES, *sericeæ*. — Couvertes de poils couchés, longs, mous, brillants. — [*Protea argentea. Artemisia absinthium. Aster argenteus.* etc.].

LAINEUSES, *lanatæ*. — Couvertes de poils nombreux, longs, mous, mêlés, et pourtant distincts. — [*Stachys lanata, - germanica.* etc.].

TOMENTEUSES, cotonneuses, drapées, *tomentosæ*. — Couvertes de coton, *tomentum*, c'est-à-dire, de poils nombreux, longs, mous, et tellement mêlés qu'ils sont indistincts, et forment comme une espèce de feutre. — [*Nepeta cataria. Onopordum arabicum, - acanthium. Gnaphalium luteo-album. Agrostemma coronaria, - flos jovis.* etc.].

HISPIDES, *hispidæ*, *hirtæ*, *hirsutæ*, *setosæ*, *strigosæ*. — Parsemées de poils roides ou de soies. — [*Anchusa italica, Borrago officinalis* et autres Borraginées. *Hieracium echioïdes. Leontodon hispidum. Papaver hybridum. Agrostemma githago. Urtica pilulifera.* etc.].

Obs. Les auteurs emploient souvent ces différens mots, *hispidus, hirtus, hirsutus*, etc., les uns pour les autres, parce qu'en effet les caractères qu'ils indiquent se confondent. Linné se sert quelquefois du mot *strigosus* quand les poils qu'il veut caractériser sont roides, longs, et renflés à leur base : *setis longioribus e bulbo provenientibus*.

SPINELLEUSES, *spinellosæ*, *echinatæ*. Munies de spinelles, *spinellæ*, pointes plus fortes et plus grosses que les soies, mais qui n'ont point la consistance ligneuse des épines et des aiguillons. — [*Dipsacus fullonum, - laciniatus.* etc.].

Armure.

AIGUILLONNEUSES, *aculeatæ* [Pl. 27, fig. 16.]. — Munies d'aiguillons, piquans ligneux qui ne tiennent qu'à l'écorce et s'en détachent facilement. — [*Rosa. Paliurus aculeatus. Xanthoxylum clava-herculis.* etc.].

ÉPINEUSES, *spinosæ.* — Munies de piquans ligneux qui font corps avec le bois, et qui par conséquent se détachent difficilement. — [*Gleditsia ferox. Ulex europæus. Spartium ferox. Prunus spinosa. Mespilus pyracantha. Solanum pyracanthos, -ferox, -sodomeum. Cactus opuntia, -spinosissimus.* etc.].

Race.

PRIMITIVES, *primigeniæ.* — Espèces de première origine, qui par conséquent ne proviennent point du croisement d'espèces voisines, et qui conservent le type de leur race. Il est probable que la plupart des espèces qui couvrent la terre sont dans ce cas, quoique plusieurs savans botanistes aient avancé une opinion contraire.

HYBRIDES, *hybridæ.* — Espèces provenues du croisement de deux espèces voisines, et retenant quelque chose des caractères de leur père et de leur mère sans néanmoins se confondre avec l'un ou l'autre. Rien n'est plus difficile que de constater l'origine hybride des plantes, cependant les suivantes sont indiquées comme devant l'existence à des fécondations adultérines. — [*Veronica hybrida. Primula cortusoïdes. Delphinium hybridum. Sorbus hybrida.* etc.].

Pays.

INDIGÈNES, *indigenæ.* — Qui sont naturelles au sol sur lequel elles croissent. Le *Quercus robur* est indigène en Europe. Le *Saccharum officinale* est indigène en Asie. L'*Adansonia digitata* est indigène en Afrique. Le *Zea mays* est indigène en Amérique. Les *Eucalyptus*, la plupart des *Metrosideros* et des *Melaleuca* sont indigènes dans les Terres-Australes.

EXOTIQUES, *exoticæ.* — Qui ne sont pas des productions naturelles des pays que l'on habite. Le *Coffea arabica*, le *Thea viridis*, etc., sont exotiques en Europe.

Station.

TERRESTRES, *terrestres*, *terraneæ*. — Végétant sur un sol qui n'est point recouvert d'eau. On les distingue par la nature du sol, ainsi qu'il suit.

ARÉNAIRES, *arenariæ*, *sabulosæ*. — Des terrains sabloneux et arides. — [*Arundo arenaria*. *Elymus arenarius*. *Carex arenaria*. *Asparagus*. *Thymus serpyllum*. *Erica*. *Ulex*. *Pinus*. etc.].

SAXATILES, *saxatiles*, *rupestres*, *petrosæ*, *glareosæ*. — Des terrains arides couverts de roches, de pierres, de gravier. — [*Aira flexuosa*. *Sedum*. *Mesembryanthemum*. *Iberis saxatilis*. etc.].

RUDÉRALES, *ruderales*. — Qui croissent dans les décombres et le long des murs. — [*Chenopodium murale*. *Hyoscyamus niger*. *Urtica dioïca*. *Parietaria officinalis*. etc.].

DES TERRAINS ARGILLEUX, *argillosæ*. — Le sol est onctueux dans les temps humides, mais dur dans les temps secs. [*Papaver Rhœas*. etc.].

DES TERRAINS CRAYEUX, *cretaceæ*. — Le sol est de sa nature, sec et aride. — [*Euphrasia lutea*. *Hippocrepis comosa*. *Caucalis daucoïdes*. etc.].

DES TERRAINS GRANITIQUES, *graniticæ*.

DES LIEUX CULTIVÉS. On les distribue en

OLÉRACÉES, *oleraceæ*. — Herbes économiques des jardins potagers. — [*Spinacia oleracea*. *Atriplex hortensis*. *Lactuca sativa*. *Brassica oleracea*. etc.].

DES JARDINS, *hortenses*. — Qui croissent spontanément dans les jardins avec les plantes potagères. — [*Lamium amplexicaule*. *Galium aparine*. *Sonchus oleraceus*. *Alsine media*. etc.].

OBS On comprend souvent sous le nom de plantes des jardins, les plantes économiques, les plantes d'ornement, et celles qui y croissent spontanément. On désigne, en général, sous le nom de *plantæ sativæ*, les plantes cultivées; et sous celui de *plantæ sylvestres*, les plantes sauvages.

DES VIGNES, *vineales*. — Qui naissent dans les vignes. — [*Aristolochia clematitis*. *Crassula rubens*. etc.].

DES TERRES LABOURÉES, *agrestes*. — Qui viennent spontanément dans les terres labourées, *agri*. — [*Chrysanthemum segetum. Delphinium consolida. Rhaphanus raphanistrum. Agrostemma githago. Veronica agrestris*. etc.].

Obs. Le mot *agrestis* est quelquefois employé comme synonyme de *sylvestris*, par opposition au mot *sativus*.

DES JACHÈRES, *arvenses*. — Qui croissent dans les terres en jachère. — [*Anagallis arvensis. Melampyrum arvense. Aphanes arvensis. Trifolium arvense. Ononis arvensis. Rumex acetosella*, etc.].

DES PRAIRIES, *pratenses*. — Qui croissent dans les prairies, lesquelles sont ordinairement placées dans les lieux bas, les vallées, et dont le sol est très-productif. Les prairies fertiles nourrissent le *Trifolium pratense*, le *Lathyrus pratensis*, le *Tragopogon pratense*, le *Melampyrum pratense*, le *Galium luteum*, le *Ranunculus acris*, etc. Les prairies sèches nourrissent l'*Hypochæris radicata*, le *Briza*, l'*Agrimonia eupatorium*, etc. Les prairies un peu humides, le *Scabiosa succisa*, le *Lychnis flos cuculi*, etc. etc.].

Obs. Linné entend par le mot *prata*, les plaines basses et le fond des vallées, en général.

SYLVATIQUES, *sylvaticæ*, *nemorosæ*. — Qui croissent dans les bois et dans les forêts où d'ordinaire la terre est féconde, l'air humide, le vent faible, et la lumière diffuse. — [*Lathræa clandestina. Dentaria pentaphylla. Adoxa moschatellina. Oxalis acetosella. Paris quadrifolia. Ranunculus ficaria. Anemone nemorosa, Pulmonaria officinalis. Melampyrum sylvaticum*. etc.].

OMBREUSES, *umbrosæ*. — Des lieux ombragés. — [Toutes les plantes qui viennent dans les bois, les forêts, et autres lieux abrités].

CAMPESTRES, *campestres*, *apricæ*. — Des lieux incultes exposés au soleil et aux vents. — [*Artemisia campestris. Anemone pulsatilla. Draba verna. Gentiana campestris. Echium vulgare*. etc.].

DES COLLINES, *collinæ*. — [*Dianthus collinus. Daphne collina*. etc.]

MONTAGNARDES, *montanæ*. — On les divise en

ALPESTRES, *alpestres.* — Qui croissent sur les montagnes de moyenne hauteur. — [*Rhododendrum ferrugineum. Valeriana montana. Ranunculus alpestris.* etc.].

ALPINES, *alpinæ.* — Qui habitent les hautes montagnes. — [*Veronica alpina. Soldanella alpina. Bartsia alpina. Thalictrum alpinum. Papaver alpinum. Draba alpina.* etc.].

GLACIALES, *glaciales, nivales, frigidæ.* — Qui végètent au milieu des glaciers et des neiges des hautes montagnes ou des pôles. — [*Ranunculus glacialis, - nivalis. Gentiana nivalis. Saxifraga groenlandica.* etc.].

HYPERBORÉENNES, *hyperboreæ.* — Des contrées voisines du cercle polaire. — [*Linnæa borealis. Saxifraga groenlandica.* etc.].

SALINES, *salinæ, salsæ.* — Des terrains qui contiennent soit du sel marin, soit du sulfate de soude, etc. — [*Salicornia. Nitraria. Glaux. Salsola.* etc.].

LITTORALES, *littorales, ripariæ.* — Des bords des rivières et des fleuves. — [*Scutellaria. Lythrum. Eupatorium cannabinum. Lycopus.* etc.].

MARITIMES, *maritimæ.* — Des rivages de la mer. — [*Glaux maritima. Salsola kali. Triglochin maritimum. Statice limonium. Hippophae rhamnoïdes.* etc.].

AQUATIQUES, *aquaticæ.* — Qui vivent dans l'eau. On les distingue ainsi qu'il suit :

MARINES, des mers, *marinæ.* — [*Fucus. Ceramium. Ulva. Zostera marina.*].

DES LACS, *lacustres.* — [*Isoetes. Scirpus lacustris. Arundo phragmites. Littorella lacustris. Nymphæa. Lobelia dortmanna.* etc.].

FONTINALES, *fontinales.* — Des fontaines. — [*Veronica beccabunga. Apium graveolens. Sisymbrium nasturtium. Montia fontana.* etc.].

FLUVIATILES, *fluviatiles, fluviales.* — Des eaux courantes. — [*Potamogeton. Sparganium natans. Ranunculus fluviatilis.* etc.].

SUBMERGÉES, *submersæ, demersæ, immersæ.* — Recouvertes par les eaux. [*Conferva ægagropyla. Ceratophyllum submersum. Myriophyllum spicatum.* etc.].

ÉMERGÉES, *emersæ*. — Dont la partie supérieure s'élève au-dessus de l'eau. — [*Ceratophyllum emersum. Myriophyllum verticillatum. Hottonia palustris. Utricularia vulgaris.* etc.].

FLOTTANTES, *fluitantes*. — Dont la racine est fixée au fond de l'eau, tandis que la tige, les rameaux et les feuilles flottent au gré du courant. — [*Potamogeton lucens.* etc.].

NAGEANTES, *natantes* — [Pl. 8, fig. 2.]. — Nageant à la surface de l'eau, sans tenir au sol. — [*Pistia stratiotes. Lemna. Salvinia.* etc.].

MARÉCAGEUSES, *palustres*, *paludosæ*. — Des marais et autres eaux dormantes. — *Chara. Calla palustris. Scirpus palustris. Cicuta virosa. Phellandrium aquaticum. Comarum palustre. Menyanthes.* etc.].

ULIGINEUSES, *uliginosæ*. — Des prairies marécageuses. — [*Vaccinium uliginosum. Eriophorum polystachion. Pinguicula. Pedicularis palustris.* etc.].

DES TOURBIÈRES, *torfaccæ*. — [*Sphagnum palustre.* etc.].

AMPHIBIES, *amphibiæ*. — Qui croissent indifféremment dans l'eau ou hors de l'eau. — [*Cicuta virosa. Apium graveolens. Sisymbrium amphibium.* etc.].

ÉPIPHYTES, *epiphytæ*, *pseudo-parasiticæ*. — Qui naissent sur d'autres végétaux, mais n'en tirent point leur nourriture. — [Mousses. etc.].

PARASITES, *parasiticæ*. — Qui naissent sur d'autres végétaux et vivent à leurs dépens. On distingue les plantes PARASITES ainsi qu'il suit :

ÉPIRHIZES, *epirhisæ*. — Elles naissent sur les racines. [*Cytinus hypocistis. Orobanche. Monotropa hypopithys.* etc.].

CORTICALES, *corticales* [Pl. 3, fig. 9.]. — Sur l'écorce. — [Beaucoup de Lichens.].

ÉPIXYLONES, *epixyloneæ*. — Sur le bois. — [La plupart des Hypoxylées.].

ÉPIPHYLLES, *epiphyllæ*. — Sur les feuilles. — [*Uredo. AEcidium. Puccinia.* etc.].

SOUTERRAINES, *subterraneæ*. — Qui croissent sous la terre. Elles sont :

INTERRANÉES, *interraneæ*. — Lorsqu'elles croissent dans la terre elle-même. — [*Tuber cibarium*].

CAVERNAIRES, *cavernariæ*. — Lorsqu'elles croissent dans les cavernes et autres lieux souterrains obscurs. — [*Byssus cryptarum, - intertexta, - nivea, - speciosa. Boletus ceratophora, - botrytes. Lichen verticillatus. Gymnoderma sinuata.* etc.].

Durée.

ÉPHÉMÈRES, *ephemeræ, fugaces*. — Quand elles ne durent que peu de jours, ou même que peu d'heures. — [*Tremella.* Beaucoup de Champignons.].

ANNUELLES, *annuæ*. — Qui naissent, fructifient et meurent dans le cours d'une année. On les désigne par ce signe ⊙. — [La plupart des plantes herbacées].

BISANNUELLES, *biennes*. — Qui naissent et produisent des feuilles dans la première année, fructifient et meurent dans la seconde. On les désigne par ce signe ♂. — [*Campanula medium, - pyramidalis. Œnothera biennis. Gaura biennis. Verbascum thapsus.* etc.]

VIVACES, pérennes, *perennes*. — Qui vivent plus de trois ans. On les divise en deux classes : 1° les plantes vivaces qui perdent leurs tiges en hiver, mais qui conservent leurs racines ♃ [*Aster novæ angliæ, - amellus. Solidago virga aurea. Spiræa ulmaria.* etc.], 2° celles qui conservent leurs tiges et leurs racines ♄ [*Quercus. Pinus. Syringa. Daphne.* etc.].

Production.

STOLONIFÈRES, *stoloniferæ*. — Jetant soit de leurs racines, soit de leurs tiges, soit de leurs branches, des filets grêles ou stolons, *stoloni*, qui s'enracinent et produisent de nouveaux individus. — [*Fragaria vesca. Clusia rosea. Ajuga reptans.* etc.].

BULBEUSES, *bulbosæ*. — Quand elles sont pourvues d'une bulbe, *bulbus*, bouton ordinairement écailleux, plus ou moins arrondi, produisant de sa base charnue une racine fibreuse ; de sa partie supérieure, des feuilles et une tige ou une hampe, et restant presque toujours entièrement caché sous la terre — [*Lilium. Tulipa. Narcissus. Allium cepa.* etc.].

BULBILLIFÈRES, *bulbilliferæ*, *soboliferæ*. — Produisant dans l'aisselle de leurs feuilles ou de leurs branches ou même dans les loges de leurs ovaires, des bulbilles, *bulbilli*, petits boutons charnus ou écailleux. — [*Lilium bulbiferum. Crinum asiaticum. Dentaria bulbifera*, etc.].

CAULESCENTES, *caulescentes*. — Ayant une tige. — [La plupart des plantes.].

ACAULES, *acaules*. — N'ayant point de tige. — [*Plantago lanceolata. Atropa mandragora. Bellis perennis. Hydrocharis morsus-ranæ.* etc.]

II.

LES PLANTES

CONSIDÉRÉES SOUS LE RAPPORT DES ORGANES DE LA VÉGÉTATION.

GRAINE. *Semen.*

Œuf végétal contenant les rudimens d'une plante semblable à celle qui l'a produit. *Voyez* page 43.

Forme.

SPHÉRIQUE, globuleuse, *sphæricum, globosum, globulosum* [Pl. 51, fig. 6, B. C.]. — En forme de globe. Quand la graine est petite, l'épithète globuleuse est employée de préférence à l'épithète sphérique. Il y a peu de graines qui soient absolument sphériques ; mais il y en a beaucoup qui sont presque sphériques, SUBGLOBULEUSES, *subglobosa*. — [*Canna. Ixia chinensis. Brassica. Sinapis. Pisum sativum. Vicia sepium. Staphyllea pinnata.* etc.].

ARRONDIE, *subrotundum* [Pl. 61, fig. 3 A.] — Approchant de la forme sphérique. — [*Asparagus officinalis. Æsculus hippocastanum. Vicia lutea.* etc.].

CUBIQUE, *cubicum*. — [*Vicia lathyroïdes.* etc.].

ELLIPSOÏDE, *ellipsoïdeum* [Pl. 55, fig. 1.4]. — Graine dont le diamètre longitudinal égale environ une fois et demie ou deux fois au plus le transversal, et dont la masse s'arrondit également et insensiblement du milieu aux deux bouts qui sont obtus. La coupe longitudinale d'une telle graine offre un plan à-peu-près elliptique. — [*Chionanthus zeylanica. Quercus robur.* etc.].

OVOÏDE, en œuf, *ovoïdeum* [Pl. 57, fig. 2 A.]. — Graine dont le diamètre longitudinal égale une fois et demie ou deux fois le transversal, et dont les deux bouts, tous deux obtus, s'arrondissent l'un par une courbure subite, l'autre par une courbure insensible et prolongée. La coupe longitudinale d'une telle graine offre un plan ovale. — [*Cocos nucifera. Nymphæa. Grossularia uva-crispa. Aconitum. Sterculia balanghas.* etc.].

LARMAIRE, en larme, *lacrymæforme* [Pl. 53, fig. 1 C*a*.]. — Semblable à l'ovoïde, si ce n'est que le petit bout est aigu, et que souvent elle est comprimée. — [*Pyrus. Malus. Amygdalus. Linum.* etc.].

ELLIPTIQUE, *ellipticum*. — [*Sisymbrium irio. Isatis tinctoria. etc.*].

OBLONGUE, *oblongum* [Pl. 60, fig. 1.]. — Graine longue dont le diamètre longitudinal égale au moins deux fois et demie le transversal, et qui s'arrondit plus ou moins vers ses deux bouts. — [*Phœnix dactylifera. Lonicera zeylanica*, etc.].

TURBINÉE, en toupie, en poire, *turbinatum*. — C'est-à-dire, comme un cône dont la base s'arrondirait brusquement, et dont la hauteur égalerait au moins une fois et demie le diamètre de la base. — [*Bixa.* etc.].

RECTILIGNE, *rectilineum*, *rectum* [Pl. 44, fig. 9. — Pl. 50, fig. 5.] — Allongée en ligne droite. — [*Chærophyllum aromaticum. Hieracium glaucum.* etc.].

OBS. Les Botanistes français traduisent *rectus* par droit; mais le mot droit peut s'entendre de deux manières, par rapport à la direction, et par rapport à la situation, tandis que le mot rectiligne ne saurait donner lieu à aucune équivoque.

RÉNIFORME, en rein, *reniforme* [Pl. 47, fig. 3 C.]. — Ellipsoïde ou oblongue et cambrée dans sa longueur, de manière qu'un côté présente une courbure convexe, et l'autre une courbure concave, à-peu-près comme un rognon. — [*Datura*, et beaucoup d'autres Solanées. *Papaver somniferum. Acer pseudo-platanus.* Beaucoup de Malvacées. *Silene. Phaseolus. Hippocrepis comosa. Hedysarum onobrychis* etc.].

ARQUÉE, courbée, *arcuatum*, *curvatum* [Pl. 45, fig. 7.]. — Légèrement courbée. — [*Eroteum undulatum. Tournefortia mutabilis*, etc.].

RECOURBÉE, *recurvum*, *recurvatum*. Courbée de telle sorte que ses deux bouts sont très-voisins. — [*Potamogeton*, etc.].

REPLIÉE, *replicatum* [Pl. 45, fig. 6 DE. — Pl. 61, fig. 1.]. — Pliée en deux, de manière que les deux moitiés sont appliquées l'une contre l'autre, et même soudées ensemble. — [*Alisma plantago. Damasonium. Sagittaria. Ternstromia punctata.*].

Obs. L'Embryon est ordinairement ARQUÉ, RECOURBÉ, REPLIÉ, ou ANNULAIRE, dans les graines RÉNIFORMES, ARQUÉES, etc.

COMPRIMÉE, *compressum* [Pl. 44, fig. 2. — Pl. 56, fig. 1 A.]. — Plus large qu'épaisse, comme si elle avait été réellement comprimée. — [*Fraxinus. Cassia fistula. Faba. Cucurbita pepo.* etc.].

ORBICULAIRE, *orbiculare*. — Dont le bord est circulaire. — [*Carex divulsa. Ervum lens.* etc.].

LENTICULAIRE, en forme de lentille, *lenticulare*, *rotundato-compressum*. — Convexe de deux côtés opposés avec un bord circulaire tranchant. — [*Carex muricata. Amaranthus blitum. Ervum lens. Dodonæa.* etc.].

DISCOÏDE, en disque, *discoïdeum*. — Ayant deux faces aplaties parallèles, une épaisseur notable, et un bord circulaire obtus. — [*Dioscorea. Strychnos nux vomica.* etc.].

PLANE, *planum* [Pl. 46, fig. 3 *a*.]. — Aplatie sur les deux faces opposées. — [*Lilium. Tulipa. Dioscorea. Hyacinthus serotinus. Fritillaria imperialis.* etc.].

ANGULEUSE, *angulosum* [Pl. 61, fig. 4 *d*.]. — Offrant à sa superficie des saillies anguleuses. — [*Carex sylvatica. Tradescantia cristata. Allium cepa. Rheum. Rumex. Polygonum fagopyrum. Primula. Punica granatum.* etc.].

Obs. On peut noter le nombre des angles et alors on dit : TRIGONE, *trigonum*, *triquetrum*. — [*Rheum. Rumex. Fagus sylvestris*] ; TÉTRAGONE, *tetragonum*, etc.].

SCOBIFORME, *scobiforme*. — Fine, allongée comme de la sciure de bois. — [*Rhododendrum. Metrosideros.* Orchidées. etc.].

CANALICULÉE, *canaliculatum* [Pl. 60, fig. 1.]. — Creusée en gouttière dans sa longueur. — [*Phœnix dactylifera.* etc.].

Superficie.

GLABRE, *glaber*. — [*Asparagus officinalis. Nymphæa. Brassica. AEsculus hippocastanum. Ervum Lens.* etc.].

UNIE, *læve*. — [*Nymphæa. AEsculus hippocastanum. Ervum Lens.* etc.].

LISSE, *lævigatum*. — [*Melampyrum arvense. Geranium robertianum, - molle.* etc.].

LUISANTE, *nitidum*, *lucidum*. — [*Polygonum aviculare. Amaranthus blitum. Nymphæa. Chelidonium majus. AEsculus hippocastanum. Linum usitatissimum. Spartium scoparium.* etc.].

STRIÉE, *striatum* [Pl. 61, fig. 5.]. — Marquée de petites raies parallèles. — [*Lysimachia stellata.* etc.].

SILLONNÉE, *Sulcatum*. — Creusée de petits sillons parallèles. — [*Digitalis purpurea. Viburnum lantana.* etc.].

RÉTICULÉE, *reticulatum*. — Marquée de lignes en réseau. — [*Geranium rotundifolium, - dissectum, - columbinum.* etc.].

RIDÉE, *rugosum* [Pl. 45, fig. 6 D E. — Pl. 61, fig. 1 A B.]. — Marquée de rides, *rugæ*, enfoncemens plus ou moins allongés, irréguliers, peu profonds, semblables aux rides de la peau de l'homme. — [*Damasonium stellatum. Antirrhinum cymbalaria, - elatine. Aconitum. Ternstromia.* etc.].

ALVÉOLÉE, *alveolatum faveolatum* [Pl. 45, fig. 7. — Pl. 47, fig. 3 C... fig. 4 C.]. — Creusée de fossettes, *alveoli*, placées symétriquement les unes à côté des autres, approchant par leur forme des alvéoles des Abeilles. — [*Antirrhinum. Eroteum undulatum. Papaver.* etc.].

SCROBICULÉE, *scrobiculatum*. — Quand la superficie de la graine est creusée de fossettes peu régulières. — [*Arum italicum. Mussenda frondosa. Datisca cannabina.* etc.].

SCABRE, *scabrum*. — [*Ruta graveolens. Primula officinalis.* etc.].

PONCTUÉE, *punctatum* [Pl. 47, fig. 5 C D. — Pl. 49, fig. 5 B C D. — Pl. 57, fig. 5 A.]. — Parsemée de points saillans [*Cyclamen europæum. Anagallis arvensis. Geranium pratense, - columbinum. Saxifraga granulata.* etc.], ou de points colorés [*Clausena.* etc.].

TUBERCULÉE, *tuberculata.* — Relevée de petites bosses. — [*Vicia lathyroïdes.* etc.].

CARONCULÉE, *carunculatum* [Pl. 50, fig. 1 B. — Pl. 57, fig. 4 A *b*... fig. 6.]. Garnie de caroncules, appendices fongueux ou pulpeux, selon les espèces. — [*Sterculia Balanghas. Chelidonium majus. Ricinus.* etc.].

OPERCULÉE, *operculatum* [Pl. 59, fig. 6 B *b*... fig. 7 *a*. — Pl. 60, fig. 1 C *a*. — Pl. 61, fig. 3 A *b*.]. — Pourvue d'un opercule ou embryotège, petite calotte qui correspond à l'extrémité radiculaire de l'embryon, et se détache au temps de la germination. — [*Phœnix dactylifera. Commelina communis. Tradescantia cristata. Asparagus officinalis.* etc.].

VELUE, *villosum.* — [*Roëlla ciliata. Murraya exotica.* etc.].

LAINEUSE, *lanatum.* — [*Bombax. Gossypium.* etc.].

MARGINÉE, *marginatum.* — Pourvue d'un rebord, *margo*, saillant, mais étroit, qui est produit par l'expansion des tuniques séminales. — [*Cheiranthus sinuatus. Spergula pentandra.* etc.].

CILIÉE, *ciliata.* — Qui est marginée, et dont le rebord est découpé en fines lanières, comparables à des cils. — [*Menyanthes nymphoïdes.* etc.].

AILÉE, *alatum.* — Pourvue d'ailes, expansions larges et minces des bords ou des angles de la graine. La graine ailée est

UNI-AILÉE, OU MONOPTÈRE, *uni-alatum*, *monopterum* [Pl. 49, fig. 1 C D.]. — Quand elle n'a qu'une aile. On la dit

PÉRIPTÉRÉE, *peripteratum.* — Lorsqu'elle est entourée par l'aile. — [*Dioscorea sativa. Veratrum album. Aloe margaritifera. Rhinanthus crista galli.* etc.].

ÉPIPÉTRÉE, *epipteratum.* — Lorsque l'aile part du sommet. — [*Banksia. Bignonia. Kagenekia. Fabricia.* etc.].

BI-AILÉE, OU DIPTÈRE, *bi-alatum*, *dipterum.*

TRI-AILÉE, OU TRIPTÈRE, *tri-alatum*, *tripterum.* — [*Moringa. Pterospermum.* etc.].

CHEVELUE, *comatum* [Pl. 49, fig. 4, B C D.]. — Portant une touffe de poils, *coma*, qui dans quelques espèces est un appendice particulier de la tunique séminale [*Tamarix*], et dans d'autres est produit par le funicule desséché et divisé en une multitude de filamens déliés [*Asclepias. Epilobium.* etc.].

CHAUVE, *calvum.* — Dépourvue de chevelure. — [*Vinca.* etc.].

DRUPÉOLÉE, *drupeolatum* [Pl. 54, fig. 5.]. — Enveloppée d'une pulpe et ressemblant à un petit drupe. — [*Ixia chinensis. Punica granatum.* etc.].

ARILLÉE, *arillatum* [Pl. 46, fig. 7 A *a.* — Pl. 57, fig. 7 B.]. — Revêtue d'un arille. — [*Myristica. Oxalis. Evonymus.* etc.].

Parties de la Graine. — La Graine comprend l'Amande *Amygdala*, et les Tégumens propres ou Tuniques, *Integumenta propria s. Tunicæ seminales.*

AMANDE, *Amygdala.* — C'est la Graine abstraction faites de ses Tuniques, c'est-à-dire l'Embryon seul ou accompagné d'un Périsperme. *Voy.* pag. 51.

Caractères généraux.

TUNIQUÉE, *tunicata* [Pl. 45, fig. 4. — Pl. 46, fig. 2.]. — Quand elle est revêtue de tuniques propres bien distinctes de la paroi de l'ovaire. — [*Polygonum. Œnothera.* etc.].

TEGMINÉE, *tegminata* [Pl. 45, fig. 9 C. — Pl. 54, fig. 4 D.]. — Enveloppée d'un tegmen. *Voyez* ce mot. — [*Scirpus. Cookia. Heisteria coccinea. Fissilia disparillis.* etc.].

LORIQUÉE, *loricata* [Pl. 45, fig. 7 B *a.* — Pl. 46, fig. 2 C *a.*]. — Recouverte d'une lorique. *Voy.* ce mot. — [*Eroteum undulatum. Œnothera.* etc.].

NUE, sans tunique, *nuda, sine tunica* [Pl. 44, fig. 1 B. — Pl. 56, fig. 2 AB... fig. 3 B. — Pl. 57, fig. 3 A.]. — Quand elle est à nu sous la paroi de l'ovaire. — [*Salsola tragus. Mirabilis jalapa. Avicennia.* Conifères. etc.].

LIBRE, *libera* [Pl. 53, fig. 1 C.]. — Quand sa surface n'adhère pas à l'enveloppe qui la recouvre. — [*Amygdalus. Phaseolus. Faba.* etc.].

ADHÉRENTE, *adherens* [Pl. 50, fig. 4 B C... fig. 5 C. — Pl. 58.]. — Quand elle adhère à l'enveloppe qui la recouvre. —[Graminées. Ombellifères. etc.].

Obs. Cela n'a lieu que lorsqu'il y a un périsperme. Dans le cas d'adhérence, il est souvent très-difficile de déterminer avec certitude la véritable place du hile, et par conséquent la base de la graine. — [Graminées].

PÉRISPERMÉE, *perispermata* [Pl. 45, fig. 4 B. — Pl. 48, fig. 4 C. — Pl. 58.]. — Ayant un périsperme. — [Aroïdes. Cypéracées. Graminées. Palmiers. Liliacées. Polygonées. Nyctaginées. Scrophularinées. Solanées. Apocinées. Symplocinées. Rubiacées. Ombellifères. Olacinées. Ternstromiées. Caryophyllées. *Genista hispanica. Cassia fistula.* Euphorbiacées. Cônifères. etc.].

APÉRISPERMÉE, *aperispermata* [Pl. 44, fig. 1 D... fig. 8 B... fig. 9 B. — Pl. 46, fig. 2 C. — Pl. 56, fig. 1 B.]. — [Alismacées. *Salsola tragus.* Synanthérées. Aurantiacées. Théacées. *OEnothera. Faba. Phaseolus.* etc.].

Parties de l'Amande. — L'Amande comprend l'Embryon, *Embryo*, et le Périsperme, *Perispermum.*

EMBRYON, *Embryo.* — Rudiment de la jeune plante. *Voy.* pag. 53.

Caractères généraux.

ACOTYLÉDON, *acotyledoneus.* — Quand il est privé de cotylédons. Dans ce cas l'embryon se réduit au blastême. *Voyez* ce mot. — [*Cuscuta.* Conferves. Peut être toutes les plantes agames dépourvues de feuilles, telles que Champignons, Lichens, Algues].

MONOCOTYLÉDON, *monocotyledoneus* [Pl. 57, fig. 5 C. — Pl. 58. — Pl. 60, fig. 6.]. — Quand il n'y a qu'un cotylédon. [Graminées. Liliacées. *Cyclamen europæum. Zanichellia.* etc.].

DICOTYLÉDON, *dicotyledoneus* [Pl. 44, fig. 5 E... fig. 8 B... fig. 9 C. — Pl. 56, fig. 1 B.]. — Quand il a deux cotylédons. —[Labiées. Synanthérées. Ombellifères. Crucifères. Rosacées. Légumineuses. etc.].

POLYCOTYLÉDON, *polycotyledoneus* [Pl. 53, fig. 4. — Pl. 57, fig 3BD.] — Pourvu de plus de deux cotylédons. — [*Pinus. Abies. Larix. Cedrus. Ceratophyllum.* etc.].

Forme.

SPHÉRIQUE, globuleux, *sphæricus, globulosus.*

ELLIPSOÏDE, *ellipsoïdeus* [Pl. 55, fig. 1.] — [*Quercus robur*].

OVOÏDE, *ovoïdeus.* — [*Juncus. Corylus. Nelumbo.* etc.].

CONIQUE, en cône, *conicus.* — En forme de pain de sucre. — [*Euterpe. Caryota urens. Cucifera thebaïca. Epilobium hirsutum.* etc.].

TURBINÉ, *turbinatus* [Pl. 57, fig. 2C. — Pl. 59, fig. 3.]. — [*Scirpus sylvaticus. Nymphæa alba.* etc.].

FILIFORME, *filiformis.* — Grêle et cylindrique comme un fil. — [*Typha. Damasonium stellatum. Allium.* Atriplicées. *Symplocos. Hopea, etc.*].

FUSIFORME, *fusiformis* [Pl. 61, fig. 6.]. — Allongé et s'amincissant peu-à-peu comme un fuseau, du milieu aux deux bouts. — [*Triglochin palustre. Thesium alpinum.* etc.].

CLAVIFORME, en massue, *claviformis* [Pl. 61, fig. 7 D... fig. 8*a.*]. — Allongé, mince à une extremité et renflé à l'autre. — [*Hyacinthus non scriptus.* etc.].

FONGIFORME, *fungiformis.* — C'est-à-dire, ayant la forme du Champignon de couche, lequel est composé de deux parties principales : le *chapeau*, hémisphérique et large ; le *pédicule*, cylindrique, et servant de support au chapeau. — [*Musa sapientum, - coccinea.* etc.].

CORDIFORME, en cœur, *cordiformis.* — Presque aussi large que long, se retrécissant en angle aigu par l'une de ses extrémités, se dilatant par l'autre en deux lobes arrondis. C'est la forme qu'on est convenu de nommer *forme en cœur* dans les arts. — [*Azarum. Aristolochia. Gunnera.* etc.].

PATELLIFORME, en patelle, *patelliformis.* — Large, mince, orbiculaire, d'un côté convexe, de l'autre concave. [*Flagellaria indica.* etc.].

SCUTELLIFORME, en bouclier, *scutelliformis* [Pl. 58, fig. 2 B... fig. 4.].

— Large, plus ou moins arrondi. Peu différent du précédent.— [*Holcus.* etc.].

CYLINDRIQUE, *cylindricus*.—[*Antirrhinum majus.* etc.].

TROCHLÉAIRE, *trochlearis* [Pl. 59, fig. 6 A.]. — En forme de poulie, ou de bobine, c'est-à-dire, comme un cylindre court, étranglé vers son milieu. — [*Commelina communis.* etc.].

LENTICULAIRE, *lenticularis.* — [*Ervum lens.* etc.].

Direction.

RECTILIGNE, *rectilineus*, *rectus* [Pl. 46, fig. 1 D. — Pl. 57, fig. 3 B.].— Quand il n'offre dans sa longueur ni courbure ni flexion.— [Aroïdes. Cônifères. etc.].

ARQUÉ, courbé, *arcuatus*, *curvatus* [Pl. 45, fig. 4 B. — Pl. 51, fig. 7 B.]. — Cambré dans sa longueur. — [*Vaccinium myrtillus. Galium aparine. Papaver.* etc.].

RECOURBÉ, *recurvus*, *recurvatus* [Pl. 55, fig. 3 F.]. — Courbé sur lui-même dans sa longueur, de sorte que le sommet des cotylédons vient toucher la radicule, ou du moins s'en approche beaucoup. — [Nyctaginées, et notamment *Mirabilis jalapa. Morus.* etc.].

GÉNICULÉ, coudé, *geniculatus.* — Plié dans sa longueur, de manière à former un angle plus ou moins ouvert. — [*Guettarda speciosa.* etc.].

REPLIÉ, *replicatus*, *conduplicatus* [Pl. 45, fig. 6 E.—Pl. 56, fig. 3 B. — Pl. 60, fig. 6.—Pl. 61, fig. 1 B]. — Plié en deux dans sa longueur, les deux moitiés rapprochées devenant parallèles ou peu s'en faut. — [*Alisma. Sagittaria. Damasonium. Gloriosa superba. Zanichellia. Ternstromia punctata.* etc.].

ANNULAIRE, *annularius* [Pl. 47, fig. 6 D. —Pl. 56, fig. 4 A.].—Grêle, allongé et courbé de façon que l'extrémité radiculaire, touche l'extrémité cotylédonaire. Il ressemble à un anneau. — [*Salsola radiata. Silene. Claytonia.* etc.].

PELOTONNÉ, *in orbem contractus* [Pl. 51, fig. 6 D]. — Courbé de haut en bas et latéralement de manière à former une boule. — [*Sinapis alba.* etc.].

SPIRALÉ, *spiralis*, *cochleatus* [Pl. 44, fig. 1 D]. — Tourné en spirale. — [*Salsola tragus. Cuscuta europæa. Cistus monspeliensis.* etc.].

FLEXUEUX, *flexuosus.* — Courbé dans sa longueur en différens sens. — [*Anguillaria bahamensis.* etc.].

Position. — Relativement aux autres parties de la Graine.

RECLUS, *reclusus*, *inclusus* [Pl. 47, fig. 5 D... fig. 8 C. — Pl. 51, fig. 7 B.]. — Renfermé dans le périsperme. — [*Anagallis arvensis. Campanula. Galium. Saxifraga granulata.* etc.].

AXILE, *axilis* [Pl. 44, fig. 2 C. — Pl. 47, fig. 5 D. — Pl. 57, fig. 3 A.]. — Plus ou moins grêle, entouré d'un périsperme, et se portant en ligne droite d'un point périphérique de la graine, au point diamétralement opposé. — [*Typha.* Aroïdes. Plantaginées. *Fraxinus. Campanula. Berberis. Symplocos. Saxifraga.* Cônifères. etc.].

MÉDIAIRE, *mediaris* [Pl. 48, fig. 4 C. — Pl. 50, fig. 1 B... fig. 2 E.]. — Large, étendu, placé au milieu du périsperme, et le partageant en deux portions à-peu-près égales. — [*Sterculia balanghas. Cassia fistula. Ricinus. Hura crepitans.* etc.].

CENTRAL, *centralis.* — Placé au centre du périsperme. — [*Taxus baccata.* etc.].

EXCENTRIQUE, *excentricus* [Pl. 57, fig. 5 B.]. — Si l'embryon tout-à-fait renfermé dans le périsperme, s'éloigne sensiblement du centre. — [*Cyclamen* etc.].

EXTÉRIEUR, *exterior* [Pl. 57, fig. 2 B*g*. — Pl. 58. — Pl. 59, fig. 3 A *b*... fig. 6 A *c*.] — Quand il est situé à la superficie du périsperme. — [*Scirpus.* Graminées. *Nymphæa.* etc.].

PÉRIPHÉRIQUE, *periphæricus* (*albumine circumpositus*) [Pl. 47, fig. 6 D. — Pl. 56, fig. 3 B.]. — Il est extérieur et entoure en totalité ou en majeure partie le périsperme. — [*Mirabilis. Silene.*].

OBS. Les embryons tout-à-fait périphériques sont très rares. Le plus souvent le périsperme qui forme la masse centrale de l'amande déborde l'embryon qui l'entoure et s'étend sur sa surface en une lame d'une grande ténuité. C'est ce qu'on peut voir dans les Atriplicées et les Amarantacées. Ces embryons sont dits SUB-PÉRIPHÉRIQUES.

TRANSVERSE, *transversus* [Pl. 48, fig. 2 C D. — Pl. 49, fig. 5. — Pl. 57, fig. 5.] — S'allongeant dans une direction à-peu-près parallèle au plan du hile. — [*Asparagus officinalis.* Plantaginées. *Cyclamen europæum; Anagallis arvensis* et autres Primulacées. *Polemonium.* Beaucoup de Borraginées. *Pourouma.* etc.].

OBLIQUE, *obliquus* [Pl. 58.]. — S'il s'éloigne davantage de l'axe de la graine par l'une de ses extrémités que par l'autre. — [Graminées. etc.].

LATÉRAL, *lateralis* [Pl. 45, fig. 4 B. — Pl. 58.]. — S'il est rejeté tout d'un côté de la graine. — [Graminées. *Polygonum scandens Cyclamen.* etc.].

BASILAIRE, *basilaris* [Pl. 45, fig. 8. — Pl. 47, fig. 2 C... fig. 7 B. — Pl. 49, fig. 2 C. — Pl. 50, fig. 4 B... fig. 5 C. — Pl. 59, fig. 3 A.]. — Lorsqu'il est logé tout entier dans la partie du périsperme la plus voisine du hile. — [Cypéracées. *Juncus. Azarum. Aristolochia. Pedicularis.* Ombellifères. *Papaver. Aconitum. Ranunculus.* Olacinées. etc.].

APICILAIRE, *apicilaris.* — Lorsqu'il est logé dans la partie du périsperme diamétralement opposée au hile. — [*Colchicum.* etc.].

VAGUE, *vagus.* — Lorsqu'il est placé dans l'intérieur du périsperme, de façon qu'on ne peut dire, à la rigueur, qu'il soit APICILAIRE, BASILAIRE, LATÉRAL, etc.

NICHÉ, *nidulatus* [Pl. 59, fig. 6 A *c.*]. — Si l'embryon est logé par une de ses extrémités dans une poche formée par un repli du tegmen. — [*Commelina.* etc.].

Couleur.

BLANC, *albus, lacteus.* — [La plupart des embryons.].

JAUNATRE, *lutescens.* — [*Ribes uva crispa.* etc.].

VERT, *viridis.* — [*Acer pseudo-platanus. Pistacia terebinthus.* etc.].

PLOMBÉ, *plumbeus.* — [*AEchinops.* etc.].

PURPURIN, *purpureus.* — [Embryon du *Bidens* et du *Zinnia*, dans les graines fraîches.].

Parties de l'Embryon. — L'Embryon comprend le Blastême, *Blastema*, et les Cotylédons, *Cotyledones.*

BLASTÊME, *Blastema.* — Embryon, abstraction faite des Cotylédons. *Voy.* pag. 54.

Caractères généraux.

ACOTYLÉDON. MONOCOTYLÉDON. DICOTYLÉDON. POLYCOTYLÉDON.

LATÉRAL, *laterale.* [Pl. 58.]. — Dont l'axe est latéral relativement à la masse de l'embryon. — [Graminées.].

Parties du Blastême. — Le Blastême comprend le Collet, *Collum*, la Plumule, *Plumula*, la Radicule, *Radicula.*

COLLET, *Collum.* — Partie intermédiaire entre la Plumule et la Radicule. *Voy.* pag. 55.

Caractères généraux.

ASCENDANT, *ascendens* [Pl. 56, fig. 2 C *c*... fig. 3 D *b*. — Pl. 59, fig. 3.]. — Lorsqu'en se développant, il s'élève avec la plumule et porte les cotylédons à la lumière, en sorte qu'il devient partie du caudex ascendant. — [*Mirabilis jalapa. Avicennia. Abies.* etc.].

DESCENDANT, *descendens* [Pl. 61, fig. 1 *a*.]. — Lorsqu'en se développant il s'enfonce en terre avec la radicule, en sorte qu'il devient partie du caudex descendant. — [*Damasonium stellatum.* etc.].

OBS. On pourrait, si l'on voulait, considérer aussi la forme du Collet CYLINDRIQUE, OVOÏDE, etc., sa *visibilité* ou son *invisibilité*, etc.; mais comme il serait souvent difficile et quelquefois impossible de distinguer dans l'embryon non encore développé le Collet de la radicule, on confond ces organes dans la Botanique descriptive, et le nom de radicule est donné à toute la partie du blastême située au-dessous des cotylédons. Consultez donc le mot RADICULE.

PLUMULE, *Plumule*. — Rudiment de la partie du Blastême, qui doit s'élever au-dessus de terre. *Voy*. pag. 56.

Caractères généraux.

VISIBLE, *visibilis* [Pl. 53, fig. 4.]. — Assez développée avant la germination pour qu'on puisse nettement l'apercevoir. Elle est visible sans qu'il soit besoin d'employer des verres et la dissection dans les Graminées, l'*AEsculus hippocastanum*, le *Faba*, le *Nelumbo*, le *Ceratophyllum*, etc. Elle devient visible à l'aide de la dissection et des verres dans le *Damasonium stellatum*, le *Triglochin palustre*, etc.

INVISIBLE, *invisibilis*, *inconspicua*. — Pas assez développée avant la germination pour qu'il soit possible de l'apercevoir de quelque façon que ce soit. — [*Commelina communis*. *Allium cepa*. *Cyclamen europæum*. etc.].

COLÉOPTILÉE, *coleoptilata* [Pl. 61, fig. 1 B *b*... fig. 2.]. — Renfermée dans une coléoptile, et qu'on ne peut apercevoir par conséquent qu'au moyen de la dissection. — [Alismacées. Liliacées. etc.].

NUE, *nuda*, *acoleoptilata* [Pl. 56, fig. 1 C *d*. — Pl. 58, fig. 1 *h*... fig. 4 C *g*.]. — Sans coléoptile. Placée à la surface du blastême. — [Graminées. *Faba*. etc.].

PUNCTIFORME, *punctiformis*. — Si peu marquée qu'il est permis de la comparer à un point. — [*Abies*. etc.].

TIGELLÉE, *tigellata* [Pl. 56, fig. 1 C *c*.]. — Lorsqu'elle a une tigelle visible. — [*Faba*. etc.].

FEUILLÉE, *foliata* [Pl. 53, fig. 4. — Pl. 56, fig. 1 D *d*.]. — Lorsque sa gemmule est assez développée pour qu'on y distingue de petites feuilles. — [*Faba*. *Ceratophyllum*. etc.].

Parties de la Plumule. — La Plumule comprend la Tigelle, *Tigella*, et la Gemmule, *Gemmula*.

TIGELLE, *Tigella*. — Rudiment de la Tige. *Voy*. pag. 56.

VISIBLE, *visibilis* [Pl. 56, fig. 1 C *b*. — Pl. 57, fig. 1 B *d*.]. — Développée sensiblement avant la germination. — [*Tropæolum majus. Faba. Nelumbo.* etc.].

OBS. La Tigelle n'a pas besoin d'être à découvert pour être dite VISIBLE: Cette éphithète lui est applicable du moment qu'on peut l'apercevoir par le moyen de la dissection. — [*Tropæolum. Damasonium stellatum.* etc.].

INVISIBLE, *invisibilis.* — Point sensiblement développée avant la germination. — [*Commelina. Allium. Pinus.* etc.].

GEMMULE, *Gemmula.* — Petit bouton qui termine la Tigelle. *Voy.* pag. 56.

PILÉOLÉE, *pileolata* [Pl. 58. — Pl. 59, 1, 2, 3, 4.]. — Munie d'une piléole, *pileola*, feuille extérieure primordiale, parfaitement close, qui a la forme d'un éteignoir, et qui recouvre et cache les autres feuilles de la gemmule. — [*Scirpus.* Graminées. etc.].

SESSILE, *sessilis* [Pl. 60, fig. 4.]. — Prenant naissance sur le collet, sans l'intermédiaire d'une tigelle. — [*Calla æthiopica.* etc.].

OBS. Par opposition on peut dire TIGELLÉE, *Tigellata.*

RADICULE, *Radicula.* — Rudiment de la Racine, *Voy.* pag. 55.

Visibilité.

VISIBLE, *visibilis:* [Pl. 56, fig. 1 B *b.*] — [Faba. etc.].

INVISIBLE, *invisibilis.* — [*Commelina communis.* etc.].

COLÉORHIZÉE, *coleorhizata* [Pl. 57, fig. 1 A *b c.* — Pl. 58.]. — Renfermée dans une coléorhize, et qu'on ne peut voir par conséquent que par le moyen de la dissection. — [Graminées. *Tropæolum majus.* etc.].

NUE, *nuda* [Pl. 56, fig. 1 B. — Pl. 60, fig. 1.]. — Non revêtue d'une coléorhize. — [*Phœnix dactylifera. Faba.* etc.].

HILIFÈRE, *hilifera* [Pl. 56, fig. 2 B.]. — Quand l'amande est nue et que la radicule reçoit directement les vaisseaux du funicule. — [*Avicennia.* etc.].

SAILLANTE, *prominens* [Pl. 48, fig. 4 D... fig. 3 E. — Pl. 51, fig. 4 E]. — Se prolongeant au-dessous du point d'attache des cotylédons et les débordant. — [*Cheiranthus. Genista.* etc.].

RÉTRACTÉE, *retracta* [Pl. 51, fig. 1 C. — Pl. 54, fig. 4 E. — Pl. 55, fig. 1 C.]. — Cachée par les cotylédons qui se prolongent plus bas que leur point d'attache sur le blastème, de façon qu'elle semble s'être retirée en arrière. — [*Acanthus.* Aurantiacées. *Detarium. Macoubea. Securidaca. Quercus. Corylus.* etc.].

Forme.

GRÈLE, *gracilis* [Pl. 51, fig. 4 E.]. — [*Cheiranthus cheiri.* etc.].

CONIQUE, *conica* [Pl. 56, fig. 1 B *b*.]. — En forme de cône renversé. — [Labiées. *Faba.* Cucurbitacées. etc.].

ARRONDIE, *subrotunda* [Pl. 48, fig. 4 D.]. — Presque globuleuse. — [*Lonicera zeylanica. Viscum album. Berberis. Cassia fistula.* etc.].

OVOÏDE, *ovoïdea* [Pl. 50, fig. 3 G.]. — [*Chelidonium glaucium. Ribes. Fagus castanea. Toddalia inermis.* etc.].

CLAVIFORME, en massue, *claviformis.* — [*Rhizophora. Ceriscus malabaricus.* etc.].

DÉPRIMÉE, *depressa.* — Applatie du sommet à la base. — [*AEgle marmelos. Thea.* etc.].

AIGUË, *acuta* [Pl. 56, fig. 1 B *b*.]. — [*Faba major.* etc.].

OBTUSE, *obtusa* [Pl. 48, fig. 4 D.]. — [*Cassia fistula.* etc.].

COURTE, *brevis* [Pl. 48, fig. 4 D.]. — Moins longue que les cotylédons. — [*Cassia fistula.* etc.].

LONGUE, *longa.* [Pl. 57, fig. 3 B.]. — Plus longue que les cotylédons. Cette expression indique ordinairement que l'on ne veut point distinguer le collet de la radicule, et que l'on estime tout ensemble la longueur de l'un et de l'autre. — [*Abies. Pinus. Symplocos.* etc.].

Situation. — Relativement aux parties de la Graine.

RECTILIGNE, *rectilinea, recta* [Pl. 45, fig. 3 B.]. — Si elle suit sans déviation la direction de l'axe des cotylédons. — [Conifères. Synanthérées. etc.].

RECOURBÉE, *recurvata* [Pl. 48, fig. 3 E.]. — Quand elle se courbe sur elle-même, ou sur les cotylédons, ou sur le blastême, en se rapprochant du hile. — [*Genista hispanica*. etc.].

REBROUSSÉE, *regressa* [Pl. 58, fig. 3 A *a*.]. — Quand elle se courbe en portant sa pointe dans une direction qui l'éloigne du hile. — [*Cornucopiæ cucullatum*. etc.].

ADVERSE, *adversa*, *obversa s. ombilicum spectans* [Pl. 44, fig. 2 B C... fig. 9 B. — Pl. 45, fig. 6 D E. — Pl. 48, fig. 3 C E. — Pl. 50, fig. 1 B. — Tournée du côté du hile. Si la radicule dirige son sommet vers le hile, elle est *directe adversa*, ou plus simplement *adversa*. — [*Fraxinus*. Synanthérées. Ombellifères. *Symplocos*. *Ternstromia*. *Genista*.]. Mais si la radicule ne présente que le côté au hile, elle est *lateraliter adversa*. — [Rosacées. *Cookia*. *Ricinus*, etc.].

INVERSE, *inversa*, *aversa* [Pl. 45, fig. 4 B. — Pl. 53, fig. 4 B. — Pl. 57, fig. 4 B *a*.]. — Tournée du côté diamétralement opposé au hile. — [*Polygonum scandens*. *Acanthus*. *Ceratophyllum demersum*. *Sterculia balanghas*. etc.].

LATÉRALE, *lateralis* [Pl. 59, fig. 6 A.]. — Tournée vers un point périphérique autre que la base ou le sommet de la graine. — [*Commelina*. etc.].

SUPERFICIELLE, *superficialis* [Pl. 59, fig. 6 A.]. — Quand la graine étant périspermée, la radicule vient aboutir à la superficie de l'amande. — [*Phœnix dactylifera*. *Commelina*. etc.].

Situation. — Relativement au fruit.

HAUTE, *alta*, *supera* [Pl. 50, fig. 1 B. — Pl. 54, fig. 4 B.]. — Quand la radicule est tournée vers le sommet du fruit. — [Cycadées, Plombaginées. *Borrago*; *Tournefortia mutabilis*; *Heliotropium*; *Echium*; *Cerinthe* et autres Borraginées. *Cookia*. *Symplocos*. *Prunus*. *Amygdalus*. *Ricinus*. Casuarinées. Conifères. *Gunnera*. *Pourouma*. etc.].

BASSE, *demissa* [Pl. 46, fig. 1 D. — Pl. 48, fig. 2 E. — Pl. 51, fig. 7 B.]. — Quand elle est tournée vers la base du fruit. [*Plantago stricta*. — *Polemonium*. *Galium*. etc.].

CENTRIFUGE, *centrifuga* [Pl. 52, fig. 2 B D.]. — Lorsqu'elle se dirige horizontalement vers la paroi du fruit. — [*Guarea trichilioïdes*. *Ribes*. Cucurbitacées. etc.].

CENTRIPÈTE, *centripeta* [Pl. 46, fig. 2 B C.]. — Lorsqu'elle se dirige vers le centre du fruit. — [*OEnothera. Citrus.* etc.].

Appendice de la radicule. — Il est :

FILIFORME, *filiformis* [Pl. 61, fig. 10.]. — [*Cycas.* etc.].

SACELLIFORME, *sacelliformis* [Pl. 57, fig. 2 B C D. — Pl. 61, fig. 7 B *b* C.]. — Formant une poche dans laquelle est contenu l'embryon. [*Alpinia. Nymphæa. Saururus. Piper.* etc.].

COTYLÉDONS, *Cotyledones.* — Premières feuilles de l'Embryon qui lui fournissent pendant la germination une nourriture toute préparée. Voy. p. 57.

OBS. Dans la plupart des plantes uni-lobées ou monocotylédones, la masse presque totale de l'embryon, étant formée par le Cotylédon, les expressions qui s'appliquent aux caractères extérieurs de l'un, s'appliquent également à ceux de l'autre. Ainsi l'on peut dire indifféremment que le Cotylédon ou l'embryon du *Musa coccinea* est FONGIFORME; que le Cotylédon ou l'embryon de l'*Amaryllis vittata*, du *Typha*, du *Pontederia*, est FILIFORME; que le Cotylédon ou l'embryon de l'*Arum italicum*, du *Canna indica*, est CLAVIFORME; que le Cotylédon ou l'embryon du *Holcus*, est SCUTELLIFORME, etc. etc. Mais dans les plantes dicotylédones et polycotylédones on doit considérer les Cotylédons isolément parce qu'en général ils sont bien distincts du blastême.

Consistance.

CHARNUS, *carnosæ* [Pl. 56, fig. 1 B. — Pl. 57, fig. 8 B C.]. — Épais et d'un tissu succulent ferme et cassant — [*Cycas. Amygdalus persica*, - *communis. Faba. Corylus.* etc.].

FOLIACÉS, *foliaceæ* [Pl. 48, fig. 4 D. — Pl. 50, fig. 2 E. — Pl. 56, fig. 2 C *a*.... fig. 3 D *d*.]. — Minces et souvent relevés de nervures à la manière des feuilles. [*Mirabilis jalapa* et autres Nyctaginées. *Avicennia. Achras. Calveria. Tilia. Sterculia balanghas. Cassia fistula. Hura crepitans*, et autres Euphorbiacées. etc.].

Surface.

PONCTUÉS, *punctatæ* [Pl. 54, fig. 4 E.]. — Chargés de points transparens [Aurantiacées], ou colorés. [*Anagallis*, en germination. etc.].

NERVÉS, *nervata* [Pl. 50, fig. 2 E. — Pl. 56, fig. 3 D.]. — Relevés de nervures. — [*Mirabilis jalapa. Achras. Tilia.* etc.].

INNERVÉS, sans nervures, *enervia* [Pl. 56, fig. 1 B... fig. 2 C.]. — [*Avicennia. Faba.* etc.].

Grandeur.

GRANDS, *magnæ* [Pl. 48, fig. 4 D. — Pl. 50, fig. 2 E. — Pl. 55, fig. 1 C.]. — Pl. 56, fig 1 B C.]. — Relativement à la partie du blastême située au-dessous de leur point d'insertion. — [*Amygdalus. Cassia fistula. Faba. Hura crepitans. Quercus. Fagus castanea.* etc.].

MOYENS, *mediocres* [Pl. 44, fig. 8 B. — Pl. 45, fig. 4 B. — Pl. 51, fig. 7 B. — Pl. 57, fig. 3 B.]. — [*Polygonum. Galinsoga triloba. Galium. Pinus.* etc.].

PETITS, *parvæ* [Pl. 46, fig. 1 D. — Pl. 47, fig. 4 D.]. — [*Antirrhinum majus. Polemonium.*].

TRÈS-PETITS, *parvulæ* [Pl. 47, fig 1 E.]. — [*Rhododendrum. Symplocos. Hopea.* etc.].

LONGS, *longæ* [Pl. 44, fig. 1 D. — Pl. 56, fig. 4 B.] — [*Salsola.* etc.].

COURTS, *breves.* — [*Hopea.* etc.].

ACCOURCIS, *abreviatæ.* — Courts, mais assez larges.

LARGES, *latæ* [Pl. 56, fig. 2 C.]. — Relativement à leur longueur. — [*Avicennia.* etc.].

ÉTROITS, *angustæ* [Pl. 44, fig. 1 D... fig. 9 C. — Pl. 56, fig. 4 B. — Pl. 57, fig. 3 B.]. — [*Salsola. Hieracium. Pinus.* etc.].

ÉPAIS, *crassæ* [Pl. 55, fig. 1 C. — Pl. 61, fig. 10.]. — [*Cycas. AEsculus. Amygdalus. Phaseolus. Quercus. Fagus castanea.* etc.].

Disposition propre et relative.

LATÉRAL, *lateralis* [Pl. 58.]. — Attaché d'un seul côté du blastême. Cela n'a lieu que dans les Monocotylédons. — [Graminées, etc.].

opposés, *oppositæ* [Pl. 56, fig. 2 C... fig. 3 D.]. — Toutes les plantes bilobées ont leurs cotylédons opposés, c'est-à-dire qu'ils naissent à la même hauteur sur le blastême, de deux points diamétralement opposés. — [*Avicennia. Mirabilis. Phaseolus.* etc.].

verticillés, *verticillatæ* [Pl. 53, fig. 4 C. — Pl. 57, fig. 3 B D.] — Toutes les plantes multilobées ont leurs cotylédons verticillés, c'est-à-dire qu'ils naissent tout autour du blastême à la même hauteur. — [*Pinus. Abies. Larix. Cedrus. Schubertia. Ceratophyllum.* etc.].

contigus, *contiguæ* [Pl. 55, fig. 1.] — Appliqués exactement l'un contre l'autre par leur face interne. La plupart des plantes dicotylédones. — [Rosacées. Légumineuses. etc.].

divergens, *divergentes* [Pl. 47, fig. 7 B. — Pl. 49, fig. 2 C.]. — S'écartant l'un de l'autre par leur sommet. — [*Myristica. Aconitum pyrenaïcum. Delphinium puniceum.* etc.].

réfléchis, *reflexæ* [Pl. 48, fig. 3 E. — Pl. 51, fig. 4 E. — Pl. 52, fig. 7 F. — Pl. 56, fig. 3 B.]. — Se recourbant, et rapprochant leur sommet du sommet de la radicule. — [Nyctaginées. *Dorstenia.* etc.].

Ils sont réfléchis par les faces, *a faciebus reflexæ*, quand ils se présentent à la radicule par leurs faces. [*Mirabilis jalapa*]. Ils sont réfléchis par les côtés, *a lateribus reflexæ*, quand ils se présentent à la radicule par les côtés [*Genista hispanica. Cheiranthus. Helianthemum.* etc.].

circinés, *circinata* [Pl. 46, fig. 4 C.]. — Roulés en spirale sur eux-mêmes de haut en bas. — [*Basella. Anabasis. Koelreuteria paniculata.* etc.].

convolutés, *convolutæ* [Pl. 44, fig. 5 B D E. — Pl. 54, fig. 5 E F H.]. Roulés en spirale sur eux-mêmes dans leur longueur. — [*Badamia. Combretum secundum. Punica granatum.* etc.].

mutuellement équitans, *se invicem equitantes*, (*obvolutæ* Lin. *oppositæ* Gaert.) — La moitié de l'un plié dans sa longueur, reçoit dans son pli la moitié de l'autre plié de la même manière. — [*Coldenia procumbens.* etc.].

condupliqués, *conduplicatæ* [Pl. 56, fig. 2 C.]. — Quand les cotylédons appliqués face contre face sont ensemble pliés en deux dans leur longueur. — [*Avicennia.* etc.].

PLISSÉS, *plicatæ*. — Ayant des plis réguliers comme un éventail fermé. — [*Fagus sylvatica.* etc.].

CHIFFONNÉS, contournés, *contortuplicatæ*, *corrugatæ* [Pl. 44, fig. 4 B D. — Pl. 46, fig. 5 E F. — Pl. 51, fig. 8 B *c*.]. — Plissés et repliés irrégulièrement en différens sens, comme une étoffe froissée. — [*Convolvulus. Malva. Gossypium. Combretum laxum. Dorstenia.* etc.].

ENTRE-GREFFÉS, *coalitæ* [Pl. 57, fig. 1 B.]. — Réunis après la maturité, et ne formant qu'une seule et même masse. — [*Tropæolum.*].

FENESTRÉS, *pertusæ*. — Percés de grands trous. — [*Menispermum fenestratum.* etc.].

Forme.

ORBICULAIRES, arrondis, *orbiculares*, *subrotundæ* [Pl. 50, fig. 2 E.]. — Dont le contour est plus ou moins arrondi. — [*Hura crepitans.* Acanthacées. etc.].

OVALES, *ovales* [Pl. 51, fig. 4 E.]. — Dont la surface ressemble à la coupe longitudinale d'un œuf, et qui a par conséquent un bout plus *ovales* que l'autre. — [*Cheiranthus cheiri. Amygdalus communis.* etc.].

ELLIPTIQUES, *ellipticæ*. — La surface est plus longue que large d'un tiers environ, le bord est arrondi, les deux bouts sont égaux. — [*Chionanthus zeylanica. Quercus robur.* etc.].

RÉNIFORMES, *reniformes*. — La surface a à-peu-près la figure de la coupe d'un rognon dans le plan de sa courbure. — [*Anacardium occidentale.* etc.].

CORDIFORMES, *cordiformes*. — En cœur. — [*Ixora. Coffea. Phyllis nobla.* etc.].

LANCÉOLÉS, *lanceolatæ* [Pl. 54, fig. 1 F.]. — Plus longs que larges de deux tiers au moins, et se rétrécissant en angle aigu vers les deux bouts comme un fer de lance. — [*Vitis vinifera.* etc.].

LINÉAIRES, *lineares* [Pl. 44, fig. 9 C.]. — Applatis, longs, étroits, à côtés à-peu-près parallèles. — [*Hieracium glaucum.* etc.].

ALLONGÉS, *elongatæ* [Pl. 56, fig. 4 B.]. — Sensiblement plus longs que larges. La longueur doit être deux fois et demie au moins plus considérable que la largeur. — [*Salsola radiata.* etc.].

SEMI-CYLINDRIQUES, *semi-cylindrici* [Pl. 56, fig. 4 B.].— Allongés, ayant une face plane et l'autre convexe comme un cylindre partagé dans sa longueur. — [*Salsola radiata*, etc.].

FALQUÉS, en faulx, *falcatæ*. — Allongés et courbés sur le côté comme un fer de faulx ou de serpette. — [*AEgiceras majus. Hypecoum. Ceratospermum*, etc.].

SEMBLABLES, *similes*. [Pl. 56, fig. 1 B.]. — Quand les cotylédons d'un même embryon sont égaux en grandeur et conformés de la même manière. — [*Faba. Amygdalus communis*, et la plupart des cotylédons.].

DISSEMBLABLES, *dissimiles* [Pl. 53, fig. 4 C.]. — Quand ils diffèrent entre eux d'une manière quelconque. — [*Ceratophyllum demersum. Guarea trichiloïdes. Trapa natans*. etc.].

Contour.

LOBÉS, *lobatæ*. — Divisés jusqu'à moitié, et même plus profondément, en portions d'une ampleur notable que l'on nomme lobes. — [*Juglans. Hernandia*. etc.].

BILOBÉS, à deux lobes, *bilobatæ*. — [*Brassica oleracea*. etc.].

QUINQUÉLOBÉS, *quinquelobatæ*. — [*Tilia alba*. etc.].

PENNATIFIDES, *pinnatifidæ*.— Allongés et divisés sur les côtés en plusieurs lobes. — [*Geranium moschatum*. etc.].

ENTIERS, *integræ*. — Quand leur bord n'offre ni dents, ni sinuosités, ni lobes. — [La plupart des cotylédons].

Attache.

PÉTIOLÉS, *petiolatæ* [Pl. 56, fig. 1 B *d*. — Pl. 57, fig. 1 A *c*.]. — Quand ils se resserrent à leur base en une espèce de support ou pétiole. — [*Mirabilis jalapa*, en germination. *AEsculus hippocastanum. Tropæolum*, en germination. *Dorstenia contrayerva*. etc.].

SESSILES, *sessiles*. — Sans pétiole. — [La plupart.].

ARTICULÉS, *articulatæ* [Pl. 53, fig. 2 E.]. — Comme articulés sur le blastême. Ils sont sessiles et se resserrent à leur base de manière que l'on voit nettement leur origine. — [*Mespilus germanica*. etc.].

CONFLUENS, *confluentes* [Pl. 44, fig. 8, 9. — Pl. 57, fig. 8.]. — Sans pétiole, sans articulation, sans quoi que ce soit qui marque leur origine, en sorte qu'à leur base ils se confondent ensemble et avec le blastême. — [Synanthérées. *Nelumbo.* etc.].

PELTÉS, *peltatæ* [Pl. 58. — Pl. 59, fig. 1 A B.]. — Élargis en bouclier ou en écusson, et attachés par leur face au blastême. — [Voyez le cotylédon du *Holcus sorghum*, de l'*Hordeum*, du *Lolium* et des autres Graminées.].

Pendant la germination.

HYPOGÉS, *hypogeæ.* — Restant cachés sous la terre. — [Graminées. *AEsculus.* etc.].

ÉPIGÉS, *epigeæ* [Pl. 56, fig. 2 C... fig. 3 D. — Pl. 57, fig. 3 D.]. — S'élevant à la surface du sol. — [*Mirabilis. Avicennia. Faba.* Cônifères. etc.].

OBS. *Voyez* l'article FEUILLES pour les autres épithètes applicables aux Cotylédons.

PÉRISPERME, *Perispermum.* — Masse de tissu cellulaire qui accompagne l'Embryon, et qui pendant la germination, fournit aux Cotylédons, pour la nourriture de la jeune plante, la substance inorganisée dont ses cellules sont remplies. *Voy.* pag. 52.

Position.

CENTRAL, *centrale* [Pl. 47, fig. 6 D. — Pl. 56, fig. 3 B.]. — Lorsqu'il forme au centre de la graine, une masse qui est environnée par l'embryon. — [Nyctaginées. *Cuscuta europæa. Silene.* etc.].

PÉRIPHÉRIQUE, *periphæricum* [Pl. 57, fig. 3 A.]. — Lorsqu'au lieu d'être entouré par l'embryon, il l'environne et le cache. C'est le cas le plus ordinaire. — [Cônifères. etc.].

UNILATÉRAL, *unilatérale* [Pl. 58.]. — Lorsqu'il est rejeté tout d'un côté et l'embryon de l'autre. — [Graminées. etc.].

Substance.

SEC, *siccum, aridum.* — [Graminées. etc.].

FARINEUX, *farinosum.* — Sec et se réduisant par la trituration en une poussière douce et fine. — [*Triticum. Avena. Secale. Hordeum.* Nyctaginées, notamment le *Mirabilis jalapa.* etc.].

FRIABLE, *friabile.* — Sec et s'émiettant par une légère trituration. — [*Piper nigrum. Gunnera scabra.* etc.].

OLÉAGINEUX, *oleagineum.* — Gras au toucher, et pouvant donner de l'huile par expression. — [*Nyssa sylvatica.* Euphorbiacées. etc.].

MUCILAGINEUX, *mucilaginosum.* — Ayant, quand il est encore humide, la consistance d'une substance gommeuse un peu ramollie par l'eau. — [*Convolvulus,* etc.].

PELLICULAIRE, membranacé, *pelliculare*, *membranaceum.* — Formé d'une lame mince ou pellicule. — [La plupart des Labiées. *Prunus. Amygdalus.* etc.].

CHARNU, *carnosum.* — [Euphorbiacées. etc.].

CORNÉ, *corneum.* — Tenace, élastique, dur comme de la corne. — [Palmiers. *Azarum. Aristolochia.* Rubiacées. etc.].

CORIACE, cartilagineux, *coriaceum*, *cartilagineum* (*densè carnosum.*). — Tenace comme du cuir, comme un cartilage, etc. — [Ombellifères. etc.].

TRANSPARENT, *pellucidum.* — [*Oryza sativa.* etc.].

OPAQUE, *opacum.* — [*Triticum.* etc.].

Division.

LOBÉ, *lobatum.*

TRILOBÉ, *trilobatum.* — [*Coccoloba. Brunichia. Lontarus.* etc.].

QUINQUÉLOBÉ, *quinquelobatum.* — [*Aquilicia.* etc.].

CRÉVASSÉ, *rimosum.* — Ayant des incisions plus ou moins profondes dans lesquelles s'engagent les replis de la tunique séminale. — [*Xylopia. Uvaria. Anona.* etc.].

Grandeur.

GRAND, *magnum* [Pl. 47, fig. 7 B.]. — Relativement à l'embryon. — [Graminées. Palmiers. Ombellifères. *Aconitum* et autres Renonculacées. Olacinées. Euphorbiacées. etc.].

ÉPAIS, *crassum*. — Ayant une épaisseur notable. — [Graminées. *Hydrophyllum*. *Sterculia*. etc.].

MINCE, *tenue*. — [Thymélées. Labiées. *Tournefortia*. Rosacées. etc.].

Couleur.

BLANC, *album*. — [La plupart.]

VERT, *viride*. — [*Viscum album*. etc.].

CREUX, *cavum*. — Ayant une cavité intérieure autre que celle qui contient l'embryon. — [*Cocos*. *Myristica*. etc.].

CHIFFONNÉ, *corrugatum*, *contortuplicatum* [Pl. 46, fig. 5 E.]. — Plissé et replié en différens sens comme l'embryon. — [*Convolvulus*. etc.].

HILIFÈRE, *hiliferum*. — Portant immédiatement le hile. — [Conifères. etc.].

TUNIQUES SÉMINALES, *Tunicæ seminales*. — Tégumens immédiats de l'Amande. *Voy.* pag. 44.

Sous la dénomination de Tuniques séminales, *Tunicæ seminales*, ou Tégumens propres, *Integumenta propria*, sont compris l'Arille, *Arillus*, la Lorique, *Lorica*, et le Tegmen, *Tegmen*.

On remarque à la superficie le Hile, *Hilum*, et le Prostype funiculaire, *Prostypum umbilicale*.

ARILLE, *Arillus*. — Appendice du Hile formant ordinairement autour de la Graine une enveloppe particulière qui se détache d'elle-même. — L'Arille n'existe que dans un petit nombre de Graines. Voy. page 46.

COMPLET, *completus* [Pl. 57, fig. 7 A.]. — Recouvrant la graine en totalité. — [*Oxalis*. etc.].

INCOMPLET, *incompletus* [Pl. 46, fig. 7 A *a*.]. — Ne recouvrant la graine qu'en partie. — [*Evonymus verrucosus. Bocconia frutescens.* etc.].

CUPULAIRE, *cupularis* [Pl. 46, fig. 7 A *a*.]. — En cupule, *cupula*, c'est-à-dire, en forme de coupe ou de godet plus ou moins évasé. — [*Evonymus verrucosus. Bocconia frutescens.* etc.].

CARONCULAIRE, *caruncularis* [Pl. 57, fig. 4 A *b*.] — Formé d'un ou de plusieurs caroncules, *strophiola* Gært. — [*Polygala vulgaris. Sterculia balanghas.* etc.].

PARTAGÉ, *partitus.* — Divisé en plusieurs parties d'une largeur notable.

TRIPARTI, *tripartitus.* — [*Polygala vulgaris.* etc.].

MULTIPARTI, *multipartitus.* — [*Myristica.* etc.].

LACINIÉ, *laciniatus.* — Divisé en lanières étroites. — [*Ravenala.* etc.].

PULPEUX, *pulposus.* — D'un tissu cellulaire très-délicat et gonflé de suc. — [*Bocconia frutescens.* etc.].

CHARNU, *carnosus.* — D'un tissu épais, succulent et ferme. — [*Myristica.* etc.].

ÉLASTIQUE, *elasticus.* — S'étendant jusqu'à certain point à mesure que la graine qu'il renferme prend un plus grand volume, mais se déchirant enfin et se resserrant sur lui-même par un mouvement subit, effet naturel de la qualité tenace de son tissu. — [*Oxalis.* etc.].

RUPTILE, *ruptilis.* — Se rompant irrégulièrement par l'effet du grossissement de la graine qu'il contient. — [Méliacées. etc.].

LORIQUE, *Lorica* (*Testa*, Gærtn.). — Enveloppe séminale qui recouvre le Tegmen. *Voy.* pag. 48.

CRUSTACÉE, *crustacea.* — Mince, sèche, fragile comme la coquille du limaçon. — [*Papaver orientale. Ricinus.* etc.].

OSSEUSE, *ossea*, *lapidea.* — Sèche, solide, épaisse et ressemblant par son grain à une substance osseuse ou pierreuse. — [*Musa coccinea. Alpinia. Nymphæa alba*, - *lutea.* etc.].

CORIACE, *coriacea.* — [*Camellia japonica. Hura crepitans.* etc.].

FONGUEUSE, subéreuse, *fungosa, suberosa.* — [*Tulipa. Lilium. Iris.* etc.].

PULPEUSE, *pulposa* [Pl. 54, fig. 5 DE.]. — Succulente à l'extérieur, ce qui donne à la graine l'air d'un petit drupe ; de là cette expression, graine DRUPÉOLÉE. — [*Ixia chinensis. Punica granatum. Magnolia.* etc.].

VÉSICULAIRE, *vesicularis.* — Membraneuse et plus ample que les parties qu'elle recouvre. — [*Philadelphus coronarius.* etc.].

TEGMEN, *Tegmen.* — Enveloppe immédiate de l'Amande. *Voy.* pag. 49.

MEMBRANACÉ, membraneux, *membranaceum.* — [*Nymphæa alba. Amygdalus. Cerasus. Fagus castanea, - sylvatica.* etc.].

CARTACÉ, *chartaceum.* — Sec, uni, flexible, tenace comme une carte ou du parchemin. — [*Pyrus communis.* etc.].

CORIACE, *coriaceum.* — [*Cocos nucifera.* etc.].

CRUSTACÉ, *crustaceum.* — [*Areca faufel.* etc.].

ARACHNOÏDE, *arachnoïdeum.* — Filamenteux comme une toile d'araignée. — [*Ixia chinensis* etc.].

SEPTIFÈRE, *septiferum.* — Jetant des appendices en forme de cloisons incomplètes qui partagent l'amande en plusieurs lobes. — [*Fagus castanea.* etc.].

GOMMÉ, *gummatum.* — Recouvert d'une substance gommeuse. — [*Pyrus cydonia.* etc.].

DISTINCT de la lorique, *a lorica distinctus.* — Lorsqu'il est séparé de la lorique, de manière qu'on peut l'isoler sans rupture ou déchirement. — [Hydrocharidées. *Nymphæa.* etc.].

SOUDÉ avec la lorique, *loricæ cohærens.* — Lorsqu'il est tellement adhérent à la lorique, qu'on ne peut l'en séparer sans déchirement ; en sorte que la limite de ces deux organes reste toujours incertaine. — [*Sterculia balanghas. Murraya. Citrus.* etc.].

Obs. Lorsqu'on ne veut pas ou qu'on ne peut pas distinguer les enveloppes séminales, on les désigne simplement sous le nom de TUNIQUES SÉMINALES.

HILE, *Hilum*. — Cicatrice qui indique le point par lequel le Funicule ou Cordon ombilical attachait la Graine à la plante-mère. *Voy.* pag. 44.

Obs: Le Hile est souvent placé au milieu d'une tache, d'une concavité, d'une élévation, etc., et dans les descriptions cette tache, cette concavité, cette élévation, est désignée communément sous le nom de Hile.

PUNCTIFORME, *punctiforme*. — [Crucifères, et beaucoup d'autres plantes.].

LINÉAIRE, *lineare* [Pl. 56, fig. 1 A *a*.]. — Allongé, étroit, à côtés parallèles. — [*Faba*. etc.].

LINÉOLAIRE, *lineolare* [Pl. 59, fig. 6 B *a*.]. — Ressemblant a un simple trait. — [*Commelina communis*. etc.].

ORBICULAIRE, *orbiculare*. — [*AEsculus*. etc.].

ELLIPTIQUE, *ellipticum*. — [*Phaseolus*. etc.].

CORDIFORME, en cœur, *cordiforme*. — [*Areca*. *Cardiospermum*. etc.].

CONVEXE, *convexum*. — [*AEsculus*. etc.].

CONCAVE, *concavum* [Pl. 57, fig. 5 A *a*.]. — [*Cyclamen europæum*. *Alpinia occidentalis*. etc.].

Obs. Le Hile est dit AMBIGU, *ambiguum*, quand il correspond, à à-la-fois, aux deux bouts réunis d'une graine RECOURBÉE ou REPLIÉE. Si dans ce cas l'embryon prend la même courbure que la graine, et que les extrémités radiculaire et cotylédonaire se dirigent chacune de leur côté vers le Hile, les cotylédons et la radicule sont dits ADVERSES, *adversi*, ex. : *Ternstromia punctata*. *Alisma*. *Damasonium* [Pl. 61, fig. 1.]. A la vérité on pourrait soupçonner que dans l'*Alisma* la radicule est INVERSE, comme dans le *Potamogeton* ; mais il me paraît plus sage d'énoncer les faits tels qu'ils se présentent à nos sens, que de les établir contradictoirement par analogie.

PROSTYPE, *Prostypum*. — Prolongement des vaisseaux du Funicule dans l'intérieur des Tuniques séminales. *Voy.* pag. 50.

Le Prostype comprend la Raphe, *Rapha*, et la Chalaze, *Chalaza*.

RAPHE, *Rapha*. — Partie du Prostype comprise depuis sa naissance jusqu'à son extrémité exclusivement. *Voy.* pag. 50. — On la dit :

RECTILIGNE, *rectilinea*, *recta*. — [Labiées, etc.].

SINUEUSE, *sinuosa* [Pl. 54, fig. 4 B *b*.]. — Quand elle se porte en serpentant vers la Chalaze. — [*Cookia*. etc.].

SIMPLE, *simplex* [Pl. 54, fig. 4 B *b*.]. — N'offrant qu'un seul cordon prolongé uniformément sans ramifications. — [Labiées. La plupart des Aurantiacées. etc.].

RAMEUSE, *ramosa* [Pl. 53, fig. 5 C.]. Jetant de côté et d'autre des rameaux qui ordinairement s'anastomosent et forment un réseau. — [*Amygdalus* etc.].

CHALAZE, *Chalaza*, — Extrémité souvent renflée du Prostype. *Voy.* pag. 51.

TUBERCULEUSE, *tuberculosa*. — Relevée en bosse. — [Labiées. etc.].

CUPULAIRE, *cupularis* [Pl. 53, fig. 5 D *a*. — Pl. 54, fig. 4 D *c*.]. — Se dilatant dans l'épaisseur du tegmen en forme de cupule ou de calotte. — [La plupart des Aurantiacées, et notamment le *Citrus medica*, le *Cookia punctata*, etc.].

COLORÉE, *colorata* [Pl. 53, fig. 5 D *a*.] — D'une couleur autre que celle de la tunique avec laquelle elle fait corps. — [*Citrus medica*. etc].

INCOLORE, *incolor*. — [*Phaseolus*. etc.].

RACINE, *Radix*.

Partie du végétal qui s'enfonce ordinairement dans la terre, et y puise des substances nutritives. *Voy.* pag. 83.

Durée.

ANNUELLE, *annua.* — Elle se développe et meurt dans une année. — [*Triticum. Hybernum. Avena. Hordeum. Secale. Papaver rhœas.* etc.].

BISANNUELLE, *biennis.* — Elle ne meurt que la seconde année de son développement. — [*Daucus carota. Allium cepa.* etc.].

VIVACE, *perennis.* — Elle vit quelquefois un grand nombre d'années, et toujours plus de deux. — [*Iris. Thymus vulgaris, - serpillum. Syringa. Quercus.* etc.].

Situation.

SOUTERRAINE, *subterranea.* — Quand elle est cachée dans la terre. — [Presque toutes les racines.].

AÉRIENNE, *aeria.* — Quand elle naît sur une partie quelconque exposée à l'air. — [*Vanilla aromatica.*].

OBS. Les Racines AÉRIENNES sont dites CAULINAIRES, RAMÉAIRES, etc., selon qu'elles naissent sur la tige, les rameaux, etc. Quand ces Racines sont très-courtes et dures, elles portent le nom de GRIFFES. — [*Hedera helix. Bignonia radicans.* etc.].

AQUATIQUE, *aquatica* [Pl. 8, fig. 2, 3.]. — Naissant dans l'eau. — [*Lemna. Utricularia. Trapa natans.*].

Substance.

LIGNEUSE, *lignosa.* — De la nature du bois. — [Tous les arbres, arbrisseaux, et arbustes.].

CHARNUE, *carnosa.* — Épaisse, succulente, formée en grande partie de tissu cellulaire. — [*Iris pseudo-acorus. Beta vulgaris. Sola-*

num tuberosum. Convolvulus jalapa. Daucus carota. Helianthus tuberosus. Bryonia dioïca. etc.].

Division.

SIMPLE, *simplex* [Pl. 16, fig. 4, 5, 6.] — Sans divisions. — [*Daucus carota. Brassica napus. Raphanus sativus*, variété Rave. etc.].

RAMEUSE, *ramosa* [Pl. 16, fig. 9.]. — Subdivisée en branches et rameaux. — [Arbres et arbrisseaux.].

FASCICULÉE, *fasciculata* [Pl. 17, fig. 9.] — Divisée jusqu'à la base en plusieurs parties allongées et charnues qui forment par leur rapprochement une espèce de faisceau. — [*Asphodelus ramosus.* etc.].

CAPILLAIRE, *capillaris.* — Composée de filets très-déliés. — *Anthoxanthum odoratum*, et d'autres Graminées. etc.].

CHEVELUE, *comosa.* — Garnie de ramifications capillaires nombreuses. — [*Rhododendron. Erica.* etc.].

FILIFORME, *filiformis.* — [*Lemna.* etc.].

FIBREUSE, *fibrosa.* — Composée de filets d'une épaisseur notable. — [*Allium cepa. Aristolochia serpentaria. Gentiana verna, -pneumonanthe. Swertia perennis. Sisymbrium nasturtium. Ranunculus flammula.* etc.].

FLAGELLIFORME, *flagelliformis.* — Longue, souple, grèle. — [*Arenaria maritima. Carduus arvensis.* etc.].

FUNILIFORME, *funiliformis* [Pl. 5, fig. 1. — Pl. 19, fig. 3.]. — Formée de grosses fibres semblables à des cordes plus ou moins déliées. — [*Palmæ. Pandanus. Dracæna.* etc.].

FUSIFORME, *fusiformis* [Pl. 16, fig. 4.]. Simple, allongée, renflée vers le milieu, et s'amincissant insensiblement vers ses extrémités à la manière d'un fuseau. — [*Raphanus sativus*, variété Rave. etc.].

OBS. Linné range parmi les Racines FUSIFORMES celle de la Carotte qui est CONIQUE, et toutes celles que l'on distingue aujourd'hui sous le nom de NAPIFORMES.

NAPIFORME, *napiformis* [Pl. 16, fig. 5.]. — Simple, en forme de toupie ou de navet. — [*Brassica napus.* etc.].

CONIQUE, *conica* [Pl. 16, fig. 6.]. — En cône renversé, plus ou moins allongé. — [*Daucus carota.* etc.].

CYLINDRIQUE, *teres.* — [*Dictamnus albus.* etc.].

ARRONDIE, *subrotunda.* — [*Bunium bulbocastanum.* etc.].

TUBÉREUSE, *tuberosa* [Pl. 29, fig. 5.]. — En masse épaisse et charnue, connue sous le nom de tubercule, *tuberculum.* — [*Cyclamen. Solanum tuberosum. Convolvulus batatas. Anemone nemorosa. Ranunculus ficaria. Bryonia dioïca.* etc.].

SCROTIFORME, *scrotiformis*, *testiculata* [Pl. 16, fig. 2.]. — Composée de deux tubercules rapprochés et plus ou moins arrondis. — [*Orchis maculata*, *-militaris.* etc.].

> OBS. On distingue dans la Racine SCROTIFORME le tubercule ancien, *senior*, qui porte et nourrit la tige de l'année, et le tubercule nouveau, *junior*, qui portera et nourrira la tige de l'année suivante.

PALMÉE, *palmata* [Pl. 16, fig. 3.]. — Tubéreuse, aplatie, divisée peu profondément, de manière à imiter une main ouverte. — [*Orchis maculata. Satyrium nigrum.* etc.].

DIGITÉE, *digitata.* — Tubéreuse, divisée profondément en lobes que l'on compare à des doigts. — [*Dioscorea alternifolia.* etc.].

GRUMELEUSE, *grumosa* [Pl. 16, fig. 8.]. — Tubéreuse, en forme de petits grains agglomérés. — [*Ophrys nidus avis.* etc.].

NOUEUSE, *nodosa*, *moniliformis* [Pl. 16, fig. 11. — Pl. 17, fig. 4.]. — Offrant à la suite les uns des autres, des tubercules ou des renflemens qui ressemblent à des grains de chapelet. — [*Avena elatior nodosa. Pelargonium triste.* etc.].

FILIPENDULÉE, *filipendula* [Pl. 17, fig. 3.]. — Quand les filets radicaux portent des tubercules à leur extrémité. — [*Solanum tuberosum. Spiræa filipendula.* etc.].

ARTICULÉE, *articulata* [Pl. 16, fig. 12.]. — Quand elle a de distance en distance des impressions qui ressemblent à des articulations. — [*Gratiola officinalis.* etc.]. Voyez Racine PROGRESSIVE.

GÉNICULÉE, *geniculata*. — Articulée et pliée en genou à chaque articulation. — [*Gratiola officinalis*. etc.]. Voyez Racine PROGRESSIVE.

CONTOURNÉE, *contorta* [Pl. 17, fig. 10.]. — Formant différentes courbes. — [*Polygonum bistorta*. etc.]. Voyez Racine PROGRESSIVE.

SIGILLÉE, *sigillata* [Pl. 16, fig. 13 *b*.]. — Ayant de distance en distance des impressions semblables à celles d'un cachet, lesquelles sont les cicatrices que les tiges laissent en tombant. — [*Convallaria polygonatum*. etc.]. Voyez Racine PROGRESSIVE.

TRONQUÉE, mordue, *truncata*, *præmorsa* [Pl. 16, fig. 7.]. — Comme si elle avait été coupée transversalement à son extrémité. — [*Plantago major. Leontodon autumnale. Scabiosa succisa*. etc.].

Direction.

PERPENDICULAIRE, pivotante, *perpendicularis* [Pl. 16, fig. 4, 6, 9.]. Lorsque le corps principal de la racine s'enfonce perpendiculairement dans la terre. — [*Fraxinus. Daucus carota. Thlaspi bursa-pastoris. Raphanus sativus. Quercus*. etc.].

HORIZONTALE, *horizontalis* [Pl. 16, fig. 12.]. — Courant entre deux terres parallèlement au plan de l'horizon. — [*Iris. Gratiola. Anemone nemorosa. Oxalis acetosella*. etc.].

RAMPANTE, *repens*. — Courant horizontalement entre deux terres et jetant çà et là des ramifications radicales et des tiges. — [*Syringa. Antirrhinum repens. Mentha. Tussilago farfara. Achillea millefolium. Epilobium augustifolium. Rhus coriaria. Aylantus*. etc.].

PROGRESSIVE, *progrediens* [Pl. 16, fig. 1, 12, 13. — Pl. 17, fig. 10.]. — Toute racine vivace qui s'allonge antérieurement et se détruit postérieurement. — [*Allium nutans. Convallaria polygonatum. Polygonum bistorta. Anemone nemorosa*. etc.].

OBS. La plupart des Racines dites NOUEUSES, FILIPENDULÉES, ARTICULÉES, GÉNICULÉES, CONTOURNÉES, SIGILLÉES, TRONQUÉES, sont des Racines PROGRESSIVES. Ces Racines physiologiquement parlant sont de véritables tiges souterraines, ainsi que les Racines UTRICULEUSES, ÉCAILLEUSES et DENTÉES, dont il est parlé ci-après.

Productions. Appendices.

UTRICULEUSE, *utriculosa*. — Chargée de petites outres qui paraissent avoir beaucoup d'analogie avec les feuilles. — [*Utricularia*. etc.].

ÉCAILLEUSE, *squamosa*. — Couverte d'écailles. Ces écailles sont des feuilles avortées. — [*Lathræa squamaria*. *Oxalis acetosella*. etc.].

DENTÉE, *dentata*. — Garnie d'appendices en forme de dents. Ces dents sont des bases de feuilles avortées. — [*Dentaria pentaphylla*. *Cardamine amara*. *Adoxa moschatellina*. etc.].

Obs. Linné regarde comme une espèce de bulbe cette Racine qu'il nomme simplement ARTICULÉE : *bulbus articulatus constans lamellis catenulatis*. — [*Lathræa*. *Martynia*. *Adoxa*. etc.].

STOLONIFÈRE, *stolonifera*. — [*OEnanthe fistulosa*. *Fragaria vesca*. etc.].

BULBIFÈRE, *bulbifera* [Pl. 17, fig. 8. — Pl. 18, fig. 6.]. — Surmontée d'une bulbe ou d'un ognon. — *Allium cepa*. *Hyacinthus*. etc.].

TURIONIFÈRE*, *turionifera* [Pl. 16, fig. 1.]. Portant des turions. — [*Arum italicum*. *Asparagus*. *Solanum tuberosum*. etc.].

CALYPTRÉE, *calyptrata*. — Ayant une coiffe à son extrémité inférieure. — [*Lemna*. etc.].

COLÉORHIZÉE, *coleorizata*. — Étant d'abord contenue dans une coléorhize. — [*Gramineæ*. *Tropæolum*. etc.].

TIGE, *Caulis*.

Support principal des parties du végétal qui s'élèvent au-dessus de terre. *Voy*. pag. 98.

On comprend sous le nom général de Tige :

1° Le Tronc, *Truncus*. C'est la Tige des arbres dicotylédons. Elle s'amincit insensiblement et se ramifie à son sommet. — [*Quercus*, etc.].

2° Le Stipe, *Stipes*. C'est la Tige des arbres monocotylédons. Elle est d'un diamètre à-peu-près égal dans toute sa longueur, et se termine par un faisceau de feuilles. — [*Palmæ*. etc.].

3° Le Chaume, *Culmus*. C'est la Tige des Graminées. Elle est ordinairement creuse et toujours pourvue de distance en distance de nœuds qui portent chacun une feuille dont le pétiole forme une gaîne. — [*Triticum*. *Arundo*. etc.].

4° La Tige proprement dite, *Caulis*. — Dénomination vague. On s'en sert pour désigner les Tiges qui ne rentrent pas dans les précédentes.

Durée.

ANNUELLE, *annuus*. — C'est la tige des plantes annuelles et celle des plantes bisannuelles qui ne poussent leur tige que la seconde année. — [*Lilium album*. *Campanula pyramidalis*. *Solidago virga aurea*. *Pisum sativum*. etc.].

VIVACE, *perennis*. — Tige des arbres, arbrisseaux, et arbustes. — [*Daphne mezereum*. *Thymus vulgaris*. *Cornus sanguinea*. *Berberis*. *Quercus robur*. etc.].

Consistance.

LIGNEUSE, *lignosus*. — Tige qui forme un bois solide, et vit un nombre d'années plus ou moins considérable. — [*Palmæ*. *Thymus vulgaris*. *Quercus*. etc.].

HERBACÉE, *herbaceus*. — Tige des herbes. — [*Lilium album. Helianthus annuus. Pisum sativum.* etc.].

SUCCULENTE, *succulentus*. — [*Orobanche major. Stapelia. Sempervivum tectorum.* etc.].

MÉDULLEUSE, *medullosus*. — Remplie de moelle. — [*Helianthus annuus. Sambucus ebulus.* etc.].

SPONGIEUSE, *spongiosus*. — Remplie d'un tissu compressible, élastique et qui retient l'humidité comme une éponge. — [*Typha latifolia. Zea mays. Hypericum elodes.* etc.].

PLEINE, *plenus*, *solidus*. — N'offrant aucune cavité interne. — [*Zea mays. Saccharum officinale. Orchis maculata.* etc.].

FISTULEUSE, *fistulosus*. — Ayant à son centre une cavité longitudinale, tantôt continue, tantôt coupée par des diaphragmes. — [*Equisetum. Arundo donax, Secale* et d'autres Graminées. *Orchis latifolia. Elatine alsinastrum. Sonchus arvensis. Œnanthe fistulosa. Angelica. Eryngium corniculatum.* etc.].

Forme.

CYLINDRIQUE, *cylindricus*, *teres*. — Allongée et dont la section transversale qui est circulaire, offre à-peu-près le même diamètre dans une grande partie de sa longueur. — [*Arundo donax. Phœnix dactylifera. Chenopodium bonus-Henricus. Datura stramonium. Sonchus oleraceus. Hypericum pulchrum. Linum usitatissimum. Abies.* etc.].

OBS. Le mot *teres* s'emploie plus volontiers pour les Tiges cylindriques, qui n'ont pas d'angles.

EFFILÉE, *virgatus*. — Longue, rectiligne et grêle, amincie de la base au sommet. — [*Campanula rapunculus. Reseda luteola. Althæa officinalis. Epilobium spicatum. Lythrum salicaria.* etc.].

FLAGELLIFORME, *flagelliformis*. — Déliée et souple comme un fouet. — [*Vinca major. Clematis vitalba. Rubus saxatilis.* etc].

MÉLONIFORME, *meloniformis*. — En forme de melon. — [*Cactus melocactus, - mamillaris, - nobilis. Euphorbia cucumerina.* etc.].

COMPRIMÉE, *compressus* [Pl. 1, fig. 5.]. — Aplatie de deux côtés opposés. — [*Poa compressa. Cactus phyllanthus, - opuntia.* etc.].

ANCIPITÉE, *anceps.* — Comprimée et à double tranchant comme un glaive. — [*Poa anceps. Hypericum androsæmum, - ascyrum.* etc.].

PHYLLOÏDE, *phylloïdeus.* — Aplatie et herbacée comme des feuilles. — [*Cactus phyllanthus. Platylobium scolopendrium.* etc.].

ANGULÉE, *angulatus* [Pl. 1, fig. 2.]. — Relevée d'angles dont le nombre est déterminé. On la dit

OBTUSANGLÉE, *obtusè angulatus.* — Lorsque les angles sont obtus. — [*Salvia pratensis. Melissa officinalis.* etc.].

ACUTANGULÉE, *acutè angulatus.* — [*Carex vulpina. Scrophularia aquatica. Hypericum quadrangulare. Lathyrus pratensis.* etc.].

TRIGONE, triangulaire, triquètre, *trigonus, triangularis, triqueter.* — Lorsqu'elle a trois faces, et par conséquent trois angles. — [*Carex acuta. Scirpus sylvaticus. Lobelia triquetra. Laserpitium triquetrum. Hedysarum triquetrum.* etc.].

TÉTRAGONE, quadrangulaire, tétraquètre, *tetragonus, quadrangularis, tetraqueter* [Pl. 29, fig. 4.]. — Lorsquelle est carrée. — [*Mentha sativa. Lamium album* et d'autres Labiées. *Silphium perfoliatum. Stellaria holostea. Cactus tetragonus.* etc.].

PENTAGONE, *pentagonus, quinquangularis.* — [*Cactus pentagonus.* etc.].

HEXAGONE, sexangulaire, *hexagonus, sexangularis.* — [*Cactus hexagonus. Silphium trifoliatum.* etc.].

OBS. Les mots *triangularis, quadrangularis,* etc., s'emploient lorsque les angles de la Tige sont à vive arête ; les mots *triqueter, tetraqueter,* lorsque les angles sont tranchans. *Trigonus, tetragonus,* etc., se rapportent aux faces. *Triangularis, quadrangularis,* etc., aux angles ; *triqueter, tetraqueter,* etc., aux arêtes.

ANGULEUSE, *angulosus.* — On dit une tige anguleuse lorsqu'elle a des angles qu'on ne veut pas ou qu'on ne peut pas compter. — [*Convallaria polygonatum. Solanum nigrum. Pastinaca sativa. Achillea millefolium. Agrimonia eupatorium.* etc.].

ARTICULÉE, *articulatus* [Pl. 1, fig. 5. — Pl. 2, fig. 2. — Pl. 8, fig. 8.]. — Comme formée par des articles, *articuli,* réunis bout à bout, avec ou sans nœuds. — [*Fucus articulatus. Equisetum.* Graminées. *Viscum album. Cactus opuntia. Ephedra.* etc.].

NOUEUSE, *nodosus.* — Ayant des renflemens ou nœuds de distance en distance. — [Beaucoup de Graminées. *Polygonum hydropiper, - persicaria, - orientalis. Scandix nodosa. Geranium nodosum. Dianthus caryophyllus.* etc.].

GÉNICULÉE, *geniculatus.* — Articulée et fléchie en genou, *geniculum*, aux articulations. — [*Alopecurus geniculatus*, et quelques autres Graminées, *Geranium sanguineum. Spergula arvensis. Alsine media.* etc.].

STIPIFORME, *stipiformis* [Pl. 4, fig. 1.]. — Tige de plantes dicotylédones, s'élevant à la manière du stipe des Palmiers, portant comme lui à son sommet un faisceau de feuilles, et marquée dans sa longueur, de cicatrices provenant de la chûte des anciennes feuilles. — [*Statice fasciculata. Brassica oleracea capitata. Carica papaya.* etc.].

Force et Grosseur.

ROIDE, *rigidus, strictus, rigens.* — Droite et résistant à la flexion quoique grèle. — [*Thesium linophyllum. Chenopodium urbicum. Polygonum bistorta. Campanula trachelium. Buplevrum rotundifolium. Hypericum pulchrum. Dianthus prolifer.* etc.].

FRAGILE, *fragilis.* — Roide et se rompant au moindre effort que l'on fait pour la plier. — [*Sonchus oleraceus. Geranium lucidum, - robertianum. Alsine media. Cotyledon umbilicus.* etc.].

FLEXIBLE, *flexibilis.* — Droite et souple. — [*Juncus effusus.* etc.].

SARMENTEUSE, *sarmentosus* [Pl. 4, fig. 3. — Pl. 6, fig. 4.]. — Ligneuse et grimpante ou rampante. — [*Vanilla aromatica. Cobea scandens. Hedera helix. Vitis vinifera. Cissus quinquefolia. Rubus fruticosus. Passiflora.* etc.].

DÉBILE, *debilis.* — Trop faible pour se tenir droite sans appui. — [*Veronica scutellata. Anagallis tenella. Campanula hederacea. Geranium lucidum. Cucubalus bacciferus. Stellaria nemorum. Sedum dasyphyllum. Lathyrus pratensis.* etc.].

GRÈLE, *gracilis.* — Longue en comparaison de sa grosseur. — [*Pty-*

chosperma gracilis. Allium vineale. Orchis maculata. Chenopodium hybridum. Campanula hederacea. Stellaria holostea. etc.].

FILIFORME, *filiformis.* — [*Zanichellia palustris. Sibthorpia europæa. Thymus filiformis. Vaccinium oxycoccus. Hydrocotyle vulgaris.* etc.].

CAPILLAIRE, *capillaris.* — [*Scirpus capillaris.* etc.].

Nombre.

UNIQUE, *unicus.* — Quand la racine ne produit qu'une seule tige. — [*Phœnix dactylifera* et d'autres Palmiers, ainsi que nos grands arbres venus de graine, et la plupart des plantes annuelles. etc.].

MULTIPLE, *multiplex.* — Quand la racine produit plusieurs tiges. — [*Aster amplexicaulis. Solidago canadensis,* et beaucoup d'autres plantes à racine vivace.].

Composition.

TRÈS-SIMPLE, *simplicissimus* [Pl. 1, fig. 1. — Pl. 3, fig. 3. — Pl. 4, fig. 1.]. — S'étendant tout d'un jet, et sans la moindre ramification de la base au sommet. — *Typha. Phœnix dactylifera*, et d'autres Palmiers. *Convallaria multiflora. Fritillaria meleagris. Polygonum bistorta. Orobanche major. Carica papaya.* etc.].

SIMPLE, *simplex.* — Sans ramification principale, et n'ayant que des branches faibles. — [*Verbascum thapsus. Scrophularia nodosa. Gentiana pneumonanthe. Swertia perennis. Campanula glomerata.* etc.].

RAMEUSE, *ramosus.* — Divisée en Branches et Rameaux.

TRÈS-RAMEUSE, *ramosissimus* [Pl. 6, fig. 1. — Pl. 7, fig. 5.]. Portant un très-grand nombre de branches et de rameaux. — [*Azalea procumbens. Chironia pulchella. Lonicera tatarica. Cucubalus bacciferus. Ulex europæus. Casuarina.* etc.].

DÉCOMPOSÉE, *decompositus.* — Divisée en une multitude de ramifications dès sa base, en sorte qu'elle s'évanouit pour ainsi dire. — [*Chenopodium scoparium. Dodartia orientalis. Gypsophila paniculata. Ulex europæus.* etc.].

DICHOTOME, *dichotomus.* — Divisée et subdivisée par bifurcations. — [*Datura stramonium. Valeriana locusta. Viscum album. Chironia pulchella. Arenaria serpillifolia.* etc.].

TRICHOTOME, *trichotomus.* — Divisée et subdivisée par trifurcations. — [*Mirabilis jalapa.* etc.].

CONTINUE, *continuus, integer* [Pl. 7, fig. 2.]. — Formant jusqu'à la cime de la plante, un axe principal d'où partent les ramifications. — [*Abies picea. Juniperus virginiana. Pinus strobus.* etc.].

BRANCHES, *Rami* : RAMEAUX, *Ramuli* : RAMILLES, *Ramunculi.* — Ramifications primaires, secondaires et tertiaires de la Tige. *Voy.* page 124.

Attache.

ALTERNES, *alterni.* — Naissant solitaires sur divers points, à des distances à-peu-près égales. — [*Alcea rosea. Rhamnus catharticus.* etc.].

DISTIQUES, *distichi.* — Rangés en deux séries opposées. — [*Ulmus. Abies canadensis.* etc.].

OPPOSÉS, *oppositi.* — Naissant par paires de deux points opposés. — [*Fraxinus. AEsculus hippocastanum. Spartium radiatum.* etc.].

CROISÉS, *decussati.* — Opposés, les paires se croisant à angle droit. — [*Syringa vulgaris. Coffea arabica. Acer pseudo-platanus. Spartium radiatum.* etc.].

VERTICILLÉS, *verticillati.* [Pl. 7, fig. 2.]. — Placés plusieurs à la même hauteur, autour de la tige, comme autant de rayons divergens. — [*Equisetum fluviatile. Abies picea. Pinus strobus*, etc.].

ÉPARS, *sparsi.* — Çà et là, sans ordre déterminé. C'est d'ordinaire un effet d'avortement.

Direction.

DRESSÉS, *erecti* [Pl. 3, fig. 1.]. — Formant un angle presque droit avec l'horizon. — [*Salsola fruticosa. Euphrasia officinalis. Populus fastigiata. Cupressus sempervirens*, etc.].

APPRESSÉS, *appressi* [Pl. 3, fig. 1.]. — Rapprochés parallèlement contre la tige. — [*Genista tinctoria. Populus fastigiata.* etc.].

INFLÉCHIS, *introflexi*, *introcurvi*. — [*Anastatica hierochuntica*. etc.].

OUVERTS, *patentes*, *patuli*. — Formant avec la partie supérieure de la tige, un angle d'environ 45 degrés. — [*Verbena hastata. Galium mollugo. Carduus palustris. Erysimum officinale. Cistus italicus.* etc.].

TRÈS-OUVERTS, horizontaux, *patentissimi*. — Formant avec la partie supérieure de la tige un angle d'environ 90 degrés. — [*Asparagus officinalis. Lysimachia vulgaris. Arctium lappa. Malus communis.* etc.].

DIVERGENS, *divergentes* [Pl. 7, fig. 2.]. — Très-ouverts et verticillés. — [*Abies* etc.].

BRACHIÉS, *brachiati*. — Très-ouverts et opposés en croix ou croisés. — [*Galeopsis ladanum. Melampyrum cristatum. Coffea arabica. Banisteria brachiata. Hypericum crispum.* etc.].

DIVARIQUÉS, *divaricati*. — Très-ouverts et se portant brusquement dans différens sens. — [*Hippophae rhamnoïdes. Rumex pulcher. Teucrium fruticans. Lantana aculeata. Cichorium intybus. Centaurea calcitrapa. Ranunculus hederaceus. Cucubalus bacciferus. Arenaria rubra.* etc.].

DIFFUS, *diffusi*. — Étalés sans direction fixe. — [*Chenopodium polyspermum. Campanula hederacea. Fumaria officinalis. Iberis amara. Geranium dissectum.* etc.].

RÉFLÉCHIS, recourbés, *reflexi*, *recurvati* [Pl. 4, fig. 2.]. — Décrivant une courbe plus ou moins marquée, dont la convexité regarde le ciel. — [*Equisetum sylvaticum. Larix europæa. Crescentia cujete.* etc.].

PENDANS, *penduli* [Pl. 3, fig. 2. — Pl. 6, fig. 1.]. Quand le sommet beaucoup plus bas que l'insertion, tombe perpendiculairement vers la terre. — [*Fraxinus excelsior pendula. Betula alba. Salix babylonica. Casuarina.* etc.].

RÉTROFLÉCHIS, *retroflexi*, *refracti*. — Recourbés sur eux-mêmes. — [*Asparagus retrofractus. Rumex pulcher. Solanum retrofractum*, - *dulcamara. Othonna retrofracta.* etc.].

SPINESCENS, *spinescentes.* — Finissant en épine au lieu de se terminer par un bouton. — [*Ononis arvensis. Hippophae rhamnoïdes.* etc.].

OBS. L'ensemble des Ramifications offre quelquefois une forme déterminée que l'on désigne par des noms particuliers. On dit cette forme ARRONDIE, *subrotunda*, dans le Pommier [*Malus communis*]; CORYMBÉE, *Corymbosa* (*Fastigiata*, *Linn.*), quand les Branches et les Rameaux sont disposés en corymbe [*Dodartia orientalis. Pinus pinea.* etc.]; PYRAMIDALE, *pyramidalis*, quand les Branches étendues horizontalement se raccourcissent de la base de l'arbre à son sommet [*Abies picea.* etc.]; FASTIGIÉE, *fastigiata*, quand toutes les Branches se rapprochent de la Tige et que leurs Rameaux pointent vers le ciel [*Populus fastigiata. Quercus fastigiata.* etc.].

Direction de la Tige.

VERTICALE, dressée, *verticalis*, *perpendicularis*, *erectus* [Pl. 1, fig. 2. — Pl. 3, fig. 1, 3.]. — La tige est dans une direction perpendiculaire relativement au plan de l'horizon. — [*Mentha sylvestris. Verbascum thapsus. Antirrhinum linaria. Campanula rapunculus. Arabis turrita. Hypericum androsæmum. Populus fastigiata. Abies.* etc.].

OBLIQUE, *obliquus.* — S'élevant en diagonale relativement au plan de l'horizon. — [*Poa annua. Solidago mexicana.* etc.].

COURBÉE, arquée, *curvatus*, *arcuatus.* — Formant une courbe plus ou moins marquée.

INCLINÉE, *inclinatus.* — S'élevant en décrivant une courbe très-marquée dont la convexité regarde le ciel.

NUTANTE, *cernuus*, *nutans.* — Dont le sommet s'incline plus ou moins vers l'horizon. — [*Convallaria polygonatum. Cedrus.* etc.].

ASCENDANTE, *ascendens.* — Décrivant à sa base une courbe dont la convexité regarde la terre, et portant sa partie supérieure vers le ciel. — [*Thesium linophyllum. Veronica spicata. Artemisia rupestris. Circæa alpina. Trifolium pratense.* etc.].

PROCUMBANTE, COUCHÉE, humifuse, *procumbens*, *prostratus*, *humifusus.* — Étendue sur le sol et n'y jetant pas de racines. — [*Poly-*

gonum aviculare. Herniaria hirsuta. Illecebrum verticillatum. Thymus serpillum. Arbutus uva ursi. Malva rotundifolia. Arenaria rubra. Cistus helianthemum. Prunus prostrata. Ornithopus perpusillus. Trifolium procumbens. etc.].

OBS. Le mot *procumbens* exprime particulièrement que la Tige est couchée par débilité.

RAMPANTE, traçante, *repens*, *reptans* [Pl. 29, fig. 9]. — Étendue sur le sol et s'y enracinant. — [*Pilularia. Veronica officinalis. Lysimachia nummularia. Glechoma hederacea. Vinca minor, -herbacea. Vaccinium vitis idæa. Ranunculus repens. Potentilla reptans. Trifolium repens.* etc.].

GRIMPANTE, *scandens.* — [Pl. 4, fig. 3. — Pl. 6, fig. 3, 4.]. — Incapable de se soutenir par elle-même et s'élevant le long des corps qui lui servent d'appui, soit par sa propre torsion [*Cuscuta europæa. Polygonum convolvulus. Convolvulus sepium.*], soit par des vrilles [*Vitis vinifera. Pisum.*], soit par des radicelles [*Hedera helix.*], soit par l'enroulement des pétioles [*Clematis viticella, -vitalba.* etc.].

VOLUBILE, *volubilis* [Pl. 6, fig. 3.]. — Montant en spirale sur les corps qui lui servent d'appui : DE GAUCHE A DROITE, *sinistrorsum*, indiqué par ce signe ☽ [*Humulus lupulus. Tamus communis.* etc.] : DE DROITE A GAUCHE, *dextrorsum*, indiquée par ce signe ☾ [*Convolvulus sepium. Phaseolus vulgaris.* etc.].

FLEXUEUSE, *flexuosus.* — Courbée en zigzag avec régularité. [*Aristolochia serpentaria. Hyoscyamus scopolia. Solidago flexicaulis. Spiræa chamædrifolia. Astragalus glycyphyllos.* etc.].

TORTUEUSE, *tortuosus.* — Courbée plusieurs fois, et dans différentes directions. — [*Cuscuta epithymum. Bunias cakile.* etc.].

RECTILIGNE, *rectilineus*, *rectus.* — Sans courbure ni flexion. — [*Lilium album. Rumex aquaticus. Verbascum thapsus.* etc.].

Vestiture. Appendices.

FEUILLÉE, *foliatus.* — Garnie de feuilles. — [La plupart des tiges.].

APHYLLE, *aphyllus.* — Sans feuilles. — [*Cuscuta europæa.* etc.].

ÉCAILLEUSE, *squamosus.* — Garnie de feuilles en forme d'écailles. — [*Ophrys nidus avis. Orobanche major.* etc.].

ENGAÎNÉE, *vaginatus*. — Revêtue de gaînes formées par la base des feuilles. — [*Zea mays* et d'autres Graminées. *Canna*. etc.].

STIPULÉE, *stipulatus*. — Portant des stipules. — [*Coffea arabica* et autres Rubiacées à feuilles opposées. *Vicia sativa*. *Lathyrus aphaca*. etc.].

AILÉE, *alatus* [Pl. 27, fig. 9.]. — Garnie dans sa longueur d'expansions membraneuses ou foliacées. — [*Verbascum thapsus*. *Symphytum officinale*. *Onopordum acanthium*. *Carduus palustris*. *Genista sagittalis*. *Lathyrus latifolius*. etc.].

CIRRIFÈRE, *cirriferus* [Pl. 6, fig. 4.]. — Portant des vrilles ou cirres. — [*Vitis*. *Passiflora*. *Cucurbita*. *Bryonia dioica*. etc.].

RADICANTE, *radicans*. — Jetant des racines qui servent à la fixer. — [*Bignonia radicans*. *Hedera helix*. etc.].

NUE, *nudus* [Pl. 6, fig. 5.]. — Ne portant ni feuilles, ni écailles, ni vrilles. — [*Cyperus papyrus*. *Hottonia palustris*. *Iberis nudicaulis*. etc.].

BULBILLIFÈRE, *bulbilliferus*. — Voyez Plantes BULBILLIFÈRES. — [*Lilium croceum*. etc.].

Superficie.

UNIE, *lævis* — [*Tamnus communis*. *Melampyrum pratense*. *Carduus arvensis*. *Fagus sylvatica*. etc.].

GLABRE, *glaber*. — [*Illecebrum verticillatum*. *Vinca major*, - *minor*. *Cuscuta*. *Carthamus tinctorius*. *Œnanthe fistulosa*. *Imperatoria ostruthium*, etc.].

LISSE, *lævigatus*. — [*Geranium lucidum*. etc.].

LUISANTE, *lucidus*. — [*Lysimachia nemorum*. etc.].

PULVERULENTE, *pulverulentus*. — Couverte d'une poussière produite par le végétal. — [*Primula farinosa*. etc.].

GLAUQUE, *glaucus*. — La poussière est couleur vert de mer. — [*Œnanthe fistulosa*. *Angelica sylvestris*. *Cucubalus behen*. etc.].

PONCTUÉE, *punctatus*. — Parsemée de points creux ou saillans ou seulement colorés. — [*Ruta graveolens*. etc.].

MACULÉE, tachetée, *maculosus*, *maculatus*. — Marquée de taches plus ou moins nombreuses. — [*Phlox maculata*. *Conium maculatum*. etc.]

SCABRE, *scaber*, *asper*. — [*Equisetum hyemale. Melampyrum arvense. Lithospermum arvense. Jasione montana. Heracleum sphondylium. Lychnis flos cuculi. Bryonia officinalis.* etc.].

VERRUQUEUSE, *verrucosus*. — Garnie de verrues, *verrucæ*, petites excroissances calleuses. — [*Evonymus verrucosus.* etc.].

TUBERCULÉE, *tuberculatus*. — Offrant de petites protubérances. — [*Genista pilosa. Cotyledon tuberculosa. Malpighia tuberculata. Banisteria chrysophylla.* etc.].

STRIÉE, *striatus*. — Relevée de petites lignes saillantes et longitudinales. — [*Aristolochia clematitis. Rumex acetosa. Verbascum nigrum. Erysimum alliaria.. Orobus tuberosus.* etc.].

SILLONNÉE, *sulcatus*. — [Creusée de sillons longitudinaux. — [*Chara hispida. Equisetum hyemale. Lampsana communis. Conium maculatum, Pastinaca sativa. Spiræa ulmaria.* etc.].

CREVASSÉE, *rimosus*. — [*Ulmus campestris. Fagus castanea.* etc.].

SUBÉREUSE, *suberosus*. — Revêtue d'une écorce de la nature du liége. — [*Quercus suber. Ulmus campestris suberosa.*].

Villosité.

PUBESCENTE, *pubescens*. — [*Salsola kali. Orobanche major. Digitalis purpurea. Sempervivum tectorum. Saxifraga granulata. Ornithopus perpusillus.* etc.].

VELOUTÉE, *velutinus*. — [*Cotyledon coccinea.* etc.].

POILUE, *pilosus*. — [*Clinopodium vulgare. Ranunculus acris. Geranium cicutarium. Cerastium aquaticum. Agrimonia eupatorium.* etc.].

VELUE, *villosus*. — [*Veronica montana, - agrestis. Melissa calamintha.* etc.].

SOYEUSE, *sericeus*. — [*Protea argentea. Aster sericeus.* etc.].

LAINEUSE, *lanatus*. — [*Stachys germanica. Marrubium vulgare. Carlina vulgaris. Gnaphalium margaritaceum.* etc.].

TOMENTEUSE, *tomentosus*. — [*Verbascum thapsus. Geranium rotundifolium.* etc.].

HISPIDE, *hispidus*, *hirsutus*, *hirtus*. — [*Galeopsis tetrahit. Campanula* *trachelium. Scabiosa arvensis. Sinapis arvensis. Geranium dissectum. Cistus helianthemum. Epilobium hirsutum.* etc.].

SPINELLEUSE, *spinellosus, echinatus.* — [*Dipsacus fullonum.* etc.].

Armure.

AIGUILLONEUSE, *aculeatus.*—[*Rosa eglanteria, - centifolia, - spinosissima. Rubus fruticosus. Zanthoxylum clava herculis.* etc.].

ÉPINEUSE, *Spinosus* [Pl. 1, fig. 2, 5, 7. — Pl. 5, fig. 4.]. — [*Cactus peruvianus, - opuntia. Theophrasta americana. Gleditsia ferox, - triacanthos. Genista anglica.* etc.].

BOUTONS, *Gemmæ.*

Rudimens des nouvelles pousses, nus ou pourvus d'enveloppes particulières. *Voy.* page 134.

Sous ce nom sont compris la *Bulbe*, la *Bulbille*, le *Bouton*, proprement dit, et le *Turion*.

BULBE, *Bulbus.* — Bouton épais placé sur la Racine. *Voy.* page 135.

TUBÉREUSE, solide, *tuberosus, solidus* [Pl. 17, fig. 1, 7.— Pl. 18, fig. 7.]. — Homogène dans son intérieur et sans couches ou écailles distinctes. — [*Colchicum autumnale. Crocus. Gladiolus. Fumaria bulbosa.* etc.].

TUNIQUÉE, *tunicatus* [Pl. 17, fig. 1.].— Enveloppée de tuniques.— [*Fumaria bulbosa.* etc.].

ÉCAILLEUSE, imbriquée, *squamosus, imbricatus* [Pl. 18, fig. 6.]. — Composée d'écailles étroites, appliquées en recouvrement les unes sur les autres comme les tuiles d'un toit. — [*Lilium. Saxifraga granulata.* etc.].

TUNIQUEUSE, *tunicosus* [Pl. 17, fig. 8.]. — Composée entièrement de lames charnues enveloppées les unes par les autres. — [*Allium cepa.* etc.].

COMPOSÉE, *compositus, aggregatus* [Pl. 18, fig. 5.]. — Formée par la réunion de plusieurs Cayeux, *Bulbuli.* — [*Allium sativum.* etc.].

SUPERPOSÉES, *superpositi* [Pl. 17, fig. 6.]. — Quand une nouvelle bulbe se développe sur l'ancienne. — [*Ixia polystachia.* etc.].

BULBILLE, *Bulbillus.* — Petite Bulbe qui naît sur différentes parties de la plante hors de terre, se détache et prend racine. *Voy.* p. 137.

ÉCAILLEUSE, *squamosus.* — [*Lilium bulbiferum.* etc.].

TUBÉREUSE, solide, *tuberosus, solidus*. — [*Crinum asiaticum*. etc.].

AXILLAIRE, *axillaris*. — Naissant dans l'aisselle des feuilles. — [*Lilium bulbiferum*. etc.].

PÉRICARPIALE, *pericarpialis* — Se développant dans les péricarpes, et remplaçant les graines. Quelques auteurs nomment cette espèce de bulbille, Bacille, *Bacillus*. M. Thouin la désigne mieux sous le nom de Sobole, *Soboles*. — [*Crinum asiaticum*. etc.[.

FLORALE, *floralis*. — Se développant à la place des fleurs. — [*Allium arenarium*. — *carinatum*. etc.].

BOUTON, proprement dit, *Gemma*. — Il naît sur les Tiges ou les Branches, y reste fixé et s'y développe. *Voy*. p. 139.

PÉRULÉ, *perulata* [Pl. 18, fig. 1, 2, 4. — Pl. 19, fig. 4. — Pl. 20, fig. 1, 2.]. — [*Daphne. Syringa. Fraxinus. Magnolia. Liriodendrum. Malus. Ficus. Pinus*. etc.].

PÉRULE, *Perula*. — Enveloppe des Boutons. *Voy*. p. 139.

ENTIÈRE, *integra*. — D'une seule pièce, en sorte qu'elle se déchire à l'époque du bourgeonnement. — [*Persicaria* et autres Polygonées. etc.].

ÉCAILLEUSE, *squamosa* [Pl. 18, fig. 1, 2, 4.]. — Composée d'écailles appliquées les unes sur les autres. — [*Daphne. Syringa. Malus*. etc.].

OBS. On considère la substance, la forme, la disposition, et autres caractères des Écailles.

PÉTIOLÉENNE, *petiolanea*. — Formée de pétioles élargis et avortés. — [*Juglans*. etc.].

STIPULÉENNE, *stipulanea* [Pl. 20, fig. 1, 2.]. — Formée par des stipules. — [*Persicaria. Liriodendrum tulipifera. Magnolia. Carpinus. Ficus*. etc.].

NU, *nuda* [Pl. 19, fig. 5.]. — Sans pérule. — [*Hippophae rhamnoïdes*. La plupart des herbes. etc.].

EXTERNE, *externa* [Pl. 18, fig. 1, 2, 4.]. — Faisant une saillie à l'extérieur dès qu'il commence à se former. — [*Daphne. Fraxinus. Syringa. Pyrus.* etc.].

INTERNE, *interna* [Pl. 18 fig. 3.]. — Restant caché dans le corps de la tige, de la branche ou du rameau, jusqu'à l'époque du bourgeonnement. — [*Dirca. Robinia pseudo-acacia. Rhus.* etc.].

SIMPLE, *simplex*. — N'offrant qu'un seul rudiment de branche. — [*Fraxinus. Ficus. Alnus. Carpinus.* etc.].

COMPOSÉ, *composita* [Pl. 19, fig. 4.]. — Contenant sous une pérule générale, plusieurs rudimens de branches, distincts et séparés même avant le bourgeonnement. — [*Pinus maritima.* etc.].

FOLIIFÈRE, *foliifera* [Pl. 18, fig. 2.]. — Produisant un bourgeon à feuilles. — [Bouton terminal du *Daphne mezereum. Populus. Alnus.* etc.].

FLORIFÈRE, *florifera* [Pl. 18, fig. 2.]. — Ne produisant que des fleurs. — [*Daphne mezereum. Populus.* etc.].

MIXTE, *mixta*, *foliifero-florifera* [Pl. 18, fig. 1 A B]. — Produisant des feuilles et des fleurs. — [*Syringa.* etc.].

SESSILE, *sessilis*. — Placé sans intermédiaire sur la tige, la branche ou le rameau. — [La plupart des végétaux].

PÉDICELLÉ, *pedicellata*. — Placé sur une petite excroissance en forme de support. — [*Alnus communis.* etc.].

TURION, *Turio*.

Le Turion (*Voy.* page 137) diffère des Bulbes par sa petitesse, et des Boutons proprement dits, parce qu'il naît sur les Racines. — [*Arum italicum. Asparagus officinalis. Orchis latifolia. Solanum tuberosum. Aylantus. Rhus.* etc.].

OBS. Il est impossible de caractériser nettement les différens genres de Boutons dont il vient d'être fait mention, parce qu'ils se confondent par des nuances insensibles.

FEUILLES, *Folia*.

Parties ordinairement minces, larges et vertes, qui puisent ou rejettent dans l'air les substances nécessaires ou inutiles au végétal. *Voyez* page 143.

Situation. — Sous ce rapport on les dit :

SÉMINALES, *seminalia* [Pl. 56, fig. 3 D *d*.]. — Placées immédiatement au-dessous de la plumule. Cotylédons transformés en feuilles par la germination. Tous les cotylédons épigés deviennent des feuilles séminales. — [*Mirabilis jalapa. Raphanus sativus. Cannabis sativa.* etc.].

RADICALES, *radicalia* [Pl. 3, fig. 5, 6. — Pl. 7, fig. 4, 9.]. — Qui partent immédiatement du collet de la racine. — [*Alisma plantago. Fritillaria imperialis. Dodecatheon meadia. Leontodon taraxacum. Myosurus minimus. Viola odorata. Oxalis acetosella. Drosera rotundifolia. Dionæa muscipula.* etc.].

CAULINAIRES, *caulinaria, caulina.* RAMÉALES, *ramealia, ramea.* — Qui naissent de la tige, des branches, des rameaux, etc. — [*Maranta arundinacea. Viola tricolor. Linum. Phaseolus.* etc.].

ARTICULAIRES, *articulares.* — Qui naissent des nœuds ou articulations de la tige ou de ses ramifications. — [Graminées. *Dianthus* et d'autres Caryophyllées. etc.].

INFERAXILLAIRES, *inferaxillaria.* — Attachées sous la branche ou le rameau. — [*Tilia. Aster chinensis*, et la plupart des plantes, etc.].

OBS. C'est à tort que plusieurs auteurs donnent à ces Feuilles le nom d'AXILLAIRES ; ce sont les rameaux ou bien les branches qui sont axillaires, et non les feuilles.

FLORALES, *floralia* [Pl. 29, fig. 4.]. — On donne le nom de feuilles florales à celles qui sont placées à la base des fleurs. — [*Lonicera caprifolium. Monarda.* etc.].

OBS. Si les Feuilles placées immédiatement au-dessous des fleurs ne diffèrent point des autres Feuilles, on leur donne le nom de Feuilles FLORALES; mais si elles en diffèrent, on leur donne le nom de BRACTÉES. *Voyez* ce dernier mot.

Disposition.

VERTICILLÉS, *verticillata, stellata* [Pl. 6, fig. 7. — Pl. 21, fig. 8.]. — Plus de deux feuilles naissent en rayons à la même hauteur du pourtour de la tige ou du rameau. — [*Hippuris. Convallaria verticillata. Lilium martagon. Hottonia palustris. Nerium oleander. Asperula odorata. Spergula arvensis. Elatine alsinastrum.* etc.].

OBS. L'*Equisetum*, le *Casuarina*, l'*Ephedra*, que l'on a considérés comme des végétaux aphylles, ont des Feuilles VERTICILLÉES, soudées entre elles latéralement (COADNÉES) de manière à former une gaine.

TERNÉES, *terna.* — Formant un verticille de trois feuilles. — [*Lysimachia vulgaris. Verbena triphylla. Nerium oleander. Cephalanthus occidentalis.* etc.].

QUATERNÉES, *quaterna.* — Verticille composé de quatre feuilles. — [*Myriophyllum spicatum. Lysimachia verticillata. Veronica virginica. Westeringia rosmarinacea. Valantia cruciata. Rubia tinctorum. Polycarpon tetraphyllum.* etc.].

QUINÉES, *quina.* — [*Myriophyllum verticillatum. Galium witheringii, - megalospermum*, etc.].

SÉNÉES, *sena.* — [*Galium uliginosum.* etc.].

OCTONÉES, *octona* [Pl. 21, fig. 8.]. — [*Ceratophyllum demersum. Asperula odorata.* etc.].

OBS. Ces épithètes, TERNÉES, QUATERNÉES, etc., sont aussi d'usage pour indiquer le nombre de Feuilles qui composent un faisceau quand les Feuilles sont FASCICULÉES. Voyez ce mot.

OPPOSÉES, *opposita.* — Naissant deux à deux à la même hauteur de deux points diamétralement opposés. — [*Mirabilis. Veronica officinalis.* Labiées. Gentianées. *Viscum. Acer.* Hypéricées. etc.].

CROISÉES, *decussata.* — Opposées, les paires rapprochées et croisées, à angles droits. — [*Veronica decussata. Hypericum quadrangulare. Crassula tetragona. Euphorbia lathyris.* etc.].

ALTERNES, *alterna* [Pl. 4, fig. 3.]. — Une à une en échelons autour de la tige. — [Graminées, ex. *Zea mays. Vanilla aromatica.* Polygonées, ex. *Rumex acetosa.* Crucifères, ex. *Hesperis matronalis.* Malvacées, ex. *Alcea rosea.* Rosacées, ex. *Rosa, Pyrus.* etc. Tiliacées, ex. *Tilia.* etc.].

OBS. Quand les Feuilles ALTERNES forment deux, trois, etc., séries parallèles qui tournent concurremment autour de la tige, on les dit SPIRALÉES, ou en spirale, *spiralia.* — [*Abies picea. Lycopodium selago.*].

ÉPARSES, *sparsa.* — Dispersées sans aucun ordre régulier. — [*Thesium linophyllum. Antirrhinum majus. Linaria vulgaris. Hedera helix. Erigeron canadense. Reseda luteola. Sedum telephium.* etc.].

DISTIQUES, *disticha* [Pl. 2, fig. 4.]. — Ayant toutes leurs points d'attache et leur direction de deux côtés opposés. — [*Aloe plicatilis, - carinata. Ulmus campestris, - americana Celtis orientalis. Planera americana. Cymbidium echinocarpon.* etc.].

ÉLOIGNÉES, *remota.* — Placées les unes à l'égard des autres à une distance plus grande qu'elles ne sont dans la plupart des plantes. Ce terme s'emploie comparativement.

RAPPROCHÉES, pressées, *approximata, conferta.* — Naissant à très-peu de distance les unes des autres. — [*Daphne laureola. Brunia. Phylica.* etc.].

IMBRIQUÉES, *imbricata.* — Si, étant rapprochées et redressées, elles se recouvrent en partie les unes les autres comme les tuiles d'un toit. — [*Aloe spiralis. Gnidia imbricata. Tamarix gallica. Saxifraga oppositifolia. Sedum acre, - rupestre.* etc.].

ROSELÉES, *roselata* [Pl. 4, fig. 5.]. — Alternes, nombreuses, rapprochées et divergentes, imitant assez bien la disposition des pétales d'une Rose double épanouie. — [*Sempervivum arboreum, - tectorum. Saxifraga pyramidalis, - umbrosa.* etc.].

COURONNANTES, *coronantia* [Pl. 1, fig. 1. — Pl. 3, fig. 3. — Pl. 4, fig. 1. — Pl. 5, fig. 1.]. — Roselées et terminant la tige ou ses divisions. — [Palmiers. Fougères en arbre. *Pandanus. Carica papaya.* etc.].

FASCICULÉES, en faisceau, *fasciculata.* [Pl. 4, fig. 2. — Pl. 21, fig. 3.]. — Partant plusieurs ensemble d'un même point. — [*Crescentia cujete. Berberis vulgaris. Frankenia lœvis. Larix.* etc.].

GÉMINÉES, *geminata, bina* [Pl. 21, fig. 4. — Quand le faisceau se réduit à deux feuilles. — [*Galanthus nivalis. Atropa belladona. Physalis alkekengi. Pinus sylvestris, -maritima, -pinea, -laricio.* etc.].

TERNÉES, *terna.* — [*Pinus tæda, -palustris.* etc.].

QUINÉES, *quina.* — [Pl. 21, fig. 3.]. — [*Pinus strobus, -cembra.* etc.].

Attache.

SESSILES, *sessilia* [Pl. 27, fig. 1.]. — Lorsque les feuilles sont privées de pétiole. — [*Rhinanthus crista galli. Mentha sylvestris. Verbascum pulverulentum. Chironia centaurium. Hypericum androsæmum. Arenaria maritima. Sedum telephium. Genista tinctoria.* etc.].

DÉCURRENTES, *decurrentia* [Pl. 27, fig. 3.] — Lorsque les feuilles étant sessiles, leur lame se prolonge inférieurement sur la tige. — [*Symphytum officinale. Verbascum thapsus. Carduus lanccolatus. Onopordium acanthium. Coreopsis alata.* etc.].

AMPLEXICAULES, embrassantes, *amplexicaulia* [Pl. 27, fig. 1.]. — Embrassant la tige par leur base élargie. — *Carduus marianus. Inula dissenterica. Tragopogon pratense. Papaver somniferum. Silene armeria.* etc. [.

PERFOLIÉES, *perfoliata* [Pl. 27, fig. 2.]. — Lorsque leur lame est traversée par la tige. — [*Uvularia perfoliata. Chlora perfoliata. Bupleurum rotundifolium. Crotalaria perfoliata.* etc.].

CONJOINTES, coadnées, *connata, coadnata* [Pl. 26, fig. 12.]. — Feuilles opposées ou verticillées, sessiles et soudées entre elles par la partie inférieure. — [*Silphium perfoliatum. Dipsacus fullonum. Lonicera caprifolium. Saponaria officinalis. Lychnis flos cuculi. Cerastium perfoliatum. Casuarina. Ephedra.* etc.].

ENGAINANTES, vaginantes, *vaginantia.* — Lorsque leur base enveloppe la tige comme une gaîne. — [*Canna indica. Iris graminea. Orchis latifolia.* etc.].

Direction.

DÉVIÉES, *deviata* (*obliqua, adversa* Lin.) — Quand les feuilles sont contournées sur elles-mêmes, de manière que la face supérieure n'est pas tournée vers le ciel. — [*Allium obliquum. Alstroemeria pelegrina. Stoebe prostrata. Lactuca virosa. Fabricia lævigata.* etc.].

UNILATÉRALES, *unilateralia, secunda.* — Si elles se rejettent toutes d'un même côté. — [*Convallaria multiflora. Thesium linophyllum.* etc.].

BILATÉRALES, *bilateralia.* — Si elles se rejettent de deux côtés opposés. — [*Taxus baccata. Abies canadensis. Abies taxifolia. Schubertia disticha.* etc.].

APPRESSÉS, *appressa.* — Lorsque la lame est appliquée contre la tige. — [*Buchnera gesnerioïdes.* etc.].

DRESSÉS, *erecta.* — Formant avec la partie supérieure de la tige un angle très-aigu. — [*Typha latifolia. Sagittaria. Iris germanica, - susiana. Strelitzia. Pinus sylvestris, - rubra, - tæda.* etc.].

INFLÉCHIES, *inflexa, incurva.* — Courbées en dedans. — [*Araucaria excelsa.* etc.].

OUVERTES, *patentia, patula.* — Formant avec la partie supérieure de la tige un angle d'environ 45 degrés. — [*Chenopodium hybridum. Veronica beccabunga. Antirrhinum linaria. Leonurus cardiaca. Nerium oleander. Inula dissenterica.* etc.].

TRÈS-OUVERTES, *patentissima.* — Formant avec la tige un angle d'environ 90 degrés. — [*Salsola kali. Volkameria japonica. Glechoma hederacea. Phlomis herba venti. Phlox maculata. Cucubalus bacciferus. Hypericum androsæmum. Sedum album.* etc.].

RÉFLÉCHIES, *reflexa, recurva* [Pl. 1, fig. 1.]. — Portant leur sommet vers la terre en décrivant une courbe dont la convexité regarde le ciel. — [*Sesleria cœrulea. Bryum pellucidum. Dracæna reflexa. Œdera prolifera. Inula pulicaria. Ferula tingitana.* etc.].

PENDANTES, *dependentia, demissa.* — S'abaissant perpendiculairement vers la terre. — [*Daphne laureola. Convolvulus sepium. Campanula obliqua,* Jacq. etc.].

HUMIFUSES, *humifusa.* — S'étalant mollement sur la terre. — [*Dodecatheon meadia. Hyoseris minima. Hypocheris radicata. Bellis perennis.* etc.].

NAGEANTES, *natantia* [Pl. 8, fig. 3.]. — Se soutenant sur l'eau. — [*Potamogeton natans. Alisma natans. Trapa natans. Nymphæa.* etc.].

SUBMERGÉES, *submersa*, *demersa.* — Plongées dans l'eau. — [*Hottonia palustris.* etc.].

ÉMERGÉES, *emersa.* — S'élevant sur leur pétiole au-dessus de l'eau. —[*Sagittaria sagittifolia. Alisma plantago. Nelumbo nucifera.* etc.].

Substance.

HERBACÉES, *herbaceā.* — Vertes et molles. — [*Spinacia oleracea*, et la plupart des feuilles.].

MEMBRANACÉES, *membranacea*, *membranosa.* — Molles, souples, n'ayant presque pas d'épaisseur eu égard à leur largeur. — [*Aristolochia sypho*, et la plupart des feuilles.].

PAPYRACÉES, *papyracea.* — Minces, sèches, souples comme du papier. — [*Dracæna terminalis.* etc.].

SCARIEUSES, *scariosa.* — Minces, sèches, demi-transparentes.

MOLLES, *mollia.* — [*Lonicera xylosteon. Sida abutilon. Althæa officinalis.* etc.].

CORIACES, *coriacea.* — [*Viscum album. Loranthus.* etc.].

ROIDES, *rigida.* — [*Arundo arenaria. Ruscus aculeatus. Serratula tinctoria. Quercus ilex. Pinus sylvestris.* etc.].

CHARNUES, *carnosa* [Pl. 25, fig. 5, 6, 7, 9, 10, 11, 13.]. — Epaisses et formées en majeure partie d'un tissu cellulaire succulent qui a la consistance de la pomme. — *Lemna. Aloe verrucosa. Salsola fruticosa. Inula chritmoïdes. Sempervivum tectorum. Crassula falcata.* etc.].

SUCCULENTES, *succulenta*, *succosa.* — Épaisses et formées d'un tissu cellulaire pulpeux, qui a la consistance de la prune. — [*Chenopodium maritimum. Sedum reflexum, - album, - dasyphyllum. Mesembryanthemum echinatum.* etc.].

CREUSES, *cava* [Pl. 25, fig. 4.]. — Ayant une cavité interne. — [*Allium cepa.* etc.].

UTRICULAIRES, *utricularia.* — Creuses et renflées comme une vessie ou une petite outre. — [*Aldrovanda.*].

BILOCULAIRES, *bilocularia.* — Creuses et divisées en deux loges par une cloison. — [*Lobelia dortmanna.* etc.].

LOCULEUSES, *loculosa.* — Creuses et divisées en plusieurs loges par des diaphragmes. — [*Juncus articulatus.* etc.].

Origine.

PÉTIOLÉENNES, *petiolanea.* — Devant leur origine à des pétioles métamorphosés. — [*Mimosa suaveolens*, - *longifolia*, et autres *Mimosa* de la Nouvelle-Hollande.].

RAMÉENNES, *rameanea.* — Devant leur origine à des rameaux métamorphosés. — [*Ruscus aculeatus.*].

Production.

FLORIFÈRES, *florifera* [Pl. 29, fig. 3.]. — Produisant des fleurs. — [*Lemna. Xylophylla falcata.* etc.].

RADICANTES, *radicantia.* — Produisant des racines. — [*Aspidium rhizophyllum. Asplenium rhizophyllum.* etc.].

SPINIFÈRES, *spinifera* [Pl. 22, fig. 5.]. — Ayant des épines. — [*Solanum pyracantha*, - *igneum*, - *marginatum.* etc.].

PROLIFÈRES, *prolifera.* — Donnant naissance à d'autres feuilles. — [*Lemna.*].

Figure.

ORBICULAIRES, rondes, *orbicularia* [Pl. 21, fig. 21.]. — Dont le contour approche de la forme d'un cercle. — *Hydrocotyle vulgaris. Cotyledon orbiculare.* etc.].

ARRONDIES, *subrotunda*, *rotundata.* [Pl. 21, fig. 20.]. — Approchant de la forme orbiculaire. — [*Lysimachia nummularia. Mentha rotundifolia. Origanum majoranoïdes. Marrubium vulgare. Antirrhinum spurium. Geranium lucidum. Betula alnus. Corylus avellana.* etc.].

OBLONGUES, *oblonga* [Pl. 1, fig. 4. — Pl. 21, fig. 12.]. — Dont le diamètre longitudinal est plus long que le transversal, et dont les deux bouts sont arrondis. — [*Musa sapientum. Elæagnus angustifolia. Carlina vulgaris. Inula dissenterica. Magnolia glauca. Anona triloba.* etc.].

ELLIPTIQUES, *elliptica* (*ovalia.* Lin.). [Pl. 21, fig. 13.]. — Une fois et demie ou deux fois plus longues que larges, se rétrécissant insensiblement par un contour arrondi, du milieu aux deux bouts, lesquels sont égaux. — [*Convallaria majalis. Alisma natans. Asclepias syriaca. Syderoxylon atrovirens. Hieracium pilosella. Lonicera periclymenum. Hypericum humifusum. Cistus helianthemum.* etc.].

OVALES, *ovalia* (*ovata* Lin.) [Pl. 21, fig. 11, 14.]. — Semblables aux feuilles elliptiques, si ce n'est que le bout inférieur est plus large que le supérieur. — [*Hippophae canadensis. Herniaria glabra. Origanum vulgare. Ocymum basilicum. Vinca major. Vaccinium oxycoccus. Inula helenium. Lonicera symphoricarpos. Alsine media. Hypericum androsæmum.* etc.].

OBOVALES, en ovale renversé, *obovalia* [Pl. 26, fig. 8, *a.*]. — Semblables aux feuilles elliptiques, si ce n'est que le bout supérieur est plus large que l'inférieur. — [*Samolus valerandi. Vaccinium vitis idea. Arbutus alpina, - uva ursi. Frankenia pulverulenta. Peplis portula. Salix aurita.* etc.].

PARABOLIQUES, *parabolica* [Pl. 22, fig. 11.]. — Oblongues, se rétrécissant insensiblement de la base au sommet qui est obtus. — [*Amaranthus blitum, - lividus.* etc.].

CUNÉAIRES, en coin, *cunearia* [Pl. 22, fig. 7.]. — S'élargissant de la base au sommet qui est très-obtus ou même tronqué. — [*Hydrocotyle tridentata. Pavonia cuneifolia. Saxifraga tridentata. Euphorbia helioscopia.* etc.].

FLABELLIFORMES, en éventail, *flabelliformia* [Pl. 3, fig. 3. — Pl. 22, fig. 10.]. — Cunéaires, arrondies au sommet. — [*Salisburia asplenifolia.* etc.].

LANCÉOLÉES, *lanceolata* [Pl. 21, fig. 9.]. — Plus longues que larges, et se rétrécissant insensiblement en pointe du milieu aux deux bouts. — [*Daphne mezereum. Plantago lanceolata. Polygala vulgaris. Nerium oleander. Epilobium tetragonum. Evonymus europæus. Genista tinctoria. Salix alba.* etc.]

SPATULÉES, en spatule, *spathulata* [Pl. 21, fig. 10.]. — Rétrécies à la base, larges et arrondies au sommet. — [*Bellis perennis. Cucubalus otites. Linum campanulatum. Cotyledon spuria. Montia fontana.* etc.].

TRIANGULAIRES, *triangularia* [Pl. 21, fig. 28.]. — La lame à trois côtés rectilignes formant un triangle. — [*Chenopodium urbicum. Atriplex hortensis. Betula alba.* etc.].

QUADRANGULAIRES, *quadrangularia* [Pl. 27, fig. 6.] — [*Trapa natans.* etc.].

RHOMBÉES, *rhombea.* —]Pl. 22, fig. 1. — Pl. 26, fig. 10 *c.*]. — La lame a quatre côtés parallèles deux à deux, qui forment deux angles aigus et deux angles obtus. — [*Hibiscus rhombifolius. Sida frutescens, - rhombifolia.* etc.].

TRAPÉZOÏDES, *trapezoïdea* [Pl. 21, fig. 26.] — La lame a quatre côtés, et les opposés, ou au moins deux, ne sont pas parallèles. — [*Adianthum trapeziforme. Populus nigra.* etc.].

SQUAMIFORMES, *squamiformia* [Pl. 21, fig. 6.]. — Semi-amplexicaules, courtes et larges; comparables à une écaille. — [*Orobranche major. Monotropa hypopithys.*].

ALLONGÉES, *elongata.* — Étroites et longues.

LINÉAIRES, *linearia* [Pl. 21, fig. 1.]. — Longues, n'ayant guère plus d'une ligne de large, et à bords parallèles dans toute leur longueur. — [*Lolium perenne. Poa annua. Juncus bufonius. Thesium linophyllum. Statice fasciculata, - graminifolia, - armeria. Gentiana pneumonanthe. Stæhelina chamæpeuce. Taxus baccata. Podocarpus elongata.* etc.].

RUBANAIRES, en ruban, *fasciaria, graminea.* — Ayant la forme des feuilles linéaires et des proportions beaucoup plus grandes. — [*Typha latifolia. Vallisneria spiralis. Iris graminea. Lathyrus nissolia.* etc.].

SUBULÉES, en alène, *subulata* [Pl. 21, fig. 5.]. — Linéaires à leur base, rétrécies insensiblement et finissant en pointe. — [*Salsola kali. Arenaria tenuifolia, - verna. Ulex europæus. Juniperus communis.* etc.].

CAPILLAIRES, *capillaria.* — Très-déliées et très-flexibles, comparables à des cheveux. — [*Asparagus tenuifolius, - retrofractus.* etc.].

ACÉREUSES, aciculaires, sétacées, *accrosa, acicularia, setacea* [Pl. 21, fig. 3, 4.]. — Allongées, menues, roides et aiguës ; comparables en quelque sorte à des soies de cochon, à des aiguilles, etc. — [*Asparagus acutifolius. Hakea acicularis. Pinus strobus. Juniperus communis.* etc.].

DISSEMBLABLES, disparates, *dissimilia* [Pl. 26, fig. 6, 7, 8, 9, 10 11.]. — Prenant différentes figures sur le même individu. — [*Broussonetia papyrifera. Dorstenia arifolia. Quercus nigra. Boehmeria. Ludia heterophylla.* etc.].

Forme.

CYLINDRIQUES, *cylindrica, teretia.* — Allongées et façonnées en cylindre dans toute leur longueur. — [*Allium schænoprasum. Salsola sativa. Hakea epiglotis* Labill. *Sedum album.* etc.].

HÉMICYLINDRIQUES, *hemicylindrica, hemicylindracea.* — Allongées, ayant une face plane et l'autre convexe comme un demi-cylindre. — [*Isoetes. Typha angustifolia. Chenopodium maritimum. Pinus sylvestris.* etc.].

FISTULEUSES, *fistulosa* [Pl. 25, fig. 4.]. — Cylindriques et creuses. — [*Allium cepa, - oleraceum, - vineale.* etc.].

COMPRIMÉES, *compressa.* — Aplaties latéralement, en sorte qu'elles ont beaucoup plus d'épaisseur que de largeur. — [*Mesembryanthemum dolabriforme, - acinaciforme.* etc.].

TRÈS-COMPRIMÉES, *compressissima* [Pl. 21, fig. 7. — Tout-à-fait aplaties latéralement de manière que les côtés sont devenus des faces. — [Plusieurs *Lycopodium. Iris.* etc.].

ENSIFORMES, gladiées, *ensiformia, gladiata* [Pl. 2, fig. 1. — Pl. 21, fig. 7.]. — Un peu épaisses au milieu, tranchantes aux deux bords, et se retrécissant de la base au sommet qui est aigu. — [*Phormium tenax. Narthecium ossifragum. Iris* et autres Iridées. etc.].

ACINACIFORMES, en sabre, *acinaciformia* [Pl. 25, fig. 11.]. — Charnues et aplaties de manière à présenter deux bords ; l'un épais et obtus ; l'autre mince, tranchant, recourbé en arrière. — [*Mesembryanthemum acinaciforme.* etc.].

DOLABRIFORMES, en doloire, *dolabriformia* [Pl. 25, fig. 9.]. — Charnues, presque cylindriques à la base, plates au sommet, offrant deux bords dont l'un est épais et rectiligne, et l'autre élargi, circulaire et tranchant. — [*Mesembryanthemum dolabriforme*. etc.].

LINGUIFORMES, en langue, *linguiformia* [Pl. 25, fig. 7.]. — Charnues, allongées, convexes en dessous, obtuses au sommet. — [*Aloe disticha. Mesembryanthemum linguiforme. Sempervivum tectorum.* etc.].

GIBBEUSES, *Gibbosa*. — Charnues et relevées en bosse sur l'une et l'autre surface. — [*Crassula Cotyledon. Sedum dasyphyllum.* etc.].

DELTOÏDES, *deltoïdea* [Pl. 25, fig. 8, 10.]. — Courtes, amincies aux deux bouts, à trois faces, imitant dans la coupe transversale le delta (Δ) des Grecs. — [*Mesembryanthemum deltoïdes.*].

TRIQUÈTRES, *triquetra, trigona*. — Allongées en prisme à trois facettes. — [*Butomus umbellatus. Asphodelus luteus. Gnidia pinifolia.* etc.].

TÉTRAGONES, *tetragona*. — Allongées en prisme à quatre facettes. — [*Gladiolus tristis.* etc.].

Base.

CORDIFORMES, en cœur, *cordiformia, cordata* [Pl. 21, fig. 15, 24.]. —Plus longues que larges, partagées à leur base en deux lobes arrondis. — [*Tamnus communis. Aristolochia sypho. Menyanthes nymphoïdes. Cynanchum erectum. Erysimum alliaria. Tilia europæa. Passiflora tiliæfolia. Circæa alpina. Nymphæa.* etc.].

OBLIQUEMENT CORDIFORMES, *obliquè cordata* [Pl. 21, fig. 23.].— En cœur dont la pointe est rejetée tout d'un côté. — [*Begonia obliqua, - dichotoma.* etc.].

REINAIRES, en rein, *renaria* [Pl. 21, fig. 17. — Pl. 22, fig. 17.]. — Arrondies et divisées à leur base en deux larges lobes obtus. — [*Aristolochia caudata. Azarum europæum. Sibthorpia europæa. Glechoma hederacea. Saxifraga geum. Chrysosplenium alternifolium.* etc.].

SEMILUNÉES, lunulées, en croissant, *semilunata, lunulata* [Pl. 21, fig. 27.]. — Arrondies et divisées à leur base en deux lobes étroits. — [*Hydrocotyle lunata.* etc.].

SAGITTÉES, en fer de flèche, *sagittata* [Pl. 21, fig. 22.]. — A base prolongée en deux lobes aigus peu ou point divergens. — [*Sagit-*

taria sagittifolia. Polygonum fagopyrum, - convolvulus. Rumex acetosa. etc.].

HASTÉES, *hastata* [Pl. 21, fig. 30.]. — A base prolongée en deux lobes rejetés en dehors. — [*Arum maculatum. Antirrhinum elatine.* etc.].

INÉGALES par la base, *basi inæqualia* [Pl, 21, fig. 19.]. — A base prolongée un peu plus d'un côté que de l'autre. — [*Datura stramonium. Salix vitellina. Ulmus campestris.* etc.].

ATTÉNUÉES par la base, *basi attenuata* [Pl. 26, fig. 10 *a*.]. — Se rétrécissant vers la base. — [*Polygonum aviculare. Hieracium sylvaticum. Spiræa hypericifolia. Ludia.* etc.].

Sommet.

AIGUËS, *acuta* [Pl. 26, fig. 1.]. — Les deux bords s'inclinent insensiblement l'un vers l'autre, de manière à former un angle aigu. —[*Scrophularia nodosa. Nerium oleander. Asclepias vincetoxicum. Melastoma grandiflora. Epilobium augustifolium, - hirsutum.* etc.].

ACUMINÉES, pointues, *acuminata* [Pl. 21, fig. 14. — Pl. 22, fig. 14.]. — Les deux bords avant de se joindre changent leur direction, et se prolongent au-delà du point où ils se seraient joints si leur direction n'eût pas changé. — [*Cornus mascula. Prunus padus. Corylus avellana. Ficus religiosa.* etc.].

CUSPIDÉES, *cuspidata* [Pl. 1, fig. 3. — Pl. 5, fig. 3.]. — Allongées, se rétrécissant insensiblement, et se terminant en une pointe aiguë et dure; semblables par la forme aux feuilles subulées, mais incomparablement plus grandes. — [*Yucca. Bromelia ananas.* etc.].

PIQUANTES, *pungentia*. — Terminées par une pointe dure. — [*Ruscus aculeatus. Bromelia ananas. Yucca. Ulex europæus.* etc.].

MUCRONÉES, *mucronata* [Pl. 22, fig. 18.]. — Surmontées d'un mucron, *mucro*, pointe grêle, isolée. — [*Amaranthus blitum. Statice mucronata. Hakea epiglotis. Sempervivum tectorum.* etc.].

UNCINÉES, *uncinata*. — Terminées par une pointe recourbée en crochet, *uncus*. — [*Mesembryanthemum uncinatum.* etc.].

OBTUSES, *obtusa* [Pl. 21, fig. 24.]. — Arrondies au sommet. — [*Me-*

nyanthes nymphoïdes. Asclepias syriaca. Hesperis maritima. Berberis vulgaris. Corrigiola littoralis. etc.].

RÉTUSES, *retusa* [Pl. 22, fig. 11.]. — Terminées par un sinus peu profond. — [*Amaranthus lividus. Vaccinium vitis idæa. Frankenia pulverulenta.* etc.].

ÉMARGINÉES, échancrées, *emarginata* [Pl. 26, fig. 4.]. — Terminées par un sinus rentrant en forme de crénelure. — [*Azarum europæum. Hydrogeton. Buxus sempervirens.* etc.].

TRONQUÉES, *truncata* [Pl. 22, fig. 16. — Pl. 25, fig. 10.]. — Terminées brusquement par une ligne transversale. — [*Aloe retusa. Liriodendrum tulipifera.* etc.].

MORDUES, *præmorsa* [Pl. 22, fig. 9.]. — Terminées par une ligne transversale irrégulière comme si le sommet avait été coupé avec les dents. — [*Lomandra longifolia. Caryota urens.* etc.].

TRIDENTÉES, *tridentata*. — Terminées par trois dents. — [*Saxifraga tridactylites. Genista tridentata.* etc.].

QUINQUÉDENTÉES, *quinquedentata* [Pl. 22, fig. 7.]. — Terminées par cinq dents. — [*Hydrocotyle tridentata. Saxifraga ascendens.* etc.].

OBCORDIFORMES, *obcordata, obcordiformia*. — Oblongues et partagées à leur sommet en deux lobes arrondis. — [Folioles de l'*Oxalis acetosella.* etc.].

CIRCINÉES, *circinata, apice cirrosa*. — La feuille est prolongée en une longue pointe roulée sur elle-même. — [*Gloriosa superba. Flagellaria indica. Mutisia decurrens, - inflexa.* etc.].

ASCIDIÉES, *ascidiata* [Pl. 4, fig. 4. — Pl. 27, fig. 5.]. — Terminées par un appendice creux et dilaté en vase, *ascidium*, surmonté d'un opercule mobile. — [*Nepenthes distillatoria, - phyllamphora.* etc.].

Contour.

TRÈS-ENTIÈRES, *integerrima* [Pl 1, fig. 4. — Pl. 21, fig. 20. — Pl. 27, fig. 13.]. — Dont le bord, *margo*, est continu sans aucune incision, quelque peu profonde qu'elle puisse être. — [*Musa. Lysimachia nummularia. Vinca. Nerium oleander. Gentiana. Lonicera periclymenum. Parnassia. Citrus aurantium. Hypericum androsæmum.* etc.].

CRÉNELÉES, *crenata* [Pl. 22, fig. 6. — Pl. 25, fig. 14.]. — Dont le bord est découpé en crénelures, *crenæ, crenaturæ*, ou petites parties saillantes, arrondies, séparées par des angles rentrans. — [*Teucrium scordium. Betonica officinalis. Marrubium vulgare. Glechoma hederacea. Scutellaria galericulata. Sibthorpia europæa. Caltha palustris. Mespilus pyracantha. Populus tremula.* etc.].

DOUBLEMENT CRÉNELÉES, *duplicato-crenata*. — Dont les crénelures sont elles-mêmes crénelées. — [*Chrysosplenium alternifolium.* etc.].

OBCRÉNELÉES, *obcrenata* [Pl. 5, fig. 4.]. — Dont le bord est découpé en petits angles saillans, aigus, séparés par des sinus arrondis. — [*Theophrasta americana.* etc.].

DENTELÉES, *serrata* [Pl. 25, fig. 18.]. — Dont le bord est découpé en dentelures, *serræ, serraturæ*, ou petites parties saillantes, aiguës, inclinées vers le sommet de la lame. — [*Scrophularia aquatica. Vaccinium myrtillus. Viburnum lantana. Acer pseudoplatanus. Viola odorata. Ribes alpinum. Evonymus europæus.* etc.].

DOUBLEMENT DENTELÉES, *duplicato-serrata*, *duplicato-dentata* [Pl. 22, fig. 8. — Pl. 21, fig. 19. — Dont les dentelures sont elles-mêmes dentelées — [*Scrophularia vernalis. Ribes rubrum. Corchorus japonicus. Ulmus campestris. Corylus avellana.* etc.].

DENTÉES, *dentata* [Pl. 22, fig. 7.]. — Dont le bord est découpé en dents, *dentes*, ou petites parties saillantes, aiguës, qui ne s'inclinent ni d'un côté ni de l'autre. — [*Tussilago farfara. Hypochæris maculata. Senecio vulgaris. Erysimum alliaria. Sinapis alba.* etc.].

DENTICULÉES, *denticulata*, *serrulata* [Pl. 26, fig. 1.] — Qui ont des dentelures, *denticulæ*, ou des dents extrêmement petites. — [*Pyrola secunda. Lactuca virosa. Inula dissenterica. Senecio doria. Melastoma grandiflora. Circæa lutetiana.* etc.].

RONGÉES, *erosa*. — Dont le bord est découpé en petites parties saillantes inégales, comme s'il avait été attaqué par quelque insecte. — [*Senecio doria. Sinapis alba.* etc.].

SINUÉES, *sinuata* [Pl. 23, fig. 19.] — Découpées en parties saillantes arrondies, qui sont séparées par des sinus également arrondis. — [*Acanthus mollis. Datura stramonium. Carduus nutans. Onopordium acanthium. Quercus robur.* etc.].

PANDURIFORMES, en violon, *panduriformia* [Pl. 23, fig. 15. — Oblongues et ayant de chaque côté vers le milieu un sinus arrondi. — [*Rumex pulcher. Convolvulus panduratus. Euphorbia cyatophora.* etc.].

SINUOLÉES, *sinuolata, repanda* [Pl. 21, fig. 23.]. — Lorsque les sinus sont très-peu profonds. — [*Solanum nigrum. Inula dissenterica. Chrysosplenium oppositifolium. Betula alnus. Begonia obliqua.* etc.].

ANGULEUSES, *angulosa* [Pl. 27, fig. 1.]. — Si le bord a plusieurs angles saillans dont le nombre est indéterminé. — [*Datura stramonium. Tussilago farfara. Chelidonium glaucium. Ranunculus ficaria.* etc.].

ANGULÉES, *angulata.* — Si le bord a plusieurs angles saillans dont le nombre est indéterminé. De là :

QUINQUÉ-ANGULÉES, *quinque-angulata.* — Les angles sont au nombre de cinq — [*Pelargonium peltatum. Menispermum canadense.* etc.].

SEPTANGULÉES, *septem-angulata.* — Les angles sont au nombre de sept. — [*Hibiscus abelmoschus.* etc.].

CILIÉES, *ciliata* [Pl. 22, fig. 15. — Pl. 25, fig. 17.]. — Bordées de poils droits disposés en série comme les cils des paupières. — [*Juncus pilosus. Erica tetralix. Phyteuma orbiculata. Carduus rivularis. Sempervivum tectorum. Saxifraga hypnoïdes. Croton penicillatum.* etc.].

BORD, *Margo.* On doit considérer la nature du Bord en lui-même. Il est

CALLEUX, *callosus.* — Couvert de petits durillons. — [*Saxifraga cotyledon.* etc.].

CARTILAGINEUX, *cartilagineus* [Pl. 22, fig. 4.]. — Dur, élastique, et d'une autre couleur que le vert. — [*Vaccinium vitis idæa.* etc.].

ÉPINEUX, *spinosus* [Pl. 6, fig. 2. — Pl. 22, fig. 2. — Armé de dents dures et piquantes. — [*Agave americana. Carduus lanceolatus, - marianus. Carlina vulgaris.* etc.].

RÉVOLUTÉ, *revolutus.* — Roulé en dessous. — [*Rosmarinus officinalis. Erica tetralix. Andromeda polifolia. Ledum latifolium. Vaccinium oxycoccus.* etc.].

Incisions.

INCISÉES, *incisa.* — Toute feuille qui a des découpures plus profondes que celles qui forment les dents et les crénelures, est dite INCISÉE. Cette épithète est employée lorsqu'on ne veut point, ou qu'on ne peut point déterminer avec rigueur la forme des découpures et la profondeur des incisions.

LACINIÉES, *laciniata.* — Feuilles incisées dont les divisions sont découpées irrégulièrement.

PENNATICISÉES, *pinnaticisa.* — Découpées en dents, crénelures, lobes, ou parties, disposés latéralement comme les barbes d'une plume. — On se sert de cette épithète quand on ne veut point, ou qu'on ne peut point indiquer en termes précis la nature des incisions.

LYRÉES, *Lyrata* [Pl. 33, fig. 16.]. — Feuilles pennaticisées dont les lobes latéraux sont petits en comparaison du lobe terminal qui est très-ample. — [*Erysimum barbarea. Brassica eruca. Raphanus raphanistrum. Geum urbanum.* etc.].

RUNCINÉES, *runcinata* [Pl. 23, fig. 21.]. — Feuilles pennaticisées, dont les lobes latéraux sont aigus et recourbés de haut en bas en fer de faucille. — [*Leontodon taraxacum. Sonchus arvensis, - oleraceus. Prenanthes muralis. Hypochæris radicata.* etc.].

AURICULÉES, *auriculata* [Pl. 23, fig. 17.]. — Ayant deux petits lobes (oreillettes, *auriculæ*) à leur base. — [*Salvia officinalis.* etc.].

LOBÉES, *lobata.* — Feuilles incisées dont les incisions qui pénètrent à-peu-près jusqu'à la moitié de la lame, forment des découpures élargies ou lobes.

BILOBÉES, *biloba*, *bilobata* [Pl. 23, fig. 1, 2, 3, 4.]. — A deux lobes séparés par une incision qui se dirige longitudinalement. — [*Bauhinia porrecta.* etc.].

TRILOBÉES, *triloba* [Pl. 23, fig. 7. — Pl. 27, fig. 15.]. — [*Anemone hepatica. Viburnum opulus. Hibiscus syriacus. Vitis virginiana. Ribes alpinum. Passiflora glauca.* etc.].

QUINQUÉLOBÉES, *quinqueloba* [Pl. 23, fig. 10.]. — [*Veronica hederæfolia. Antirrhinum cymballaria. Acer pseudo-platanus. Hibiscus manihot. Sterculia platanifolia. Ribes rubrum. Bryonia officinalis.* etc.].

SEPTEMLOBÉES, *septemloba* [Pl. 4, fig. 1. — Pl. 22, fig. 3. — Pl. 23, fig. 8.] — [*Malva sylvestris. Carica papaya. Ricinus communis.* etc.].

NOVEMLOBÉES, *novemloba* [Pl. 23, fig. 11.] — [*Alchimilla vulgaris, - hybrida.* etc.].

MULTILOBÉES, *multiloba.* etc.

FENDUES, *fissa.* — Feuilles incisées comme les précédentes, mais dont les lobes sont étroits.

BIFIDES, *bifida.* — A deux lobes séparés par une incision longitudinale.

TRIFIDES, *trifida.* — [*Teucrium chamæpitys. Malva tridactylides. Mespilus oxyacantha.* etc.].

QUADRIFIDES, *quadrifida*, QUINQUÉFIDES, MULTIFIDES, etc.

PENNATIFIDES, *pinnatifida* [Pl. 24, fig. 1.]. — Divisées latéralement en lobes plus ou moins profonds. — [*Polypodium vulgare. Serratula pinnatifida. Sonchus fruticosus. Senecio viscosa. Carduus marianus. Cochlearia coronopus.* etc.].

PECTINÉES, *pectinata.* — Feuilles pennatifides dont les lobes étroits sont rapprochés et disposés parallèlement comme les dents d'un peigne. — [*Lavandula dentata. Achillea pectinata.* etc.].

PARTAGÉES, *partita.* — Feuilles incisées dont les incisions pénètrent à-peu-près jusqu'à la côte moyenne quand elles se dirigent transversalement, et au-delà des deux tiers de la lame quand elles se dirigent longitudinalement.

BIPARTIES, *bipartita*. — A deux divisions formées par une incision longitudinale très-profonde.

TRIPARTIES, *tripartita* [Pl. 23, fig. 6]. — [*Amethystea cœrulea. Bidens tripartita. Passiflora peltata, - incarnata.* etc.].

QUINQUÉPARTIES, *quinquepartita*. — [*Ipomea quinqueloba. Geranium, disectum.* etc.].

MULTIPARTIES, *multipartita* [Pl 23, fig. 12.]. — [*Delphinium consolida. Trollius europæus. Jatropha multifida.* etc.].

PALMÉES, *palmatæ* [Pl. 3, fig. 3. — Pl. 23, fig 9.]. — Feuilles multiparties à divisions longitudinales disposées comme les doigts d'une main. — [*Chamærops humilis. Ipomea quinqueloba. Passiflora cærulea.* etc.].

DICHOTOMES, *dichotoma*. — [*Ceratophyllum demersum.* etc.].

PENNATIPARTIES, *pennatipartita*. — Découpées latéralement en parties jusqu'à la nervure moyenne. — [*Valeriana sibirica.* etc.].

OBS. Lorsque les Feuilles pennatiparties ont leur divisions découpées latéralement, une fois, deux fois ou plus, on les dit BIPENNATIPARTIES, TRIPENNATIPARTIES, MULTIPENNATIPARTIES. On suit le même système de nomenclature pour les Feuilles pennatifides et pennaticisées.

Composition.

OBS. Il y a composition lorsque la Feuille offre plusieurs Feuilles partielles, ou Folioles, sur un pétiole commun. Le pétiole commmun et les pétioles partiels ont souvent une articulation. Dans quelques cas il est difficile de décider si cette articulation existe ou n'existe point.

Il y a plusieurs degrés de composition.

COMPOSÉES proprement dites, *composita*. — C'est le premier degré de composition. Le pétiole commun n'est point divisé ; il porte plusieurs folioles.

OBS. Il est quelques plantes dont les Feuilles n'offrent qu'une seule Foliole sur un pétiole articulé. L'existence de l'articulation et des raisons d'analogie font ranger ces Feuilles parmi les composées. On les dit UNIFOLIOLÉES, *unifoliolata*. — [*Citrus aurantium. Rosa simplicifolia. Bauhinia porrecta. Hedysarum vespertilionis.* etc.].

DIGITÉES, *digitata*. — Les folioles terminent le pétiole commun comme autant de digitations, au lieu d'être disposées sur ses deux côtés.

BIFOLIOLÉES, *bifoliolata*. — Le pétiole commun se termine par deux folioles.

Obs. Linné donne le nom de BINÉE, *binatum*, à cette Feuille dont on ne connaît point d'exemple. Les Feuilles du *Zygophyllum fabago*, qu'on a citées comme BINÉES, sont des Feuilles UNIJUGUÉES. *Voy.* ce mot.

TRIFOLIOLÉES, *trifoliolata* (*ternata* Lin.) [Pl. 24, fig. 2.]. — [*Menyanthes trifoliata. Oxalis acetosella*, - *corniculata*, - *etc. Rhus glaucum*, - *lucidum*. etc.].

QUADRIFOLIOLÉES, *quadrifoliolata* [Pl. 24, fig. 6.]. — [*Marsilea quadrifolia*. etc.].

QUINQUÉFOLIOLÉES, *quinquefoliolata* (*quinata* Lin.) [Pl. 24, fig. 5.]. — *Cissus quinquefolia. Potentilla reptans. Rubus fruticosus. Lupinus albus*. etc.].

SEPTEMFOLIOLÉES, *septemfoliolata* [Pl. 24, fig. 11.]. — *AEsculus macrostachia*, - *hippocastanum*. etc.].

NOVEMFOLIOLÉES, *novemfoliolata*. — [*Sterculia fœtida*. etc.].

MULTIFOLIOLÉES, *multifoliolata*. — [*Lupinus varius*. etc.].

Obs. Au lieu de dire *digitées-bifoliolées*, *digitées-trifoliolées*, *digitées-quadrifoliolées*, etc., on peut dire plus simplement BIDIGITÉES, TRIDIGITÉES, QUADRIDIGITÉES, etc..

VERTÉBRÉES, *vertebrata* [Pl. 26, fig. 13.]. — Les folioles sont étranglées de distance en distance, et à chaque étranglement il y a une articulation. — [*Cussonia spicata*. etc.].

PENNÉES, *pinnata* [Pl. 1, fig. 1. — Pl. 7, fig. 3. — Pl. 24, fig. 15.]. — Les folioles sont disposées des deux côtés du pétiole commun.

TRIFOLIOLÉES, *trifoliolata* [Pl. 24, fig. 3, 4.]. — Elles ont trois folioles de même que les digitées-trifoliolées; mais au lieu de partir toutes trois du sommet du pétiole commun, il y en a deux latérales et une terminale. — [*Dolichos. Hedysarum gyrans. Erythrina corallodendron.* etc.].

CONJUGUÉES, opposité-pennées, *conjugata, opposite-pinnata.* — Quand les folioles sont attachées par paires.

UNIJUGUÉES, *unijuga, unijugata* (*conjugata* Linn.) [Pl. 24, fig. 9.]. — Le pétiole commun porte une seule paire de folioles. — [*Zygophyllum fabago. Lathyrus pratensis, - sylvestris, - latifolius.* etc.].

BIJUGUÉES, *bijuga.* — Le pétiole commun porte deux paires de folioles. — [*Mimosa nodosa, - fagifolia.* etc.].

TRIJUGUÉES, *trijuga.* — Le pétiole commun porte trois paires de folioles. — [*Cassia tagera. Orobus tuberosus. Vicia lathyroïdes.* etc.].

QUADRIJUGUÉES, *quadrijuga.* — [*Cassia longisiliqua.* etc.].

QUINQUÉJUGUÉES, *quinquejuga.* — [*Cassia occidentalis, - fistula.* etc.].

MULTIJUGUÉES, *multijuga* [Pl. 24, fig. 8.]. — [*Orobus sylvaticus. Vicia cracca. Cassia grandis. Hedysarum onobrychis. Astragalus glycyphyllos.* etc.].

ALTERNATI-PENNÉES, *alternatim-pinnata.* — Les folioles sont alternes sur le pétiole commun, au lieu d'être attachées par paires. — [*Potentilla rupestris. Amorpha fruticosa,* etc.].

PARI-PENNÉES, pennées sans impaire, *pari-pinnata, abrupte-pinnata* [Pl. 24, fig. 8.]. — Les folioles sont attachées par paires, et il n'y a au sommet du pétiole commun, ni vrille, ni foliole solitaire. — [*Cicer arietinum. Orobus tuberosus. Cassia occidentalis.* etc.].

IMPARI-PENNÉES, *impari-pinnata* [Pl. 24, fig. 12.]. — Terminées par une foliole solitaire. — [*Asplenium trichomanes. Fraxinus excelsior. Pimpinella saxifraga. Cardamine impatiens. Geranium cicutarium. Rosa. Sanguisorba media. Robinia pseudo-acacia. Hedysarum onobrychis.* etc.].

OBS. Dans plusieurs plantes les Folioles supérieures d'une Feuille IMPARI-PENNÉE sont remplacées par autant de filets cirriformes (Vrilles) qui ont la même disposition qu'elles. Cette Feuille porte le nom de Feuille VRILLÉE. — [*Fumaria claviculata. Vicia. Pisum sativum. Lathyrus odoratus. Mutisia clematis*, - *viciæfolia*. etc.].

INTERRUPTÉ-PENNÉES, pennées avec interruption, *interrupte-pinnata* [Pl. 24, fig. 12.]. — Les folioles sont alternativement grandes et petites. — [*Solanum tuberosum. Agrimonia eupatoria. Spiræa ulmaria*, - *filipendula. Potentilla anserina*. etc.]

DÉCRESCENTÉ-PENNÉES, pennées-décroissantes, *decrescente-pinnata* (*pinnata foliolis decrescentibus*) [Pl. 27, fig. 4.]. — Les folioles diminuent insensiblement de grandeur de la base de la feuille à son sommet. — [*Vicia sepium*. etc.]

DÉCURSIVÉ-PENNÉES, *decursive-pinnata*. — Le pétiole est ailé par le prolongement de la base des folioles. — *Melianthus major*, - *minor*. etc.].

DÉCOMPOSÉES, *decomposita*. — Deuxième degré de composition. Le pétiole commun est divisé en pétioles secondaires.

DIGITÉES-PENNÉES, *digitato-pinnata*. Les pétioles secondaires, sur les côtés desquels les folioles sont attachées, partent du sommet du pétiole commun.

BIDIGITÉES-PENNÉES, *bidigitato-pinnata*, *biconjugato-pinnata* [Pl. 24, fig. 13.]. — Les pétioles secondaires, sur les côtés desquels sont attachées les folioles, partent au nombre de deux du sommet du pétiole commun. — [*Mimosa purpurea*. etc.].

BIGÉMINÉES, *bigeminata*, *biconjugata* [Pl. 24, fig. 7.]. — Chacun des deux pétioles secondaires porte une paire de folioles. — [*Mimosa unguis cati*. etc.].

TERGÉMINÉE, *tergemina*, *tergeminata* [Pl. 24, fig. 10.]. — Chacun des deux pétioles secondaires porte, vers son sommet, une paire de folioles, et le pétiole commun en porte une troisième paire à la naissance des deux pétioles secondaires. — [*Mimosa tergemina*.].

TRIDIGITÉES-PENNÉES, *tridigitato-pinnata*, *ternato-pinnata*. — Les pétioles secondaires, sur les côtés desquels les folioles sont attachées, partent au nombre de trois, du sommet du pétiole commun. — [*Hoffmanseggia*. etc.]

QUADRIDIGITÉES-PENNÉES, *quadridigitato-pinnata*. — [*Mimosa pudica*. etc.].

MULTIDIGITÉES-PENNÉES, *multidigitato-pinnata*. etc.

BIPENNÉES, *bipinnata*, *duplicato-pinnata* [Pl. 25, fig. 3.]. — Les pétioles secondaires, sur les côtés desquels sont attachées les folioles, partent des côtés du pétiole commun, et non de son sommet. — [*Carum carvi*. *Fumaria officinalis*. *Mimosa julibrissin*. *Gleditsia monosperma*. etc.].

BITERNÉES, *biternata*, *duplicato-ternata*. — Trois pétioles secondaires partent du pétiole commun, et chacun d'eux porte trois folioles. — [*Fumaria bulbosa*. *Cicuta virosa*. *Imperatoria ostruthium*. *Paulinia curassavica*. etc.].

PÉDALÉES, pédiaires, *pedata* [Pl. 23, fig. 13.]. — Le pétiole commun est divisé à son sommet en deux branches divergentes, qui portent un rang de folioles sur leur côté intérieur. — [*Arum dracunculus*. *Helleborus niger*, *-fœtidus*. etc.].

SURDÉCOMPOSÉES, *supradecomposita* [Pl. 2, fig. 3.]. — Troisième et dernier dégré de composition. Le pétiole commun est divisé en pétioles secondaires; les pétioles secondaires sont divisés en pétioles tertiaires. etc.].

TRITERNÉES, *triternata* [Pl. 25, fig. 1.]. — Le pétiole commun se divise en trois pétioles secondaires, qui se subdivisent chacun en trois pétioles tertiaires, et chaque pétiole tertiaire porte trois folioles. — [*Epimedium alpinum*. *Crithmum maritimum*. *Smyrnium olusatrum*. *Actea spicata*. etc.].

TRIPENNÉES, *tripinnata*. — Le pétiole commun porte latéralement des pétioles secondaires, et ceux-ci portent, de même latéralement, des pétioles tertiaires, sur les côtés desquels les folioles sont attachées. — [*Daucus carota*. *Phellandrium aquaticum*. *Thalictrum minus*. etc.].

OBS. Les Folioles des Feuilles COMPOSÉES donnent lieu à toutes les considérations des Feuilles SIMPLES.

Expansion.

PLANES, *plana*. — Dont la lame est tout-à-fait plate. — [La plupart des feuilles.].

CONVEXES, *convexa*. — Dont la face supérieure est convexe et la face inférieure concave. — [*Ocymum basilicum majus.* etc.].

CONCAVES, *concava* [Pl. 8, fig. 6.]. — Dont la face supérieure est concave et l'inférieure convexe. — [*Drosera rotundifolia. Cotyledon umbilicus. Nelumbo nucifera. Saxifraga oppositifolia.* etc.].

CANALICULÉES, *canaliculata* [Pl. 25, fig. 6.]. — Allongées et creusées ou pliées en gouttière dans toute leur longueur. — [*Lygeum spartum. Tradescantia virginica. Hyacinthus serotinus. Ornitogalum pyrenaïcum. Salsola kali. Cacalia repens. Pinus sylvestris.* etc.].

CARÉNÉES, *carinata*. — Canaliculées et offrant une saillie longitudinale en dessous à la manière de la carène d'un vaisseau. — [*Sparganium erectum, - natans. Hemerocallis fulva. Narcissus biflorus, - pseudo-narcissus. Tragopogon pratense. Stellaria holostea.* etc.].

PLISSÉES, *plicata* [Pl. 26, fig. 5.]. — Ayant plusieurs plis longitudinaux à saillie aiguë. — [*Panicum plicatum. Veratrum album. Vachendorfia paniculata. Tigridia pavonia. Althæa officinalis. Malva sylvestris.* etc.].

CRISPÉES, crépues, *crispa* [Pl. 22, fig. 3.]. — Dont la lame est plissée irrégulièrement sur toute sa superficie. — [*Rumex crispus. Mentha crispa. Nepeta crispa. Lactuca sativa crispa. Malva crispa. Hypericum crispum.* etc.].

BULLÉES, *bullata* [Pl. 25, fig. 18.]. — Dont la lame s'élève en bulles ou en cônes qui forment autant de fossettes à la surface inférieure. — [*Salvia ceratophylla. Ocymum basilicum majus. Lamium orvalla. Ramonda pyrenaïca. Melastoma lima.* etc.].

RUGUEUSES, ridées, *rugosa*. — Lorsque les veines s'enfoncent un peu, de manière à former une multitude de rides. — [*Salvia officinalis. Teucrium scorodonia. Marrubium rugosum, - vulgare. Arbutus alpina. Dryas octopetala.* etc.].

ONDULÉES, *undulata* [Pl. 25, fig. 16.]. — Le bord est élevé et abaissé alternativement en plis arrondis comme des ondes. — [*Poly-*

gonum hydropiper, -bistorta. Jasione montana. Inula pulicaria. Malpighia aquifolia. Cerastium aquaticum. etc.].

Nervation.

OBS. On entend par Nervation les ramifications formées par les vaisseaux qui parcourent la lame de la Feuille. Lorsqu'elles sont très-marquées et saillantes, on leur donne le nom de Nervures. Lorsque la Nervure qui passe par le milieu de la Feuille, est incomparablement plus forte que les autres, on lui donne le nom de Côte [*Musa sapientum. Brasica oleracea.*]. On donne le nom de Veines à des ramifications très-déliées plus sensibles à la vue qu'au tact. — Cés dénominations n'ont rien de rigoureux, et l'emploi qu'on en fait est relatif.

CUCULLIFORMES, en cornet, *cucullata* [Pl. 21, fig. 29.]. — Dont la lame se contourne longitudinalement en cornet. — [*Geranium cucullatum. Plantago maxima.* etc.].

NERVÉES, *nervata, nervosa.* — Ayant une ou plusieurs nervures. — [*Linum perenne. Plantago media, -lanceolata,* etc. *Viburnum opulus.* etc.].

UNINERVÉES, *uninervia, uninervata.* — Ayant une seule nervure. [*Linum perenne.* etc.].

TRINERVÉES, *trinervia* [Pl. 22, fig. 12.]. — Trois nervures longitudinales partent de la base. — [*Chironia centaurium. Saponaria officinalis. Linum usitatissimum. Melastoma elæagnoïdes. Zizyphus sinensis.* etc.].

QUINQUÉNERVÉES, *quinquenervia.* — Cinq nervures longitudinales partent de la base. — [*Gentiana lutea.*].

SEPTEMNERVÉES, *septemnervia.* — Sept nervures longitudinales partent de la base. — [*Alisma plantago. Melastoma* [Pl. 26, fig. 2.]. etc.].

NOVEMNERVÉES, *novemnervia* [Pl. 26, fig. 1.]. — Neuf nervures longitudinales partent de la base. — [*Melastoma grandiflora.* etc.].

MULTINERVÉES, *multinervia* [Pl. 22, fig. 22.]. — Beaucoup de nervures longitudinales partent de la base. — [*Lilium tigrinum,* Curt. *Cypripedium calceolus.* etc.].

TRIPLINERVÉES, *triplinervia* [Pl. 22, fig. 20.]. — La côte où nervure mitoyenne s'est triplée en donnant naissance à deux nervures latérales un peu au-dessus de la base de la lame. — [*Melastoma multiflora*. etc.].

QUINTUPLINERVÉES, *quintuplinervia* [Pl. 22, fig. 13.]. — [*Melastoma discolor*, - *lima*. etc.].

MULTIPLINERVÉES, *multiplinervia* [Pl. 26, fig. 4.]. — [*Mimulus guttatus*. *Hydrogeton fenestralis*. etc.].

OBS. Il arrive quelquefois que dans le même végétal les Feuilles sont indifféremment TRINERVÉES OU TRIPLINERVÉES, QUINQUÉNERVÉES OU QUINTUPLINERVÉES, etc. *Voy.* les *Melastoma*, les *Zizyphus*, etc.

RECTINERVÉES, *rectinervia* [Pl. 1, fig. 4.] — Les nervures se prolongent en ligne droite. — [*Betula alnus*. *Fagus castanea*, — *sylvatica*. *Carpinus betulus*. etc.].

CURVINERVÉES, *curvinervia*, *converginervia* [Pl. 22, fig. 22 — Pl. 26, fig. 2, 4.]. — Les nervures se prolongent en décrivant une courbe. — [*Plantago media*, - *maxima*. *Hemerocallis japonica*. *Melastoma grandiflora*. etc.].

PARALLELINERVÉES, *parallelinervia* [Pl. 1, fig. 4.]. — Les nervures conservent entre elles une distance à-peu-près égale. — [*Cratægus aria*. *Betula alnus*. *Fagus castanea*. *Carpinus betulus*. etc.].

DIVERGINERVÉES, *diverginervia* [Pl. 23, fig. 11.]. — Les nervures se portent en divergeant de la base au sommet. — [*Viburnum opulus*. *Alchimilla vulgaris*. etc.].

STELLINERVÉES, *stellinervia* [Pl. 21, fig. 21.]. — Les nervures partent du milieu de la lame et se portent vers la circonférence, en rayons divergens. Cette disposition n'a lieu que dans les feuilles peltées. — [*Hydrocotyle vulgaris*. *Ricinus communis*. etc.].

NERVATO-VEINÉES, *nervato-venosa*. — Les nervures se subdivisent plusieurs fois et se terminent en veines. — [*Tropæolum majus*. *Viburnum lentago*. etc.].

INNERVÉES, sans nervures, *enervia.* — Les nervures enveloppées par le parenchyme ne paraissent point à l'extérieur, et sont censées non avenues. — [*Sempervivum tectorum.* etc.].

VEINÉES, *venosa.* — Ayant des veines apparentes à la superficie. — [*Aristolochia clematitis. Lithospermum officinale. Vaccinium vitis idæa. Hypericum androsæmum.* etc.].

PARALLELIVEINÉES, *paralleli-venosa.* — [*Musa sapientum.* etc.].

DIVERGIVEINÉES, *divergi-venosa.* — [*Salisburia asplenifolia.* etc.].

RETICULÉES-VEINÉES, *reticulato-venosa.* — Dont les veines s'anastomosent de toutes parts en réseau. — [*Stachys germanica. Pyrola secunda. Arbutus alpina, - uva ursi. Salix aurita, - reticulata.* etc.].

INVEINÉES, *avenia*, — Sans veines. — [*Statice limonium. Lithospermum arvense. Clusia rosea. Arenaria maritima.* etc.].

Superficie.

PERTUSES, *pertusa.* — Percées de trous larges et distribués irrégulièrement. — [*Dracontium pertusum. Menispermum fenestratum.* etc.].

CANCELLÉES, *cancellata* [Pl. 26, fig. 4.]. — N'ayant point de parenchyme, mais seulement des nervures et des veines qui s'anastomosent et forment un réseau à jour comme un grillage. — [*Hydrogeton fenestralis.*].

SILLONNÉES, *sulcata.* — [*Digitalis ferruginea. Asphodelus luteus.* etc.].

STRIÉES, *striata.* — [*Scirpus maritimus.* etc.].

UNIES, *lævia.* — [*Convallaria majalis. Salsola fruticosa. Chironia centaurium. Saxifraga umbrosa. Nymphæa.* etc.].

GLABRES, *glabra.* — [*Tamnus communis. Nerium oleander. Chironia centaurium. Pæonia mascula. Hypericum androsæmum. Linum usitatissimum. Reseda luteola. Acer pseudo-platanus.* etc.].

LUISANTES, *lucida*, *nitida*, *splendentia.* — [*Tamnus communis. Ruscus racemosus. Royena lucida. Vaccinium vitis idæa. Carduus marianus. Hedera helix. Ranunculus ficaria. Prunus lauro-cerasus, — lusitanica. Magnolia grandiflora. Betula alnus.* etc.].

PONCTUÉES, *punctata* [Pl. 22, fig. 4.]. — *Anagallis arvensis. Thymus serpyllum. Melissa calamintha. Vaccinium vitis idæa.* Aurantiacées. *Hypericum perforatum, - balearicum. Crassula cotyledon.* etc.].

SCABRES, *scabra, aspera.* — [*Salsola kali. Rhinanthus crista galli. Thymus acynos. Lithospermum officinale. Jasione montana. Hypochæris maculata. Tordylium maximum. Raphanus raphanistrum. Arenaria serpyllifolia. Xanthium strumarium. Ulmus campestris.* etc.].

PAPULEUSES, *papulosa.* — [*Mesembryanthemum crystallinum. Hypericum balearicum.* etc.].

PAPILLEUSES, verruqueuses, *papillosa, verrucosa* [Pl. 25, fig. 5.]. — Relevées de petites éminences arrondies et fermes. — [*Aloe verrucosa, margaritifera.* etc.].

GLUTINEUSES, visqueuses, *glutinosa, viscosa.* — [*Nicotiana glutinosa. Madia viscosa. Inula viscosa.* etc.].

Villosité.

PUBESCENTES, *pubescentia.* — [*Cynoglossum officinale. Volkameria japonica. Lonicera xylosteon. Pæonia anomala. Lavatera olbia. Sida triquetra. Althæa officinalis. Geranium molle. Silene conica. Circæa lutetiana. Xanthium strumarium.* etc.].

VELOUTÉES, *velutina.* — [*Cotyledon coccinea.* etc.].

POILUES, *pilosa.* — [*Teucrium scorodonia. Brunella vulgaris. Antirrhinum spurium. Inula pulicaria. Scabiosa caucasica. Daucus carota. Cistus guttatus. Agrimonia eupatoria.* etc.].

VELUES, *villosa.* — [*Clinopodium vulgare. Valantia cruciata. Pæonia villosa. Epilobium hirsutum.* etc.].

SOYEUSES, *sericea.* — [*Protea argentea. Aster sericeus. Micropus supinus. Potentilla anserina. Alchimilla alpina.* etc.].

LAINEUSES, *lanata.* — [*Stachys lanata, - germanica. Verbascum thapsus.* etc.].

TOMENTEUSES, cotonneuses, *tomentosa.* — [*Sideritis candicans. Onopordum acanthium. Geranium rotundifolium. Lavatera arborea.* etc.].

FLOCONNEUSES, *floccosa.* — Couvertes de poils mêlés qui se détachent en petits flocons. — [*Verbascum floccosum, - pulverulentum. Solanum marginatum.* etc.].

HISPIDES, *hispida*, *hirta*, *hirsuta*, *strigosa*. — [*Galeopsis tetrahit. Pulmonaria officinalis. Borrago officinalis. Lycopsis arvensis. Echium vulgare. Leontodon hispidum. Chærophyllum temulum.* etc.].

SPINELLEUSES, *spinellosæ*, *echinatæ*. — [*Helminthia echioïdes.* etc.].

Coloration.

VERTES, *viridia*. — [La plupart des feuilles.].

COLORÉES, *colorata*. — D'une autre couleur que le vert. — [*Dracæna terminalis. Atriplex hortensis rubra.* etc.].

GLAUQUES, *glauca*. — [*Chlora perfoliata. Brassica oleracea. Silene armeria. Stellaria holostea. Arenaria rubra. Sedum dasyphyllum. Rosa glauca.* etc.].

TACHETÉES, *maculata*. — [*Orchis mascula*, - *maculata. Polygonum persicaria. Pulmonaria officinalis. Hieracium murorum. Aucuba japonica.* etc.].

PANACHÉES, *variegata*. — [*Amaranthus tricolor. Carduus marianus.* etc.]

RAYÉES, *fasciata*. — [*Phalaris arundinacea picta.* etc.].

DISCOLORES, *discoloria*. — Ayant chaque face d'une couleur différente. — [*Lemna polyrrhiza. Tradescantia discolor. Kæmpferia longa. Antirrhinum cymballaria. Senecio discolor. Cineraria cruenta. Oxalis purpurea.* etc.].

ZONÉES, *zonata*. — Ayant des bandes colorées disposées concentriquement — [*Geranium zonale.* etc.].

Pétiolation.

SUBSESSILES, presque sessiles, *subsessilia*. — Le pétiole est très-court. — [*Asclepias amæna. Lonicera periclymenum. Anona triloba. Epilobium angustifolium. Buxus sempervirens.* etc.].

PÉTIOLÉES, *petiolata* [Pl. 21, fig, 21, 22, etc.]. — Ayant un pétiole. — [*Pyrus. Hydrocotyle vulgaris*, et la plupart des plantes.].

PÉTIOLE, *Petiolus*. — Partie inférieure de la Feuille qui se resserre, et prend la forme d'un support.

SIMPLE, *simplex*. — Sans division et sans articulation. — [*Pyrus.* etc.].

COMPOSÉ, *compositus* [Pl. 25, fig. 1, 3.]. — Divisé en pétioles particuliers, lesquels portent des folioles. — [*Epimedium alpinum. Gleditsia.* etc.].

ARTICULÉ, *articulatus* [Pl. 25, fig. 3.]. — Offrant à son point d'attache ou à ses divisions un bourrelet, ou un étranglement, ou un changement de direction, de couleur ou de substance, enfin une marque quelconque qui le fait paraître comme s'il était formé de pièces soudées les unes à la suite des autres. — [*Robinia pseudo-acacia. Gleditsia.* etc.].

INARTICULÉ, *inarticulatus.* — Sans articulation. — [Ombellifères. etc.].

COMMUN, primaire, *communis, primarius* [Pl. 24, fig. 8. — Pl. 25, fig. 1, 3.]. — Commun à plusieurs folioles ou à plusieurs pétioles secondaires. — [*Gleditsia. Cassia occidentalis. Phaseolus.* etc.].

SECONDAIRE, *secundarius.* — Division immédiate du pétiole primaire.

PARTIEL OU PROPRE, *partialis, proprius* (Pétiolule, *Petiolulus.*). — Pétiole particulier de chaque foliole.

DICHOTÔME, *dichotomus.* — Divisé et subdivisé en pétioles secondaires, tertiaires, etc., par bifurcations.

TRICHOTÔME, *trichotomus* [Pl. 25, fig. 1.]. — Divisé et subdivisé en pétioles secondaires, tertiaires, etc., par trifurcations. — [*Epimedium alpinum.* etc.].

OBS. Si les Pétioles secondaires, tertiaires, partiels, sont munis à leur base de petites stipules ou Stipelles, *Stipellæ*, on les dit STIPELLÉS, *stipellati.*

CIRRIFÈRE, *cirriferus* [Pl. 29, fig. 2.]. — Portant des vrilles. — [*Smilax horrida.* etc.].

CIRRIFORME, *cirriformis* [Pl. 27, fig. 12.]. — Se contournant en vrille. — [*Clematis orientalis. Fumaria capræolata.* etc.].

STIPULIFÈRE, *stipuliferus.* — [*Rosa. Ononis. Mespilus germanica. Oxalis corniculata.* etc.].

GLANDULIFÈRE, *glanduliferus.* — [*Viburnum. opulus. Prunus.* etc.].

MARGINÉ, ailé, *marginatus, alatus* [Pl. 27, fig. 8, 13.]. — Garni latéralement d'expansions foliacées, plus ou moins larges. — [*Pisum ochrus. Citrus aurantium. Rhus copalinum*, etc.].

ENGAÎNANT, *vaginans* [Pl. 1, fig. 4. — Pl. 27, fig. 7.]. — Formant une gaîne autour de la tige ou de la hampe. — [Cypéracées. Graminées. *Musa. Canna.* Beaucoup d'Ombellifères. etc.].

CONVOLUTÉ, *convolutus.* — Quand le pétiole a la forme d'une lame roulée en gaîne autour de la tige. — [Graminées. etc.].

TUBULÉ, *tubulatus.* — Quand le pétiole forme un tube continu qui sert de gaîne à la tige. — [Cypéracées.].

OBS. Dans les Graminées la gaîne est garnie intérieurement à l'endroit ou elle s'unit avec la lame de la Feuille, d'un petit appendice lamellaire ou Ligule, *Ligula*, *Stipula* [Pl. 27, fig. 7c.]. Cette Ligule est ENTIÈRE, *integra*, dans le *Poa pratensis*; FENDUE, *fissa*, dans *Phleum crinitum*; LACÉRÉE, *lacera*, dans le *Milium lentigerum*; CILIÉE, *ciliata*, dans le *Holcus lanatus*; TRONQUÉE, *truncata*, dans l'*Avena fatua*; ACUMINÉE, *acuminata*, dans le *Phalaris paradoxa*, etc.

ENFLÉ, *inflatus* [Pl. 27, fig. 6.]. — Creux et renflé. — [*Trapa natans.* etc.].

LOCULEUX, *loculosus.* — Creux et partagé par des diaphragmes [*Eryngium corniculatum.* etc.].

SPINESCENT, *spinescens.* — Se terminant en épine. — [*Robinia halodendron*, - *spinosa. Astragalus tragacantha.* etc.].

OBS. Il convient encore de faire attention à la forme du Pétiole, CYLINDRIQUE, CLAVIFORME, CANALICULÉ, COMPRIMÉ, DÉPRIMÉ, etc.; à sa longueur absolue, et à sa longueur par rapport à la lame de la Feuille, etc.

PELTÉES, *peltata* [Pl. 8, fig. 6. — Pl. 21, fig. 21.]. — La lame de la feuille est attachée au pétiole, non par son bord, mais par sa surface inférieure. — [*Tropæolum majus. Hydrocotyle vulgaris. Nelumbo.* etc.].

Durée.

FUGACES, caduques, *fugacia, caduca.* — Tombant très-peu de temps après leur apparition. — [*Cactus opuntia*, - *cylindricus*, - *pereskia.* etc.].

ANNUELLES, *decidua, annua.* — Tombant en automne. — [*Daphne mezereum. Lonicera periclymenum. Pyrus. AEsculus.* etc.].

PERSISTANTES, *persistentia, sempervirentia, perennia.* — Se maintenant sur le végétal plus d'une année révolue. — [*Daphne laureola. Vinca major*, - *minor. Andromeda polifolia. Arbutus uva ursi. Vaccinium vitis idæa*, - *oxyccocus. Hedera helix. Pinus. Taxus.* etc.].

Disposition dans le Bouton.

RÉVOLUTÉES, *revoluta* [Pl. 20, fig. 9, 18.] — Les deux bords des feuilles sont roulés en dehors. — [Polygonées, ex. *Polygonum persicaria. Carduus. Tussilago.* etc.].

INVOLUTÉES, *involuta* [Pl. 20, fig. 8, 16, 17.]. — Les deux bords sont roulés en-dedans. — [*Lonicera caprifolium. Viola. Pyrus. Populus. Nelumbo nucifera.* etc.].

CONVOLUTÉES, *convoluta* [Pl. 1, fig. 4A*a*. — Pl. 20, fig. 7, 15.]. — Les feuilles sont roulées sur elles-mêmes de telle sorte que l'un de leurs bords représente un axe autour duquel le reste du limbe décrit une spirale. — [Beaucoup de Graminées. Musacées. Drymyrhizées. *Aster. Solidago. Berberis.* etc.].

CIRCINÉES, *circinata, circinalia* [Pl. 20, fig. 6.] — Roulées en crosse ou en volute du sommet vers la base. — [Fougères, ex. *Aspidium filix mas.* etc.].

CONDUPLIQUÉES, *conduplicata* [Pl. 20, fig. 10.]. — Lorsque des feuilles pliées dans leur longueur sont placées les unes à côté des autres. — [*Tilia. Rosa. Prunus cerasus. Cercis. Corylus. Quercus.* etc.].

ÉQUITANTES, *equitantia* [Pl. 20, fig. 11, 19, 26.] — Une feuille pliée dans sa longueur reçoit dans son pli une autre feuille pliée de la même manière — [*Carex. Poa. Hemerocallis. Iris.* etc.].

MUTUELLEMENT ÉQUITANTES, *se invicem equitantia* (*Obvoluta* Lin.) [Pl. 20, fig. 13.].—Une feuille pliée dans sa longueur reçoit dans son pli la moitié d'une autre feuille pliée de la même manière. — [*Salvia. Marrubium. Saponaria. Lychnis.* etc.].

EN REGARD, *se invicem spectantia* (*imbricata* Lin.) [Pl. 20, fig. 12.] — Des feuilles opposées et un peu pliées dans leur longueur se touchent par leurs bords. — [*Syringa. Ligustrum.* etc.].

PLISSÉES, *plicata* [Pl. 20, fig. 4, 14.]. — Plissées à petits plis dans leur longueur comme un éventail fermé.— [Palmiers. *Viburnum opulus. Acer. Vitis. Althæa. Cratægus. Betula alnus.* etc.].

INFLÉCHIES, *inflexa* (*reclinata* Lin.) [Pl. 20, fig. 1, 5.]. — Pliées de haut en bas. — [*Cyclamen. Aconitum. Anemone hepatica, - pulsatilla. Liriodendrum tulipifera.* etc.].

Disposition pendant le Sommeil.

* *Feuilles simples.*

CONNIVENTES, *conniventia.* — Opposées, redressées, appliquées contre la tige par leur face supérieure. — [*Atriplex hortensis.* etc.].

ENVELOPPANTES, *includentia.* — Alternes et appliquées contre la tige. — [*Sida abutilon.* etc.].

ENTOURANTES, *circumsepientia.* — Roulées en cornet et environnant les jeunes pousses. — [*Malva peruviana.* etc.].

ABRITANTES, *munientia.* — Abaissées vers la terre et formant un abri au-dessus des fleurs inférieures.—[*Impatiens noli tangere.* etc.].

** *Folioles des Feuilles composées.*

DRESSÉES, *conduplicantia.* — Opposées et dressées de manière qu'elles s'appliquent l'une contre l'autre par leur face supérieure. — [*Colutea.* etc.].

EN BERCEAU, *involventia.* — Les folioles d'une feuille trifoliolée se courbent l'une vers l'autre de telle façon qu'elles se touchent seulement par leur sommet, et forment un berceau qui cache les fleurs. — [*Lotus ornithopodioïdes.* etc.].

DIVERGENTES, *divergentia.* — Les folioles d'une feuille trifoliolée, redressées et rapprochées par leur base, s'écartent l'une de l'autre par le sommet. — [*Melilotus.* etc.].

PENDANTES, *dependentia.* — Les folioles s'abaissent au-dessous de leur pétiole et dirigent leur sommet vers la terre. — [*Oxalis. Robinia pseudo-acacia. Cassia marylandica.* etc.].

RETOURNÉES, *invertentia.* — Faisant un demi-tour de conversion sur elles-mêmes, de sorte que la face supérieure prend la place de la face inférieure et réciproquement — [*Cassia.* etc.].

IMBRIQUANTES, *imbricantia.* — Dirigeant leur sommet vers le sommet de la feuille, et s'appliquant contre le pétiole en se recouvrant les unes les autres. — [*Mimosa pudica.* etc.].

REBROUSSÉES, *retrorsa.* — Dirigeant leur sommet vers la base de la feuille. — [*Galega caribæa.* etc.].

OBS. Les mots employés par Linné pour exprimer le Sommeil des plantes, ne peignent que très-imparfaitement les phénomènes; mais comme l'application en est fort rare dans les descriptions, on peut les remplacer par des périphrases.

STIPULES, *Stipulæ.*

Petites expansions foliacées qui accompagnent les Feuilles. *Voy.* pag. 158.

Attache.

CAULINAIRES, *caulinares.* — Attachées sur la tige. — [Rubiacées. Malvacées. *Lathyrus aphaca. Passiflora glauca. Betula alnus,* etc.].

Obs. Les Stipules étant des appendices des feuilles ont avec elles plus ou moins d'adhérence. Lorsque cette adhérence n'a lieu que par un point à peine sensible, et qu'au contraire il existe une union très-apparente entre les Stipules et la tige, on regarde ces appendices comme appartenant à la tige et on leur donne le nom de CAULINAIRES. — Lorsque l'attache est à-la-fois très-marquée sur la tige et sur le pétiole, on peut dire les Stipules AMBIGUËS, ex. Polygonées, *Lotus siliquosus,* etc.

AMPLEXICAULES, *amplexicaules.* — Embrassant la tige. — [*Cardamine impatiens. Morus. Ficus.* etc.].

ENGAINANTES, *vaginantes, tubulosæ.* — Formant gaîne autour de la tige. — [Polygonées. *Alchimilla vulgaris. Hedysarum vaginale. Platanus.* etc.].

HYPOCRATÉRIFORMES, *hypocrateriformes.* — Formant un tube terminé par un limbe élargi et plane. — [*Polygonum orientale. Platanus.* etc.]

INFERAXILLAIRES, *inferaxillares.* — Attachées sur la tige au-dessous des feuilles. — [*Berberis, Ribes grossularia.* etc.].

INTERMÉDIAIRES, *intermediæ.* — Naissant sur la tige entre des feuilles opposées. — [*Coffea. Gardenia florida.* etc.].

Obs. Ces Stipules dans les Rubiacées forment verticille avec les feuilles, et semblent n'être que des feuilles avortées.

LATÉRALES, *laterales.* — Placées sur la tige des deux côtés à la base du pétiole. — [*Tilia*. Beaucoup de Légumineuses. *Betula alnus*. etc.].

PÉTIOLAIRES, *petiolares*. — Attachées sur le pétiole. — [*Rosa*. *Mespilus*. *Ononis*. etc.].

MARGINALES, *marginales* (*petiolo adnatæ*). — [Pl. 27, fig. 18.]. Attachées le long des côtés du pétiole. — [*Rosa canina*. *Piper nigrum*. *Nymphæa*. etc.].

Obs. Par opposition on dit les Stipules DÉTACHÉES, *solutæ*, lorsqu'elles ne tiennent au pétiole que par leur base.

ANTÉRIEURES, *anteriores*, *intrafoliaceæ*. — Soudées par leur base seulement à la partie antérieure du pétiole, libres dans leur partie supérieure, et formant ainsi une lame placée entre la tige et le pétiole. — [*Melianthus*. *Trifolium pratense*. *Illecebrum verticillatum*. *Arenaria rubra*. etc.].

PÉTIOLULAIRES, *petiolulares*. [Pl. 24, fig. 3, 4, 14.]. — Si, appartenant à des feuilles composées, elles naissent à la base des folioles sur les pétiolules. M. Decandolle leur donne le nom de Stipelles, *Stipellæ*. — [*Dolichos*. etc.].

Nombre.

SOLITAIRES, *solitariæ*. — Quand chaque feuille est accompagnée d'une seule stipule. — [*Ruscus*. *Berberis*. etc.].

Obs. La Stipule du *Ruscus* paraît n'être qu'une feuille avortée, et la feuille un rameau transformé.

GÉMINÉES, *geminæ*. — Quand chaque feuille est accompagnée de deux stipules. — [Presque toutes les plantes stipulées sont pourvues de deux stipules.].

Connection.

DISTINCTES, *distinctæ*. — Séparées l'une de l'autre dans toute leur longueur. — [Presque toutes].

CONJOINTES, *connatæ*. — Soudées l'une à l'autre. — [*Melianthus*. *Humulus*. etc.].

Nature.

FOLIACÉES, *foliaceæ*. — De la couleur et de la consistance des feuilles. — [*Agrimonia eupatoria. Lathyrus aphaca. Lotus corniculatus.* etc.].

MEMBRANACÉES, *membranaceæ.* — [*Polygonum amphibium. Herniaria glabra. Corrigiola. Magnolia. Ficus.* etc.].

SCARIEUSES, *scariosæ.* — Minces, sèches, demi-transparentes. — [*Polygonum aviculare. Illecebrum verticillatum. Geranium cicutarium. Potentilla fruticosa.* etc.].

SPINESCENTES, *spinescentes* [Pl. 27, fig. 14, 16.]. — Devenant des épines ou des aiguillons. — [*Berberis vulgaris. Ribes grossularia. Robinia pseudo-acacia. Zizyphus vulgaris,* etc.].

TRÈS-PETITES, *minutæ.* — [*Gleditsia triacanthos, -sinensis. Ceratonia siliqua.* etc.].

Figure.

ARRONDIES, *subrotundæ.* — [*Spiræa ulmaria.* etc.].

OVALES, *ovales* [Pl. 20, fig. 2.]. — [*Geranium cicutarium. Liriodendrum tulipifera. Trifolium pratense. Lotus corniculatus. Astragalus glycyphyllos.* etc.].

SEMI-OVALES, *semi-ovales.* — [*Trifolium procumbens. Medicago sativa. Passiflora cærulea.* etc.].

SUBCORDIFORMES, *subcordiformes, subcordatæ.* — [*Geranium inquinans. Lotus tetragonolobus.* etc.].

OBLIQUEMENT CORDIFORMES, *obliquè-cordatæ.* — [*Pisum sativum.* etc.].

SEMI-CORDIFORMES, *semi-cordiformes.* — [*Mespilus pyracantha.* etc.].

REINAIRES, *renariæ.* — [*Salix capræa.* etc.].

SEMI-LUNÉES, en croissant, *lunatæ, semi-lunatæ.* — [*Agrimonia eupatoria. Mespilus oxyacantha, -linearis, -crus-galli.* etc.].

SAGITTÉES, *sagittatæ.* — [*Galega officinalis.* etc.].

SEMI-SAGITTÉES, *semi-sagittatæ.* — [*Vicia cracca, -sativa. Lathyrus odoratus, -annuus, -sylvestris. Orobus vernus.* etc.].

LANCÉOLÉES, *lanceolatæ.* — [*Viola odorata. Hippocrepis comosa. Podaliria australis.* etc.]

LINÉAIRES, *lineares*. — [*Malus communis. Pyrus communis. Trifolium arvense.* etc.].

SUBULÉES, *subulatæ*. — [*Rubus idæus. Lathyrus nissolia. Cassia marylandica, -occidentalis. Cytisus laburnum. Amorpha fruticosa.* etc.].

SÉTACÉES, *setaceæ*. — [*Populus tremula.* etc.].

Bord et Incisions.

ENTIÈRES, *integræ* [Pl. 20, fig. 2.]. — *Polygonum amphibium. Liriodendrum tulipifera. Lathyrus aphaca. Trifolium procumbens.* etc.].

DENTÉES, *dentatæ*. — [*Mespilus oxyacantha. Medicago polymorpha. Pisum sativum. Vicia sativa, -narbonensis.* etc.].

PENNATIFIDES, *pinnatifidæ*. — [*Viola tricolor, -grandiflora, -calcarata.* etc.].

LACINIÉES, *laciniatæ*. — [*Medicago orbicularis, -intertexta, -coronata.* etc.].

LACÉRÉES, *laceræ*. — [*Illecebrum verticillatum. Arenaria rubra.* etc.].

CILIÉES, *ciliatæ* — [*Polygonum persicaria. Cardamine impatiens. Trifolium procumbens.* etc.].

Durée.

FUGACES, *fugaces*. — Tombant avant les feuilles. — [*Tilia. Gleditsia. Ceratonia siliqua. Ficus carica.* etc.].

CADUQUES, *caducæ, deciduæ*. — Tombant avec les feuilles. C'est le cas le plus commun.

PERSISTANTES, *persistentes*. — Se soutenant après la chûte des feuilles. [*Coccoloba pubescens.* etc.].

OBS. Les Stipules étant des organes foliacés donnent lieu aux-mêmes considérations que les feuilles.

GLANDES, *Glandulæ.*

Organes particuliers de sécrétion. *Voy.* pag. 171.

MILIAIRES, *miliares* [Pl. 14, fig. 1, 2, 3, 4, 6.]. — Visibles au microscope. — [Feuilles des Graminées, du *Larix*, du *Pinus*. Presque toutes les parties des plantes exposées à l'air.].

VÉSICULAIRES, *vesiculares*. — [Feuilles, calices, corolles, pistils, fruits, cotylédons de la plupart des Aurantiacées. etc.].

GLOBULAIRES, *globulares* [Pl. 14, fig. 5 *a*.]. — [Anthères du *Leonurus*. etc.].

UTRICULAIRES, *utriculares*. — [*Mesembryanthemum crystallinum*. etc.].

PAPILLAIRES, *papillares*. — [*Satureia hortensis. Horminum pyrenaïcum*. etc.].

CYATHIFORMES, *cyathiformes* [Pl. 14, fig. 7, 11, 15.]. — Pétiole de l'*Amygdalus persica*, du *Prunus cerasus*, du *Ricinus*, etc.].

SESSILES, *sessiles*. — [*Mimosa julibrissin*. etc.].

PÉDICELLÉES, *pedicellatæ* [Pl, 14, fig. 7, 11, 15.]. — [*Rosa. Amygdalus. Croton penicillatum*. etc.].

OBS. En considérant la position des Glandes on les dit aussi CAULINAIRES, PÉTIOLAIRES, FLORALES, etc. On a des exemples de Glandes PÉTIOLAIRES dans le *Virburnum opulus*, le *Cassia*, le *Ricinus*, le *Passiflora*. On a des exemples de Glandes FOLIAIRES, dans le *Pinguicula*, le *Drosera*, le *Tamarix*, l'*Amygdalus*, le *Cucurbita*, etc. Le *Prunus armeniaca*, le *Bauhinia*, etc., ont des Glandes STIPULAIRES.

Les Glandes florales sont dites ÉPISÉPALES, lorsqu'elles naissent sur les sépales, ex. *Malpighia*; ÉPIPÉTALES, lorsqu'elles naissent sur les pétales, ex. *Delphinium*, *Berberis*; ÉPISTAMINALES, lorsqu'elles naissent sur les étamines, ex. *Geranium*, *Dictamnus albus*.

Les Glandes florales prennent pour la plupart le nom de NECTAIRE. Voyez ce mot.

POILS, *Pili.*

Filamens très-déliés qui naissent de la superficie de diverses parties du végétal. *Voy.* pag. 171.

SIMPLES, *simplices* [Pl. 14, fig. 9, 12, 18.]. — Sans ramifications. — [*Borrago. Lychnis chalcedonica. Urtica dioïca.* etc.].

SUBULÉS, *subulati* [Pl. 14, fig. 18.]. — [*Borrago laxiflora.* etc.].

CAPITÉS, *capitati* [Pl. 14, fig. 7, 17.]. — Renflés en tête à leur sommet. — [*Dictamnus albus. Croton penicillatum.* etc.].

CLAVIFORMES, *claviformes* [Pl. 14, fig. 17.]. — Renflés en massue de la base au sommet. — *Dictamnus albus.* etc.].

ARTICULÉS, *articulati* [Pl. 14, fig. 9.]. — Coupés de distance en distance par des lignes annulaires qui indiquent des cloisons ou diaphragmes intérieurs. — [*Brunella ovata. Lychnis Chalcedonica.* etc.].

MONILIFORMES, *moniliformes.* — Articulés et resserrés aux articulations. — [*Mirabilis jalapa.* etc.].

MUCRONÉS, *mucronati* [Pl. 14, fig. 17.]. — Surmontés d'une très-petite pointe grèle. — [*Dictamnus albus.* etc.].

BIFURQUÉS, *bifurcati* [Pl. 14, fig. 14.]. — Terminés en fourche à deux dents. — [*Thrincia hispida.* etc.].

TRIFURQUÉS, *trifurcati* [Pl. 14, fig. 14.]. — Terminés en fourche à trois dents. — *Thrincia hispida.* etc.].

RAMEUX, *ramosi* [Pl. 14, fig. 4.]. — *Lavandula spica. Turritis verna.* etc.].

ÉTOILÉS, *stellati* [Pl. 14, fig. 8.]. — Produisant des rameaux simples qui partent en divergeant d'un centre commun. — [*Cistus polifolius. Althæa officinalis. Croton penicillatum.* etc.].

ASPERGILLIFORMES, en goupillon, *aspergilliformes* [Pl. 14, fig. 13.]. — Produisant des rameaux simples disposés autour d'un axe commun. — [*Marrubium peregrinum.* etc.].

BI-ACUMINÉS, *bi-acuminati* [Pl. 14, fig. 10, 16. — Pl. 25, fig. 16.]. — A deux branches opposées par leur base de manière qu'ils paraissent fixés par le milieu. — [*Malpighia. Humulus lupulus.* etc.].

PONCTUÉS, *punctati* [Pl. 14, fig. 5 *b.* 9.]. — [*Brunella ovata. Salvia nemorosa. Lychnis chalcedonica.* etc].

GLANDULIFÈRES, *glanduliferi* [Pl. 14, fig 11.]. — Portant une glande à leur sommet. — [*Rosa maxima.* etc.].

OBS. Les Poils GLANDULIFÈRES se confondent avec les Glandes PÉDICELLÉES.

PERFORÉS, *perforati.* — Percés à leur sommet. — [*Urtica dioïca.* etc.].

BASILÉS, *basilati* [Pl. 14, fig. 10, 12.]. — Élevés sur des mamelons celluleux. — [*Humulus lupulus. Urtica dioïca.* etc.].

SESSILES, *sessiles* [Pl. 14, fig. 16.]. — Partant d'une surface plane. — [*Malpighia.* etc].

CUPULIFÈRES, *cupuliferi* [Pl. 14, fig. 7, 11.] — Terminés par une glande en forme de godet. — [*Rosa maxima. Croton penicillatum.* etc.].

ARACHNOÏDES, *arachnoïdei.* — Allongés et liés ensemble comme une toile d'araignée. — [*Onopordum arabicum. Sempervivum arachnoïdeum.* etc.].

FLOCONNEUX, *floccosi.* — Rassemblés en petits flocons. — [*Verbascum floccosum. Solanum marginatum.* etc.].

SÉRIÉS, *sériales.* — Disposés en série longitudinale. — [Poils caulinaires de l'*Anagallis arvensis*, du *Veronica chamædrys.* etc.].

OBS. Voyez pour les autres caractères des Poils ce qui est dit de la surface au mot PLANTE.

Les Poils et les Glandes se confondent par des nuances insensibles.

PIQUANS, *Arma.*

Excroissances ligneuses et acérées, se développant sur différentes parties du végétal. *Voy.* pag. 175.

On comprend sous le titre de Piquans, les Épines et les Aiguillons.

ÉPINES, *Spinæ.* — Piquans qui adhèrent au tissu interne du végétal. *Voyez* pag. 175.

CAULINAIRES, *caulinæ* [Pl. 1, fig. 2, 5, 7. — Pl. 25, fig. 3.]. — Qui naissent sur la tige. — [*Cactus. Gleditsia monosperma*, -*ferox*, etc.].

TERMINALES, *terminales.* — Qui se développent à la place des boutons à l'extrémité des branches et des rameaux. — [*Elæagnus. Prunus spinosa.* etc.].

FOLIAIRES, *foliares* [Pl. 22, fig. 5.]. — Qui naissent sur les feuilles [*Solanum melongena. Carduus marianus.* etc.].

PÉTIOLAIRES, *petiolares* [Pl. 19, fig. 3.]. — Qui naissent sur les pétioles. — [*Chamærops humilis.* etc.].

AXILLAIRES, *axillares.* — Qui naissent dans l'angle supérieur que forment les feuilles avec la tige ou les rameaux. — [*Citrus medica. Cactus pereskia. Celastrus multiflorus*, Lam. etc.].

INFERAXILLAIRES, *inferaxillares* [Pl. 27, fig. 14.]. — Placées au-dessous du point d'attache de la feuille ou du rameau. — [*Ribes grossularia.* etc.].

SUPERAXILLAIRES, *superaxillares* [Pl. 25, fig. 3.]. — Naissant plus haut que l'angle supérieur que forment les feuilles avec la tige ou les rameaux. — [*Gleditsia triacanthos*, - *monosperma.* etc.].

INVOLUCRALES, *involucrales.* — Naissant sur l'involucre. — [*Carduus marianus. Centaurea benedicta*, - *solsticialis.* etc.].

PÉRICARPIALES, *pericarpiales.* — Sur le péricarpe. — [*Allamanda cathartica.* etc.].

STIPULÉENNES, *stipuleanæ* [Pl. 27, fig. 14.]. — Naissant auprès des feuilles et représentant des stipules. — [*Berberis. Ribes grossularia.* etc.].

PÉTIOLÉENNES, *petioleanæ.* — Qui doivent leur origine à des pétioles transformés. — [*Mimosa verticillata.* etc.].

FOLIOLÉENNES, *foliolcanæ* [Pl. 19, fig. 3.]. — [*Chamærops humilis.* etc.].

RAMÉENNES. *rameanæ.* — Qui doivent leur origine à des rameaux transformés. — [*Elæagnus angustifolia. Prunus spinosa.* etc.].

HAMEÇONNÉES, *hamosæ.* — Ayant au sommet une pointe rebroussée comme celle d'un hameçon. — [*Cactus spinosissimus.* etc.].

ACICULAIRES, *aciculares* — Grèles, allongées, pointues comme des épingles. — [*Cactus coccinellifer.* etc.[.

SUBULÉES, en alène, *subulatæ* [Pl. 27, fig. 14.]. — [*Berberis vulgaris. Ribes grossularia.* etc.

SIMPLES, *simplices.* — Indivisées. — [*Cactus. Celastrus.* etc.].

RAMEUSES, *ramosæ* [Pl. 25, fig. 3.]. — [*Gleditsia horrida, - macrocanthos, - monosperma.* etc.].

BIPARTIES, *bipartitæ.* — Divisées en deux.

TRIPARTIES, *tripartitæ* [Pl. 27, fig. 14. — Pl. 36, fig. 4 *a*.]. — *Molucella lævis. Berberis vulgaris. Ribes grossularia.* etc.].

MULTIPARTIES, *multipartitæ.* — Divisées jusqu'à la base en plusieurs piquans. — [*Centaurea sicula, - solsticialis.* etc.].

PENNATIFIDES, *pinnatifidæ.* — Produisant des piquans disposés sur deux côtés opposés. — [*Centaurea benedicta.* etc.].

SOLITAIRES, *solitariæ.* — Isolées les unes des autres. — [*Euphorbia cucumerina.* etc.].

FASCICULÉES, *fasciculatæ* [Pl. 1, fig. 2, 5, 7.]. — Partant plusieurs ensemble du même point. — [*Cactus cylindricus, - heptagonus, - peruvianus*, etc.].

AIGUILLONS, *Aculei.* — Piquans qui n'adhèrent qu'à la partie superficielle du végétal. *Voy.* pag. 175.

CAULINAIRES, *caulinares.* — Naissant sur la tige. — [*Rosa. Rubus.* etc.].

STIPULÉENS, *stipuleani* [Pl. 27, fig. 16 *a. b.*]. — [*Paliurus aculeatus.* etc.]

RECTILIGNES, *rectilinei, recti.* — [*Rosa spinosissima.* etc.].

COURBÉS, *curvi* [Pl. 27, fig. 16 *b.*]. — [*Rosa muscosa, - rubiginosa. Mimosa cineraria. Paliurus aculeatus.* etc.].

INFLÉCHIS, *inflexi.* — Courbés et dirigeant leur pointe vers la partie supérieure de la tige ou de la branche. — [*Rosa muscosa. Mimosa cineraria.* etc.].

RÉFLÉCHIS, *reflexi.* — Courbés et dirigeant leur pointe vers la partie inférieure de la tige ou de la branche. — [*Rubus fruticosus. Rosa rubiginosa, - canina.* etc.].

SUBULÉS, *subulati.* — [*Rosa villosa. Robinia pseudo-acacia.* etc.].

SÉTACÉS, *setacei.* — Très-grèles comme des soies. — [*Rosa spinosissima.* etc.].

CONIQUES, *conici.* — [*Zanthoxylum clava-herculis.* etc.].

OBS. Il n'y a pas de limite bien certaine entre les Épines et les Aiguillons. Il n'y en a pas davantage entre les Aiguillons et les Poils. Les nuances infinies qui dans tout le Règne végétal unissent les différens organes, contrarient sans cesse la rigueur de nos définitions. C'est ce qu'il faut bien entendre pour n'être pas la dupe des livres.

VRILLE ou CIRRE, *Cirrus.*

On nomme Vrilles des filets simples ou rameux qui se roulent en spirale, et au moyen desquels plusieurs plantes faibles grimpent sur les corps voisins. *Voy.* p. 128.

AXILLAIRE, *axillaris* [Pl. 27, fig. 11.]. — Naissant dans l'aisselle des feuilles. — [*Passiflora.* etc.].

OPPOSITIFOLIÉE, *oppositifolius* [Pl. 27, fig. 15.]. — Quand elle naît du point diamétralement opposé à celui d'où part la feuille. — [*Vitis.* etc.].

PÉTIOLÉENNE, *petioleanus* [Pl. 27, fig. 4.]. — Quand elle résulte de la métamorphose d'un pétiole. — [*Fumaria vesicaria. Pisum sativum. Lathyrus latifolius.* etc.].

STIPULÉENNE, *stipuleanus* [Pl. 29, fig. 2.]. — Quand elle résulte de la métamorphose d'une stipule. — [*Smilax horrida, - herbacea.* etc.].

PÉDONCULÉENNE, *peduncul eanus* [Pl. 27, fig. 15.]. — Quand elle résulte de la métamorphose d'un pédoncule. — [*Vitis.* etc.].

SIMPLE, *simplex* [Pl. 27, fig. 11.]. — Quand elle n'offre qu'un seul filet indivisé. — [*Lathyrus aphaca. Vicia lathyroïdes. Momordica balsamita. Bryonia officinalis. Passiflora cærulea.* etc.].

BIFIDE, *bifidus* [Pl. 27, fig. 15.]. — Se divisant en deux branches. — [*Vitis. Lathyrus palustris. Ervum tetraspermum.* etc.].

TRIFIDE, *trifidus.* — [*Bignonia unguis cati.* etc.].

MULTIFIDE, *multifidus, ramosus.* — [*Cobea scandens. Vicia cracca.* etc.].

III.

LES PLANTES

CONSIDÉRÉES SOUS LE RAPPORT DES ORGANES DE LA REPRODUCTION.

FLEUR, *Flos*.

Partie passagère du végétal par laquelle s'opère la féconda-tion. Elle consiste essentielle-ment dans les organes sexuels. *Voy*. pag. 217.

Disposition. Voyez INFLORESCENCE.

Composition.

COMPLÈTE, *completus* [Pl. 35, fig. 5.— Pl. 36, fig. 5.— Pl. 39, fig. 2, 6. — Pl. 42, fig. 9. — Pl. 43, fig. 1.]. — Réunissant les organes des deux sexes et un périanthe double, c'est-à-dire, une ou plusieurs étamines, un ou plusieurs pistils, un calice et une corolle. — [*Syringa*. *Cheiranthus*. *Viola*. *Dianthus*. *Rosa*. etc.].

INCOMPLÈTE, *incompletus* [Pl. 68, fig. IX. — Pl. 33, fig. 8.— Pl. 35, fig. 1, 3.]. — Lorsqu'il lui manque une, deux ou trois des quatre parties qui constituent une fleur complète. — [*Lilium*. *Ixia*. *Grevillea*. *Platanus*. *Saururus*. etc.].

Sexe.

UNISEXUELLE, *unisexualis* [Pl. 32, fig. 4 A B. — Pl. 69, XIX *b*, *d*. — Pl. 71, XXI.] — Si elle ne porte que les organes de l'un ou de l'autre sexe, des étamines ou bien des pistils. — [*Humulus lupulus. Cannabis.* etc.].

MALE, *masculus* [Pl. 69, XIX *d.*— Pl. 71, XXII *a.*].— Indiquée par ce signe ♂. Elle ne porte que les organes mâles, les étamines. — [*Cannabis. Ricinus. Platanus Pinus. Cupressus.* etc.].

FEMELLE, *fœmineus* [Pl. 69, XIX *b.* — Pl. 71, XXII *b.*].— Indiquée par ce signe ♀. Elle ne porte que les organes femelles, les pistils. — [*Cannabis. Ricinus. Platanus. Pinus. Cupressus.* etc.].

HERMAPHRODITE, *hermaproditus* [Pl. 33, fig. 8.]. — Indiquée par ce signe ☿. Elle porte les deux sexes. — [*Lilium. Dianthus. Saururus.* etc.].

NEUTRE, *neuter.* — Indiquée par ce signe o-o ; les organes sexuels ont disparu par suite d'avortement ou de monstruosité. — [*Viburnum opulus sterilis. Hortensia.* etc.].

Nombre d'Etamines.

MONANDRE, *monander* [Pl. 32, fig. 5 C. — Pl. 35, fig. 11. — N'ayant qu'une étamine. Les fleurs monandres sont très-peu nombreuses. — [*Hippuris.* Drymyrhizées. *Salicornia. Valeriana rubra. Artocarpus.* etc.].

DIANDRE, *diander* [Pl. 37, fig. 2. — Pl. 70, II A.]. — Ayant deux étamines. Les fleurs diandres sont plus nombreuses que les fleurs monandres. — [*Jasminum, Syringa, Olea,* et autres Jasminées. *Veronica. Utricularia. Valeriana cornucopiæ.* etc.].

TRIANDRE, *triander* [Pl. 32, fig. 1 F... fig. 6 B... fig. 7. — Pl. 35, fig. 3.]. — Ayant trois étamines. Ces fleurs sont en plus grand nombre que les fleurs diandres. — [*Scirpus, Cyperus, Eriophorum,* et beaucoup d'autres Cypéracées. *Triticum, Secale, Avena,* et beaucoup d'autres Graminées. *Iris, Gladiolus, Ixia,* et autres Iridées. etc.].

TÉTRANDRE, *tetrander* [Pl. 70, IV.].— Il y a plus de fleurs tétrandres que de triandres. — [Plantaginées. Labiées. *Galium, Rubia,* et beaucoup d'autres Rubiacées. etc.].

PENTANDRE, *pentander* [Pl. 70, V.]. — Les plantes à fleurs pentandres sont les plus nombreuses de toutes. — [Solanées. Borraginées. Convolvulacées. Polémoniacées. Apocinées. Ombellifères. Synanthérées. etc.].

HEXANDRE, *hexander* [Pl. 70, VI.]. — Il y a beaucoup de fleurs à six étamines. — [Palmiers. Asparaginées. Liliacées. Asphodélées. Narcissées. Crucifères. etc.].

HEPTANDRE, *heptander* [Pl. 32, fig. 8.] — Il y a très-peu de fleurs à sept étamines.—[*Saururus. Trientalis. Œsculus hippocastanum.* etc.].

OCTANDRE, *octander* [Pl. 70, VIII.]. — Les fleurs à huit étamines sont en assez grand nombre. — [*Polygonum fagopyrum. Erica. Acer. Epilobium. Fuchsia.* etc.].

ENNÉANDRE, *enneander* [Pl. 70, IX.]. — Il y a très-peu de fleurs à neuf étamines. — [*Butomus. Laurus. Rheum rhapunticum.* etc.].

DÉCANDRE, *decander* [Pl. 39, fig. 6 A B. — Pl. 70, X.]. — Il y a beaucoup de fleurs à dix étamines. — [*Kalmia. Ruta. Dictamnus. Silene, Dianthus,* et beaucoup d'autres Caryophyllées. *Sophora, Cercis, Cassia,* et beaucoup d'autres Légumineuses, etc.].

OBS. Après dix, le nombre des étamines n'a plus rien de fixe. On ne connaît pas de Fleurs à onze étamines.

DODÉCANDRE, *dodecander* [Pl. 70, XI.]. — Ayant douze étamines ou plus, mais moins de vingt. Il y a très-peu de fleurs à douze étamines. — [*Azarum. Halesia. Reseda. Sempervivum. Lythrum salicaria.* etc.].

ICOSANDRE, *icosander* [Pl. 70, XII.]. — Ayant vingt étamines ou plus insérées sur le calice. — [*Ranunculus, Anemone,* et autres Renonculacées. *Hypericum. Papaver. Liriodendrum.* etc.].

POLYANDRE, *polyander* [Pl. 71, XIII.]. — Ayant vingt étamines ou plus, qui ne sont point insérées sur le calice. — [*Ranunculus, Anemone,* et autres Renonculacées. *Hypericum. Papaver. Liriodendrum.* etc.].

OBS. L'ICOSANDRIE et la POLYANDRIE se confondent si l'on n'a égard qu'au nombre des étamines ; mais Linné, qui a introduit ces mots caractéristiques, veut que, pour qu'une Fleur soit ICOSANDRE, ses étamines soient attachées sur la paroi du calice, et que, pour qu'elle soit POLYANDRE, ses étamines soient attachées au fond du calice sous l'ovaire.

Le nombre des étamines se compte toujours par le nombres des anthères.

GYNANDRE, *gynander* [Pl. 34, fig. 3 B. — Pl. 71, xx.]. — Les étamines sont attachées au pistil. — [Orchidées. Aristoloches. etc.].

Nombre de Pistils.

MONOGYNE, *monogynus* [Pl. 35, fig. 1 A B. — Pl. 39, fig. 1 C E... fig. 5]. — Elle n'a qu'un pistil. — [*Lilium. Salvia.* Crucifères. *Cleome.* etc.].

DIGYNE, *digynus.* — Elle a deux pistils.

TRIGYNE, *trigynus* [Pl. 47, fig. 7.]. — [*Delphinium elatum.* etc.].

TÉTRAGYNE, *tetragynus.* — [*Potamogeton.* etc.].

PENTAGYNE, *pentagynus* — [*Coriaria.* etc.].

POLYGYNE, *polygynus* [Pl. 41, fig. 10 B. — Pl. 49, fig. 2. — [*Ranunculus. Anemone. Thalictrum. Adonis.* etc.].

Obs. Lors même qu'une Fleur n'a qu'un pistil on la dit, suivant Linné, DIGYNE, TRIGYNE, TÉTRAGYNE, etc., si elle a deux, trois, quatre styles, etc.

Multiplication.

DOUBLE, *multiplicatus.* — Pour qu'une fleur soit double, il faut que si la corolle est polypétale, le nombre des pétales soit augmenté, et que si elle est monopétale, il y ait deux ou trois corolles l'une dans l'autre. Les étamines de cette fleur ne disparaissent pas en totalité, et par conséquent elle ne cesse point d'être féconde. Il en est du périanthe simple comme de la corolle. Les fleuristes nomment ces fleurs SEMI-DOUBLES. — [*Hyacinthus orientalis flore duplicato. Datura fastuosa. Ranunculus asiaticus flore duplicato.* etc.].

PLEINE, *plenus.* — Les corolles ou les pétales sont plus multipliés que dans la fleur double ; les étamines ont totalement disparu et la fleur est inféconde. Les fleuristes nomment ces fleurs des fleurs DOUBLES. — [*Ranunculus asiaticus flore pleno.* etc.].

Obs. On désigne aussi par le nom de Fleurs DOUBLES ou PLEINES, les Synanthérées radiées, lorsque tous les fleurons se transforment en demi-fleurons, ou les demi-fleurons en fleurons. Mais ici la dénomination est impropre ; les corolles ne font que changer de forme sans se multiplier. — [*Aster chinensis, Bellis perennis, Helianthus multiflorus, Tagetes erecta*, à fleurs doubles, etc.].

PROLIFÈRE, *prolifer*. — Lorsqu'il naît du centre de la fleur une fleur nouvelle ou un bourgeon feuillé. Ce phénomène a lieu quelquefois dans l'*Anemone*, le *Dianthus*, le *Rosa*, etc.

Enveloppes.

GLUMÉE, *glumatus* [Pl. 32, fig. 1, 3, 6, 7.]. — Les organes sexuels sont accompagnés de glumes. — [*Scirpus. Triticum. Secale.* etc.].

BRACTÉÉE, *bracteatus* [Pl. 28, fig. 5. — Pl. 71. XXI *a b*.]. — Accompagnée de bractées. — [*Origanum. Convolvulus sepium.* etc.].

SPATHÉES, *spathati* [Pl. 1, fig. 1, *a b*. — Pl. 28, fig. 10 A. — Pl. 33, fig. 2 A.]. — Accompagnées de spathe. — [*Arum maculatum. Calla. Palmæ. Narcissus. Artocarpus.* etc.].

INVOLUCRÉES, *involucrati* [Pl. 28, fig 1 *a*.]. — Munies d'un involucre. — [*Ammi majus. Daucus carota. Anemone.* etc.].

CUPULÉES, *cupulati* [Pl. 33, fig. 3 C B... fig. 5 A B C. — Pl. 55, fig. 1B.]. — Munies d'une cupule. — [Conifères. Corylacées. etc.].

PÉRIANTHÉE, *periantheus* [Pl. 55, fig. 1, 2, 3, 4. etc.]. — Munie d'un périanthe simple ou double. — [Liliacées. Joncées. Labiées. Borraginées. Crucifères. Caryophyllées. etc.].

NUES, *nudi*. [Pl. 28, fig. 10 B *b d*. — Pl. 32, fig. 8. — Pl. 33, fig. 2.]. — Dépourvues de périanthe. — [*Arum maculatum. Pandanus. Nayas* ♀. *Saururus. Fraxinus excelsior.* etc.].

COROLLÉE ou pétalée, *corollatus*, *petalodes* [Pl. 35, fig. 2, 4, 5.]. — Ayant une corolle, et par conséquent un calice. — [Primulacées. Borraginées. Caryophyllées. etc.].

APÉTALÉE, *apetalatus* [Pl. 35, fig. 1, 3.]. — N'ayant pas de corolle. — [Liliacées. Joncées. Iridées. Polygonées. etc.].

Époque de la Floraison.

PRINTANIÈRE, *vernalis*, *vernus*. — [*Primula veris. Draba verna*, etc.].

ESTIVALE, *estivalis*. — Qui fleurit dans le cours de l'été. — [La plupart des fleurs.].

AUTOMNALE, *autumnalis*. — Qui fleurit en automne. — [*Crocus serotinus. Colchicum autumnale.* etc.].

HIBERNALE, *hibernalis, hibernus.* — [*Galanthus nivalis. Helleborus hyemalis, - niger.* etc.].

PRÉCOCE, *precox.* — Qui, comparativement à d'autres plantes, fleurit de bonne heure. — [*Daphne mezereum. Cornus mascula.* etc.].

TARDIVE, *serotinus.* — Qui, comparativement à d'autres plantes, fleurit tard. — [*Anthemis grandiflora.* etc.].

Veille et Sommeil des Fleurs.

MÉTÉORIQUES, *meteorici.* — Soumises à l'influence atmosphérique qui avance ou retarde l'heure où elles s'ouvrent et se referment. — [*Calendula pluvialis. Sonchus sibiricus. Oxalis versicolor.* etc.].

ÉQUINOXIALES, *equinoxiales.* — Qui s'ouvrent et se ferment à des heures fixes. — [*Voy.* Horloge de Flore, page 293.].

ÉPHÉMÈRES, *ephemeri.* — Qui ne restent que quelques heures ouvertes, tombent ensuite, ou se ferment pour ne plus s'ouvrir. — [*Convolvulus purpureus. Cactus grandiflorus. Cistus.* etc.].

PÉRIODIQUES, *periodici.* — S'ouvrant et se refermant plusieurs jours de suite. — [*Ornitogalum umbellatum. Mesembryanthemum.* etc.].

DIURNES, *diurni.* — Qui s'ouvrent et se ferment pendant le jour. — [*Anagallis arvensis. Calendula arvensis. Cistus.* etc.].

MATINALES, *matutini.* — Qui s'ouvrent le matin. — [*Cichorium intybus. Leontodon taraxacum. Nymphæa alba.* etc.].

MÉRIDIENNES, *meridiani.* — Qui s'ouvrent vers le milieu du jour. [*Mesembryanthemum crystallinum, - nodiflorum.* etc.].

NOCTURNES, *nocturni.* — Qui restent ouvertes pendant la nuit, et se ferment pendant le jour. — [*Mirabilis jalapa. Geranium triste. Silene noctiflora.* etc.].

OBS. Voyez pour les autres caractères de la Fleur l'article INFLORESCENCE.

PISTIL, *Pistillum.*

Organe femelle de la plante. *Voy.* pag. 223.

Il comprend l'Ovaire, le Style et le Stigmate.

OVAIRE, *Ovarium.* — Partie inférieure du Pistil qui contient les Ovules. *Voy.* pag. 226.

Nombre.

UNIQUE, *unicum* [Pl. 30, fig. 1. — Pl. 39, fig. 1, 5, 6 C.]. — [*Convolvulus.* Crucifères. Papavéracées. Aurantiacées. *Amygdalus persica.* etc.].

MULTIPLE, *multiplex* [Pl. 30, fig. 3, 12, 18. — Pl. 41, fig. 10 B. — Pl. 43, fig. 4 B *e*.]. — Quand il y en a plusieurs dans la fleur. [Labiées. *Myosotis.* Renonculacées. *Fragaria.* etc.].

Adhérence avec le Périanthe.

INADHÉRENT, libre, *calici seu perianthio inadherens, liberum* [Pl. 39, fig. 1, 5, 6 B C.]. — L'ovaire n'a aucune adhérence avec le périanthe simple ou le calice, et n'est attaché à la fleur que par la base. De là l'expression d'Ovaire SUPÉRIEUR, *Ovarium superum.*— [*Lilium.* Labiées. Crucifères. Papavéracées. Renonculacées. *Saxifraga stellaris, - umbrosa. Amygdalus persica.* Légumineuses. etc.].

SEMI-ADHÉRENT, *semi-adherens* [Pl. 47, fig. 5 A.]. — Lorsque l'ovaire fait corps avec le périanthe par sa partie inférieure et est libre par sa partie supérieure. — [*Samolus valerandi. Saxifraga oppositifolia, - granulata, - hypnoïdes.* etc.].

ADHÉRENT, *adherens* [Pl. 30, fig. 9. — Pl. 37, fig. 8 A B. — Pl. 43, fig. 7 D.]. — Lorsque l'ovaire enveloppé par le périanthe et faisant corps avec lui, est surmonté de son limbe, en sorte qu'il semble être inférieur. De là l'expression d'Ovaire INFÉRIEUR, *Ovarium inferum.*—[Narcissées. Iridées. Rubiacées. Caprifoliacées. Ombellifères. *Eucalyptus. Saxifraga tridactylites. Pyrus. Cucumis.* etc.].

Position.

EXHAUSSÉ, *sublatum* [Pl. 30, fig. 24. — Pl. 35, fig. 1 B *b*. — Pl. 39, fig. 5, 6 C.]. — Lorsqu'il est placé sur un gynophore ou aminci en podogyne. — [*Grevillea. Cleome. Sterculia. Helicteres. Anona. Silene,* et la plupart des autres Caryophyllées. *Colutea,* et beaucoup d'autres Légumineuses.].

SESSILE, *sessile* [Pl. 32, fig. 8.]. — Fixé sans gynophore ni podogyne. — [*Lilium. Prunus. Saururus.* etc.].

Structure interne.

UNILOCULAIRE, *uniloculare* [Pl. 47, fig. 6 B. — Pl. 49, fig. 5 B.]. — Lorsque la cavité intérieure de l'ovaire n'étant partagée par aucune cloison, ne présente qu'une seule loge. — [*Anagallis. Dianthus. Amygdalus. Juglans.* etc.].

BILOCULAIRE, *biloculare* [Pl. 47, fig. 4 B. — Pl. 51, fig 2 B... fig. 4 B. — Pl. 52, fig. 6 B C.]. — Lorsque la cavité est divisée en deux loges par une cloison générale [*Cheiranthus.* etc.], ou par deux cloisons partielles [*Syringa. Ruellia.* etc.].

TRILOCULAIRE, *triloculare* [Pl. 46, fig. 3 B... fig. 4 B... fig. 5 B C.]. — A trois loges. — [*Lilium. Tulipa. Convolvulus. Euphorbia.* etc.].

QUADRILOCULAIRE, *quadriloculare.* etc.

PLURILOCULAIRE, *pluriloculare.* — [*Lilium. Rhododendrum.* etc.].

MULTILOCULAIRE, *multiloculare* [Pl. 48, fig. 4. — Pl. 53, fig. 5 B.]. — [*Citrus medica. Cassia fistula.* etc.].

OBS. Les deux dernières épithètes sont employées lorsqu'on ne veut pas désigner le nombre des loges. PLURILOCULAIRE est opposé à UNILOCULAIRE, et ne s'emploie que lorsque le nombre des loges est peu considérable. MULTILOCULAIRE indique que les loges sont nombreuses. Cependant le mot MULTILOCULAIRE est souvent employé par les auteurs comme synonyme de PLURILOCULAIRE.

Outre le nombre des loges, il est essentiel d'observer le nombre des ovules et leur position qui ne sont pas toujours les mêmes dans l'ovaire que dans le fruit, par suite des avortemens qui ont lieu pendant la maturation du fruit. *Voy.* FRUIT.

ENTR'OUVERT, *hiulcum.* — Entr'ouvert à son sommet pendant la floraison. — [*Parnassia. Reseda. Datisca.* etc.].

Forme. Voyez à l'article FRUIT.

Stylation.

MONOSTYLE, *monostylum* [Pl. 30, fig. 1, 3. — Pl. 43, fig 4 C... fig. 5 C.]. — Lorsque l'ovaire ne porte qu'un seul style. — [*Convolvulus. Cynoglossum. Hypericum chinense. Fuchsia. Prunus. Rosa.* etc.].

DISTYLE, *distylum* [Pl. 37, fig. 7 A. — Pl. 39, fig. 8 A.]. — [*Apium. Dianthus. Saponaria. Gypsophila.* etc.].

TRISTYLE, *tristylum* [Pl. 30, fig. 10. — Pl. 39, fig. 6 B C.]. — [*Rumex scutatus, - acetosa. Hypericum perforatum. Silene. Cucubalus. Arenaria.* etc.].

TÉTRASTYLE, *tetrastylum.* — [*Petiveria. Spinacia. Tetragonia. Cercodea.* etc.].

PENTASTYLE, *pentastylum* [Pl. 37, fig. 5 D. — Pl. 39, fig. 9 C.] — [*Statice armeria. Lychnis. Agrostemma. Cerastium. Spergula. Linum.* etc.].

POLYSTYLE, *polystylum.* — [*Phytolacca. Illicium.* etc.].

ACÉPHALE, *acephalum* [Pl. 30, fig. 8 A B. — Pl. 52, fig. 4, 5.]. — Ne portant point le style. — [Labiées. Ochnacées. etc.].

STYLE, *Stylus.* — Support particulier du Stigmate. *Voy.* pag. 229.

Nombre.

UNIQUE, *unicus* [Pl. 30, fig. 1, 3, 15, 18, 24.]. — Lorsqu'il n'y a qu'un style pour un ou plusieurs ovaires. — Il y a un ovaire et un style dans le *Lilium*, le *Centaurea* et autres Synanthérées, le *Citrus*, le *Robinia* et autres Légumineuses. Il y a un style pour plusieurs ovaires dans le *Salvia* et autres Labiées, le *Borrago* et quelques autres Borraginées, le *Vinca* et autres Apocinées. etc.].

MULTIPLE, *multiplex.* — Lorsqu'il y a plusieurs styles sur un seul ovaire. — [*Phytolacca.* etc.].

NUL, *nullus* [Pl. 39, fig. 1, 5.]. — Alors le stigmate est dit sessile. — [*Pæonia. Crambe tatarica. Cleome pentaphylla.* etc.].

Situation.

TERMINAL, *terminalis* [Pl. 30, fig. 1.]. — Situé au sommet géométrique de l'ovaire, qui devient ainsi le sommet organique. — [*Tulipa* et autres Liliacées. *Vinca* et autres Apocinées. *Cheiranthus* et autres Crucifères. etc.].

LATÉRAL, *lateralis* [Pl. 41, fig. 9 C. — Pl. 43, fig. 5 C.]. — Lorsque le sommet organique se trouve situé latéralement eu égard à la masse de l'ovaire. — [*Daphne. Passerina*, et autres Thymélées. *Alchimilla, Rubus, Fragaria*, et autres Rosacées. *Anacardium.* etc.].

BASILAIRE, *basilaris* [Pl. 33, fig. 5 B *b*.]. — Lorsque le sommet se confond avec la base, et est, par conséquent, situé à l'opposite du sommet géométrique. — [*Artocarpus incisa. Hirtella peruviana.* etc.].

RÉCEPTACULAIRE, *receptaculare* [Pl. 35, fig. 4.]. — Lorsque le style, au lieu de s'attacher sur l'ovaire, s'attache sur un réceptacle plane. — [*Borrago officinalis. Anchusa. Symphytum.* etc.].

GYNOPHORIEN, *gynophorianus* [Pl. 30, fig. 18 AB.]. — Lorsque le style prend naissance sur un réceptacle saillant, c'est-à-dire, sur un gynophore. — [*Scutellaria. Gomphia.* etc.].

Proportion.

TRÈS-LONG, *longissimus.* — Relativement à l'ovaire. — [*Zea mays. Tamarindus.* etc.].

TRÈS-COURT, *brevissimus.* — Relativement à l'ovaire. — *Azarum. Aristolochia.* etc.].

INCLUS, *inclusus*, *non exsertus* [Pl. 36, fig 2. — Pl. 70, II, 1.]. — Ne se montrant pas au-dessus de l'orifice du périanthe. — [*Narcissus. Verbena. Syringa. Phlox.* etc.].

SAILLANT, *exsertus* [Pl. 35, fig. 5 A... fig. 11. — Pl. 36, fig. 5, 10 A... fig. 14.]. — S'élevant au-dessus de l'orifice du périanthe et de ses divisions. — [*Salvia bicolor. Valeriana rubra. Fuchsia.* etc.].

Forme.

CYLINDRIQUE, *cylindricus*, *teres* [Pl. 30, fig. 3.]. — *Cynoglossum linifolium. Monotropa.* etc.].

FILIFORME, *filiformis*. — [*Halesia tetraptera. Ervum tetraspermum.* etc.].

CAPILLAIRE, *capillaris*. — [*Cucubalus bacciferus.* etc.].

SUBULÉ, *subulatus*. — Grèle et s'amincissant de la base au sommet, qui se termine en pointe. — [*Allium album.* etc.].

TRIGONE, *trigonus*. — [*Lilium bulbiferum*, - *croceum. Ornitogalum luteum. Pisum.* etc.].

ENSIFORME, *ensiformis*. — [*Canna.* etc.].

CLAVIFORME, en massue, *claviformis*, *clavatus*. — [*Leucoium æstivum. Cucullaria excelsa.* etc.].

CONIQUE, *conicus*. — [*Lecythis.* etc.].

TURBINÉ, *turbinatus* [Pl. 30, fig. 17.]. — [*Viola rothomagensis.* etc.].

TUBULEUX, *tubulosus*. — Allongé et perforé dans toute sa longueur. — [*Lilium.* etc.].

INFUNDIBULIFORME, *infundibuliformis* [Pl. 34, fig. 1 A *e*.]. — [*Hura crepitans.* etc.].

PÉTALIFORME, *petaliformis*. — Mince et coloré comme les pétales. — [*Iris.* etc.].

Surface.

GLABRE, *glaber*. [*Lilium.* etc.].

VELU, *villosus* [Pl. 36, fig. 3.]. — [*Statice armeria. Echium vulgare*, - *australe.* etc.].

BARBU, *barbatus*. — [*Salvia formosa.* etc.].

Direction.

VERTICAL, *verticalis* [Pl. 30, fig. 15 A.]. — Relativement à l'ovaire. — [*Lilium. Nicotiana. Datura arborea. Vinca rosea.* etc.].

RECTILIGNE, *rectilineus*, *rectus* [Pl. 30, fig. 1, 15.]. — N'ayant aucune flexion ni courbure. — [*Lilium. Nicotiana. Convolvulus inflatus. Vinca rosea.* etc.].

ARQUÉ, *arcuatus* [Pl. 30, fig. 18 A. — Pl. 35, fig. 1.]. — Décrivant un arc dans une direction quelconque. — [*Amaryllis. Pisum. Phaseolus.* etc.].

ASCENDANT, *ascendens* [Pl. 30, fig. 18 A.—Pl. 36, fig. 5, 7 B... fig. 13.]. — Lorsque dans une fleur irrégulière le style s'écarte de l'axe pour se porter vers la partie supérieure. — [*Salvia. Phlomis. Lamium. Scutellaria alpina. Teucrium.* etc.].

DÉCLINÉ, *declinatus* [Pl. 30, fig. 13. — Pl. 39, fig. 4. — Pl. 70, fig. VII.]. — Lorsque dans une fleur irrégulière le style s'abaisse vers la partie inférieure. — [*Hemerocallis fulva. Amaryllis. AEsculus hippocastanum. Cleome ornitopodioïdes. Dictamnus albus.* etc.].

SPIRALÉ, *spiralis.* — Roulé en spirale ou en hélice. — [*Glycine.* etc.].

INFLÉCHI, courbé en dedans, *inflexus, incurvus* [Pl. 35, fig. 1 A.].— Courbé plus ou moins vers le centre de la fleur. — [*Grevillea. Ervum tetraspermum.* etc.].

RÉFLÉCHI, courbé en dehors, *reflexus* [Pl. 30, fig. 10.]. — S'éloignant plus ou moins par sa courbure du centre de la fleur. — [*Iris. Rheum. Rumex scutatus. Nigella.* etc.].

GÉNICULÉ, coudé, *geniculatus.* — Plié brusquement dans sa longueur, de manière à former un angle plus ou moins aigu. — [*Geum urbanum.* etc.].

Division.

SIMPLE, *simplex* [Pl. 30, fig. 8, 15, 18.]. — Lorsqu'il ne présente aucune division. — [*Allium cepa. Mirabilis jalapa. Vinca.* etc.].

FENDU, *fissus.* — Divisé longitudinalement à sa partie supérieure.

BIFIDE, *bifidus.* — [*Salicornia.*].

TRIFIDE, *trifidus* [Pl. 35, fig. 3.]. — [*Gladiolus communis. Ixia chinensis. Iris.* etc.].

QUINQUÉFIDE, *quinquefidus* [Pl. 41, fig. 5 A.]. — [*Hibiscus.* etc.].

MULTIFIDE, *multifidus.* — [*Lavatera. Malva.* etc.].

PARTAGÉ, *partitus.* — Il y a partage lorsque la séparation se prolonge au-delà de la moitié du style.

BIPARTI, *bipartitus.* — [*Lineum. Casuarina.* etc.].

TRIPARTI, *tripartitus*. etc.

DICHOTOME, *dichotomus*. — Lorsque le style étant fourchu, les deux branches de la fourche se subdivisent elles-mêmes en deux. — [*Cordia*. *Varronia*. etc.].

Durée.

CADUC, *caducus*. — Lorsque le style se détruit après la fécondation en sorte qu'on n'en retrouve plus de vestige sur l'ovaire changé en fruit. — [*Scilla*. *Prunus*. *Amygdalus*. etc.].

PERSISTANT, *persistens*. [Pl. 49, fig. 3, 5 A B.]. — Lorsqu'il ne tombe pas après la fécondation. — [*Ornitogalum*. *Anagallis*. *Anemone pulsatilla*. *Geranium*. Crucifères. *Buxus*. etc.].

ACCRESCENT, *accrescens* [Pl. 49, fig. 3.]. — Persistant et prenant de l'accroissement. — [*Anemone pulsatilla*. *Clematis*. *Geum*. etc.].

STIGMATE, *Stigma*. — Sommet du Pistil ordinairement glandulaire qui reçoit la la Poussière fécondante. *Voy*. pag. 231.

Nombre.

UNIQUE, *unicum* [Pl. 39, fig. 1, 2, 5.]. — Lorsque le Pistil n'a qu'un stigmate. — [*Primula*. *Raphanus*. *Cleome*. etc.].

DOUBLE, *duplex* [Pl. 30, fig. 1. — Pl. 32, fig. 1 B C.]. — Le Pistil à deux stigmates. — [*Tripsacum*. *Triticum*. *Convolvulus sepium*. *Dianthus*. etc.].

TRIPLE, *triplex* [Pl. 30, fig. 10. — Pl. 35, fig. 3.]. — [*Iris*. *Gladiolus*. *Ixia*. *Crocus*. *Rheum*. *Rumex*. *Silene*. etc.].

QUINTUPLE, *quintuplex* [Pl. 30, fig. 27. — Pl. 41, fig. 5 A.]. — [*Hibiscus*. *Campanula aurea*. etc.].

SEXTUPLE, *sextuplex*. — [*Aristolochia clematitis*. etc.].

MULTIPLE, *multiplex* [Pl. 42, fig. 9 A.]. — Quand il y a plus de cinq styles. — [*Empetrum*. *Nigella hispanica*. *Lavatera*. *Malva*. etc.].

OBS. Le nombre des Stigmates mérite une attention particulière ; il sert dans le Système de Linné pour la détermination des ordres lorsqu'il n'y a pas de style.

On dit un Pistil, un Ovaire, un Style, MONOSTIGMATE, DISTIGMATE, TRISTIGMATE, etc., pour désigner qu'il porte un, deux, trois, quatre, etc., Stigmates.

Situation.

LATÉRAL, *laterale* [Pl. 30, fig. 21, 24. — Pl. 33, fig. 1 B. — Pl. 39, fig. 6 B *d*.]. — Il est placé sur le côté du style quand ce support existe, ou de l'ovaire quand le style manque. — [*Scheuchzeria. Sparganium natans. Verbena glomerata.* Renonculacées. Caryophyllées. *Platanus.* etc.].

TERMINAL, *terminale* [Pl. 30, fig. 8, 15.]. — Placé absolument à l'extrémité du style. — [*Lilium. Tulipa. Mirabilis jalapa. Vinca.* etc.].

ADVERSE, *adversum* [Pl. 30, fig. 9.]. — Tourné vers la circonférence de la fleur, de manière qu'il regarde les étamines ou la place qu'elles ont coutume d'occuper. — [Cucurbitacées. etc.].

INVERSE, *inversum* [Pl. 42, fig. 1 B.]. — Lorsqu'il y a plusieurs stigmates dans une fleur, et que chacun d'eux regarde le centre. — [Renonculacées. *Saxifraga.* etc.].

ANTÉRIEUR, *anterior*. — Quand dans une fleur irrégulière le stigmate regarde la partie antérieure du périanthe. — [Orchidées. etc.].

SESSILE, *sessile* [Pl. 39, fig. 1 C E... fig. 5. — Pl. 42, fig. 5 A.]. — [*Cleome. Parnassia.* etc.].

Substance.

CHARNU, *carnosum*. — Lorsqu'il est épais, ferme et succulent. — [*Lilium.* etc.].

PÉTALIFORME, *petaliforme*. — Ayant l'aspect d'un pétale. — [*Iris.* etc.].

Forme.

GLOBULEUX, *globosum* [Pl. 41, fig. 5 A *d* B *c*.]. — [*Mirabilis jalapa. Primula. Hottonia. Linnæa. Limosella.* etc.].

CAPITÉ, en tête, *capitatum* [Pl. 34, fig. 7 A *f*.]. — Épais, plus ou moins arrondi. — [*Musa. Atropa belladona. Ipomea. Vinca. Clusia.* etc.].

HÉMISPHÉRIQUE, *hemisphæricum* [Pl. 30, fig. 4 A.]. — *Hyoscyamus aureus. Tournefortia mutabilis. Hibiscus syriacus.* etc.].

CONIQUE, *conicum* [Pl. 30, fig. 5.]. — [*Heliotropium.* etc.].

OVOÏDE, *ovoïdeum.* — [*Genipa.* etc.].

CLAVIFORME, en massue, *clavatum*, *claviforme.* — [*Jasione montana. Cinchona. Epilobium tetragonum.* etc.].

SAGITTÉ, *sagittatum.* — [*Thalictrum elatum.* etc.].

LINÉAIRE, *lineare* [Pl. 30, fig. 27.]. — *Sparganium erectum. Campanula. Dianthus. Silene.* etc.].

SUBULÉ, *subulatum* [Pl. 32, fig. 1.]. — [*Hippuris vulgaris. Tripsacum dactyloïdes. Fagus castanea.* etc.].

FILIFORME, capillaire, *filiforme*, *capillare* [Pl. 32, fig. 2 A B C.]. — [*Zea mays. Casuarina.* etc.].

ANGULEUX, *angulosum.* — [*Muntingia.* etc.].

TRIGONE, *trigonum*, *triquetrum.* — [*Tulipa sylvestris. Albuca major. Peganum.* etc.].

TÉTRAGONE, *tetragonum.* — [*Ludwigia.* etc.].

PENTAGONE, *pentagonum.* etc.

DILATÉ, *dilatatum* [Pl. 30, fig. 10. — Pl. 34, fig. 1 A *f*.]. — S'élargissant en lame du centre à la circonférence. — [*Rumex scutatus. Orobanche minor. Hura crepitans.* etc.].

ORBICULAIRE, *orbiculare.* — Le pourtour est arrondi, le sommet est plane. — [*Berberis. Lythrum salicaria.* etc.].

PELTÉ, en bouclier, *peltatum.* — Lorsqu'il présente une large surface, et qu'il est fixé sur l'ovaire ou le style par son centre. — [*Sibthorpia europæa. Arbutus unedo. Pyrola minor. Stapelia. Sarracenia. Monotropa hypopithys* etc.].

RAYONNANT, *radiatum* [Pl. 47, fig. 3.]. — Formant des rayons sur une base élargie en bouclier. — [*Papaver somniferum*, *- rhœas. Nymphæa.* etc.].

ÉTOILÉ, *stellatum* [Pl. 41, fig. 4 *d.*]. — Découpé en lobes disposés en étoile. — [*Azarum. Pyrola uniflora. Garcinia.* etc.].

OMBILIQUÉ, *umbilicatum* [Pl. 34, fig. 1 A *f*.]. — Offrant à son centre une dépression plus ou moins marquée. — [*Hura crepitans*. etc.].

INFUNDIBULIFORME, infundibulé, en entonnoir, *infundibuliforme*. — [*Kæmpferia longa*. etc.].

PERFORÉ, *perforatum* [Pl. 30, fig. 17 *a*.]. — Percé à son centre. — [*Lilium*. *Viola rothomagensis*. etc.].

PLISSÉ, *plicatum* [Pl. 30, fig. 6 *a*.]. — [*Menyanthes nymphoïdes*. *Podophyllum*. etc.].

Sommet.

UNCINÉ, en crochet, en hameçon, *uncinatum*, *hamosum* [Pl. 30, fig. 21, 24.]. — Recourbé à son extrémité à la manière d'un hameçon. — [*Verbena glomerata*. *Colutea*. etc.].

AIGU, *acutum*. — [*Leucoïum æstivum*. *Salix viminalis*. etc.].

OBTUS, *obtusum* [Pl. 39, fig. 1 C E.]. — [*Allium ampeloprasum*. *Tulipa sylvestris*. *Physalis alkekengi*. *Andromeda*. *Brassica*. *Crambe tatarica*. etc.].

TRONQUÉ, *truncatum*. — Se terminant brusquement comme s'il avait été tronqué. — [*Maranta*. etc.].

ÉMARGINÉ, échancré, *emarginatum*. — Ayant une échancrure à son sommet. — [*Butomus umbellatus*. *Lathræa squamaria*. *Jasione montana*. *Cheiranthus cheiri*. *Lindernia*. *Circæa*. etc.].

SEMI-LUNÉ, en croissant, *semilunatum*, *lunatum*, *lunulatum* [Pl. 30, fig. 14 *d*.] — [*Fumaria lutea*. etc.].

Bord.

DENTÉ, *dentatum* [Pl. 34, fig. 1 A C.]. — [*Hura crepitans*. etc.].

DENTICULÉ, *denticulatum* [Pl. 30, fig. 13 *c*.]. — [*Fumaria sempervirens*. etc.].

CRÉNELÉ, *crenatum*, *crenulatum*. — Ayant des échancrures arrondies. — [*Crocus sativus*. *Pyrola*. etc.].

CILIÉ, *ciliatum* [Pl. 30, fig. 10 *b*. — Pl. 43, fig. 6 *d*.]. — Garni à son contour de fines lanières ou de poils. — [*Rumex scutatus*. *Sanguisorba media*. etc.].

Division.

SIMPLE, *simplex.* — Indivisé. — [*Pedicularis palustris. Borrago officinalis. Valeriana rubra.* etc.].

DIVISÉ, *divisum.* — Divisé en parties plus ou moins profondes.

LACINIÉ, *laciniatum* [Pl. 32, fig. 4 A *b*.]. — Divisé en lanières. — [*Xylophylla.* etc.].

BIFIDE, *bifidum* [Pl. 30, fig. 18. — Pl. 36, fig. 3, 5, 7, 14. — Pl. 38, fig. 1.]. — Fendù en deux lanières étroites. — [*Salvia* et la plupart des Labiées. Synanthérées. *Bixa. Salix alba.* etc.].

TRIFIDE, *trifidum* [Pl. 39, fig. 11.]. — [*Narcissus. Phlox. Polemonium. Cneorum.* etc.].

QUADRIFIDE, *quadrifidum* [Pl. 30, fig. 5.]. — [*Plumbago. Heliotropium europæum.* etc.].

MULTIFIDE, *multifidum.* — [*Crocus multifidus. Turnera. Acalypha*, etc.].

BILOBÉ, *bilobum*, *bilobatum* [Pl. 30, fig. 7.]. — Divisé en deux parts d'une longueur où d'une épaisseur notable. — [*Chelidonium glaucium. Scrophularia sambucifolia.* etc.].

TRILOBÉ, *trilobum* [Pl. 30, fig. 26.]. — [*Lilium. Tulipa. Asphodelus fistulosus. Campanula.* etc.].

QUADRILOBÉ, *quadrilobum* [Pl. 42, fig. 5 A... fig. 12.]. — [*Parnassia. Penæa. Epilobium spicatum.* etc.].

QUINQUÉLOBÉ, *quinquelobum.* — [*Pyrola uniflora. Cheiranthus sinuatus.* etc.].

OBS. Les mots BIFIDE et BILOBÉ, TRIFIDE et TRILOBÉ, etc., quand il s'agit du Stigmate, sont souvent employés indifféremment l'un pour l'autre.

Il est quelquefois impossible de décider avec certitude si un pistil a plusieurs Stigmates, ou s'il n'en a qu'un FENDU ou LOBÉ. Aussi voyons-nous que les auteurs, même les plus sévères dans l'emploi de la langue technique, ne sont pas toujours d'accord sur le choix des mots qui expriment ces modifications. Dans le doute, on peut se servir du mot PARTAGÉ, *partitum*. De là BIPARTI, TRIPARTI, etc.

La distinction du Stigmate et du Style est aussi fort difficile dans bien des cas, parce qu'ils se confondent, sur-tout lorsque le Stigmate est LATÉRAL. Aussi dit-on indifféremment que dans le *Colutea*, le Style ou le Stigmate est UNCINÉ, etc. Sans doute l'observation conduira un jour à marquer d'une manière précise la limite des deux organes.

BILAMELLÉ, *bilamellatum*. — Composé de deux lames. — [*Martynia. Mimulus. Gratiola. Iris.* etc.].

ENGAÎNANT, *vaginans*. — Une des deux lames embrasse l'autre. [*Sideritis.* etc.].

Appendices.

MUNI D'UN ANNEAU DE POILS, *annulo villoso instructum* [Pl. 38, fig. 4, C *c*.]. — [*Lobelia.* etc.].

D'UN ANNEAU GLANDULEUX, *annulo glanduloso instructum* [Pl. 30, fig. 4 A *a* B *a*.]. — [*Tournefortia mutabilis.* etc.].

D'UN REBORD MEMBRANEUX, *limbo membranaceo instructum* [Pl. 30, fig. 15.]. — [*Vinca rosea.* etc.].

D'UNE URCÉOLE MEMBRANEUSE, *urceolo membranaceo instructum* [Pl. 30, fig. 22.]. — [*Scævola.* etc.].

Direction.

DRESSÉ, *erectum* [Pl. 37, fig. 5 D *c*.]. — Lorsque étant d'une longueur notable, sa direction est la même que celle de l'axe de la fleur. — [*Statice armeria.* etc.].

OBLIQUE, *obliquum*. — Lorsque sa direction s'écarte de celle de l'axe de la fleur. — [*Actæa.* etc.].

TORS, *tortum* [Pl. 42, fig. 9 *a*.]. — Contourné en tire-bourre ou en colonne torse. — [*Nigella hispanica. Begonia.* etc.].

INFLÉCHI, *inflexum*. — Courbé en dedans. — [*Maranta. Goodenia.* etc.].

RÉVOLUTÉ, roulé en dehors, *reflexum*, *recurvum* [Pl. 32, fig 8 *e*.]. — Roulé sur lui-même vers la circonférence de la fleur. — [*Sau-*

rurus. Plusieurs *Campanula*. *Acer pseudo-platanus*. *Epilobium spicatum*. etc.].

Superficie.

GLABRE, *glabrum*. — [*Fagus castanea*. etc.].

VELOUTÉ, *velutinum*. — [*Mimulus aurantiacus*. *Hyoscyamus aureus*. *Chelidonium glaucium*. etc.].

PUBESCENT, *pubescens* [Pl. 33, fig. 1 B.]. — [*Acer pseudo-platanus*. *Platanus*. etc.].

VELU, *villosum* [Pl. 32, fig. 1 C. — Pl. 43, fig. 1 G.]. — [*Tripsacum*, *Hordeum*, et d'autres Graminées. *Robinia hispida*. *Myriophyllum spicatum*. etc.].

PÉNICILLIFORME, pénicillaire, *penicilliforme*. — Lorsque les poils qui le couvrent sont ramassés en forme de houpe ou de pinceau. — [*Triglochin maritimum*. *Rumex digynus*. etc.].

ASPERGILLIFORME, aspergillaire, *aspergilliforme*. — Lorsque les poils ramassés vers sa partie supérieure lui donnent la forme d'un goupillon. — [*Arundo phragmites* et d'autres Graminées, etc.].

PLUMEUX, *plumosum*. — Lorsque les poils sont disposés le long de ses côtés comme les barbes d'une plume. — [*Avena elatior* et d'autres Graminées, etc.].

GRANULEUX, *granulosum* [Pl. 30, fig. 1 *b*.]. — Couvert de papilles en forme de petits grains. — [*Mirabilis jalapa*. *Convolvulus inflatus*. *Hibiscus rosa sinensis*, - *syriacus*. etc.].

VISQUEUX, *viscosum*. — [*Nicotiana fruticosa*. etc.].

SILLONNÉ, *sulcatum* [Pl. 34, fig. 7 A *f*.]. — [*Musa*. *Salix helix*. etc.].

Coloration.

OBS. On doit noter la couleur du Stigmate.

ÉTAMINES, *Stamina.*

Organes mâles de la plante. — *Voyez* pag. 235.

Insertion.

HYPOGYNES, *hypogyna*, *receptaculo inserta* [Pl. 39, fig. 1 C. — Pl. 42, fig. 1 B.]. — Attachées sur le réceptacle, soit plus bas que l'ovaire, soit au niveau de sa base. — [Graminées. Crucifères. Renonculacées. etc.].

PÉRIGYNES, *perigyna*, *calici inserta* [Pl. 43, fig. 7 D. — Pl. 70, XII *b*.]. — Attachées sur la paroi interne du périanthe, au-dessus du point d'attache de l'ovaire. — [Thymélées. Rosacées. Légumineuses. Myrtacées. etc.]. — De-là l'expression de Périanthe ou de Calice STAMINIFÈRE.

ÉPIGYNES, *epigyna*, *pistillo inserta* [Pl. 34, fig. 3 B *c*.]. — Attachées sur le pistil même. — [Orchidées. *Aristolochia*. Ombellifères. etc.].

OBS. L'insertion des Étamines est IMMÉDIATE ou MÉDIATE :

IMMÉDIATE, *immediata*, lorsque les Étamines sont attachées sans intermédiaire sous l'ovaire [Crucifères, etc.]; sur le calice [Rosacées, etc.]; sur le pistil [Ombellifères. etc.].

MÉDIATE, *mediata*, lorsque les Étamines sont ÉPIPÉTALES, c'est-à-dire attachées à la corolle que l'on qualifie alors de STAMINIFÈRE. Les Étamines dans ce cas sont censées avoir la même insertion que la corolle qui est HYPOGYNE [Labiées], PÉRIGYNE [Campanulacées], ÉPIGYNE [Synanthérées.].

Nombre.

DÉFINIES, *definita* [Pl. 70, I à X.]. — Dont le nombre qui ne passe pas douze est constant dans une espèce donnée. — [*Hippuris. Syringa. Iris. Plantago. Lonicera. Lilium. AEsculus hippocastanum. Fuchsia. Butomus. Saxifraga. Halesia.* etc.].

OBS. Les Étamines ne sont DÉFINIES que jusqu'au nombre douze inclusivement. Au-delà, le nombre n'est plus constant.

INDÉFINIES, *indefinita* [Pl. 42, fig. 1 AB. — Pl. 43, fig. 4 AB.]. — Qui passent le nombre douze, et qu'on ne compte plus. — [*Papaver. Ranunculus. Rosa.* etc.].

Connexion.

DISTINCTES, *distincta, discreta* [Pl. 42, fig. 1 B.]. — Si elles ne sont réunies entre elles ni par leurs filets, ni par leurs anthères. — [*Lilium. Ranunculus.* etc.].

CONJOINTES, *coalita, connata.* — Lorsqu'elles sont réunies entre elles, soit par leurs supports, soit par leurs anthères. — [Malvacées, Synanthérées. etc.].

ADELPHES, *adelpha, adelphica.* — Un seul support sert de base à plusieurs anthères, ou bien plusieurs supports servent chacun de base à plusieurs anthères; ce qui fait admettre par hypothèse, que plusieurs filets sont soudés ensemble.

Obs. Tout support d'Anthère est un Androphore; mais on ne lui donne ce nom que lorsqu'il porte plusieurs Anthères. Lorsqu'il n'en porte qu'une, il prend le nom de Filet.

MONADELPHES, *monadelpha* [Pl. 32, fig. 4 B. — Pl. 41, fig. 5 AB... fig. 8 A.]. — Lorsqu'un seul androphore porte plusieurs anthères. — [Malvacées. Méliacées. *Stylidium. Xylophylla montana. Hura crepitans. Guarea Trichilioïdes.* etc.].

DIADELPHES, *diadelpha* [Pl. 43, fig. 1 F. — Pl. 71, XVII *b*.]. — Deux androphores portent chacun plusieurs anthères. — [*Fumaria. Monniera.* etc.].

Obs. Linné a appliqué ce mot aux Légumineuses à dix Étamines dont neuf sont MONADELPHES et dont la dixième est LIBRE, ce qui ne représente pas une vraie *diadelphie;* toutefois l'usage a prévalu.

TRIADELPHES, *triadelpha* [Pl. 41, fig. 6 B.]. — Trois androphores chargés chacun de plusieurs anthères. — [*Hypericum ægyptiacum.* etc.].

PENTADELPHES, *pentadelpha* [Pl. 42, fig. 2.]. — Cinq androphores chargés chacun de plusieurs anthères. — [*Melaleuca hypericifolia.* etc.].

POLYADELPHES, *polyadelpha* [Pl. 42, fig. 2.]. — Plusieurs androphores chargés chacun de plusieurs anthères. — [*Melaleuca.* etc.].

SYNGÉNÈSES, *syngenesa, syngenesica.* — [Pl. 37, fig. 6EF. — Pl. 38, fig. 1C*dc.*]. — Lorsque plusieurs étamines sont jointes ensemble par leurs anthères. — [*Centaurea, Andryala, Xymenesia,* et la plupart des autres Synanthérées semi-flosculeuses, flosculeuses et radiées. *Lobelia.* etc.].

Proportion.

ÉGALES, *æqualia* [Pl. 70, IX, X, XI.]. — Aussi longues les unes que les autres. — [*Butomus. Lilium. Borrago. Ledum. Tribulus.* etc.].

INÉGALES, *inæqualia* [Pl. 39, fig. 1C... fig. 6B... fig. 8A.]. — [Labiées. Crucifères. *Oxalis. Lychnis. Silene. Gypsophila.* etc.].

DIDYNAMES, *didynama* [Pl. 71, XIV.]. — Au nombre de quatre dont deux plus longues. — [*Salvia*, et autres Labiées. etc.].

TÉTRADYNAMES, *tetradynama* [Pl. 39, fig. 1C... fig. 2B. — Pl. 71, XV*b.*]. — Au nombre de six dont deux plus longues. — [*Cheiranthus cheiri*, et autres Crucifères. etc.].

Disposition.

OPPOSITIVES, *oppositiva* (*petalis opposita*, Juss.) [Pl. 37, fig. 1B.]. — Situées vis-à-vis les divisions d'un périanthe simple [*Lilium* et autres Liliacées. *Morus. Urtica.* etc.], ou vis-à-vis les divisions d'une corolle [*Statice. Anagallis*, et autres Primulacées. Loranthées. *Vitis. Cissus.* etc.].

INTERPOSITIVES, *interpositiva* (*petalis alterna*, Juss.). — [Pl. 37, fig. 7A.]. — Situées entre les divisions d'un périanthe simple [*Elæagnus.* etc.], ou entre les divisions d'une corolle [*Borrago* et autres Borraginées. *Apium* et autres Ombellifères. etc.].

DISTANTES, *distantia.* — [*Lycopus.* etc.].

RAPPROCHÉES, *approximata* [Pl. 35, fig. 4 A.]. — Se touchant par les côtés. — [*Dodecatheon. Solanum. Borrago. Murraya.* etc.].

COHÉRENTES, *coherentia.* — Tenant les unes aux autres, soit par des poils croisés, soit par un gluten. — [*Solanum lycopersicum. Erica vulgaris. Viola.* etc.].

RAMASSÉES, *conferta*. — Nombreuses et serrées les unes contre les autres.

AGGLOMERÉES, *agglomerata* [Pl. 40, fig. 2 A C.]. — Ramassées sous une forme arrondie. — [*Anona triloba*. etc.].

IMBRIQUÉES, *imbricata*. — Disposées en gradins et se recouvrant en partie les unes les autres comme les tuiles d'un toit. — [*Liriodendrum tulipifera*. *Magnolia*. *etc*.].

SÉRIÉES, *serialia*. — Disposées par étage en séries circulaires. — [*Daphne*. *Passerina*. *Lythrum*. etc.].

Longueur, relativement au Périanthe.

SAILLANTES, *exserta* [Pl. 35, fig. 5 A. — Pl. 36, fig. 10 A. — Pl. 37, fig. 3 B.]. — Lorsqu'elles dépassent sensiblement l'orifice du périanthe. — [*Plantago*. *Clerodendrum infortunatum*. *Mentha*. *Collinsonia canadensis*. *Lycium europæum*. *Hydrophyllum virginicum*. *Scabiosa*. *Fuchsia*. etc.].

INCLUSES, *inclusa*, *non exserta* [Pl. 68, I 3, II 2, III.]. — Renfermées dans le périanthe et ne paraissant pas au-dehors. — [*Jasminum*. *Syringa*. *Verbena officinalis*. *Hamelia*. *Pisum*, *Phaseolus* et d'autres Légumineuses papillonacées. etc.].

Direction.

INFLÉCHIES, *inflexa* [Pl. 36, fig. 5. — Pl. 39, fig. 8 A.]. — Lorsque leur sommet se courbe vers le centre de la fleur. — [*Salvia*. *Dictamnus*. *Gypsophila fastigiata*. etc.].

DRESSÉES, *erecta* [Pl. 34, fig. 7 C. — Pl. 70 IV 1.]. — Se tenant par leur propre force dans la direction de l'axe de la fleur. — [*Tulipa*. *Lilium*. *Musa*. *Nicotiana*. etc.].

ÉTALÉES, *patentia*. — Se portant horizontalement par rapport à la base de la fleur. — [*Pyrola minor*. *Hedera helix*. etc.].

RÉFLÉCHIES, *reflexa* [Pl. 69, XIX *d*.]. — Courbées en dehors. — [*Broussonetia*. *Urtica*. *Parietaria*. etc.].

PENDANTES, *pendentia* [Pl. 32, fig. 6 B. — Pl. 36, fig. 14.]. Pendantes vers la terre par faiblesse. — [*Secale* et d'autres Graminées. *Clerodendrum infortunatum*. etc.].

UNILATÉRALES, *unilateralia.* — Se portant d'un seul côté. — [*Pyrola rotundifolia. Salvia. Amaryllis formosissima.* etc.].

ASCENDANTES, *ascendentia* [Pl. 36, fig. 5, 13.]. — Lorsqu'elles se portent vers la partie supérieure de la fleur. — [*Salvia, Teucrium, Phlomis*, et la plupart des Labiées. etc.].

DÉCOMBANTES, déclinées, *decumbentia, declinata* [Pl. 36, fig. 1, 3, 12.]. — Lorsqu'elles se portent vers la partie inférieure de la fleur. — [*Amaryllis formosissima. Hemerocallis fulva. Plectranthus punctatus. Æsculus hippocastanum. Dictamnus albus.* etc.].

Avortement.

INANTHÉRÉES, *inantherata*, *castrata* [Pl. 31, fig. 17 C.]. — Dont les filets sont dépourvus d'anthère. — [Beaucoup de filets du *Sparmannia africana.* Deux filets du *Gratiola officinalis* et de la plupart des Orchidées. etc.].

RUDIMENTAIRES, *rudimentaria* [Pl. 36, fig. 10 B *a*]. — Ébauches d'étamines, si imparfaites et si petites que sans le secours de l'analogie on ne pourrait deviner leur nature. — [Orchidées. *Salvia. Cleonia lusitanica.* etc.].

Parties de l'Étamine.

On distingue dans l'Étamine l'Androphore, l'Anthère et le Pollen.

ANDROPHORE, *Androphorum.* — Support des Anthères. — *Voy.* pag. 240.

Lorsque l'Androphore ne porte qu'une Anthère, il prend le nom spécial de *Filet.* Lorsqu'il porte plusieurs Anthères, il retient le nom d'Androphore.

FILET, *Filamentum.* — Support d'une seule Anthère.

Forme.

PLANE, *planum* [Pl. 31, fig. 3. — Pl. 40, fig. 6 B... fig. 7 D.] — [*Allium fragrans. Kœmpferia. Hermannia denudata. Fissilia. Heisteria coccinea.* etc.].

PÉTALIFORME, *petaliforme*.— Large, mince, souple, et coloré comme un pétale. —[*Kæmpferia. Maranta arundinacea. Calothamnus.* etc.].

ANCIPITÉ, gladié, *anceps*. —[*Canna indica.* etc.].

SUBULÉ, en alène, *subulatum* [Pl. 40, fig. 5 C.]. — [*Tulipa. Butomus. Podophyllum. Acer pseudo-platanus. Triphasia.* etc.].

CUNÉIFORME, *cuneiforme*. —[*Thalictrum petaloïdeum.* etc.].

CLAVIFORME, *claviforme, clavatum*. — [*Thalictrum atropurpureum.* etc.].

CYLINDRIQUE, *cylindricum* — [La plupart.].

CAPILLAIRE, *capillare* [Pl. 70, III 2. — [*Secale* et autres Graminées. *Plantago* etc.].

TORULEUX, noueux, *torulosum*, *nodosum* [Pl. 31, fig. 17 C.]. — Renflé de distance en distance comme une corde à laquelle on aurait fait des nœuds. — [*Sparmannia africana.* etc.].

CRÉNELÉ, *crenatum*. — Marqué du côté intérieur, de sillons transversaux qui forment des crénelures. — Dans le *Broussonetia*, l'*Urtica*, etc., ces crénelures favorisent la détente des filets qui sont courbés en ressort avant l'épanouissement.

GÉNICULÉ, *geniculatum* [Pl. 31, fig. 15 A.]. — Plié en genou ou en coude. — [*Mahernia pinnata.* etc.].

APPENDICULÉ, *appendiculatum* [Pl. 31, fig. 5 *b*.. fig. 8.]. — Ayant un appendice, espèce de prolongement qui semble moins faire partie de l'organe, qu'y avoir été ajouté après coup. — [*Borrago. Zygophyllum.* etc.].

SPIRALÉ, *spirale, tortum*. — Contourné en spirale ou en tire-bourre. — [*Hirtella.* etc.].

Base.

DILATÉ, élargi, *dilatatum* [Pl. 31, fig. 1, 2.]. — [*Ornitogalum pyrenaïcum. Mandragora. Campanula. Clausena. Geranium pratense. Tamarix gallica.* etc.].

VOUTÉ, *fornicatum*. — Élargi et concave. [Pl. 31, fig. 2.]. — [*Asphodelus. Campanula. Clausena.* etc.].

Sommet.

AIGU, *acutum* [Pl. 31, fig. 23, 28. — Pl. 40, fig. 5 C.]. — [*Lilium. Tulipa. Scutellaria alpina. Ternstromia.* etc.].

OBTUS, *obtusum* [Pl. 31, fig. 24.]. — [*Anona triloba.* etc.].

CAPITÉ, *capitatum.* — Renflé en tête. — [*Dianella. Cephalotus.* etc.].

ÉMARGINÉ, échancré, *emarginatum.* — Lorsque le sommet offre un sinus ou un angle rentrant semblable à une entaille. — [*Allium porrum.* etc.].

BIFURQUÉ, *bifurcum* [Pl. 39, fig. 1 CD.]. — [*Brunella. Crambe.* etc.].

TRIDENTÉ, tricuspidé, *tridentatum*, *tricuspidatum.* — [*Allium ampeloprasum.* etc.].

PROÉMINENT, *prominens* [Pl. 31, fig. 24, 28.]. — Lorsque le filet s'allonge sensiblement au-dessus de l'anthère. — [*Paris quadrifolia. Ternstromia elliptica. Anona triloba.* etc.].

Surface.

VELU, *villosum* [Pl. 31, fig. 21 *b*. — Pl. 34, fig. 8 B. — Pl. 40, fig. 1 B.]. — [*Laurus persea. Gaulteria. Koelreuteria.* etc.].

BARBU, *barbatum* [Pl. 31, fig. 9 A. — Pl. 35. fig. 5 AB. — Chargé de poils sur quelque partie seulement. — [*Anthericum. Tradescantia virginica. Anagallis. Verbascum. Hydrophyllum virginicum. Lycium afrum.* etc.].

GLANDULIFÈRE, *glanduliferum.* — [*Dictamnus albus.* etc.].

Mobilité.

ÉLASTIQUE, *elasticum.* — Susceptible de se redresser avec force au moment de l'épanouissement comme un ressort que l'on relâche tout-à-coup. — [*Kalmia. Urtica. Parietaria. Morus.* etc.].

IRRITABLE, *irritabile.* — Susceptible de se mouvoir au temps de la fécondation, sans qu'on puisse attribuer ses mouvemens à une force mécanique connue. — [*Berberis. Ruta. Parnassia. Sparmannia africana. Cistus helianthemum.* etc.].

ANDROPHORE proprement dit, *Androphorum*. — Support de plusieurs Anthères.

SIMPLE, *simplex* [Pl. 34, fig. 1 B.]. — D'une seule venue et sans aucune ramification. — [*Hura crepitans*. etc.].

DIVISÉ, *divisum* [Pl. 30, fig. 25. — Pl. 41, fig. 6 B. — Pl. 42, fig. 2, 3.]. — Partagé en plusieurs filets à son sommet. — [*Hypericum ægyptiacum*. *Malaleuca*. *Mimosa julibrissin*. *Jatropha panduræfolia*. etc.].

RAMEUX, *ramosum* [Pl. 31, fig. 4 A B.]. — Divisé et subdivisé. — [*Ricinus*. etc.].

SOLIDE, *solidum* [Pl. 34, fig. 1 B.]. — Offrant un corps plein. — [*Hura crepitans*. *Stylidium*. etc.].

ÉPAIS, *crassum* [Pl. 34, fig. 1 B.]. — [*Hura crepitans*. etc.].

GRÊLE, *gracile*. — [*Typha*. etc.].

CYLINDRIQUE, *cylindricum* [Pl. 32, fig. 4. B. — Pl. 34, fig. 1 B.]. — [*Stylidium*. *Xylophylla*. *Hura crepitans*. etc.].

COLOMNAIRE, *columnare* [Pl. 41, fig. 5 *c*.]. — S'élevant verticalement du centre de la fleur, et ressemblant à une petite colonne. — [*Malva*. *Hibiscus*. etc.].

TUBULEUX, *tubulosum* [Pl. 37, fig. 4 D. — Pl. 41, fig. 5 A *c*.]. — *Sisyrinchium*. *Tigridia*. *Malva*, *Hibiscus*, et autres Malvacées. etc.].

FENDU, *fissum* [Pl. 42, fig. 4 C. — Pl. 43, fig. 1 F.]. — Tubuleux et fendu dans toute sa longueur. — [*Polygala heisteria*. *Robinia*, et autres Légumineuses diadelphes. etc.].

ENGAÎNANT, *vaginans* [Pl. 41, fig. 5 A *c* B *d*.]. — Tubuleux et formant une gaîne autour du pistil. — [*Hibiscus*. *Malva*, et autres Malvacées. etc.].

ANNULAIRE, *annulare* [Pl. 41, fig. 9 B *a*.]. — En forme d'anneau. — [*Anacardium occidentale*. etc.].

COROLLIFORME, *corolliforme* [Pl. 37, fig. 4 D. — Pl. 41, fig. 8 A.]. — Ayant l'aspect, la consistance et la forme d'une corolle. — [*Gomphrena globosa*. *Guarea trichilioïdes*. etc.].

CRÉNELÉ, *crenatum* [Pl. 37, fig. 4 D. — Découpé en crénelures à son limbe. — [*Gomphrena globosa.* etc.].

CUCULLIFÈRE, *cuculliferum.* — Portant des appendices en forme de cornets. — [*Asclepias.* etc.].

ANTHÈRE, *Anthera.* — Partie de l'Étamine qui contient la poussière fécondante (Pollen). *Voy.* pag. 242.

Attache.

SESSILE, *sessilis* [Pl. 34, fig. 3 B *c.* — Pl. 35, fig. 1 A *a.*]. — Sans androphore ou filet. — [*Aristolochia. Grevillea.* etc.].

ADNÉE, *adnata* [Pl. 31, fig. 28. — Pl. 42, fig. 1 D... fig. 9 D.]. — Fixée au filet dans toute sa longueur, et par conséquent sans connectif propre. — [*Azarum. Soldanella. Podophyllum peltatum. Ranunculus. Ternstromia.* etc.].

ARTICULÉE, *articulata* [Pl. 31, fig. 19, 20, 22.]. — Lorsque l'union de l'anthère et du filet est indiquée par un changement de forme, ou de couleur, ou par un petit sillon transversal, en un mot par une marque quelconque. — [*Salvia. Scutellaria. Melastoma.* etc.].

LATÉRALE, *lateralis.* — Attachée d'un seul côté du filet. — [*Canna indica.* etc.].

TERMINALE, *terminalis* [Pl. 39, fig. 1 D... fig. 3 A. etc.]. — Située à l'extrémité supérieure du filet. — [Cypéracées. *Dodecatheon. Datura. Raphanus. Cleome.* etc.].

BASIFIXE, *basifixa.* — Attachée par une de ses extrémités que l'on considère comme sa base. — [Iridées. Synanthérées. etc.].

MÉDIFIXE, *medifixa.* — Attachée par le milieu. — [*Lilium.* etc.].

IMMOBILE, *immobilis* [Pl. 31, fig. 21, 24, 28. — Pl. 34, fig. 4 *b.* — Lorsqu'elle est attachée solidement au filet, et ne peut faire aucun mouvement, soit qu'il y ait articulation [Synanthérées], soit qu'il n'y en ait pas [*Orchis. Azarum. Laurus persea. Dodecatheon. Menyanthes nymphoïdes. Ternstromia.* etc.].

MOBILE, *mobilis*. — Attachée par un seul point qui fait office de charnière. — [*Lilium*. *Limodorum*. etc.].

VACILLANTE, pivotante, *vacillans*, *versatilis* [Pl. 31, fig. 8. — Allongée, attachée par le milieu, et mobile. — [*Lilium*. *Tulipa*. *Amaryllis*. *Zygophyllum morgsana*. etc.].

ADVERSE, *adversa*, *antica*. — Attachée de manière que la suture de ses valves regarde le centre de la fleur. — [La plupart.].

INVERSE, *inversa*, *postica*. — Lorsque la suture des valves est tournée vers la circonférence de la fleur. — [Iridées. *Mahernia*. *Hermannia*. *Cucumis*. etc.].

Direction.

DRESSÉE, *erecta* [Pl. 32, fig. 8 A.]. — Pl. 33, fig. 8. — Notablement longue, attachée par l'un de ses bouts et se tenant dans une direction verticale par rapport au plan de la base de la fleur. — [*Tulipa*. *Solanum*. Synanthérées. *Saururus*. etc.].

INCOMBANTE, *incumbens*. — Attachée par son milieu et dressée de manière que sa moitié inférieure est appliquée contre le filet. — [*Amaryllis formosissima*. *Monotropa hypopithys*. etc.].

HORIZONTALE, *horizontalis*. — Relativement au filet. — [*Lilium*. etc.].

Forme.

DIFFORME, *difformis* [Pl. 31, fig. 11, 16.]. — De forme singulière, bizarre, irrégulière. — [*Justicia hyssopifolia*. *Commelina tuberosa*. etc.].

GLOBULEUSE, *globulosa* [Pl. 33, fig. 5 D E.]. — *Mercurialis*. *Juniperus*.].

DIDYME, *didyma*. [Pl. 32, fig. 4 B. — Pl. 37, fig. 8 B.]. — A deux lobes arrondis réunis par un point de leur périphérie. — [*Chenopodium*. *Spinacia*. *Selinum*. *Xylophylla*. *Mercurialis*. *Euphorbia*. etc.].

OVOÏDE, *ovoïdea* [Pl. 70, VIII]. — [Fuchsia. etc.].

OBLONGUE, *oblonga*. — [*Sparganium erectum*. *Ledum*. *Lilium*. etc.].

LANCÉOLÉE, *lanceolata* [Pl. 31, fig. 6.]. — [*Cerinthe major* etc.].

LINÉAIRE, *linearis* [Pl. 31, fig. 28.]. — [*Trillium sessile*. *Datura arborea*. *Campanula*. *Magnolia*. etc.].

SUBULÉE, *subulata* [Pl. 31, fig. 5.]. — [*Borrago officinalis*, - *laxiflora*. etc.].

FILIFORME, *filiformis* [Pl. 40, fig. 8 B.]. — [*Ternstromia elliptica*. etc.].

SAGITTÉE, en fer de flèche, *sagittata* [Pl. 31, fig. 15. — Pl. 34, fig. 7 C. — Pl. 35, fig. 10 D.]. — [*Merendera*. *Crocus*. *Musa*. *Dodecatheon*. *Menyanthes nymphoïdes*. *Nerium oleander*. *Mahernia pinnata*. etc.].

CORDIFORME, *cordiformis*, *cordata* [Pl. 31. fig. 27.]. — [*Ocymum basilicum*. etc.].

RÉNIFORME, en rein, *reniformis* [Pl. 31, fig. 27.]. — [*Glechoma hederacea*. *Lavandula*. *Digitalis*. etc.].

PELTÉE, *peltata*. — Large, et s'attachant au filet par son centre. — [*Brosimum?*].

COMPRIMÉE, *compressa*. — Aplatie sur ses faces. — [*Iris*. etc.].

TÉTRAGONÉ, *tetragona*. — [*Tulipa*. *Cercodea*. etc.].

RECTILIGNE, *recta*, *rectilinea* [Pl. 31, fig. 6.]. — Sans sinuosité. — [*Tulipa*. *Datura arborea*. *Borrago*. etc.].

ARQUÉE, *arcuata* [Pl. 31, fig. 20.]. — [*Trollius europæus*. *Rhexia virginica*. *Melastoma cymosa*, - *discolor*. etc.].

TORSE, *torta*. — Tournée en hélice. — [*Chironia centaurium*. *Gethyllis*. etc.].

SINUEUSE, *sinuosa* [Pl. 31, fig. 13.]. — Longue, linéaire, et en zigzag. — [*Cucumis*. *Cucurbita*. *Momordica*. etc.].

TRONQUÉE, *truncata*. — Comme si son sommet avait été coupé nettement en travers.

AIGUË, *acuta* [Pl. 31, fig. 5, 6.]. — [*Borrago*, *Cerinthe*. etc.].

BIFIDE, *bifida* [Pl. 32, fig. 6 B.]. — Faisant la fourche par l'une ou l'autre de ses extrémités et quelquefois par les deux. — [Beaucoup de Graminées. *Sparganium erectum*. etc.].

BICORNE, *bicornis*. — Formant deux cornes par la divergence de ses lobes terminés en pointe. — [*Arbutus*. *Vaccinium myrtillus*. *Pyrola*. Plusieurs *Erica*. etc.].

QUADRICORNE, *quadricornis* [Pl. 54, fig. 8 R.]. — [*Gaulteria procumbens.* etc.].

APPENDICULÉE, *appendiculata* [Pl. 31, fig. 6. — Pl. 35, fig. 10 D. — Pl. 37, fig. 6 F *c.*]. — [*Nerium oleander. Centaurea collina. Inula helenium.* etc.].

ARISTÉE, *aristata.* — Munie d'appendices en formes d'arêtes. — [*Euphrasia officinalis. Vaccinium uliginosum. Andromeda polifolia.* etc.].

CRISTÉE, *cristata* [Pl. 31, fig. 10.]. — Munie d'appendices en forme de crête. — [*Erica triflora, - comosa.* etc.].

CAUDÉE, *caudata.* — Munie d'appendices en forme de queue. — [*Stæhelina.* etc.].

OPERCULAIRE, *opercularis, operculiformis* [Pl. 34, fig. 5, 6.]. — Fermant, comme un couvercle, une cavité dans laquelle est reçu le pollen. — [*Serapias. Ophrys nidus avis. Limodorum.* etc.].

Proportion.

PLUS COURTE que le filet, *filamento brevior* [Pl. 68, IX.]. — [*Lilium. Fuchsia.* etc.].

DE LA LONGUEUR DU FILET, *filamenti longitudine* [Pl. 31, fig. 3, 15.]. — [*Hermannia denudata. Mahernia pinnata.* etc.].

PLUS LONGUE QUE LE FILET, *filamento longior* [Pl. 31, fig. 6. — Pl. 40, fig. 8 B.]. — [*Dodecatheon. Cerinthe major. Ternstromia elliptica.* etc.].

DISSEMBLABLES, *dissimilia.* — Différentes dans la même fleur. — [*Cassia.* etc.].

Superficie.

UNIE, *lævis.* — [La plupart.].

GLABRE, *glabra.* — [*Orobanche major.* etc.].

PUBESCENTE, *pubescens.* — [*Digitalis ferruginea.* etc.].

HISPIDE, *hispida, hirsuta.* — [*Lathræa squamaria. Bartsia alpina, - viscosa. Lamium garganicum, - maculatum.* etc.].

CILIÉE, *ciliata* [Pl. 31, fig. 23, 25, 27.]. — [*Orobanche minor. Brunella. Lavandula. Galeopsis ladanum.* etc.].

BARBUE, *barbata*. — Chargée d'une touffe de poils dans une partie quelconque. — [*Pedicularis. Acanthium.* Beaucoup de *Lobelia. Ternstromia dentata. Carpinus.* etc.].

GLANDULIFÈRE, *glandulifera*. — Portant des glandes. — [*Leonurus. cardiaca. Marrubium hispanicum. Molucella lævis.* etc.].

Lobation.

UNILOBÉE, *uniloba*. [Pl. 33, fig. 5.]. — [*Pinus. Larix. Cupressus. Juniperus. Thuya. Schubertia disticha. Cycas.* etc.].

OBS. Dans le *Pinus*, l'*Abies*, le *Larix*, etc., les Anthères semblent être BILOBÉES, parce qu'étant fixées deux ensemble sur des écailles qui ont l'apparence de filets, elles représentent les deux lobes d'une seule Anthère; mais l'analogie porte à croire que ce sont deux Anthères DISTINCTES.

BILOBÉE, *biloba* [Pl. 31, fig. 1, 2, etc.]. — [La plupart.].

MULTILOBÉE, *multiloba*. — [*Taxus.* etc.].

LOBES, *Lobi*. — Poches de l'Anthère. — On dit les Lobes

CONFLUENS, *confluentes* [Pl. 31, fig. 26, 27.] — Lorsqu'ils s'unissent et se confondent l'un avec l'autre de manière qu'ils paraissent ne former qu'un seul lobe. — [*Plectranthus.* etc.].

DISTINCTS, *distincti* [Pl. 31, fig. 9 A.]. — Lorsque leurs contours respectifs sont bien arrêtés. — [*Lilium. Tradescantia virginica.* etc.].

RAPPROCHÉS, *approximati*. — Lorsqu'ils se touchent sans se confondre. — [*Lilium. Rumex acetosa.* etc.].

PARALLÈLES, *paralleli* [Pl. 31, fig. 7, 24.]. — Quand ils se prolongent notablement sans s'approcher ou s'éloigner l'un de l'autre. — [*Trillium sessile. Kæmpferia. Anona triloba. Begonia dichotoma.* etc.].

SUPERPOSÉS, *superpositi*. — Placés l'un au-dessus de l'autre. — [*Monarda.* etc.].

DIVERGENS, *divergentes* [Pl. 31, fig. 18.]. — Quand ils sont rapprochés ou confluens par l'une de leurs extrémités et écartés par l'autre. — [*Thymus patavinus. Digitalis.* etc.]

ÉLOIGNÉS, *remoti* [Pl. 31, fig. 7, 18, 19, 20.]. — Quand ils sont tenus à une distance notable l'un de l'autre par le filet [*Begonia dichotoma.* etc.], ou par le CONNECTIF [*Salvia. Melissa grandiflora. Melastoma.* etc.].

CONNECTIF, *Connectivum.* — Partie charnue qui sert de lien commun aux Lobes de l'Anthère. *Voy.* pag. 243. On le dit

ALLONGÉ, *extensum* [Pl. 31, fig. 19, 20.]. — S'il a une longueur très-notable. — [*Salvia. Melastoma.* etc.].

LACHE, *laxum* [Pl. 31, fig. 18.]. — S'il écarte les lobes de façon qu'ils ne se touchent pas. — [*Melissa grandiflora* etc.].

CONTRACTÉ, *contractum.* — S'il est extrêmement court et tient les lobes rapprochés. — [*Lilium.* etc.].

NUL, *nullum* [Pl. 32, fig. 1, 3, 6.]. — S'il n'existe pas. Dans ce cas, l'anthère est attachée sans intermédiaire sur le filet, ou sur une partie quelconque de la fleur. — [Graminées. *Aristolochia. Rumex acetosa.* etc.].

BILATÉRAUX, *bilaterales* [Pl. 31, fig. 7, 9.]. — Lorsque les deux lobes séparés sont attachés des deux côtés opposés du filet [*Podophyllum peltatum. Begonia dichotoma. Kæmpferia*], ou du connectif [*Tradescantia virginica.* etc.].

SEMBLABLES, *similes.* — Ne différant point entre eux. — [La plupart.].

DISSEMBLABLES, *dissimiles.* — [La plupart des Sauges.].

Nombre de Loges.

UNILOCULAIRE, *unilocularis* [Pl. 33, fig. 5.]. — [*Cycas. Larix. Cupressus. Juniperus. Thuya. Schubertia disticha.* etc.].

BILOCULAIRE, *bilocularis* [Pl. 34, fig. 4 B.]. — [*Orchis. Ephedra?* etc.].

QUADRILOCULAIRE, *quadrilocularis* [Pl. 31, fig. 9 B. — Pl. 33, fig. 6 D.].

— [*Tradescantia virginica. Liriodendrum tulipifera. Casuarina*, et la plupart.].

MULTILOCULAIRE, *multilocularis.* — [*Taxus.* etc.].

STÉRILE, *sterilis* [Pl. 34, fig. 7 A*dcb*. — Pl. 40, fig. 6 B*c*. — Pl. 42, fig. 10.]. — Quand les loges ne contiennent point de pollen. — [Cinq des six étamines du *Musa*. Trois des dix étamines du *Cassia grandiflora*. Neuf des dix étamines du *Bauhinia*. Cinq des huit étamines du *Fissilia disparilis*. etc.].

FERTILE, *fertilis*, *fecunda*. — Quand les loges contiennent du pollen. — [La plupart.].

DÉFLORÉE, *deflorata*. — Son état après l'anthèse, *anthesis*, c'est-à-dire, après l'émission du pollen.

Déhiscence.

DÉHISCENTE PAR DES FENTES, *fissuris dehiscens.* — La plupart des anthères s'ouvrent par des fentes.

PAR DES PORES, *poris dehiscens*] Pl. 31, fig. 14, 20.]. — [*Arum. Galanthus. Solanum. Pyrola. Melastoma. Cassia. Humulus.* etc.]. — De-là Anthère UNIPORÉE, BIPORÉE. etc.

PAR UN OPERCULE, *operculo dehiscens.* — [*Brosimum ?* etc].

PAR DES VALVULES, *valvulis dehiscens* [Pl. 31, fig. 21.]. — [*Laurus persea. Leontice. Epimedium. Berberis.* etc.]. — De-là Anthères BIVALVULÉES, QUADRIVALVULÉES, etc.

EN AVANT, *parte antica dehiscens.* — S'ouvrant par la face qui regarde le centre de la fleur. — [La plupart des anthères.].

EN ARRIÈRE, *parte postica dehiscens.* — Par la face qui regarde la partie externe de la fleur. — [*Iris. Calycanthus.* etc.].

PAR LE SOMMET, *apice dehiscens* [Pl. 34, fig. 8 B.]. — Dans ce cas le sommet des loges se perce ou se fend. — [*Galanthus. Solanum. Erica. Kiggellaria. Ephedra.* etc.].

PAR LA BASE, *basi dehiscens.* — [*Pyrola.* etc.].

LONGITUDINALEMENT, *longitudinaliter dehiscens.* — Lorsque la suture des valves est parallèle aux côtés des lobes. — [*Lilium. Tulipa.* etc.].

TRANSVERSALEMENT, *transversim dehiscens* [Pl. 31, fig. 26, 27.].— Lorsque la suture des valves se prolonge d'un côté à l'autre des lobes.— [*Plectranthus punctatus. Lavandula.* etc.].

OBS. L'expression DÉHISCENTE TRANSVERSALEMENT ne doit pas être prise à la rigueur; elle indique simplement une apparence qui résulte de la divergence des lobes.

POLLEN, *Pollen.*— Poussière renfermée dans l'Anthère, et composée de petits grains ou vésicules contenant la liqueur séminale. *Voy.* pag. 247.

Forme des grains du Pollen.

GLOBULEUX, sphérique, *Sphæricum* [Pl. 31, fig. 31, 35.].—[*Phleum nodosum. Campanula bononiensis. Malva miniata. Hibiscus syriacus. Cucurbita pepo.* etc.].

OVOÏDE, *ovoïdeum*, *ovatum* [Pl. 31, fig. 38, 42.]. — [*Impatiens balsamina. Vicia hirsuta.* etc.].

OBLONG, *oblongum* [Pl. 31, fig. 44, 45.]. — [*Commelina tuberosa. Anethum segetum.* etc.].

SUBCYLINDRIQUE, presque cylindrique, *subcylindricum.* — [*Cerinthe major.* ete.].

RÉNIFORME, *reniforme* [Pl. 31, fig. 45.]. — Oblong et courbé dans sa longueur. — [*Commelina tuberosa.* etc.].

ANGULÉ, *angulatum* [Pl. 31, fig. 37.]. — [*Tropæolum majus. Lopezia racemosa. AEnothera biennis.* etc.].

TRILOBÉ, **QUADRILOBÉ**, *trilobum*, *quadrilobum* [Pl. 31, fig. 32, 48.].— [*Serapias longifolia. Azalea viscosa.* etc.].

DODÉCAÈDRE, *dodecaedron.* — A douze facettes. — [*Geropogon.* etc.].

ICOSAÈDRE, *icosaedron.* — A vingt facettes. — [*Tragopogon.* etc.].

Surface.

LISSE, uni, *læve* [Pl. 31, fig. 34, 42.]. — [*Asphodelus fistulosus. Campanula bononiensis. Vicia hirsuta.* etc.].

HISPIDE, *hispidum* [Pl. 31, fig. 31, 47.]. — Couvert de pointes fines. [*Malva miniata. Cucurbita pepo.* etc.].

MURIQUÉ, *muricatum* [Pl. 31, fig. 35.]. — Couvert de pointes fortes, eu égard à son volume. — [*Hibiscus syriacus.* etc.].

Union.

AGGLUTINÉ, *agglutinatum* [Pl. 34, fig. 4CDE.]. — Lorsque les grains sont réunis par une humeur quelconque de manière à former une pâte. — [*Orchis.* etc.].

LIÉ, *ligatum* [Pl. 31, fig. 38, 39, 48.]. — Lorsque les grains sont attachés par des fils. — [*Azalea viscosa. Impatiens balsamina. Œnothera.* etc.].

Substance.

MEMBRANACÉ, *membranaceum.* — Chacun de ses grains est formé d'une vésicule membraneuse. — [Le pollen de la plupart des fleurs.].

CORNÉ, *corneum.* — Il est formé d'une substance tenace et flexible comme de la corne. — [*Asclepias.* etc.].

ÉLASTIQUE, *elasticum* [Pl. 34, fig. 4CDE.]. — Il offre une masse susceptible de s'allonger ou de se contracter selon qu'on la tire ou qu'on l'abandonne à elle-même. — [*Orchis. Limodorum.* etc.].

GRUMELEUX, *grumosum, granulatum* [Pl. 34, fig. 4CDE.]. — En masse composée de grains épais et distincts. — [*Orchis. Limodorum.* etc.].

Couleur.

GLAUQUE, vert-d'eau, *glaucum.* — [Quelques Iris, etc.].

BLANCHATRE, *albidum.* — [*Actæa spicata. Salvia formosa.* etc.].

JAUNATRE, *flavescens.* — [*Impatiens noli tangere.* etc.].

JAUNE, *flavum.* — [*Lilium album.* etc.].

SOUFRÉ, *Sulphureum.* — [*Pinus.* etc.].

ORANGÉ, *aurantiacum.* — [*Lilium croceum.* etc.].

BLEU, *Cæruleum.* — [*Epilobium angustifolium.* etc.].

PÉRIANTHE, *Perianthium.*

Tégument propre des organes sexuels. *Voy.* 250.

Obs. Après la maturation du fruit, tout Périanthe qui ne fait pas corps avec l'ovaire, et qui persiste et continue à recouvrir le fruit, prend le nom d'INDUVIE ou de Périanthe INDUVIAL. [*Basella. Blitum. Rosa. Agrimonia.*]. Voyez le mot PÉRICARPE.

SIMPLE, *simplex* [Pl. 34, fig. 3 A, fig. 9. — Pl. 35, fig. 1 A, fig. 3. — Pl. 68, fig. IX.]. — Quand il ne présente qu'une seule enveloppe. — [*Convallaria. Lilium. Hyacinthus. Tulipa. Ixia. Aristolochia. Grevillea. Xylophylla. Artocarpus.* etc.].

DOUBLE, *duplex* [Pl. 35, fig. 2 A, fig. 5 A. — Pl. 36. — Pl. 39, fig. 2 A, fig. 6 A. — Pl. 41, fig. 10 A.]. — Lorsqu'il présente deux enveloppes distinctes, l'une extérieure : ou la nomme Calice ; l'autre intérieure : on la nomme Corolle. — [*Maranta arundinacea.* Labiées. Borraginées. Crucifères. La plupart des Caryophyllées, des Renonculacées. etc.].

PÉRIANTHE SIMPLE. *Périanthium simplex.*

Composition.

MONOSÉPALE, *monosepalum* (*Calix monophyllus* Juss.). [Pl. 34, fig. 3 A.]. — D'une seule pièce. — [*Convallaria. Aloe. Aristolochia. Elæagnus.* etc.].

FENDU, lobé, *fissum, lobatum.* — Ayant des découpures étroites (*Laciniæ*), ou large (*Lobi*), qui égalent en longueur au moins la moitié du périanthe. — [*Hyacinthus. Narcissus. Asarum. Iris. Hippophae. Thesium.* etc.].

BIFIDE, *bifidus*. TRIFIDE, *trifidus*, etc.

OBS. Quand les mots BIFIDE, TRIFIDE, QUADRIFIDE, etc., PLURIFIDE, MULTIFIDE, sont employés dans la description d'une espèce en particulier, ils désignent ordinairement des découpures assez profondes et de peu de largeur ; mais quand ces mêmes mots sont employés dans la description d'une collection d'espèces, telle qu'un genre ou une famille, ils signifient vaguement que l'organe dont il s'agit est découpé en plusieurs parties dont on ne peut, ou dont on ne veut indiquer ni la largeur, ni la profondeur. — Cette remarque est applicable au Calice, à la Corolle, au Style, au Stigmate, aussi bien qu'au Périanthe simple.

PARTAGÉ, *partitum* [Pl. 32, fig. 4 A B.]. — Lorsque les découpures ou lobes se prolongent presque jusqu'à la base. — [*Allium. Rumex. Amaranthus. Xylophylla.* etc.].

POLYSÉPALE, *polysepalum* (*Calix polyphyllus s. multipartitus*, Juss.). [Pl. 35, fig. I A. — Pl. 68, fig. IX.]. — Composé de plusieurs segmens distincts qui tombent séparément. — [*Lilium. Tulipa. Persoonia. Hakea. Banksia. Grevillea.* etc.].

Substance.

GLUMACÉ, *glumaceum*. — D'un tissu sec et dur comme les glumes des graminées. — [*Juncus.* etc.].

HERBACÉ, *herbaceum*. — D'un tissu ferme et vert comparable à celui des calices. — [*Daphne laureola.* etc.].

PÉTALOÏDE, *petaloïdeum*. — D'un tissu mou, aqueux, coloré, altérable comme celui des corolles. — [*Lilium. Hemerocallis. Amaryllis. Ixia. Tigridia.* etc.].

OBS. Je m'abstiens de placer ici les autres épithètes applicables au Périanthe simple, attendu qu'il n'en est aucune qui ne se retrouve à l'article du CALICE ou de la COROLLE.

Couleur. Voyez l'article COROLLE.

PÉRIANTHE DOUBLE. *Perianthium duplex.*

Il comprend le Calice et la Corolle.

CALICE, *Calyx.* — Partie intérieure du Périanthe double. *Voy.* pag. 252.

Composition.

MONOSÉPALE, *monosepalus, monophyllus* [Pl. 36. — Pl. 39, fig. 6, 7.]. D'une seule pièce, quelque profondément divisé qu'il puisse être. — [*Salvia* et autres Labiées. *Hyoscyamus. Dianthus. Cucubalus* et d'autres Caryophyllées. *Robinia* et autres Légumineuses. etc.].

Obs. Tout Calice qui fait corps avec l'ovaire, ou qui porte la corolle ou les étamines, ou qui accompagne une corolle monopétale, est MONOSÉPALE. Un Calice MONOSÉPALE est toujours PERSISTANT.

POLYSÉPALE, *polysepalus, polyphyllus* [Pl. 42, fig. 9 A.]. — Composé de plusieurs segmens distincts ou Sépales, *Sepala.*

DISÉPALE, *disepalus* [Pl. 30, fig. 13, 14.]. — [*Papaver. Fumaria. Impatiens noli tangere.* etc.].

TRISÉPALE, *trisepalus.* — [*Tradescantia. Ficaria* etc.].

TÉTRASÉPALE, *tetrasepalus* [Pl. 39, fig. 1 A... fig. 2 A *b*... fig. 5.]. — [*Raphanus* et autres Crucifères. *Epimedium. Sagina.* etc.].

PENTASÉPALE, *pentasepalus.* [Pl. 41, fig. 10 A.]. — [*Ranunculus Adonis. Linum.* etc.].

HEXASÉPALE, *hexasepalus.* — [*Berberis vulgaris.* etc.].

Obs. Il est très-rare qu'un Calice POLYSÉPALE soit PERSISTANT.

Forme.

RÉGULIER, *regularis* [Pl. 35, fig. 4 B.]. — Lorsque toutes les parties correspondantes sont parfaitement semblables entre elles, quelle que soit d'ailleurs leur forme. — [*Borrago officinalis. Cucubalus. Adonis. Hypericum androsæmum. Tormentilla.* etc.].

IRRÉGULIER, *irregularis* [Pl. 36, fig. 5. — Pl. 42, fig. 7 A.]. —

Lorsque ses parties correspondantes diffèrent entre elles, soit par la forme, soit par la grandeur. — [*Salvia. Delphinium. Tropæolum.* etc.].

TUBULÉ, *tubulatus.* — Offrant un tube, *tubus.*

TUBULEUX, *tubulosus* [Pl. 36, fig. 6 A. — Pl. 39, fig. 6. — Pl. 43, fig. 3.]. — Quand le tube est très-allongé et l'orifice peu ou point dilaté. — [*Primula. Datura stramonium. Nepeta longiflora. Silene. Dianthus. Arachis hypogæa.* etc.].

CONIQUE, *conicus* [Pl. 36, fig. 7.]. — En cône. — [*Stachys coccinea*, et beaucoup d'autres Labiées. *Punica granatum.* etc.].

TURBINÉ, en poire, en toupie, *turbinatus.* — Conique, mais un peu resserré vers son orifice. — [*Spiræa trifoliata.* etc.].

ENFLÉ, *inflatus* — [Pl. 39, fig. 7 B.]. — Membraneux et dilaté comme une vessie. — [*Rhinanthus crista galli. Cucubalus behen. Anthyllis vulneraria.* etc.].

URCÉOLÉ, en burette, *urceolatus*, *ventricosus* [Pl. 43, fig. 4 B.]. — Renflé dans sa partie moyenne, resserré vers son orifice, dilaté à son limbe. — [*Hyoscyamus niger. Rhexia virginica. Rosa.* etc.].

CUPULAIRE, en godet, *cupularis* [Pl. 40, fig. 6 A.]. — Très-court, également dilaté dans toute sa longueur. — [*Verbena glomerata. Lycium afrum. Citrus medica. Fissilia. Hermannia scabra.* etc.].

CYLINDRIQUE, *cylindricus* [Pl. 68. VIII.]. — Formant un tuyau d'un diamètre à-peu-près égal dans toute sa longueur et n'ayant aucun angle. — [*Dianthus.* etc.].

CLAVIFORME, en massue, *claviformis*, *clavatus.* — Tubulé, allongé et renflé à son sommet. — [*Silene armeria.* etc.].

CAMPANULÉ, en cloche, *campanulatus* [Pl. 37, fig. 5 C. — Pl. 41, fig. 3 *a*.]. — Concave et se dilatant de la base à l'orifice. — [*Statice armeria. Melitis melissophyllum. Helicteres. Cucubalus bacciferus.* etc.].

COMPRIMÉ, *compressus.* — Large et plat comme s'il avait été pressé latéralement. — [*Rhinanthus crista galli. Pedicularis palustris.* etc.].

PRISMATIQUE, *prismaticus.* — Ayant des angles longitudinaux et des facettes. — [*Datura stramonium. Mimulus guttatus. Pulmonaria officinalis. Frankenia pulverulenta.*].

ANGULEUX, *angulosus.* — Ayant des angles longitudinaux. — [*Pedicularis sylvatica. Nicandra physalodes. Silene armeria.* etc.].

CÔTEUX, *costatus.* — Relevé de nervures saillantes. — [*Pedicularis palustris. Thymus serpyllum. Ballota nigra. Agrostemma githago. Silene conica*, - *nutans*, - *quinquevulnera.* etc.].

SILLONNÉ, *sulcatus.* — [*Melissa calamintha.* etc.].

ÉPERONNÉ, *calcaratus* [Pl. 42, fig. 7 A *b*.... fig. 8 A *b*.]. — Ayant un prolongement creux ressemblant extérieurement à un ergot de coq. — [*Delphinium. Tropæolum.* etc.].

BILABIÉ, *bilabiatus* [Pl. 36, fig. 5.]. — A deux principales découpures, l'une supérieure, l'autre inférieure, un peu inégales et entr'ouvertes comme deux lèvres. — [*Salvia* et beaucoup d'autres Labiées. etc.].

CALICULÉ, *calyculatus* [Pl. 41, fig. 5 A *b*... fig. 6 A *a*.]. — Ayant un Calice, *Calyculus*, espèce d'involucre qui ressemble à un second calice. — [*Erica vulgaris. Linnæa borealis. Hypericum ægyptiacum. Hibiscus.* etc.].

Bord et Limbe.

ENTIER, *integer.* — Terme employé par opposition au mot INCISÉ.

TRÈS-ENTIER, tronqué, *integerrimus*, *truncatus* [Pl. 40, fig. 6 A]. — N'ayant ni lobes, ni découpures, ni dents, ni crénelures, comme s'il avait été tronqué. — [*Fissilia.* etc.].

RONGÉ, *erosus.* — Le bord est inégal comme s'il avait été rongé par quelque insecte. — [*Chenopodium bonus henricus.* etc.].

CRÉNELÉ, *crenatus* [Pl. 41, fig. 8 A *a*.]. — [*Guarea trichilioïdes.* etc.].

DENTÉ, denticulé, *dentatus*, *denticulatus.*

TRIDENTÉ, *tridentatus* [Pl. 39, fig. 11 A.]. — [*Triphasia. Cneorum.* etc.].

QUADRIDENTÉ, *quadridentatus* [Pl. 41, fig. 1.]. — [*Ligustrum. Syringa. Ximenia. Cornus. Aucuba.* etc.].

QUINQUÉDENTÉ, *quinquedentatus* [Pl. 36, fig. 4. — Pl. 39, fig. 6 AB... fig. 7 B.]. — [*Stachys*, *Molucella*, et beaucoup d'autres Labiées. *Coriandrum. Dianthus. Cucubalus. Silene.* etc.].

INCISÉ, *incisus, divisus.* — Terme général qui indique qu'un Calice est FENDU, LOBÉ ou PARTAGÉ. On l'emploie par opposition au mot ENTIER.

FENDU, *fissus.* — Ayant des découpures qui égalent au moins la moitié de la longueur totale du calice.

BIFIDE, *bifidus.* — A deux découpures ou divisions. — [*Utricularia. Pedicularis palustris. Verbena nodiflora.* etc.].

TRIFIDE, *trifidus.*

QUADRIFIDE, *quadrifidus.* — [*Rhinanthus. Reseda luteola.* etc.].

QUINQUÉFIDE, *quinquefidus* [Pl. 43, fig. 4 AB.]. — [*Physalis alkekengi. Hyoscyamus niger. Cucubalus bacciferus. Rosa.* etc.].

SEXFIDE, *sexfidus.*

OCTOFIDE, *octofidus.* — [*Tormentilla.* etc.].

DÉCEMFIDE, *decemfidus.* — [*Potentilla. Fragaria.* etc.].

DUODÉCEMFIDE, *duodecemfidus.* — [*Peplis.* etc.].

OBS. Les mots LOBÉ, *lobatus*, BILOBÉ, *bilobatus*, TRILOBÉ, *trilobatus*, etc., peuvent être substitués aux mots FENDU, BIFIDE, TRIFIDE, etc., lorsque les divisions sont larges.

PARTAGÉ, *partitus.* — Lorsque le découpures se prolongent presque jusqu'à la base. — [*Reseda phyteuma. Ternstromia.* etc.].

BIPARTI, *bipartitus.* — [*Orobanche.* etc.].

TRIPARTI, *tripartitus* [Pl. 35, fig. 2 A. — Pl. 40, fig. 2 B.]. — [*Alisma plantago. Sagittaria sagittifolia. Maranta arundinacea. Anona triloba.* etc.].

QUADRIPARTI, *quadripartitus.* — [*Veronica officinalis. Gentiana campestris.* etc.].

QUINQUÉPARTI, *quinquepartitus* Pl. 35, fig. 4 B.]. — [*Digitalis purpurea. Antirrhinum majus. Borrago officinalis. Achras sapota.* etc.]

PLURIPARTI, *pluripartitus.* — On emploie ce mot lorsqu'on ne veut pas ou qu'on ne peut pas désigner le nombre des découpures.

DENTS, *Dentes;* DÉCOUPURES, *Laciniæ;* SÉPALES, *Sepala.* — Ces différentes divisions du Calice sont dites,

DRESSÉES, *erectæ*, [Pl. 39, fig. 6 A.].— Lorsqu'elles sont dans la direction de l'axe de la fleur. — [*Primula. Nicotiana. Chironia centaurium. Cheranthus. Silene. Dianthus.* etc.].

CONTIGUËS, *contiguæ*, *lateraliter conniventes* [Pl. 39, fig. 2 A *b*.]. — Rapprochées longitudinalement, et ne laissant point d'intervalle notable entre leurs côtés. — [*Raphanus. Cheiranthus.* etc.].

OBS. La *connivence latérale* des Sépales fait désigner ce Calice par l'épithète CLOS, *clausus*, expression peu exacte, puisque ce Calice est nécessairement ouvert au sommet.

IMBRIQUÉES, *imbricatæ* [Pl. 40, fig. 8 A *a*.]. — Se recouvrant les uns les autres par les côtés. — [*Convolvulus. Ternstromia. Thea.* etc.].

CONNIVENTES, *conniventes.* — Convergeant entre elles par le sommet. — [*Trollius europæus.* etc.].

ÉTALÉES, divergentes, *patentes, patulæ, divergentes* [Pl. 39, fig. 3 A D.—Pl. 35, fig. 4 B... fig. 5 A.]. — S'écartant les unes des autres, et se plaçant dans une direction horizontale relativement à la base de la fleur. — [*Borrago officinalis. Hydrophyllum. Anona. Reseda. Adonis. Nigella. Ranunculus acris, - repens. Sisymbrium irio. Agrostemma githago. Saxifraga aizoïdes.* etc.].

RÉFLÉCHIES, renversées, *reflexæ, deflexæ.*—Renversées en arrière, de manière à présenter extérieurement leur face interne. — [*Ranunculus bulbosus, - flammula. Hypericum androsæmum. Œnothera biennis. Saxifraga stellaris, - hirculus. Prunus cerasus.* etc.].

RÉVOLUTÉES, *revolutæ* [Pl. 41, fig. 4 *a*.]. — Roulées en

dehors. [On en voit des exemples dans le périanthe simple des Protéacées, du *Sterculia platanifolia.* etc.].

INVOLUTÉES, *involutæ.* — Roulées en dedans. — [*Valeriana rubra.* etc.].

ÉGALES, *æquales* [Pl. 35, fig. 4B... fig. 5A.]. — [*Primula. Borrago officinalis. Adonis. Ranunculus. Nigella.* etc.].

INÉGALES, *inæquales* [Pl. 36, fig. 5. — Pl. 40, fig. 8A*a*.] — [*Salvia. Gentiana campestris. Hypericum androsœmum. Helianthemum. Tormentilla. Potentilla.* etc.].

Grandeur du Calice, relativement à la Corolle.

PLUS LONG QUE LA COROLLE, *corollâ longior* [Pl. 42, fig. 9A*a*.]. — [*Antirrhinum oruntium. Agrostemma githago. Nigella hispanica. Alsine media. Arenaria rubra, - tenuifolia.* etc.].

PLUS COURT QUE LA COROLLE, *corollâ brevior* [Pl. 39, fig. 6A... fig. 7A.]. — [*Mirabilis jalapa. Dianthus. Cerastium arvense.* etc.].

DE LA LONGUEUR DE LA COROLLE, *corollæ æqualis.* — [*Geranium sibiricum. Cerastium vulgatum.* etc.].

Attache.

ADHÉRENT, *adherens.* — Lorsqu'il fait corps avec l'ovaire. — [*Centaurea* et autres Synanthérées. *Myrtus. Scleranthus. Agrimonia. Pyrus.* etc.].

OBS. Le limbe d'un Calice adhérent est souvent libre et surmonte l'ovaire (*Punica granatum*). De là, *Calix superus*, expression peu exacte d'après l'idée que l'on s'est faite du Calice, puisqu'il est censé naître toujours sous l'ovaire.

INADHÉRENT, *inadherens, liber* [Pl. 43, fig. 4B.]. — Lorsque le calice est en totalité parfaitement détaché de l'ovaire. De là *Calix inferus.* — [Labiées. Caryophyllées. *Fragaria. Rubus. Rosa.* etc.].

SEMI-ADHÉRENT, *semi-adherens.* — Lorsque le calice adhère à l'ovaire dans une partie de sa longueur. De là *Calix semi-inferus.* — [*Limosella aquatica.* etc.].

Coloration.

COLORÉ, *coloratus.* — D'une couleur autre que le vert. — [*Andromeda polifolia. Tropæolum. Fuchsia. Punica granatum.* etc.].

PÉTALOÏDE, *petaloïdeus.* — [*Aquilegia.* etc.].

AMBIGÈNE, *ambigenus.* — De la nature du calice à l'extérieur et de celle de la corolle à l'intérieur. — [*Grewia.* etc.].

Durée.

FUGACE, caduc, *fugax, caducus.* — Tombant dès que la fleur commence à s'ouvrir. — [*Papaver. Epimedium.* etc.].

PASSAGER, *deciduus.* — Tombant après la fécondation, en même temps que la corolle. — [*Actæa spicata. Chelidonium majus.* Crucifères. *Berberis.* etc.].

PERSISTANT, *persistens* [Pl. 46, fig. 5 A. — Pl. 49, fig. 5 A.]. — Subsistant après la floraison. — [*Anagallis. Rhinanthus.* Labiées. *Hyoscyamus niger. Physalis alkekengi.* Borraginées. *Convolvulus. Hypericum androsæmum. Cucubalus bacciferus. Saxifraga. Rubus.* etc.].

MARCESCENT, *marcescens.* — Persistant, mais se fanant et se desséchant. — [*Anagallis. Rhinanthus. Rubus.* etc.].

ACCRESCENT, *accrescens* [Pl. 45, fig. 8, 9. — Pl. 54, fig. 3.]. — Persistant, continuant à végéter et à prendre de l'accroissement avec le fruit. — [*Physalis alkekengi. Fissilia disparilis. Heisteria coccinea.* etc.].

INDUVIAL, *induvialis* [Pl. 54, fig. 3. — Pl. 55, fig. 2 A B.] — Persistant et recouvrant le fruit. — [*Physalis. Rosa.* etc.].

COROLLE, *Corolla.* — Partie intérieure du Périanthe double. *Voy.* pag. 254.

Insertion.

HYPOGYNE, *hypogyna* [Pl. 39, fig. 1, 5, 6 B.]. — Prenant naissance sous l'ovaire, soit que l'ovaire soit sessile [*Cheiranthus* et autres Crucifères. etc.], soit qu'il repose sur un gynophore [*Dianthus, Silene, Cucubalus,* et autres Caryophyllées. *Cleome.* etc.].

PÉRIGYNE, *perigyna* [Pl. 43, fig. 4 B.]. — Prenant naissance sur la paroi interne du calice. — [*Campanula* et autres Campanulacées. *Salicaria.* Myrtées. *Rosa*, et autres Rosacées. etc.].

ÉPIGYNE, *epigyna* [Pl. 37, fig. 6 D. . . fig. 7 A. . . fig. 8 A B.]. — Prenant naissance au sommet de l'ovaire. — [*Centaurea. Carduus. Xymenesia* et autres Synanthérées. *Lonicera* et autres Caprifoliées. *Coffea* et autres Rubiacées. *Apium. Daucus* et autres Ombellifères. etc.].

Structure générale.

MONOPÉTALE, *monopetala* [Pl. 35, fig. 5 A B. . . fig. 8 A. — Pl. 36.]. — Formée d'une seule pièce. — [*Salvia* et autres Labiées. *Borrago Hydrophyllum* et autres Borraginées. *Nerium oleander* et autres Apocynées. *Centaurea* et autres Synanthérées. etc.].

POLYPÉTALE, *polypetala* [Pl. 39, fig. 5, 6 B. . . fig. 9 A B.]. — Composée de plusieurs pièces ou Pétales, *Petala*. — [Ombellifères. *Raphanus* et autres Crucifères. *Cleome* et autres Capparidées. *Silene* et autres Caryophyllées. *Saxifraga* et autres Saxifragées. *Rosa* et autres Rosacées. etc.].

RÉGULIÈRE, *regularis* [Pl. 35, fig. 4 A. . . fig. 7 A B. — Pl. 39, fig. 2 A.]. — [*Borrago. Convolvulus. Kalmia. Aquilegia. Raphanus*, et d'autres Crucifères. *Silene, Dianthus* et autres Caryophyllées. *Rosa*. etc.].

IRRÉGULIÈRE, *irregularis* [Pl. 36. — Pl. 43, fig. 1 A.]. — [*Salvia* et autres Labiées. — *Echium. Martynia. Andryala* et autres Synanthérées semi-flosculeuses. *Delphinium. Robinia* et autres Légumineuses papillonacées. etc.].

MONOPÉTALE RÉGULIÈRE.

Forme générale.

TUBULÉE, *tubulata* [Pl. 36]. — Ayant un tube. — [*Verbena multifida. Nepeta longiflora* et autres Labiées. etc.].

TUBULEUSE, *tubulosa* [Pl. 35, fig. 6. — Pl. 36, fig. 9.]. — En tube beaucoup plus long que le diamètre du limbe. — [*Hamelia. Spigelia marylandica*. etc.].

CAMPANULÉE, campaniforme, *campanulata, campaniformis* [Pl. 68, fig. I, 1, 2.]. — En clochette, *campanula*. — [*Atropa belladona. Ipomea nil. Gentiana pneumonanthe. Vaccinium vitis-idæa. Campanula trachelium.* etc.].

GLOBULEUSE, *globulosa*, *globosa* [Pl. 68, I, 3.]. — [*Erica ramentacea. Andromeda polifolia.* etc.].

OVOÏDE, *ovata* [Pl. 34, fig. 8 A.]. — [*Gaulteria procumbens. Arbutus. Menziezia daboeci. Erica tetralix.* etc.].

URCÉOLÉE, *urceolata*. — [*Vaccinium myrtillus.* etc.].

CLAVIFORME, en massue, *claviformis*, *clavata*. — [*Erica pinea, cerinthoïdes.* etc.].

INFUNDIBULIFORME, infundibulée, en forme d'entonnoir, *infundibuliformis* [Pl. 68, II, 1.]. — [*Nerium oleander. Nicotiana tabacum.* etc.].

HYPOCRATÉRIFORME, *hypocrateriformis* [Pl. 68, II, 2.]. — Le tube est long et le limbe plane ou peu concave. — [*Vinca. Gentiana verna. Phlox. Erica aïtoni.* etc.].

CYATHIFORME, en gobelet, *cyathiformis*. — Le tube est cylindrique, un peu dilaté vers la partie supérieure, et le limbe est droit. — [*Symphytum tuberosum.* etc.].

ROTACÉE, en roue, *rotata* [Pl. 35, fig. 4. — Pl. 68 II, 3.]. — Le tube est très-court, le limbe est ouvert et plane. — [*Borrago officinalis. Verbascum thapsus. Physalis alkekengi. Viburnum lentago.* etc.].

ÉTOILÉE, *stellata*. — Petite corolle en roue dont les divisions sont très-aiguës. — [*Galium verum. Valantia cruciata.* etc.].

Parties de la Corolle monopétale régulière.

TUBE, *Tubus*. — Partie inférieure et indivise.

RECTILIGNE, *rectilineus*, *rectus* [Pl. 25, fig. 6.]. — N'ayant aucune courbure. — [*Vinca. Hamelia.* etc.].

OBS. Le Tube d'une Corolle monopétale régulière est nécessairement RECTILIGNE.

CYLINDRIQUE, *cylindricus*. — [*Mirabilis jalapa.* etc.].

GRÊLE, filiforme, délié, *gracilis, filiformis.*— [*Plumbago rosea.* etc.].

VENTRU, enflé, *ventricosus, inflatus.* — [*Erica inflata, -ventricosa.* etc.].

CLAVIFORME, *claviformis, clavatus.* — [*Spigelia marylandica.* etc.].

PRISMATIQUE, *prismaticus* [Pl. 35, fig. 6.]. — [*Hamelia.* etc.].

APPENDICULÉ intérieurement, *internè appendiculatus.* — [Pl. 35, fig. 5 B *a.*]. — Muni d'un appendice intérieur (*Nectarium* Lin.). — [*Hydrophyllum. Lithospermum tenuifolium. Cuscuta epithymum.* etc.].

GORGE, *Faux.* — Orifice du Tube.

CIRCULAIRE, *orbicularis.*—[*Phlox. Mirabilis.* etc.].

ANGULÉE, *angulata.* — Ayant des angles en nombre déterminé. — [*Vinca rosea.* etc.].

DILATÉE, *dilatata.* — Plus large que le tube. — [*Mirabilis jalapa. Nicotiana tabacum.* etc.].

RESSERRÉE, *coarctata.* — Moins large que le tube. — [*Verbena officinalis. Scrophularia vernalis. Vinca rosea.* etc.].

OBSTRUÉE, *obstructa.* — Munie de poils, de cils, de glandes, d'appendices divers qui en embarrassent l'entrée.

VELUE, *villosa.* — Obstruée par des poils. — [*Verbena multifida. Thymus.* etc.].

CILIÉE, *ciliata.* — Obstruée par des cils. — [*Gentiana campestris, - amarella.* etc.].

GIBBIFÈRE, *gibbifera* [Pl. 35, fig. 4 A *a...* fig. 8 A B *a.*]. — Obstruée par des bosses. La gorge est dilatée en certains points de manière à se relever en bosses qui sont comme autant de poches ou de *cœcum* dont l'ouverture est inférieure. — [*Lycopsis arvensis. Cynoglossum officinale. Borrago. Anchusa.* etc.].

CORNICULIFÈRE, *cornicul.fera.* — Obstruée par des cornes creuses et ouvertes inférieurement de même que les bosses. — [*Symphytum tuberosum.* etc.].

LAMELLIFÈRE, *lamellifera* [Pl. 35, fig. 10 B *a.*]. — Garnie d'appendices lamellaires. — [*Nerium oleander.* etc.].

NUE, *nuda.* — Sans poils, bosses, etc. — [*Nicotiana tabacum. Cerinthe major. Phlox.* etc.].

LIMBE, *Limbus.* — Partie supérieure de la Corolle à partir de la Gorge.

PLISSÉ, *plicatus.* — Offrant des plis réguliers comme un éventail, une bourse à jetons, etc. — [*Convolvulus. Gentiana pneumonanthe*, etc.].

TORS, *tortus*, *contortus* [Pl. 35, fig. 10 B.]. — Les divisions du limbe sont coupées obliquement et se recouvrent avant l'épanouissement en tournant autour de l'axe de la fleur. — [*Nerium oleander*, *Vinca*, et autres Apocinées. etc.].

DRESSÉ, *erectus* [Pl. 35, fig. 5 A.]. — Parallèle à l'axe de la fleur. — [*Hydrophyllum. Cynoglossum officinale. Cerinthe.* etc.].

ÉTALÉ, ouvert, *patens* [Pl. 35, fig. 8 A... fig. 10 B. — Pl. 36, fig. 2.]. — Formant un angle droit avec le tube. — [*Verbena multifida. Anchusa italica. Nerium oleander. Chironia centaurium.* etc.].

RÉFLÉCHI, renversé, *reflexus* [Pl. 29, fig. 5. — Pl. 35, fig. 9 A *a.*]. — Se renversant en dehors. — [*Cyclamen. Solanum dulcamara. Messerschmidia fruticosa. Asclepias. Vaccinium oxycoccus.* etc.].

RÉVOLUTÉ, *revolutus.* — Roulé en dehors. — [*Ces-*

trum cauliflorum, - fastigiatum, - odontospermum, Jacq. etc.].

Obs. Il faut encore examiner et noter la profondeur et la forme des divisions du Limbe.

MONOPÉTALE IRRÉGULIÈRE.

Forme générale.

UNILABIÉE, *unilabiata.* — La partie inférieure du limbe de la corolle se prolonge en avant, et forme ainsi ce que les botanistes nomment une LÈVRE, *Labium.* — [*Acanthus.* etc.].

LIGULÉE, en languette, *ligulata* [Pl. 38, fig. 1C... fig. 3B. Pl. 69, XIII, 1*b.*]. — Corolle unilabiée particulière aux Synanthérées semiflosculeuses et radiées. Le limbe s'allonge d'un seul côté, et forme une espèce de languette. — [*Leontodon taraxacum.* Rayons de l'*Helianthus.* etc.].

BILABIÉE, *bilabiata* [Pl. 36, fig. 4, 5, 6.]. — Le limbe est fendu latéralement en deux lobes principaux dissemblables (LÈVRES); l'un supérieur, *Labium superius;* l'autre inférieur, *Labium inferius.* — [*Rhinanthus. Pedicularis.* Labiées en général. etc.].

RINGENTE, en gueule, *ringens* [Pl. 36, fig. 5, 7. — Les deux lèvres écartées imitent assez bien la gueule ouverte d'un animal. — [*Salvia officinalis. Lamium album. Dracocephalum. Stachys.* etc.].

PERSONÉE, en mufle, en masque, *personata* [Pl. 68, III, 1*a.*]. — Les deux lèvres sont closes par une saillie interne de la gorge qui porte le nom de Palais, *Palatium.* — [*Antirrhinum majus. Linaria.* etc.].

Obs. Tournefort, qui semble avoir choisi pour type de cette dernière forme l'*Antirrhinum majus*, a appliqué cependant le nom de Personées à beaucoup de fleurs *anomales*, qui n'ont entre elles aucun rapport de figure et d'organisation.

RENVERSÉE, résupinée, *resupinata* [Pl. 36, fig. 12.]. — La fleur est conformée de telle manière qu'au premier coup-d'œil la lèvre supérieure semble avoir pris la place de l'inférieure, et l'inférieure de la supérieure, ce qui n'est point réel; car, dans les corolles bilabiées, la partie supérieure recouvre toujours l'inférieure avant l'épanouissement, et cela se retrouve dans les corolles dites RENVERSÉES. — [*Ocymum basilicum. Plectranthus punctatus.* etc.].

LÈVRE SUPÉRIEURE, *Labium superius.*

TENDUE, *porrectum* [Pl. 36, fig. 4.].—Lorsqu'elle se porte en avant en suivant la direction du tube. — [*Monarda. Phlomis leonurus. Molucella lævis. Galeopsis tetrahit.* etc.].

ASCENDANTE, *ascendens* [Pl. 36, fig. 6, 8, 11.]. — Lorsqu'elle suit d'abord la direction du tube, et qu'elle se relève par son extrémité. — [*Nepeta longiflora. Stachys annua. Betonica officinalis.* etc.].

RÉFLÉCHIE, *reflexum.* — Renversée en arrière sur le tube. — [*Plectranthus punctatus.* etc.].

INFLÉCHIE, *inflexum.* — Renversée sur la lèvre inférieure. — [*Brunella.* etc.].

FALQUÉE, *falcata* [Pl. 36, fig. 5.]. — Courbée en lame de faulx. — [*Salvia bicolor, - pratensis.* etc.].

VOUTÉE, *fornicatum, galeatum.* — Courbée et concave intérieurement. — [*Pedicularis palustris. Phlomis. Lamium. Galeopsis.* etc.].

COMPRIMÉE, *compressum* [Pl 36, fig. 5.].— Pliée en deux dans sa longueur et aplatie latéralement. — [*Rhinanthus. Pedicularis palustris.* Plusieurs *Salvia.* Plusieurs *Phlomis. Trichostema.* etc.].

PLANE, *planum.* — Étalée. — [*Melitis melissophyllum.* etc.].

ENTIÈRE, *integrum* [Pl. 36, fig. 4.].—[*Molucella lævis.* etc.].

ÉMARGINÉE, échancrée, *emarginatum.* — [*Lycopus.* etc.].

FENDUE, *fissum* [Pl. 36, fig. 5, 6.]. — [*Euphrasia officinalis. Salvia bicolor. Nepeta longiflora.* etc.]

PARTAGÉE, *partitum* [Pl 36, fig. 13. — Pl. 38, fig. 4 A.]. — Divisée jusqu'à l'orifice du tube. — [*Teucrium. Lobelia cardinalis*, - *siphilitica*. etc.].

LÈVRE INFÉRIEURE, *Labium inferius*. — Elle a ordinairement trois divisions.

PLUS LONGUE que la supérieure, *superiore longior* [Pl. 36, fig. 4.]. — [*Molucella lævis. Phlomis zeylanica*. etc.].

PLUS COURTE que la supérieure, *superiore brevior*. — [*Phlomis leonurus*. etc.].

TENDUE, *porrectum* [Pl. 36, fig. 4, 5.]. — [*Melampyrum pratense. Salvia bicolor. Molucella lævis*. etc.].

ABAISSÉE, *demissum* [Pl. 36, fig. 8.]. — [*Stachys germanica*. etc.].

RÉFLÉCHIE, *reflexum*. — Se renversant en arrière sur le tube. — [*Chelone barbata*. etc.].

INFLÉCHIE, *inflexum* [Pl. 36, fig. 12.]. — Se recourbant vers l'orifice du tube. — [*Plectranthus punctatus*. etc.].

TUBE, *Tubus*.

ARQUÉ, courbé, *arcuatus*, *curvus* [Pl. 36, fig. 6.]. — [*Martynia. Nepeta longiflora*. etc.].

COMPRIMÉ, *compressus*. — [Beaucoup de Labiées. *Justicia quadrifida*. etc.].

GIBBEUX, *gibbus*, *gibbosus* [Pl. 37, fig. 2 c.]. — Offrant à l'extérieur un renflement brusque, sorte de bosse, *gibba*, qui correspond à une poche intérieure. — [*Antirrhinum majus. Martynia. Valeriana cornucopiæ*. etc.].

ÉPERONNÉ, *calcaratus* [Pl. 35, fig. 11.]. — Muni d'un prolongement creux ouvert antérieurement et prolongé en pointe, lequel ressemble à un ergot de coq, et prend le nom d'éperon, *calcar*. — [*Valeriana rubra. Linaria*. etc.].

FENDU, *fissus* [Pl. 38, fig. 4 A.]. — Lorsque le tube est fendu longitudinalement, de sorte qu'on peut l'étendre en une lame plane sans le déchirer. — [*Goodenia. Lobelia.* etc.].

POLYPÉTALE, *polypetala.*

Forme générale.

CRUCIFORME, *cruciformis* [Pl. 39, fig. 2 A. — Pl. 68, v, 2.]. — Corolle régulière composée de quatre pétales à longs onglets et à lames ouvertes, disposées en croix. — [*Brassica* et autres Crucifères. etc.].

OBS. Lorsque les onglets d'une Corolle TÉTRAPÉTALE sont très-courts et les Pétales OUVERTS dès leur point d'attache, comme il arrive dans le *Chelidonium* et le *Papaver*, cette Corolle, au lieu d'être CRUCIFORME est ROSACÉE.

ROSELÉE, rosacée, *roselata, rosacea* [Pl. 42, fig. 1 A... fig. 5 A. — Pl. 68, VI, 1, 2.]. — Corolle régulière composée de trois à cinq pétales, ou plus, divergens, disposés en rosace, et attachés par de courts onglets. — [*Alisma plantago. Parnassia. Rosa. Fragaria* etc.].

CARYOPHYLLÉE, *caryophyllata* [Pl. 39, fig. 6 A. — Pl. 68, VIII.]. — Corolle régulière composée de cinq pétales dont les onglets fort longs, sont environnés et cachés par le calice. — [*Dianthus. Silene.* etc.].

PAPILLONACÉE, *papilionacea* [Pl. 43, fig. 1 A B C D E. — Pl. 68, x.] — Corolle composée de cinq pétales irréguliers, qui, en considération de leur forme, ont reçu des noms particuliers. Le supérieur est l'Étendard ou Pavillon, *Vexillum;* il est ordinairement grand et redressé. Les deux latéraux sont les Ailes, *Alæ;* ils sont rapprochés l'un de l'autre par leur face interne. Les deux inférieurs composent la Carène, *Carina;* ils sont taillés en rondache, et se touchent ou même sont soudés par leur bord extérieur. — [*Pisum. Phaseolus. Robinia hispida. Spartium scoparium.* et d'autres Légumineuses. etc.].

ANOMALE, *anomala* [Pl. 42, fig. 7, 8. — Pl. 69, XI.]. — Corolle composée de pétales irréguliers affectant une autre figure que celle de la corolle papillonacée. — [*Aconitum. Delphinium. Tropæolum. Viola.* etc.].

Composition.

UNIPÉTALE, *unipetala*. — Formée d'un seul pétale. — [*Amorpha*. etc.].

OBS. *Unipétale* n'est point synonyme de *Monopétale*. La Corolle MONOPÉTALE peut être considérée comme formée par la réunion de plusieurs Pétales soudés entre eux latéralement; sa ligne d'insertion sur le réceptacle ceint complétement les organes sexuels. La Corolle UNIPÉTALE n'est autre chose qu'un Pétale isolé; sa ligne d'insertion n'entoure qu'incomplétement les organes sexuels.

DIPÉTALE, *dipetala*. — Formée de deux pétales. — [*Circæa*. etc.].

TRIPÉTALE, *tripetala* [Pl. 39, fig. 11 A. — Pl. 40, fig. 5 A.]. — [*Alisma*. *Sagittaria*. *Hydrastis*. *Triphasia*. *Cneorum*. etc.].

TÉTRAPÉTALE, *tetrapetala* [Pl. 39, fig. 2 A... fig. 5. — Pl. 40, fig. 1 A.]. — [*Chelidonium*. Crucifères. etc.].

PENTAPÉTALE, *pentapetala* [Pl. 41, fig. 10 A.]. — [Ombellifères. *Adonis*. *Ranunculus*. Caryophyllées. *Rosa*. etc.].

HEXAPÉTALE, *hexapetala* [Pl. 40, fig. 2 A.]. — [*Berberis*. *Anona*. etc.].

OCTOPÉTALE, *octopetala* [Pl. 42, fig. 9 A*b*.]. — [*Nigella hispanica*. etc.].

PÉTALES, *Petala*. — Pièces qui composent la Corolle polypétale.

Position.

OPPOSITIFS, *oppositiva* (*calyci opposita*). — Placés devant les divisions du calice. — [Ménispermées. *Berberis*. *Epimedium*. etc.].

INTERPOSITIFS, *interpositiva* (*calyci alterna*). — Alternant avec les divisions du calice. C'est la position la plus ordinaire. — [Crucifères. *Rosa*. etc.].

Attache.

ONGUICULÉS, *unguiculata* [Pl. 37, fig. 1. — Pl. 39, fig. 5, 6 D.]. — Tout pétale est attaché à la fleur par un onglet, *unguis ;* mais le mot onguiculé indique que l'onglet est long et apparent. — [*Statice monopetala*, - *armeria*. *Cheiranthus* et d'autres Crucifères. *Dianthus* et d'autres Caryophyllées. *Frankenia lævis*.].

SESSILES, *sessilia* [Pl. 39, fig. 8 B.]. — Lorsque l'onglet n'est pas apparent. — [*Vitis*. *Cissus*. *Elatine*. *Gypsophila*. *Fabricia*. etc.].

Direction.

INFLÉCHIS, *inflexa*. — Se courbant vers le centre de la fleur. — [*Astrantia major*. etc.].

INVOLUTÉS, *involuta* [Pl. 38, fig. 5 A B.]. — Courbés et roulés par le sommet vers le centre de la fleur. — [*Anethum graveolens*. etc.]

DRESSÉS, *erecta* [Pl. 41, fig. 3 B.]. — Dans une situation parallèle à l'axe de la fleur. — [*Hermannia*. *Helicteres isora*. *Geum*. etc.].

INCOMBANS latéralement, *lateraliter incumbentia*. — Se recouvrant les uns les autres par les côtés. — [*Hermannia*. *Oxalis versicolor*. etc.].

ÉTALÉS, *patentia*. [Pl. 43, fig. 4 A B.]. — Placés à angle droit relativement à l'axe de la fleur. — [*Rosa*. *Fragaria*. *Geum urbanum*. etc.].

RÉFLÉCHIS, *reflexa*. — Se renversant en arrière. — [*Aralia arborea*. etc.].

UNILATÉRAUX, *unilateralia* [Pl. 39, fig. 5.]. — Se portant vers un côté de la fleur. — [*Cleome*. etc.]

ASCENDANS, *ascendentia* [Pl. 39, fig. 5.]. — Se portant vers la partie supérieure de la fleur. — [*Cleome*. etc.].

Forme.

ARRONDIS, *subrotunda* [Pl. 42, fig. 1.]. — [*Silene armeria*. *Ranunculus bulbosus*. *Potentilla fruticosa*. *Fragaria vesca*. etc.].

OVALES, *ovalia*. — [*Statice armeria. Pæonia anomala. Linum usitatissimum*. etc.].

ELLIPTIQUES, *elliptica*. — [*Saxifraga decipiens*. etc.].

LANCÉOLÉS, *lanceolata*] Pl. 39, fig. 10 A.]. — [*Hypericum montanum. Saxifraga sarmentosa*. etc.].

LINÉAIRES, *linearia*. — [*Fraxinus ornus. Chionanthus. Hamamelis virginiana*. etc.].

SPATULÉS, *spathulata*. — [*Dictamnus albus. Cleome pentaphylla*. etc.].

CUNÉAIRES, *cunearia*. — [*Linum austriacum*. etc.].

CORDIFORMES, *cordiformia*, (*obcordiformia* Smith). — En cœur, l'échancrure en haut. — [*Parnassia palustris. Geranium pyrenaïcum. Cerastium arvense. Stellaria holostea. Œnothera odorata*. etc.].

CONCAVES, *concava*. — [*Parnassia. Tilia europæa. Ruta graveolens*. etc.].

NAVICULAIRES, *naviculares* [Pl. 40, fig. 4 A.]. — [*Cookia punctata*. etc.].

GALÉIFORMES, en casque, *galeiformia* [Pl. 69, XI.]. — Creux, voûtés et ouverts antérieurement en forme de casque, *galea*, ou de capulet.— [*Aconitum*. etc.].

CUCULLIFORMES, en cornet, *cuculliformia* [Pl. 42, fig. 8 A.]. — En forme de capuchon pointu ou de cornet de papier, *cucullus*. — [*Delphinium. Aquilegia*. etc.].

ÉPERONNÉS, *calcarata*. — Prolongés inférieurement en une pointe creuse, semblable à un ergot. — [*Viola*. etc.].

BILABIÉS, *bilabiata* [Pl. 42, fig. 9 B *c*.]. — Tubulés avec un limbe à deux lèvres. — [*Nigella. Helleborus. Isopyrum*. etc.].

DIFFORMES, *difformia*. — Irréguliers, et ne pouvant être comparés à des formes connues. — [*Epimedium*. etc.].

INÉGAUX, *inæqualia*. — Differens par leur forme ou leur grandeur. — [*Anona. Viola. Pisum*. etc.].

CONJOINTS, *coadunata* [Pl. 37, fig. 1. — Pl. 40, fig. 6 A B.]. — Joints et soudés par leurs bords, mais si faiblement qu'on peut les séparer sans lésion apparente du tissu. — [*Statice monopetala. Fissilia disparilis*, etc. — Ils sont joints par le sommet dans la Vigne, et par la base dans le *Vaccinium oxycoccus*. etc.].

Bord.

ONDULÉS, *undulata*. — [*Geranium phæum. Lagerstromia*. etc.].

RONGÉS, *erosa*. — [*Chelidonium glaucium. Frankenia lævis*. etc.].

CRÉNELÉS, *crenata*. — [*Dianthus caryophyllus. Linum usitatissimum*. etc.].

DENTÉS, *dentata* [Pl. 64, VIII.]. — [*Dianthus barbatus*, - *capitatus. Silene lusitanica*. etc.].

FRANGÉS, *fimbriata* [Pl. 39, fig. 7 A.]. — [*Cucubalus fimbriatus*. etc.].

CILIÉS, *ciliata* [Pl. 42, fig. 7 A.]. — Bordés de fines lanières ou de poils que l'on compare aux cils des paupières. — [*Tropæolum. Ruta*. etc.].

ÉMARGINÉS, échancrés, *emarginata* [Pl. 43, fig. 4.]. — [*Cheiranthus sinuatus. Geranium sanguineum*, - *dissectum. Silene armeria. Agrostemma coronaria. Gypsophila repens. Dianthus prolifer. Rosa rubiginosa*. etc.].

Division.

LACINIÉS, *laciniata* [Pl. 43, fig. 4.]. — Découpés en lanières. — [*Reseda. Dianthus plumarius*. etc.].

BIFIDES, *bifida* [Pl. 39, fig. 6 A.]. — [*Draba verna. Cucubalus behen. Lychnis dioïca. Silene conica*. etc.].

TRIFIDES, *trifida*. — [*Hypecoum procumbens*. etc.].

QUADRIFIDES, *quadrifida*. — [*Lychnis flos cuculi*. etc.].

BIPARTIS, *bipartita* [Pl. 39, fig. 9 AB.]. — [*Cerastium aquaticum*, - *tomentosum*. *Silene bipartita*, - *nutans*. *Stellaria graminea*. *Alsine media*. etc.].

Appendices.

APPENDICULÉS, *appendiculata* [Pl. 39, fig. 6 B *b*.]. — Ayant un prolongement quelconque qui paraît additionnel à la structure ordinaire des pétales. — L'appendice est situé au sommet de l'onglet dans le *Silene*, à la base de l'onglet dans le *Koelreuteria*, l'*Hypericum ægyptiacum*. etc.].

UNCINÉS, *uncinata* [Pl. 40, fig. 7 A. — Pl. 41, fig. 1 A.]. — Un appendice en forme de crochet, *uncus*, est placé au sommet des pétales. — [*Heisteria coccinea*. *Ximenia aculeata*. etc.].

GLANDULIFÈRES, *glandulifera* [Pl. 37, fig. 1 B *c*.] — [*Statice monopetala*. *Ranunculus*. *Berberis*. etc.].

Disposition dans la Préfloraison.

OBS. La Préfloraison *(Præfloratio)* est l'état des diverses parties d'une Fleur depuis le moment où elle devient visible jusqu'à celui de son épanouissement. Les caractères de la Fleur en Préfloraison n'ont pas tous encore été examinés attentivement; on n'a bien étudié que la disposition de la Corolle.

IMBRIQUÉS, *imbricata*. — Lorsqu'ils se recouvrent les uns les autres partiellement. — [*Rosa*. etc.].

OBVOLUTÉS, *obvoluta*, imbriqués et roulés en spirale tous ensemble. — [*Hermannia*. *Oxalis*. etc.].

ÉQUITANS, *equitantia*. — On nomme ainsi dans les corolles irrégulières, les pétales qui embrassent tous les autres. — [Légumineuses. etc.].

CHIFFONNÉS, *corrugata*. — [*Papaver*. *Cistus*. *Punica*. etc.].

OBS. Les mots IMBRIQUÉS, OBVOLUTÉS, ÉQUITANS, etc. s'appliquent également aux Lobes ou Divisions de la Corolle monopétale. Les Divisions sont IMBRIQUÉES dans beaucoup de Borraginées, OBVOLUTÉES dans les Apocinées, ÉQUITANTES dans les Labiées. La Corolle est PLISSÉE dans les Convolvulacées. On la dit VALVÉE, *valvata*, lorsque ses Pétales ou Divisions se touchant par les bords seulement, imitent par leur position respective les valves d'une capsule. — [Synanthérées. *Heisteria. Fissilia.* etc.].

Proportion de la Corolle. Voyez au mot CALICE.

Couleur.

ROUGE, *rubra.* — [*Rosa damascena* variété rouge clair. *Dianthus caryophyllus ruber.* etc.].

ROUGE-VIOLET, *rubro-violacea.* — [*Celosia cristata. Lythrum salicaria.* etc.].

VIOLETTE, *violacea.* — [*Campanula carpatica. Aconitum napellus.* etc.].

BLEU-VIOLET, *cæruleo-violacea.* — [*Convolvulus tricolor. Centaurea cyanus. Cineraria amelloïdes.* etc.].

BLEUE, *cærulea.* — [*Gentiana pneumonanthe. Delphinium grandiflorum.* etc.].

BLEU-VERT, *cæruleo-viridis.*

VERTE, *viridis.*

VERT-JAUNE, *viridi-lutea.* — [*Hedera helix. Acer pseudo-platanus. Cucubalus otites.* etc.].

JAUNE, *lutea.* — [*Ranunculus lingua.* etc.].

JAUNE-ORANGÉ, *luteo-aurantiaca.* — [*Calendula officinalis.* etc.].

ORANGÉE, *aurantiaca.* — [*Tropæolum majus.* etc.].

ROUGE-ORANGÉ, *rubro-aurantiaca.* — [*Salvia coccinea.* — *Papaver rhœas.* L.].

BLANCHE, *alba.* — [*Parnassia palustris.* etc.].

OBS. Voyez pour les autres Couleurs le Mémoire de M. Mérimée sur les Couleurs, et la Planche 72.

Durée.

PERSISTANTE, MARCESCENTE, *persistens*, *marcescens* [Pl. 47, fig. 8 *a.*].

— Survivant à la fécondation, mais se desséchant. — [*Trientalis europæa. Erica. Campanula. Corrigiola. Trifolium procumbens. Cucumis.* etc.].

PASSAGÈRE, *decidua, transitoria.* — Tombant après la fécondation. — [La plupart des corolles.].

FUGACE, caduque, *fugax, caduca.* — Tombant au moment de l'entier épanouissement de la fleur ou même avant. — [*Actæa. Thalictrum. Chelidonium hybridum, - corniculatum. Papaver argemone. Peplis portula.* etc.].

RÉCEPTACLE, *Receptaculum.*

Partie du végétal qui sert de point d'attache aux organes de la génération et que Linné compare au lit nuptial. *Voy.* pag. 220.

RESSERRÉ, *contractum.* — Comme les dimensions du réceptacle sont limitées par les points d'insertion de la corolle quand elle existe, ou des organes de la génération quand il n'y a point de corolle, plus l'espace circonscrit par les points d'insertion est petit, et plus le réceptacle est resserré.

ÉLARGI, *dilatatum*, *latum.* — [*Potentilla.* etc.].

PLANE, *planum.* — [*Potentilla.* etc.].

CREUX, *cavum* [Pl. 43, fig. 4 B.] — [*Rosa.* etc.].

CONVEXE, *convexum* [Pl. 43, fig. 5.]. — [*Rubus.* etc.].

GYNOPHORÉ, proéminent, *gynophoratum*, *prominens* [Pl. 39, fig. 5 *c*... fig. 6 C *a*. — Pl. 41, fig. 3 *c*... fig. 4 *b*.]. — Formant une saillie, sorte de support (Gynophore) sur lequel sont fixés les ovaires. — [*Cleome. Reseda. Dianthus. Silene.* etc.].

GYNOPHORE, *Gynophorum.* — Partie saillante du Réceptacle, qui élève les Pistils. (*Voy.* page 225).

MONOGYNE, *monogynum* [Pl. 39, fig. 5 *cd*... fig. 6 C *ab*.]. — Quand il porte un seul ovaire. — [*Cleome. Dianthus. Silene.* etc.].

POLYGYNE, *polygynum* [Pl. 42, fig. 1 B. — Pl. 52, fig. 5 A.]. — Quand il porte plusieurs ovaires. — [*Myosurus. Ranunculus. Gomphia nitida.* etc.].

STAMINIFÈRE, *staminiferum* [Pl. 30, fig. 20. — Pl. 39, fig. 5 *ce*... fig. 6 B. — Pl. 41, fig. 3 C *ef*... fig. 4 *bc*.]. — Quand il sert de support aux étamines. — [*Thalictrum. Cleome penta-*

phylla. Helicteres. Sterculia platanifolia. Grewia. Silene. Passiflora. etc.].

COROLLIFÈRE, *corolliferum* [Pl. 39, fig. 6 A B.]. — Quand il sert de support aux pétales. — [*Dianthus. Silene.* etc.].

Obs. On doit faire attention à la forme du Gynophore conique, cylindrique, hémisphérique.

Cette partie du Réceptacle ne se distingue pas toujours nettement du Nectaire. — [*Cneorum.* etc.].

NECTAIRE, *Nectarium.*

Corps glanduleux placé sur le Réceptacle ou sur l'Ovaire, et distillant des sucs particuliers. *Voy.* pag. 270.

Position.

ÉPICLINE, *epiclinum.* — Placé sur le réceptacle que l'on compare au lit nuptial.

GYNOBASIQUE, *gynobasicum* [Pl. 30, fig. 16 *a.* — Pl. 36, fig. 7 B *a.* — Pl. 39, fig. 11 B *b.*]. — Naissant sous l'ovaire et ne s'étendant jamais beaucoup au-delà. — [Labiées. *Ruta. Cneorum tricoccum.* etc.].

ÉPIGYNOPHORIQUE, *epigynophoricum* [Pl. 39, fig. 7 C *b.*]. — Placé sous l'ovaire, au sommet d'un gynophore. — [*Cucubalus.* etc.].

CONTRACTÉ, *contractum* [Pl. 39, fig. 11 B *b.*]. — Ramassé sous l'ovaire et ne le débordant point. — [Aurantiacées. *Cneorum tricoccum.* etc.].

DÉBORDANT, *marginans* [Pl. 30, fig. 6 *b*... fig. 8 A B.]. — Sensiblement plus large que la base de l'ovaire. — [*Menyanthes. Phlox. Borrago*, et autres Borraginées. *Rhamnus.* etc.].

ADHÉRENT, *adherens* [Pl. 30, fig. 1 *d.*] — Dont la marge s'étend à la surface de l'ovaire et fait corps avec lui dans toute son étendue. — [*Ruellia varians. Justicia adhatoda. Lycium. Physalis alkekengi. Convolvulus.* etc.].

OBS. Quelquefois ce Nectaire ne se distingue du corps de l'ovaire que par sa couleur et son apparence glandulaire.

SEMI-ADHÉRENT, *semi-adherens* [Pl. 30, fig. 7 A *c* B *c.*]. — Dont la marge n'adhère qu'à la base de l'ovaire, et devient libre à sa partie supérieure. — [*Melampyrum. Scrophularia.* etc.].

OBS. La plupart des Nectaires GYNOBASIQUES DÉBORDANS sont SEMI-ADHÉRENS.

LIBRE, *liberum* [Pl. 30, fig. 6 *b*.]. — Dont la marge ne fait point corps avec l'ovaire. — [*Menyanthes.* etc.].

UNILATÉRAL, *unilaterale* [Pl. 35, fig. 1 B *a*. — Pl. 39, fig. 10, A *c*.]. — Attaché d'un seul côté de l'ovaire. — [*Grevillea. Melampyrum arvense. Saxifraga sarmentosa.* etc.].

PÉRISTOMIQUE, *peristomicum* [Pl. 43, fig. 7 D *a*.]. — Il s'étend comme un enduit sur le réceptacle jusqu'à la ligne d'insertion des étamines. — [Sapindées. Myrtées. Rosacées. Légumineuses. etc.].

OBS. Ce Nectaire, qui ne se trouve que dans les fleurs à étamines PÉRIGYNES et à calice MONOSÉPALE, ou à périanthe simple MONOSÉPALE, semble repousser les étamines vers l'ouverture du calice ou du périanthe.

PÉRIANDRIQUE, *periandricum* [Pl. 32, fig. 4 B *a*.]. — Placé autour des étamines. — [*Xylophylla montana* etc.].

OBS. On n'a observé de Nectaire PÉRIANDRIQUE que dans les fleurs MONADELPHES.

PÉRIPÉTALE, *peripetalum.* — Entourant la corolle. — [*Chironia frutescens.* etc.].

ÉPIGYNE, *epigynum.* — Placé sur l'ovaire. — [*Cornus.* Rubiacées. Ombellifères. *Cucurbita pepo.* etc.].

COURONNANT, *coronans* [Pl. 37, fig. 6 D *a*.]. — Formant une couronne sur l'ovaire. — [Synanthérées. *Astrantia.* etc.].

OBS. Quand l'ovaire fait corps avec le calice et que le Nectaire COURONNANT est situé sur la ligne de jonction des deux organes, il se distingue difficilement du Nectaire PÉRISTOMIQUE. — [*Campanula*, etc.].

ÉTENDU, *expansum.* — Étendu comme un enduit sur le sommet de l'ovaire. — [*Saxifraga hypnoïdes.* etc.].

Forme.

GYNOPHOROÏDE, *gynophoroïdeum* [Pl. 39, fig. 11 B *b*.]. — Exhaussant l'ovaire comme un gynophore. — [*Zygophyllum morgsana. Corchorus hirsutus. Cneorum tricoccum.* etc.].

OBS. Il n'est pas toujours facile de distinguer le Nectaire GYNOPHOROÏDE du gynophore. Le Nectaire ne peut se reconnaître, dans le cas dont il s'agit, qu'à son tissu serré et glandulaire; mais ce caractère n'offre rien de bien déterminé.

DISCOÏDE, *discoïdeum, disciforme.* — Déprimé, orbiculaire et servant comme de soubassement à l'ovaire. — [*Gratiola officinalis. Disandra prostrata.* etc.].

OBS. Il ne diffère du Nectaire GYNOPHOROÏDE que parce qu'il est peu proéminent.

ANNULAIRE, *annularium* [Pl. 30, fig. 7 A *c*.]. — Il a la forme d'un anneau. — [*Samolus valerandi. Scrophularia sambucifolia. Cestrum. Polemonium cœruleum. Chironia frutescens. Passiflora cœrulea.* etc.].

SACELLIFORME, *sacelliforme* [Pl. 40, fig. 3 A B C D E.]. — Il forme une bourse dans laquelle l'ovaire est contenu avant son entier développement. — [*Balanites ægyptiaca.* etc.].

SQUAMIFORME, *squamiforme* [Pl. 35, fig. 1 B *a*.]. — Ayant la forme d'une écaille. — [*Grevillea*, etc.].

GIBBEUX, *gibbosum.* — Renflé en bosse d'un côté. — [*Salvia.* etc.].

ROSTRÉ, *rostratum* [Pl. 30, fig. 18 A B.]. — Allongé en bec d'un côté. — [*Scutellaria.* etc.].

DENTELÉ, *denticulatum.* — A bord divisé en petites dentelures. — [*Datura tatula.* etc.].

SINUÉ, *sinuatum* [Pl. 36, fig. 7 B *a*.]. — Découpé par des sinus peu profonds. — [*Cobea scandens.* etc.].

LOBÉ, *lobatum* [Pl. 30, fig. 15 A.]. — Découpé profondément. De là, BILOBÉ [*Vinca rosea*, etc.], TRILOBÉ, etc.

OBS. Quelquefois le Nectaire est composé de plusieurs petites parties distinctes, arrondies ou en forme de lames, qui prennent le nom de Glandules ou de Lamelles NECTARIFÈRES (*Glandulæ s. Lamellæ nectariferæ*). On en voit des exemples dans le *Cotyledon* et autres Crassulées, le *Crambe*, le *Biscutella* et autres Crucifères, l'*Hypericum ægyptiacum*, le *Xylophylla montana*, le *Jatropha panduræfolia*, etc. [Pl. 30, fig. 12... fig. 25. — Pl. 32, fig. 4 B *a*. — Pl. 39. fig. 1 C E. — Pl. 41, fig. 6 B *a*.].

Le *Tilia alba* [Pl. 41, fig. 7 B *d*.] a autour de son pistil des lames pétaliformes dont il est difficile de déterminer la nature. On est tenté de les ranger parmi les Lamelles NECTARIFÈRES; mais ce pourrait bien être des Pétales STAMINÉENS, c'est-à-dire, des Pétales qui doivent leur origine à des étamines métamorphosées.

Durée.

PERSISTANT, *persistens*. — Subsistant encore après la maturité du fruit. — [*Cobea scandens*. etc.].

ÉVANESCENT, *evanescens*. — S'amoindrissant à mesure que le fruit se développe, et finissant par disparaître presque totalement. — [*Saxifraga hypnoïdes*. etc.].

STAMINIFÈRE, *staminiferum* [Pl. 39, fig. 11 B *b*.]. — Portant les étamines. — [*Ruta*. *Cneorum tricoccum*. etc.].

OBS. Voyez le mot GLANDES pour les autres corps glanduleux de la fleur.

SUPPORTS DE LA FLEUR, *Fulcra Floris.*

Ils ne portent point de Feuilles proprement dites. *Voy.* pag. 272.

Sous la dénomination de supports des Fleurs sont compris le Pédoncule, la Hampe, l'Axe, le Spadix, et le Clinanthe.

OBS. Ce Chapitre et les deux suivans où je traite des BRACTÉES et de l'INFLORESCENCE, seraient mieux placés à quelques égards, dans la partie de cette TERMINOLOGIE qui embrasse les *Caractères de la végétation ;* car les pédoncules, la disposition des fleurs et les petites feuilles qui les accompagnent, caractérisent moins la fleur en particulier que l'ensemble du végétal ; et c'est pour cela que dans les Familles placées à la fin de cet ouvrage, je réunis aux autres *Caractères de la végétation*, ceux des PÉDONCULES, de l'INFLORESCENCE, et des BRACTÉES ; mais quand on écrit pour des commençans, il faut tâcher de se mettre à leur portée ; et ils ne m'auraient pas compris si je n'avais fait précéder ces trois Chapitres par l'exposé des caractères de la fleur.

PÉDONCULE, *Pedunculus.* — Support des Fleurs, qui naît de la Tige ou de ses ramifications. *Voy.* pag. 272.

Situation.
Direction. } Voyez Fleurs à l'article INFLORESCENCE.

Forme.

CYLINDRIQUE, *cylindricus, teres.* — [*Statice armeria, - fasciculata. Atropa belladona. Ranunculus acris, - lanuginosus.* etc.].

SILLONNÉ, *sulcatus.* — [*Ranunculus repens, - bulbosus.* etc.].

FILIFORME, *filiformis* [Pl. 6, fig. 3.]. — [*Lopezia racemosa. Fuchsia coccinea. Ervum tetraspermum. Stizolobium altissimum.* etc.].

CAPILLAIRE, *capillaris*. — [*Antirrhinum elatine. Erica vagans. Bidens tenella.* etc.].

ANGULÉ, *angulatus*. — [*Paris. Ranunculus bulbosus. Vicia cracca.* etc.].

TRIGONE, *trigonus*. — [*Loranthus stelis.* etc.].

TÉTRAGONE, *tetragonus*. — [*Convolvulus sepium.* etc.].

ÉPAISSI vers le sommet, *apice incrassatus*. — [*Solanum melongena. Convolvulus arvensis. Tragopogon porrifolium. Cnicus centaurioïdes. Helianthus tubæformis. Hyoseris minima.* etc.].

AMINCI vers le sommet, *apice attenuatus*. — [*Heracium paniculatum.* etc.].

GÉNICULÉ, *geniculatus*. — [*Pelargonium.* etc.].

Consistance.

ROIDE, *rigidus, strictus*. — [*Tropæolum majus.* etc.].

DÉBILE, *debilis*. — [*Ribes oxyacanthoïdes.* etc.].

NUTANT, penché, *nutans*. — Dont le sommet s'incline plus ou moins vers la terre. — [*Lilium canadense. Atropa belladona. Aquilegia vulgaris. Ribes grossularia.* etc.].

PENDANT, *pendulus* [Pl. 6, fig. 3.]. — Qui retombe perpendiculairement vers la terre. [*Cytisus laburnum. Stizolobium altissimum.* etc.].

RÉTROFLÉCHI, *refractus*. — Changeant brusquement de direction comme s'il avait été plié par force. — [*Cerastium aquaticum. Spergula arvensis.* etc.].

SPIRALÉ, hélicé, en hélice, *spiralis* [Pl. 8, fig. 1. — Pl. 29, fig. 5.]. — Roulé en tire-bourre. — [*Vallisneria spiralis* ♀. etc.].

Longueur.

TRÈS-LONG, *longissimus* [Pl. 6, fig. 3. — Pl. 8, fig. 1 B.]. — Comparativement à la plante ou à la fleur. — [*Vallisneria spiralis* ♀. *Centaurea muricata. Anthemis montana. Stellaria holostea. Geranium sanguineum. Stizolobium.* etc.].

TRÈS-COURT, *brevissimus* [Pl. 8, fig. 1 A.]. — [*Vallisneria spiralis* ♂. *Datura stramonium. Cuscuta europæa. Galium rubrum. Ulmus campestris.* etc.].

Composition.

SIMPLE, *simplex.* — Indivisé. — [*Asarum. Vallisneria. Viola canina.* etc.].

COMPOSÉ, *compositus* [Pl. 28, fig. 1. — Pl. 29, fig. 6.]. — Divisé. — [Ombellifères. *Prunus padus. Robinia pseudo-acacia.* etc.].

PRIMAIRE, commun, *primarius, communis.* — Support principal des divisions.

SECONDAIRES, *secundarii.* — Premières divisions d'un pédoncule composé.

TERTIAIRES, *tertiarii.* — Secondes divisions d'un pédoncule composé.

PROPRE, *proprius.* — Dernière division d'un pédoncule composé: support immédiat de la fleur ou PÉDICELLE, *Pedicellus.*

PARTIEL, *partialis.* — Division quelconque d'un pédoncule composé.

DICHOTOME, *dichotomus.* — [*Cucubalus behen. Dianthus caryophyllus. Stellaria holostea. Evonymus europæus. Begonia.* etc.].

Floriferation.

UNIFLORE, *uniflorus* [Pl. 29, fig. 5.]. — Ne portant qu'une fleur. — [*Asarum. Atropa belladona. Chelidonium glaucium. Papaver somniferum.* etc.].

BIFLORE, *biflorus.* — Portant deux fleurs chacune ayant son pédicelle. — [*Geranium phæum, -pratense.* etc.].

TRIFLORE, *triflorus.* — [*Convolvulus farinosus.* etc.].

HAMPE, *Scapus.* — Support des Fleurs partant de la Racine. *Voy.* pag. 273.

Composition.

SIMPLE, *simplex.* — [*Plantago lanceolata. Statice armeria. Hieracium pilosella. Leontodon taraxacum.* etc.].

RAMEUSE, *ramosus.* — [*Alisma plantago. Statice limonium. Agave americana.* etc.].

Position.

INTRAFOLIÉE, *intrafolius.* — Naissant entre les feuilles radicales. — [*Hyacinthus. Plantago. Leontodon taraxacum. Bellis perennis.* etc.].

EXTRAFOLIÉE, *extrafolius.* — Naissant sur la racine d'un autre point que les feuilles. — [*Convallaria majalis. Kœmpferia longa. Limodorum purpureum.* etc.].

Forme.

CYLINDRIQUE, *cylindricus.* — [*Hyacinthus non scriptus. Tulipa. Butomus umbellatus. Ornitogalum pyrænaïcum. Dodecatheon meadia. Leontodon taraxacum. Bellis perennis.* etc.].

HÉMICYLINDRIQUE, *Hemicylindricus.* — Plane d'un côté, convexe de l'autre. — [*Hyacinthus orientalis. Allium tricoccum*, - *ursinum. Convallaria majalis.* etc.].

COMPRIMÉE, *compressus.* — [*Pancratium declinatum. Amaryllis longifolia.* etc.].

ANCIPITÉE, à double tranchant, *anceps.* — [*Lomandra longifolia. Allium deflexum. Leucoium vernum. Narcissus poeticus*, - *pseudo-narcissus*, etc.].

ANGULEUSE, *angulosus.* — [*Triglochin palustre. Allium ursinum.* etc.].

TRIGONE, *trigonus.* — [*Alisma plantago. Sagittaria sagittifolia.* etc.].

FISTULEUSE, *fistulosus.* — [*Allium cepa. Leontodon taraxacum.* etc.].

VENTRUE, *ventricosus.* — Renflée dans une partie de sa longueur. — [*Allium cepa.* etc.].

Vestiture.

ÉCAILLEUSE, *squamosus* [Pl. 6, fig. 2.]. — Portant des rudimens de feuilles comparables à des écailles. — [*Agave americana. Tussilago farfara*, - *petasites.* etc.].

ENGAÎNÉE, *vaginatus* [Pl. 1, fig. 4.]. — Enveloppée par des feuilles ou des pétioles engaînans. — [*Musa.* etc.].

Nombre de Fleurs.

UNIFLORE, *uniflorus.* — [*Narcissus pseudo-narcissus. Erythronium. Cyclamen.*].

MULTIFLORE, *multiflorus.* — [*Butomus umbellatus. Primula elatior.* etc.].

AXE, *Axis.* — Partie allongée d'un Pédoncule, sur laquelle sont attachées plusieurs Fleurs. *Voy.* pag. 273.

SIMPLE, *simplex.* — [*Carex sylvatica*, *- pseudo-cyperus. Plantago.* etc.].

RAMEUX, *ramosus.* — [*Dactylis glomerata. Alisma plantago.* etc.].

RECTILIGNE, *rectus.* — [*Triglochin palustre. Plantago.* etc.].

FLEXUEUX, *flexuosus.* — [*Bromus dumetorum. Dactylis glomerata. Festuca arundinacea. Lolium perenne.* etc.].

CYLINDRIQUE, *cylindricus.* — [*Zea mays* ♀. etc.].

FILIFORME, *filiformis.* — [*Carex sylvatica. Phleum pratense.* etc.].

CAPILLAIRE, *capillaris.* — [*Briza media*, *- maxima. Agrostis spica venti.* etc.].

TRIGONE, *trigonus.* — [*Alisma plantago.* etc.].

TÉTRAGONE, *tetragonus.* — [*Salvia pratensis*, *- verticillata.* etc.].

LANCÉOLÉ, *lanceolatus.* — [*Cycas* ♀. etc.].

COMPRIMÉ, *compressus.* — [*Cycas* ♀. etc.].

ARTICULÉ, *articulatus.* — [Pl. 37, fig. 1 A.]. — Composé d'articles attachés bout-à-bout. — [*Triticum. Secale. Hordeum. Lolium. AEgilops.* etc.].

VERTEBRÉ, *vertebratus.* — Articulé; les articles se séparant facilement après la maturité. — [*AEgilops ovata.* etc.].

DENTÉ, *dentatus.* — Articulé; articles se portant alternativement à droite et à gauche, et laissant chacun à leur point d'attache une saillie à laquelle sont fixées les fleurs. — [*Triticum. Lolium.* etc.].

MEMBRANACÉ, *membranaceus.* — [*Paspalum membranaceum.* etc.].

CHARNU, *carnosus.* — [*Bromelia ananas. Musa.* etc.].

SPADIX, *Spadix*. — Pédoncule accompagné d'une Spathe. *Voy*. pag. 273.

SIMPLE, *simplex* [Pl. 28, fig. 10. — Pl. 33, fig. 2 A.]. — [*Arum. Calla*. etc.].

RAMEUX, *ramosus* — [*Phœnix dactylifera*. etc.].

CYLINDRACÉ, *cylindraceus*. — [*Calla æthiopica*. etc.].

SPHÉRIQUE, *sphæricus*. — [*Pothos*. etc.].

OVOÏDE, *ovoïdeus* [Pl. 32, fig. 5 B.]. — [*Artocarpus incisa*. etc.].

CLAVIFORME, en massue, *claviformis*. — [*Arum maculatum*, - *italicum*. etc.].

COMPRIMÉ, *compressus*. — [*Zostera marina*. etc.].

LINÉAIRE, *linearis*. — [*Zostera marina*. etc.].

CHARNU, *carnosus* [Pl. 28, fig. 10.]. — [*Arum maculatum*. *Calla æthiopica*, - *palustris*. etc.].

FISTULEUX, *fistulosus*. — [*Arum dracunculus*. etc.].

NU AU SOMMET, *apice nudus* [Pl. 28, fig. 10.]. — [*Arum maculatum*. *Calla æthiopica*. etc.].

CLINANTHE, *Clinanthium*. — Sommet dilaté et chargé de Fleurs, d'un Pédoncule commun simple. *Voy*. pag. 273.

PLANE, *planum* [Pl. 38, fig. 2 B*a*. — Pl. 43, fig. 8 A.]. — [*Urospermum picroïdes*. *Matricaria parthenium*. *Achillea ptarmica*, - *millefolium*. *Dorstenia*. etc.].

CONCAVE, *concavum* [Pl. 55, fig. 4 A.]. — [*Ambora*. etc.].

CONVEXE, *convexum*. — [*Carthamus tinctorius*. *Erigeron canadense*. *Anthemis valentina*. *Chrysanthemum leucanthemum*. etc.].

CONIQUE, *conicum*. — [*Anthemis arvensis*. *Bellis perennis*. *Rudbeckia laciniata*. *Helenium quadridentatum*. etc.].

PONCTUÉ, *punctatum* [Pl. 38, fig. 2 B *a*. — Marqué, après la dissémination, de points qui indiquent les places où étaient attachés les fruits. — [*Urospermum*. *Leontodon taraxacum*. *Chrysanthemum leucanthemum*. *Inula helenium*, - *oculus Christi*, etc. *Urospermum*. *Senecio vulgaris*. *Bellis perennis*. etc.].

SCROBICULÉ, *scrobiculatum*. — Parsemé de petits trous qui reçoivent les fleurs. — [*Erigeron canendense*. *Gnaphalium dioïcum*. *Tussilago farfara*. etc.].

ALVÉOLÉ, *alveolatum*, *favosum*. — Creusé de fossettes anguleuses et régulières à la manière des alvéoles des abeilles. — [*Crepis fœtida*, - *tectorum*. *Onopordum acanthium*. *Dorstenia*. etc.].

VELU, *villosum*. — [*Andryala*. *Lagasca mollis*. etc.].

POILU, *pilosum*. — [*Artemisia absinthium*. etc.].

SÉTEUX, *setosum* [Pl. 37, fig. 6. B *a*.]. — Garni de bractées allongées, étroites (Soies, *Setæ*). — [*Buphthalmum cordifolium*. *Centaurea*. *Carduus*. *Carthamus*. *Arctium lappa*. *Anthemis cotula*. etc.].

PALÉACÉ, *paleaceum* [Pl. 38, fig. 3 D.]. — Garni de bractées ou paillettes membranacées ou scarieuses. — [*Seriola*. *Zinnia*. *Ximenesia*. *Bidens tripartita*. *Anthemis arvensis*, - *tinctoria*. *Achillea ptarmica*, - *millefolium*. *Scabiosa*. etc.].

TUBERCULÉ, *tuberculatum*. — [*Gnaphalium luteo-album*. *Filago gallica*, - *germanica*. *Conyza squarrosa*. etc.].

PAPILLEUX, *papillosum*. — [*Inula helenium*, - *pulicaria*. etc.].

NU, *nudum*. — Dépourvu de poils, de soies, de paillettes, etc. — [*Urospermum picroïdes*. *Leontodon taraxacum*. *Hyoseris minima*. *Artemisia vulgaris*. etc.].

BRACTÉES, *Bracteæ.*

Feuilles particulières qui accompagnent les Fleurs. *Voy.* pag. 274.

On comprend sous cette dénomination, 1° les Bractées proprement dites; 2° la Spathe; 3° l'Involucre; 4° la Cupule; 5° la Glume; 6° la Glumelle; 7° la Lodicule.

BRACTÉES, proprement dites, *Bracteæ.* — Souvent elles diffèrent peu des Feuilles ordinaires. *Voy.* pag. 274.

ARRONDIES, *subrotundæ.* — [*Origanum majoranoïdes. Hyssopus ocymifolius. Salix viminalis.* etc.].

CORDIFORMES, *cordiformes, cordatæ.* — [*Melampyrum cristatum. Salvia pratensis, - bicolor. Lactuca virosa.* etc.].

LANCÉOLÉES, *lanceolatæ.* — [*Orchis morio, - mascula. Serapias longifolia. Orobanche major. Melampyrum arvense. Monarda didyma. Mentha rotundifolia. Ribes alpinum.* etc.].

SUBULÉES, *subulatæ.* — [*Nepeta italica. Phlomis herba venti, - tuberosa.* etc.].

SÉTACÉES, *setaceæ.* — [*Mentha viridis.* etc.].

CARÉNÉES, *carinatæ* [Pl. 37, fig. 4 B *a.*]. — [*Gomphrena globosa.* etc.].

CILIÉES, *ciliatæ.* — [*Mentha viridis. Melissa calamintha. Brunella vulgaris. Carpinus betulus.* etc.].

SPINESCENTES, *spinescentes* [Pl. 36, fig. 4 *a.*]. — [*Molucella lævis. Salsola kali.* etc.].

PALMÉES, *palmatæ.* — [*Mentha cervina. Fumaria bulbosa. Anthyllis vulneraria.* etc.].

PENNATIFIDES, *pinnatifidæ.* — [*Melampyrum pratense.* etc.].

PECTINÉES, *pectinatæ.* — [*Melampyrum cristatum.* etc.].

COURONNANTES, *coronantes* [Pl. 7, fig. 4.] — Formant une couronne au-dessus des fleurs. — [*Fritillaria imperialis. Eucomis regia.* etc.].

COLORÉES, *coloratæ.* — [*Melampyrum cristatum. Monarda didyma. Salvia nemorosa.* etc.].

FLORIFÈRES, *floriferæ* [Pl. 28, fig. 5 AB. — Pl. 33, fig. 3 B... fig. 5 E.]. — Si elles portent les fleurs. — [*Populus. Corylus. Salix. Larix. Cupressus.* etc.].

OBS. Quand, dans un assemblage de fleurs, il y a des Bractées générales et des Bractées particulières, ces dernières prennent le nom de BRACTÉOLES, *Bracteolæ.*

SPATHE, *Spatha.* — Expansion ordinairement foliacée qui d'abord enveloppe les Fleurs, et se déchire ou s'ouvre à l'époque de l'épanouissement. *Voy.* pag. 275.

COMMUNE, *communis.* — Renfermant plusieurs fleurs. — [*Arum. Phœnix.* etc.].

GÉNÉRALE, *generalis.* — Renfermant plusieurs fleurs munies de spathes particulières.

PARTICULIÈRE, *propria.* — Renfermée dans une spathe générale.

CUCULLIFORME, *cuculliformis, convoluta* [Pl. 28, fig. 10 A *a.*] — Roulée en cornet. — [*Arum.* etc.].

MONOPHYLLE, *monophylla* (*univalvis*) [Pl. 1, *a b.*]. — D'une seule pièce. — [*Arum. Calla. Phœnix. Chamærops.* etc.].

DIPHYLLE, *diphylla* (*bivalvis*). — Formée de deux pièces. — [*Allium carinatum, - oleraceum.* etc.].

POLYPHYLLE, *polyphylla.* — [*Caryota. Corypha.* etc.].

RUPTILE, *ruptilis.* — Se déchirant au lieu de s'ouvrir régulièrement. — [*Narcissus pseudo-narcissus, - poeticus.* etc.].

BIFLORE, *biflora.* — [*Narcissus biflorus.* etc.].

MULTIFLORE, *multiflora* [Pl. 33, fig. 2 A.]. — [*Arum. Calla.* Palmiers. *Narcissus jonquilla, - tazetta.* etc.].

PÉTALOÏDE, *petaloïdea.* — Molle et colorée à la manière des pétales. — [*Calla æthiopica.* etc.].

FOLIACÉE, herbacée, *foliacea, herbacea.* — D'une substance semblable à celle des feuilles. — [*Gladiolus communis.* etc.].

MEMBRANACÉE, membraneuse, *membranacea.* — [*Allium.* etc.].

LIGNEUSE, *lignosa.* — Ayant la consistance et le tissu du bois. — [*Phœnix dactylifera.* etc.].

FUGACE, *fugax, caduca.* — Se détachant peu après s'être ouverte. — [*Allium porrum.* etc.].

PERSISTANTE, *persistens.* — Accompagnant le fruit dans sa maturité. — [*Arum. Calla.* etc.].

INVOLUCRE, *Involucrum.* — Colerette d'une ou plusieurs pièces, placée sous les Fleurs. *Voy.* pag. 275.

UNIFLORE, *uniflorum.* — N'accompagnant qu'une seule fleur. — [*Anemone nemorosa, - pulsatilla.* etc.].

MULTIFLORE, commun, *multiflorum, commune* [Pl. 28, fig. 1 *a.* — Pl. 34, fig. 2 A *a.* — Pl. 37, fig. 6 A *a.*]. — Entourant plusieurs fleurs. — [*Hemanthus.* Synanthérées. Ombellifères. *Euphorbia. Ficus.* etc.].

OMBELLIFLORE, *umbelliflorum* [Pl. 28, fig. 1 *a.*]. — Entourant la base d'une ombelle simple ou composée. — [*Androsace. Daucus carota* et autres Ombellifères. etc.].

GÉNÉRAL, *generale* [Pl. 28, fig. 1 *a.*]. — Entourant la base d'une ombelle composée. — [*Daucus carota. Tordylium officinale.* etc.].

PARTICULIER, *proprium* [Pl. 28, fig. 1 *b.*]. — Entourant la base d'une ombellule. On le nomme communément INVOLUCELLE, *Involucellum.* — [*Daucus carota. Ammi majus.* etc.].

DIMIDIÉ, *dimidiatum.* — N'entourant le pédoncule qu'à moitié. — [*Apium petroselinum.* etc.].

RÉFLÉCHI, *reflexum* [Pl. 28, fig. 1 *a.*]. — Se renversant de haut en bas. — [*Athamanta libanotis.* etc.].

CALATHIDIFLORE, *calathidiflorum* [Pl. 37, fig. 6 A *a.*]. — Entourant un clinanthe chargé de fleurs sessiles ou presque sessiles, et ressemblant à une corbeille. — [Synanthérées semi-flosculeuses, ex. *Cichorium; Lactuca.* Synanthérées flosculeuses, ex. *Carduus; Centaurea.* Synanthérées radiées, ex. *Aster chinensis.* etc.].

GLOBULEUX, *globulosum*, *globosum* [Pl. 37, fig. 6 A *a.*]. — [*Achillea sambucina. Centaurea nigra.* etc.].

URCÉOLÉ, *urceolatum.* — Renflé à sa base, resserré vers son orifice, dilaté à son limbe, comme le calice d'une Rose. — [*Sonchus fruticosus*, - *plumieri. Hieracium grandiflorum. Crepis biennis. Carduus palustris.* etc.].

OBTURBINÉ, en toupie renversée, *obturbinatum.* — Renflé, arrondi à sa base, et s'amincissant en cône jusqu'à son limbe. — [*Centaurea rhutenica. Carthamus tinctorius.* etc.].

CAMPANULÉ, *campanulatum.* — Ayant la forme d'une cloche comme la corolle du *Campanula rapunculoïdes* ou du *Campanula persicifolia.* — [*Lampsana lyrata. Chrysocoma coma aurea.* etc.].

HÉMISPHÉRIQUE, *hemisphæricum.* — En forme de calotte. — [*Matricaria parthenium. Anthemis austriaca*, - *tinctoria. Chrysanthemum corymbiferum.* etc.].

OVOÏDE, *ovoïdeum.* — [*Carduus lanceolatus. Centaurea calcitrapa. Artemisia vulgaris. Tagetes patula.* etc.].

OBCONIQUE, *obconicum.* — En cône renversé. — [*Aster fruticosus. Anthemis clavata.* etc.].

CYLINDRACÉ, *cylindraceum.* — D'une longueur notable et approchant de la forme d'un cylindre comme le calice de l'OEillet. — [*Cacalia porophyllum*, - *odorata. Senecio vulgaris. Achillea millefolium. Knautia orientalis.* etc.].

CUPULAIRE, *cupulare.* — En forme de godet comme le calice du *Lycium afrum.* — [*Stæhelina alata. Erigeron alpinum*, -

villarsii, - *philadelphicum*. *Cineraria cruenta*. *Anthemis cota*, - *altissima*. *Achillea ptarmica*. etc.].

RESSERRÉ, *coarctatum* [Pl. 37, fig. 6 AB.]. — Devenant de plus en plus étroit vers son orifice. — [*Centaurea*. *Carduus*. etc.].

OUVERT, *patens*, *planiusculum*. — [*Matricaria chamomilla*. *Chrysanthemum leucanthemum*. *Rudbeckia laciniata*. etc.].

MONOPHYLLE, *monophyllum*. — D'une seule pièce. — [*Tagetes*. etc.].

OBS. Quand l'Involucre est MONOPHYLLE, on le dit DENTÉ, LOBÉ, PARTAGÉ, etc.

POLYPHYLLE, *polyphyllum* [Pl. 38, fig. 2 B *b*.]. — De plusieurs pièces. — [*Leontodon taraxacum*. *Cynara scolymus*. *Aster chinensis*. etc.].

SIMPLE, *simplex* [Pl. 38, fig. 2 B *b*.]. — D'une seule pièce ou bien de plusieurs pièces disposées sur un seul rang. — [*Urospermum picroïdes*. etc.].

DOUBLE ou caliculé, *calyculatum*. — Muni à l'extérieur d'un rang de bractées qui composent comme un second involucre. — [*Hieracium blattarioïdes*. *Crepis sibirica*, - *biennis*. *Cosmos bipinnata*. etc.].

IMBRIQUÉ, *imbricatum* [Pl. 37, fig. 6 A *a*.]. — [*Lactuca perennis*, - *stricta*. *Sonchus fruticosus*. *Catananche cærulea*. *Hypochæris radicata*. *Carduus*. *Centaurea*. etc.].

FOLIACÉ, *foliaceum*. — Quand les bractées qui composent un involucre sont larges, minces, et vertes à la manière de la plupart des feuilles. — [*Silphium perfoliatum*, - *connatum*. *Lagasca mollis*. *Carthamus tinctorius*. etc.].

SCARIEUX, *scariosum* — [*Catananche cærulea*. *Centaurea macrocephala*. *Xeranthemum*. *Gnaphalium stœchas*, - *fœtidum*. etc.].

SQUARREUX, *squarrosum*. — Composé de bractées roides rapprochées, dont la partie supérieure est recourbée en arrière. — [*Cnicus cernuus*. *Carduus pycnocephalus*. *Cynara carduncellus*. etc.].

ÉPINEUX, *spinosum*. — Quand les bractées sont armées d'épines.

— *Centaurea ferox*, - *calcitrapa*. *Carduus marianus*. *Onopordum acanthium*. etc.].

LAPPACÉ, hameçonneux, *lappaceum*, *hamosum*. — Quand les bractées se courbent en pointe d'hameçon à leur extrémité. L'involucre de l'*Arctium lappa* a fourni le type de ce caractère qui se représente dans d'autres parties.

CUPULE, *Cupula*. — Enveloppe qui n'est jamais parfaitement close, qui contient des Fleurs femelles et accompagne le Fruit. *Voy*. pag. 277.

UNIFLORE, *uniflora* [Pl. 33, fig. 5 B C.]. — [*Ephedra*. *Taxus baccata*. *Pinus*. *Abies*. *Larix*. *Juniperus*. *Cupressus*. *Schubertia*. *Thuya*. *Corylus*. etc.].

BIFLORE, *biflora*. — [*Fagus sylvestris*. etc.].

TRIFLORE, *triflora*. — [*Fagus castanea*.].

OBS. Voyez pour les autres caractères de la Cupule, l'article FRUIT, aux mots *Calybion* et *Strobile*.

On peut être surpris au premier coup d'œil de voir ranger parmi les feuilles florales la Cupule qui en général n'a aucune ressemblance avec les feuilles; mais il est facile de justifier ce rapprochement en montrant les transitions. Ce que nous nommons Cupule dans le *Corylus avellana*, ressemble tout-à-fait à deux feuilles unies ensemble par leurs bords. La Cupule du *Quercus* est composée de petites écailles ou bractées soudées par leur partie inférieure, et elle ne diffère pas beaucoup de certains involucres. Dans l'*Ephedra*, les gaînes placées à chaque articulation, et qui sont évidemment des feuilles OPPOSÉES CONJOINTES, se rapprochent au voisinage du fruit, et elles composent une suite de Cupules emboîtées les unes dans les autres. La Cupule succulente du *Taxus* n'est d'abord qu'une réunion de petites bractées imbriquées qui se remplissent insensiblement de sucs, et finissent par s'entre-greffer. On arrive donc par nuances jusqu'à la Cupule du *Pinus*, de l'*Abies*, etc. Le Règne végétal offre une multitude de transformations semblables qui rendent toujours les analogies difficiles à saisir.

GLUME, *Gluma.* — Enveloppe extérieure des Fleurs des Graminées. *Voy.* pag. 276.

CUPULIFORME, *cupuliformis.* — Ressemblant pour la forme à une cupule. — [*Alopecurus agrestis.* etc.].

UNIFLORE, *uniflora* [Pl. 32, fig. 1 B... fig. 3.]. — [*Alopecurus agrestis. Agrostis dulcis. Saccharum officinarum. Oryza sativa. Hordeum cæleste,-vulgare. Tripsacum dactyloïdes.* etc.].

BIFLORE, *biflora* [Pl. 32, fig. 1 E *a.*]. — [*Panicum. Holcus mollis,-lanatus. Aira Caryophyllea. Tripsacum dactyloïdes.* etc.].

TRIFLORE, *triflora.* — [*AEgilops ovata,-triuncialis.* etc.].

MULTIFLORE, *multiflora* [Pl. 32, fig. 6 A.]. — [*Briza. Cynosurus. Festuca fluitans. Lolium. Holcus sorghum. Avena. Bromus. Secale.* etc.].

INVOLUCRÉE, *involucrata.* — Entourée d'un involucre. — [*Cynosurus cristatus.* etc.].

PLUS LONGUE que la glumelle, *glumellâ longior.* — [*Elymus giganteus. Avena fatua,-sterilis. Arundo epigeios. Agrostis rupestris.* etc.].

PLUS COURTE que la glumelle, *glumellâ brevior.* — [*Bromus dumetorum,-arvensis. Secale cereale.* etc.].

UNISPATHELLÉE, *unispathellata* [Pl. 32, fig. 7 *a.*]. — [*Scirpus palustris.* etc.].

BISPATHELLÉE, *bispathellata* [Pl. 32, fig. 1 BE *a...* fig. 6 A *a.*]. — [*Bromus. Triticum. Avena. Secale. Tripsacum dactyloïdes.* etc.].

SPATHELLES, *Spathellæ.* — Pièces de la Glume. *Voy.* pag. 277.

OBS. Les Spathelles d'une Glume sont semblables ou dissemblables entre elles. Ainsi les épithètes suivantes caractérisent tantôt les deux Spathelles à-la-fois, et tantôt une seule, soit l'inférieure, soit la supérieure.

ALTERNES, *alternæ.* — [Pl. 32, fig. 1 BE. — Pl. 33, fig. 9 B. *a. b.*]. — Lorsque deux spathelles en regard sont attachées l'une au-dessus de l'autre, ce qui donne lieu à cette distinction de spathelle supérieure et de spathelle inférieure. — [*Agrostis canina. Saccharum officinarum. Milium. Phleum. Phalaris. Panicum. Briza. Melica. Bromus. Avena.* etc.].

UNILATÉRALES, *unilaterales.* — Attachées à côté l'une de l'autre, du même côté, à la même hauteur. — [*Hordeum.* etc.].

OPPOSÉES, *oppositæ* [Pl. 32, fig. 6 A *a.*]. — Attachées l'une vis-à-vis de l'autre, à la même hauteur. — [*Secale. Triticum. AEgilops.* etc.].

CONJOINTES, *connatæ, coadunatæ, coadnatæ, coalitæ.* — Opposées l'une à l'autre, et soudées ensemble par leurs bords. — [*Alopecurus agrestis, -pratensis, -bulbosus.* etc.].

ARRONDIES, *subrotundæ.* — [*Paspalum.* etc.].

OVALES, *ovales.* — [*Melica nutans.* etc.].

LANCÉOLÉES, *lanceolatæ.* — [*Dactylis glomerata. Bromus dumetorum. Arundo epigeios. Avena.* etc.].

LINÉAIRES, *lineares.* — [*Oryza sativa.* etc.].

SUBULÉES, *subulatæ.* — [*Hordeum cœleste, -vulgare. Secale cereale. Elymus giganteus.* etc.].

SÉTACÉES, *setaceœ.* — [*Hordeum secalinum.* etc.].

CONCAVES, *concavæ.* — Creusées en cuillère. — [*Briza minor, -media, -major.* etc.].

COMPRIMÉES, *compressæ.* — Pliées en deux dans leur longueur. — [*Phleum pratense, -nodosum.* etc.].

CARÉNÉES, *carinatæ.* — [*Dactylis glomerata. Phalaris.* etc.].

NAVICULAIRES, en nacelle, *naviculares.* — Concaves et plus ou moins comprimées latéralement. — [*Triticum æstivum. Phalaris.* etc.].

ENTIÈRES, *integræ.* — Sans dentelures ou découpures. — [*Briza. Crypsis.* etc.].

BIDENTÉES, *bidentatæ.* — [*Triticum hybernum.* etc.].

QUADRIFIDES, *quadrifidæ.* — [*Pominereulla.* etc.].

MUCRONÉES, *mucronatæ*. — [*Dactylis glomerata. Bromus dumetorum. Phleum pratense, - nodosum. Digitaria.* etc.].

ARISTÉES, *aristatæ* [Pl. 32, fig. 6 A *a*]. — Armées d'un ou de plusieurs prolongemens grêles plus ou moins roides, qu'on nomme Arêtes. — [*AEgilops ovata, - triuncialis. Secale.* etc.].

OBS. Voyez pour les caractères de l'Arête ce qui est dit à l'article SPATHELLULES, au mot ARISTÉES.

MUTIQUES, *muticæ*. — Sans arête, mucron ou pointe. — [*Briza.* etc.].

ÉGALES, *æquales*. — De même longueur. — [*Secale. Triticum. Hordeum. Phalaris.* etc.].

INÉGALES, *inæquales*. — [*Avena elatior. Panicum. Cinna arundinacea. Bromus dumetorum. Anthoxanthum odoratum. Lolium temulentum.* etc.].

HERBACÉES, *herbaceæ*. — [*Milium effusum.* etc.].

MEMBRANACÉES, membraneuses, *membranaceæ* [Pl. 32, fig. 1 E *a*]. — [*Avena elatior. Melica altissima, - ciliata, - nutans. Tripsacum dactyloïdes.* etc.].

SCARIEUSES, *scariosæ*. — [*Phalaris canadensis.* etc.].

ÉPAISSES, *crassæ* [Pl. 32, fig. 1 B *a*]. — [*Tripsacum hermaphroditum.* etc.].

CORIACES, *coriaceæ*. — [*Bambusa arundinacea.* etc.].

NERVÉES, *nervatæ*, *nervosæ*. — Relevées de nervures saillantes. — [*Paspalum.* etc.].

SPINELLÉES, *spinellosæ*, *echinatæ*. — [*Tragus racemosus.* etc.].

GLUMELLE, *Glumella*. — Enveloppe immédiate des organes sexuels des Graminées et de quelques Cypéracées. *Voy.* pag. 276.

UNISPATHELLULÉE, *unispathellulata*. — [*Agrostis canina. Saccharum officinarum. Alopecurus.* etc.].

BISPATHELLULÉE, *bispathellulata* [Pl. 32, fig. 1 B 6. . . fig. 1 F a. . . fig. 3.]. — [*Agrostis dulcis. Tripsacum dactyloïdes. Milium. Briza. Bromus. Avena. Secale.* etc.].

SPATHELLULES, *Spathellulæ.* — Pièce de la Glumelle. *Voy.* pag. 276.

OBS. Les Spathellules étant quelquefois dissemblables de même que les Spathelles, les épithètes suivantes s'appliquent tantôt aux deux Spathellules, tantôt à l'une des deux, soit la supérieure, soit l'inférieure.

DISTIQUES, *distichæ.* — [*Briza. Bromus.* etc.].

IMBRIQUÉES, *imbricatæ.* — [*Briza. Bromus.* etc.].

CONJOINTES, *connatæ*, *coadunatæ*, *coalitæ.* — [*Cornucopiæ. Alopecurus agrestis*, - *pratensis*, - *bulbosus.* etc.].

ARRONDIES, *subrotundæ.* — [*Briza.* etc.].

OVALES, *ovales.* — [*Melica nutans.* etc.].

LANCÉOLÉES, *lanceolatæ.* — [*Bromus inermis*, - *dumetorum. Avena.* etc.].

TRONQUÉES, *truncatæ.* — [*Phleum pratense.* etc.].

CONCAVES, *concavæ.* — [*Briza. Melica nutans.* etc.].

COMPRIMÉES, *compressæ.* — [*Oryza sativa.* etc.].

NAVICULAIRES, *naviculares.* — [*Triticum æstivum. Secale cereale. Phalaris canariensis.* etc.].

ENTIÈRES, *integræ.* — [*Briza.* etc.].

MEMBRANACÉES, *membranaceæ.* — [*Melica altissima.* etc.].

CORIACES, *coriaceæ.* — [*Olyra pauciflora. Stipa.* etc.].

NERVÉES, *nervatæ*, *nervosæ.* — [*Secale cereale.* etc.].

BIDENTÉES, *bidentatæ.* — [*Agrostis canina*, - *rubra. Bromus arvensis. Arundo epigeios. Avena fragilis*, - *sterilis. Aira caryophyllea.* etc.].

QUADRIDENTÉES, *quadridentatæ.* — [*Arundo epigeios. Agrostis rubra. Pommereulla. Cornucopiæ.* etc.].

MUCRONÉES, *mucronatæ.* — [*Uniola.* etc.].

ARISTÉES, *aristatæ* [Pl. 32, fig. 6 A *b.*]. — [*Alopecurus. Agrostis spica venti, - canina. Holcus. Avena. Hordeum. Triticum. Secale. Bromus.* etc.].

ARÊTE, *Arista.* — Filet plus ou moins roide qui part des Spathelles et des Spathellules.

RECTILIGNE, *rectilinea, recta* [Pl. 32, fig. 6 A *b.*]. — [*Polypogon. Bromus. Secale cereale. Triticum.* etc.].

GÉNICULÉE, coudée, *geniculata.* — [*Avena.* etc.].

TORSE, *torta.* — [*Avena. Agrostis canina.* etc.].

ARTICULÉE, *articulata.* — [*Stipa.* etc.].

PLUMEUSE, *plumosa.* — [*Stipa pennata.* etc.].

APICILAIRE, *apicilaris* [Pl. 32, fig. 6 A *b.*]. — [*Secale. Triticum.* etc.].

DORSALE, *dorsalis.* — [*Polypogon. Avena. Agrostis canina.* etc.].

BASILAIRE, *basilaris.* — [*Polypogon vaginatum.* etc.].

PERSISTANTE, *persistens.* — [*Secale cereale. Avena.* etc.].

CADUQUE, *caduca.* — [*Stipa.* etc.].

Obs. M. de Beauvois, dans son Agrostographie, distingue la Soie de l'Arête. La Soie est le prolongement d'une ou plusieurs nervures. L'Arête ne laisse apercevoir aucun indice de son origine au-dessous de son point d'attache. On a des exemples de Soies dans le *Polypogon monspeliensis*, le *Triticum hybernum*, le *Zizania aquatica.* On a des exemples d'Arêtes dans l'*Agrostis canina*, l'*Avena*, l'*Alopecurus*, etc.

LODICULE, *Lodicula.* — Organe particulier aux Graminées, formé de très-petites écailles pétaloïdes (Paléoles) attachées sur le Réceptacle avec les organes sexuels, et entourées immédiatement par la Glumelle. *Voy.* pag. 276.

OBS. M. Richard assimile à la Lodicule des Graminées, les Soies qui accompagnent l'ovaire de quelques Cypéracées, et l'espèce de Périanthe simple qui contient l'ovaire de quelques autres plantes de la même famille.

UNIPALÉOLÉE, *unipaleolata*. — Composée d'une seule écaille, ou Paléole, *Paleola*.

BIPALÉOLÉE, *bipaleolata*. — Composée de deux paléoles [Pl. 32, fig. 1 F *b*. . . fig. 6 *B a*.]. — [*Avena. Bromus. Triticum. Tripsacum dactyloïdes. Secale.* etc.].

TRIPALÉOLÉE, *tripaleolata*. — [*Bambusa arundinacea.* etc.].

PALÉOLES, *Paleolæ*. — Pièces de la Lodicule.

OVALES, *ovatæ* [Pl. 32, fig. 6 B*a*.]. — [*Secale cereale. Triticum æstivum.* etc.].

LANCÉOLÉES, *lanceolatæ*. — [*Bambusa arundinacea.* etc.].

SUBULÉES, *subulatæ*. — [*Avena elatior. Milium effusum.* etc.].

TRONQUÉES, *truncatæ* [Pl. 32, fig. 1 F *b*.]. — [*Saccharum officinale. Melica nutans. Coïx lacryma. Tripsacum dactyloïdes.* etc.].

GIBBEUSES, *gibbosæ*. — [*Bromus pinnatus. Elymus giganteus.* etc.].

VELUES, *villosæ*. — [*Elymus giganteus.* etc.].

CILIÉES, *ciliatæ* [Pl. 32, fig. 6 B*a*.[. — [*Secale cereale. Triticum æstivum.* etc.].

OBS. La Glume, la Glumelle et la Lodicule, offrent encore un grand nombre de caractères que l'on peut employer pour la distinction des espèces. La nature de mon ouvrage ne me permettant pas d'entrer dans tous ces détails, je renvoie le lecteur à la savante Agrostographie de M. de Beauvois; il y trouvera beaucoup d'observations intéressantes.

INFLORESCENCE, *Inflorescentia.*

Disposition des Fleurs sur le végétal. *Voy.* pag. 278.

Inflorescence en général.

FLEURS, *Flores.*

RADICALES, *radicales* [Pl. 3, fig. 5.]. — Partant du collet de la racine. — [*Colchicum autumnale. Primula. Bellis. Sarracenia purpurea.* etc.].

CAULINAIRES, *caulinares* [Pl. 1, fig. 2. — Pl. 4, fig. 1.]. — Placées sur la tige. — [*Cuscuta. Theobroma cacao. Cactus peruvianus, - melocactus*, etc. *Vicia sativa. Carica papaya.* etc.].

RAMÉALES, *rameales.* — Sur les rameaux. — [*Daphne mezereum. Cucubalus bacciferus. Pyrus.* etc.].

TERMINALES, *terminales* [Pl. 2, fig. 1. etc.]. — Au sommet de la tige et des rameaux. — [*Yucca. Syringa. Gentiana pneumonanthe. Erica tetralix. Pastinaca.* etc.].

FOLIAIRES, *foliares* [Pl. 29, fig. 3.]. — Sur les feuilles. — [*Xylophylla falcata, - montana.* etc.].

PÉTIOLAIRES, *petiolares.* — Sur les pétioles. — [*Hibiscus moschatus*, etc.].

AXILLAIRES, *axillares.* — Partant de l'aisselle, *axilla*, c'est-à-dire, du sommet de l'angle rentrant que forme la feuille ou le rameau avec la tige. — [*Convallaria polygonatum. Veronica beccabunga. Teucrium chamædris. Datura stramonium. Vinca. Spartium scoparium. Vicia sativa.* etc.].

EXTRAXILLAIRES, *extra-axillares* (*laterales*). — Naissant hors de l'aisselle. — [*Solanum nigrum, Physalis, Capsicum* et d'autres Solanées. *Asclepias syriaca.* etc.].

SUPERAXILLAIRES, *superaxillares.* — Naissant au-dessus de

l'aisselle des feuilles. — [*Borrago laxiflora* et d'autres Borraginées. *Potentilla monspeliensis*. etc.].

OPPOSITIFOLIÉES, *oppositifolii*. — Naissant d'un point diamétralement opposé au point d'attache de la feuille. — [*Herniaria glabra*. *Solanum dulcamara*. *Sium nodiflorum*. *Tordylium maximum*. *Phellandrium aquaticum*. *Ranunculus aquatilis*, - *arvensis*. *Geranium cicutarium*. *Vitis*. *Piper cubeba*. etc.].

INTERPOSITIVES, *interpositivi* (*intrafoliacei*, Lin.). — Naissant entre une paire de feuilles opposées et alternant avec elles. — [*Asclepias syriaca*. *Cerastium aquaticum*. *Arenaria lateriflora*. etc.].

LATÉRIFOLIÉES, *laterifolii*. — Naissant à côté de feuilles non opposées. — [*Atropa physaloïdes*. *Solanum bonariense*. etc.].

PÉDONCULÉES, *pedunculati*. — Portées sur un pédoncule. — [*Cerasus*. etc.].

SESSILES, *sessiles*. [Pl. 1, fig. 2, 5.]. — N'ayant point de pédoncule. — [*Daphne mezereum*. *Salsola kali*. *Chironia centaurium*. *Cactus opuntia*. etc.].

ALTERNES, *alterni* [Pl. 6, fig. 4.]. — [*Vinca*. *Passiflora*. etc.].

OPPOSÉES, *oppositi*. — [*Lysimachia nummularia*. *Teucrium chamæpithys*. etc.].

ÉPARSES, *sparsi*. — [*Daphne mezereum*. etc.].

UNILATÉRALES, *unilaterales*, *secundi* [Pl. 7, fig. 6.]. — Toutes rejetées d'un côté. — [*Convallaria polygonatum*, - *multiflora*. *Digitalis purpurea*. *Teucrium scorodonia*. *Pyrola secunda*. etc.].

DISTIQUES, *distichi* [Pl. 2, fig. 4.]. — En deux séries opposées. — [*Triticum monococcum*, - *spelta*, - *cristatum*. *Cymbidium echinocarpon*. etc.].

DRESSÉES, *erecti*. — Qui se dressent vers le ciel. — [*Lilium croceum*. *Colchicum*. *Tulipa gesneriana*. *Crocus*. *Vinca minor*. *Gentiana verna*. *Thalictrum flavum*. *Geranium sylvaticum*. etc.].

NUTANTES, penchées, *cernui*, *nutantes* [Pl. 29, fig. 5.]. — Qui s'inclinent plus ou moins vers la terre. — [*Lilium candidum*.

Galanthus nivalis. Convallaria majalis. Fritillaria meleagris. Cypripedium calceolus. Linnæa borealis. Viola odorata. Geum rivale. etc.].

PENDANTES, *penduli* [Pl. 2, fig. 1. — Pl. 7, fig. 3, 6.]. — Qui pendent perpendiculairement vers la terre. — [*Veltheimia glauca. Datura arborea. Impatiens noli tangere.* etc.].

Inflorescence simple.

FLEURS, *Flores.*

SOLITAIRES, *solitarii* [Pl. 1, fig. 2. — Pl. 3, fig. 5. — Pl. 7, fig. 7.]. — [*Tulipa. Narcissus poeticus. Datura stramonium. Crescentia cujete. Vinca. Sarracenia purpurea. Cactus peruvianus. Spartium scoparium. Vicia lutea.* etc.].

GÉMINÉES, *geminati*, *binati.* — Deux ensemble à côté l'une de l'autre. — [*Teucrium scordium. Capsicum baccatum. Linnæa borealis. Vicia sativa.* etc.].

TERNÉES, *ternati.* — Trois à trois. — [*Teucrium flavum*, -*chamædrys.* etc.].

AGGRÉGÉES, *aggregati*, *congesti.* — Ramassées en paquet. — [*Polygonum aviculare. Trientalis europæa. Cuscuta epithymum. Malva sylvestris. Buxus sempervirens. Ulmus campestris.* etc.].

Inflorescence composée.

Obs. Les fleurs dans l'Inflorescence composée, peuvent être disposées de douze manières différentes : 1° en Chaton ; 2° en Épi ; 3° en Grappe ; 4° en Panicule ; 5° en Thyrse ; 6° en Corymbe ; 7° en Cyme ; 8° en Faisceau ; 9° en Ombelle ; 10° en Verticille ; 11° en Capitule ; 12° en Calathide.

CHATON, *Amentum*, *Iulus.* — Un Axe commun porte des Bractées florifères. *Voy.* pag. 279.

MALE, *masculum* [Pl. 71, XXI *a*.]. — [Fleurs mâles du *Betula*, du *Taxus*, du *Corylus*, etc.].

FEMELLE, *femineum.* — [Fleurs femelles du *Betula.* etc.].

SIMPLE, *simplex* [Pl. 28, fig. 5.]. — Quand l'axe, tout d'une venue, porte immédiatement les bractées florifères. — [*Populus. Salix.* etc.].

COMPOSÉ, *compositum*. — Quand l'axe produit de courtes ramifications qui servent de support aux bractées florifères. — [*Juglans regia.* etc.].

SOLITAIRE, *solitarium* [Pl. 32, fig. 5 A *a b*.]. — [*Artocarpus. Salix capræa. Betula alba. Cedrus. Larix. Cupressus.* etc.].

AGGLOMÉRÉS, groupés, *agglomerata* [Pl. 33, fig. 4.]. — [Fleurs mâles des *Pinus sylvestris*, - *maritima*, etc.].

SPHÉRIQUE, globuleux, *Sphæricum*, *globosum*, *globulosum* [Pl. 32, fig. 5 A *b*. — Pl. 33, fig. 1.]. — [*Platanus.* Fleurs mâles du *Taxus communis.* etc.].

OVOÏDE, *ovoïdeum*, *ovatum* [Pl. 33, fig. 3 D.]. — [Fleurs femelles du *Larix*, du *Cedrus*, du *Betula alnus. Salix capræa.* etc.].

CYLINDRIQUE, *cylindricum* [Pl. 28, fig. 5 A.]. — Fleurs mâles du *Fagus sylvatica*, du *Corylus avellana*, du *Betulus alba*, du *Juglans regia*, du *Broussonetia papyrifera.* etc.].

GRÊLE, *gracile* [Pl. 71, XXI *a*.]. — Fleurs mâles du *Fagus pumila. Salix alba* etc.].

ÉPAIS, *crassum*. — Fleurs mâles du *Juglans regia. Salix capræa.* etc.].

ATTÉNUÉ, aminci, *attenuatum*. — Diminuant d'épaisseur de la base au sommet. — [*Fagus castanea.* etc.].

COMPACTE, *compactum* [Pl. 33, fig. 1 A *c*.]. — Quand l'axe est tout couvert de fleurs serrées les unes contre les autres. — [*Betula. Platanus. Salix capræa.* etc.].

INTERROMPU, *interruptum*. — Quand les fleurs forment sur l'axe, des groupes écartés les uns des autres. — [*Quercus robur*, - *cerris*, - *fastigiata.* etc.].

DRESSÉ, *erectum*. — [*Salix triandra*, - *capræa*, - *myrsinites. Pinus. Abies. Cedrus.* etc.].

PENDANT, *pendulum* [Pl. 28, fig. 5 A.]. — [*Betula alba. Populus. Corylus* etc.].

NU, *nudum*. — Quand les fleurs sont attachées immédiatement sur l'axe et ne sont point accompagnées de bractées. — [*Quercus. Fagus castanea.* etc.].

Obs. L'analogie veut quelquefois que l'on donne le nom de Chaton à une réunion de fleurs unisexuelles attachées immédiatement sur un axe, quoique, en prenant la définition à la rigueur, ces fleurs composent un véritable Épi.

ÉPI, *Spica.* — Un Axe commun porte immédiatement des Fleurs sessiles ou presque sessiles. *Voy.* pag. 279.

MALE, *mascula.* — [*Carex pseudo-cyperus, - pilulifera.* etc.].

FEMELLE, *feminea.* — [*Carex pseudo-cyperus, - pilulifera.* etc.].

SIMPLE, *simplex* [Pl. 7, fig. 6. — Pl. 28, fig. 3.]. — Dont l'axe est tout d'une venue et sans ramification. — [*Plantago. Orobanche. Verbascum thapsus. Hyoscyamus niger. Heliotropium indicum. Phyteuma spicata.* etc.].

COMPOSÉ, rameux, *composita, ramosa* [Pl. 4, fig, 5.]. — Dont l'axe est ramifié; l'axe et les ramifications étant tout couverts de fleurs sessiles ou presque sessiles. — [*Chenopodium bonus henricus. Heliotropium europæum, - peruvianum. Sempervivum tectorum.* etc.].

SPICULÉ, *spiculata* [Pl. 29, fig. 1.]. — Composé de plusieurs épis ou Épillets (*Spiculæ*) sessiles ou presque sessiles serrés contre l'axe. — [*Carex muricata, - divulsa*, etc. *Lolium perenne.* etc.].

PANICULÉ, *paniculata.* — Dont les ramifications sont disposées en panicule. — [*Verbena officinalis, - triphylla. Mentha rotundifolia, - viridis.* etc.].

DIGITÉ, *digitata.* — Divisé jusqu'à la base en plusieurs rameaux non ramifiés. — [*Carex digitata. Andropogon ischæmum. Chloris scoparia. Heliotropium indicum.* etc.].

TERMINAL, *terminalis* [Pl. 1, fig. 4.]. — [*Trigochin. Musa. Polygonum amphibium, - bistorta. Lavandula spica. Verbascum thapsus. Hyoscyamus niger. Fumaria lutea. Reseda lutea. Agrimonia eupatoria.* etc.].

SUBAPICILAIRE, *subapicilaris.* — Si le sommet de la tige ou de la hampe, sans branches ni feuilles, se prolonge un peu au-dessus de l'épi. — [*Acorus aromaticus.* etc.].

AXILLAIRE, *axillaris.* — [*Melilotus officinalis. Piper medium.* etc.].

OPPOSITIFOLIÉ, *oppositifolia.*—[*Fumaria officinalis. Piper cubeba.* etc.].

CYLINDRIQUE, *cylindrica* [Pl. 1, fig. 6.]. — [*Carex pendula. Typha.* Fleurs femelles du *Zea mays. Satyrium hircinum. Polygonum bistorta. Verbascum thapsus. Phyteuma spicata. Trifolium arvense.* etc.].

OVOÏDE, *ovoïdea.* — [*Juncus campestris. Polygonum amphibium. Achyranthes porrigens. Plantago lagopus, - psylium. Poterium sanguisorba. Trifolium pratense.* etc.].

OBLONG, *oblonga.* — [*Juncus spicatus. Casuarina,* Pl. 32, fig. 2 A. etc.].

GRÊLE, *gracilis.* — [*Ophrys ovata. Polygonum hydropiper. Piper acuminatum.* etc.].

FILIFORME, *filiformis.* — [*Verbena officinalis, - triphylla.* etc.].

ÉPAIS, *crassa* [Pl. 1, fig. 6.]. — [*Typha latifolia.* Fleurs femelles du *Zea mays. Orobanche major.* etc.].

QUADRANGULAIRE, *quadrangularis.* — [*Melampyrum cristatum.* etc.].

COMPRIMÉ, *compressa.* — Aplati sur deux côtés opposés. — [*Triticum cristatum.* etc.].

LACHE, *laxa.* — [*Orchis bifolia. Melampyrum arvense. Fumaria officinalis.* etc.].

COMPACTE, *compacta* [Pl 1, fig. 6.]. — Quand les fleurs sont pressées les unes contre les autres, et cachent totalement l'axe. — [*Typha. Carex pendula. Orchis maculata. Polygonum amphibium, - bistorta. Plantago media. Mentha sylvestris. Phyteuma spicata. Trifolium arvense. Melilotus officinalis.* etc.].

INTERROMPU, *interrupta* [Pl. 1, fig. 4.]. — Quand les fleurs sont placées sur l'axe en groupes ou en verticilles distans les uns des autres. — [*Potamogeton compressum. Alisma damasonium. Musa sapientum. Lavandula spica. Mentha rotundifolia. Lythrum salicaria.* etc.].

VERTICILLIFLORE, *verticilliflora* [Pl. 1, fig. 4.]. — Quand l'épi est composé de verticilles. — [*Lythrum salicaria. Mentha rotundifolia. Myriophyllum spicatum.* etc.].

Verticilles.

distans, *distantes, remoti.* — A une distance assez grande les uns des autres. — [*Rumex palustris. Mentha pulegium.* etc.].

rapprochés, *approximati, remotiusculi.* — Peu distans les uns des autres. — [*Mentha viridis.* etc.].

serrés, *conferti.* — N'étant pas sensiblement séparés les uns des autres. — [*Rumex maritimus. Mentha sylvestris.* etc.].

circiné, roulé en crosse, *circinalis* [Pl. 28, fig. 3.]. — [*Heliotropium europæum, - peruvianum, - indicum. Hyoscyamus niger.* etc.].

feuillé, *foliata.* — [*Rhinanthus crista galli. Euphrasia odontites. Pedicularis foliosa. Hyoscyamus niger. Antirrhinum oruntium.* etc.].

couronné, *comosa* [Pl. 5, fig. 3.]. — Terminé à son sommet par des feuilles ou de grandes bractées. — [*Eucomis regia. Bromelia ananas. Salvia horminum. Lavandula stœchas.* etc.].

bractéé, *bracteata.* — [*Orchis. Melampyrum cristatum, - arvense. Lavandula.* etc.].

spathé, *spathata* [Pl. 28, fig. 10. — Pl. 33, fig. 2 A.]. — Muni d'une spathe. — [*Vallisneria spiralis* ♂. *Calla. Arum.* etc.].

involucré, *involucrata.* — Ayant un involucre à sa base. — [*Brunella vulgaris.* etc.].

dressé, *erecta.* — [*Triticum. Triglochin palustre. Polygonum amphibium, - bistorta. Triticum. Verbena caroliniana. Lavandula spica. Reseda lutea.* etc.].

pendant, *pendula* [Pl. 1, fig. 4. — Pl. 34, fig. 1 *b.*]. — [*Carex pendula. Musa. Hura crepitans.* etc.].

Obs. On considère encore le nombre des Épis, leur disposition les uns à l'égard des autres, et l'insertion des fleurs sur l'axe de chaque Épi.

GRAPPE, *Racemus*. — Un Axe commun porte des Fleurs sur des Pédicelles ordinairement uniflores. *Voy.* page 280.

SIMPLE, *simplex* [Pl. 29, fig. 6.]. — Dont l'axe est sans ramification. — [*Ornithogalum pyrenaïcum. Clethra arborea. Actea spicata. Prunus padus.* etc.].

RAMEUSE, *ramosus*. — [*Polygonum fagopyrum. Borrago officinalis. Acer campestre.* etc.].

DRESSÉE, *erectus*. — [*Ornithogalum pyrenaïcum. Samolus valerandi. Scrophularia nodosa, - aquatica, - scorodonia. Acer campestre. Circæa lutetiana.* etc.].

PENDANTE, *pendulus* [Pl. 29, fig. 6.]. — [*Acer pseudo-platanus. Berberis vulgaris. Prunus padus. Cytisus laburnum.* etc.].

AXILLAIRE, *axillaris* [Pl. 29, fig. 6.]. — [*Acer pseudo-platanus. Orobus sylvaticus. Prunus padus. Cytisus laburnum.* etc.].

OPPOSITIFOLIÉE, *oppositifolius*. — [*Herniaria glabra. Phytolacca.* etc.].

OBS. On considère encore le nombre des Grappes et leur position les unes à l'égard des autres.

PANICULE, *Panicula*. — Un Axe commun porte des Fleurs sur des Pédoncules diversement ramifiés. *Voy.* p. 280.

TERMINALE, *terminalis* [Pl. 2, fig. 1. — Pl. 2, fig. 2.]. — [*Bromus. Saccharum officinarum. Juncus acutus. Yucca. Rheum. Arbutus unedo.* etc.].

SUBAPICILAIRE, *subapicilaris*, *lateralis* [Pl. 8, fig. 7.]. — [*Juncus conglomeratus, - effusus.* etc.].

AXILLAIRE, *axillaris*. — [*Nepeta melissæfolia.* etc.].

TRÈS-RAMEUSE, *ramosissima*. — Dont l'axe produit un grand nombre de ramifications principales. — [*Juncus effusus, - sylvaticus. Rumex patientia, - obtusifolius. Rheum undulatum, - compactum.* etc.].

LACHE, *laxa*, *effusa* [Pl. 29, fig. 7.]. — Quand les pédoncules secondaires, tertiaires, etc. sont longs, flexibles, éloignés les uns des autres, et inclinés à leur sommet. — [*Bromus pendulus*, - *arvensis*, - *dumetorum*. *Holcus halepensis*. *Avena fatua*, - *sativa*. *Yucca gloriosa*. etc.].

DIVARIQUÉE, *divaricata*. — Les ramifications s'écartent les unes des autres dans tous les sens, en formant des angles très-ouverts. — [*Juncus pilosus*, - *sylvaticus*. *Polygonum divaricatum*. *Prenanthes muralis*. *Gypsophila paniculata*. etc.].

ÉTALÉE, *patula*. — Quand les pédoncules secondaires sont très-ouverts sans être inclinés. — [*Iresine celosioïdes*. *Prenanthes muralis*. etc.].

PYRAMIDALE, *pyramidalis* [Pl. 2, fig. 1. — Pl. 6, fig. 2.]. — Quand la panicule se rétrécit de la base au sommet en forme de pyramide ou de girandole. — [*Yucca*. *Agave*. etc.].

SERRÉE, *coarctata*. — Quand les ramifications sont dressées et serrées contre l'axe. — [*Arundo epigeios*. *Hypericum montanum*. etc.].

FEUILLÉE, *foliata*. — Si les ramifications sont entremêlées de feuilles. — [*Rumex oppositifolius*. *Rheum undulatum*. etc.].

THYRSE, *Thyrsus* [Pl. 28, fig. 4.]. — Panicule serrée, de forme ovale. — Le *Syringa vulgaris*, le *Ligustrum vulgare*, l'*AEsculus hippocastanum*, le *Vitis vinifera* en fournissent des exemples. Il n'offre aucune modification notable. *Voy.* page 280.

CORYMBE, *Corymbus*. — Le Pédoncule commun porte des Pédoncules secondaires qui, partant de points différens, élèvent les Fleurs à-peu-près à la même hauteur. *Voy.* page 280.

SIMPLE, *simplex*. — Quand les pédicelles partent immédiatement du pédoncule commun. — [*Scilla bifolia*. *Kalmia*. *Ledum*. *Iberis umbellata*, - *carnosa*. *Cardamine pratensis*. etc.].

RAMEUX, *ramosus* [Pl. 28, fig. 2.]. — Quand le pédoncule commun se divise en pédoncules secondaires, tertiaires, etc. — [*Achillea crithmifolia*. etc.].

SERRÉ, *coarctatus*. — Lorsque les pédoncules sont redressés et rapprochés les uns des autres. — [*Achillea millefolium*, - *age-*

ratum, - *filipendulina*, Lam. *Sedum telephium. Mespilus oxyacantha. Cratægus torminalis. Sorbus occuparia.* etc.].

LACHE, *laxus*. — Lorsque les pédoncules sont très-écartés les uns des autres. — [*Ornithogalum umbellatum. Chrysanthemum prœaltum*, - *corymbiferum. Erigeron annuum.* etc.].

RÉGULIER, *regularis* [Pl. 28, fig. 2.]. — Si les pédoncules sont allongés en telle proportion que toutes les fleurs forment par leur rapprochement une surface égale, plane ou convexe. — [*Achillea millefolium*, - *ageratum*, - *filipendulina*, - *velutina*, - *crithmifolia.* etc.].

IRRÉGULIER, *irregularis*. — Si les pédoncules s'allongent sans garder de proportion entre eux, en sorte que les fleurs s'élèvent inégalement. — [Beaucoup de Synanthérées radiées. etc.].

OBS. Les Corymbes LACHES et IRRÉGULIERS dégénèrent en Panicules.

Les Corymbes SIMPLES ne sont que des Grappes DÉPRIMÉES. Dans la plupart des Crucifères, à mesure que les fleurs se développent le Corymbe s'allonge en Grappe.

CYME, *Cyma* [Pl. 28, fig. 7.]. — Un Pédoncule commun porte des Pédoncules secondaires qui partent du même point, et ceux-ci portent des Pédoncules tertiaires qui partent de points différens, et élèvent les Fleurs à-peu-près à la même hauteur. *Voy.* page 281.

On remarque cette Inflorescence dans le *Sambucus*, le *Cornus*, le *Chironia centaurium*, le *Nerium oleander*, le *Crassula coccinea*, etc. Ses modifications sont à-peu-près les mêmes que celles du Corymbe.

FAISCEAU, *Fasciculus* [Pl. 28, fig. 9.]. — Groupe de Fleurs droites, serrées, s'élevant parallèlement à la même hauteur. *Voy.* p. 281.

Le Faisceau dont le *Dianthus barbatus*, le *Dianthus carthusianorum*, etc. offrent des exemples, n'a point de caractères très-remarquables.

OMBELLE, *Umbella* [Pl. 28, fig. 1.]. — Les Fleurs sont portées sur des Pédoncules partant d'un même point en rayons d'une longueur égale. *Voy.* page 281.

simple, *simplex* [Pl. 7, fig. 9. — Pl. 8, fig. 4. — Pl. 28, fig. 8. — Pl. 29, fig. 2.]. — Quand les pédoncules ombellés ne se subdivisent point. — [*Butomus umbellatus. Smilax herbacea. Agapanthus umbellatus. Allium obliquum. Dodecatheon meadia. Asclepias syriaca. Geranium alpinum. Pelargonium inquinans, - zonale.* etc.].

composée, *composita* [Pl. 28, fig. 1.]. — Quand des pédoncules ombellés se subdivisent chacun à leur sommet en une petite ombelle ou ombellule, *Umbellula.* — [*Daucus carota. Pastinaca. Ammi*, et d'autres Ombellifères. etc.].

générale, *generalis*, (*universalis* Lin.). — C'est la partie de l'ombelle composée qui porte les ombellules.

partielle, *partialis.* — C'est une des petites ombelles ou ombellules, que porte l'ombelle générale.

nue, *nuda.* — Dépourvue d'involucre. — [*Solanum nigrum. Anethum segetum, - graveolens. Pimpinella magna.* etc.].

involucrée, *involucrata* [Pl. 28, fig. 1 *a*.]. — Pourvue d'un involucre. — [*Dodecatheon meadia. Androsace. Astrantia. Buplevrum. Daucus carota. Ammi majus. Pelargonium inquinans.* etc.].

spathée, *spathata.* — Pourvue d'une spathe. — [*Allium.* etc.].

sphérique, *sphærica.* — Offrant par la proportion des pédoncules, leur disposition et la multiplicité des fleurs, une surface sphérique. — [*Allium sphærocephalum, - porrum, - cepa.* etc.].

convexe, *convexa.* — Offrant une surface bombée. — [*Asclepias syriaca. Daucus hispida. Athamantha cervaria.* etc.].

plane, *plana.* — Offrant une surface plate. — [*Anethum segetum. Heracleum sphondylium. OEnanthe pimpinelloïdes. Imperatoria ostruthium. Anethum fœniculum.* etc.].

concave, *concava.* — Offrant une surface concave. — [*Daucus carota* en fruit. etc.].

LACHE, *laxa.* — Quand les pédoncules s'écartent beaucoup les uns des autres. — [*Athamantha latifolia, - viviani.* etc.].

SERRÉE, *coarctata, densa.* — Quand les pédoncules sont rapprochés les uns des autres. — [*Allium cepa, - sphærocephalum. Laserpitium apioïdes,* Lam. *Daucus carota. Hydrocotyle vulgaris.* etc.].

PAUCIRADIÉE, *pauciradiata, depauperata.* — Ayant peu de rayons. — [*Buplevrum spinosum. Scandix pecten. Hydrocotyle vulgaris.* etc.].

PROLIFÈRE, *prolifera.* — Si un ou plusieurs pédoncules d'une ombelle simple produisent une ou plusieurs ombellules. — [*Asclepias vincetoxicum. Hydrocotyle vulgaris.* etc.].

SIMILIFLORE, *similiflora.* — Si toutes les fleurs sont semblables. — [*Sium verticillatum. Imperatoria ostruthium.* etc.].

DIVERSIFLORE, *diversiflora.* — Si les fleurs du centre sont régulières et celles de la circonférence irrégulières. — [*Tordylium officinale. Coriandrum.* etc.].

VERTICILLE, *Verticillus.* — Les Fleurs sont attachées en anneau autour de leur support. *Voy.* page 282.

VRAI, *verus* [Pl. 29, fig. 4.]. — Quand, selon la rigueur de la définition, les fleurs partent de tout le pourtour de l'axe qui qui les porte. — [*Hippuris vulgaris. Myriophyllum verticillatum. Alisma damasonium. Rumex maritimus. Illecebrum verticillatum. Lysimachia verticillata. Monarda didyma.* etc.].

FAUX, *fallax.* — Quand les pédoncules partent seulement de deux côtés opposés, mais que les fleurs plus ou moins nombreuses, se portent à droite et à gauche et forment un anneau autour de la tige, de la branche, etc. — [*Phlomis tuberosa, - fruticosa,* et la plupart des autres Labiées dites communément verticillées.].

DIMIDIÉ, *dimidiatus.* — Quandl es fleurs n'entourent qu'à moitié l'axe qui les porte. — [*Musa sapientum. Rumex acetosa, - acutus.* etc.]. — De là, FLEURS DEMI - VERTICILLÉES, *Flores semi-verticillati.*

quadriflore, *quadriflorus.* — [*Westeringia rosmarinacea.* etc.].

sexflore, *sexflorus.* — [*Salvia pratensis*, - *nemorosa*, - *bicolor.* etc.].

multiflore, *multiflorus* [Pl. 29, fig. 4.]. — [*Illecebrum verticillatum. Monarda. Mentha pulegium. Ballota nigra. Marrubium vulgare.* etc.].

nu, *nudus.* — Sans bractées ni feuilles. — [*Alisma damasonium*, - *ranunculoïdes.* etc.].

bractéé, *bracteatus* [Pl. 29, fig. 4.]. — Accompagné de bractées. — [*Phlomis fruticosa. Ballota nigra. Monarda. Marrubium vulgare.* etc.].

feuillé, *foliatus* [Pl. 29, fig, 4.]. — Accompagné de feuilles. — [*Rumex palustris. Monarda. Phlomis. Erica cinerea.* etc.].

CAPITULE, *Capitulum.* — Fleurs ramassées et serrées en boule. *Voy.* page 283.

nud, *nudum* [Pl. 28, fig. 6.]. — [*Cephalanthus.* etc.].

involucré, *involucratum* [Pl. 37, fig. 4 A.]. — [*Gomphrena globosa. Jasione montana.* etc.].

CALATHIDE, *Calathidis.* — Les Fleurs sont sessiles ou presque sessiles sur un Clinanthe entouré d'un Involucre. *Voy.* page 283.

radiée, *radiata* [Pl. 38, fig. 3 A.]. — Ayant des fleurons à son centre et des demi-fleurons à sa circonférence. — [*Ximenesia encelioïdes. Aster chinensis.* etc.].

flosculeuse, fleuronnée, *flosculosa* [Pl. 37, fig. 6 A.]. — N'ayant que des fleurons, soit à son centre, soit à sa circonférence. — [*Carduus. Cynara. Centaurea.* etc.].

semiflosculeuse, semifleuronnée, *semiflosculosa*, *ligulata* [Pl. 38, fig. 1 A.]. — N'ayant que des demi-fleurons, soit à son centre, soit à sa circonférence. — [*Leontodon taraxacum. Tragopogon. Hieracium. Andryala* etc.].

ouverte, *aperta* [Pl. 38, fig. 1 A. — Pl. 43, fig. 8 A.]. — Dont l'involucre est ouvert, et dont toutes les fleurs sont visibles. — [*Carlina. Hieracium. Helianthus* et d'autres Synanthérées. *Scabiosa. Dorstenia.* etc.].

ENTR'OUVERTE, *semi-aperta* [Pl. 55, fig. 4 A.]. — Dont l'involucre resserré au-dessus des fleurs, les cache en partie. — [*Ambora.* etc.].

CLOSE, *clausa.* [Pl. 43, fig. 9 A.]. — Dont l'involucre resserré au-dessus des fleurs, et n'ayant qu'un très-petit orifice, les cache entièrement. — [*Ficus.* etc.].

UNIFLORE, *uniflora.* — [*Echinops.* etc.].

PAUCIFLORE, *pauciflora.* — [*Knautia.* etc.].

MULTIFLORE, *multiflora* [Pl. 34, fig. 2 A. — Pl. 43, fig. 8 A... fig. 9 A.]. — [*Helianthus annuus. Euphorbia. Ficus. Dorstenia.* etc.].

OBS. Les termes employés pour caractériser l'Involucre peuvent servir quelquefois à caractériser la Calathide. *Voy.* INVOLUCRE.

FRUIT, *Fructus.*

Ovaire parvenu à sa maturité.
Voy. pag. 322.

Le Fruit que l'on peut distinguer en simple, *simplex*, ou en composé, *compositus*, selon qu'il provient d'un seul ou de plusieurs Ovaires, comprend le PÉRICARPE, *Pericarpium*, et la GRAINE, *Semen.*

PÉRICARPE, *Pericarpium.* — Partie du Fruit qui renferme la Graine. *Voy.* pag. 322.

Superficie.

UNI, *læve* [Pl. 53, fig. 3 A.] — [*Asphodelus. Chærophyllum sylvestre. Pæonia anomala. Sisymbrium sophia. Malus.* etc.].

GLABRE, *glabrum.* — [*Pastinaca. Coriandrum. Pæonia anomala.* etc.].

LUISANT, *lucidum*, *nitidum.* — [*Lithospermum officinale. Onopordum acanthium. Isatis tinctoria.* etc.].

SCABRE, *scabrum.* — [*Lithospermum arvense. Cuminum. Clutia pulchella.* etc.].

PONCTUÉ, *punctatum* [Pl. 53, fig. 2 A... fig. 4 A... fig. 5 A. — Pl. 54, fig. 4 A.]. — [*Ceratophyllum. Citrus medica. Cookia punctata. Mespilus germanica.* etc.].

VERRUQUEUX, *verrucosum* [Pl. 45, fig. 1 A.]. — [*Tragopogon undulatum. Euphorbia verrucosa.* etc.].

VEINÉ, *venosum.* — Relevé de lignes vasculaires vagues et irrégulières comme la surface de la plupart des feuilles. — [*Koelreuteria. Staphylea pinnata.* etc.].

RIDÉ, *rugosum* [Pl. 45, fig. 2 B.]. — [*Anchusa sempervirens. Helmintia echioïdes. Astrantia. Geranium robertianum. Melilotum officinale.* etc.].

STRIÉ, *striatum.* — [*Picris. Anethum graveolens.* etc.].

SILLONNÉ, *sulcatum* [Pl. 44, fig. 9 A.]. — [*Tragopogon pratense. Carum carvi. Scandix odorata. AEthusa meum.* etc.].

OBS. Quand on compte le nombre de sillons, on dit le Fruit UNI-SILLONNÉ, *unisulcatum* [*Amygdalus commmunis*], BI-SILLONNÉ [*Veronica officinalis. Mussenda frondosa*], TRI-SILLONNÉ [*Ornithogalum pyramidale*], QUADRI-SILLONNÉ, etc.

Pubescence.

VELOUTÉ, *velutinum.* — [*Amygdalus persica. Euphorbia characias.* etc.].

PUBESCENT, *pubescens* [Pl. 53, fig. 2 A. — Pl. 54, fig. 4 A.]. — [*Digitalis purpurea. Aquilegia vulgaris. Cookia punctata. Amygdalus persica.* etc.].

POILU, *pilosum.* — [*Geranium sibiricum, - pratense. Hibiscus trionum. Euphorbia illirica.* etc.].

VELU, *villosum.* — [*Pæonia mascula, - lobata. Lotus varius.* etc.].

LAINEUX, *lanatum.* — [*Alyssum clypeatum.* etc.].

TOMENTEUX, *tomentosum.* — [*Amygdalus communis.* etc.].

Armure.

ÉCAILLEUX, *squamosum.* — Couvert d'écailles imbriquées comme des écailles de poisson. — [*Calamus rotang. Sagus.* etc.].

MURIQUÉ, *muricatum.* — Relevé de pointes courtes à large base. — [*Canna indica. Arbutus unedo.* etc.].

LAPPACÉ, *lappaceum.* — Hérissé de pointes hameçonées comme les involucres de l'*Arctium lappa.* — [*Myosotis lappula. Sanicula europæa. Triumfetta plumieri. Bartramia lappago.* etc.].

SPINELLEUX, *spinellosum, echinatum* [Pl. 52, fig. 2 A.]. — [*Datura stramonium. Argemone mexicana. AEsculus hippocastanum. Bixa orellana. Cucumis prophetarum.* etc.].

Substance.

MEMBRANACÉ, membraneux, *membranaceum* [Pl. 46, fig. 4 B C.] — [*Salsola tragus. Koelreuteria. Colutea.* etc.].

CARTACÉ, *chartaceum.* — [*Anagallis arvensis. Chærophyllum sylvestre. Coriandrum. Alyssum sinuatum.* etc.].

CORIACE, *coriaceum*. — [*Helianthus annuus. Trapa natans. Lupinus. Arachis hypogea.* etc.].

CRUSTACÉ, *crustaceum*. — Sec, mince et fragile. — [*Passerina.* etc.].

LIGNEUX, *lignosum*. — [*Lecythis. Hymenæa courbaril. Cassia fistula.* etc.].

SUBÉREUX, *suberosum, fungosum*. — [*AEthusa cynapium. Raphanus sativus.* etc.].

PULPEUX, *pulposum*. — [*Ribes. Vitis. Rubus* etc.].

CHARNU, *carnosum*. — [*Psidium pyriforme. Malus.* etc.].

Vestiture.

INDUVIÉ, *induviatum*. — Péricarpe provenant d'un ovaire libre, recouvert après la maturité par les enveloppes propres ou accessoires de la fleur, qui prennent alors le nom d'Induvie.

INDUVIE, *Induvia.*

PÉRIANTHIENNE, *perianthiana* [Pl. 44, fig. 1 ABC.] — Quand elle provient d'un périanthe simple. — [*Basella. Salsola tragus.* etc.].

CALICINIENNE, *calycineana*. — Quand elle provient du calice. — [Labiées. *Rosa.* etc.].

GLUMELLÉENNE, *glumelleana*. — Quand elle provient des glumelles. — [*Oryza.* etc.].

LIBRE, *libera*. — Quand elle ne fait pas corps avec le fruit. — Labiées. *Rosa.* etc.].

ADHÉRENTE, *adherens*. — Quand elle fait corps avec le fruit. — [*Basella.* etc.].

OBS. Il ne faut pas confondre les Fruits INDUVIÉS avec les Fruits ANGIOCARPIENS, dont il sera question plus bas. Dans les premiers l'ovaire ou les ovaires ne proviennent que d'une fleur, et n'ont point d'abord d'adhérence avec le calice. Dans les seconds, les ovaires de plusieurs fleurs sont ordinairement rapprochés; et quand ils sont isolés, ils font toujours corps avec le calice. Au reste, cette distinction devient plus claire par les exemples que par la définition.

Parties du Péricarpe.

Obs. On considère dans le Péricarpe les Sutures, les Valves, les Cloisons, le Placentaire et le Funicule.

SUTURES, *Suturæ.* — Lignes qui marquent la jonction des Valves. *Voy.* page 324.

ENFONCÉES, *recessæ* [Pl. 47, fig. 1 A.]. — Placées au fond d'un sillon plus ou moins profond. — [*Rhododendrum.* etc.].

PROÉMINENTES, *prominentes.* — Placées sur la crête d'une saillie plus ou moins considérable.

PTÉROÏDES, *pteroïdeæ* [Pl. 46, fig. 6 A B.] — Quand les saillies s'étendent en ailes. — [*Evonymus latifolius.* etc.].

VALVES, *Valvæ.* — Panneaux de la boîte péricarpienne. *Voy.* pag. 324.

LONGITUDINALES, *longitudinales* [Pl. 51, fig. 4 A C... fig. 5. — Pl. 52, fig. 6 A B C.]. — Lorsque leur suture est parallèle à la base du péricarpe. — [*Anagallis arvensis. Hyoscyamus.* etc.].

TRANSVERSALES, *transversæ* [Pl. 49, fig. 5 A B.]. — Lorsque leur suture est parallèle à la base du péricarpe. — [*Anagallis arvensis. Hyoscyamus.* etc.].

RENTRANTES, *introflexæ* [Pl. 47, fig. 1 A B.]. — Lorsque les valves se recourbent et s'enfoncent par leurs bords dans l'intérieur du péricarpe. — [*Colchicum. Rhododendrum.* etc.].

CONJOINTES, *conjunctim-introflexæ* [Pl. 47, fig. 1 A B.]. — Lorsque des valves contiguës et rentrantes, sont soudées les unes aux autres par la partie qui s'enfonce dans l'intérieur du péricarpe. — [*Rhododendrum ponticum.* etc.].

DISTINCTES, *distinctim-introflexæ.* — Lorsque les valves rentrantes n'ont point d'union entre elles. — [*Colchicum.* etc.].

BIPARTIBLES, *bipartibiles.* — Si, après la déhiscence, les valves se fendent dans leur longueur. — [*Veronica. Capraria biflora. Verbascum phœniceum. Digitalis purpurea. Nicotiana.* etc.].

OBS. Les panneaux que nous nommons Valves BIPARTIBLES, sont évidemment composés chacun de deux Valves réunies par leur bord antérieur ; cependant l'usage et la commodité veulent qu'on ne considère que comme une seule Valve deux Valves accouplées. Ce caractère n'est point indifférent, parce qu'il éclaircit certaines anomalies qui existent plus dans l'apparence que dans la réalité. *Voyez* les Rhodoracées, les Scrophularinées, les Solanées, etc.

ÉLASTIQUES, *elasticæ.* — [*Dentaria. Cardamine impatiens. Ricinus.* etc.].

SEPTIFÈRES, *septiferæ* [Pl. 52, fig. 6 C.]. — Portant les cloisons. [*Ruellia ovata.* etc.].

SÉMINIFÈRES, *seminiferæ, s. placentiferæ.* — [Gentianées. etc.].

PLANES, *planæ.* — [*Lunaria. Alyssum clypeatum.* etc.].

CONCAVES, *concavæ.* — [*Alyssum utriculatum.* etc.].

NAVICULAIRES, en nacelle, *naviculares* [Pl. 51, fig. 2 AB. — Pl. 52, fig. 6 ABC.]. — [*Ruellia ovata. Subularia aquatica. Isatis tinctoria. Thlaspi ceratocarpon.* etc.].

CARÉNÉES, en carène, *carinatæ* [Pl. 51, fig. 2 A B.]. — [*Lepidium. Isatis tinctoria. Thlaspi ceratocarpon.* etc.].

OPERCULAIRES, *operculares* [Pl. 49, fig. 5 B.]. — En forme de couvercle. — [*Plantago. Anagallis. Centunculus. Lecythis.* etc.].

CLOISONS, *Dissepimenta.* — Lames plus ou moins épaisses qui divisent la cavité péricarpienne en plusieurs Loges. *Voy.* pag. 324.].

LONGITUDINALES, *longitudinalia* [Pl. 46, fig. 3 A B. — Pl. 51, fig. 2 A B... fig. 4 B C... fig. 5. — Pl. 52, fig. 6 C.]. — Si elles s'étendent de la base au sommet du péricarpe, et sont par conséquent parallèles à son axe. — [*Lilium. Ruellia ovata. Thlaspi. Cheiranthus.* etc.].

TRANSVERSALES, *transversæ* [Pl. 48, fig. 4 A.]. — Si elles s'étendent d'un côté à l'autre du péricarpe, et sont par conséquent parallèles au plan de sa base. — [*Cassia fistula.* etc.].

VAGUES, *vaga* [Pl. 54, fig. 5 B*a*.]. — Sans direction déterminée. — [Plusieurs cloisons dans le *Punica granatum.* etc.].

GÉNÉRALES, *generalia* [Pl. 45, fig. 6 C. — Pl. 48, fig. 2 B. . . fig. 4 A. — Pl. 51, fig. 5.]. — Lorsque leurs bords aboutissent de toutes parts à la paroi interne de la cavité péricarpienne, en sorte que chacune d'elles suffit pour diviser complétement cette cavité en deux loges. — [Plantaginées, *Cheiranthus* et autres Crucifères. *Astragalus. Cassia fistula. Ternstromia. Podostemum.* etc.].

PARTIELLES, *partialia* [Pl. 47, fig. 3 B. — Pl. 53, fig 5 B.]. — Lorsqu'elles n'aboutissent que d'un côté à la paroi interne de la cavité péricarpienne, et que l'autre côté aboutit à un placentaire ou à quelque autre cloison, de façon que chacune prise isolément, ne pourrait partager la cavité du péricarpe en deux loges. — [*Syringa vulgaris. Acanthus. Nigella hispanica. Citrus.* etc.].

COMPLÈTES, *completa* [Pl. 51, fig. 4 B. . . fig. 5.]. — Elles séparent complétement la cavité du péricarpe. — [*Cheiranthus.* etc.].

OBS. Une Cloison GÉNÉRALE est COMPLÈTE par elle-même. Une Cloison PARTIELLE n'est COMPLÈTE que par sa jonction avec d'autres Cloisons.

INCOMPLÈTES, *incompleta* [Pl. 47, fig. 3 B.]. — Elles ne séparent qu'incomplétement la cavité péricarpienne. — [*Papaver.* etc.].

VALVÉENNES, *valveana*. — Cloisons produites par l'expansion de la substance des valves, et y restant fixées même après la déhiscence.

MÉDIANES, *mediana* (*valvis contraria. Valvis medio septiferis.*) [Pl. 46, fig. 1 A B. . . fig. 3 B. — Pl. 52, fig. 6 C. . . fig. 7 B.]. — Cloisons valvéennes qui tirent leur origine de la partie moyenne des valves. — [*Lilium. Syringa.* Acanthacées. *Polemonium. Helianthemum. Hibiscus.* etc].

OBS. J'ai fait observer autre part que chaque valve était souvent composée de deux pièces fortement soudées l'une à l'autre. Il est probable que les Cloisons que je nomme MÉDIANES ne sont d'ordinaire autre chose que le prolongement des bords contigus des deux pièces de ces valves composées, et que par conséquent ces Cloisons sont presque toutes MARGINAIRES. Mais ces considérations ne sont de poids que dans la Physiologie. La Botanique descriptive doit s'arrêter à la forme.

MARGINAIRES; *marginaria* (*Valvis utroque margine introflexo singulis loculum constituentibus.*) [Pl. 47, fig. 1 A B. — Pl. 48, fig. 7 B.]. — Cloisons valvéennes, formées par le bord des valves qui rentre dans l'intérieur du péricarpe et va joindre l'axe central réel ou imaginaire. — [*Antirrhinum. Rhododendrum. Astragalus.* etc.].

BILAMELLÉES, *bilamellata* [Pl. 47, fig. 1 A B. — Pl. 52, fig. 8.]. — Cloisons marginaires formées chacune par le rentrement de deux valves contiguës et soudées, qui se séparent en deux lames à l'époque de la déhiscence. — [*Digitalis. Rhododendrum. Cinchona.* etc.].

PLACENTAIRIENNES, *placentæriana* [Pl. 48, fig. 2 B. — Pl. 51, fig. 2 A B. . . fig. 3 B, . . fig. 4 B C. . . fig. 5. — Pl. 52, fig. 2 B.]. — Cloisons produites par l'expansion de la substance du placentaire ou de ses lobes, qui vont s'appuyer contre la paroi péricarpienne ou contre ses sutures, et s'en détachent à l'époque de la maturité quand le fruit est déhiscent. — [Plantaginées. Crucifères. *Punica.* Cucurbitacées. *Podostemum*, etc.].

INTERPOSITIVES, *interpositiva* (*Valvis margine appositis angulis dissepimenti.*) [Pl. 46, fig. 5.]. — Quand plusieurs cloisons placentairiennes partent en divergeant de l'axe central d'un péricarpe multivalve, et vont chacune s'unir à l'une des sutures, en sorte qu'elles alternent avec les valves. — [*Convolvulus* et d'autres Convolvulacées. *Elatine alsinastrum. Paullinia seriana. Dodonæa.* etc.].

OBS. Quand le bord des Cloisons, au lieu d'être engagé entre les bords des valves contiguës, est simplement appliqué contre les sutures, comme il arrive très-fréquemment, on peut dire ces Cloisons OBSUTURALES [*Convolvulus.* etc.].

OPPOSITIVES, *oppositiva* (*valvis contraria.*). — Quand une ou plusieurs cloisons placentairiennes rencontrent par leur bord le milieu des valves. — [*Paullinia pinnata.* etc.].

PARALLÉLIQUE, *parallelicum* (*valvis parallelum.*). [Pl. 51, fig. 2 B. . . fig 4, 5.]. — Quand une cloison placentairienne unique, s'élargit parallèlement au plan des valves d'un péricarpe bivalve, et va joindre par ses bords, les deux sutures opposées. — [Crucifères. etc.].

OBS. Il ne faut pas prendre les épithètes VALVÉENNES et PLACENTAIRIENNES à la rigueur. Elles n'indiquent dans certains cas, que l'attache des Cloisons après la déhiscence; caractère qui n'est pas toujours sûr pour faire connaître leur origine.

AMBIGUËS, *ambigua* [Pl. 53, fig. 5 B.]. — Tenant au centre et à la paroi d'un péricarpe qui ne s'ouvre pas, et, par cette raison, n'ayant point une origine bien distincte. — [*Citrus.* etc.].

FIXES, *fixa* [Pl. 45, fig. 6 C. — Pl. 47, fig. 2 B. . . fig. 3 B. . . fig. 4 B. . . fig. 5 B. . . fig. 8 B.]. — Si dans la maturité elles restent immobiles et conservent leur attache; ce qui n'a lieu communément que dans les péricarpes indéhiscens ou déhiscens par des pores ou des fentes. — [*Antirrhinum. Campanula. Papaver. Nigella. Ternstromia. Saxifraga.* etc.].

LIBRES, *libera* [Pl. 48, fig. 2 B C.]. — Formées par un placentaire qui devient libre par la déhiscence. *Voy.* Placentaire LIBRE.

PERSISTANTES, *persistentia* [Pl. 51, fig. 4 C. . . fig. 5.]. — Se maintenant en place après la chûte des valves. — [Crucifères. etc.].

OBCURRENTES, *obcurrentia* [Pl. 47, fig. 4 B. . . fig. 5 B. — Pl. 52, fig. 6 C.]. — Si des cloisons partielles dirigées les unes vers les autres, concourent, par leur rapprochement, à diviser en plusieurs loges la cavité péricarpienne. — [*Syringa.* Acanthacées. *Antirrhinum.* Convolvulacées. Aurantiacées. *Saxifraga.* etc.].

VERTICILLÉES, *verticillata* [Pl. 46, fig. 5 B C. — Pl. 47,

fig. 2 B. — Pl. 53, fig. 5 B. — Pl. 54, fig. 5 C.]. — Si plusieurs cloisons partielles sont disposées dans le péricarpe comme les rayons d'une roue. — [Convolvulacées. Rhodoracées. Aurantiacées. etc.].

SÉMINIFÈRES, *seminifera*, *s. placentifera* [Pl. 52, fig. 6 B C... fig. 7 B.]. — Si elles portent les graines. — [*Ruellia. Helianthemum. Nymphæa.* etc.].

PLACENTAIRE, *Placentarium* (*Receptaculum seminum. Placenta.*). — Partie du Péricarpe où les Graines sont attachées. *Voy.* pag. 325.

Substance.

CHARNU, *carnosum* [Pl. 47, fig. 5 B.]. — [*Vaccinium. Ruta. Saxifraga granulata.* etc.].

SUBÉREUX, *suberosum.* — [*Centunculus. Anagallis. Hyoscyamus. Nicotiana. Stramonium.* etc.].

CORIACE, *coriaceum.* — [*Martynia. Papaver. Begonia.* etc.].

LIGNEUX, *lignosum.* — [*Swietenia mahogoni.* etc.].

Surface.

ALVÉOLÉ, *alveolatum.* — [*Centunculus. Anagallis.* etc.].

TUBERCULÉ, *tuberculatum.* — [*Stramonium.* etc.].

VELU, *villosum.* — [*Canna. Cucubalus. Silene.* etc.].

Forme.

SEPTIFORME (Cloison PLACENTAIRIENNE), *septiforme* [Pl. 48, fig. 2 B C. — Pl. 51, fig. 4 B C... fig 5.]. — Quand il est élargi en cloison. — [Plantaginées. Crucifères.].

OBS. Le Placentaire SEPTIFORME étant la même chose que la Cloison PLACENTAIRIENNE, peut être caractérisé par les mêmes épithètes.

SPHÉRIQUE, *sphæricum*, *globosum.* — [*Centunculus minimus. Anagallis arvensis.* etc.].

CYLINDRACÉ, *cylindraceum* [Pl. 47, fig. 6 B.]. — [*Cortusa mathioli. Lychnis. Silene. Cerastium.* etc.].

FILIFORME, *filiforme* [Pl. 48, fig. 3 B.]. — [*Velezia.* etc.].

SUBULÉ, *subulatum.* — [*Dodecatheon meadia. Dianthus.* etc.].

TRIGONE, triquètre, *trigonum*, *triqueter* [Pl. 46, fig. 1 B.]. — [*Ixia chinensis. Polemonium cœruleum. Dodonæa viscosa.* etc.].

TÉTRAGONE, tétraquètre, *tetragonum*, *tetraqueter.* — [*Jussiæa. Adoxa moschatellina.* etc.].

PENTAGONE, pentaquètre, *pentagonum*, *pentaqueter.* — [*Swietenia mahogoni.* etc.].

LOBÉ, *lobatum* [Pl. 47, fig. 1 C... fig. 4 B... fig. 8 B.]. Formant des saillies épaisses dans la cavité péricarpienne. — [*Hyoscyamus. Antirrhinum. Kalmia. Rhododendrum.* etc.].

RAYONNANT, *radiatum* [Pl. 47, fig. 1 C. — Pl. 52, fig. 1... fig. 2 B.]. — [*Kalmia. Rhododendrum.* Cucurbitacées. etc.].

Position.

CENTRAL, *centrale* [Pl. 47, fig. 4 B... fig. 5 B... fig. 8 B.]. — Occupant le centre du péricarpe. — [*Antirrhinum. Campanula. Saxifraga.* etc.].

AXILE, *axile* [Pl. 46, fig. 1 AB... fig. 3 AB. — Pl. 52, fig. 8.]. — S'allongeant de la base au sommet du péricarpe, dans la direction de son diamètre. — [*Lilium. Digitalis. Polemonium.* etc.].

APICILAIRE, *apicilare* [Pl. 50, fig. 5 C.]. — Occupant le sommet de la cavité péricarpienne. — [Ombellifères. *Sphenoclea.* etc.].

BASILAIRE, *basilare* [Pl. 46, fig. 5 C *a*.]. — Occupant la base de la cavité péricarpienne. — [*Ipomea. Berberis. Chrysosplenium. Zizyphus.* etc.].

BASIFIXE, *basifixum.* — Ne tenant qu'à la base de la paroi péricarpienne à l'époque de la maturité. Il peut être SESSILE, PÉDICELLÉ et de formes variées. — [Primulacées. *Silene.* etc.].

PARIÉTAL, *parietale* [Pl. 54, fig 2 BC... fig. 5 C]. — Attaché à la paroi qui circonscrit la cavité d'un péricarpe déhiscent ou indéhiscent. — [*Ribes. Heuchera. Punica.* etc.].

Obs. Un Placentaire axile dans un Ovaire multiloculaire devient quelquefois pariétal par suite de l'avortement de plusieurs loges.

unilatéral, *unilaterale* [Pl. 48, fig. 3 B... fig. 4 A... fig. 7 B.]. — Attaché d'un seul côté du péricarpe. — [Beaucoup d'Apocinées. *Actæa.* Légumineuses. etc.].

bilatéral, *bilaterale* [Pl. 54, fig. 2 B C.]. — [*Ribes.* etc.].

trilatéral, *trilaterale.* etc.

valvaire, *valvare.* — Attaché aux valves d'un péricarpe déhiscent. — [*Orchis. Bixa orellana.* etc.].

médivalve, *medivalve* (*Receptaculum s. Placentarium mediis valvis adnatum.*). — Fixé le long de la ligne médiane des valves. — [*Lathræa. Parnassia. Bixa orellana.* etc.].

obsutural, *obsuturale* (*Placenta suturæ applicata*, R. Brown.) [Pl. 49, fig. 4 B C.]. — Appliqué contre les sutures. — [*Asclepias. Argemone.* etc.].

marginal, *marginale* [Pl. 48, fig. 3 B... fig. 4 A.]. — Fixé solidement, soit aux bords des valves, soit aux bords des cloisons, lorsque celles-ci ne sont point formées elles-mêmes par un placentaire élargi. — [*OEnothera.* Légumineuses. etc.].

septile, *septile* [Pl. 46, fig. 2 A. — Pl. 47, fig. 3 B. — Pl. 52, fig. 6 B C... fig. 7 B.]. — Attaché aux cloisons. — [*Ruellia. Helianthemum mutabile. Papaver. OEnothera.* etc.].

adné, *adnatum.* — Attaché dans toute sa longueur, soit à la face interne de la boîte péricarpienne [Orchidées. *Lathræa.* etc.], soit aux bords des cloisons [*Tulipa.* etc.], soit à l'axe central [*Ixia chinensis.* etc.], soit aux bords des valves [*Viola.* etc.].

libre, *liberum* [Pl. 48, fig. 2 B C.]. — Totalement détaché du péricarpe, et ne tenant à rien après la déhiscence. — [Plantaginées. etc.].

Obs. On a souvent, mais improprement, donné le nom de Placentaires libres à des Placentaires basifixes.

Division.

BIPARTI, *bipartitum* [Pl. 54, fig. 2 B C.]. — Divisé en deux branches. — [*Ribes. Bixa orellana.* etc.].

TRIPARTI, *tripartitum.* — [Orchidées. *Passiflora.* etc.].

QUADRIPARTI, *quadripartitum.* — [*Parnassia palustris.* etc.].

QUINQUÉPARTI, *quinquepartitum.* — [*Argemone mexicana.* etc.].

MULTIPARTI, *multipartitum* [Pl. 47, fig. 3 B. — Pl. 54, fig. 5 C *b.*]. — [*Papaver. Punica.* etc.].

OBS. Les divisions du Placentaire sont ordinairement ADNÉES à la paroi du péricarpe; mais il est des cas où elles ne tiennent au péricarpe que par leurs extrémités. On en voit des exemples dans les Portulacées.

Partibilité.

BIPARTIBLE, *bipartibile* [Pl. 48, fig. 3 B. — Pl. 52, fig. 6 C.]. — Se fendant par la déhiscence en deux portions séminifères qui restent solidement fixées au bord des valves [Légumineuses. etc.], ou des cloisons [*Ruellia.* etc.].

TRIPARTIBLE, *tripartibile* [Pl. 46, fig. 4 B.]. — Divisible par la déhiscence en trois portions séminifères qui restent fixées à la marge des cloisons. — [*Lilium. Koelreuteria.* etc.].

QUADRIPARTIBLE, etc.

PERSISTANT, *persistens* [Pl. 46, fig. 1 A B. — Pl. 47, fig. 1 B... fig. 2 B. — Pl. 52, fig. 8.]. — Ne se divisant point dans la déhiscence, et subsistant dans son intégrité. — [*Ixia chinensis. Nemesia chamædrifolia. Digitalis. Polemonium. Rhododendrum. Swietenia mahogoni. Dodonæa viscosa.* etc.].

OBS. Il est bon de considérer aussi l'organisation du Placentaire et de déterminer les caractères des Nervules (*Nervuli*), cordons vasculaires formés par la réunion des vaisseaux conducteurs et nourriciers. On dit le Placentaire UNIVERVULÉ, BINERVULÉ, TRINERVULÉ, MULTINERVULÉ, etc., quand il a une, deux, trois ou plusieurs Nervules. Ces Nervules sont RÉUNIES *colligati*, quand elles sont liées en un seul corps par du tissu cellulaire; ex. *Lilium, Anagallis, Rhododendrum, Si-*

lene ; elles sont DISTINCTES, *distincti,* quand elles forment des cordons séparés ; ex. *Portulaca.* Elles sont INTERVALVES, *intervalves,* c'est-à-dire placées dans la suture entre les bords des valves, dans les Crucifères ; elles sont CIRCUM-AXILES, *circum-axiles,* c'est-à-dire appliquées contre un axe central dont elles se séparent à l'époque de la déhiscence, dans l'*Epilobium*, l'*OEnothera*, Pl. 46, fig. 2 AB. etc.

FUNICULE, *Funiculus.* — Cordon vasculaire qui part du Placentaire et aboutit à la Graine. *Voy.* pag. 326.

FILIFORME, *filiformis* [Pl. 48, fig. 4 A *a.* — Pl. 51, fig. 3 B *b*... fig. 4 C. — Pl. 54, fig. 2 B C.]. — [*Cheiranthus. Alyssum campestre. Ribes uva crispa. Cassia fistula.* etc.].

UNCINÉ, en crochet, *uncinatus* [Pl. 52, fig. 6 C.]. — [*Dianthera. Justicia. Barleria. Ruellia. Acanthus.* etc.].

PAPPIFORME, *pappiformis* [Pl. 49, fig. 4 B C D.]. — Formé de filets soyeux réunis en aigrette. — [*Asclepias syriaca, - nigra.* etc.].

GRAINE, *Semen*, considérée dans le Fruit. *Voy.* pag. 326.

DRESSÉE, *erectum* [Pl. 49, fig. 2 C. — Pl. 52, fig. 6 B C D.]. — Lorsque le hile, situé immédiatement au-dessus du placenta, est la partie la plus basse de la graine dans la loge du péricarpe. — [*Ruellia. Ranunculus. Berberis.* etc.].

ASCENDANTE, *ascendens* [Pl. 53, fig. 2 C.]. — Lorsque le hile, de niveau avec le placenta ou à-peu-près, est situé un peu au-dessus du point le plus bas de la graine dans la loge du péricarpe. — [*Malus. Mespilus.* etc.].

RENVERSÉE, PENDANTE, *resupinatum*, *pendens*, *pendulum* [Pl. 44, fig. 2 B C. — Pl. 49, fig. 4 C. — Pl. 50, fig. 5 C. — Pl. 51, fig. 3.]. — Lorsque le hile, situé au-dessous du placenta, est la partie la plus élevée de la graine dans la loge du péricarpe. — [*Hippuris. Nissa. Fraxinus. Asclepias.* Ombellifères. *Symplocos. Hopea. Combretum. Myriophyllum.* etc.].

Obs. On dit spécialement, Graine PENDANTE, quand la Graine qu'on veut caractériser ne tient à la paroi du péricarpe que par son funicule. [*Ceratophyllum demersum. Spielmannia africana. Combretum. Ternstromia. Alyssum campestre.* etc.].

APPENDANTE *appendens* [Pl. 50, fig. 1 B. — Pl. 53, fig. 1 C. — Pl 54, fig. 4 B.]. — Lorsque le hile, de niveau avec le placenta, ou à-peu-près, est situé au-dessous du point le plus élevé de la graine, à une distance qui ne passe pourtant pas la moitié de sa longueur totale. — Si le hile est voisin du point le plus élevé, on dit que la graine est APPENDANTE PAR LE BOUT, *appendens ab extremitate* [La plupart des Aurantiacées. *Cookia. Amygdalus. Prunus. Ricinus.*]. — Si le hile est mitoyen entre le point le plus élevé et le point le plus bas, on dit que la graine est APPENDANTE PAR LE MILIEU, *appendens a medio* [*Heliocarpus americana. Quassia simaruba.* etc.].

PELTÉE, *peltatum* [Pl. 48, fig. 2 C *a.*]. — Graine appendante par le milieu, qui présente une large surface au placentaire — [*Plantago stricta. Menispermum cocculus. Ruta.* etc.].

TOMBANTE, *cadens* [Pl. 45, fig. 5 A.]. — Si le hile regarde la partie supérieure du péricarpe, et que le placenta soit situé inférieurement, de sorte que le funicule pour arriver au hile, soit forcé de s'allonger jusqu'à son niveau en tournant un des côtés de la graine. — [Plumbaginées. etc.].

HORIZONTALE, *horizontale* [Pl. 52, fig. 2 B.]. — Lorsque la graine aplatie, ou notablement allongée, est attachée au placenta par son bord, ou par l'un de ses bouts, et se tient dans un plan parallèle à la base du fruit. — [*Lilium. Cucumis prophetarum.* etc.].

NIDULANTES, vagues, *nidulantia, vaga.* — Ces épithètes indiquent que les graines ne conservent aucun ordre les unes à l'égard des autres, que la position de leur placenta et par conséquent de leur hile n'a rien de fixe, et qu'elles sont placées dans le péricarpe comme des œufs dans un nid. — [*Nymphœa. Morisonia.* etc.].

PERFUSES, *perfusa* [Pl. 47, fig. 3 B. — Pl. 54, fig. 5 C.] — Répandues sur toute la surface, soit des valves [*Butomus. Gentiana*], soit des cloisons [Plantaginées. *Papaver. Punica. Podostemum.* etc.].

SÉRIÉES, *serialia* [Pl. 46, fig. 1 B... fig. 2 B... fig. 3 A B. — Pl. 49, fig. 1 B.]. — Disposées en séries, — [*Tulipa. Lilium. Polemonium. OEnothera. Kagenekia.* etc.].

IMBRIQUÉES, *imbricata* [Pl. 49. fig. 4 C.]. — [*Cobea scandens. Asclepias.* etc.].

ENCHASSÉES, *placentario semi inclusa.* — Fixées une à une dans les fossettes d'un placentaire alvéolé. — [Primulacées. etc.].

FUNICULÉE, *funiculatum* [Pl. 45, fig. 5 AB.]. — Quand la graine a un funicule. — [Plumbaginées. *Magnolia.* etc.].

SESSILE, *sessile.* — Quand la graine est attachée à son placenta sans l'intermédiaire d'un funicule. — [Plantaginées. Primulacées. etc.].

OBS. On peut dire encore, Graines UNILATÉRALES, PARIÉTALES, VALVAIRES, MÉDIVALVES, MARGINALES, SEPTILES, APICILAIRES, BASILAIRES, etc. Ces épithètes appliquées aux Graines expriment à-la-fois leur situation et celle du placentaire. C'est un moyen d'abréger les descriptions. *Voy.* à l'article du PLACENTAIRE l'explication de ces termes techniques.

Classification artificielle des Fruits.

CLASSE Ire. Fruits découverts ou GYMNOCARPES, *Gymnocarpi.*

ORDRE 1er. Les Carcérulaires, *Carcerulares.* — Fruits simples qui restent clos.

Genre 1er. La CYPSÈLE.
2. Le CÉRION.
3. La CARCÉRULE.

ORDRE 2. Les Capsulaires, *Capsulares.* — Fruits simples qui s'ouvrent à la maturité.

Genre 1er. Le LÉGUME.
2. La SILIQUE et la SILICULE.
3. La PYXIDE.
4. La CAPSULE.

ORDRE 3. Les Diérésiliens, *Dieresilei.*—Fruits simples qui se divisent en plusieurs Coques à la maturité.

Genre 1er. Le CRÉMOCARPE.
2. Le REGMATE.
3. La DIÉRÉSILE.

ORDRE 4. Les Étairionnaires, *Etærionares.* — Fruits composés, provenant d'Ovaires portant le Style.

Genre 1er. Le DOUBLE FOLLICULE.
2. L'ÉTAIRION.

ORDRE 5. Les Cénobionnaires, *Cenobionares.*— Fruits composés, provenant d'Ovaires ne portant pas le Style.

Genre 1er. Le CÉNOBION.

ORDRE 6. Les Drupacés, *Drupacei.* — Fruits simples, succulens, renfermant un Noyau.

Genre 1er. Le DRUPE.

ORDRE 7. Les Bacciens, *Baccati.* — Fruits simples succulens, contenant plusieurs Graines séparées.

Genre 1er. Le PYRIDION.
2. Le PÉPON.
3. La BAIE.

CLASSE II. Fruits couverts ou ANGIOCARPES, *Angiocarpi.*

Genre 1er. Le CALYBION.
2. Le STROBILE.
3. Le SYCONE.
4. Le SOROSE.

Genres des Fruits.

CYPSÈLE, *Cypsela*.—Fruit carcérulaire propre aux Synanthérées — Péricarpe adhérent, contenant une Graine dressée, sans Périsperme, dont la Radicule regarde le Hile. *Voy.* pag. 333.

Forme.

OVOÏDE, *ovoïdea*. — En forme d'œuf. — [*Ballieria*. etc.].

OBOVOÏDE, *obovoïdea*. —En forme d'œuf, le petit bout étant en bas. — [*Centaurea*, *calcitrapa*. *Onopordum acanthium*. *Polymnia*. etc.].

TURBINÉE, *turbinata* [Pl. 44, fig. 8 A.]. — En forme de toupie. — [*Galardia*. *Agriphyllum*. *Galinsoga triloba*. etc.].

TRIGONE, *trigona*. — [*Baltimora*. etc.].

COMPRIMÉE, *compressa*. — Aplatie latéralement. — [*Coreopsis*. *Zinnia*. *Silphium*. *Bellis*. etc.].

COURBÉE, *curvata*. — [*Tragopogon pratense*. *Calendula*. etc.].

ANGULEUSE, *angulosa*. - [*Sigesbeckia*.].

AILÉE, *alata*. — Munie d'un rebord mince et large. — [*Ximenesia encelioïdes*. *Achillea millefolium*. etc.].

Substance.

DRUPÉOLÉE, *drupeolata*. — Ayant une pannexterne succulente, et ressemblant à un drupéole. — [*Clibadium*. etc.].

Sommet.

AIGRETTÉE, *papposa* [Pl. 44, fig. 8... fig. 9 A B.]. — Surmontée de poils ou soies, disposés en aigrette, ce qui donne à la cypsèle l'aspect d'un petit volant. — [*Leontodon taraxacum*. *Lactuca*. *Carduus*. *Senecio*. *Inula*. *Aster*. etc.].

Obs. L'Aigrette, les Paillettes, les Soies, le Rebord membraneux, etc., qui couronnent la Cypsèle, ne sont autre chose que le limbe du calice. Il forme quelquefois une double couronne de deux natures différentes.

AIGRETTE, *Pappus*.

SESSILE, *sessilis* [Pl. 37, fig. 6 C. — Pl. 38, fig. 1 CD. — Pl. 44, fig. 8, 9.]. — Lorsque le limbe du calice qui produit l'aigrette ne se rétrécit pas au-dessous d'elle en une sorte de support grèle (Pédile, *Pedilus.*). — [*Hieracium. Sonchus. Centaurea. Carduus. Senecio. Erigeron. Cineraria. Galinsoga.* etc.].

PÉDILÉE, *pedilatus* (*stipitatus* Lin.) [Pl. 38, fig. 2 B*cd.*]. — Lorsqu'elle surmonte un ovaire rétréci et allongé en un pédile. — [*Leontodon taraxacum. Tragopogon. Lactuca. Urospermum.* etc.].

SIMPLE, *simplex, pilosus.* — Lorsque les poils ou soies qui la forment ne paraissent, à l'œil nu, ni dentés, ni ramifiés. — [*Lactuca. Sonchus. Centaurea. Erigeron. Senecio.* etc.].

PLUMEUSE, *plumosus, ramosus* [Pl. 38, fig. 2 B.]. — Lorsque les poils ou soies qui la forment sont eux-mêmes chargés de poils visibles à l'œil nu. — [*Leontodon taraxacum. Hypochæris maculata. Urospermum picroïdes.* etc.].

SOYEUSE, *sericeus.* — Composée de poils doux et brillans comme de la soie. — [*Lactuca. Sonchus.* etc.].

SÉTEUSE, *setosus.* — Composée de poils roides comme des soies de porc. — [*Hyoseris hedipnoïs. Arctium lappa.* etc.].

PALÉACÉE, *paleaceus.* — Composée de petites paillettes étroites. — [*Centaurea cyanus, - nigra. Bidens tripartita. Galinsoga triloba.* etc.].

ÉGALE, *æqualis.* — Quand tous les poils ou soies qui la composent ont à-peu-près la même longueur. — [La plupart.].

INÉGALE, *inæqualis* [Pl. 45, fig. 1 A.]. — Quand parmi les poils ou soies qui la composent il s'en trouve de sensiblement plus longs que les autres. — [*Tragopogon undulatum. Picris hieracioïdes. Leontodon hispidum. Serratula tinctoria. Centaurea cyanus. Onopordum acanthium.* etc.].

NULLE, *nullus* [Pl. 44, fig. 7.].— Quand le calice est privé d'aigrette. — [*Lampsana. Tanacetum.* etc.].

OBS. Cette expression n'est d'usage que lorsque la plante qu'on veut caractériser a beaucoup d'analogie avec d'autres dont le calice est aigretté.

MARGINÉE, *apice marginata.* — Surmontée d'un anneau membraneux en forme de rebord. — [*Cotula. Tanacetum. Matricaria parthenium. Anthemis matricaria, - tinctoria, - arvensis. Chrysanthemum inodorum.* etc.].

ÉMARGINÉE, échancrée, *apice emarginata.*—[*Encelia. Silphium.* etc.].

CHAUVE, *calva, mutica* [Pl. 44, fig. 7.]. — Ne portant à son sommet ni aigrette, ni arêtes, ni paillettes, etc. — [*Lampsana communis. Centaurea calcitrapa. Tanacetum. Artemisia. Anthemis. Chrysanthemum leucanthemum.* etc.].

CÉRION, *Cerio.* — Fruit carcérulaire propre aux Graminées. — Péricarpe contenant une Graine périspermée dont l'Embryon est rejeté sur le côté. *Voy.* page 333.

GLOBULEUX, *globulosus.* — [*Panicum italicum.* etc.].

ARRONDI, *subrotundus* [Pl. 58, fig. 4 A.]. — [*Zea mays. Holcus saccharatus.* etc.].

OBLONG, *oblongus* [Pl. 58, fig. 2 A.]. — [*Triticum.* etc.].

CANALICULÉ, *canaliculatus* [Pl. 58, fig. 2 C.]. — Creusé en gouttière dans sa longueur. — [*Triticum. Secale. Avena. Hordeum.* etc.].

Sommet.

ROSTRÉ, *rostratus.* — Surmonté d'une pointe en bec formée par la base du style. — [*Phleum pratense.* etc.].

BIROSTRÉ, *birostratus.* — Surmonté de deux pointes en bec formées par la base du style. — [*Ehrharta panicea. Briza.* etc.].

Couverture.

INDUVIÉ, *induviatus, glumellâ tectus.*— Enveloppé dans la glumelle persistante. — [*Oryza sativa.* etc.].

NUD, *nudus.* — [*Zea mays.* etc.].

CARCÉRULE, *Carcerula.* — Fruit carcérulaire très-variable, mais différent des deux précédens. *Voy.* p. 334.

Forme.

GLOBULEUSE, *globulosa.* — [*Lagetta.* etc.].

ARRONDIE, *subrotunda* [Pl. 45, fig. 6 A. — Pl. 54, fig. 5 A.]. — [*Ternstromia punctata. Punica granatum.* etc.].

ELLIPSOÏDE, *ellipsoïdea.* — [*Zostera marina.* etc.].

RÉNIFORME, *reniformis.* — [*Anacardium occidentale.* etc.].

ORBICULAIRE, *orbicularis.* — [*Nevrada prostrata.* etc.].

TRIGONE, triquètre, triangulaire, *trigona, triqueter, triangularis* [Pl. 45, fig. 4 A.]. — [*Polygonum fagopyrum. Rumex. Rheum.* etc.].

TÉTRAGONE, tetraquètre, quadrangulaire, *tetragona,* etc. — [*Halesia tetraptera.* etc.].

COMPRIMÉE, *compressa* [Pl. 44, fig. 2 A.]. — Aplatie sur deux côtés opposés. — [*Fraxinus. Ulmus.* etc.].

DÉPRIMÉE, *depressa.* — Aplatie du sommet à la base. — [*Nevrada prostrata.* etc.].

LINGUIFORME, *linguiformis* [Pl. 44, fig. 2 A.]. — Comprimée et allongée en forme de langue. — [*Fraxinus.* etc.].

AILÉE, *alata.* — S'amincissant et s'étendant en lame (Aile, *Ala, s. Pterigium*) dans une ou plusieurs parties de sa surface.

MONOPTÈRE, uni-ailée, *monoptera, unialata* [Pl. 44, fig. 2 A.]. — [*Fraxinus.* etc.].

ÉPIPTÉRÉE, *epipterata* [Pl. 44, fig. 2 A.]. — Prolongée en aile à son sommet. — [*Fraxinus. Casuarina.* etc.].

PÉRIPTÉRÉE, *peripterata.* — Entourée d'une aile. — [*Ulmus. Paliurus.* etc.].

TRIPTÈRE, *triptera.* — [*Rheum. Polygonum emarginatum.* etc.].

TÉTRAPTÈRE, *tetraptera* [Pl. 44, fig. 4 AB.]. — [*Combretum laxum*. etc.].

PENTAPTÈRE, *pentaptera* [Pl. 44, fig. 5 AB.]. — [*Combretum secundum*. etc.].

Adhérence et Couverture.

ADHÉRENTE, *adhærens* [Pl. 54, fig. 5 A.]. — Faisant corps avec le périanthe. — [*Halesia tetraptera*. *Trapa natans*. *Punica granatum*. etc.].

INADHÉRENTE, libre, *inadhærens* [Pl. 45, fig. 4 A... fig. 6 A.]. — Ne contractant aucune adhérence avec le périanthe. — [*Rumex*. *Rheum*. *Polygonum*. *Ternstromia*. etc.].

INDUVIÉE, *induviata* [Pl. 44, fig. 1 ABC.]. — Recouverte par le périanthe persistant. — [*Salsola tragus*. etc.].

Loges.

UNILOCULAIRE, *unilocularis* [Pl. 44, fig. 1 B. — Pl. 59, fig. 3 A.]. — A une loge. — [*Scirpus*. *Polygonum*. *Salsola*. etc.].

BILOCULAIRE, *bilocularis* [Pl. 45, fig. 6 C.]. — [*Circæa lutetiana*. *Ternstromia punctata*. etc.].

MULTILOCULAIRE, *multilocularis* [Pl. 54, fig. 5 C.]. — [*Punica granatum*. etc.].

Nombre de Graines.

MONOSPERME, *monosperma* [Pl. 44, fig. 4 B.]. — [*Rumex*. *Salsola*. *Combretum*. etc.].

DISPERME, *disperma*. — [*Circæa lutetiana*. etc.].

TRISPERME, *trisperma*. etc.

POLYSPERME, *polysperma* [Pl. 45, fig. 6 BC. — Pl. 54, fig. 5 BC.]. — [*Ternstromia punctata*. *Punica granatum*. etc.].

LÉGUME, *Legumen*. Fruit capsulaire, propre aux Légumineuses. — Péricarpe irrégulier, bivalve, portant les graines sur un placentaire latéral attaché à l'une des deux sutures. *Voy*. page 334.

Forme.

OVOÏDE, *ovoïdeum.* — [*Lotus hirsutus, - græcus. Geoffræa.* etc.].

SEMILUNÉ, *semilunatum.* — [*Cynometra.* etc.].

ACINACIFORME, *acinaciforme.* — Courbé en lame de sabre. — [*Phaseolus lunatus. Dolichos ensiformis.* etc.].

OBLONG, *oblongum.* — [*Ulex europæus. Trifolium repens.* etc.].

CYLINDRIQUE, *cylindricum* [Pl. 48, fig. 4 A.]. — [*Cassia fistula.* etc.].

CYLINDRACÉ, *cylindraceum.* — [*Lotus corniculatus.* etc.].

LINÉAIRE, *lineare.* — [*Indigofera. Lathyrus nissolia.* etc.].

COMPRIMÉ, *compressum.* — [*Pisum sativum. Lathyrus aphaca. Vicia lutea. Cercis siliquastrum. Spartium scoparium.* etc.].

ENFLÉ, *inflatum.* — Membraneux, dilaté, rempli d'air, à la manière d'une vessie. — [*Colutea.* etc.].

BOUFFI, *turgidum* [Pl. 48, fig. 7.]. — Renflé, mais non pas membraneux. — [*Crotalaria. Astragalus uliginosus. Genista anglica. Ononis.* etc.].

ARQUÉ, *arcuatum.* — [*Ornithopus.* etc.].

COURBÉ, *curvatum, recurvatum.* — [*Medicago falcata. Hippocrepis comosa. Astragalus glycyphyllos.* etc.].

SPIRALÉ, *spirale* [Pl. 48, fig. 5.]. — [*Medicago sativa. Scorpiurus vermiculata, - sulcata.* etc.].

STRUMBULIFORME, *strumbuliforme, - cochleatum.* — Contourné en spirale allongée, comme le coquillage connu sous le nom de *Strumbus.* — [*Mimosa strumbulifera. Medicago polymorpha.* etc.].

TÉTRAGONE, *tetragonum.* — [*Dolichos tetragonolobus.* etc.].

TÉTRAPTÈRE, *tetrapterum.* — [*Lotus siliquosus.* etc.].

ÉPIPTÈRE, *epipterum* [Pl. 51, fig. 1.] — [*Securidaca volubilis.* etc.].

OBCRÉNELÉ, *obcrenatum.* — [*Bisserula pelecinus.* etc.].

ARTICULÉ, *articulatum* [Pl. 48, fig. 6.]. — Comme formé de pièces rapportées et soudées les unes à la suite des autres, qui correspondent à un nombre égal de loges. — [*Hedysarum coronarium*, - *canadense*, etc. *Ornithopus. Scorpiurus.* etc.].

Obs. Le Légume articulé est nommé *Lomentum* par plusieurs auteurs.

noueux, *nodosum* [Pl. 48, fig. 5.]. — Renflé de distance en distance. — [*Scorpiurus.* etc.].

moniliforme, *moniliforme.* — Divisé par des étranglemens en petites masses arrondies, placées à la suite les unes des autres comme des grains de chapelet. — [*Hedysarum moniliforme. Sophora japonica. Ornithopus perpusillus.* etc.].

vertébré, *vertebratum* [Pl. 48, fig. 6.]. — Articulé et se partageant à l'époque de la maturité en autant de pièces closes qu'il y a d'articles. — [*Ornithopus scorpioïdes. Hedysarum canadense.* etc.].

carcérulaire, *calcerulare* [Pl. 48, fig. 4 A. — Pl. 51, fig. 1 A.]. Sec et ne s'ouvrant pas; ressemblant à une carcérule. — [*Cassia fistula. Securidaca volubilis. Hedysarum onobrychis.* etc.].

drupacé, en drupe, *drupaceum.* — Quand la boîte péricarpienne a une partie extérieure (pannexterne) succulente et charnue, et une partie intérieure (panninterne) ligneuse à la manière d'un noyau. — [*Detarium. Geoffræa.* etc.].

induvié, *induviatum.* — Enveloppé dans le calice persistant. — [*Trifolium repens.* etc.].

canaliculé, *canaliculatum.* — Relevé d'une double marge qui forme un canal le long de la suture placentifère. — [*Pisum ochrus.* etc.].

Loculation.

uniloculaire, *uniloculare.* — [*Pisum. Lathyrus. Genista.* etc.].

biloculaire, *biloculare* [Pl. 48, fig. 7.]. — [*Astragalus.* etc.].

multiloculaire, *multiloculare* [Pl. 48, fig. 4 A.]. — [*Cassia fistula.* etc.].

Déhiscence.

déhiscent, *dehiscens* [Pl. 48, fig. 3 B.]. — S'ouvrant de lui-même à l'époque de la maturité.. — [*Genista.* etc.].

INDÉHISCENT, *indehiscens* [Pl. 48, fig. 4 A. — Pl. 51, fig. 1 A.]. — [*Cassia fistula. Securidaca volubilis.* etc.].

Nombre de Graines.

MONOSPERME, *monospermum* [Pl. 51, fig. 1 A B.]. — [*Pterocarpus. Securidaca volubilis. Medicago lupulina.* etc.].

DISPERME, *dispermum.* etc. — [*Cicer arietinum. Arachis hypogæa. Ervum hirsutum. Trifolium fragiferum.* etc.].

OLIGOSPERME, *oligospermum.* — [*Vicia faba.* etc.].

POLYSPERME, *polyspermum* [Pl. 48, fig. 3 B... fig. 4 A.]. — [*Lathyrus. Cassia fistula. Genista hispanica. Ornithopus perpusillus.* etc.].

SILIQUE, *Siliqua.* — Fruit capsulaire, propre aux Crucifères. — Péricarpe régulier, bivalve, portant les graines des deux côtés d'un placentaire dilaté en une cloison longitudinale. *Voy.* page 335.

TÉTRAGONE, *tetragona.* — [*Erysimum alpinum, - helveticum. Brassica orientalis.* etc.].

LINÉAIRE, *linearis* [Pl. 51, fig. 4 A... fig. 5.] — [*Turritis hirsuta. Cheiranthus cuspidatus.* etc.].

CYLINDRACÉE, *cylindracea.* — [*Brassica oleracea. Cheiranthus annuus.* etc.].

CYLINDRIQUE, *cylindrica.* — [*Erysimum barbarea. Sisymbrium tenuifolium.* etc.].

SUBULÉE, *subulata.* — [*Erysimum officinale.* etc.].

BOUFFIE, *turgida.* — [*Raphanus sativus.* etc.].

TORULEUSE, *torulosa* [Pl. 51, fig. 6 A.]. — [*Sinapis alba. Brassica. Raphanus. Heliophila pinnata. Arabis turrita.* etc.].

COMPRIMÉE sur les faces, *utràque facie compressa.* — Aplatie dans le sens des valves. — [*Arabis turrita.* etc.].

ROSTRÉE, *rostrata* [Pl. 51, fig. 6 A.]. — Terminée en forme de bec par un prolongement de la cloison. — [*Sinapis alba, - nigra. Raphanus raphanistrum.* etc.].

COURTE, ou SILICULE, *Silicula.* — Courte relativement à sa longueur.

CARCÉRULAIRE, *carcerularis.* — [*Cochlearia coronopus. Crambe. Bunias.* etc.].

QUADRANGULAIRE, *quadrangularis.* — [*Bunias erucago.* etc.].

ÉMARGINÉE, échancrée, *emarginata.* — [*Iberis. Thlaspi campestre.* etc.].

BICORNE, *bicornis* [Pl. 51, fig. 2 A.]. — [*Thlaspi ceratocarpon.* etc.].

OBCORDIFORME, *obcordiformis.* etc. — [*Iberis nudicaulis. Thlaspi perfoliatum, - bursa pastoris.* etc.].

ROSTRÉE, *rostrata.* — [*Bunias balearica.* etc.].

ELLIPTIQUE, *elliptica.* — [*Draba verna. Alyssum latifolium. Cochlearia danica. Lepidium latifolium.* etc.].

OVALE, *ovalis.* — [*Alyssum argenteum.* etc.].

ORBICULAIRE, *orbiculata* [Pl. 51, fig. 3 A.]. — [*Lunaria annua. Clypeola alliacea. Alyssum campestre.* etc.].

DIDYME, *didyma.* — [*Biscutella didyma, - lævigata, - leiocarpa.* etc.].

GLOBULEUSE, *globulosa.* — [*Cochlearia officinalis. Myagrum saxatile. Crambe maritima.* etc.].

ENFLÉE, *inflata.* — [*Alyssum sinuatum, - utriculatum. Myagrum sativum.* etc.].

COMPRIMÉE, *compressa.* — Aplatie parallèlement à l'axe.

LATÉRALEMENT, *utroque latere compressa* [Pl. 51, fig. 2 A B.]. — [*Thlaspi sativum, - arvense, - campestre. Isatis tinctoria. Biscutella. Cochlearia coronopus.* etc.].

PAR LES FACES, *utrâque facie compressa* [Pl. 51, fig. 3 A B.]. — [*Alyssum campestre. Lunaria.* etc.].

AILÉE, *alata.* — [*Bunias erucago.* etc.].

ARTICULÉE, *articulata.* — [*Myagrum perenne.* etc.].

DRUPÉOLÉE, *drupeolata.* — Semblable à un drupéole par sa pannexterne succulente et sa panninterne ligneuse. — [*Crambe maritima.* etc.].

PYXIDE, *Pyxis.* — Fruit capsulaire. Péricarpe bivalve s'ouvrant en travers comme une boîte à savonnette. *Voy.* pag. 335.

Forme.

GLOBULEUSE, *globulosa* [Pl. 49, fig. 5 A B.]. — [*Anagallis arvensis. Centunculus minimus.* etc.].

ARRONDIE, *subrotunda.* — [*Gomphrena globosa.* etc.].

CYLINDRIQUE, *cylindrica.* — [*Lecythis* . . . . etc.].

OVOÏDE, *ovoïdea, ovata* [Pl. 48, fig. 2 A B.]. — [*Hyoscyamus niger. Plantago.* etc.].

Loculation.

UNILOCULAIRE, *unilocularis* [Pl. 48, fig 1. — Pl. 49, fig. 5 A B.]. — [*Centunculus. Anagallis. Lecythis.* etc.].

BILOCULAIRE, *bilocularis* [Pl. 48, fig. 2 A B.]. — [*Hyoscyamus. Plantago.* etc.].

Nombre de Graines.

DISPERME, *disperma* [Pl. 48, fig. 2.]. — [*Plantago lanceolata*, -*stricta.* etc.].

POLYSPERME, *polysperma* [Pl. 49, fig. 5.]. — [*Plantago major. Anagallis. Centunculus. Lecythis. Portulaca. Celosia.* etc.].

CAPSULE, *Capsula.* — Fruit capsulaire très-variable, différent de la Pyxide, de la Silique et du Légume. Voy. pag. 336.

Forme.

SILIQUIFORME, *siliquæformis.* — Ayant la forme d'une silique. — [*Chelidonium majus. Fumaria bulbosa. Hypecoum. Cleome.* etc.].

SILICULIFORME, *siliculæformis.* — Ayant la forme d'une silicule. — [*Bocconia.* etc.].

TORULEUSE, *torulosa*. — [*Chelidonium majus*. *Hypecoum*. etc.].

CYLINDRIQUE, *cylindrica*. — [*Silene acaulis*. *Arenaria tenuifolia*. etc.].

CYLINDRACÉE, *cylindracea*, *subcylindrica*. — [*Aloe perfoliata*. etc.].

TRIGONE, *trigona*. — [*Iris pseudo - acorus*, *- sibirica*, *- persica*, etc. *Tamarix germanica*.].

TÉTRAGONE, *tetragona*. — [*Erysimum officinale*. etc.].

PENTAGONE, *pentagona*. — [*Oxalis*. etc.].

HEXAGONE, *hexagona*. — [*Fritillaria imperialis*. *Yucca draconis*. etc.].

LINÉAIRE, *linearis*. — [*Chelidonium glaucium*, *- majus*. etc.].

SPHÉRIQUE, *sphærica*, *globosâ*. etc. — [*Asphodelus luteus*. *Aristolochia serpentaria*. *Antirrhinum repens*. *AEsculus hippocastanum*. *Stellaria holostea*. etc.].

ARRONDIE, *subrotunda* [Pl. 46, fig. 5 A.]. — [*Scrophularia aquatica*, *- scorodonia*. *Ipomea purpurea*. *Buxus sempervirens*. etc.].

OVOÏDE, *ovoïdea* [Pl. 46, fig. 1 A.]. — [*Dodecatheon*. *Digitalis purpurea*. *Verbascum thapsoïdes*. *Scrophularia nodosa*, *- vernalis*. *Polemonium cæruleum*. *Cucubalus behen*. *Silene conica*, *- noctiflora*, *- nutans*. etc.].

OBOVOÏDE, *obovoïdea*. — [*Anthericum annuum*. *Ophrys spiralis*. etc.].

TURBINÉE, *turbinata* [Pl. 46, fig. 3 A.]. — En forme de toupie ou de poire. — [*Lilium martagon*. etc.].

OBTURBINÉE, *obturbinata*. — En forme de toupie renversée. — [*Digitalis purpurea*. etc.].

ELLIPSOÏDE, *ellipsoïdea*. — [*Acanthus mollis*. *Silene armeria*. *Lythrum salicaria*. etc.].

COMPRIMÉE, *compressa*. — [*Rhinanthus crista galli*. *Veronica arvensis*, *- verna*. *Melampyrum cristatum*. *Nemesia*. etc.].

DÉPRIMÉE, *depressa*. — [*Illicium anisatum*, *- floridanum*. etc.].

RAYONNANTE, *radians*. — Ayant plusieurs lobes disposés en rayons. — [*Illicium floridanum*, *- anisatum*. etc.].

Circonscription.

OBCORDIFORME, *obcordiformis*, *obcordata*. — En cœur, la pointe en bas. — [*Veronica officinalis*. *Sibthorpia europæa*. etc.].

SEMILUNÉE, *semilunata*, *lunata*. — Échancrée en croissant. — [*Melampyrum cristatum*. etc.].

ORBICULAIRE, *orbicularis*. — [*Rhinanthus crista galli*. *Sibthorpia*. etc.].

ELLIPTIQUE, *elliptica*. — [*Veronica multifida*. etc.].

Appendices.

TRIPTÈRE, *triptera*. — [*Dioscorea sativa*. *Begonia obliqua*. etc.].

PENTAPTÈRE, *pentaptera* [Pl. 46, fig. 6 A.]. — [*Evonymus latifolius*. *Abroma angusta*. etc.].

HEXAPTÈRE, *hexaptera*. — [*Fritillaria imperialis*. etc.].

Sommet.

OBTUSE, *obtusa* [Pl. 46, fig. 6 A.]. — [*Antirrhinum minus*. *Evonymus latifolius*. etc.].

AIGUË, *acuta*. — [*Scrophularia nodosa*, - *vernalis*. *Pedicularis palustris*. *Digitalis purpurea*. etc.].

ACUMINÉE, *acuminata*. — [*Scrophularia aquatica*, - *scorodonia*. *Digitalis obscura*. etc.].

TRONQUÉE, *truncata*. — [*Nemesia*. etc.].

ÉMARGINÉE, échancrée, *emarginata*. — [*Euphrasia officinalis*. etc.].

MONOCÉPHALE, *monocephala* [Pl. 47, fig. 1 A... fig. 6 B.]. — Provenant d'un ovaire qui n'a qu'un sommet organique. — [*Rhododendrum*. *Silene*. etc.].

DICÉPHALE, *dicephala*, *birostris* [Pl. 47, fig. 5 A.]. — Provenant d'un ovaire qui a deux sommets organiques. — [*Heuchera*. *Saxifraga*. etc.].

TRICÉPHALE, *tricephala*. — [*Buxus*. etc.].

POLYCÉPHALE, *polycephala* [Pl. 47, fig. 2 A.]. — Provenant d'un ovaire qui a plusieurs sommets organiques. — [*Nigella hispanica*. etc.].

diérésilienne, partible, *dieresilea*, *partibilis* [Pl. 47, fig. 1 A B.]. — Capsule dont les loges formées par des valves rentrantes se partagent, à la maturité, en plusieurs boîtes ouvertes intérieurement qui ne diffèrent des coques des diérésiles qu'en ce qu'elles ne se séparent pas complétement après la déhiscence.—[*Rhododendrum. Kalmia. Linum perenne.*etc.].

bipartible, *bipartibilis* [Pl. 52, fig. 8.]. — Capsule diérésilienne biloculaire. — [*Digitalis. Scrophularia.* etc.].

tripartible, *tripartibilis*, etc.

étairionnaire, *etærionca*, capsule polycéphale divisée presque complétement en plusieurs lobes qui représentent autant de Camares. — [*Illicium anisatum. Thea viridis. Penthorum sedoïdes.* etc.].

Nombre de Loges.

uniloculaire, *unilocularis* [Pl. 47, fig. 3 B... fig. 6 B.]. — [*Chelidonium hybridum. Argemone mexicana. Papaver. Viola. Silene.* etc.].

biloculaire, *bilocularis* [Pl. 47, fig. 4 B.—Pl. 52, fig. 6 A B C.]. — [*Veronica. Ruellia. Syringa. Acanthus. Digitalis. Scrophularia. Acanthus. Antirrhinum. Chelidonium glaucium. Saxifraga. Lythrum salicaria.* etc.].

triloculaire, *trilocularis* [Pl. 46, fig. 1 A B.... fig. 3 A B.... fig. 4 B C.—Pl. 47, fig. 8 A B—Pl. 52, fig. 7 A B.]. — [*Lilium. Tulipa. Iris. Allium. Juncus. Polemonium. Campanula. Helianthemum. Koelreuteria.* etc.].

quadriloculaire, *quadrilocularis* [Pl. 47, fig. 2 A B.]. — [*Epilobium.* etc.].

quinquéloculaire, *quinquelocularis* [Pl. 46, fig. 6 A B.—Pl. 47, fig. 1 A B C.]. — [*Rhododendrum. Oxalis. Evonymus.* etc.].

sexloculaire, *sexlocularis*. — [*Aristolochia. Asarum.* etc.].

multiloculaire, *multilocularis* [Pl. 47, fig. 2 A B.]. — [*Nigella hispanica. Linum.* etc.].

Nombre de Valves.

UNIVALVE, folliculiforme, *univalvis*, *folliculiformis* [Pl. 56, fig. 2 A.]. — A une seule valve dont les bords réunis forment une suture, comme un follicule. — [*Avicennia*. etc.].

PLURIVALVE, *plurivalvis*. — Épithète employée par opposition au mot UNIVALVE.

BIVALVE, *bivalvis* [Pl. 52, fig. 6 ABC.]. — A deux valves. — [*Veronica*. *Syringa*. *Ruellia*. *Bignonia*. *Bocconia*. etc.].

TRIVALVE, *trivalvis* [Pl. 46, fig. 1 AB... fig. 3 AB... fig. 4 AB... fig. 5 ABC. — Pl. 52, fig. 7 AB.]. — [*Viola*. *Tulipa*. *Fritillaria imperialis*. *Ipomea purpurea*. *Chelidonium hybridum*. *Polemonium*. *Koelreuteria*. *Helianthemum*. etc.].

QUADRIVALVE, *quadrivalvis* [Pl. 46, fig. 2 AB.]. — [*Epilobium*. etc.].

QUINQUÉVALVE, *quinquevalvis* [Pl. 46, fig. 6 AB.]. — [*Rhododendrum*. *Evonymus*. etc.].

MULTIVALVE, *multivalvis*. — [*Nigella hispanica*. *Illicium*. etc.].

Nombre de Graines.

MONOSPERME, *monosperma* [Pl. 45, fig. 5 A.]. — [Plumbaginées. etc.].

OLIGOSPERME, *oligosperma* [Pl. 46, fig. 4.]. — [*Koelreuteria*. etc.].

DISPERME, *disperma*.

TRISPERME, *trisperma*. — [*Claytonia*. *Montia*. etc.].

TÉTRASPERME, *tetrasperma*. — [*Melampyrum cristatum*, - *arvense*. etc.].

POLYSPERME, *polysperma* [Pl. 46, fig. 1 AB... fig. 2 AB... fig. 3 AB. — Pl. 47, fig. 2 AB... fig. 4 AB... fig. 5 AB.]. — [*Lilium*. *Polemonium cæruleum*. *Nigella*. *Silene*. *Epilobium*. *Saxifraga*. etc.].

Adhérence.

INADHÉRENTE, *inadhærens* [Pl. 47, fig. 3 A... fig. 6 A.]. — Ne faisant point corps avec le calice ou le périanthe simple. — [*Lilium. Papaver*, et autres Papaveracées. *Silene*, et autres Caryophyllées. etc.].

SEMI-ADHÉRENTE, *semi-adhærens*. — Faisant corps par la base avec le calice. — [*Samolus valerandi*. etc.].

ADHÉRENTE, *adhærens* [Pl. 47, fig. 8 A.]. — Faisant corps avec le calice ou le périanthe simple qui la recouvre entièrement. — [*Iris. Campanula*, et autres Campanulacées. etc.].

Déhiscence.

DÉHISCENTE EXTÉRIEUREMENT, *exterius dehiscens* [Pl. 46, fig. 3A.]. — [*Lilium. Orchis. Convolvulus. Koelreuteria. Oxalis*. etc.].

INTÉRIEUREMENT, *interius dehiscens* [Pl. 47, fig. 2A... fig. 5A.]. — C'est-à-dire, s'ouvrant par le centre, ce qui ne peut avoir lieu que dans les capsules polycéphales. — [*Nigella. Saxifraga*. etc.].

PAR DES DENTS, *dentibus dehiscens* [Pl. 47, fig. 6A.]. — Les dents sont formées par l'extrémité des valves qui ne sont qu'entr'ouvertes. — [*Statice. Primula officinalis. Silene*. etc.].

PAR DES FENTES, *fissuris dehiscens*. — [*Canna. Epidendrum*. etc.].

PAR DES TROUS, *foraminibus dehiscens* [Pl. 47, fig. 3A... fig. 4A... fig. 8A.]. — [*Antirrhinum. Ledum. Campanula. Papaver*. etc.].

Obs. Dans l'*Antirrhinum*, etc., les trous sont irréguliers et produits par la rupture de la paroi du péricarpe. Dans le *Papaver*, les trous sont réguliers et produits par la déhiscence de la partie supérieure des valves.

PAR LE SOMMET, *apice dehiscens* [Pl. 47, fig. 4 A.]. — [*Antirrhinum majus. Papaver*. etc.].

PAR LA BASE, *basi dehiscens* [Pl. 47, fig. 8 A.]. — [*Ledum. Campanula rapunculoïdes. Fumaria bulbosa*. etc.].

CRÉMOCARPE, *Cremocarpium.* — Fruit diérésilien, adhérent au calice. Péricarpe divisible en deux coques indéhiscentes contenant chacune une graine renversée, périspermée, adhérente à la paroi interne de la coque. *Voy.* page 337.].

OBS. On nomme COQUES les loges closes d'un péricarpe pluriloculaire qui se séparent les unes des autres à la maturité.

Forme.

SPHÉRIQUE, *sphæricum.* — [*Coriandrum sativum.* etc.].

ELLIPSOÏDE, *ellipsoïdeum.* — [*Carum carvi. Æthusa meum.* etc.].

OVOÏDE, *ovoïdeum, ovatum.* — [*Buplevrum.* etc.].

OBLONG, *oblongum.* — [*Myrrhis odorata.* etc.].

SUBULÉ, *subulatum.* — [*Scandix pecten.* etc.].

ORBICULAIRE, *orbiculare.* — [*Tordylium.* etc.].

COMPRIMÉ LATÉRALEMENT, *utroque latere compressum* [Pl. 50, fig. 4 A.]. — [*Carum carvi. Apium. Smyrnium olusatrum.* etc.].

PAR LES DEUX FACES, *utrâque facie compressum.* — [*Pastinaca. Heracleum sphondylium.* etc.].

CÔTEUX, *costatum* [Pl. 50, fig. 4 A.]. — [*Cicuta. Smyrnium olusatrum.* etc.].

ANGULEUX, *angulosum.* — [*Smyrnium olusatrum. Scandix odorata.* etc.].

AILÉ, *alatum.* — [*Laserpitium triquetrum.* etc.].

COURONNÉ, *coronatum.* — Quand le limbe du calice forme une couronne au sommet du crémocarpe. — [*Œnanthe. Lagoecia cuminoïdes. Coriandrum sativum.* etc.].

Divisibilité.

IMPARTIBLE, indivisible, *impartibile.* — Quand le crémocarpe ne se partage point en deux coques, ce qui est un cas très-rare. — [*Sanicula marylandica.* etc.].

BIPARTIBLE, *bipartibile* [Pl. 50, fig. 5 A B.]. — Divisible en deux coques par la maturité. — [*Daucus carota. Chærophyllum. Cuminum. Angelica. Cicuta. Coriandrum. Apium. Pastinaca*, et autres Ombellifères. etc.].

REGMATE, *Regma*. — Fruit diérésilien se dépouillant ordinairement de sa Pannexterne à la maturité, et se divisant en plusieurs Coques à deux Valves qui s'ouvrent par un mouvement élastique. *Voy.* page 337.

OBS. On nomme Pannexterne, *Pannexterna*, la partie extérieure d'un Péricarpe formé de deux substances de nature différente, et par opposition, on nomme Panninterne, *Panninterna*, la partie intérieure de ce même Péricarpe. *Voy.* pag. 327.

DICOQUE, *dicoccum*. — Composé de deux coques. — [*Mercurialis*. etc.].

TRICOQUE, *tricoccum* [Pl. 50, fig. 1 A.]. — [*Phylica ericoïdes. Euphorbia. Ricinus. Croton*. etc.].

PENTACOQUE, *pentacoccum*. — [*Dictamnus albus*. etc.].

POLYCOQUE, *polycoccum* [Pl. 50, fig. 2 AB.]. — [*Hura crepitans*. etc.].

ADHÉRENT, *calici adhærens*. — Faisant corps avec le calice. — [*Phylica ericoïdes*. etc.].

INADHÉRENT, *calici non adhærens* [Pl. 50, fig. 1 A.]. — [*Euphorbia. Ricinus*. etc.].

ARRONDI, *rotundatum*. — [*Phylica ericoïdes*. etc.].

DIDYME, *didymum*. — [*Mercurialis*. etc.].

DISCOÏDE, *discoïdeum* [Pl. 50, fig. 2 A.]. — [*Hura crepitans. Bradleia*. etc.]

LOBÉ, *lobatum*. — [*Dictamnus albus*. etc.].

DIÉRÉSILE, *Dieresilis*. — Fruit diérésilien, très-variable, ne pouvant être confondu avec le Regmate et le Crémocarpe. *Voy.* page 338.].

DICOQUE, *dicocca* [Pl. 51, fig. 7 A.]. — [*Galium. Knoxia stricta. Limeum. Acer*. etc.].

TRICOQUE, *tricocca*. — [*Tropæolum majus*. etc.].

TÉTRACOQUE, *tetracocca*. — [*Clerodendrum infortunatum*. etc.].

PENTACOQUE, *pentacocca*. — [*Helicteres baruensis*. *Geranium*. etc.].

HEXACOQUE, *hexacocca* [Pl. 51, fig. 8 A C.]. — [*Triglochin maritimum*. *Lavatera arborea*. etc.].

POLYCOQUE, *polycocca*. — [*Alisma plantago*. etc.].

COQUES, *Cocca*.

HÉMISPHÉRIQUES, *hemisphærica*.—[*Limeum africanum*. etc.].

TRIGONES, *trigona*. — [*Knoxia stricta*. etc.].

COMPRIMÉES, *compressa*. — [*Alisma plantago*. etc.].

SPIRALÉES, *spiralia*. — [*Helicteres*. etc.].

UNILOCULAIRES, *unilocularia* [Pl. 50, fig. 1 A B. — Pl. 51, fig. 7 B... fig. 8 A C.]. — [*Alisma plantago*. *Galium*. *Althæa*. *Lavatera*. etc.].

MULTILOCULAIRES, *multilocularia*.—[*Tribulus terrestris*. etc.].

INDÉHISCENTES, *indehiscentia*. — [*Tropæolum majus*. etc.].

DÉHISCENTES, *dehiscentia*. — [*Geranium*. etc.].

AILÉES, *alata*. — [*Acer*. etc.].

ÉTOILÉE, *stellata*. — Quand les coques sont aiguës et qu'elles divergent comme des rayons. — [*Damasonium stellatum*. *Althæa*. etc.].

OVOÏDE, *ovoïdea*. — [*Helicteres baruensis*. etc.].

ADHÉRENTE, *calici adhærens*. — [*Sherardia arvensis*, *Galium*, et autres Rubiacées. etc.].

INADHÉRENTE, *calici non adhærens* [Pl. 51, fig. 8 A B.]. — [*Lavatera arborea*. etc.].

AXILÉE, *axilata* [Pl. 51, fig. 8 A B.]. — Quand les coques sont disposées autour d'un axe commun qui devient libre par leur chûte. — [*Cynoglossum lævigatum*, - *apeninum*. *Geranium*. *Lavatera arborea*. etc.].

BACCIENNE, *baccata.* — Quand la pannexterne est d'abord succulente. — [*Clerodendrum infortunatum. Sapindus.* etc.].

CÉNOBIONNIENNE, *cenobionea.* — Quand les coques, peu différentes des érèmes, sont attachées à un axe saillant qui porte le style. Ces fruits sont la nuance entre les Cénobions et les Diérésiles bien caractérisés. — [*Cynoglossum officinale, - montanum.* etc.].

DOUBLE FOLLICULE, *Bifolliculus.* — Fruit composé de deux FOLLICULES, boîtes péricarpiennes formées chacune d'une valve pliée dans sa longueur et soudée par ses bords. *Voy.* page 339.

FOLLICULES, *Folliculi.* Voy. page 329.

CYLINDRACÉS, *cylindracei.* — [*Ceropegia.* etc.].

VENTRUS, *ventricosi.* - [*Asclepias syriaca. Plumeria.* etc.].

ENFLÉS, *inflati.* — [*Asclepias fruticosa.* etc.].

FUSIFORMES, *fusiformes* [Pl. 49, fig. 4 A.]. — [*Nerium oleander, - zeylanicum. Asclepias nigra.* etc.].

DRESSÉS, *erecti.* — [*Nerium oleander.* etc.].

DIVERGENS, *divergentes, divaricati* [Pl. 49, fig. 4 A.]. — [*Tabernemontana. Cameraria. Asclepias nigra. Vinca major.* etc.].

ÉTAIRION, *Etærio.* — Fruit composé de plusieurs CAMARES, boîtes péricarpiennes bivalves organisées comme le Légume. *Voy.* page 340.

SPHÉRIQUE, *sphæricus, globosus, capitatus.* — Composé de camares formant une masse sphérique. — [*Sagittaria. Geum urbanum.* etc.].

OVOÏDE, *ovoïdeus, ovatus* [Pl. 44, fig. 3 A.]. — [*Ranunculus bulbosus. Magnolia. Liriodendrum.* etc.].

SUBOVOÏDE, *subovoïdeus* [Pl. 52, fig. 3 A.]. — [*Rubus.* etc.].

DISCOÏDE, *discoïdeus.* — [*Alisma plantago.* etc.].

SPICIFORME, *spiciformis*. — [*Myosurus minimus*. etc.].

BACCIEN, *baccatus* [Pl. 52, fig. 3 A.]. — Composé de camares succulentes qui s'entre-greffent en se développant, et forment une sorte de baie par leur réunion. — [*Anona*. *Rubus*. etc.].

INDUVIÉ, *induviatus* [Pl. 55, fig. 2 A B.]. — Renfermé dans le calice persistant. — [*Rosa*. etc.].

TRICAMARE, *tricamarus* [Pl. 47, fig. 7 A.]. — Composé de trois camares. — [*Veratrum album*. *Aconitum lycoctonum*. etc.].

TÉTRACAMARE, *tetracamarus*. — [*Potamogetum natans*. etc.].

PENTACAMARE, *pentacamarus* [Pl. 49, fig. 1 A... fig. 3 A.]. — [*Pæonia*. *Clematis erecta*. *Kagenckia*. *Sedum*. etc.].

POLYCAMARE, *polycamarus* [Pl. 44, fig. 3 A. — Pl. 49, fig. 2 A. — Pl. 52, fig, 3 A.]. — [*Ranunculus*. *Magnolia*. *Liriodendrum*. *Rubus*. etc.].

CAMARES, *Camaræ*. Voy. page 328.

DELTOÏDES, *deltoïdeæ* [Pl. 49, fig. 2 B.]. — Dont la forme approche du Δ grec ou du D romain. — [*Ranunculus bulbosus*. etc.].

LÉGUMINIFORMES, *leguminiformes* [Pl. 47, fig. 7 A.]. — [*Delphinium*. *Aconitum*. etc.].

BOUFFIES, *turgidæ*. — [*Pæonia*. etc.].

COMPRIMÉES, *compressæ* [Pl. 49, fig. 2 A B.]. — [*Alisma plantago*. *Helleborus viridis*. etc.].

AILÉES, *alatæ* [Pl. 44, fig. 3 A B.]. — [*Liriodendrum tulipifera*. etc.].

ROSTRÉES, *rostratæ*. — [*Helleborus*. *Sempervivum*. etc.].

CAUDÉES, *caudatæ* [Pl. 49, fig. 3 A B.]. — [*Clematis erecta*. *Atragene*. *Dryas*. etc.].

DRESSÉES, *erectæ* [Pl. 47, fig. 7 A.]. — [*Aconitum*. *Delphinium*. *Sedum*. etc.].

DIVERGENTES, *divergentes* [Pl. 49, fig. 1 A.]. — [*Pæonia Kagenekia.* etc.].

VERTICILLÉES, *verticillatæ* [Pl. 49, fig. 1 A... fig. 3 A.]. — [*Pæonia. Clematis. Sempervivum. Kagenekia.* etc.].

IMBRIQUÉES, *imbricatæ* [Pl. 44, fig. 3 A.]. — [*Liriodendrum. Magnolia.* etc.].

ENTRE-GREFFÉES, *coadunatæ* [Pl. 52, fig. 3 A B.]. — [*Rubus.* etc.].

SÈCHES, *siccæ* [Pl. 49, fig. 2 A.]. — [*Ranunculus. Trollius. Aconitum.* etc.].

DRUPÉOLÉES, *drupeolatæ* [Pl. 52, fig. 3 A B.]. — [*Potamogeton. Anamenia coriacea. Rubus.* etc.].

MONOSPERMES, *monospermæ* [Pl. 49, fig. 2 A B C. — Pl. 52, fig. 3 A B C.]. — [*Anemone. Adonis. Ranunculus. Rubus.* etc.].

POLYSPERMES, *polyspermæ* [Pl. 47, fig. 7 A. — Pl. 49, fig. 1 A B.]. — [*Delphinium. Pæonia. Aconitum. Trollius. Kagenekia.* etc.].

DÉHISCENTES INTÉRIEUREMENT, *intùs dehiscentes* [Pl. 47, fig. 7 A.]. — [*Aconitum. Trollius europæus. Pæonia.* etc.].

EXTÉRIEUREMENT, *extùs dehiscentes.* — [*Magnolia.* etc.].

INDÉHISCENTES, ne s'ouvrant point, *indehiscentes* [Pl. 44, fig. 3 A B. — Pl. 49, fig. 2 A B.]. — [*Ranunculus. Liriodendrum.* etc.].

CÉNOBION, *Cœnobium.* — Fruit composé de plusieurs ÉRÈMES, boîtes péricarpiennes sans valves ni sutures, provenant d'Ovaires qui ne portent point de Styles. *Voy.* page 340.

BI-ÉRÉMÉ, à deux érèmes, *bi-eremum* [Pl. 52, fig. 4 A.]. — [*Cerinthe.* etc.].

QUADRI-ÉRÉMÉ, à quatre érèmes, *quadri-eremum.* — [*Salvia* et autres Labiées. *Borrago officinalis*, *Anchusa*, *Symphytum* et quelques autres Borraginées. etc.].

QUINQUÉ-ÉRÉMÉ, à cinq érèmes, *quinque-eremum* [Pl. 52, fig. 5 A.]. — [*Gomphia nitida*. etc.].

SEXÉRÉMÉ, à six érèmes, *sexeremum*. etc.

ÉRÈMES, *Eremi*. Voy. page 329.

GLOBULEUX, *globulosi*. — [*Collinsonia canadensis*. *Salvia officinalis*. etc.].

ELLIPSOÏDES, *ellipsoïdei*. — [*Salvia hispanica*, - *bicolor*. etc.].

OVOÏDES, *ovoïdei* [Pl. 52, fig. 4 A.]. — [*Lithospermum officinale*, - *arvense*. *Cerinthe major*. etc.].

OBOVOÏDES, *obovoïdei* [Pl. 52, fig. 5 A.] — [*Amethystea cœrulea*. *Ziziphora capitata*. *Gomphia nitida*. etc.].

TRIGONES, *trigoni*. — [*Molucella lœvis*. *Lamium album*. etc.].

CORIACES, *coriacei*. — [*Phlomis fruticosa*. etc.].

CRUSTACÉS, *crustacei*. — [*Salvia officinalis*. etc.].

OSSEUX, *ossei*, *lapidei*. — [*Lithospermum officinale*, - *arvense*. etc.].

DRUPÉOLÉS, *drupeolati*. — [*Prasium majus*. etc.].

UNILOCULAIRES, *uniloculares* [Pl. 52, fig. 5 B.]. — [*Salvia* et autres Labiées. *Borrago officinalis*. *Gomphia nitida*. etc.].

BILOCULAIRES, *biloculares* [Pl. 52, fig. 4 B.]. — [*Cerinthe major*, - *minor*. etc.].

MONOSPERMES, *monospermi* [Pl. 52, fig. 5 B.]. — [Labiées. *Gomphia*. etc.].

DISPERMES, *dispermi* [Pl. 52, fig. 4 B.]. — [*Cerinthe major*, - *minor*. etc.].

DRUPE, *Drupa.* — Fruit simple charnu contenant un Noyau. *Voy.* pag. 341.

SPHÉRIQUE, *sphærica.* — [*Prunus padus, - mahaleb.* etc.].

ARRONDI, *subrotunda* [Pl. 53, fig. 1 A.]. — [*Prunus spinosa. Amygdalus persica. Juglans regia.* etc.].

ELLIPSOÏDE, *ellipsoïdea.* — [*Phœnix dactilifera. Olea europæa. Prunus domestica. Ziziphus sativus.* etc.].

OVOÏDE, *ovoïdea, ovata.* — [*Amygdalus communis.* etc.].

TRIGONE, *trigona.* — [*Cocos nucifera.* etc.].

UNI-SILLONNÉ, *unisulcata* [Pl. 53, fig. 1 A.]. — [*Daphne mezereum. Rivinia. Amygdalus. Prunus.* etc.].

GRAND, *magna.* — [*Cocos nucifera.* etc.].

PETIT, *parva.* — [*Daphne mezereum. Rivinia.* etc.].

Obs. Ces petits Drupes prennent le nom de Drupéoles, *Drupeolæ.*

UTRICULAIRE, *utricularis.* — Très-petit et ayant pour pannexterne une simple enveloppe membraneuse. — [*Chenopodium.* etc.].

Obs. Ces petits Drupes prennent le nom d'Utricules, *Utriculæ.*

PULPEUX, *pulposa.* — Dont la pannexterne est pulpeuse. — [*Prunus cerasus.* etc.].

CHARNU, *carnosa* [Pl. 53, fig. 1 A B.]. — Dont la pannexterne est charnue. — [*Amygdalus communis. Juglans.* etc.].

FILANDREUX, *fibrata.* — Dont la pannexterne est filandreuse. — [*Cocos nucifera.* etc.].

CARCÉRULAIRE, *carcerularis, exsucca.* — Quand la pannexterne est sèche et tellement adhérente au noyau qu'on a peine à les distinguer l'un de l'autre. Dans ce cas, on peut indifféremment désigner le fruit par le nom de Drupe ou de Carcérule. — [*Ceratophyllum demersum. Trixis palustris. Poterium sanguisorba.* etc.].

ADHÉRENT, *adhærens.* — [*Juglans.* etc.].

INADHÉRENT, *inadhærens*. — [*Cocos. Prunus. Amygdalus.* etc.].

PANNEXTERNE, *Pannexterna*. *Voy.* pag. 327.

PERSISTANTE, *persistens*. — [*Cocos nucifera.* etc.].

CADUQUE, *caduca*. Se détachant à la maturité. — [*Juglans regia.* etc.].

NOYAU, *Putamen*. — Panninterne du Drupe. *Voy.* pag. 327.

GLOBULEUX, *globulosum*, *globosum*. — [*Cerasus.* etc.].

OVOÏDE, *ovoïdeum*. — [*Cocos nucifera.* etc.].

CYLINDRACÉ, *cylindraceum*. — [*Cornus mas.* etc.].

COMPRIMÉ, *compressum*. — [*Prunus domestica.* etc.].

LOBÉ, *lobatum*. — [*Guettarda speciosa.* etc.].

ÉVALVE, sans valves, *evalve*. — [*Olea.* etc.].

BIVALVE, *bivalve* [Pl. 53, fig. 1 B C.]. — [*Prunus. Amygdalus. Juglans.* etc.].

TRIVALVE, *trivalve.* etc.].

SILLONNÉ, *sulcatum*. — [*Cornus sanguinea*, - *mas.* etc.].

SCROBICULÉ, creusé de fossettes, *scrobiculatum* [Pl. 53, fig. 1 B.]. — [*Amygdalus persica.* etc.].

PONCTUÉ, *punctatum*. — [*Amygdalus communis.* etc.].

UNILOCULAIRE, *uniloculare* [Pl. 53, fig. 1 C.]. — [*Amygdalus. Juglans.* ete.].

BILOCULAIRE, *biloculare*. — [*Cornus sanguinea. Zizyphus.* etc.].

TRILOCULAIRE, *triloculare*. — [*Trixis palustris. Antelea javanica.* etc.].

QUADRILOCULAIRE, *quadriloculare*. — [*Tectona grandis.* etc.].

SEXLOCULAIRE, *sexloculare*. — [*Guettarda speciosa.* etc.].

OSSEUX, *osseum* [Pl. 53, fig. 1 C.]. — *Cocos nucifera. Cornus sanguinea. Amygdalus. Mespilus* etc.].

CARTACÉ, *chartaceum*. — [*Areca faufel*. etc.].

MEMBRANACÉ, membraneux, *membranaceum*. — [*Phœnix dactylifera*. etc.].

MONOSPERME. *monospermum*. — [*Juglans*. etc.].

DISPERME, *dispermum*. etc.

PYRIDION, *Pyridium*. — Fruit des Pomacées. — Péricarpe baccien, couronné par le limbe du Calice, et contenant plusieurs Graines dans des loges disposées en verticelle autour de l'axe central. *Voy*. pag. 343.

SPHÉRIQUE, *sphæricum*. — [*Sorbus occuparia*. etc.].

ARRONDI, *subrotundum* [Pl. 53, fig. 3 A.]. — [*Malus communis*. etc.].

ELLIPSOÏDE, *ellipsoïdeum*. — [*Mespilus oxyacantha*. etc.].

TURBINÉ, en toupie, *turbinatum*. — [*Pyrus communis*, - *cydonia*. etc.].

LOCULEUX, *loculosum* [Pl. 53, fig. 3 B.]. — Lorsque la panninterne mince et cartacée, adhère à la pannexterne qui est toujours charnue. — [*Malus*. *Pyrus*. etc.].

NUCULEUX, *nuculosum* [Pl. 53, fig. 2 D.]. — Lorsque la panninterne forme des nucules disposés en rayons autour de l'axe du pyridion. — [*Mespilus germanica*, - *oxyacantha*. etc.].

PÉPON, *Pepo*. — Fruit des Cucurbitacées. — Péricarpe baccien, pulpeux intérieurement, divisé en plusieurs Loges par un Placentaire rayonnant qui porte les Graines vers la circonférence du Fruit, et se détruit souvent au centre à la maturité. *Voy*. pag. 344.

SPHÉRIQUE, globuleux, *sphæricus*, *globosus* [Pl. 52, fig. 2 A.]. — [*Cucurbita pepo*. *Bryonia dioïca*. *Cucumis prophetarum*. etc.].

OBLONG, *oblongus*. — [*Cucumis sativus*. etc.].

LAGÉNIFORME, *lageniformis*. — En forme de bouteille. — [*Cucurbita lagenaria*. etc.].

FUSIFORME, *fusiformis*. — [*Cucumis chate*. etc.].

OBTURBINÉ, *obturbinatus*. — [*Sicyos angulata*. etc.].

RÉNIFORME, *reniformis*. — [*Elaterium*. etc.].

COURBÉ, *curvatus*. — [*Cucumis flexuosus*. etc.].

UNILOCULAIRE, *unilocularis* ? — [*Sicyos angulata*. etc.].

TRILOCULAIRE, *trilocularis* [Pl. 52, fig. 2 B.]. — [*Bryonia dioica*. *Cucumis prophetarum*. etc.].

DÉCEMLOCULAIRE, *decemlocularis* [Pl. 52, fig. 1.]. — [*Cucumis sativus*. *Cucurbita pepo*. etc.].

Obs. En général, les Pépons ont originairement six ou dix cloisons RAYONNANTES, dont trois ou cinq PLACENTAIRIENNES alternent avec les autres. Ces caractères ne sont visibles que dans l'ovaire. Après la floraison, les cloisons stériles se détruisent toujours, et souvent aussi les cloisons PLACENTAIRIENNES.

BAIE, *Bacca*. — Fruit baccien très-variable, contenant plusieurs Noyaux ou plusieurs Graines distinctes, et différant du Pyridion et du Pépon. *Voy.* page 345.

SPHÉRIQUE, globuleuse, *sphærica, globulosa* [Pl. 54, fig. 1 A.]. — [*Ruscus aculeatus*. *Asparagus officinalis*. *Atropa mandagora*. *Vaccinium myrtillus*. *Arbutus unedo*. *Empetrum nigrum*. *Vitis*. *Ribes rubrum*. etc.].

ELLIPSOÏDE, *ellipsoïdea* [Pl. 53, fig. 5 A.]. — [*Coffea arabica*. *Citrus medica*. *Ribes alpinum*. etc.].

TURBINÉE, *turbinata*. — [*Psidium pyriferum*. etc.].

DISCOÏDE, *discoïdea*. — [*Phytolacca*. etc.].

ADHÉRENTE, *adhærens* [Pl. 54, fig. 2 A.] — Faisant corps avec le périanthe simple [*Musa*, etc.], ou avec le calice [*Ribes*. etc.].

INADHÉRENTE, *inadhærens* [Pl. 54, fig. 1 A... fig. 3 B.]. — Ne faisant corps ni avec le périanthe simple [*Asparagus*, etc.], ni avec le calice [*Physalis. Vitis.* etc.].

COURONNÉE, *coronata* [Pl. 54, fig. 2 A.]. — Par le limbe du calice [*Ribes*, etc.], par le stigmate [*Nymphæa.* etc.].

CORTIQUEUSE, *corticosa* [Pl. 53, fig. 5 A B.]. — Quand la pannexterne forme à sa superficie une écorce ferme, épaisse, sèche ou peu succulente. — [*Arbutus unedo. Citrus.* etc.].

CUCURBITINE, *cucurbitina* [Pl. 4, fig. 2.] — Cortiqueuse, épaisse, arrondie, et ressemblant à un potiron. [*Crescentia cujete.* etc.].

CAMARIENNE, *camarea.* — Offrant, de même qu'une camare, à l'extérieur un sillon longitudinal, et à l'intérieur un placentaire qui correspond à ce sillon. — [*Actea.* etc.].

UNILOCULAIRE, *unilocularis.* — [*Cucubalus bacciferus.* etc.].

BILOCULAIRE, *bilocularis.* — [*Ligustrum vulgare.* etc.].

TRILOCULAIRE, *trilocularis.* — [*Asparagus officinalis. Hypericum androsæmum.* etc.].

QUADRILOCULAIRE, *quadrilocularis.* — [*Paris quadrifolia.* etc.].

QUINQUÉLOCULAIRE, *quinquelocularis* [Pl. 54, fig. 4 C.]. — [*Arbutus. Cookia punctata.* etc.].

MULTILOCULAIRE, *multilocularis* [Pl. 53, fig. 5 B.]. — [*Citrus.* etc.].

NUCULEUSE, *nuculosa* [Pl. 54, fig. 1 B C.]. — Contenant des nucules. — [*Phytolacca. Duranta. Eritalis fruticosa. Sambucus nigra. Vitis vinifera. Ilex aquifolium.* etc.].

DISPERME, *disperma.* — [*Berberis.* etc.].

OLIGOSPERME, *oligosperma.* — [*Asparagus.* etc.].

POLYSPERME, *polysperma* [Pl. 53, fig. 5 B. — Pl. 54, fig. 2 B C.]. — [*Paris quadrifolia. Atropa Belladona. Solanum. Vaccinium. Arbutus unedo. Citrus. Ribes.* etc.].

CALYBION, *Calybio.* — Il est formé d'un ou de plusieurs GLANDS (Carcérules) contenus dans une CUPULE. *Voy.* pag. 346.

OUVERT, *apertum* [Pl. 55, fig. 1 A.]. — Quand le gland n'est point recouvert et caché totalement par la cupule. — [*Quercus robur. Coryllus avellana.* etc.].

CLOS, fermé, *clausum.* — Quand le gland est entièrement renfermé et caché dans la cupule. — [*Fagus castanea, - sylvestris*, etc.].

UNIGLAND, *uniglans* [Pl. 55, fig. 1 A.]. — Quand la cupule ne contient qu'un gland. — [*Corylus avellana. Quercus.* etc.].

TRIGLAND, *triglans.* — [*Fagus castanea.* etc.].

DÉHISCENT, *dehiscens.* — Si la cupule s'ouvre par des valves, à la manière d'une capsule, au moment de la maturité. — [*Fagus castanea, - sylvestris.* etc.].

INDÉHISCENT, *indehiscens.* — Si la cupule reste close même après la maturité. — [*Taxus. Ephedra.* etc.].

DRUPACÉ, *drupaceum.* — Si la cupule formée de deux substances, l'une ligneuse, intérieure, l'autre succulente, extérieure, donne au calybion l'aspect d'un drupe. — [*Cycas. Zamia.*].

CUPULE, *Cupula. Voy.* pag. 277 et 759.

SPHÉRIQUE, *sphærica, globosa.* — [*Fagus Castanea.* etc.].

HÉMISPHÉRIQUE, *hemisphærica* [Pl. 55, fig. 1 B. — [*Quercus robur.* etc.].

OVOÏDE, *ovoïdea.* — [*Ephedra.* etc.].

DRESSÉE, *erecta.* — Quand son orifice est tourné vers le point opposé à la base de son support. — [*Taxus. Ephedra.* etc.].

RENVERSÉE, *resupinata.* — Quand elle est fixée de sorte que son orifice regarde la base de son support (Obs. de R. Brown.). — [*Podocarpus.* etc.].

GLAND, *Glans.* — Espèce de Carcérule appartenant au Calybion. Voy. CARCÉRULE pour les Caractères.

STROBILE, *Strobilus.* — Réunion de fruits couverts. Calybions ou Carcérules provenant de plusieurs Fleurs, et renfermés entre des écailles dont la réunion forme un corps conique ou globuleux. *Voy.* pag. 346.

ARRONDI, *subrotundus.* — [*Cupressus sempervirens. Juniperus communis.* etc.].

CONIQUE, *conicus.* — [*Pinus sylvestris.* etc.].

OVOÏDE, *ovoïdeus* [Pl. 55, fig. 5 A.] — [*Pinus pinea.* etc.].

CYLINDRACÉ, *cylindraceus.* — [*Abies picea. Pinus strobus.* etc.].

BACCIEN, *baccatus* [Pl. 55, fig. 6 A.]. — Quand les bractées qui composent le strobile sont succulentes et se soudent les unes aux autres. — [*Juniperus communis.* etc.].

BRACTÉEN, *bracteanus* [Pl. 55, fig. 7.] — Quand le strobile est formé par des bractées. — [*Betula alnus. Juniperus communis. Thuya.* etc.].

PÉDONCULÉEN, *peduncul eanus.* — Quand le strobile est formé par des pédoncules. — [*Pinus. Abies. Cedrus. Larix.* etc.].

CUPULE, *Cupula. Voy.* pag. 277 et 759.

HYPOPTÉRÉE, *hypopterata.* — [*Pinus. Abies. Larix. Cedrus* etc.].

OBS. Au premier aspect la Cupule paraît ÉPIPTÉRÉE, parce qu'elle est RENVERSÉE. Elle est encadrée totalement par un prolongement de l'aile qui ne prend d'extension qu'à la base et qui est caduque.

PÉRIPTÉRÉE, *peripterata* [Pl. 56, fig. 5 A.]. — [*Thuya occidentalis.* etc.].

OVOÏDE, *ovoïdea, ovata* [Pl. 57, fig. 3 A.]. — [*Pinus.* etc].

ANGULEUSE, *angulosa.* — [*Juniperus communis. Cupressus sempervirens.* etc.].

LIGNEUSE, *lignosa.* — [*Pinus pinea.* etc.].

MEMBRANACÉE, membraneuse, *membranacea.* — [*Thuya occidentalis.* etc.].

OSSEUSE, *ossea.* — [*Schubertia disticha.* etc.].

DRESSÉE, *erecta*. — [*Thuya. Cupressus. Schubertia. Juniperus.* etc.].

RENVERSÉE, *resupinata*. — [*Abies. Pinus. Larix. Cedrus. Araucaria.*].

GLANDS, *Glandi*. Voy. CARCÉRULE pour la forme et les autres Caractères.

SYCONE, *Syconus*. Réunion de Fruits couverts. — Carcérules ou Drupéoles provenant de plusieurs Fleurs placées sur un Clinanthe qui tapisse la paroi interne d'un Involucre. *Voy.* pag. 347.

PLANE, *planus*. — [*Dorstenia.* etc.].

HÉMISPHÉRIQUE, *hemisphæricus* [Pl. 55, fig. 4 A.]. — [*Ambora.* etc.].

PYRIFORME, turbiné, *pyriformis*, *turbinatus* [Pl. 43, fig. 9 A.]. — [*Ficus carica. Ambora.* etc.].

SPHÉRIQUE, *sphæricus*, *globosus*. — [*Ficus*... etc.].

OBS. On considère encore dans le Sycône la forme et la nature des Carcérules.

SOROSE, *Sorosus*. — Plusieurs Fruits réunis en un seul corps par l'intermédiaire des enveloppes florales succulentes et entre-greffées. *Voy.* pag. 347.

OBLONG, *oblongus* [Pl. 55, fig. 3 A.]. — [*Morus.* etc.].

ELLIPSOÏDE, *ellipsoïdeus*. — [*Artocarpus incisa.* etc.].

OVOÏDE, *ovoïdeus* [Pl. 5, fig. 3.]. — [*Bromelia ananas.* etc.].

OBS. On considère encore dans le Sorôse la nature des Fruits et des enveloppes florales qui les réunissent.

IV.

APPENDICE DE LA TERMINOLOGIE.

COULEUR, *Color*.

Voyez à la fin de cet ouvrage, le Mémoire de M. Mérimée sur les COULEURS, et la planche 72 qui offre un Tableau chromatique comprenant 83 teintes auxquelles toutes les COULEURS peuvent être comparées.

ODEUR, *Odor*.

SUAVE, douce, *suaveolens*, *dulcis*. — Indique en général une odeur agréable. — [Fleurs du *Syringa vulgaris*, du *Cheiranthus cheiri*, du *Viola odorata*, du *Tilia*, du *Rosa*, etc.].

PÉNÉTRANTE, *fragrans*. — On désigne par ce mot une odeur agréable et pénétrante. — [Fleurs de l'*Allium fragrans*, du *Narcissus jonquilla*, du *Polyanthes tuberosa*, du *Hyacinthus orientalis*, du *Jasminum officinale*. *Melissa officinalis*. *Verbena triphylla*. etc.].

MUSQUÉE, *moschatus*, *ambrosiacus*. — [*Geranium moschatum*. *Malva moschata*. *Adoxa moschatellina*. etc.].

AROMATIQUE, *aromaticus*. — Odeur d'aromates. — [*Laurus cinamomum*, *- nobilis*. *Myristica*. *Caryophyllus aromaticus*. *Salvia officinalis*. *Rosmarinus*. etc.].

FORTE, *graveolens*. — Odeur trop forte pour être agréable. - [*Ruta graveolens*. *Anethum graveolens*. *Erigeron graveolens*. *Tagetes patula*. etc.].

FÉTIDE, *fœtidus*, *teter*. — Odeur repoussante. — [*Stachys fœtida*.

Chenopodium vulvaria. Hieracium fœtidum. Geranium robertianum. Anagyris fœtida. Cannabis. etc.].

ALLIACÉE, *alliaceus.* — Odeur d'ail. — [*Allium sativum. Erysimum alliaria. Petiveria alliacea.* etc.].

HIRCINE, *hircinus.* — Odeur de bouc. — [*Satyrium hircinum. Hypericum hircinum.* etc.].

NAUSÉABONDE, *nauseosus.* — Odeur repoussante et provoquant le vomissement. — [*Nicotiana tabacum. Hyoscyamus.* etc.].

OBS. Il paraît impossible de faire une bonne classification des Odeurs, parce que la mémoire n'en conservant qu'un souvenir confus, ne saurait établir entre elles de comparaison rigoureuse. D'ailleurs, elles sont rarement simples, et les mélanges qu'elles produisent forment des variétés infinies.

SAVEUR, *Sapor.*

SÈCHE, *siccus.* — Sensation produite par un corps qui s'attache à la langue en absorbant la salive. — [Périsperme du *Triticum sativum*, du *Mays*, du *Mirabilis jalapa.* etc.].

AQUEUSE, *aquosus.* — Presque insipide. — [*Lactuca sativa.* etc.].

MUCILAGINEUSE, *mucilaginosus*, *viscosus.* — Saveur d'une substance fade qui empâte la bouche. —[Graines du *Pyrus cydonia.* Gomme du *Prunus cerasus.* Racines de l'*Althæa officinalis. Malva.* etc.].

GRASSE, *pinguis.* — Douce et un peu mucilagineuse comme l'huile d'olive étendue d'eau. — [Amandes douces. Amande de la noix d'Acajou. Fruit du *Laurus persea.* etc.].

DOUCE ou sucrée, *saccharatus.* — [Chaume du *Saccharum officinale*, du *Mays.* Racine du *Glycyrrhiza officinalis*, du *Trifolium alpinum* et la plupart des fruits pulpeux. etc.].

SALÉE, *salsus.* — [*Salsola kali. Borrago officinalis.* etc.].

AMÈRE, *amarus.* — [Racine du *Gentiana.* Amandes amères. *Cichorium intybus. Cucumis colocynthis.* etc.].

STYPTIQUE, *stypticus, astringens, acerbus.* — Qui resserre et contracte les papilles de la langue. — [Noix de galle. Fruits du *Prunus spinosa.* etc.].

ACIDE, *acidus.* — Piquante et fraîche. — [*Rumex acetosa. Berberis.* Fruit du *Ribes rubrum.*].

ACRE, caustique, *acris, urens, causticus.* — Elle corrode l'organe du goût, et produit une sensation douloureuse de chaleur. — [Spadix de l'*Arum maculatum.* Péricarpe de la Noix d'Acajou. Fruit du *Capsicum annuum.* Écorce du *Daphne laureola.*].

OBS. La classification des Saveurs est aussi vague et aussi incertaine que celle des Odeurs.

MESURE, *Mensura.*

La grandeur comparative des plantes et de leurs parties offre souvent d'excellens caractères dont le Botaniste fait usage. Il indique les rapports de dimension d'une manière *spéciale* ou *générale.* Ainsi il dit d'une plante qu'elle est PLUS GRANDE OU PLUS PETITE qu'une autre, ou bien qu'elle est GRANDE OU PETITE sans rien ajouter de plus. Dans le premier cas, il compare deux espèces entre elles; dans le second, il compare une espèce à toutes les autres du même genre, quoiqu'il ne l'exprime pas positivement. Le Botaniste peut aussi indiquer la grandeur moyenne d'une espèce ou de ses parties. Il ne s'agit pas d'en donner rigoureusement les dimensions qui sont variables; mais comme elles ne s'écartent guère de certaines limites, il est bon de les exprimer en nombres approximatifs. Pour cela il emploie les mesures généralement adoptées en Europe où celles que Linné a proposées, et qui sont tirées des dimensions du corps humain ou de ses différentes parties comparées aux mesures vulgaires.

Mesures Linnéennes.

LE CHEVEU, *capillus*, est le diamètre d'un cheveu. A-peu-près la douzième partie d'une ligne. De là l'épithète CAPILLAIRE, *capillaris.*

LA LIGNE, *linea*, est la hauteur du blanc de la base de l'ongle; à-peu-près la ligne de Paris. De là, *linealis*.

L'ONGLE, *unguis* est la longueur de l'ongle, ou un demi-pouce.

LE POUCE, *pollex*, *uncia*, est la longueur ou le diamètre de la dernière phalange du pouce, ou douze lignes environ. De là, *pollicaris*, *uncialis*.

LA PALME, *palma*, est donnée par la largeur de la main au-dessus du pouce; environ trois pouces de Paris. De là, *palmaris*.

L'EMPAN, *dodrans*. Longueur comprise entre le sommet du pouce et du petit doigt écartés le plus possible, ou neuf pouces environ. De là, *dodrantalis*.

LE SPITHAME, *spithama*. Longueur comprise entre l'extrémité du pouce et de l'index écartés le plus possible, ou sept pouces environ. De là, *spithameus*.

LE PIED, *pes*. Longueur comprise depuis le coude jusqu'à la base du pouce. C'est douze pouces environ. De là, *pedalis*.

LA COUDÉE, *cubitus*. Longueur comprise depuis le coude jusqu'à l'extrémité du *medius* ou doigt du milieu; environ dix-sept pouces. De là, *cubitalis*.

LA BRASSE, *brachium*. Longueur comprise depuis l'aisselle jusqu'à l'extrémité du doigt du milieu; environ vingt-quatre pouces. De là, *brachialis*.

LA TOISE, *orgya*. Longueur des deux bras étendus en croix avec les mains ouvertes; hauteur du corps humain, ou cinq à six pieds. De là, *orgyalis*.

Mesures françaises.

MILLIMÈTRE égalant 443/1000 de ligne, ancienne mesure.

CENTIMÈTRE = 4 lignes et 433/1000 de ligne.

DÉCIMÈTRE = 3 pouces, 8 lignes et 329/1000 de ligne.

MÈTRE = 3 pieds 11 lignes et 296/1000 de ligne.

SIGNES employés en Botanique.

☉ Signe du Soleil. On l'a choisi pour désigner les plantes annuelles parce que la terre met un an à faire sa révolution autour du Soleil.

♂ Signe de Mars. On s'en sert pour désigner les plantes bisannuelles, parce que Mars met à-peu-près deux ans (686 jours) à faire sa révolution autour du soleil.

♃ Signe de Jupiter. Il marque les plantes vivaces, parce que Jupiter met plusieurs années (4332 jours) à faire sa révolution autour du soleil.

♄ Signe de Saturne. Il désigne les arbres et les arbrisseaux qui, pour la plupart vivent un grand nombre d'années, parce que Saturne met à-peu-près trente ans (10,758 jours) à faire sa révolution autour du Soleil.

♀ Signe de Vénus. Il marque les individus ou les fleurs femelles.

♂ Signe de Mars, dont la flèche est placée verticalement. Il marque les individus ou les fleurs mâles.

Les auteurs emploient le signe de Mars dans sa situation accoutumée (♂) pour indiquer les individus et les fleurs mâles ; mais comme ce signe désigne aussi dans cette situation les plantes bisannuelles, il en résulte une confusion que j'ai voulu éviter.

⚥ Signes de Mars et de Vénus réunis. Il marque les individus ou les fleurs hermaphrodites. Le signe de Mercure (☿) est souvent employé au même usage.

o-o Deux zéros unis par un trait, indiquent les fleurs ou les individus neutres, c'est-à-dire, privés d'organes mâles et femelles, par suite d'avortement.

Articles oubliés dans l'impression de la Terminologie.

Page 618, entre CHEVELUE et FIBREUSE, mettez en titre *Forme.*

Page 629, entre ASCENDANTE et PROCOMBANTE, lisez :

DÉCOMBANTE (TIGE) *decumbens.* — Un peu élevée à sa naissance, puis retombant sur la terre par débilité. — [*Asparagus decumbens. Polygala vulgaris. Vinca minor. Arctotis decumbens. Geranium lucidum. Sedum dasyphyllum. Anthyllis vulneraria.* etc.].

Page 636, après PÉDICELLÉ (BOUTON), ajoutez :

TERMINAL, *terminalis*..........
AXILLAIRE, *axillaris*...........
EXTRA-AXILLAIRE, *extraxillaris*..
} Voyez pour l'explication de ces termes, l'article FLEURS, page 766.

Page 652, entre INCISÉES et LACINIÉES, lisez :

OBS. On dit Feuilles ENTIÈRES, *Folia integra*, par opposition à Feuilles INCISÉES, lorsque les Feuilles n'ont pas d'incision.

QUATRIÈME SECTION.

MÉTHODES ARTIFICIELLES ET FAMILLES NATURELLES.

Observations préliminaires.

Vous savez que les espèces se groupent naturellement en vertu de certains caractères qui établissent entre elles des ressemblances. Ces premières associations forment les genres. Les genres eux-mêmes se rapprochent et constituent des familles. Les familles ont aussi des points de contact; mais il n'est pas possible de les réunir en groupes naturels, parce que chaque famille tend souvent à se porter avec une force égale, vers différentes familles séparées les unes des autres par de grands intervalles. Cela posé, nous pouvons procéder dans l'étude des plantes de trois manières : 1° par l'analyse qui remonte de l'espèce au genre et du genre à la famille ; 2° par la synthèse qui descend de la famille au genre et du genre à l'espèce ; 3° par l'analyse et la synthèse combinées, qui prennent alternativement une marche ascendante ou descendante. L'analyse, retenant sans cesse l'esprit dans des bornes étroites, charge la mémoire, et laisse trop souvent la raison dans l'inaction ; la synthèse, présentant d'abord des généralités qui ne sont appuyées sur aucun fait particulier, ne donne qu'une connaissance vague de la nature ; mais l'analyse et la synthèse heureusement combinées, stimulent l'imagination et s'opposent à ses écarts, fortifient la mémoire par le jugement et le jugement par la mémoire, et font aimer l'étude des détails par l'intérêt qu'excitent les généralités. C'est donc ce double moyen que vous devez mettre en usage. Etudiez les genres et la famille dans l'espèce, et l'espèce dans le genre et dans la famille. Par là vous étendrez vos connaissances, et vous leur donnerez tout le degré de certitude dont elles sont susceptibles.

Entre les Méthodes artificielles qui ont été imaginées pour faciliter l'étude des plantes, on en distingue trois trop célèbres pour que je puisse me dispenser de vous en exposer les principes et la marche. Je veux parler des Méthodes de Tournefort, de Linné et de M. de Jussieu. Les deux premières ont pour objet de conduire l'élève à la connaissance des genres, la troisième a pour objet de le conduire à la connaissance des familles. Ces trois Méthodes doivent être considérées comme des tables ingénieuses plus ou moins faciles à consulter, et non comme des représentations fidèles des affinités naturelles des plantes.

MÉTHODE DE TOURNEFORT (1).

Je ne dirai qu'un mot sur la Méthode de Tournefort ; le tableau synoptique ci-joint suffit pour en faire connaître la marche et l'esprit.

Les classes sont au nombre de vingt-deux ; chacune est subdivisée en plusieurs sections ou ordres.

Les caractères des classes sont tirés de l'absence, de la présence, et de la forme de la corolle.

Les dix-sept premières classes renferment les herbes et les sous-arbrisseaux.

Dans les quatre premières, savoir : les CAMPANIFORMES, les INFUNDIBULIFORMES, les PERSONÉES et les LABIÉES, nous trouvons les herbes et sous-arbrisseaux à fleurs monopétales distinctes.

Dans les sept classes suivantes, savoir : les CRUCIFORMES, les ROSACÉES, les OMBELLIFÈRES, les CARYOPHYLLÉES, les LILIACÉES, les PAPILLONACÉES, les ANOMALES, sont rangés les herbes et sous-arbrisseaux à fleurs polypétales.

Dans la douzième, la treizième, et la quatorzième classes, savoir : les FLOSCULEUSES, les SEMIFLOSCULEUSES, et les RADIÉES, se placent les herbes et sous-arbrisseaux à fleurs monopétales réunies en calathides, qui sont les *composées* de Tournefort.

La quinzième, la seizième, et la dix-septième classes, comprennent les herbes et sous-arbrisseaux à fleurs A ÉTAMINES sans corolle, les herbes et sous-arbrisseaux SANS FLEURS, et les plantes SANS FLEURS NI FRUITS.

Viennent ensuite les arbrisseaux et les arbres.

La dix-huitième et la dix-neuvième classes, savoir : les APÉTALES, proprement dites, et les AMENTACÉES sont formées des arbres et arbrisseaux à fleurs sans corolle.

(1) Consultez les planches 68 et 69.

La vingtième classe renferme les arbres et arbrisseaux à fleurs MONOPÉTALES.

La vingt-unième et la vingt-deuxième classes, savoir : les ROSACÉES et les PAPILLONACÉES, se composent des arbres et arbrisseaux à fleurs polypétales.

Les sections de ces vingt-deux classes sont tirées de certaines modifications de la forme de la corolle, de la consistance, du volume, de la structure, de l'origine des fruits, de la composition et de la disposition des feuilles. En général, ces caractères sont mal choisis, et ne marquent que très-imparfaitement les limites des différens groupes.

Il est inutile que j'entre dans de plus grands détails sur une Méthode que personne ne suit aujourd'hui : elle est très-ingénieuse; elle a eu beaucoup de vogue, et cela devait être; mais elle n'était point susceptible de se prêter aux progrès de la science; il a donc fallu y renoncer.

Clef de la Méthode de Tournefort.

- **HERBES à Fleurs.**
  - pétalées……
    - simples……
      - monopétales…
        - régulières…
          - 1. CAMPANIFORMES.
          - 2. INFUNDIBULIFORMES.
        - irrégulières…
          - 3. PERSONÉES.
          - 4. LABIÉES.
      - polypétales…
        - régulières…
          - 5. CRUCIFORMES.
          - 6. ROSACÉES.
          - 7. OMBELLIFÈRES.
          - 8. CARYOPHYLLÉES.
          - 9. LILIACÉES.
        - irrégulières…
          - 10. PAPILLONACÉES,
          - 11. ANOMALES.
    - composées……
      - 12. FLOSCULEUSES.
      - 13. DEMI-FLOSCULEUSES.
      - 14. RADIÉES.
  - apétales……
    - 15. A ÉTAMINES.
    - 16. SANS FLEURS.
    - 17. SANS FLEURS NI FRUITS.
- **ARBRES à Fleurs.**
  - apétales……
    - 18. APÉTALES PROPREM[t] DITS.
    - 19. AMENTACÉS.
  - pétalées……
    - monopétales…… 20. MONOPÉTALES.
    - polypétales…
      - régulières… 21. ROSACÉS.
      - irrégulières… 22. PAPILLONACÉS.

Clef du Systéme sexuel de Linné.

PLANTES à

- Organes sexuels apparens.
  - Fleurs hermaphrodites.
    - Étamines séparées du Pistil.
      - libres .....
        - proportion déterminée.
          - nombre....
            - 1. MONANDRIE.
            - 2. DIANDRIE.
            - 3. TRIANDRIE.
            - 4. TÉTRANDRIE.
            - 5. PENTANDRIE.
            - 6. HEXANDRIE.
            - 7. HEPTANDRIE.
            - 8. OCTANDRIE.
            - 9. ENNÉANDRIE.
            - 10. DÉCANDRIE.
            - 11. DODÉCANDRIE.
          - nombre et insertion.
            - 12. ICOSANDRIE.
            - 13. POLYANDRIE.
        - proportion indéterminée.
          - 14. DIDYNAMIE.
          - 15. TÉTRADYNAMIE.
      - réunies..........................
        - 16. MONADELPHIE.
        - 17. DIADELPHIE.
        - 18. POLYADELPHIE.
        - 19. SYNGÉNÉSIE.
    - Étamines unies au Pistil........................ 20. GYNANDRIE.
  - Fleurs unisexuelles.................................
    - 21. MONOÉCIE.
    - 22. DIOÉCIE.
    - 23. POLYGAMIE.
- Organes sexuels cachés.................................... 24. CRYPTOGAMIE.

CLASSES.

MÉTHODE DE LINNÉ,

CONNUE SOUS LE NOM DE *Sytême sexuel.*

Je m'étendrai plus sur cette Méthode que sur celle de Tournefort, parce qu'elle est et sera probablement long-temps encore d'une grande utilité pour l'étude. Malgré plusieurs défauts graves, il est certain qu'elle est supérieure à toutes les autres. Elle offre ce précieux avantage que, non-seulement toutes les plantes connues peuvent s'y classer, mais encore que toutes les plantes qui restent à connaître pourront y trouver place.

Linné, pénétré de cette idée qu'il n'est aucune plante privée de sexes, jugea que les organes sexuels devaient offrir des caractères pour la classification; mais en même-temps il considéra qu'il existe beaucoup d'espèces dans lesquelles ces organes sont si petits, si cachés, ou d'une conformation si étrange, qu'il est toujours difficile, et quelquefois impossible de s'assurer de leur présence autrement que par analogie. De là deux grandes divisions :

1° { *Organes sexuels apparens* : PHÉNOGAMES.
Organes sexuels cachés : CRYPTOGAMES.

Dans la division des plantes phénogames, on observe des fleurs qui ont les deux sexes, et qui, par conséquent, sont hermaphrodites; d'autres qui n'ont qu'un sexe, soit le sexe mâle soit le sexe femelle. De là une seconde division :

2° { *Plantes monoclines ou dont les fleurs sont hermaphrodites.*
Plantes diclines ou dont les fleurs sont unisexuelles.

Les plantes monoclines peuvent être subdivisées en deux groupes, eu égard à ce que les étamines sont, dans les fleurs des unes, détachées du pistil, et, dans celles des autres, unies au pistil. De là une troisième division :

3° { *Étamines dégagées du pistil.*
Étamines unies au pistil.

Les étamines peuvent être dégagées du pistil et en même-temps distinctes les unes des autres, ou bien elles peuvent être dégagées du pistil, et soudées entre elles, ou adelphes. De là une quatrième division :

4° { *Étamines libres.*
Étamines réunies.

Les étamines libres sont égales ou inégales en grandeur. Quand l'inégalité est constante, elle offre un bon caractère systématique pour séparer certaines espèces des autres, dans lesquelles les étamines sont égales, ou ne gardent entre elles aucune proportion fixe. De là une cinquième division :

5° { *Étamines de proportion indéterminée.*
Étamines de proportion déterminée.

Dans les plantes à étamines de proportion indéterminée, il faut faire attention à celles qui ont un nombre d'étamines qui ne s'élève pas au-dessus de douze et à celles dont les étamines passent le nombre douze. De là une sixième division :

6° { *Une à douze étamines.*
Plus de douze étamines.

Enfin, on remarque que les étamines qui passent le nombre douze, sont attachées tantôt sur le calice, tantôt sous le pistil. De là une septième division :

7° { *Étamines attachées sur le calice.*
Étamines attachées sous le pistil.

Telle fut la série d'observations que fit Linné, et qui servirent de fondement aux vingt-quatre classes de sa Méthode (1).

---

(1) *Voyez* Pl. 70 et 71 la représentation des caractères des classes de de la Méthode de Linné.

Dans les phénogames hermaphrodites, dont les étamines libres et dégagées du pistil ne gardent aucune proportion déterminée et ne passent pas le nombre douze, Linné, en s'attachant au nombre, trouva les caractères des onze premières classes. Il les désigna ainsi qu'il suit.

CLASSES.

1re MONANDRIE. — *Un seul mâle, c'est-à-dire, une seule étamine.*

2e DIANDRIE. — *Deux étamines.*

3e TRIANDRIE. — *Trois étamines.*

4e TÉTRANDRIE. — *Quatre étamines.*

5e PENTANDRIE. — *Cinq étamines.*

6e HEXANDRIE. — *Six étamines.*

7e HEPTANDRIE. — *Sept étamines.*

8e OCTANDRIE. — *Huit étamines.*

9e ENNÉANDRIE. — *Neuf étamines.*

10e DÉCANDRIE. — *Dix étamines.*

11e DODÉCANDRIE. — *Douze à vingt étamines.*

Il semblerait que la onzième classe devrait renfermer des plantes dont les fleurs porteraient onze étamines, mais on n'en connaît pas de telles jusqu'à présent. Si jamais on en découvre, elles formeront la onzième classe sous le nom d'HENDÉCANDRIE, et la dodécandrie conservant son nom, deviendra la douzième classe.

Lorsque dans les plantes phénogames hermaphrodites dont les étamines sont libres et dégagées du pistil, le nombre de ces organes mâles passe dix-neuf, Linné considère leur insertion, et il obtient par ce moyen la douzième et la treizième classes.

12e ICOSANDRIE. — *Vingt étamines ou plus attachées sur la paroi interne du calice.*

13e POLYANDRIE. — *Vingt étamines ou plus attachées au fond du calice sous le pistil.*

Viennent ensuite les plantes phénogames hermaphrodites, dont les étamines libres et dégagées du pistil gardent entre elles des proportions de grandeur déterminée.

Elles composent deux classes; la première réunit des fleurs à quatre étamines attachées sur une corolle monopétale irrégulière bilabiée, et deux de ces étamines sont constamment plus longues que les deux autres. La seconde réunit des fleurs à six étamines attachées sous l'ovaire : de ces six étamines, deux solitaires et opposées entre elles, sont plus courtes que les quatre autres qui sont disposées en deux paires alternant avec les deux courtes étamines.

14e BIDYNAMIE. — *Quatre étamines, dont deux plus longues.*

15e TÉTRADYNAMIE. — *Six étamines, dont quatre plus longues.*

Jusqu'à présent il n'a été question que des plantes phénogames hermaphrodites à étamines libres. Passons aux plantes phénogames hermaphrodites, dont les étamines sont réunies entre elles, soit par leurs filets, soit par leurs anthères. Cette considération fournit les caractères des quatre classes suivantes :

16e MONADELPHIE. — *Les étamines réunies en un seul corps par l'union de leurs filets.*

17e DIADELPHIE. — *Les étamines réunies en deux corps par l'union de leurs filets.*

18e POLYADELPHIE. — *Les étamines réunies en plusieurs corps par l'union de leurs filets.*

19e SYNGÉNÉSIE. — *Les étamines réunies par leurs anthères.*

L'union des étamines avec le pistil est la dernière combinaison que présentent les plantes phénogames hermaphrodites dans la Méthode de Linné; c'est le caractère distinctif de sa vingtième classe.

20e GYNANDRIE. — *Étamines et pistil réunis.*

Les vingt classes précédentes renferment donc toutes les plantes monoclines, ou, en d'autres termes, toutes les plantes à fleurs hermaphrodites; mais il existe, comme nous l'avons vu, des plantes phénogames diclines, c'est-à-dire, des plantes phénogames à fleurs unisexuelles. Ce caractère apparaît de trois manières différentes. L'espèce peut se composer d'individus qui portent chacun les deux sexes dans des fleurs distinctes, les unes mâles, les autres femelles; elle peut se composer aussi d'individus à fleurs mâles et d'individus à fleurs femelles, sans aucun mélange; enfin elle peut se composer d'individus à fleurs hermaphrodites mêlées à des fleurs mâles ou femelles. Tous ces caractères n'étant que le résultat de l'avortement des organes, ne modifient pas essentiellement les types, et ne sont par conséquent d'aucune importance pour établir les analogies naturelles; mais Linné qui ne voulait donner qu'une Méthode artificielle, en a tiré parti pour former ses trois dernières classes de plantes phénogames.

21e MONOÉCIE. — *Des fleurs mâles et des fleurs femelles sur un même individu.*

22e DIOÉCIE. — *Des fleurs mâles sur un individu, des fleurs femelles sur un autre.*

23e POLYGAMIE. — *Des fleurs hermaphrodites et des fleurs mâles ou femelles sur un même individu.*

Toutes les plantes phénogames connues prennent place dans les vingt-trois classes précédentes. Il ne reste plus en dehors que les plantes cryptogames, c'est-à-dire, que celles dont les organes générateurs sont cachés. Linné n'en a formé qu'une classe.

24e CRYPTOGAMIE. — *Plantes dont les organes sexuels sont cachés.*

Après avoir distribué toutes les plantes en vingt-quatre classes, Linné distribua les plantes de chaque classe en plusieurs ordres. Il trouva les caractères de ces subdivisions dans les pistils, les styles, les stigmates, le fruit et les étamines.

Le nombre des pistils, et, en cas d'unité de pistils, le nombre des styles, ou, à leur défaut, celui des stigmates, servit à former les groupes des treize premières classes.

Ire *Classe.* MONANDRIE..	1er Ordre : MONOGYNIE. Un seul organe femelle : Ex. *Canna*. 2e Ordre : DIGYNIE : Ex. *Blitum*.
IIe *Classe.* DIANDRIE...	1er Ordre : MONOGYNIE : Ex. *Syringa*. 2e Ordre : DIGYNIE : Ex. *Anthoxanthum*. 3e Ordre : TRIGYNIE : Ex. *Piper*.
IIIe *Classe.* TRIANDRIE..	1er Ordre : MONOGYNIE : Ex. *Crocus*. 2e Ordre : DIGYNIE : Ex. *Triticum*. 3e Ordre : TRIGYNIE : Ex. *Holosteum*.
IVe *Classe.* TÉTRANDRIE.	1er Ordre : MONOGYNIE : Ex. *Rubia*. 2e Ordre : DIGYNIE : Ex. *Cuscuta*. 3e Ordre : TÉTRAGYNIE : Ex. *Ilex*.
Ve *Classe.* PENTANDRIE.	1er Ordre : MONOGYNIE : Ex. *Primula*. 2e Ordre : DIGYNIE : Ex. *Daucus*. 3e Ordre : TRIGYNIE : Ex. *Sambucus*. 4e Ordre : TÉTRAGYNIE : Ex. *Parnassia*. 5e Ordre : PENTAGYNIE : Ex. *Statice*. 6e Ordre : POLYGYNIE : Ex. *Myosurus*.
VIe *Classe.* HEXANDRIE..	1er Ordre : MONOGYNIE : Ex. *Tulipa*. 2e Ordre : DIGYNIE : Ex. *Oryza*. 3e Ordre : TRIGYNIE : Ex. *Rumex*. 4e Ordre : HEXAGYNIE : Ex. *Damasonium*. 5e Ordre : POLYGYNIE : Ex. *Alisma*.
VIIe *Classe.* HEPTANDRIE.	1er Ordre : MONOGYNIE : Ex. *AEsculus*. 2e Ordre : DIGYNIE : Ex. *Limeum*. 3e Ordre : TÉTRAGYNIE : Ex. *Saururus*. 4e Ordre : HEPTAGYNIE : Ex. *Septas*.
VIIIe *Classe.* OCTANDRIE..	1er Ordre : MONOGYNIE : Ex. *Fuchsia*. 2e Ordre : DIGYNIE : Ex. *Galenia*. 3e Ordre : TRIGYNIE : Ex. *Polygonum*. 4e Ordre : TÉTRAGYNIE : Ex. *Paris*.
IXe *Classe.* ENNÉANDRIE..	1er Ordre : MONOGYNIE : Ex. *Laurus*. 2e Ordre : TRIGYNIE : Ex. *Rheum*. 3e Ordre : HEXAGYNIE : Ex. *Butomus*.

Xe Classe. DÉCANDRIE..
- 1er Ordre : MONOGYNIE : Ex. *Ruta.*
- 2e Ordre : DIGYNIE : Ex. *Dianthus.*
- 3e Ordre : TRIGYNIE : Ex. *Silene.*
- 4e Ordre : PENTAGYNIE : Ex. *Lychnis.*
- 5e Ordre : DÉCAGYNIE : Ex. *Phytolacca.*

XIe Classe. DODÉCANDRIE..
- 1er Ordre : MONOGYNIE : Ex. *Asarum.*
- 2e Ordre : DIGYNIE : Ex. *Agrimonia.*
- 3e Ordre : TRIGYNIE : Ex. *Reseda.*
- 4e Ordre : TÉTRAGYNIE : Ex. *Calligonum.*
- 5e Ordre : PENTAGYNIE : Ex. *Glinus.*
- 6e Ordre : DODÉCAGYNIE : Ex. *Sempervivum.*

XIIe Classe. ISOCANDRIE..
- 1er Ordre : MONOGYNIE : Ex. *Prunus.*
- 2e Ordre : DIGYNIE : Ex. *Cratægus.*
- 3e Ordre : TRIGYNIE : Ex. *Sorbus.*
- 4e Ordre : PENTAGYNIE : Ex. *Pyrus.*
- 5e Ordre : POLYGYNIE : Ex. *Rosa.*

XIIIe Classe. POLYANDRIE..
- 1er Ordre : MONOGYNIE : Ex. *Papaver.*
- 2e Ordre : DIGYNIE : Ex. *Pæonia.*
- 3e Ordre : TRIGYNIE : Ex. *Delphinium.*
- 4e Ordre : TÉTRAGYNIE : Ex. *Cimicifuga.*
- 5e Ordre : PENTAGYNIE : Ex. *Aquilegia.*
- 6e Ordre : POLYGYNIE : Ex. *Anemone.*

On ne voit point figurer dans ces treize classes, parmi les ordres, l'OCTOGYNIE, l'ENNÉAGYNIE, l'HENDÉCAGYNIE, parce qu'on ne connaît point de fleurs à huit, à neuf, à onze pistils, styles ou stigmates. Si l'on en découvre par la suite elles formeront de nouveaux ordres qui prendront leur rang numérique.

La quatorzième classe ou DIDYNAMIE, et la quinzième classe ou TÉTRADYNAMIE, n'offrant qu'un seul style, Linné chercha les caractères ordinaux dans le fruit.

La DIDYNAMIE fut partagée en deux ordres en considération de ce que son fruit est tantôt un cénobion composé de quatre érèmes que Linné regarde comme autant de *graines nues*, et tantôt une capsule qui renferme des graines plus ou moins nombreuses.

XIVe Classe. DIDYNAMIE..
- 1er Ordre : GYMNOSPERMIE. — Fleurs à étamines didynames, qui produisent quatre graines nues : Ex. *Lamium.*
- 2e Ordre : ANGIOSPERMIE. — Fleurs à étamines didynames, qui produisent des graines renfermées dans une capsule : Ex. *Melampyrum.*

Dans la TÉTRADYNAMIE Linné eut égard à la forme du fruit; c'est une silique ou une silicule.

XVe *Classe.* TÉTRADYNAMIE.	1er Ordre : SILICULEUSES. — Fleurs à étamines tétradynames, qui produisent une silicule : Ex. *Thlaspi.*
	2e Ordre : SILIQUEUSES. — Fleurs à étamines tétradynames, qui produisent une silique : Ex. *Cheiranthus.*

Le nombre des étamines n'ayant pas été employé dans l'établissement des seizième, dix-septième et dix-huitième classes, savoir, la MONADELPHIE, la DIADELPHIE et la POLYADELPHIE; ce nombre, dis-je, offrit à Linné des caractères ordinaux.

XVIe *Classe.* MONADELPHIE.	1er Ordre : TRIANDRIE : Ex. *Ferraria.*
	2e Ordre : PENTANDRIE : Ex. *Erodium.*
	3e Ordre : HEPTANDRIE : Ex. *Pelargonium.*
	4e Ordre : OCTANDRIE : Ex. *Aitonia.*
	5e Ordre : DÉCANDRIE : Ex. *Geranium.*
	6e Ordre : ENDÉCANDRIE : Ex. *Brownea.*
	7e Ordre : DODÉCANDRIE : Ex. *Helicteres.*
	8e Ordre : POLYANDRIE : Ex. *Malva.*
XVIIe *Classe.* DIADELPHIE.	1er Ordre : PENTANDRIE : Ex. *Monnieria.*
	2e Ordre : HEXANDRIE : Ex. *Fumaria.*
	3e Ordre : OCTANDRIE : Ex. *Polygala.*
	4e Ordre : DÉCANDRIE : Ex. *Pisum.*
XVIIIe *Classe.* POLYANDRIE.	1er Ordre : DÉCANDRIE : Ex. *Theobroma.*
	2e Ordre : DODÉCANDRIE : Ex. *Abroma.*
	3e Ordre : ICOSANDRIE : Ex. *Melaleuca.*
	4e Ordre : POLYANDRIE : Ex. *Hypericum.*

La dix-neuvième classe ou SYNGÉNÉSIE n'admet guère que des fleurs à cinq étamines, et toutes n'ont qu'un pistil pourvu d'un style. Ainsi le nombre des organes de la génération n'offrait aucune ressource pour la formation des ordres; mais les fleurs syngénèses sont ordinairement rassemblées en calathide, et l'on remarque que toutes ne sont pas hermaphrodites. Par effet d'avortement, il se trouve constamment dans certaines espèces, des fleurs mâles ou des fleurs femelles ou des fleurs neutres mêlées à des fleurs hermaphodites. Linné s'est plu à voir dans ces réunions de fleurs une sorte de

POLYGAMIE ; et partant de cette idée plus ingénieuse en théorie que commode dans son application, il a établi six ordres.

XIXe *Classe.* SYNGÉNÉSIE.

1er Ordre : POLYGAMIE ÉGALE. — Les fleurs sont toutes hermaphrodites, en sorte que le pistil de chacune est fécondé par les étamines qu'elle contient : Ex. *Tragopogon.*

2e Ordre : POLYGAMIE SUPERFLUE. — Les fleurs du disque sont hermaphrodites ; celles de la circonférence sont femelles ; les pistils des unes et des autres donnent de bonnes graines. Linné, dans son style métaphorique, nomme les pistils de la circonférence des *concubines*, et elles lui paraissent *superflues*, parce que les *femmes légitimes* sont fécondes : Ex. *Artemisia.*

3e Ordre : POLYGAMIE FRUSTRANÉE. — Les fleurs du disque sont hermaphrodites et fécondes ; celles de la circonférence sont neutres ou femelles et stériles. Pour Linné ; ces dernières sont des *concubines* tout-à-fait *inutiles*, puisqu'elles sont stériles : Ex. *Helianthus.*

4e Ordre : POLYGAMIE NÉCESSAIRE. — Les fleurs du disque sont stériles par un vice de conformation dans le stigmate, mais les fleurs de la circonférence sont fécondes ; ici donc la *polygamie était nécessaire* pour la conservation de l'espèce : Ex. *Calendula.*

5e Ordre : POLYGAMIE SÉPARÉE. — Les fleurs hermaphrodites rapprochées les unes des autres, ont cependant chacune un involucre distinct : Ex. *Echinops.*

6e Ordre : POLYGAMIE MONOGAMIE. — Les fleurs sont hermaphrodites, et isolées les unes des autres : Ex. *Viola.*

Avant de passer outre il est bon d'observer que le premier, le cinquième, et le sixième ordres de la SYNGÉNÉSIE étant composés de plantes à fleurs hermaphrodites, ne devaient point trouver place parmi les polygames, et que le deuxième, le troisième et le quatrième ordres ayant les caractères de la POLYGAMIE MONOÉCIE qui forme le premier ordre de la vingt-troisième classe, ne devaient point trouver place parmi les hermaphrodites. C'est un défaut dans la Méthode de Linné.

La vingtième classe ou GYNANDRIE étant fondée sur l'union du pistil avec les étamines, le nombre de celles-ci offrit des caractères pour l'établissement des ordres.

XXe *Classe.* GYNANDRIE..	1er Ordre : MONANDRIE : Ex. *Orchis.* 2e Ordre : DIANDRIE : Ex. *Cypripedium.* 3e Ordre : TRIANDRIE : Ex. *Salacia.* 4e Ordre : HEXANDRIE : Ex. *Aristolochia.*

Comme la GYNANDRIE MONOGYNIE et la GYNANDRIE DIGYNIE ne comprennent que des Orchidées, ces deux ordres, d'après les nouvelles observations, doivent être fondus dans la GYNANDRIE TRIGYNIE.

Le nombre des étamines, leur union par les filets ou par les anthères, et leur adhérence au pistil, donnent les caractères ordinaux des vingt-unième et vingt-deuxième classes, c'est-à-dire, de la MONOÉCIE et de la DIOÉCIE.

XXIe *Classe.* MONOÉCIE...	1er Ordre : MONANDRIE : Ex. *Artocarpus.* 2e Ordre : DIANDRIE : Ex. *Lemna.* 3e Ordre : TRIANDRIE : Ex. *Zea.* 4e Ordre : TÉTRANDRIE : Ex. *Urtica.* 5e Ordre : PENTANDRIE : Ex. *Amaranthus.* 6e Ordre : HEXANDRIE : Ex. *Cocos.* 7e Ordre : POLYANDRIE : Ex. *Sagittaria.* 8e Ordre : MONADELPHIE : Ex. *Bryonia.* 9e Ordre : GYNANDRIE : Ex. *Andrachne.*
XXIIe *Classe.* DIOÉCIE.....	1er Ordre : MONANDRIE : Ex. *Pandanus.* 2e Ordre : DIANDRIE : Ex. *Salix.* 3e Ordre : TRIANDRIE : Ex. *Phœnix.* 4e Ordre : TÉTRANDRIE : Ex. *Viscum.* 5e Ordre : PENTANDRIE : Ex. *Cannabis.* 6e Ordre : HEXANDRIE : Ex. *Tamnus.* 7e Ordre : OCTANDRIE : Ex. *Rhodiola.* 8e Ordre : ENNÉANDRIE : Ex. *Mercurialis.* 9e Ordre : DÉCANDRIE : Ex. *Coriaria.* 10e Ordre : DODÉCANDRIE : Ex. *Datisca.* 11e Ordre : ICOSANDRIE : Ex. *Flacurtia.* 12e Ordre : POLYANDRIE : Ex. *Hamadryas.* 13e Ordre : MONADELPHIE : Ex. *Ruscus.* 14e Ordre : GYNANDRIE : Ex. *Clutia.*

La vingt-troisième classe ou POLYGAMIE, fondée sur la séparation des sexes dans des fleurs différentes, classe que plusieurs auteurs ont cru devoir supprimer comme trop défectueuse, comprend trois ordres.

XXIIIe *Classe.* POLYGAMIE..

- 1er Ordre : MONOÉCIE. — Chaque individu porte des fleurs hermaphrodites auxquelles sont mêlées des fleurs mâles ou des fleurs femelles : Ex. *Celtis.*
- 2e Ordre : DIOÉCIE. — L'espèce se compose de deux individus, l'un qui porte des fleurs hermaphrodites, l'autre des fleurs unisexuelles : Ex. *Fraxinus.*
- 3e Ordre : TRIOÉCIE. — L'espèce se compose de trois individus, un à fleurs hermaphrodites, un autre à fleurs mâles, un troisième à fleurs femelles. Ex. *Ficus.*

La vingt-quatrième classe ou CRYPTOGAMIE est composée de plantes dont les sexes sont cachés ou peu distincts ; par conséquent ce n'est point dans les étamines et les pistils dont l'existence est équivoque, qu'il faut chercher les caractères ordinaux. Linné les a tirés du port des plantes, de la forme des fruits, de leur disposition, etc. De là quatre ordres.

XXIVe *Classe.* CRYPTOGAMIE..

- 1er Ordre : FOUGÈRES : Ex. *Pteris.*
- 2e Ordre : MOUSSES : Ex. *Polytrichum.*
- 3e Ordre : ALGUES : Ex. *Fucus.*
- 4e Ordre : CHAMPIGNONS : Ex. *Agaricus.*

Telle est la marche de cette Méthode à laquelle Linné a donné le nom de *Système sexuel.* Elle a été l'objet de critiques et de louanges exagérées. On ne peut nier qu'elle n'ait de grands défauts ; mais on doit reconnaître qu'elle est un beau monument du génie de son auteur.

Clef de la Méthode de Jussieu.

ACOTYLÉDONES .... Classe 1.

MONOCOTYLÉDONES ....
- Étamines *hypogynes* .... 2.
- *périgynes* .... 3.
- *épigynes* .... 4.

DICOTYLÉDONES
- APÉTALES ....
  - Étamines *épigynes* .... 5.
  - *périgynes* .... 6.
  - *hypogynes* 7
- MONOPÉTALES.
  - Corolle *hypogyne* .... 8.
  - *périgyne* .... 9.
  - *épigyne*
    - Anthères conjointes 10.
    - Anthères distinctes 11.
- POLYPÉTALES.
  - Étamines *épigynes* .... 12.
  - *hypogynes* .... 13.
  - *périgynes* .... 14.
- DICLINES irrégulières (unisexuelles vraies) 15.

MÉTHODE DE M. A. L. DE JUSSIEU.

Les caractères employés dans cette Méthode sont, 1° la structure de l'embryon, 2° l'insertion des étamines, 3° l'absence, la présence et la forme de la corolle, 4° l'union et la séparation des sexes, 5° enfin l'union et la séparation des anthères. Dans l'application de ces caractères, M. de Jussieu a négligé les exceptions que présentent les espèces et les genres; il ne s'est arrêté qu'aux traits généraux des ordres ou familles. Ces groupes naturels n'ont donc pas été démembrés, comme ils le sont dans la Méthode de Tournefort et dans celle de Linné; mais par cette raison, la Méthode de M. de Jussieu ne sera jamais d'un usage commode pour les élèves. On ne peut s'en servir que quand on connaît les affinités naturelles, et alors on n'a plus besoin de Méthode.

Examinons sous quel rapport M. de Jussieu considère les caractères dont ils fait usage.

1° L'embryon n'a point de cotylédons, ou il en a un, ou il en a deux; delà trois divisions principales : les plantes ACOTYLÉDONES, MONOCOTYLÉDONES et DICOTYLÉDONES.

2° Les étamines sont insérées sur le pistil, sous le pistil, ou sur la paroi du calice ou du périanthe simple, ce qui pour M. de Jussieu est la même chose; delà l'ÉPIGYNIE, l'HYPOGYNIE et la PÉRIGYNIE.

3° Les fleurs sont privées de corolle, ou elles ont une corolle monopétale, ou elles ont une corolle polypétale; delà les APÉTALES, les MONOPÉTALES et les POLYPÉTALES.

L'absence ou la présence de la corolle modifie les caractères tirés de l'insertion des étamines. S'il n'y a point de corolle, les étamines sont insérées sans intermédiaire, sur le pistil, autour du pistil, ou sous le pistil; par conséquent l'insertion est *nécessairement immédiate*. S'il y a une corolle monopétale, les étamines étant attachées à la paroi interne de la corolle, l'insertion semble n'avoir lieu que par l'intermédiaire de cette enveloppe florale, laquelle est insérée sous le pistil, autour du pistil, ou sur le pistil; et par conséquent l'insertion des étamines est *nécessairement médiate.* S'il y a une corolle polypétale, les étamines peuvent être insérées tantôt immédiatement, tantôt par l'intermédiaire des pétales sur le pistil, autour du pistil, ou sous le pistil; et par conséquent l'insertion est *indifféremment immédiate ou médiate.*

4° Les organes mâles et femelles sont rapprochés dans la même fleur, ou ils sont séparés dans des fleurs différentes; delà, plantes MONOCLINES ou DICLINES. Dans le cas de *diclinie*, les étamines sont IDIOGYNES, c'est-à-dire, séparées du pistil.

5° Enfin les anthères sont séparées les unes des autres ou réunies; de là ANTHÈRES DISTINCTES ou ANTHÈRES CONJOINTES.

Ces différens caractères n'ont pas, aux yeux de M. A. L. de Jussieu, une égale valeur. A l'exemple de Bernard de Jussieu, il estime que, pour conserver les affinités naturelles, il ne faut avoir égard, dans la formation des grandes divisions, qu'à la structure de l'embryon et à l'insertion des étamines; mais en suivant rigoureusement ce principe, on n'obtiendrait que sept classes, savoir :

PLANTES	ACOTYLÉDONES		1re *Classe.*
	MONOCOTYLÉDONES	HYPOGYNES	2e *Classe.*
		PÉRIGYNES	3e *Classe.*
		ÉPIGYNES	4e *Classe.*
	DICOTYLÉDONES	ÉPIGYNES	5e *Classe.*
		PÉRIGYNES	6e *Classe.*
		HYPOGYNES	7e *Classe.*

Or, un si petit nombre de classes offrirait peu de ressource pour l'étude; et de plus la Méthode aurait cet inconvénient que dans les plantes dicotylédones les fleurs apétales, monopétales et polypétales, que la nature semble avoir voulu distinguer par des caractères sinon très-importans, du moins très-apparens, seraient mêlées et confondues dans les mêmes classes. Pour obvier à ces inconvéniens, l'auteur a subdivisé les plantes dicotylédones en APÉTALES, MONOPÉTALES, POLYPÉTALES et DICLINES.

Dans les APÉTALES, l'insertion des étamines est *nécessairement immédiate.*

Dans les MONOPÉTALES l'insertion est *nécessairement médiate.*

Dans les POLYPÉTALES l'insertion est *indifféremment médiate ou immédiate.*

Chacune de ces trois divisions est subdivisée en HYPOGYNIE, PÉRIGYNIE, ÉPIGYNIE.

Les MONOPÉTALES ÉPIGYNES sont subdivisées en plantes à ANTHÈRES CONJOINTES et plantes à ANTHÈRES DISTINCTES.

Enfin M. de Jussieu fait une classe à part des plantes dicotylédones DICLINES ou à ÉTAMINES IDIOGYNES.

Par ce moyen, il obtient quinze classes au lieu de sept, savoir :

I. PLANTES ACOTYLÉDONES.

FAMILLES (1).

Ire *Classe.* ACOTYLÉDONES.

- 1re Les ALGUES : Ex. *Fucus.*
- 2e Les CHAMPIGNONS : Ex. *Agaricus.*
- 3e Les HYPOXYLÉES : Ex. *Veruccaria.*
- 4e Les LICHENS : Ex. *Usnea.*
- 5e Les HÉPATIQUES : Ex. *Marchantia.*
- 6e Les MOUSSES : Ex. *Polytrichum.*
- 7e Les LYCOPODIACÉES : Ex. *Lycopodium.*
- 8e Les FOUGÈRES : Ex. *Pteris.*
- 9e Les CYCADÉES ? : Ex. *Cycas.*
- 10e Les ÉQUISÉTACÉES : Ex. *Equisetum.*
- 11e Les SALVINIÉES ? : Ex. *Salvinia.*

II. PLANTES MONOCOTYLÉDONES.

IIe *Classe.* HYPOGYNIE..

- 12e Les NYMPHÉACÉES ? : Ex. *Nymphœa.*
- 13e Les SAURURÉES ? : Ex. *Saururus.*
- 14e Les PIPÉRITÉES ? : Ex. *Piper.*
- 15e Les AROÏDES : Ex. *Arum.*
- 16e Les TYPHINÉES : Ex. *Thypha.*
- 17e Les CYPÉRACÉES : Ex. *Cyperus.*
- 18e Les GRAMINÉES : Ex. *Triticum.*

---

(1) Cette liste des familles m'a été communiquée par M. de Jussieu. Elle comprend les groupes qu'il a formés lui-même ou qu'il a trouvés tout for-

IIIe *Classe.* PÉRIGYNIE..	19e Les PALMIERS : Ex. *Phœnix.*
	20e Les ASPARAGINÉES : Ex. *Asparagus.*
	21e Les RESTIACÉES : Ex. *Restio.*
	22e Les JONCÉES : Ex. *Juncus.*
	23e Les COMMÉLINÉES : Ex. *Commelina.*
	24e Les ALISMACÉES : Ex. *Alisma.*
	25e Les COLCHICÉES : Ex. *Colchicum.*
	26e Les LILIACÉES : Ex. *Lilium.*
	27e Les BROMÉLIACÉES : Ex. *Bromelia.*
	28e Les ASPHODELÉES : Ex. *Asphodelus.*
	29e Les NARCISSÉES : Ex. *Narcissus.*
	30e Les IRIDÉES : Ex. *Iris.*
IVe *Classe.* ÉPIGYNIE...	31e Les MUSACÉES : Ex. *Musa.*
	32e Les AMOMÉES : Ex. *Amomum.*
	33e Les ORCHIDÉES : Ex. *Orchis.*
	34e Les HYDROCHARIDÉES : Ex. *Hydrocharis.*

III. PLANTES DICOTYLÉDONES.

* *Apétales.*

Ve *Classe.* ÉPIGYNIE....	35e Les ARISTOLOCHIÉES : Ex. *Aristolochia.*
VIe *Classe.* PÉRIGYNIE...	36e Les OSYRIDÉES : Ex. *Osyris.*
	37e Les MIROBOLANÉES : Ex. *Terminalia.*
	38e Les ÉLÉAGNÉES : Ex. *Elæagnus.*
	39e Les THYMÉLÉES : Ex. *Daphne.*
	40e Les PROTÉACÉES : Ex. *Protea.*
	41e Les LAURINÉES : Ex. *Laurus.*
	42e Les POLYGONÉES : Ex. *Polygonum.*
	43e Les ATRIPLICÉES : Ex. *Atriplex.*
VIIe *Classe.* HYPOGYNE..	44e Les AMARANTHACÉES : Ex. *Amaranthus.*
	45e Les PLANTAGINÉES : Ex. *Plantago.*
	46e Les NICTAGINÉES : Ex. *Mirabilis.*
	47e Les PLUMBAGINÉES : Ex. *Statice.*

---

més, et ceux qu'il a cru devoir emprunter à de savans botanistes modernes, tels que MM. Decandolle, Richard, du Petit-Thouars, R. Brown, etc. Cependant M. de Jussieu ne regarde pas cette liste comme définitivement arrêtée. Il croit qu'elle n'est pas complète, et que la distribution des groupes pourra éprouver d'utiles changemens. Tous les botanistes attendent avec impatience que M. de Jussieu publie la seconde édition de son *Genera*.

** *Monopétales.*

VIIIe *Classe.* HYPOGYNIE..

- 48e Les PRIMULACÉES : Ex. *Primula.*
- 49e Les UTRICULINÉES : Ex. *Utricularia.*
- 50e Les RHINANTHÉES : Ex. *Rhinanthus.*
- 51e Les OROBANCHÉES : Ex. *Orobanche.*
- 52e Les ACANTHACÉES : Ex. *Acanthus.*
- 53e Les JASMINÉES : Ex. *Jasminum.*
- 54e Les VERBENACÉES : Ex. *Verbena.*
- 55e Les LABIÉES : Ex. *Salvia.*
- 56e Les PERSONÉES : Ex. *Antirrhinum.*
- 57e Les SOLANÉES : Ex. *Solanum.*
- 58e Les BORRAGINÉES : Ex. *Borrago.*
- 59e Les CONVOLVULACÉES : Ex. *Convolvulus.*
- 60e Les POLÉMONIACÉES : Ex. *Polemonium.*
- 61e Les BIGNONIÉES : Ex. *Bignonia.*
- 62e Les GENTIANÉES : Ex. *Gentiana.*
- 63e Les APOCINÉES : Ex. *Apocinum.*
- 64e Les SAPOTÉES : Ex. *Sapota.*
- 65e Les ARDISIACÉES : Ex. *Ardisia.*

IXe *Classe.* PÉRIGYNIE..

- 66e Les ÉBÉNACÉES : Ex. *Diospyros.*
- 67e Les KLÉNACÉES : Ex. *Sarcolæna.*
- 68e Les RHODORACÉES : Ex. *Rhododendrum.*
- 69e Les ÉPACRIDÉES : Ex. *Epacris.*
- 70e Les ÉRICINÉES : Ex. *Erica.*
- 71e Les CAMPANULACÉES : Ex. *Campanula.*
- 72e Les LOBELIACÉES : Ex. *Lobelia.*
- 73e Les STYLIDIÉES : Ex. *Stylidium.*

ÉPIGYNIE.

Xe *Clse.* — Anthères conjointes.

- 74e Les CHICORACÉES : Ex. *Cichorium.*
- 75e Les CINAROCÉPHALES : Ex. *Carduus.*
- 76e Les CORYMBIFÈRES : Ex. *Aster.*

XIe *Clse.* — Étamines distinctes.

- 77e Les DIPSACÉES : Ex. *Dipsacus.*
- 78e Les VALÉRIANÉES : Ex. *Valeriana.*
- 79e Les RUBIACÉES : Ex. *Rubia.*
- 80e Les CAPRIFOLIÉES : Ex. *Caprifolium.*
- 81e Les LORANTHÉES : Ex. *Loranthus.*

*** *Polypétales.*

XIIe *Classe.* ÉPIGYNIE....

- 82e Les ARALIACÉES : Ex. *Aralia.*
- 83e Les OMBELLIFÈRES : Ex. *Daucus.*

XIIIe *Classe.* HYPOGYNIE..

84e Les Renonculacées : Ex. *Ranunculus.*
85e Les Papavéracées : Ex. *Papaver.*
86e Les Crucifères : Ex. *Brassica.*
87e Les Capparidées : Ex. *Capparis.*
88e Les Sapindées : Ex. *Sapindus.*
89e Les Acérinées : Ex. *Acer.*
90e Les Hippocratéées : Ex. *Hippocratea.*
91e Les Malpigiacées : Ex. *Malpighia.*
92e Les Hypéricées : Ex. *Hypericum.*
93e Les Guttifères : Ex. *Cambogia.*
94e Les Olacinées : Ex. *Olax.*
95e Les Aurantiacées : Ex. *Citrus.*
96e Les Ternstromiées : Ex. *Ternstromia.*
97e Les Théacées : Ex. *Thea.*
98e Les Méliacées : Ex. *Melia.*
99e Les Vinifères : Ex. *Vitis.*
100e Les Géraniacées : Ex. *Geranium.*
101e Les Malvacées : Ex. *Malva.*
102e Les Magnoliacées : Ex. *Magnolia.*
103e Les Dilleniacées : Ex. *Dillenia.*
104e Les Ochnacées : Ex. *Ochna.*
105e Les Simaroubées : Ex. *Quassia.*
106e Les Anonées : Ex. *Anona.*
107e Les Ménispermées : Ex. *Menispermum.*
108e Les Berbéridées : Ex. *Berberis.*
109e Les Hermanniées : Ex. *Hermannia.*
110e Les Tiliacées : Ex. *Tilia.*
111e Les Cistées : Ex. *Cistus.*
112e Les Violées : Ex. *Viola.*
113e Les Polygalées : Ex. *Polygala.*
114e Les Diosmées : Ex. *Diosma.*
115e Les Rutacées : Ex. *Ruta.*
116e Les Caryophyllées : Ex. *Dianthus.*

XIVe *Classe.* PÉRIGYNIE..

117e Les Paronychiées : Ex. *Paronychia.*
118e Les Portulacées : Ex. *Portulaca.*
119e Les Saxifragées : Ex. *Saxifraga.*
120e Les Cunoniacées : Ex. *Cunonia.*
121e Les Crassulées : Ex. *Crassula.*
122e Les Opuntiacées : Ex. *Cactus.*
123e Les Loasées : Ex. *Loasa.*
124e Les Ficoïdes : Ex. *Mesembryanthemum.*
125e Les Cercodiennes : Ex. *Cercodea.*
126e Les Onagraires : Ex. *Œnothera.*
127e Les Myrtées : Ex. *Myrtus.*
128e Les Mélastomées : Ex. *Melastoma.*
129e Les Lythraires : Ex. *Lythrum.*
130e Les Rosacées : Ex. *Rosa.*
131e Les Légumineuses : Ex. *Pisum.*
132e Les Térébinthacées : Ex. *Terebinthus.*
133e Les Rhamnées : Ex. *Rhamnus.*

**** *Apétales à Étamines idiogynes.*

XVe *Classe.* DICLINES....

- 134e Les EUPHORBIACÉES : Ex. *Euphorbia.*
- 135e Les CUCURBITACÉES : Ex. *Cucurbita.*
- 136e Les PASSIFLORÉES : Ex. *Passiflora.*
- 137e Les MYRISTICÉES : Ex. *Myristica.*
- 138e Les URTICÉES : Ex. *Urtica.*
- 139e Les MONIMIÉES : Ex. *Monimia.*
- 140e Les AMENTACÉES : Ex. *Salix.*
- 141e Les CÔNIFÈRES : Ex. *Pinus.*

Comme il est des genres isolés qui jusqu'à présent ne prennent place dans aucune de ces familles, M. de Jussieu en a formé un *Appendix* à la fin de sa Méthode sous le titre *Plantæ incertæ sedis.* Parmi ces genres plusieurs rentreront dans les familles connues quand leurs caractères auront été mieux étudiés ; d'autres sont des types de familles qui se formeront par suite des découvertes à venir ; d'autres ont des caractères ambigus qui ne permettront jamais sans doute qu'on les classe avec certitude dans les différens groupes naturels.

FAMILLES NATURELLES.

Considérations préliminaires.

LES trois Méthodes dont je viens d'exposer les principes, méritent d'être examinées non-seulement parce que leur introduction dans la Botanique, se lie à l'histoire des progrès de cette partie des connaissances humaines, mais encore parce qu'elles présentent sous un point de vue lumineux, plusieurs séries de caractères qu'il importe de bien connaître. C'est un avantage propre aux Méthodes de faire ressortir les traits caractéristiques qui entrent comme élémens dans leur composition ; voilà pourquoi elles ont été d'un si grand secours pour l'établissement des familles. Le botaniste a trouvé dans ces tables raisonnées tous les matériaux de son travail. Ainsi les caractères généraux du périanthe sont fort bien exposés par Tournefort ; ceux des étamines et des pistils, par Linné ; ceux des cotylédons et des insertions, par M. de Jussieu. La Méthode de Tournefort n'est plus employée et ne saurait l'être. Il serait impossible aujourd'hui d'en faire l'application à la totalité des plantes connues. Les formes des corolles se fondent les unes dans les autres, et par conséquent ne se prêtent à aucune classification rigoureuse. La Méthode de M. de Jussieu, considérée comme moyen d'étude, est beaucoup trop abstraite. Le nombre des cotylédons est, généralement parlant, un excellent caractère ; mais l'élève n'est pas en état d'en apprécier la valeur ; et quant à l'insertion, les botanistes les plus exercés sont souvent fort embarrassés de la définir avec certitude. C'est ce qui fait que la Méthode de M. de Jussieu, malgré son mérite très-réel, n'a guère été employée que par lui et ses traducteurs. Il n'en est pas de même de la Méthode de Linné ; elle a été, pendant plus d'un demi-siècle, la base fondamentale de l'enseignement ; les *Species*, les Catalogues, les Flores ont été rédigés et le sont encore pour la plupart, selon les principes de cette classification; cela seul en rendrait l'étude indispensable. D'ailleurs on ne peut nier que toute imparfaite qu'elle est à quelques égards, elle n'ait de grands avantages sur les autres. Les caractères qu'elle met en usage sont en général très-apparens; et comme il s'agit du nombre des parties bien plus que de leur forme et de leur insertion, elle offre à l'esprit quelque chose de positif qu'on ne trouve ni dans la Méthode de Tournefort, ni dans celle de M. de Jussieu. Entre une corolle *campanulée* et une corolle *infundibuliforme*, il y a une multitude de formes intermédiaires qu'on peut rapporter indifféremment à l'un ou à l'autre type. Les insertions *hypogynes* et *pérignes* sont sans doute bien distinctes; mais ce sont deux termes extrêmes, entre lesquels je vois l'insertion *périgyne*, qui tantôt se confond avec l'une et tantôt avec l'autre; tandis qu'il n'y a pas d'intermédiaire entre une et deux étamines, entre un et deux styles. Je ne dis pas néanmoins que l'élève ne puisse se tromper en prenant pour guide la Méthode de Linné, je veux seulement faire entendre qu'elle l'emporte sur les autres par l'évidence des caractères.

Je vous engage donc à étudier cette ingénieuse Méthode. L'application que vous en ferez sera un excellent exercice pour vous instruire dans l'art d'observer. Mais vous ne devez pas vous borner à cette classification artificielle. Les Méthodes ne considèrent les être que sous quelques points de vue isolés, et n'en donnent qu'une idée incomplète. L'examen de tous les caractères est indispensable pour conduire à des connaissances solides. Il ne suffit pas de pouvoir nommer au besoin un grand nombre d'individus; le vrai botaniste doit être en état de saisir l'ensemble des rapports qu'ils ont entre eux. Sans cela quelle différence y aurait-il entre l'herboriste qui nomme quelques centaines de plantes, et le botaniste qui en nomme quelques milliers? Point d'autre qu'un plus grand effort de mémoire de la part de ce dernier, mince dédommagement du temps qu'il aurait consacré à l'examen des espèces.

L'étude des familles n'est pas difficile quand on y procède

avec méthode. Si vous prétendiez dès les premiers jours porter votre attention sur tous les modes d'existence qui rentrent dans les différens groupes naturels, votre mémoire serait accablée par la multiplicité des détails, et les rapports délicats qui unissent les genres vous échapperaient. L'art de comparer exige un long apprentissage. Les affinités les plus évidentes échappent aux élèves. Ils ne voient dans la plupart des familles que des assemblages de plantes fort différentes les unes des autres, et ne comprennent pas ce que peuvent être les affinités qui rapprochent des êtres en apparence si hétérogènes. Pour leur faire sentir ces ressemblances, on doit réduire à un petit nombre les espèces qu'on leur présente. C'est un fait que presque toujours les espèces d'un genre qui croissent dans le même climat ont plus de ressemblance entre elles qu'elles n'en ont avec les espèces de ce genre qui appartiennent à d'autres climats. Cette remarque s'applique également aux familles. Les anomalies sont peu nombreuses dans les plantes du même sol, et l'on observe que les différences se multiplient à proportion que croissent les distances. Vous voyez d'après cela comment vous devez procéder à l'étude de la Botanique. Renvoyez à d'autres temps l'examen des plantes exotiques, et n'observez d'abord que celles qui végètent naturellement autour de vous, comme si elles composaient le Règne végétal tout entier.

Quelque peu nombreuses que soient ces espèces, il vous serait impossible de conserver le souvenir de leurs formes, et de les distinguer les unes des autres, si vous ne preniez la peine de composer un herbier et de joindre à chaque échantillon, le nom du genre et de l'espèce auxquels il appartient. La découverte de ce nom exige quelque travail. C'est ici que la connaissance de la Méthode artificielle de Linné vous sera d'un grand secours. Mais vous ne devez pas consulter les ouvrages généraux qui comprennent tous les genres et toutes les espèces connues. Prenez pour guide la Flore particulière du pays que vous habitez : le nombre des genres et des espèces qui y sont mentionnés étant beaucoup moins nombreux, il vous sera facile d'arriver au nom et à la phrase qui se rapportent à la plante que vous voudrez connaître. Le nom une fois découvert, vous pouvez, à l'aide de la table alphabétique du *Genera plantarum* de M. de Jussieu, remonter jusqu'à la famille où se range votre plante. Là vous trouverez réunis sous un seul point de vue tous les caractères du groupe.

Je dois vous faire observer cependant que M. de Jussieu a composé son excellent ouvrage sur l'ensemble des genres. Ses descriptions de familles s'appliquent à toutes les plantes connues et non pas seulement à celles de nos climats, ce qui est un avantage pour le botaniste, mais un inconvénient pour l'élève. Cette considération m'a déterminé à réduire les caractères de familles à ceux de nos plantes indigènes. J'ai pensé que ce travail qui n'a en lui-même aucune importance, serait utile aux commençans. Quand j'expose les caractères de la famille des Légumineuses, par exemple, je m'abstiens de parler des espèces qui ont cinq pétales réguliers disposés en rose [*Cássia*]; ou une corolle monopétale régulière [*Mimosa*], ou des étamines libres et un légume semblable à un drupe [*Detarium*], ou, ce qui est bien plus extraordinaire encore, un légume à trois valves [*Moringa*]. Je ne présente que les traits caractéristiques des *Légumineuses papillonacées à étamines monadelphes ou diadelphes*, parce que le sol de l'Europe n'en produit pas d'autres. Je rejette avec la même rigueur tous les caractères des autres familles, étrangers à nos plantes indigènes. Il est très-vrai pourtant que, malgré cette variété de formes, les groupes n'en sont pas moins naturels; mais les différences sont manifestes et les affinités sont cachées : les premières frappent d'abord la vue, tandis que les autres ne se découvrent qu'à l'observateur très-exercé. Je n'ai pas pris à tâche de donner toutes les familles dont nous possédons quelques espèces. J'ai omis particulièrement celles qui fournissent matière à des doutes. Plus tard vous examinerez ces groupes équivoques, et vous vous appliquerez à résoudre des problêmes sur lesquels les Botanistes sont encore en suspens. Pour le moment vous devez vous borner à étudier ce que la science offre de plus certain. A la fin de chaque groupe, j'ai indiqué un ou plusieurs genres que je vous propose comme des types auxquels vous pouvez rapporter les autres formes que présente la famille. Souvent la connaissance d'une seule espèce de chacun de ces genres suffit pour donner une idée très-nette du groupe entier. Un élève qui dans la première année d'étude, parviendra à graver dans sa mémoire les principaux traits caractéristiques des deux ou trois cents genres que j'ai notés, n'aura plus besoin de maître, et sera en état d'entendre les ouvrages des Botanistes. Alors il pourra, avec le secours du *Species* de Linné et du *Genera plantarum* de M. de Jussieu, étudier le Règne végétal dans ses détails et dans son ensemble.

J'ai disposé les familles dans l'ordre qui est admis au jardin du Muséum d'Histoire naturelle. Cette série est conforme à la Méthode de M. de Jussieu.

Les Agames et les Cryptogames sont en premiere ligne; puis viennent les Phénogames monocotylédones, et enfin les Phénogames dicotylédones. Il fallait bien que j'adoptasse une classification quelconque. Quant à vous, sans vous embarrasser de la Méthode que j'ai suivie, attachez-vous d'abord à connaître les caractères des familles les plus naturelles, telles que les Labiées, les Borraginées, les Synanthérées, les Ombellifères, les Crucifères, les Malvacées, les Légumineuses, les Rosacées, les Caryophyllées, les Liliacées, les Graminées, etc.; en peu de jours vous serez en état de les distinguer parfaitement. Vous examinerez ensuite les autres familles phénogames dont les caractères sont moins tranchés, et vous terminerez par les Cryptogames.

Dans l'exposition des familles je n'ai pas craint d'employer la langue technique; je suppose que l'élève connaît déja la valeur des termes. S'il était arrêté par quelques mots, il peut consulter la table, qui le renverra à la Terminologie.

CLASSE, I.

PLANTES ACOTYLÉDONES.

ALGUES (*Algæ*) indigènes.

VÉGÉTATION.

Plantes aquatiques, diversement colorées, herbacées, ou ligneuses, ou cartilagineuses, ou membranacées, ou cornées; découpées en *fronde*, ou bien filamenteuses; articulées ou inarticulées.

FRUCTIFICATION.

Séminules élytrées ou nues, renfermées dans des *conceptacles* particuliers ou dans la substance même de la plante.

1re SECTION : Thalassiophytes ou Algues marines. Ex. *Fucus*, Pl. 67, fig. 4.

2e SECTION : Conferves ou Algues d'eau douce. Ex. *Hydrodyction*. *Conferva*, Pl. 67, fig. 1.

CHAMPIGNONS (*Fungi*) indigènes.

VÉGÉTATION.

Plantes terrestres ou parasites de formes et de couleurs très-variées; ou fongueuses, ou charnues, ou mucilagineuses, rarement filamenteuses.

FRUCTIFICATION.

Séminules élytrées ou nues, répandues à la surface de la plante, ou renfermées dans des *péridions*, espèces de *conceptacles*.

Exemples : *Agaricus*, Pl. 66, fig. 5. *Boletus*. *Lycoperdon*. *Uredo*, Pl. 66, fig. 3. *Physarum*, Pl. 66, fig. 4.

HYPOXYLÉES (*Hypoxyleæ*) indigènes.

VÉGÉTATION.

Plantes végétant rarement sur la terre, quelquefois sur des plantes vivantes, ordinairement sur les feuilles, les écorces, ou le bois mort, coriaces, subéreuses ou cornées, ayant une base (*Thalle*) souvent pulvérulente, tantôt mince, sèche, crustacée; tantôt épaisse, ligneuse ou fongueuse (*Strôme*).

FRUCTIFICATION.

Séminules élytrées, contenues dans des *sphérules* ou des *lirelles*, espèces de *Conceptacles*, et, en sortant sous la forme d'une gelée que la sécheresse réduit en poussière.

Exemples : *Verrucaria. Opegrapha*, Pl. 65, fig. 2. *Sphæria*, Pl. 65, fig. 11.

LICHENS (*Lichenes*) indigènes.

VÉGÉTATION.

Plantes terrestres ou parasites. *Racines* (*Fibrilles*) très-déliées. *Expansion* (*Thalle*) crustacée ou grenue, ou cornée, ou membranacée, ou coriace, quelquefois découpée en petites *feuilles* (*Lobiolles*). *Fructification* portée sur la *thalle* ou sur une *tige* (*Podétion*) plus ou moins allongée, très-simple ou ramifiée.

FRUCTIFICATION.

Conceptacles sessiles ou pédiculés, en forme de *tubercules*, de *scutelles*, etc. *Séminules* nues ou renfermées dans des *élytres*.

Exemples : *Scyphophorus*, *Stereocaulon*, *Variolaria*, *Umbilicaria*, *Isidium*, *Physcia*, *Usnea*, *Patellaria*, *Calycium*, Pl. 65, fig. 1, 3, 4, 5, 6, 7, 8, 9, 10. *Sticta*, Pl. 67, fig. 6.

LYCOPODIACÉES (*Lycopodiaceæ*) indigènes.

VÉGÉTATION.

Racines fibreuses. *Tiges* herbacées ou ligneuses, simples ou rameuses, souvent rampantes. *Feuilles* petites, entières, nombreuses, éparses, ou alternes, ou distiques, souvent stipulées. *Fructification* bractéée, axillaire ou en épi.

FRUCTIFICATION.

Conceptacles de deux sortes : les uns uniloculaires, bivalves, contenant des *séminules* très-nombreuses et très-fines, groupés trois à trois, ou quatre à quatre, en petites sphères; les autres uniloculaires, bivalves, contenant deux, trois, quatre *séminules* globuleuses. Ces derniers *conceptacles* sont très-rares.

Exemple : *Lycopodium*, Pl. 64, fig. 1, 2, etc.

FOUGÈRES (*Filices*) indigènes.

VÉGÉTATION.

Racine ordinairement progressive. *Feuilles* radicales, entières ou incisées, simples ou composées, le plus souvent circinées dans leur jeunesse, portant les *conceptacles* sur leur face inférieure.

FRUCTIFICATION.

Conceptacles membranacés ou crustacés, uniloculaires, ruptiles, nus ou entourés d'un anneau élastique, groupés en forme de points de lignes de taches (*Sores*), répandus sur la surface inférieure de la *feuille*, et recouverts souvent d'une *indusie*.

Séminules innombrables, très-petites, de forme variable. *Embryon* monocotylédon ?

Exemples : *Pteris*. *Polypodium*, Pl. 64, fig. 6, etc.

MOUSSES (*Musci*) indigènes.

VÉGÉTATION.

Plantes, petites, annuelles ou vivaces, hermaphrodites, monoïques, ou dioïques, terrestres ou épiphytes, ou quelquefois aquatiques. *Racines* fibreuses. *Tiges* simples ou rameuses ou nulles. *Feuilles* sessiles, semi-amplexicaules, alternes ou éparses, ordinairement entières. *Fleurs* axillaires ou terminales.

FLORAISON.

Fleurs unisexuelles. *Périchèze* multibractéée.

Fleur mâle.

Grains de pollen oblongs, nus, portés chacun sur un *filet* court, et s'ouvrant au sommet par une *fente* ou un *opercule*. *Paraphyses* mêlées aux grains du *pollen*.

Fleur femelle.

Pistils accompagnés de *paraphyses*. *Ovaire* oblong. *Style* grèle. *Stigmate* simple, dilaté.

FRUCTIFICATION.

Péricarpe (*Pyxide*) uni — quadri-loculaire. *Pannexterne* se fendant transversalement et formant une *gaînule* par sa base et une *coiffe* par son sommet. *Panninterne* (*Urne*) portée sur un *pédicule* (*Soie*) et s'ouvrant transversalement par un *opercule*. *Péristôme* (orifice de l'*urne*) nu ou denté ou cilié, ou tout ensemble denté et cilié. *Columelle* centrale.

Séminules innombrables placées autour de la *columelle*.

Exemples : *Hypnum*. *Polytrichum*. *Tortula*, Pl. 62.

HÉPATIQUES (*Hepaticæ*) indigènes.

VÉGÉTATION.

Plantes petites, herbacées monoïques ou dioïques, terrestres ou parasites ou aquatiques. *Tiges* feuillées. *Feuilles* ordinairement entières, imbriquées ou distiques; ou bien *fronde* lobée appliquée sur la terre. *Fleurs* sessiles ou pédicellées, axillaires ou partant des sinus de la *fronde*.

FLORAISON.

Fleurs unisexuelles.

Fleur mâle.

Anthères membranacées plongées dans la substance de la plante.

Fleur femelle avec ou sans *périchèze*.

Périanthe simple ou nul.

Ovaire, *Style* et *Stigmate* uniques.

FRUCTIFICATION.

Péricarpe (*Capsule* plurivalve, ou *Carcérule* ruptile) uniloculaire, porté sur une *soie*. *Pannexterne* nulle ou formant une *gaînule*, mais point de *coiffe*.

Séminules innombrables, attachées ordinairement sur des *crinules*.

Exemples : *Jungermannia*. *Marchantia*, Pl. 63.

CLASSE, II.

PLANTES MONOCOTYLÉDONES.

Étamines hypogynes.

AROIDÉES (*Aroïdeæ*) indigènes.

VÉGÉTATION.

Racine tubéreuse. *Hampe* ou *Tige herbacée. Feuilles* pétiolées, engaînantes, entières ou découpées. *Spadix* terminal.

FLORAISON.

Fleurs nues. *Étamines* et *Pistils* séparés ou entremêlés. *Ovaire* simple. *Style* nul ou presque nul. *Stigmate* simple.

FRUCTIFICATION.

Baie polysperme (monosperme par avortement). *Placentaire* unilatéral.

Graine périspermée. *Embryon* cylindrique, axile. *Plumule* coléoptilée. *Radicule* adverse. *Périsperme* farineux.

Exemple : *Arum.*

CYPÉRACÉES (*Cyperaceæ*) indigènes.

VÉGÉTATION.

Tige herbacée, simple, cylindrique ou triquètre, souvent inarticulée. *Feuilles* graminéennes. *Pétiole* tubulé, engaînant, *Fleurs* glumées, en épi quelquefois involucré.

FLORAISON.

Fleur souvent hermaphrodite, presque toujours spathellée, rarement munie d'un *périanthe simple* persistant.

Étamines : *Filet* capillaire. *Anthère* terminale, basifixe.

Ovaire unique. *Style* unique. *Stigmate* double ou triple.

Réceptacle souvent garni de *soies*.

FRUCTIFICATION.

Carcérule membranacée ou crustacée, uniloculaire, monosperme.

Graine dressée, tegminée, libre, périspermée. *Prostype* filiforme, rectiligne. *Embryon* petit, basilaire, souvent externe. *Cotylédon* épais. *Plumule* et *Radicule* rarement visibles. *Périsperme* farineux.

OBS. Pendant la germination la *plumule* se développe avec une *tigelle* et une *piléole*.

1re SECTION : *Plantes* monoïques. Ex. *Carex*.

2e SECTION : *Plantes* hermaphrodites. Ex. *Scirpus*.

GRAMINÉES (*Gramineæ*) indigènes.

VÉGÉTATION.

Racines fibreuses. *Tige* (*Chaume*) herbacée, cylindrique, souvent fistuleuse, toujours articulée, ordinairement simple. *Feuilles* pétiolées, alternes, articulées. *Pétiole* convoluté, engaînant. *Fleurs* glumées, paniculées ou en épi spiculé.

FLORAISON.

Glume uni—bi-spathellée.

Glumelle uni—bi-spathellulée.

Lodicule bipaléolée.

Étamines définies (ordinairement trois). *Filet* capillaire. *Anthère* sans connectif, bifurquée aux deux bouts.

Ovaire unique. *Style* simple, ou bi-parti, ou double. *Stigmate* unique ou double, plumeux ou aspergilliforme.

FRUCTIFICATION.

Péricarpe (*Cérion*) membranacé, uniloculaire, monosperme.

Graine adhérente, périspermée. *Embryon* externe, latéral, oblique (sub-basilaire). *Cotylédon* postérieur, scutelliforme, pelté. *Blastème* antérieur. *Plumule* piléolée. *Radicule* coléorhizée. *Périsperme* grand, farineux.

Exemples : *Triticum*. *Avena*.

CLASSE, III.

PLANTES MONOCOTYLÉDONES.

Étamines périgynes.

LILIACÉES (*Liliaceæ*) indigènes.

VÉGÉTATION.

Racine fibreuse, souvent bulbifère. *Hampe* ou *Tige* herbacée. *Feuilles* sessiles, allongées (les radicales presque toujours engaînantes), souvent alternes, rarement verticillées. *Fleurs* spathées ou sans spathe, solitaires ou paniculées, ou corymbées, ou en épi.

FLORAISON.

Périanthe simple, pétaloïde, inadhérent, sex-fide ou hexasépale; trois *divisions* internes et trois externes, alternatives.

Étamines : six, oppositives, hypogynes ou épisépales.

Ovaire unique. *Style* simple ou nul. *Stigmate* unique ou triple.

FRUCTIFATION.

Capsule triloculaire, trivalve, polysperme. *Cloisons* valvéennes médianes, verticillées. *Placentaire* axile.

Graines périspermées. *Embryon* reclus. *Plumule* coléoptilée. *Radicule* ordinairement adverse. *Périsperme* grand, charnu ou corné.

Exemples : *Tulipa. Lilium. Allium. Hyacinthus.*

NARCISSÉES (*Narcisseæ*) indigènes.

VÉGÉTATION.

Racine fibreuse, souvent bulbifère. *Hampe* ou *Tige* herbacée. *Feuilles* sessiles, allongées, alternes; les radicales engaînantes.

Fleurs spathées, tantôt solitaires, tantôt paniculées, ou corymbées, ou en épi.

FLORAISON.

Périanthe simple, pétaloïde, adhérent, sexfide.

Étamines : six, oppositives, épisépales.

Style unique. *Stigmate* simple ou trifide.

FRUCTIFICATION.

Capsule triloculaire, trivalve, polysperme. *Cloisons* valvéennes médianes, verticillées. *Placentaire* axile.

Graines périspermées. *Embryon* reclus. *Plumule* coléoptilée. *Radicule* adverse, quelquefois inverse. *Périsperme* grand, corné ou charnu.

Exemples : *Narcissus. Leucoïum. Galanthus.*

IRIDÉES (*Irideæ*) indigènes.

VÉGÉTATION.

Racine tubéreuse. *Tiges* feuillées. *Feuilles* sessiles, alternes, équitantes, très-comprimées, gladiées. *Fleurs* spathées, solitaires, ou corymbées, ou en épi.

FLORAISON.

Périanthe simple, pétaloïde, adhérent, sexfide; trois divisions internes, et trois externes, alternatives.

Étamines : trois, opposées aux trois divisions externes. *Anthères* terminales, basifixes, inverses.

Style simple. *Stigmates :* trois, souvent bilamellés.

FRUCTIFICATION.

Capsule triloculaire, trivalve, polysperme. *Cloisons* valvéennes médianes, verticillées. *Placentaire* axile.

Graines périspermées. *Embryon* reclus. *Plumule* coléoptilée. *Radicule* adverse. *Périsperme* grand, corné ou charnu.

Exemples : *Iris. Gladiolus.*

CLASSE IV.

PLANTES MONOCOTYLÉDONES.

Étamines épigynes.

ORCHIDÉES (*Orchideæ*) indigènes.

VÉGÉTATION.

Racine fibreuse ou tubéreuse. *Tige* simple. *Feuilles :* les radicales engaînantes, les caulinaires sessiles. *Fleurs* bractéées, ordinairement en épi, rarement solitaires.

FLORAISON.

Perianthe simple adhérent, pétaloïde, irrégulier, sexfide ; trois divisions externes, trois internes dont une inférieure en *labelle* souvent éperonné.

Étamines : trois, adnées au *style* en partie ou en totalité ; ordinairement les deux latérales inanthérées, rudimentaires, et l'intermédiaire fertile ; rarement les deux latérales fertiles et l'intermédiaire avortée. *Anthère* biloculaire, immobile, ou operculaire, mobile. *Pollen* grumeleux, élastique, ou bien pulvérulent.

Style simple, épais. *Stigmate* oblique.

FRUCTIFICATION.

Capsule uniloculaire, trivalve, polysperme, s'ouvrant par trois fentes longitudinales. *Placentaire* triparti, médivalve.

Graines nombreuses, scobiformes, périspermées. *Embryon* basilaire.

Exemples : *Orchis. Ophrys. Cypripedium.*

CLASSE V.

PLANTES DICOTYLÉDONES APÉTALES.

Étamines épigynes.

ARISTOLOCHIÉES (*Aristolochieæ*) indigènes.

VÉGÉTATION.

Herbes vivaces. *Feuilles* simples. Les autres caractères variables.

FLORAISON.

Périanthe simple monosépale, adhérent.

Étamines définies.

Style simple, très-court. *Stigmate* multilobé.

FRUCTIFICATION.

Péricarpe (*Capsule* ou *Carcérule*) polysperme, sex — octo-loculaire. *Cloisons* verticillées. *Placentaire* axile.

Graines périspermées. *Embryon* très-petit, cordiforme, reclus, basilaire. *Périsperme* corné, adhérent.

Exemples : *Aristolochia*. *Asarum*.

CLASSE VI.

PLANTES DICOTYLÉDONES APÉTALES.

Étamines périgynes.

THYMÉLÉES (*Thymeleæ*) indigènes.

VÉGÉTATION.

Sous-arbrisseaux rameux. *Feuilles* simples, très-entières, alternes. *Fleurs* solitaires ou groupées, axillaires ou terminales.

FLORAISON.

Périanthe simple inadhérent, tubuleux, coloré, quadri — quinqué-fide, persistant.

Étamines : huit, incluses, bi-sériées; quatre oppositives, quatre interpositives.

Ovaire unique. *Style* simple, subapicilaire. *Stigmate* simple.

FRUCTIFICATION.

Péricarpe (Drupéole ou *Carcérule)* monosperme. *Placenta* latéral, subapicilaire.

Graine pendante, périspermée. *Embryon* reclus, rectiligne. *Radicule* petite, adverse. *Cotylédons* larges, charnus. *Perisperme*, mince.

Exemples : *Daphne. Passerina.*

POLYGONÉES (*Polygoneæ*) indigènes.

VÉGÉTATION.

Herbes. Feuilles alternes, d'abord révolutées, pétiolées. *Stipules* engaînantes. *Fleurs* paniculées ou en épi.

FLORAISON.

Périanthe simple inadhérent, quadri — sex-fide, souvent coloré ; persistant.

Étamines : cinq, neuf, presque hypogynes, définies.

Ovaire unique. *Style* bi — quadri - parti. *Stigmates* simples.

FRUCTIFICATION.

Carcérule uniloculaire, monosperme.

Graine dressée, périspermée. *Embryon* latéral, rectiligne ou arqué. *Radicule* inverse. *Périsperme* farineux.

Exemples : *Polygonum. Rumex.*

ATRIPLICÉES (*Atripliceæ*) indigènes.

VÉGÉTATION.

Herbes ou *Sous-arbrisseaux*. *Feuilles* simples alternes. *Fleurs* presque toujours hermaphrodites. *Inflorescence* variée.

FLORAISON.

Périanthe simple monosépale, pluriparti, inadhérent, persistant.

Étamines définies, oppositives.

Ovaire unique. *Style* double, triple, quadruple, ou nul.

Stigmates : deux, trois, quatre.

FRUCTIFICATION.

Péricarpe (*Carcérule* ou *Utricule*) monosperme, induvié.

Graine presque toujours périspermée. *Embryon* filiforme, subpériphérique, annulaire ou spiralé. *Radicule* adverse. *Périsperme* farineux.

Exemples : *Salsola. Blitum. Spinacia.*

CLASSE VII.

PLANTES DICOTYLÉDONES APÉTALES.

Étamines hypogynes.

AMARANTHACÉES (*Amaranthaceæ*) indigènes.

VÉGÉTATION.

Tiges herbacées. *Feuilles* entières, ordinairement alternes sans stipules, ou quelquefois opposées, stipulées. *Fleurs* petites, nombreuses, souvent bractéées, quelquefois uni-sexuelles, en capitule ou en grappe.

FLORAISON.

Périanthe simple monosépale, tri—quinqué-fide, souvent coloré, persistant.

Étamines : trois, cinq., quelquefois alternatives avec de petites *écailles* ou pourvues d'un *androphore* annulaire.

Ovaire unique. *Style* simple ou bi — tri - parti. *Stigmates* simples.

FRUCTIFICATION.

Péricarpe (*Capsule* quinquévalve ; ou *Pyxide ;* ou *Utricule*) uniloculaire, mono — poly-sperme. *Placentaire* basilaire.

Graines périspermées. *Embryon* filiforme, subpériphérique, annulaire. *Radicule* adverse. *Périsperme* farineux.

Exemples : *Amaranthus. Illecebrum.*

PLANTAGINÉES (*Plantagineæ*) indigènes.

VÉGÉTATION.

Herbes. Tige rameuse ou nulle. *Feuilles radicales* ramassées, souvent multinervées. *Fleurs* hermaphrodites (quelquefois monoïques), sessiles, bractéées, en épi.

FLORAISON.

Calice inadhérent, quadriparti, persistant.

Corolle hypogyne, monopétale, tubuleuse, marcescente, staminifère; *limbe* quadriparti.

Étamines: quatre, interpositives, saillantes. *Anthère* vacillante.

Ovaire unique. *Style* simple, capillaire. *Stigmate* velu, simple ou bifide.

FRUCTIFICATION.

Pyxide bi — quadri-loculaire, polysperme. *Cloison* placentairienne, mobile par la déhiscence.

Graines ordinairement nombreuses (rarement une, deux) perfuses, peltées, sessiles, périspermées. *Embryon* transverse, axile. *Radicule* basse. *Périsperme* cartilagineux.

Exemple : *Plantago.*

CLASSE VIII.

PLANTES DICOTYLÉDONES MONOPÉTALES.

Corolle hypogyne.

PRIMULACÉES (*Primulaceæ*) indigènes.

VÉGÉTATION.

Racine presque toujours vivace. *Tige* herbacée. *Feuilles* ordinairement opposées, quelquefois verticillées, ou alternes, ou bien radicales. *Inflorescence* très-variée.

FLORAISON.

Calice inadhérent, quinquéfide (rarement quadrifide).

Corolle hypogyne, monopétale, régulière ; *limbe* quinquéfide (rarement quadrifide).

Étamines : cinq (rarement quatre), oppositives.

Ovaire unique. *Style* simple. *Stigmate* capité.

FRUCTIFICATION.

Capsule (quelquefois *Pyxide*) uniloculaire, multivalve, déhiscente par le sommet. *Placentaire* épais, central, basifixe.

Graines nombreuses, peltées, périspermées. *Embryon* transverse, axile. *Périsperme* charnu.

Exemple : *Anagallis. Primula.*

JASMINÉES (*Jasmineæ*) indigènes.

VÉGÉTATION.

Arbres ou *Arbrisseaux. Feuilles* ordinairement opposées, simples ou foliolées. *Fleurs* en thyrse, en corymbe ou en grappe.

FLORAISON.

Calice inadhérent, quadri — quinqué - fide.

Corolle hypogyne, monopétale (rarement tétrapétale ou nulle) régulière; *limbe* quadri — octo-fide.

Étamines : deux, interpositives.

Ovaire uni — bi — quadri-loculaire. *Loges* uni — bi-ovulées. *Ovules* dressés ou pendans. *Style* simple. *Stigmate* simple ou bifide.

FRUCTIFICATION.

Péricarpe biloculaire, disperme, baccien ou drupacé, ou carcérulaire, ou capsulaire (*Capsule* bivalve; *cloisons :* deux, valvéennes, médianes, obcurrentes).

Graines périspermées, dressées ou pendantes. *Embryon* axile. *Radicule* adverse. *Périsperme* cartilagineux ou membranacé.

Ire SECTION : *Graines* dressées. *Périsperme* membranacé. Ex. *Jasminum*.

IIe SECTION : Graines pendantes. *Périsperme* cartilagineux. Ex. *Olea*.

LABIÉES (*Labiatæ*) indigènes.

VÉGÉTATION.

Herbes ou *Arbustes*. *Tiges*, *Branches*, *Rameaux* tétragones. *Branches* et *Feuilles* opposées. *Fleurs* souvent bractéées, verticillées, ou capitées, ou corymbées, ou en épi, ou bien solitaires, tantôt axillaires, tantôt terminales.

FLORAISON.

Calice inadhérent, induvial, ordinairement quinquéfide, bilabié.

Corolle hypogyne, monopétale, bilabiée. *Lèvre supérieure* ordinairement entière, opposée à la division supérieure du calice. *Lèvre inférieure* trilobée; lobes alternant avec les quatre autres divisions du calice.

Étamines : quatre (quelquefois deux rudimentaires) interpositives, didynames, souvent ascendantes.

Ovaires : quatre, acéphales, exhaussés. *Style* simple, central, inséré sur le réceptacle. *Stigmate* bifide.

Nectaire gynobasique, irrégulier, quadrilobé.

FRUCTIFICATION.

Cénobion. *Érêmes :* quatre, secs ou succulens, uniloculaires, monospermes. *Induvie* libre.

Graines ascendantes, périspermées. *Embryon* rectiligne (courbé dans le *Scutellaria*). *Radicule* latéralement adverse. *Périsperme* membranacé ou charnu.

Exemples : *Salvia. Lamium. Marrubium.*

SCROPHULARINÉES (*Scrophularineæ*) indigènes (1).

VÉGÉTATION.

Herbes ou quelquefois *Arbustes. Feuilles* opposées (rarement verticillées ou alternes). *Inflorescence* très-variée.

FLORAISON.

Calice inadhérent, quadri — quinqué-fide, persistant.

Corolle hypogyne, monopétale, souvent irrégulière.

Étamines : quelquefois deux, plus ordinairement quatre, interpositives, didynames.

Ovaire unique. *Style* simple. *Stigmate* bilobé (rarement simple).

FRUCTIFICATION.

Capsule polysperme, biloculaire, bivalve ; *valves* souvent bipartibles. Tantôt deux *cloisons* marginaires, bilamellées, obcurrentes, avec un *placentaire* central basifixe, indivisible, persistant, ou médianes avec un *placentaire* central bipartible ; tantôt une *cloison* générale placentairienne, parallélique.

Graines nombreuses, périspermées. *Embryon* reclus, rectiligne. *Radicule* adverse. *Périsperme* charnu.

Exemples : *Veronica. Scrophularia. Antirrhinum.*

SOLANÉES (*Solaneæ*) indigènes.

VÉGÉTATION.

Herbes. Feuilles alternes, entières ou lobées, quelquefois géminées au voisinage des fleurs. *Inflorescence* variée. *Fleurs* souvent extraxillaires.

FLORAISON.

Calice inadhérent, quinquéfide, persistant.

---

(1) Cette famille établie par M. Robert Brown réunit les Personées et les Pédiculaires de M. de Jussieu.

Corolle hypogyne, monopétale, régulière ou irrégulière, quinquéfide.

Étamines : cinq, épipétales, interpositives.

Ovaire unique. *Style* simple. *Stigmate* unique, subbilobé.

FRUCTIFICATION.

Péricarpe : tantôt *Baie* pluriloculaire à *cloisons* verticillées; tantôt *Pyxide* biloculaire; tantôt *Capsule* biloculaire, bivalve, bipartible, à deux *cloisons* marginaires, obcurrentes. *Placentaire* central.

Graines nombreuses, réniformes, sessiles, périspermées. *Embryon* cylindrique, annulaire, subpériphérique. *Radicule* adverse. *Périsperme* charnu.

Exemples : *Solanum. Hyoscyamus. Verbascum.*

BORRAGINÉES (*Borragineæ*) indigènes.

VÉGÉTATION.

Herbes. Feuilles alternes, souvent scabres ou velues. *Fleurs* en épi rameux ou en grappe paniculée, ou solitaires, ou extraxillaires, souvent unilatérales.

FLORAISON.

Calice inadhérent, quinquéfide, persistant.

Corolle hypogyne, monopétale, ordinairement régulière, quinquéfide.

Étamines : cinq, interpositives.

Style simple. *Stigmate* unique, bi — quadri-fide.

FRUCTIFICATION.

Péricarpe tétrasperme diérésilien, ou cénobionnaire, à deux ou quatre *érèmes.*

Graines peltées avec ou sans périsperme. *Embryon* transverse. *Radicule* haute. *Périsperme* mince.

Exemples : *Cerinthe. Borrago. Heliotropium.*

CONVOLVULACÉES (*Convolvulaceæ*) indigènes.

VÉGÉTATION.

Herbes ou *Arbrisseaux. Tige* souvent volubile. *Pédoncules* axillaires ou terminaux, uniflores, bibractéés, ou multiflores.

FLORAISON.

Calice inadhérent, quinquéfide.
Corolle quinquélobée.
Étamines : cinq, interpositives.
Ovaire unique. *Style* unique. *Stigmate* double ou bifide.
Nectaire hypogyne, adhérent.

FRUCTIFICATION.

Capsule bi — tri — quadri - loculaire. *Loges* mono — di - spermes. *Cloisons* centrifixes, verticillées, obsuturales. *Placentaire* basilaire.

Graines ascendantes, périspermées. *Embryon* replié. *Radicule* adverse. *Cotylédons* foliacés, chiffonnés, réfléchis. *Périsperme* mucilagineux.

Exemple : *Convolvulus*.

GENTIANÉES (*Gentianeæ*) indigènes.

VÉGÉTATION.

Herbes. *Feuilles* opposées ordinairement très-entières et sessiles. *Fleurs* terminales ou axillaires souvent bractéées.

FLORAISON.

Calice inadhérent, quadri — quinqué — octo — duodécim-fide, persistant.
Corolle régulière, quadri — quinqué — octo — duodécim-fide.
Étamines : quatre, cinq, huit, douze, interpositives. *Anthères* vacillantes.
Ovaire unique. *Style* simple ou bifide. *Stigmate* simple ou bi — quadri-fide.

FRUCTIFICATION.

Capsule polysperme, uni — bi-loculaire, bivalve. *Cloisons* valvéennes marginaires, séminifères.

Graines éparses ou marginales, périspermées. *Embryon* axile. *Radicule* adverse. *Périsperme* charnu.

Exemples : *Gentiana*. *Erythræa*.

APOCINÉES (*Apocineæ*) indigènes.

VÉGÉTATION.

Herbes ou *Arbustes.* *Feuilles* opposées. *Fleurs* terminales ou axillaires, solitaires ou corymbées.

FLORAISON.

Calice inadhérent, quinquéfide, persistant.

Corolle régulière, quinquéfide.

Étamines : cinq, courtes, interpositives. *Filets* libres ou monadelphes.

Ovaire double. *Style* unique. *Stigmate* capité.

Nectaire épicline.

FRUCTIFICATION.

Double follicule. *Follicules* polyspermes. *Placentaire* obsutural ou marginal, libre ou bipartible par la déhiscence.

Graines chevelues ou chauves, périspermées. *Embryon* reclus. *Radicule* adverse. *Périsperme* charnu.

Exemples : *Vinca. Asclepias.*

CLASSE IX.

PLANTES DICOTYLÉDONES MONOPÉTALES.

Corolle périgyne.

RHODORACÉES (*Rhodoraceæ*) indigènes.

VÉGÉTATION.

Herbes, *Arbustes* ou *Arbrisseaux*. *Feuilles* alternes ou opposées ou verticillées, persistantes. *Inflorescence* variée. *Fleurs* souvent bractéées.

FLORAISON.

Calice inadhérent, quadri—quinqué-fide, persistant.

Corolle périgyne ? régulière, quadri—quinqué-fide, marcescente.

Étamines : huit, dix, épipétales (quelquefois hypogynes); quatre, cinq interpositives; quatre, cinq oppositives.

Ovaire unique. *Style* simple. *Stigmate* simple ou bi—quinqué-fide.

Nectaire hypogyne, disciforme ou composé de plusieurs *glandules*.

FRUCTIFICATION.

Péricarpe quadri—quinqué-loculaire, polysperme, baccien ou capsulaire. *Cloisons* verticillées, médianes, ou marginaires, ou placentairiennes interpositives. *Placentaire* axile, lobé, persistant.

Graines nombreuses, périspermées. *Embryon* ordinairement axile. *Radicule* adverse.

Exemples : *Rhododendrum*. *Erica*. *Vaccinium*.

CAMPANULACÉES (*Campanulaceæ*) indigènes.

VÉGÉTATION.

Herbes souvent lactescentes. *Feuilles* simples. *Inflorescence* variée.

FLORAISON

Calice adhérent ou semi-adhérent. *Limbe* quinqué—décemfide.

Corolle régulière ou irrégulière, quinquéfide.

Étamines : cinq, interpositives, distinctes ou syngénèses.

Style simple, libre ou engaîné par le tube des *anthères. Stigmate* uni—bi—tri-fide, nu ou muni d'un anneau de poils.

Nectaire épigyne, couronnant.

FRUCTIFICATION.

Capsule bi—tri—quinqué-loculaire, tantôt semi-adhérente, déhiscente par le sommet, tantôt adhérente, déhiscente par les côtés ou par des pores à la base. *Cloisons* verticillées, fixes. *Placentaire* central, lobé.

Graines nombreuses, périspermées. *Embryon* ordinairement axile, quelquefois basilaire. *Radicule* adverse. *Périsperme* charnu.

Exemples : *Campanula. Lobelia.*

CLASSE X.

PLANTES DICOTYLÉDONES MONOPÉTALES.

Corolle épigyne. Anthères conjointes.

SYNANTHÉRÉES (*Synantheræ*) indigènes.

VÉGÉTATION.

Tiges herbacées. *Feuilles* alternes ou opposées. *Fleurs* en calathide.

FLORAISON.

Calice adhérent.

Corolle régulière ou irrégulière à *divisions* bordées d'une *nervure*.

Étamines : cinq, interpositives, syngénèses ou simplement rapprochées. *Anthères* allongées, basifixes, dressées, articulées sur leurs *filets*.

Ovaire unique. *Style* simple, engaîné par le tube des *anthères*. *Stigmate* simple ou bifide.

FRUCTIFICATION.

Péricarpe (*Cypsèle*) uniloculaire, monosperme, indéhiscent.

Graine dressée, apérispermée. *Embryon* rectiligne. *Radicule* adverse.

Ire SECTION : les SEMIFLOSCULEUSES : *Clinanthe* chargé de *fleurs* à *corolle* ligulée.

1re Sous-section : *Clinanthe* nu. *Cypsèles* chauves. Ex. *Lampsana*.

2e Sous-section : *Clinanthe* nu. *Cypsèles* aigrettées. Ex. *Leontodon*.

3e Sous-section : *Clinanthe* séteux ou paléacé. Ex. *Catananche*. *Scolymus*.

IIe SECTION : les FLOSCULEUSES : *Clinanthe* chargé de *fleurs* à *corolle* régulière.

1re Sous-section : *Clinanthe* séteux ou paléacé. *Cypsèles* aigrettées. *Fleurs* hermaphrodites. Ex. *Cynara*.

2e Sous-section : *Clinanthe* séteux ou paléacé. *Cypsèles* aigrettées. *Fleurs* de la circonférence neutres. Ex. *Centaurea.*

3e Sous-section : *Clinanthe* chargé d'*involucres* uniflores réunis en capitule. Ex. *Echinops.*

4e Sous-section : *Clinanthe* nu. *Cypsèles* chauves. *Fleurs* hermaphrodites. Ex. *Balsamita.*

5e Sous-section : *Clinanthe* nu ou séteux. *Fleurs* femelles à la circonférence. Ex. *Tanacetum Artemisia.*

6e Sous-section : *Clinanthe* nu ou rarement paléacé. *Cypsèles* aigrettées. *Fleurs* femelles à la circonférence. Ex. *Gnaphalium.*

7e Sous-section : *Clinanthe* nu. *Cypsèles* aigrettées. *Fleurs* hermaphrodites. Ex. *Eupatorium.*

8e Sous-section : *Clinanthe* paléacé. *Cypsèles* chauves. Ex. *Santolina.*

IIIe SECTION : les RADIÉES : *Clinanthe* portant au centre des *fleurs* à *corolle* régulière et à la circonférence des *fleurs* à *corolle* ligulée.

1re Sous-section : *Clinanthe* nu. *Cypsèles* chauves. Ex. *Calendula.*

2e Sous-section : *Clinanthe* nu. *Cypsèles* aigrettées. Ex. *Aster.*

3e Sous-section : *Clinanthe* paléacé. *Cypsèles* chauves. Ex. *Artemisia.*

4e Sous-section : *Clinanthe* paléacé. *Cypsèles* paléacées ou aristées ou bien aigrettées. Ex. *Helianthus.*

CLASSE XI.

PLANTES DICOTYLÉDONES MONOPÉTALES.

Corolle épigyne. Anthères distinctes.

DIPSACÉES (*Dipsaceæ*) indigènes.

VÉGÉTATION.

Tiges herbacées. *Feuilles* ordinairement opposées, quelquefois verticillées. *Fleurs* tantôt distinctes, tantôt en calathide. *Clinanthe* paléacé. *Involucre* polyphylle.

FLORAISON.

Calice adhérent, nu ou caliculé.
Corolle régulière ou irrégulière, plurifide.
Étamines : une à cinq, libres.
Ovaire unique. *Style* simple. *Stigmate* : un à trois.

FRUCTIFICATION.

Graines pendantes, périspermées. *Embryon* rectiligne. *Radicule* adverse. *Périsperme* mince.

Exemples : *Scabiosa. Valeriana.*

RUBIACÉES (*Rubiaceæ*) indigènes.

VÉGÉTATION.

Tiges herbacées. *Feuilles* verticillées, très-entières. *Fleurs* axillaires ou terminales.

FLORAISON.

Calice adhérent, bi — quadri-denté.
Corolle régulière, tri — quinqué-lobée.
Étamines : trois à cinq, interpositives.
Ovaire unique. *Style* simple. *Stigmates* double.
Nectaire épigyne, couronnant.

FRUCTIFICATION.

Diérésile dicoque, disperme. *Coques* indéhiscentes. *Placentaire* central.

Graines peltées, périspermées. *Embryon* axile, arqué. *Radicule* basse. *Périsperme* corné.

Exemples : *Asperula. Galium. Rubia.*

CAPRIFOLIÉES *(Caprifolieæ)*, indigènes.

VÉGÉTATION.

Herbes, *Arbrisseaux*, *Arbres*. *Feuilles* presque toujours opposées. *Inflorescence* variée.

FLORAISON.

Calice adhérent, ordinairement caliculé ou bractéé.

Corolle quelquefois polypétale.

Étamines : quatre ou cinq, interpositives.

Ovaire unique. *Style* simple ou nul. *Stigmate :* un ou trois.

FRUCTIFICATION.

Baie ou *Capsule* ou *Drupe* uni — pluri-loculaire.

Graines pendantes, périspermées. *Embryon* basilaire ou axile. *Radicule* adverse.

Ire SECTION : *Corolle* monopétale, staminifère. *Style* et *Stigmate* simples. Ex. *Lonicera.*

IIe SECTION : *Corolle* monopétale, staminifère. *Stigmates :* trois, sessiles. Ex. *Sambucus.*

IIIe SECTION : *Calice* sans bractées. *Corolle* polypétale. *Étamines* immédiatement épigynes. *Style* et *Stigmate* simples. Ex. *Cornus.*

CLASSE XII.

PLANTES DICOTYLÉDONES POLYPÉTALES.

Étamines épigynes.

OMBELLIFÈRES (*Ombelliferæ*) indigènes.

VÉGÉTATION.

Tiges herbacées. *Feuilles* alternes ordinairement pennées ou pennatifides, et amplexicaules par la base du *pétiole*. *Fleurs* ombellées.

FLORAISON.

Calice adhérent.

Corolle pentapétale.

Étamines : cinq, interpositives. *Anthères* didymes.

Style et *Stigmate* doubles.

Nectaire épigyne, couronnant.

FRUCTIFICATION.

Péricarpe (*Crémocarpe*) sec, dicoque, disperme. *Coques* closes, restant suspendues après la maturité à un axe central.

Graines adhérentes, renversées, périspermées. *Embryon* petit, basilaire. *Radicule* adverse. *Périsperme* corné.

Ire SECTION : *Ombelle* et *Ombellule* ordinairement nues. Ex. *Anethum*.

IIe SECTION : *Ombelle* nue. *Ombellule* involucrée. Ex. *Chærophyllum*.

IIIe SECTION : *Ombelle* et *Ombellule* involucrées. Ex. *Daucus*.

CLASSE XIII.

PLANTES DICOTYLÉDONES POLYPÉTALES.

Étamines hypogynes.

RENONCULACÉES (*Ranunculaceæ*) indigènes.

VÉGÉTATION.

Tiges herbacées. *Feuilles* alternes ou rarement opposées.

FLORAISON.

Périanthe simple ou double.

Calice inadhérent, polysépale.

Corolle hypogyne.

Étamines nombreuses.

Pistil unique, mono — poly - stigmate, ou multiple, chaque *ovaire* monostigmate. *Stigmates* inverses.

FRUCTIFICATION.

Étairion, *Capsule* ou *Baie*.

Graines périspermées. *Embryon* très-petit, basilaire. *Radicule* adverse.

Ire SECTION : *Périanthe simple* régulier, corollacé. *Pistil* multiple. *Camares* indéhiscentes, monospermes. Ex. *Clematis*.

IIe SECTION : *Périanthe double* régulier. *Corolle* roselée. *Pistil* multiple. *Camares* indéhiscentes, monospermes. Ex. *Ranunculus*.

IIIe SECTION : *Périanthe double* régulier. *Pétales* de forme anomale. *Camares* déhiscentes polyspermes, ou *Capsule* polycéphale, multiloculaire, polysperme. Ex. *Helleborus*. *Nigella*.

IVe SECTION : *Périanthe double* irrégulier. *Calice* corollacé. *Camares* déhiscentes, polyspermes. Ex. *Delphinium*.

Ve SECTION : *Périanthe double* régulier. *Camares* déhiscentes, polyspermes. Ex. *Pœonia*.

VIe SECTION : *Périanthe double* régulier. *Baie* camarienne. Ex. *Actæa*.

PAPAVÉRACÉES (*Papaveraceæ*) indigènes.

VÉGÉTATION.

Plantes lactescentes. *Tiges* herbacées. *Feuilles* alternes. *Fleurs* en épi, en ombelle ou solitaires.

FLORAISON.

Calice di — tétra-sépale, fugace.
Corolle tétra — octo-pétale, hypogyne.
Étamines indéfinies.
Ovaire unique. *Stigmate* lobé.

FRUCTIFICATION.

Capsule ou *Carcérule* uniloculaire, polysperme. *Placentaire* bi — multi-parti.
Graines caronculées ou arillées, périspermées. *Embryon* basilaire. *Périsperme* charnu.

Exemple : *Papaver.*

CRUCIFÈRES (*Cruciferæ*) indigènes.

VÉGÉTATION.

Tiges herbacées. *Feuilles* alternes. *Fleurs* en corymbe, en panicule ou en épi.

FLORAISON.

Calice tétrasépale.
Corolle hypogyne, tétrapétale, cruciforme.
Étamines : six, tétradynames, interpositives; deux solitaires, quatre disposées en deux paires.
Ovaire unique. *Stigmate* unique.
Glandules nectarifères, hypogynes.

FRUCTIFICATION.

Péricarpe (*Silique* ou *Silicule*) biloculaire, bivalve, polysperme. *Placentaire* septiforme, parallélique, binervulé. *Nervules* intervalves.
Graines apérispermées, bisériées dans chaque loge. *Embryon* pelotonné ou recourbé. *Radicule* adverse.

Ire SECTION : *Silique.* Ex. *Cheiranthus.*
IIe SECTION : *Silicule.* Ex. *Iberis.*

VINIFÈRES (*Viniferæ*) indigènes.

VÉGÉTATION.

Tiges ligneuses, sarmenteuses, cirrifères. *Feuilles* alternes, stipulées. *Vrilles* et *pédoncules* oppositifoliés. *Fleurs* en thyrse.

FLORAISON.

Calice inadhérent, quinquédenté.
Corolle hypogyne, pentapétale.
Étamines : cinq, oppositives.
Ovaire unique. *Stigmate* unique.
Nectaire hypogyne, annulaire.

FRUCTIFICATION.

Baie uniloculaire, pentasperme. *Placentaire* basilaire.
Graines dressées ? osseuses, périspermées. *Embryon* basilaire, rectiligne. *Radicule* adverse. Périsperme charnu.

Exemple : *Vitis.*

GÉRANIÉES (*Geranieæ*) indigènes.

VÉGÉTATION.

Tige herbacée. *Feuilles* alternes, stipulées.

FLORAISON.

Calice inadhérent, pentasépale.
Corolle hypogyne, pentapétale.
Étamines : dix. *Filets* rapprochés ou monadelphes.
Ovaire unique. *Style* simple. *Stigmates :* cinq.

FRUCTIFICATION.

Diérésile axilée, pentacoque. *Coques* déhiscentes mono — dispermes.
Graines dressées, apérispermées. *Embryon* replié. *Radicule* adverse.

Exemple : *Geranium.*

MALVACÉES (*Malvaceæ*) indigènes.

VÉGÉTATION.

Tiges ligneuses ou herbacées. *Feuilles* alternes, stipulées. *Fleurs* axillaires.

FLORAISON.

Calice inadhérent, quinquéfide, caliculé.

Corolle hypogyne, pentapétale, régulière.

Étamines indéfinies, monadelphes. *Androphore* pétalifère, tubuleux, divisé en *filets* à sa partie supérieure. *Anthères* réniformes.

Ovaire unique. *Style* unique, polystigmate, engaîné par l'*androphore*.

FRUCTIFICATION.

Diérésile polycoque. *Coques* monospermes, indéhiscentes.

Graines périspermées. *Embryon* recourbé. *Cotylédons* foliacés, plissés. *Périsperme* mince, mucilagineux.

Exemple : *Malva*.

BERBÉRIDÉES (*Berberideæ*) indigènes.

VÉGÉTATION.

Tiges ligneuses ou herbacées. *Feuilles* alternes, simples ou composées. *Fleurs* en grappe ou paniculées.

FLORAISON.

Calice inadhérent, trétra — hexa-sépale.

Corolle hypogyne, tétra — hexa-pétale, régulière. *Pétales* oppositifs, glandulifères ou appendiculés.

Étamines : quatre ou six, oppositives. *Anthères* adnées, operculées.

Ovaire unique. *Style* unique ou nul. *Stigmate* unique.

FRUCTIFICATION.

Péricarpe (*Capsule* bivalve ou *Baie*) uniloculaire.

Graines périspermées. *Embryon* axile. *Radicule* adverse. *Périsperme* charnu.

Exemples : *Berberis*. *Epimedium*.

TILIACÉES (*Tiliaceæ*) indigènes.

VÉGÉTATION.

Arbres. *Feuilles* alternes, stipulées. *Fleurs* corymbées.

FLORAISON.

Calice inadhérent, quinquéparti.

Corolle hypogyne, pentapétale.

Étamines indéfinies.

Ovaire unique, quinquéloculaire, quinqué-ovulé. *Placentaire* central. *Style* simple. *Stigmate* subquinquélobé.

FRUCTIFICATION.

Carcérule uniloculaire, monosperme par avortement.

Graines peltées, périspermées. *Embryon* transverse. *Cotylédons* foliacés, quinquélobés. *Radicule* basse. *Périsperme* farineux.

Exemple : *Tilia.*

CISTÉES (*Cisteæ*) indigènes.

VÉGÉTATION.

Arbrisseaux ou *Sous-arbrisseaux. Feuilles* ordinairement opposées, stipulées ou exstipulées. *Fleurs* en grappe ou en corymbe.

FLORAISON.

Calice inadhérent, quinquéparti.

Corolle hypogyne, pentapétale.

Étamines indéfinies.

Ovaire unique. *Style* simple. *Stigmate* unique.

FRUCTIFICATION.

Capsule polysperme, plurivalve; tantôt uniloculaire, *placentaire* médivalve; tantôt multiloculaire, *cloisons* valvéennes médianes, *placentaire* central, septile, partible.

Graines périspermées. *Embryon* recourbé ou spiralé. *Radicule* adverse. *Périsperme* charnu.

Exemples : *Cistus. Helianthemum.*

RUTACÉES (*Rutaceæ*) indigènes.

VÉGÉTATION.

Tiges herbacées ou ligneuses. *Feuilles* composées, alternes, stipulées ou exstipulées. *Fleurs* axillaires ou terminales.

FLORAISON.

Calice inadhérent, quinquéfide.

Corolle hypogyne, pentapétale.

Étamines : dix.

Ovaire unique. *Style* simple. *Stigmate* unique.

FRUCTIFICATION.

Capsule, Diérésile ou *Regmate* tri—quinqué-loculaire. *Placentaire* axile.

Graines périspermées. *Embryon*, tantôt transverse, *radicule* basse; tantôt longitudinal, *radicule* inverse ou adverse.

Exemples : *Ruta. Tribulus.*

CARYOPHYLLÉES (*Caryophylleæ*) indigènes.

VÉGÉTATION.

Tiges herbacées. *Feuilles* opposées conjointes ou verticillées, rarement stipulées. *Fleurs* souvent terminales, quelquefois axillaires.

FLORAISON.

Calice inadhérent, plurifide.

Corolle hypogyne (rarement nulle). *Pétales* définis.

Étamines définies, moindres en nombre que les *pétales*, ou égales en nombre et interpositives, ou en nombre double, moitié interpositives, moitié oppositives épipétales.

Ovaire unique. *Styles :* deux à cinq, monostigmates. *Stigmates* inverses.

FRUCTIFICATION.

Capsule uni—quinqué-loculaire, plurivalve, polysperme. *Placentaire* axile.

Graines périspermées. *Embryon* recourbé ou spiralé. *Radicule* adverse. *Périsperme* central, farineux.

Ire SECTION : *Calice* quadri—quinqué-parti. *Étamines :* trois à dix.
Ex. *Holosteum. Cerastium.*

IIe SECTION : *Calice* tubuleux, quinquédenté. *Étamines :* dix.
Ex. *Dianthus.*

CLASSE XIV.

PLANTES DICOTYLÉDONES POLYPÉTALES.

Étamines périgynes.

SAXIFRAGÉES (*Saxifrageæ*) indigènes.

VÉGÉTATION.

Tiges herbacées. *Fleurs* ordinairement alternes, quelquefois opposées. *Inflorescence* variée.

FLORAISON.

Périanthe simple ou double.

Calice adhérent ou inadhérent, quadri — quinqué-fide.

Corolle périgyne, tétra — penta-pétale.

Étamines : huit ou dix, moitié interpositives, moitié oppositives.

Ovaire unique. *Styles :* deux ou cinq, monostigmates.

Nectaire épigyne ou péristomique.

FRUCTIFICATION.

Capsule ou *Baie* polysperme.

Graines périspermées. *Embryon* axile. *Radicule* adverse. *Périsperme* charnu.

Ire SECTION : *Périanthe* double : *Style :* deux. *Capsule* dicéphale, uniloculaire, déhiscente par le sommet. *Placentaire* central. Ex. *Saxifraga.*

IIe SECTION : *Périanthe* simple. *Styles* deux. *Capsule* dicéphale, uniloculaire, bivalve. *Placentaire* basilaire. Ex. *Chrysosplenium.*

IIIe SECTION : *Périanthe* simple. *Styles :* cinq. *Baie* quinquéloculaire. *Placentaire* central. Ex. *Adoxa.*

CRASSULÉES (*Crassuleæ*) indigènes.

VÉGÉTATION.

Tige herbacée. *Feuilles* opposées ou alternes, charnues et succulentes. *Fleurs* alternes ou en épi, en corymbe et en cyme.

FLORAISON.

Calice inadhérent, monosépale, plurifide.

Corolle hypogyne (quelquefois monosépale).

Étamines en nombre égal aux *pétales* et interpositives, ou bien en nombre double, moitié interpositives, moitié oppositives.

Ovaires monostigmatés, en nombre égal à celui des *pétales*.

Nectaire hypogyne.

FRUCTIFICATION.

Étairion : Camares polyspermes, déhiscentes. *Placentaires* marginaires.

Graines petites, périspermées. *Embryon* axile. *Radicule* adverse. *Périsperme* mince, charnu.

Exemples : *Crassula*. *Cotyledon*. *Sedum*. *Sempervivum*.

GROSSULACÉES (*Grossulaceæ*) indigènes.

VÉGÉTATION.

Arbrisseaux. *Feuilles* alternes. *Fleurs* bractéées, disposées en grappe.

FLORAISON.

Calice adhérent, quinquéfide.

Corolle périgyne, pentapétale.

Étamines : cinq, oppositives.

Ovaire unique. *Style* simple. *Stigmate* double.

FRUCTIFICATION.

Baie uniloculaire, polysperme. *Placentaire* biparti, pariétal.

Graines périspermées. *Embryon* très-petit, basilaire. *Radicule* adverse, centrifuge. *Périsperme* corné.

Exemple : *Ribes*.

PORTULACÉES (*Portulaceæ*) indigènes.

VÉGÉTATION.

Herbes, *Arbrisseaux*. *Feuilles* alternes ou opposées, souvent succulentes. *Inflorescence* variée.

FLORAISON.

Calice adhérent ou inadhérent, bi — quinqué-fide.

Corolle périgyne, pentapétale ou quinquéfide.

Étamines définies ou indéfinies.

Ovaire unique. *Style* unique, souvent plurifide. *Stigmates:* deux à cinq.

FRUCTIFICATION.

Péricarpe (*Carcérule* ou *Pyxide* ou *Capsule*) uniloculaire, mono — poly-sperme. *Placentaire* axile. *Nervules* distinctes.

Graines périspermées. *Embryon* annulaire.

Ire Section. *Pyxide* polysperme. Ex. *Portulaca.*

IIe Section. *Capsule* trivalve, polysperme. Ex. *Thelephium.*

IIIe Section. *Carcérule* monosperme. Ex. *Corrigiola.*

FICOIDES (*Ficoïdeæ*) indigènes.

VÉGÉTATION.

Herbes ou *Arbrisseaux. Feuilles* opposées ou alternes, souvent charnues.

FLORAISON.

Périanthe simple ou double.

Calice adhérent ou inadhérent, quinquéfide.

Corolle périgyne, polypétale.

Étamines indéfinies.

Ovaire unique, polystyle. *Styles* monostigmates.

FRUCTIFICATION.

Capsule multiloculaire, multivalve, polysperme. *Cloisons* verticillées. *Placentaire* axile.

Graines réniformes, périspermées. *Embryon* recourbé. *Périsperme* farineux.

Ire Section. *Calice* inadhérent. *Styles:* cinq. *Capsule* quinquéloculaire. Ex. *Glinus.*

IIe Section. *Calice* adhérent. *Styles:* quatre à dix. *Capsule* décemloculaire. Ex. *Mesembryanthemum.*

ONAGRAIRES (*Onagrariæ*) indigènes.

VÉGÉTATION.

Tiges herbacées. *Feuilles* alternes ou opposées.

FLORAISON.

Calice adhérent, bi — quadri-fide.

Corolle périgyne, di — tétra-pétale.

Étamines égales en nombre à celui des *pétales* et interpositives ; ou bien en nombre double des *pétales*, moitié oppositives, moitié interpositives.

Style simple. *Stigmate* bi — quadri-fide.

FRUCTIFICATION.

Péricarpe (*Carcérule* ou *Capsule*) bi — quadri-loculaire, polysperme.

Graines périspermées ou apérispermées. *Embryon* rectiligne. *Radicule* adverse.

Ire SECTION. *Calice* bifide. *Corolle* dipétale. *Étamines :* deux. *Carcérule* biloculaire, disperme. *Graines* dressées. Ex. *Circæa.*

IIe SECTION. *Calice* quadrifide. *Corolle* tétrapétale. *Étamines :* huit. *Capsule* quadriloculaire. *Cloisons* valvéennes médianes, verticillées. *Graines* pendantes. Ex. *Epilobium.*

LYTHRAIRES (*Lythrariæ*) indigènes.

VÉGÉTATION.

Tiges herbacées. *Feuilles* alternes ou opposées. *Fleurs* axillaires, souvent en épi verticilliflore.

FLORAISON.

Calice inadhérent, sex — duodécim-fide.

Corolle périgyne, hexapétale.

Étamines : douze.

Ovaire unique. *Style* simple. *Stigmate* unique.

FRUCTIFICATION.

Capsule biloculaire, bivalve, polysperme. *Cloisons :* deux, valvéennes médianes, obcurrentes. *Placentaire* axile.

Graines périspermées. *Embryon* rectiligne. *Radicule* adverse. *Périsperme* mince.

Exemple : *Lythrum.*

ROSACÉES (*Rosaceæ*) indigènes.

VÉGÉTATION.

Herbes, *Arbrisseaux* ou *Arbres*. *Feuilles* alternes, simples ou composées, stipulées.

FLORAISON.

Périanthe ordinairement double.

Calice adhérent ou inadhérent, plurifide.

Corolle périgyne, roselée, ordinairement pentapétale.

Étamines presque toujours nombreuses. *Anthères* petites, arrondies.

Ovaire unique, pluriloculaire polystyle, ou uniloculaire monostyle; ou bien *Ovaires* multiples, uniloculaires, monostyles. *Styles* latéraux.

Nectaire péristomique.

FRUCTIFICATION.

Péricarpe (*Pyridion*) régulier, adhérent couronné, charnu, pluriloculaire, *cloisons* verticillées, *loges* mono—poly-spermes; ou *Péricarpe* (*Étairion*) polycamare, *camares* indéhiscentes ou déhiscentes, mono—poly-spermes; ou *Péricarpe* (*Drupe*) inadhérent, charnu, uni-sillonné latéralement, *noyau* mono—di-sperme.

Graines ascendantes, ou appendantes par le bout, périspermées ou apérispermées. *Embryon* rectiligne. *Cotylédons* épais. *Radicule* latéralement adverse. *Périsperme* pelliculaire.

Ire SECTION : *Calice* adhérent. *Étamines* indéfinies. *Ovaire* unique, polystyle. *Pyridion*. *Graines* ascendantes. Ex. *Malus*.

IIe SECTION : *Calice* inadhérent. *Étamines* indéfinies. *Étairion* induvié. *Camares* indéhiscentes, monospermes. *Graines* appendantes. Ex. *Rosa*.

IIIe SECTION : Calice inadhérent. *Étamines* définies. *Étairion* induvié. *Camares* indéhiscentes, monospermes. *Graines* appendantes. Ex. *Sibbaldia*.

IVe SECTION : *Calice* inadhérent. *Étamines* indéfinies. *Camares* indéhiscentes, monospermes. *Graines* appendantes. Ex. *Fragaria*.

Ve SECTION : *Calice* inadhérent. *Étamines* indéfinies. *Camares* polyspermes, déhiscentes. Ex. *Spiræa*.

VIe SECTION : *Calice* inadhérent. *Étamines* indéfinies. *Drupe* mono—di-sperme. *Graines* appendantes. Ex. *Prunus*.

LÉGUMINEUSES (*Leguminosæ*) indigènes.

VÉGÉTATION.

Herbes ou *Arbrisseaux*. *Feuilles* alternes, composées, articulées, stipulées.

FLORAISON.

Calice inadhérent, quinquéfide ou quinquédenté.

Corolle périgyne, pentapétale, papillonacée.

Étamines : dix. *Androphore* tubulé, entier, divisé à son sommet en dix *filets ;* ou bien *Androphore* tubulé, fendu longitudinalement, divisé à son sommet en neuf *filets ;* la dixième *étamine* distincte. *Anthères* vacillantes.

Pistil engaîné par l'*androphore*. *Ovaire* unique. *Style* simple. *Stigmate* unique.

Nectaire péristomique.

FRUCTIFICATION.

Péricarpe (*Légume*) irrégulier, bivalve, déhiscent ou indéhiscent. *Placentaire* valvaire, marginal, unilatéral, bipartible.

Graines périspermées ou apérispermées, caronculées, ayant un *micropyle*. *Cotylédons* grands, épais. *Radicule* courbée, adverse. *Périsperme* mince.

Ire SECTION : *Légume* uniloculaire. *Feuilles* uni—tri-foliolées ou digitées. Ex. *Genista*. *Trifolium*. *Lupinus*.

IIe SECTION : *Légume* uniloculaire. *Feuilles* paripennées. Ex. *Glycyrrhiza*.

IIIe SECTION : *Légume* biloculaire. *Feuilles* imparipennées. Ex. *Astragalus*.

VIe SECTION : *Légume* uniloculaire. *Feuilles* pennées. *Vrilles* pétioléennes. Ex. *Pisum*.

Ve SECTION : *Légume* articulé. *Articles* monospermes. *Feuilles* variables. Ex. *Hedysarum*.

RHAMNÉES (*Rhamneæ*) indigènes.

VÉGÉTATION.

Tiges ligneuses. *Feuilles* alternes ou opposées, stipulées.

FLORAISON.

Calice inadhérent quadri — quinqué-fide.

Corolle tétra — penta-pétale.

Étamines : quatre ou cinq, interpositives ou oppositives.

Ovaire unique. *Styles :* un, deux. *Stigmates :* un à quatre.

Nectaire hypogyne, annulaire ou composé de *glandules*.

FRUCTIFICATION.

Capsule, *Baie* ou *Drupe* polysperme.

Graines périspermées, ordinairement dressées. *Embryon* rectiligne. *Radicule* adverse. *Périsperme* charnu.

Ire SECTION. *Étamines* interpositives. *Style* simple. *Stigmate* unique. *Capsule* quinquéloculaire. *Cloisons* valvéennes médianes. Ex. *Evonymus*.

IIe SECTION. *Étamines* interpositives. *Stigmates :* quatre, sessiles. *Baie* tétrasperme. Ex. *Ilex*.

IIIe SECTION. *Étamines* oppositives. *Style* unique. *Stigmates*: deux à quatre. *Baie* di — tétra-sperme. Ex. *Rhamnus*.

IVe SECTION. *Étamines* oppositives. *Styles:* deux. *Stigmates :* deux. *Drupe* disperme. Ex. *Zizyphus*.

CLASSE XV.

PLANTES DICOTYLÉDONES APÉTALES.

Étamines séparées du pistil.

EUPHORBIACÉES (*Euphorbiaceæ*) indigènes.

VÉGÉTATION.

Tiges herbacées ou ligneuses. *Feuilles* alternes, opposées ou verticillées.

FLORAISON.

Fleurs unisexuelles sans *périanthe*, ou avec un *périanthe simple* inadhérent tri — quadri-fide.

Fleur mâle :

Étamines : une à douze. *Anthères* didymes.

Fleur femelle :

Ovaire unique. *Styles :* deux ou trois. *Stigmates :* deux ou trois bipartis ou bilobés.

FRUCTIFICATION.

Regmate di — tri-coque. *Coques* mono — di-spermes. *Placentaire* apicilaire.

Graines appendantes, périspermées. *Embryon* rectiligne. *Radicule* latéralement adverse. *Périsperme* charnu.

Ire SECTION : *Plante* dioïque ou monoïque. *Périanthe* simple. *Étamines :* quatre à douze. Ex. *Mercurialis. Buxus.*

IIe SECTION : *Plante* monoïque sans périanthe. *Involucre* monophylle, caliciforme. *Fleurs :* treize ou plus dont une femelle et les autres mâles, monandres, pédicellées. Ex. *Euphorbia.*

CUCURBITACÉES (*Cucurbitaceæ*) indigènes.

VÉGÉTATION.

Tiges herbacées, cirrifères, grimpantes ou couchées. *Feuilles* alternes, simples, âpres. *Vrilles* et *Pédoncules* axillaires. *Plante* monoïque ou dioïque.

FLORAISON.

Fleurs unisexuelles par avortement.

Calice adhérent, quinquéfide.

Corolle régulière, quinquélobée, périgyne, staminifère.

Étamines : cinq, triadelphes, syngénèses. *Anthères* dressées, inverses, linéaires sinueuses, toutes syngénèses, ou quatre seulement, la cinquième libre sur un *filet* distinct.

Ovaire unique. *Placentaire* tri — quinqué-lobé, rayonnant, septiforme. *Nervules* pariétales. *Style* trifide. *Stigmates :* trois, bilobés, adverses.

FRUCTICATION.

Péricarpe (*Pépon*) polysperme, tri — quinqué — décem-loculaire (uniloculaire par la destruction des *cloisons*). *Pannexterne* sèche. *Panninterne* pulpeuse.

Graines périspermées. *Embryon* rectiligne. *Radicule* adverse. *Cotylédons* grands, charnus. *Périsperme* mince.

Exemples : *Cucumis. Bryonia.*

URTICÉES (*Urticeæ*) indigènes.

VÉGÉTATION.

Tiges herbacées ou ligneuses. *Feuilles* alternes ou opposées, ordinairement stipulées. *Fleurs* aggrégées, ou en grappe, en panicule, en chaton, en calathide. *Plante* hermaphrodite, monoïque, ou dioïque.

FLORAISON.

Fleurs unisexuelles ou hermaphrodites.

Périanthe simple, inadhérent, ordinairement tri — quinqué-fide, persistant.

Étamines : trois à cinq, hypogynes.

Ovaire unique. *Style* simple ou double. *Stigmate* simple ou double.

FRUCTIFICATION.

Carcérules ou drupéoles monospermes, induviés, solitaires, ou réunis en *Sycône* ou en *Sorose*.

Graines pendantes, périspermées ou apérispermées. *Embryon* rectiligne ou courbé, ou spiralé. *Radicule* adverse.

Exemple : *Morus. Ficus. Urtica.*

ULMACÉES (*Ulmaceæ*) indigènes.

VÉGÉTATION.

Tiges ligneuses. *Feuilles* simples, âpres, alternes, stipulées. *Fleurs* axillaires.

FLORAISON.

Fleur hermaprodite (unisexuelle par avortement).
Périanthe simple, staminifère, inadhérent, quadri—sex-denté.
Étamines : quatre à six.
Ovaire unique. *Style* double. *Stigmate* double.

FRUCTIFICATION.

Carcérule ou *Drupe* monosperme.
Graine pendante, périspermée ou apérispermée. *Embryon* rectiligne ou pelotonné. *Cotylédons* plissés. *Radicule* adverse.

Exemples : *Ulmus. Celtis.*

SALICINÉES (*Salicineæ*) indigènes.

VÉGÉTATION.

Tiges ligneuses. *Feuilles* alternes, simples, stipulées. *Fleurs* en chaton.

FLORAISON.

Fleurs unisexuelles.

Fleur mâle :

Périanthe nul ou simple, staminifère.
Étamines : une à trente.

Fleur femelle :

Périanthe simple, inadhérent, persistant ou nul.
Ovaire unique. *Style* simple. *Stigmates* : deux ou quatre.

FRUCTIFICATION.

Carcérule ou *Capsule* uni—bi-loculaire, mono—poly-sperme.

Graines ordinairement pendantes, apérispermées. *Embryon* rectiligne. *Radicule* adverse.

Ire SECTION : *Arbres* dioïques. *Capsule* uniloculaire, bivalve, polysperme. Ex. *Salix. Populus.*

IIe SECTION : *Arbres* monoïques. *Carcérule* uni—bi-loculaire, mono—di-sperme. Ex. *Betula. Alnus.*

CORYLACÉES (*Corylaceæ*) indigènes.

VÉGÉTATION.

Tiges ligneuses. *Feuilles* alternes, simples, stipulées. *Fleurs* monoïques en chaton.

FLORAISON.

Fleurs unisexuelles.

Fleur mâle :

Périanthe simple ou nul.

Étamines : cinq à vingt sur chaque bractée.

Fleur femelle :

Cupule uni—pluri-flore.

Périanthe adhérent, pluridenté.

Ovaire unique, pluriloculaire, pluri-ovulé. *Style* bi—tri—multi-fide; chaque division monostigmate.

FRUCTIFICATION.

Calybion uni—pluri-gland. *Glands* uniloculaires, monospermes par avortement.

Graine pendante, apérispermée. *Embryon* rectiligne. *Radicule* adverse.

Ire SECTION : *Calybion* clos, déhiscent. Ex. *Fagus.*

IIe SECTION : *Calybion* ouvert. Ex. *Corylus.*

CONIFÈRES (*Coniferæ*) indigènes.

VÉGÉTATION.

Végétaux ligneux, monoïques ou dioïques, la plupart résineux. *Tiges* ligneuses. *Feuilles* simples, acéreuses, opposées, ou verticillées, ou fasciculées. *Feurs* ordinairement en chaton

FLORAISON.

Fleurs unisexuelles sans périanthe.

Fleur mâle :

Anthères plus ou moins nombreuses, uni —multi-loculaires, sessiles sur des bractées squamiformes, ou sur l'axe du chaton.

Fleur femelle :

Cupule uniflore, presque close, pistiliforme.

Périanthe adhérent, membranacé.

Ovaire unique. *Stigmate* sessile, simple (un *style* long, saillant; un *stigmate* oblique dans l'*Ephedra*).

FRUCTIFICATION.

Calybions clos, indéhiscens, tantôt visibles, solitaires ou géminés, tantôt réunis en nombre plus ou moins considérable, et recouverts par des *bractées* ou des *pédoncules* élargis et imbriqués, formant un *Strobile*. *Gland* uniloculaire, monosperme.

Graine pendante, périspermée. *Embryon* axile, di—poly-cotylédon. *Radicule* adverse.

Ire Section : *Calybions* solitaires ou géminés, dressés. Ex. *Taxus*.

IIe Section : *Strobile* sec ou succulent bractéen. *Calybions* dressés. Ex. *Juniperus*.

IIIe Section : *Strobile* sec, pédonculéen. *Calybions* renversés. Ex. *Pinus*.

FIN DE LA SECONDE PARTIE.

SUPPLÉMENT.

Mémoire sur les lois générales de la Coloration appliquées à la formation d'une échelle chromatique, à l'usage des Naturalistes; par M. MÉRIMÉE.

LES couleurs nous paraissent variées à l'infini; cependant, dès qu'on observe avec un peu d'attention les phénomènes de leur mélange, on ne tarde pas à reconnaître que trois d'entre elles, le *jaune*, le *rouge* et le *bleu*, produisent par leurs combinaisons, l'immense série de teintes que la Nature nous présente.

Ces couleurs élémentaires, combinées deux à deux, donnent naissance à d'autres couleurs très-distinctes : ainsi le jaune et le rouge produisent l'*orangé*, l'*écarlate*, etc.; le rouge uni au bleu donne le *cramoisi*, le *violet*, etc.; enfin, on obtient avec le bleu mêlé au jaune toutes les teintes de *vert* intermédiaires entre ces deux couleurs.

En quelque proportion que soit faite la combinaison, tant qu'elle n'est que binaire, son résultat est brillant comme les élémens dont elle est composée; mais du moment que les trois couleurs sont réunies, l'éclat distinctif de chacune d'elles est détruit, d'autant plus complètement qu'elles se trouvent en proportions plus égales : et lorsque cette condition d'égalité est remplie, le mélange ternaire n'offre plus qu'un *gris* incolore, clair ou intense, selon la clarté ou l'intensité des couleurs dont il est le produit.

On peut donc admettre dans une classification méthodique, deux séries principales de couleurs : la première comprenant les couleurs brillantes, c'est-à-dire, les couleurs génératrices et leur mélanges binaires; la deuxième, infiniment plus étendue, composée des couleurs ternes, qui sont des combinaisons triples en proportions inégales.

Suivons d'abord les combinaisons binaires : il est évident que leur différence de couleur résulte de la différence de proportion dans les mélanges, et qu'en graduant ces proportions, on peut passer insensiblement d'une couleur élémentaire aux deux autres. Par exemple, si l'on commence ces combinaisons par le *jaune* et le *rouge*, on fait naître graduellement le *jaune-orangé*, l'*orangé*, l'*écarlate*, et l'on arrive au *rouge pur*. De là, passant au *bleu*, on trouve le *cramoisi* et les diverses teintes du *violet*. Enfin, du bleu on est ramené par les *verts* au point de départ, au *jaune*.

Cette loi de la coloration nous trace la marche à suivre dans la composition d'une *échelle chromatique*. Pour ne pas s'en écarter, il faut se figurer les trois couleurs élémentaires comme placées à distance égale sur une circonférence, et supposer l'intervalle qui les sépare, rempli par des mélanges binaires, dans des proportions graduées de telle sorte, que l'œil passe insensiblement d'une couleur à l'autre.

Une échelle chromatique ainsi disposée, présenterait la série complète des couleurs brillantes.

On doit concevoir que le nombre des couleurs comprises dans cette série, ne peut-être déterminé d'une manière absolue. La division du cercle chromatique a bien, pour base fondamentale, les trois couleurs génératrices ; mais le nombre des teintes distinctes, formées par leurs mélanges binaires, est évidemment relatif à la perfection de l'organe qui les apprécie.

Toutefois, l'homme dont l'œil est le moins exercé ne peut confondre les mélanges binaires, en proportions égales, avec les élémens dont ils sont composés. En conséquence, il établit dans le cercle chromatique, six divisions auxquelles il rattache toutes les couleurs. C'est ainsi que, sous la dénomination générique de rouge, on comprend communément le *ponceau* et le *cramoisi*, quoiqu'ils diffèrent entre eux autant que le *vert* diffère du *jaune* et du *bleu*.

Six divisions ne suffisent donc pas pour classer toutes les couleurs que nous avons l'habitude de distinguer; mais si l'on partage en deux ces six intervalles trop étendus, on pourra dans le plus grand nombre de circonstances, désigner les couleurs avec assez de précision, sans que la nomenclature en soit plus embarrassante.

Nous supposons donc l'*échelle chromatique*, divisée en douze parties égales, désignées ainsi qu'il suit (1) :

1. JAUNE.
2.........*Jaune-orangé.*
3.....Orangé.
4..........*Rouge-orangé.*
5. ROUGE.
6.........*Rouge-violet.*
7.....Violet.
8.........*Bleu-violet.*
9. BLEU.
10.........*Bleu-vert.*
11.....Vert.
12.........*Jaune-vert.*

Il faut remarquer dans cette disposition, qu'en réunissant l'une quelconque de ces douze couleurs avec celle qui lui est diamétralement opposée, on forme le complément des trois couleurs génératrices; par exemple : le *violet*. composé de *rouge* et de *bleu* est diamétralement opposé au *jaune*; le *rouge* est de même opposé au *vert*, lequel est formé de *bleu* et de *jaune*; enfin, le *bleu* est opposé à l'*orangé*, c'est-à-dire, à une combinaison de *bleu* et de *rouge*; et si l'on mêle,

---

(1) M. Grégoire a divisé son cercle chromatique en 24 parties. Ce nombre de teintes était indispensable pour plusieurs manufactures. Nous l'avons réduit à douze pour simplifier la nomenclature. On pourrait au besoin recourir aux tables de M. Grégoire.

dans des proportions convenables (1), ces couleurs opposées, on aura pour résultat la même teinte de *gris absolu*, ou bien le cercle chromatique serait mal divisé.

Les six autres couleurs présentent également la triple réunion, dans le mélange des teintes opposées; mais ce mélange ne produit pas un *gris incolore*, par la raison que les trois couleurs ne s'y trouvent pas dans une égale proportion. En effet, si l'on veut se rendre compte des quantités relatives existantes dans ces réunions, on trouvera que la couleur qui n'est pas énoncée est à chacune des deux autres dans le rapport de deux à trois (2).

Chaque couleur, indépendamment de la proportion de ses élémens, peut encore être modifiée par plus ou moins de clarté ou d'intensité : cette modification s'appelle *dégradation de ton*, *dégradation de nuance*, ou *dégradation de clair-obscur*. On conçoit que ses termes extrêmes doivent être la lumière et l'obscurité, le blanc et le noir.

Mais toutes les couleurs ne sont pas susceptibles d'un égal nombre de nuances, d'une égale étendue de ton. Le *bleu* et le *violet*, par exemple, peuvent, sans perdre leur caractère distinctif, être intenses presque au point d'être confondus avec le *noir*, tandis que l'*écarlate*, l'*orangé* et le *jaune* ne seraient plus reconnus pour ce qu'ils sont, s'ils n'étaient pas lumineux. C'est qu'il est dans la nature que le *jaune* soit la plus claire des couleurs du cercle chromatique, que le *bleu* en soit la plus intense, et que le *rouge* tienne le milieu. Aussi, dès qu'on veut augmenter l'intensité du jaune, on ne tarde pas à le

---

(1) C'est-à-dire qu'il faut que le mélange soit composé de deux parties de la couleur binaire contre une partie de la couleur simple.

(2) Par exemple, le *jaune-orangé* est composé d'une partie de *jaune* et d'une partie d'*orangé*, ce qui équivaut à trois quarts de *jaune* et un quart de *rouge*. Sa couleur opposée, le *bleu violet*, est formée dans un semblable rapport, de trois quarts de *bleu* et d'un quart de *rouge*. On voit donc par cette analyse qu'il n'y a dans les deux couleurs réunies que deux de *rouge* contre trois de *jaune* et trois de *bleu*, ce qui produirait une teinte de *gris verdâtre*.

dénaturer. On le transforme en un brun-rougeâtre ou olivâtre, bien avant de lui donner l'intensité du noir.

C'est en partie d'après ces considérations que nous n'avons admis dans nos tableaux chromatiques que deux intervalles dans la dégradation de ton, que deux nuances de chaque couleur, l'une claire, l'autre foncée. Une seule pourrait même suffire à la composition d'un *chromatomètre;* car, en comparant au type adopté, la couleur que l'on voudrait décrire, il serait facile de voir combien elle s'en approche ou s'en éloigne, et l'on dirait alors, suivant le rapport aperçu, que cette couleur est très-claire, claire, moyenne, intense ou très-intense. Or, cinq termes de comparaison sont plus que suffisans pour désigner la nuance d'une couleur.

Jusqu'ici nous ne nous sommes occupés que de la série des couleurs *brillantes,* composée du *jaune*, du *rouge*, du *bleu* et de leurs mélanges binaires; il reste à former la série, bien plus étendue, des couleurs plus ou moins altérées, plus ou moins *ternes*, qui sont des composés *triples incomplets*, dans lesquels les couleurs génératrices se trouvent réunies en proportions inégales.

On a déja vu que la teinte la plus brillante peut être complétement détruite et transformée en *gris absolu* par la seule addition, en proportion convenable, de la couleur ou des deux couleurs nécessaires pour compléter, dans une égale proportion, les élémens de la triple combinaison.

Il est bien à regretter que l'on ne puisse exprimer, par des mots faciles à composer, les diverses proportions des couleurs élémentaires qui constituent les différentes teintes : on aurait une nomenclature parfaite, car on peut déterminer avec précision la proportion de tous les mélanges (1). Mais, comme dans toute combinaison ternaire il se produit nécessairement une quantité quelconque de *gris*, on peut considérer les couleurs ternes comme formées par l'addition de plus ou moins

---

(1) *Voyez* le Mémoire de M. Bourgeois sur la coloration. Il y a des tables ou la proportion des mélanges est indiquée.

de gris; et de cette manière on compose très-régulièrement la série complète des couleurs altérées, depuis la plus brillante jusqu'au *gris absolu*. On peut en effet supposer le *gris* en tel excès, que la présence de la couleur brillante ne soit plus perceptible dans le mélange.

De même que toutes les couleurs ne sont pas susceptibles d'une dégradation de ton également étendue, de même la dégradation formée par le mélange du gris ne s'étend pas aussi loin pour toutes les couleurs, et sous ce rapport, le *jaune* est encore la plus altérable, comme le *bleu* est celle qui l'est le moins.

Si deux nuances, si deux termes de dégradation de ton sont suffisans, on peut de même se contenter de deux degrés d'altération de couleur. Ainsi, en conservant toujours la disposition adoptée, nous avons placé à la suite du tableau des couleurs brillantes deux autres tableaux comprenant les teintes altérées par deux proportions graduées de gris. Nous croyons qu'ils suffisent pour donner une idée exacte de toute la série des couleurs ternes.

Il faut observer qu'à force d'augmenter la proportion du gris, on arrive à un point où la teinte produite, ne rappelant presque plus la couleur ternie, ne doit être considérée que comme un *gris incomplet*, un *gris coloré* qui laisse paraître un ou deux de ses trois élémens. Il suffit d'admettre six de ces gris qui se rapportent naturellement aux six points principaux du cercle chromatique.

On peut les désigner ainsi qu'il suit :

Gris olivâtre (1).

---

(1) Pour conserver l'analogie il eût fallu dire *Gris jaunâtre*; mais nous avons cru devoir suivre l'usage général, parce que la réunion du jaune et du gris ne présente réellement que l'apparence d'un vert sale, et l'on concevra plus aisément cet effet, en considérant que, lorsqu'on mêle une partie de gris avec une partie de jaune, c'est comme si l'on mêlait quatre parties de jaune avec deux parties de violet, ou bien cinq parties de jaune orangé avec une partie de bleu; il n'est donc pas étonnant que la teinte verdâtre domine dans un pareil mélange.

Gris { roussâtre (1). rougeâtre (2). violâtre. bleuâtre. verdâtre.

Plus les nuances de gris sont claires, plus il est facile d'y reconnaître l'excédant de la triple combinaison : par conséquent, le blanc que l'on doit regarder comme la nuance extrêmement claire du gris, comme un de ses termes extrêmes, est beaucoup plus susceptible d'être modifié par les principales couleurs du cercle chromatique : aussi est-on dans l'usage de distinguer diverses espèces de blancs, que l'on peut désigner ainsi qu'il suit :

Blanc { jaunâtre. de chair. rosé. violâtre. bleuâtre. verdâtre.

En outre, le blanc peut être altéré d'une manière distincte par une légère nuance de gris pur et de gris roux ou sale, ce qui donne lieu d'admettre encore deux teintes distinctes de toutes les autres, et que l'on désignera sous les noms de blanc-grisâtre et de blanc sale ou roussâtre.

Nous n'avons pas cru devoir donner le type de ces diverses teintes ; nous n'avons pas de même donné celui de différens noirs (3), parce que nous sommes persuadés qu'on peut, sans cela, les reconnaître et les désigner. Quant au gris pur, nous

(1) La couleur orangée est dans le cas du jaune ; elle est détruite par le gris : d'ailleurs on ne pouvait dire *orangeâtre*.

(2) Le vrai rouge mêlé de gris produit une teinte violâtre, ainsi le gris rougeâtre se rapporte au rouge orangé de l'échelle chromatique.

(3) On ne reconnait dans le noir que deux variétés : des noirs bleus, et des noirs bruns. Que l'on considère le noir comme la nuance la plus intense du gris et l'on verra qu'il ne peut en être autrement.

en avons placé les trois principales nuances entre ses nuances extrêmes, le blanc et le noir.

Telle est la composition de l'échelle chromatique que nous proposons. Nous la croyons plus méthodique qu'aucune de celles qui ont été adoptées jusqu'à ce jour, parce qu'elle est formée d'après les lois généralement reconnues de la coloration.

Mais, pour bien décrire les couleurs, il ne suffit pas d'entendre parfaitement le système que nous venons d'exposer, ni d'avoir à sa disposition un *chromatomètre* parfait. Cet instrument peut se perdre ou s'altérer, en plus ou moins de temps; c'est pourquoi ceux qui attachent de l'importance à désigner avec précision la couleur des objets, doivent s'exercer aux diverses combinaisons des couleurs génératrices, jusqu'à ce qu'ils puissent faire eux-mêmes des tableaux chromatiques. Nous les assurons qu'ils seront en état, au bout de très-peu de temps, de les faire beaucoup plus parfaits que ceux que nous avons pu mettre sous leurs yeux. Il est même possible, sans se communiquer, de faire, à des distances éloignées, deux chromatomètres sensiblement comparables. Il suffit pour cela qu'on ait une seule couleur identique, et presque par-tout on peut se procurer plusieurs couleurs à-peu-près semblables.

La *gomme-gutte*, l'*orpin*, le *chromate de plomb*, lorsqu'ils sont de première qualité, donnent par-tout les mêmes jaunes.

Avec du *carbonate de plomb* pur, on peut se procurer partout du *minium* de la plus belle couleur orangée.

Le *beau cinabre de la Chine* varie peu dans ses nuances.

L'*outre-mer* de première qualité donne le bleu le plus pur que nous connaissions. La nuance varie du bleu-foncé au bleu-céleste; mais le ton de l'orangé et du jaune étant donné par le *minium* et par le *chromate de plomb* ou l'*orpin*, il sera facile de déterminer la nuance du bleu qui doit être, ainsi que nous l'avons observé, la plus intense de l'échelle. Enfin, on peut, avec du cuivre, préparer diverses espèces de bleus et de verts pour remplir le cercle chromatique depuis le bleu jusqu'au jaune (1).

---

(1) Dans le Mémoire déja cité, M. Bourgeois a indiqué un moyen

Au reste, l'essentiel dans la formation d'un *chromatomètre*, n'est pas de fixer avec une précision absolue le degré de clair-obscur des deux zônes dont il est composé. L'instrument sera suffisamment parfait, si l'œil, en passant d'une couleur à l'autre, trouve les transitions égales, si les couleurs sont également brillantes dans le premier tableau et proportionnellement altérées dans les deux autres; si, enfin, en mêlant ensemble chacune des couleurs génératrices avec la couleur binaire qui lui est opposée, il en résulte le même *gris absolu* (1).

La série des couleurs brillantes est la plus difficile à former, parce qu'on n'a pas toujours à sa disposition toutes les couleurs qui entrent dans sa composition. En supposant, par exemple, qu'on ne trouvât pas de laque assez belle ou de carmin assez éclatant pour remplir la place du rouge, il ne faudrait pas s'arrêter à cette difficulté; on pourrait y suppléer avec un morceau d'étoffe ou une plume d'oiseau qui serait plus en harmonie avec les couleurs voisines.

Il est nécessaire d'avertir ceux qui ne sont pas familiarisés avec le mélange des couleurs, que les combinaisons binaires que l'on forme avec nos couleurs matérielles n'atteignent pas l'éclat de quelques composés naturels que nous trouvons tout faits (2). Ainsi l'orangé obtenu par le mélange du jaune et

---

très-ingénieux avec lequel deux physiciens, sans se communiquer, pourraient produire les trois couleurs génératrices au même degré de pureté et d'énergie. On ne saurait trop recommander la lecture de ce Mémoire à ceux qui veulent approfondir la théorie du mélange des couleurs.

(1) Cette propriété du *cercle chromatique* de présenter les trois couleurs dans la réunion des teintes diamétralement opposées, nous donne le moyen de déterminer la vraie place des couleurs brillantes sur l'échelle. Supposons que quelqu'un se figurât que le *vermillon* approche du rouge pur, on prouverait qu'il se trompe en combinant cette couleur avec du vert, car il faudrait ajouter du bleu ou employer un bleu verdâtre pour produire le gris pur; ce qui démontrerait l'existence d'un excès de jaune qu'on ne pourrait trouver ailleurs que dans le vermillon. Il n'en serait pas de même du véritable rouge dont la nuance claire est le rose.

(2) On ne peut faire de toutes pièces un bleu verdâtre aussi brillant que le Phosphate de cuivre, etc.

du rouge est plus terne que le minium ; mais toutefois ce mélange est une véritable couleur orangée ; et il est évident que, si nous pouvions nous procurer du jaune et du rouge plus éclatans que ceux que nous avons, la couleur qui résulterait de leur mélange ne le céderait en rien au minium.

Si l'on plonge dans une teinture bleue une étoffe déja teinte en rouge, elle deviendra violette, mais elle augmentera d'intensité ; et si l'on voulait diminuer cette intensité, on ne pourrait le faire sans diminuer l'énergie de la couleur. Il arrive un effet semblable lorsque la lumière traverse deux verres colorés superposés : elle nous transmet le résultat du mélange des deux couleurs, et ce résultat est plus sombre que chacune d'elles ; mais si les verres étaient séparés, et que l'on réunit les rayons de lumière qui les ont traversés, on aurait alors une teinte qui cumulerait l'énergie des deux couleurs, et qui par conséquent serait très-brillante. On doit donc croire que si nous avions à notre disposition trois couleurs génératrices dont les molécules se pénétrassent comme celles de la lumière, leurs mélanges binaires seraient aussi brillans que les couleurs dont ils seraient formés.

Les couleurs transparentes (*vitrei colores*) ont un caractère particulier auquel il est important de faire attention.

Que l'on regarde une feuille à travers laquelle passe la lumière, le vert en paraît beaucoup plus brillant que dans aucune autre circonstance. Il en est de même de toutes les autres couleurs.

La corne ou l'écaille blonde ne présente d'autre couleur que celle d'un jaune orangé altéré par du gris, c'est-à-dire, qu'on peut imiter la couleur de la corne avec de la gomme-gutte, un peu de rouge et de gris. Mais si la couleur n'est pas appliquée de manière à produire l'effet de la transparence, si elle est mélangée avec une terre qui la rende opaque, elle exprimera une couleur blonde *matte*, réfléchissant la lumière dès sa superficie, et non la couleur blonde, demi-transparente de la corne. Il faut donc distinguer dans la désignation des couleurs la modification qu'elles reçoivent de leur plus ou moins de transparence ou d'opacité.

Le perfectionnement de la nomenclature ne peut être que le résultat naturel de la classification méthodique des couleurs. Lorsqu'on sera familiarisé avec leur composition, on ne sera plus embarrassé pour la bien désigner, et l'on n'aura pas besoin de faire de synonymie pour concilier les descriptions des auteurs.

En effet, la meilleure nomenclature des couleurs formerait un *chromatomètre* parfait. Comme il n'existe pas une seule teinte qui n'y eût sa place déterminée, du moment qu'on l'aurait trouvée on serait en état de désigner la couleur avec précision.

C'est un travail que l'on doit faire soi-même, car c'est le seul moyen d'acquérir la connaissance des couleurs. Toutefois, pour donner une idée de la méthode qu'on doit suivre, nous allons indiquer à-peu-près la place qu'occupent sur l'échelle chromatique plusieurs couleurs auxquelles l'usage a donné des noms particuliers.

Observations relatives aux tableaux suivans.

Nous sommes redevables de l'exécution de nos tableaux chromatiques à M. Grégoire, qui a bien voulu en préparer lui-même toutes les teintes; mais avec tous les moyens ordinaires de l'enluminure, il n'était pas possible d'arriver à une grande précision. Nous croyons toutefois que cet essai suffira pour faire connaître le parti qu'on peut tirer de tableaux semblables exécutés avec le soin nécessaire. Nous renvoyons aux tables mêmes de M. Grégoire ceux qui desireront un chromatomètre parfait.

Les deux nuances adoptées dans les trois tableaux répondent aux deux premiers degrés d'intensité désignés par les mots *pâle* et *subintense* dans les tables synonymiques.

Les astérisques désignent les bornes de l'étendue des tons dans les couleurs claires du cercle chromatique. Ainsi l'on voit qu'il n'y a point de jaune pur aussi intense que le carmin. S'il était porté à ce degré de clair-obscur, il paraîtrait un brun-rougeâtre ou olivâtre.

L'épithète *atro*, qui précède les couleurs intenses, se trouve répétée dans les trois tableaux, parce que lorsque les couleurs sont au dernier degré d'intensité, lorsqu'elles se confondent presque avec le noir, elles sont peu sensiblement modifiées par l'addition du noir (ou *gris foncé*).

On doit observer qu'à mesure que les gris deviennent dominans, les différences entre les teintes s'effacent, et que les intervalles sont bien moins distincts dans le troisième que dans le premier tableau.

ENCLATURE *des* COULEURS PURES *ou* brillantes *indiquées dans le tableau, comprenant une série formée par les trois Couleurs élémen-res et neuf de leurs composés binaires.*

ÉRIE DES COULEURS.	1er DEGRÉ D'INTENSITÉ pâle, *pallidus.*	2e DEGRÉ D'INTENSITÉ subintense, *subintensus.*	3e DEGRÉ D'INTENSITÉ intense, *intensus.*	4e DEGRÉ D'INTENSITÉ très-intense, *obscurus.*
....	Jaune de soufre, J. citron, *sulphureus, citrinus.*			
AUNE, *luteus*..........	....	..........*		
....	....	Jaune d'or, *aureus.*		
....	....	Jaune d'œuf, *vitellinus.*		
..JAUNE-ORANGÉ, *luteo-miniatus. croceus.*	....	..........*		
..ORANGÉ, *miniatus. aurantiacus.*	....	....	..........*	
..ROUGE-ORANGÉ, *rubro-miniatus. cinnabarinus*.....	Couleur de chair, *carneus.*	Écarlatte, *flammeus.*	*coccineus*....	....*
OUGE, *ruber*..........	Rose, *roseus.*	....	Carmin, *carmineus.*	....
..ROUGE-VIOLET, *rubro-violaceus. purpureus.*	....	....	Pourpre, *puniceus.* Cramoisi, *chermesinus.*	*Atro-purpureus.*
..VIOLET, *violaceus. parellinus.*	....	....	....	*Atro-violaceus.*
..BLEU-VIOLET, *cœruleo-violaceus.*	....	....	....	Indigo, *indigo.*
BLEU, *cœruleus*..........	.... Bleu céleste ou azur, *azureus.*	....	....	*Atro-cœruleus.*
...BLEU-VERT, *cœruleo-viridis*...	....	*AErugi-nosus.*	....	....
...VERT, *viridis. smaragdinus* (Émeraude).	....	....	....	*Atro-viridis.*
...JAUNE-VERT, *luteo-viridis*....	....	....	....	
Jaune de soufre, *sulphureus.*				

NOMENCLATURE des Couleurs du 2e tableau, comprenant les combina-sons ternaires dans lesquelles il ne se produit qu'une petite quanti- de Gris.

SÉRIE DES COULEURS.	1er DEGRÉ D'INTENSITÉ pâle, *pallidus.*	2e DEGRÉ D'INTENSITÉ subintense, *subintensus.*	3e DEGRÉ D'INTENSITÉ intense, *intensus.*	4e DEGRÉ D'INTENSIT[É] très-intense *obscurus.*
1. JAUNE ALTÉRÉ, *luteus sordidus*...	....	....	..........*	
2.....JAUNE-ORANGÉ ALTÉRÉ, *luteo-miniatus sordidus. croceus sordidus*...	Jaune de paille, *helvolus.*	Jaune d'ocre, *ochreus.*	..........*	
3.....ORANGÉ ALTÉRÉ, *miniatus sordidus*.....	Abricot, *armeniacus.*	....	....	....
4.....ROUGE-ORANGÉ ALTÉRÉ, *rubro-miniatus sordidus*...	....	....	....	Rouge de sang, *sanguineus.*
5. ROUGE ALTÉRÉ, *ruber sordidus*...	....	....	....	....
6.....ROUGE-VIOLET ALTÉRÉ, *rubro-violaceus sordidus.*	....	....	....	*Atro-pu pureus.*
7.....VIOLET ALTÉRÉ, *violaceus sordidus parellinus sordidus*.........	Lilas, *lilacinus*	....	....	*Atro-vi laceus.*
8.....BLEU-VIOLET ALTÉRÉ, *cœruleo-violaceus sordidus*..	....	....	....	....
9. BLEU ALTÉRÉ, *cæruleus sordidus*.....	Barbeau, *cyaneus.*	....	....	*Atro-c ruleus.*
10.....BLEU-VERT ALTÉRÉ, *cœruleo-viridis sordidus*..	Glauque, *glaucus.*	....	....	....
11.....VERT ALTÉRÉ, *virid. sordid.*	....	....	....	*Atro-viridis.*
12.....JAUNE-VERT ALTÉRÉ, *luteo-viridis sordidus*..	....	....	..........*	

*ENCLATURE des Couleurs du 3e tableau, comprenant les combinai-
ns ternaires dans lesquelles le Gris qui se produit forme la partie la
us considérable du mélange.*

ÉRIE DES COULEURS.	1er DEGRÉ D'INTENSITÉ pâle, *pallidus.*	2e DEGRÉ D'INTENSITÉ subintense, *subintensus.*	3e DEGRÉ D'INTENSITÉ intense, *intensus.*	4e DEGRÉ D'INTENSITÉ très-intense, *obscurus.*
JAUNE TRÈS-ALTÉRÉ, *luteus sordidissimus.*	....	....	*Olivaceus* .. *	
...JAUNE-ORANGÉ TRÈS-ALTÉRÉ, *luteo-miniatus sordidiss. croceus sordidissimus....*	Blond, *flavus.*	....	Fauve, *fulvus.*	Brun, *badius, bruneus, hepaticus.*
...ORANGÉ TRÈS-ALTÉRÉ, *miniatus sordidissimus.*	....	....	....	Marron, *castaneus.*
...ROUGE-ORANGÉ TRÈS-ALTÉRÉ, *rubro-miniatus sordidissimus.*	....	....	...	Rouge mordoré.
ROUGE TRÈS-ALTÉRÉ, *ruber sordidissimus.*	....	....	....	*Atro-ruber, Atro-rubescens.*
...ROUGE-VIOLET TRÈS-ALTÉRÉ, *rubro-violaceus sordidissimus.*	....	....	....	....
...VIOLET TRÈS-ALTÉRÉ, *violaceus sordidissimus.*	....	....	....	*Atro-violaceus.*
...BLEU-VIOLET TRÈS-ALTÉRÉ, *cœruleo-violaceus sordidissimus.*	....	....	....	....
BLEU TRÈS-ALTÉRÉ, *cœruleus sordidissimus.*	*Cœsius.*	....	....	*Atro-cœruleus.*
0.....BLEU-VERT TRÈS-ALTÉRÉ, *cœruleo-viridis sordidissimus.*	....	....	....	....
1.....VERT TRÈS-ALTÉRÉ, *viridis sordidissimus.*	....	....	....	*Atro-viridis.*
2.....JAUNE-VERT TRÈS-ALTÉRÉ, *luteo-viridis sordidissimus.*	....	....	....	....

NOMENCLATURE des Gris colorés, des Gris purs, des Blancs, et des Noirs.

GRIS COLORÉS.

Gris-jaunâtre ou olivâtre, *griseo-lutescens, vel olivaceus.*

Gris-orangé ou gris roussâtre, *griseo-minians (cinereus).*

Gris-rougeâtre, *griseo-rubescens.*

Gris-violâtre, *griseo-violacescens.*

Gris-bleuâtre, *griseo-cœrulescens.*

Gris-verdâtre, *griseo-virescens.*

GRIS PURS.

Gris clair ou blanchâtre, *albescens, albidus, vel griseo-canescens.*

Gris, *griseus intensus.*

Gris foncé, *nigrescens, griseus obscurus.*

BLANCS, *albi.*

Blanc pur, *niveus.*

Blanc-jaunâtre, *albo-lutescens.*

Blanc-de-chair, *albo-carneus.*

Blanc-rosé, *albo-roseus.*

Blanc-violâtre, *albo-violacescens.*

Blanc-bleuâtre, *albo-cœrulescens.*

Blanc-verdâtre, *albo-virescens.*

Blanc-grisâtre, *albo-griseus.*

Blanc sale ou blanc-roussâtre, *albo-cinerescens, vel sordidus.*

NOIRS, *nigri.*

Noir-brun, *nigro-bruneus.*

Noir-roux, *nigro-rufus (morinus).*

Noir-bleu, *nigro-cœruleus (antracinus, coracinus).*

EXPLICATION DES PLANCHES.

AVERTISSEMENT.

Pour apprendre une partie quelconque de l'Histoire Naturelle, il faut beaucoup voir et s'exercer à bien voir. Cela exige du zèle et de la persévérance. Mille caractères s'offrent comme d'eux-mêmes à l'œil du naturaliste, cependant l'élève ne les remarque pas : c'est qu'ils ne deviennent frappans que par la comparaison, et que l'art de comparer suppose déja des connaissances acquises. Le sûr moyen d'abréger le travail de l'élève est de mettre sous ses yeux un grand nombre de figures représentant les caractères les plus saillans des objets. On ne saurait trop varier les formes qu'on lui offre. Si l'on se borne à quelques formes particulières, on lui donne de fausses idées de la Nature. Il renferme ses réflexions dans des systêmes étroits dont le temps ne le corrige pas toujours. Je n'ai pas craint de multiplier les planches de cet ouvrage. J'ai pris mes exemples dans les plantes de tous les climats ; j'en ai emprunté à toutes les classes, afin que celui qui cherchera les principes généraux de la Botanique dans mon livre, ne soit pas, après l'avoir lu, tel que ces gens qui, n'ayant jamais voyagé, s'imaginent que la terre entière est couverte de Blé, de Vignes, de Chênes, d'Ormes, d'Aubépines, etc., comme les campagnes des environs de Paris. Sans doute il est nécessaire de s'appliquer d'abord à distinguer les espèces indigènes; mais en même temps on doit se pénétrer de l'idée qu'il existe d'autres formes végétales dans d'autres contrées.

Selon le besoin, j'ai agrandi ou rapetissé les objets. Dans une partie quelconque les dimensions absolues sont rarement importantes, les dimensions relatives méritent au contraire une grande attention. Chaque figure a été dessinée isolément, sans égard aux autres figures rassemblées dans le même cadre. Les dessiner toutes sur la même échelle eût été impossible. J'ai employé à mon gré la vue simple, la loupe, et le microscope (1): on aurait donc tort de juger de la grandeur d'un objet par celle de l'objet voisin. Mais encore un coup, ne nous arrêtons pas à ce caractère; considérons le nombre, l'insertion, la forme, des organes, et leur grandeur relative dans une partie donnée.

J'ai quelquefois poussé très-loin l'analyse des organes. Ce travail a été fait en faveur des élèves qui ne se laissent

---

(1) J'indique les objets grandis à une loupe plus ou moins forte, par le signe +; les objets grandis au microscope, par le même signe répété deux fois + +; les objets plus petits que nature, par le signe —. Je n'emploie aucun signe quand les objets ont les dimensions naturelles ou s'en éloignent peu, soit en plus, soit en moins, ou quand j'indique la grandeur dans le discours.

pas rebuter par les difficultés. Ils répéteront mes observations sur la nature et vérifieront les caractères que j'indique : c'est un genre d'exercice dont l'utilité est incontestable. Ils découvriront peut-être des caractères qui m'ont échappé, ou que je n'ai pas jugé à propos de faire ressortir. Ces premiers succès exciteront leur zèle en flattant leur amour-propre.

Il y a des objets qui n'ont pu être complétement représentés que par une sorte de fiction ; telles sont les *Plantes aquatiques*, PLANCHE 8. Toutes les parties plongées dans l'eau sont nécessairement soustraites à la vue ; cependant, pour indiquer le Port, le dessinateur a dû les rendre visibles en supprimant l'eau qui les environne. Cette licence est permise dans l'Histoire Naturelle, parce que c'est le seul moyen de mettre les caractères en évidence.

L'explication des figures est longue : cela était inévitable puisque les détails sont nombreux. J'ai pourtant abrégé. Souvent le burin en dit plus que le texte. Quelquefois néanmoins, j'ai pensé qu'il était utile de noter des caractères que la gravure n'exprimait pas. Je me suis appliqué à faire usage de la Terminologie pour que l'élève puisse facilement graver dans sa mémoire les diverses modifications des organes, et les termes destinés à les rappeler. Je ne crois pas me tromper en disant que les figures, avec l'explication que j'y ai jointe, forment une des parties les plus instructives de ces Élémens.

Si le temps me l'eût permis j'eusse moi-même exécuté tous les dessins de cet ouvrage. J'en ai fait une grande partie : j'ai choisi les objets qui exigeaient les observations les plus délicates. Mon estimable ami, M. Schubert, botaniste polonais très-habile, a bien voulu m'aider dans ce travail. J'ai confié l'exécution des autres dessins à deux peintres de fleurs très-avantageusement connus, MM. Poiteau et Turpin; ce dernier a représenté l'*habitus* ou le Port des plantes avec ce goût et cette intelligence que l'on remarque dans tous ses ouvrages. J'ai consacré à cet objet les huit premières Planches, afin de donner à l'élève l'idée des principales variétés que les végétaux présentent dans leur aspect.

M. Forssell, graveur connu par de très-beaux ouvrages dans le genre historique, a surveillé la gravure et y a mis la dernière main.

EXPLICATION DES PLANCHES.

PLANCHE I. *Ports.*

FIG. I. AREGA OLERACEA [Famille des *Palmiers*]. — Arbre monoïque très-élevé. Il est originaire des pays chauds de l'Amérique. Celui dont on voit ici la représentation, est un jeune pied de huit mètres environ. Stipe grêle, simple, vertical. Feuilles couronnantes, très-longues, pennées, à pétioles engaînans ; folioles alongées, lancéolées. Spathes monophylles, naissant dans l'aisselle des feuilles inférieures qui ne tardent pas à se détacher. Fleurs en panicules les mâles et les femelles séparées dans des spathes différentes. (*a*. Spathe fermée. (*c*. Stipe fusiforme. (*b*. Spathe fendue latéralement. (*d*. Panicule mâle qui était contenue dans la spathe avant qu'elle fût ouverte. (*e*. Panicule femelle débarrassée de la spathe. On donne à la panicule des Palmiers le nom de *Régime*. (*f*. Partie du stipe formée, à la superficie, par la base des feuilles développées, et, à l'intérieur, par de jeunes feuilles tendres et succulentes. Les Américains mangent cette partie connue sous le nom de *Chou*. (*g*. Feuille poussante, pliée en éventail; c'est ce qu'on appelle la *Flèche*.

2. CACTUS PERUVIANUS [Fam. des *Opuntiacées*]. Plante grasse, ligneuse, qui s'élève de quinze à dix-huit mètres; elle croît au Pérou dans les rochers, au voisinage de la mer. Tige verticale, articulée, rameuse, épineuse, à sept ou huit angles saillans. Rameaux redressés. Épines aciculaires, fasciculées, divergentes, placées de distance en distance sur les arêtes des angles. Fleurs latérales, caulinaires, solitaires, subsessiles.

3. DRACAENA DRACO [Fam. des *Asparaginées*]. Arbre d'Afrique et des Indes, dont la hauteur n'est jamais très-considérable, mais dont le tronc prend, à la longue, une grosseur énorme. Stipe cylindrique, vertical, marqué de cicatrices transversales que lais-

sent les feuilles en tombant. Feuilles terminales alternes, rapprochées, semiamplexicaules, ensiformes, cuspidées ; les supérieures dressées ; les inférieures pendantes ; les intermédiaires ouvertes ou réfléchies.

4. MUSA PARADISIACA [Fam. des *Musacées*]. ⁓ Plante herbacée, monoïque, à racine vivace, haute de trois à cinq mètres. Elle est originaire des Indes Orientales. ⁓ Feuilles radicales, pétiolées, d'abord convolutées ; pétioles longs, larges, engaînans, imitant par leur réunion, un stipe cylindrique, vertical ; lames grandes, oblongues, très-entières, ayant une forte côte, d'où partent à angle droit, des veines simples, rectilignes, parallèles. Hampe cylindrique, nue, engaînée. Épi terminal, pendant. Fleurs semi-verticillées, bractéées, unisexuelles par avortement ; les femelles, à la base de l'épi ; les mâles, au sommet. ⁓ A. Jeune Bananier. (*a.* Feuilles centrales, convolutées. ⁓ B. Bananier en fructification. (*a.* Restes des anciennes feuilles. (*b.* Hampe chargée de fruits. (*c. d. e.* Épi pendant. (*c.* Baies. (*d.* Portion de l'axe dont les fleurs sont tombées. (*e.* Paquet de fleurs mâles, terminales, revêtues de leurs bractées.

5. CACTUS OPUNTIA [Fam. des *Opuntiacées*]. ⁓ Plante grasse, à tige ligneuse, originaire des pays chauds de l'Amérique, qui s'élève à deux ou trois mètres. ⁓ Tige comprimée, rameuse, articulée, épineuse ; articles ovoïdes-comprimés. Feuilles disposées en spirale, cylindriques, très-petites, subulées, fugaces. Épines fasciculées, divergentes, naissant à la base des feuilles.

6. TYPHA LATIFOLIA [Fam. des *Typhinées*]. ⁓ Plante herbacée, monoïque, à racine vivace, haute de deux à trois mètres ; qui croit en Europe dans les terreins marécageux. ⁓ Tige verticale, très-simple, cylindrique, aphylle à son sommet ; garnie à sa partie inférieure de feuilles engaînantes, très-longues, redressées, rubanaires, subsémicylindriques. Fleurs en épi terminal, serré, cylindrique ; les fleurs mâles supérieures et séparées des femelles par une courte interruption.

7. CACTUS MELOCACTUS [Fam. des *Opuntiacées*]. ⁓ Plante grasse, des Antilles, vivace, meloniforme, à quinze ou vingt côtes garnies, sur leur crête, de faisceaux d'épines divergentes.

PLANCHE 2. *Ports.*

1. Yucca aloïfolia [Famille des *Liliacées*]. ~~~ Arbre haut de trois à quatre mètres, qui croit à la Jamaïque et à la Véra-Crux. ~~~ Stipe cylindrique, dressé, quelquefois bi ou trifurqué. Feuilles terminales, alternes, rapprochées, semiamplexicaules, ensiformes; les supérieures dressées; les inférieures pendantes; les intermédiaires très-ouvertes ou réfléchies. Panicule simple, terminale, pyramidale. Fleurs pendantes. Périanthe simple, héxasépale, campanulé.

2. Saccharum officinale [Fam. des *Graminées*]. ~~~ Plante herbacée, vivace, haute de trois à quatre mètres, originaire des contrées chaudes de l'Asie. ~~~ Chaume vertical, cylindrique, solide. Feuilles engaînantes, alongées, ensiformes, ayant une forte côte moyenne. Panicule ample, soyeuse.

3. Ferula tingitana [Fam. des *Ombellifères*]. ~~~ Plante herbacée, bisannuelle, haute de deux à trois mètres, qui croit en Barbarie et en Espagne. ~~~ Tige cylindrique, verticale. Feuilles alternes, grandes, réfléchies, surdécomposées, à folioles très-petites. Pétioles à base large, amplexicaule. Panicule terminale, composée d'ombelles.

4. Cymbidium echinocarpon [Fam. des *Orchidées*]. ~~~ Plante parasite de l'Amérique méridionale, haute de cinq à six décimètres. ~~~ Tige comprimée. Feuilles distiques, très-comprimées, ovales-aiguës. Capsule hérissée.

PLANCHE 3. *Ports.*

1. Populus fastigiata [Famille des *Salicinées*]. ~~~ Arbre dioïque, très-élevé, qui probablement est originaire du Levant. On ne possède en France que l'individu mâle. ~~~ Tronc vertical, élancé; rameaux redressés, fastigiés.

2. Salix babylonica [Fam. des *Salicinées*]. ~~~ Arbre dioïque, haut de dix mètres environ, originaire du Levant, dont on ne possède en Europe que l'individu femelle. ~~~ Tige rameuse; rameaux souples, pendans. Feuilles alternes, lancéolées.

8. Chamaerops humilis [Fam. des *Palmiers*]. ~~~ Arbre dioïque dont la hauteur varie d'un à huit mètres. Il croît en Barbarie, en Espagne, en Italie. ~~~ Stipe cylindrique, vertical, recouvert d'écailles qui sont les restes des feuilles détachées. Feuilles cou-

ronnantes, pétiolées, flabelliformes, multiparties; pétioles épineux; épines folioléennes.

4. MARANTA ARUNDINACEA [Fam. des *Amomées*]. ~~ Plante vivace, haute d'un mètre, qui croît dans les pays les plus chauds de l'Amérique. ~~ Tige herbacée, grèle, rameuse. Feuilles très-entières, ovales-lancéolées, pétiolées. Pétioles courts, engaînans. Fleurs terminales.

5. SARRACENIA PURPUREA [Fam. inconnue]. ~~ Herbe des marais de l'Amérique septentrionale. ~~ Feuilles radicales, ascidiformes. Calice pentasépale. Corolle pentapétale.

6. DIONAEA MUSCIPULA [Fam. inconnue]. ~~ Herbe vivace de l'Amérique septentrionale, haute de deux décimètres environ. ~~ Feuilles radicales, roselées, pétiolées, unifoliolées; pétiole cunéaire; foliole arrondie, ciliée, se pliant dans sa longueur moitié sur moitié quand on la touche. Hampe verticale. Fleurs corymbées.

7. PHALLUS IMPUDICUS [Fam. des *Champignons*]. ~~ Champignon volvacé qui croît en France. ~~ A. Jeune plante encore renfermée dans son volva. ~~ B. Autre individu dans son parfait développement. (*a*. Volva déchiré. (*b*. Pédicule. (*c*. Chapeau. (*d*. Ombe, *umbo*, partie centrale du chapeau qui est percée dans ce genre, mais qui, dans d'autres Champignons, est continue et saillante, ou seulement concave.

8. AGARICUS CRETACEUS [Fam. des *Champignons*]. ~~ Champignon sans volva. (*a*. Pédicule. (*b*. Collet. (*c*. Chapeau. (*d*. Lamelles qui servent de plancentaires aux séminules. (*e*. Ombe.

9. BOLETUS SALICINUS [Fam. des *Champignons*]. ~~ Plante parasite. Chapeau dimidié, sessile.

PLANCHE 4. *Ports.*

1. CARICA PAPAYA [Fam. inconnue]. ~~ Arbre dioïque, d'environ six mètres de haut. Il croît dans les Indes et les Antilles. ~~ Individu femelle. Tronc très-simple, vertical, cylindrique, marqué de cicatrices produites par la chûte des feuilles. Feuilles couronnantes, grandes, septemlobées, pétiolées. Pétioles longs de cinq à six décimètres. Fleurs naissant entre les feuilles. Baies grosses, sillonnées, ombiliquées.

2. CRESCENTIA CUJETE [Voisin des *Solanées*]. ~~ Arbre de trois à

PLANCHE 4. *Ports.*

quatre mètres de haut, qui croît dans les pays chauds de l'Amérique. — Tronc épais. Branches la plupart horizontales ou réfléchies. Feuilles fasciculées, obovales, cunéaires; faisceaux alternes. Fleurs raméales, et quelquefois caulinaires, solitaires. Calice campanulé, bilobé. Corolle grande, subcampanulée. Baies grandes, cortiqueuses, cucurbitiformes.

3. Vanilla aromatica [Fam. des *Orchidées*]. — Plante vivace, grimpante, parasite, naturelle aux pays chauds de l'Amérique. — Tige cylindrique, flexueuse, rameuse, produisant des racines qui s'attachent à l'écorce des arbres. Feuilles alternes, ovales-oblongues, aiguës, épaisses. Fleurs en épis terminaux, lâches, pendans. Périanthe simple, sexlobé; un lobe inférieur (labelle) roulé en tube campanulé. Capsule fusiforme.

4. Nepenthes distillatoria [Fam. inconnue]. — Herbe vivace des Indes. — Tige simple, feuillée inférieurement. Feuilles alternes, grandes, ovales-lancéolées, se rétrécissant à la base en pétioles sémiamplexicaules, et se terminant au sommet par une vrille surmontée d'une ascidie cylindrique, operculée. Fleurs terminales, paniculées.

5 Sempervivum tectorum [Fam. des *Crassulées*]. — Herbe vivace, d'Europe, qui s'élève à trois ou quatre décimètres. — Tige simple, feuillée, verticale. Feuilles succulentes, oblongues, alternes; les radicales serrées, roselées. Fleurs en épis paniculés, révolutés avant l'entière floraison.

6. Panicum italicum [Fam. des *Graminées*]. — Plante herbacée annuelle, haute de six à huit décimètres, originaire de l'Inde. — Chaume dressé. Feuilles alongées, lancéolées, engaînantes. Épi alongé, spiculé, serré, penché.

7. Clathrus cancellatus [Fam. des *Champignons*]. Champignon volvacé, qui croît en Europe. — A. Jeune individu renfermé dans son volva. — B. Autre individu plus avancé. (*a*. Volva déchiré. (*b*. Péridion commençant à paraître. — C. Autre individu parfaitement développé. Le péridion est globuleux, cancellé, c'est-à-dire, que sa substance, percée à jour, forme comme une espèce de grillage.

PLANCHE 5. *Ports.*

1. Pandanus [Fam. des *Pandanées*]. — Arbre dioïque de l'Amérique méridionale, haut de six à sept mètres. — Individu femelle.

PLANCHE 5. *Ports.*

Stipe cylindrique, rectiligne, vertical, rameux à son sommet. Feuilles terminales, serrées, spiralées, amplexicaules, alongées, aiguës, canaliculées, bordées de dents spinescentes. Soroses pédonculés, axillaires, grands, arrondis, ligneux, composés d'un grand nombre de carcérules hexagones.

2. RHIZOPHORA MANGLE [Fam. des *Loranthées*]. ⁓ Arbre de l'Amérique méridionale, ordinairement très bas. Il croît dans les lagunes maritimes et à l'embouchure des fleuves. Il pousse deux sortes de branches ; les unes, feuillées, forment la tête de l'arbre ; les autres, aphylles, espèces de stolons, s'inclinent vers la terre, s'y enracinent, et produisent des jets qui deviennent de nouveaux troncs. ⁓ Branches opposées. Feuilles opposées. Graines germant dans le fruit encore suspendu aux rameaux. Blastème poussant une radicule claviforme, longue de trois à quatre décimètres, se détachant du corps cotylédonnaire qui reste enfermé dans le péricarpe et tombant verticalement dans la vase où il s'implante et se développe. (*a*. Blastème commençant à se développer.

3. BROMELIA ANANAS [Fam. des *Broméliacées*]. ⁓ Plante herbacée, vivace, haute d'un mètre environ, originaire de l'Amérique. ⁓ Feuilles radicales, dures, longues, ensiformes, canaliculées, dentelées ; dents spinescentes. Hampe courte. Sorose ovoïde, succulent, surmonté d'une couronne de feuilles.

4. THEOPHRASTA AMERICANA [Voisin des *Apocinées*]. ⁓ Arbrisseau de l'Amérique méridionale, haut d'un mètre environ. ⁓ Tronc très-simple, épineux. Feuilles couronnantes, verticillées, alongées, obcrénelées ; les dentelures spinescentes. Fruits sphériques.

PLANCHE 6. *Ports.*

1. CASUARINA [Fam. des *Casuarinées*]. ⁓ Grand arbre de la Nouvelle-Hollande. ⁓ Tronc épais, tête branchue, rameaux flexibles, pendans, verticillés, articulés, munis, à chaque articulation, de petites gaînes dentées, formées par des feuilles verticillées, conjointes.

2. AGAVE AMERICANA [Fam. des *Narcissées*]. ⁓ Plante grasse, vivace, qui croît dans les contrées chaudes de l'Amérique.⁓Feuilles radicales, roselées, longues de plus d'un mètre, larges de quinze à vingt centimètres, finissant insensiblement en pointe, canaliculées, bordées de dents spinescentes. Hampe d'environ cinq a

six metres, cylindrique, rectiligne, verticale, parsemée de feuilles squamiformes, aiguës, appressées. Panicule simple, pyramidale. Fleurs hermaphrodites, dressées, nombreuses, groupées à l'extrémité des pédoncules.

3. STIZOLOBIUM ALTISSIMUM [Fam. des *Légumineuses*]. ~~ Plante volubile qui s'élève au sommet des plus grands arbres des pays chauds de l'Amérique. ~~ Tige volubile. Feuilles alternes, pennées-trifoliolées. Pédoncule axillaire, filiforme, très-long, pendant, terminé par une ombelle de grandes et belles fleurs. Légume acinaciforme, ridé.

4. PASSIFLORA QUADRANGULARIS [Fam. des *Passiflorées*]. ~~ Plante grimpante, des pays chauds de l'Amérique. ~~ Tige quadrangulaire, débile, cirrifère. Feuilles alternes, pétiolées, oblongues-ovales; vrilles axillaires. Fleurs grandes, axillaires. Baies grosses, ellipsoïdes.

5. CYPERUS PAPYRUS [Fam. des *Cypéracées*]. ~~ Plante herbacée, vivace, aquatique, haute de trois à quatre mètres, originaire de l'Egypte. ~~ Tiges dressées, trigones, aphylles, engaînées à leur base. Ombelle grande, terminale, composée, involucrée et involucellée; pédicelles garnis de petits épis sessiles, alternes.

6. IRIS GERMANICA [Fam. des *Iridées*]. ~~ Plante d'Europe, herbacée, à racine vivace, haute quelquefois d'un mètre. ~~ Feuilles radicales, distiques, équitantes, très-comprimées, ensiformes. Tige feuillée, rameuse à son sommet. Fleurs hermaphrodites, terminales, spathées. Périanthe simple, adhérent, sexlobé; trois lobes extérieurs, réfléchis; trois lobes intérieurs, dressés.

7. HIPPURIS VULGARIS [Fam. des *Hygrobiées*]. ~~ Plante à racine vivace, qui croît en Europe dans les lieux marécageux. ~~ Tige cylindrique, très-simple. Feuilles linéaires, verticillées. Fleurs très-petites, verticillées.

PLANCHE 7. *Ports.*

1. PINUS PINEA [Fam. des *Conifères*]. ~~ Arbre de l'Europe méridionale. ~~ Cîme branchue, large, arrondie. Feuilles aciculaires, géminées, réunies en aigrettes au sommet des rameaux. Strobiles gros, ovoïdes.

2. ABIES PICEA [Fam. des *Conifères*]. ~~ Grand arbre qui croît en

Europe dans le nord et dans les pays de montagnes. ~ Tronc rectiligne, vertical. Cîme alongée, pyramidale. Branches subverticillées, très-ouvertes. Rameaux pendans. Feuilles rapprochées, petites, linéaires, tetragones, aiguës. Strobiles cylindriques, pendans.

3. Cycas circinalis [Fam. des *Cycadées*]. ~ Petit arbre dioïque, de l'Inde, semblable aux Palmiers par son port. ~ Stipe vertical, cylindrique. Feuilles pennées; folioles lancéolées-linéaires, involutées dans leur jeunesse. Pétioles épineux; épines folioléennes. Fleurs mâles en chaton. Fleurs femelles en épis. Individu femelle, chargé de fruits en *a*.

4. Fritillaria imperialis [Fam. des *Liliacées*]. ~ Plante bulbeuse, haute de quatre à cinq décimètres, originaire de la Perse. ~ Feuilles radicales, molles, alongées, ensiformes. Hampe nue, rectiligne, cylindrique, verticale. Fleurs grandes, terminales, pedonculées, ombellées, pendantes. Périanthe hexasépale, campanulé. Bractées nombreuses, alongées, foliacées, redressées, couronnantes.

5. Lycopodium cernuum [Famille des *Lycopodiacées*]. ~ Plante vivace, des pays chauds de l'Asie et de l'Amérique. ~ Tige dressée, branchue. Feuilles éparses, sétacées, infléchies. Épis petits, ovoïdes, penchés.

6. Digitalis purpurea [Fam. des *Personées*]. ~ Plante bisannuelle, haute de plus d'un mètre, qui croît dans les lieux montueux et dans les terreins sablonneux de l'Europe. ~ Tige dressée, ordinairement simple, feuillée. Feuilles alternes, ovales-lancéolées; les radicales plus grandes. Fleurs en épi, unilatérales, pédonculées, pendantes. Corolle tubuleuse-campanulée, à limbe tronqué obliquement.

7. Narcissus poeticus [Fam. des *Narcissées*]. ~ Plante bulbeuse, haute de deux à trois décimètres, qui croît dans les prairies de l'Italie, de l'Allemagne, de la Suisse, et du midi de la France. ~ Feuilles radicales, dressées, rubanaires. Hampe nue, uniflore. Fleur penchée, renfermée d'abord dans une spathe membraneuse qui se déchire latéralement.

8. Lycopodium alopecuroïdes [Fam. des *Lycopodiacées*]. ~ Plante vivace, de l'Amérique septentrionale, haute de quatre à cinq dé-

cimètres. ~~ Rameaux retombans, s'enracinant par leur extrémité. Feuilles linéaires-subulées, ouvertes.

9. Dodecatheon meadia [Fam. des *Primulacées*]. ~~ Plante herbacée, à racine vivace, haute d'un à deux décimètres, originaire de la Virginie. ~~ Feuilles radicales, humifuses, roselées, oblongues. Hampe nue, dressée, rectiligne, cylindrique. Fleurs pédicellées, ombellées, pendantes. Corolle quinquépartie, à divisions réfléchies.

PLANCHE 8. *Ports.*

1. Valisneria spiralis [Fam. des *Hydrocharidées*]. Plantes dioïques, aquatiques, stolonifères, croissant en Europe, en Amérique, et à la Nouvelle-Hollande. ~~ Feuilles radicales, rubanaires. ~~ A. Individu mâle : Pédoncules courts, terminés chacun par un épi spathé, ovoïde, submergé. ~~ B. Individu femelle : Pédoncules très-longs, spiralés, uniflores. Fleur spathée, flottante. Spathe monophylle, tubuleuse, bifide.

2. Pistia stratiotes [Fam. inconnue]. ~~ Plante nageante, stolonifère, qui croît dans l'Amérique septentrionale. ~~ Feuilles radicales, roselées, flabelliformes.

3. Trapa natans [Fam. des *Onagrariées*]. ~~ Plante vivace, aquatique, qui croît en Europe. ~~ Tige submergée, produisant de distance en distance des filets radicaux de deux sortes ; les uns simples, filiformes ; les autres ramifiés et pennés. Ceux-ci ne sont, suivant toute apparence, que des feuilles transformées. Feuilles terminales, roselées, nageantes ; pétiole ampullaire ; lame rhombée, dentelée. ~~ A. Individu peu après la germination. (*a.* Fruit. (*b.* Pétiole de l'un des deux cotylédons qui reste enfermé dans le fruit. (*c.* L'autre cotylédon. (*d.* Racine. (*e.* Tige. ~~ B. Individu plus développé.

4. Butomus ombellatus. [Fam. des *Alismacées*]. ~~ Plante herbacée, vivace, qui s'élève quelquefois à plus d'un mètre. Elle croît en Europe sur le bord des marais, des lacs, et des rivières. ~~ Feuilles radicales, dressées, rubanaires, planes et pointues au sommet, triquêtres à la base. Hampe rectiligne, cylindrique. Ombelle simple, terminale, involucrée.

5. Potamogeton compressum [Fam. des *Alismacées*]. ~~ Herbe annuelle, aquatique, qui croît en Europe, dans les ruisseaux et les

fossés. ~~ Tiges comprimées, grêles, feuillées. Feuilles alternes, linéaires. Epis terminaux, interrompus. Fleurs verticillées.

6. NELUMBO NUCIFERA [Fam. inconnue]. ~~ Plante aquatique, à racine vivace, qui croît dans les Indes, l'Egypte, et l'Amérique. ~~ Feuilles radicales, émergées, pédonculées, peltées, arrondies, concaves, involutées avant la foliation. Pédoncule uniflore. Calice non adhérent, tétra ou pentasépale. Corolle polypétale, roselée. Etamines nombreuses, hypgoynes. Gynophore obcônique, alvéolé; chaque alvéole contenant un ovaire monostyle. Style très-court; stigmate unique. Fruit: vingt à trente carcérules coriaces, monospermes, ellipsoïdes, logées dans les alvéoles du gynophore endurci. On pourrait considérer le calice et la corolle du Nélumbo comme un involucre polyphylle; les étamines comme autant de fleurs mâles; le gynophore comme un axe déprimé, alvéolé, et chargé de fleurs femelles. Cette façon de voir tendrait à faire sentir les rapports très-réels qui existent entre le Nélumbo et les Pipéritées; mais je sens bien qu'elle s'éloignerait trop des idées reçues et qu'elle semblerait faire prévaloir l'analogie sur l'observation, ce qu'on ne saurait trop éviter. Tant qu'on n'aura pas étudié les ovaires du Nélumbo avant leur entier développement, on n'aura qu'une idée imparfaite de cette plante singulière. (*a.* Jeunes feuilles involutées. (*b.* Fleur. (*c.* Fruit.

7. JUNCUS CONGLOMERATUS [Fam. des *Joncées*]. ~~ Plante herbacée, vivace, qui s'élève à cinq ou six décimètres. ~~ Elle croît en Europe, dans les marais et les fossés. Tiges très-simples, aphylles, rectilignes, cylindriques, verticales, terminées en pointe. Panicule serrée, subapicilaire, unilatérale.

8. FUCUS ARTICULATUS [Fam. des *Algues*]. ~~ Plante marine de l'Océan Atlantique, haute de deux décimètres et plus. ~~ Patte tubereuse. Fronde cartilagineuse, irrégulièrement dichotome, moniliforme, articulée; chaque article chargé de conceptacles.

9. FUCUS DIGITATUS [Fam. des *Algues*]. ~~ Plante qui croît abondamment dans les mers d'Europe. ~~ Tige simple, cylindrique. Patte fibreuse. Fronde comprimée, flabelliforme, digitée.

10. FUCUS NATANS [Fam. des *Algues*]. ~~ Plante marine, qui se détache des rochers sur lesquels elle croît, et vient nager en si grande abondance à la surface de la mer, qu'elle y forme des

banes qui retardent la navigation. On la trouve dans l'Océan atlantique, et dans les mers des Indes et du Sud. ⁓ Patte tubereuse. Tige filiforme. Fronde rameuse ; frondilles lancéolées, dentelées. Ampoules globuleuses, pédonculées.

11. FUCUS OBTUSATUS [Fam. des *Algues*]. ⁓ Plante marine du Cap Van-Diemen, de deux à trois décimètres de haut. ⁓ Fronde coriace, comprimée, rameuse, dichotome, linéaire.

PLANCHE 9. *Organisation des tiges.*

1. PLATANUS ORIENTALIS [Fam. des *Salicinées*]. ⁓ A. Coupe transversale d'une jeune branche pour montrer l'organisation commune à la plupart des arbres dicotylédons. ⁓ B. Portion de la même. Coupe verticale et transversale. (*a. b.* Écorce (*a. c.* Partie extérieure de l'écorce, desséchée et désorganisée. (*b. c.* Partie vivante de l'écorce. (*c. d.* Partie de l'écorce constamment rejetée à la circonférence. (*b. d.* Autre partie de l'écorce, connue sous le nom de *liber*. (*e.* Origine des rayons médullaires qui remplissent les mailles du bois. Ils sont formés par le tissu cellulaire de l'écorce. (*f.* Extrémité des filets qui forment les mailles du liber. (*b. i.* Corps ligneux, composé des trois couches *b. g.*, *g. h.* et *h. i.* (*h. i.* Première couche formée. (*g. h.* Seconde couche formée. (*b. g.* Troisième couche formée. En *b*, en *g*, en *h*, on voit une zone qui indique le repos de la végétation. (*i. k.* Moëlle.

2. PTYCHOSPERMA GRACILIS [Fam. des *Palmiers*]. ⁓ A. Coupe verticale et transversale du stipe pour montrer la différence qui existe ordinairement entre cette espèce de tige, qui provient d'un embryon monocotylédon, et le tronc ou les branches des Dicotylédons. ⁓ B. La même. (*a. b.* Partie du stipe où se trouvent réunis des filets ligneux plus durs et en plus grand nombre. (*b. c.* Filets moins nombreux, moins épais, moins compactes, moins durs. (*c. d.* Filets tendres plus écartés les uns des autres. On voit au centre de chacun, l'orifice d'un gros tube qui a disparu dans les filets *b. c.* et *a. b.* Dans toute la partie *c. d.* le tissu cellulaire occupe un espace plus considérable que dans la partie *b. c.*, et sur tout que dans la partie *a. b.*, où le bois domine évidemment. Les filets *e.* sont de nouvelle formation ; les filets *f.* sont plus anciens ; les filets *g.* sont encore d'une date plus reculée : ainsi le développement du bois suit une marche inverse de celle

qu'on observe dans les Dicotylédons. (*h*. Jonction des filets ligneux qui parcourent le stipe.

3. CYATHEA [Fam. des *Fougères*]. Coupe transversale et verticale du stipe, pour montrer une des modifications les plus remarquables de l'organisation des tiges des Monocotylédons. Le bois de la circonférence se forme en lames contournées sur elles-mêmes. Ces lames vont former les filets ligneux des pétioles.

PLANCHE 10.

Organes élémentaires, vus au microscope, considérés par hypothèse, comme étant distincts et séparés du tissu environnant.

1. TISSU CELLULAIRE RÉGULIER ET SANS PORES APPARENS. On voit l'étroite liaison que toutes les parties de ce tissu ont entre elles. Chaque paroi est commune au moins à deux cellules à-la-fois.

2. TISSU CELLULAIRE POREUX, très grossi. Il ne diffère du précédent que parce qu'il est criblé de pores. Ces pores sont représentés environnés d'un bourrelet qui, cependant, n'existe pas toujours.

3. CELLULE TRÈS-ALONGÉE ET COUPÉE DE FENTES TRANSVERSALES comme les fausses-trachées.

4. TISSU CELLULAIRE LIGNEUX. Sa forme habituelle est telle que je l'ai représentée ici; mais elle varie dans quelques plantes. Plusieurs auteurs ont figuré le bois comme étant composé de tuyaux cylindriques, placés à côté les uns des autres, et ils ont admis des fibres ou des vaisseaux latéraux pour tenir ces tubes réunis. Je n'ai rien vu de semblable dans aucune plante, mais j'ai toujours trouvé que le bois était, de même que le reste du végétal, formé de tissu cellulaire. Le tissu cellulaire ligneux est quelquefois poreux.

5. TUBE POREUX. Les pores sont rangés circulairement autour du tube.

6. TUBE POREUX avec une division en *a*. et une subdivision en *b*. Aux endroits où le vaisseau se ramifie, il se forme un tissu cellulaire poreux qui établit la communication entre le vaisseau et ses rameaux.

7. PORTION DE VAISSEAUX POREUX extrêmement grossie, pour faire voir chaque pore et le bourrelet saillant dont il est entouré.

PLANCHE 10. *Organes élémentaires, etc.*

8. FAUSSE-TRACHÉE.

9. FAUSSE-TRACHÉE, avec division en *a.*, et subdivision en *b.*

10. PORTION DE TRACHÉE considérablement grossie, pour faire voir les fentes transversales dont cette espèce de tube est coupée, et le bourrelet souvent placé au-dessus et au-dessous de chaque fente.

11. TRACHÉE A SIMPLE SPIRALE.

12. TRACHÉE A DOUBLE SPIRALE.

13. PORTION DE FAUSSE-TRACHÉE considérablement grossie, pour faire voir le double bourrelet dont une lame est souvent bordée.

14. TUBE MIXTE, c'est-à-dire, tube qui réunit les caractères de plusieurs vaisseaux à-la-fois. Les parties *a.* offrent les spires des trachées; en *b.*, on reconnait les tubes poreux; en *c.*, les fausses-trachées.

15. VAISSEAUX EN CHAPELET ou MONILIFORMES. Ils forment dans le tissu cellulaire, des veines que l'on remarque facilement à cause de leur porosité.

16. VAISSEAUX PROPRES SIMPLES. Ce sont des tubes membraneux dont la paroi est entière, c'est-à-dire, qu'elle n'est ni poreuse, ni coupée de fentes.

Les vaisseaux propres contenus dans l'écorce de plusieurs Pins et Sapins, sont des tubes charnus, tortueux, assez courts, et fermés à leurs extrémités, comme des *cæcum*.

17. VAISSEAUX PROPRES FASCICULAIRES. Ce sont de petits tubes réunis en faisceaux, de telle sorte que les parois des uns sont en même temps les parois des autres, comme on l'observe dans le tissu cellulaire. Ces vaisseaux se divisent facilement, dans leur longueur, en fils déliés, plus ou moins forts, selon les espèces de végétaux dont on les extrait.

18. LACUNE. Les lacunes sont des déchiremens presque toujours réguliers qui ont constamment lieu dans le tissu cellulaire de certaines espèces de végétaux.

PLANCHE 11. *Anatomie microscopique.*

1. PINUS SILVESTRIS [Fam. des *Conifères*]. ⁓ + + Coupe transversale de la tige. (*a. b.* Ecorce. (*b. c.* Bois. (*c. d.* Moëlle. (*e.* Lacune formée dans le tissu cellulaire de l'écorce, et faisant les fonctions

de vaisseau propre. (*b. f.* Liber formant la partie la plus intérieure de l'écorce. (*b. g.* Zone extérieure du bois. (*g. c.* Zone intérieure du bois. (*h.* Rayons ou insertions médullaires. (*i.* Lacunes du tissu ligneux servant de canaux à la sève.

2. Asclepias fruticosa [Fam. des *Apocinées*]. ⁓ + + A. Coupe transversale d'une très-jeune branche. (*a. b.* Écorce. (*b. c.* Bois. (*c. d.* Moëlle. (*b. e.* Liber. (*f.* Vaisseaux propres, réunis en faisceaux. (*g.* Vaisseaux poreux. ⁓ B. Coupe verticale de la même branche. (*a. b.* Écorce. (*b. c.* Bois. (*c. d.* Moëlle. (*b. e.* Liber. (*f.* Vaisseaux propres fasciculaires. (*g.* Vaisseaux poreux. (*h.* Tissu de cellules alongées et poreuses, qui constitue la partie la plus solide du bois. (*i.* Cellules poreuses.

3. Dracaena reflexa [Fam. des *Asparaginées*]. ⁓ + + Coupe transversale d'une jeune branche du stipe. (*a.* Écorce. (*b.* Filets ligneux entourés de tissu cellulaire.

PLANCHE 12. *Anatomie microscopique.*

1. Vitis vinifera. [Fam. des *Vinifères*]. ⁓ + + A. Coupe transversale d'une jeune branche. (*a. b.* Écorce. (*b. c.* Bois. (*c. d.* Moiëlle. (*e.* Filets ligneux contenus dans l'écorce. Par effet de la végétation ils sont constamment repoussés à la circonférence. (*f.* Rayons médullaires. (*g.* Tissu cellulaire alongé, qui constitue la partie solide du bois. (*h.* Gros tubes poreux ou fendus. (*i.* Trachée. (*k.* Lacunes de la moëlle. (*l.* Cloisons poreuses. ⁓ B. Coupe verticale diamétrale de la même branche. (*a. b.* Écorce. (*b. c.* Bois. (*c. d.* Moëlle. (*e.* Filet ligneux de l'écorce. (*f.* Rayons ou insertions médullaires. (*g.* Tissu cellulaire alongé, qui constitue la partie solide du bois. (*h.* Gros tubes poreux ou fendus. (*i.* Double trachée. (*k.* Lacunes de la moëlle. (*l.* Cloisons poreuses. ⁓ C. Coupe transversale d'une branche plus forte. (*a. b.* Écorce. (*b. c.* Bois. (*c. d.* Moëlle. (*b. e.* Liber. (*e. f.* Partie nouvelle de l'écorce. (*f. a.* Partie ancienne de l'écorce qui se détache de la nouvelle. (*g.* Lacunes où doivent se développer les gros vaisseaux du bois. (*h.* Un rayon médullaire. (*i.* Tissu cellulaire alongé, qui constitue la partie solide du bois. (*k.* Gros vaisseaux poreux et fendus. ⁓ D. Portion d'un gros vaisseau du bois, détaché du reste du tissu. Il offre des pores et des fentes, et porte à sa superficie, les lambeaux du tissu qui l'environnait et dont il n'était lui-même que la continuation.

PLANCHE 12. *Anatomie microscopique.*

2. ILEX AQUIFOLIUM [Fam. des *Rhamnées*]. ~~ + + Coupe transversale d'une branche très-jeune. (*a. b.* Écorce. (*b. c.* Bois. (*c. d.* Moëlle.

PLANCHE 13. *Anatomie microscopique.*

1. AYLANTUS GLANDULOSA. [Fam. des *Térébintacées*]. ~~ + + A. Coupe transversale d'une jeune tige. (*a. b.* Écorce. (*b. c.* Bois. (*c. d.* Moëlle. (*b. e.* Liber. (*f.* Lacunes qui se trouvent dans le liber et sont probablement les vides dans lesquels se développent les tubes ou vaisseaux du bois. (*g.* Tissu cellulaire alongé, qui constitue la partie la plus solide du bois. (*h.* Gros tubes poreux et fausses-trachées du bois. (*i.* Trachées. (*k.* Rayons ou insertions médullaires ~~ B. Coupe verticale diamétrale de la même tige. (*a. b.* Écorce. (*b. c.* Bois. (*c. d.* Moëlle. (*b. e.* Liber. (*g.* Tissu cellulaire alongé, qui constitue la partie la plus solide du bois. (*h.* Gros tubes poreux et fausses-trachées du bois. (*i.* Trachées. (*k.* Rayons ou insertions médullaires.

2. ELYMUS SIBIRICUS [Fam. des *Graminées*]. ~~ + + A. Coupe transversale du chaume. (*a. b.* Tissu cellulaire alongé, qui constitue la partie extérieure et solide du chaume. (*c.* Filets ligneux de l'intérieur du chaume. (*d.* Trachées et tubes annulaires, logés dans les filets ligneux (*e.* Tissu cellulaire de l'intérieur. ~~ B. Coupe verticale diamétrale du même chaume. (*a. b.* Tissu cellulaire alongé, qui constitue la partie extérieure et solide du chaume. (*c.* Filets ligneux de l'intérieur. (*d.* Trachée qui adhère au tissu environnant. (*e.* Vaisseau annulaire qui n'est, comme l'on voit, qu'une continuation de la trachée inférieure et supérieure. (*f.* Tissu cellulaire qui entoure les filets ligneux.

PLANCHE 14. *Anatomie microscopique.*

1. PLATANUS ORIENTALIS [Fam. des *Salicinées*]. ~~ + + Épiderme de la feuille à travers lequel on voit les parois alongées du tissu cellulaire, les veinules, les parois ondulées du parenchyme, et des glandes miliaires sans nombre, semées irrégulièrement.

2. LARIX AMERICANA [Fam. des *Conifères*]. ~~ + + Épiderme de la feuille. Glandes miliaires disposées en séries assez régulières. Leur nature cellulaire et leur forme bombée paraissent ici parfaitement.

PLANCHE 14. *Anatomie microscopique.*

3. Thymus virginicus [Fam. des *Labiées*]. ⁓ + + Épiderme de la surface inférieure de la feuille. Les parois du tissu cellulaire sont ondulées. Les glandes miliaires sont tantôt elliptiques, tantôt rondes, tantôt transparentes, tantôt obscures à leur centre, et elles ont une analogie frappante avec de petits poils courts, côniques, qui naissent çà et là. Deux glandes papillaires, en *a.*, couvrent une partie considérable de cette portion d'épiderme.

4. Lavandula spica latifolia [Fam. des *Labiées*]. ⁓ + + Épiderme couvert de glandes miliaires et de poils rameux.

5. Salvia nemorosa [Fam. des *Labiées*]. ⁓ + + Épiderme de la corolle, couvert de poils côniques, articulés, ponctués, et de glandes globulaires.

6. Phlomis nepetifolia [Fam. des *Labiées*]. ⁓ + + Épiderme couvert de glandes miliaires, de glandes papillaires, et de poils côniques ou cylindracés, articulés, basilés.

7. Croton penicillatum [Fam. des *Euphorbiacées*]. ⁓ + + Poils qui naissent au bord des feuilles; ils sont grèles et surmontés d'une glande cupulaire.

8. Croton penicillatum [Fam. des *Euphorbiacées*]. ⁓ + + Poils qui naissent à la surface des feuilles. Ils sont étoilés.

9. Lychnis chalcedonica [Fam. des *Caryophyllées*]. ⁓ + + Poils cylindracés, moniliformes, ponctués, obtus.

10. Humulus lupulus [Fam. des *Urticées*]. ⁓ + + Poils des feuilles. Ils sont biacuminés, basilés, et ressemblent avec leur base, à une petite enclume.

11. Rosa maxima [Fam. des *Rosacées*]. ⁓ + + Poils des pédoncules et des jeunes rameaux. Ils sont cupulifères. Onvoit, en *a.*, une goutte de liqueur qui sort de la glande.

12. Urtica dioïca [Fam. des *Urticées*]. ⁓ + + Poils des feuilles et des tiges. Ils sont subulés, perforés, et basilés. Leur pointe semble être surmontée d'une petite vésicule

13. Marrubium peregrinum (Fam. des *Labiées*]. ⁓ + + Poils des feuilles et des rameaux. Ils sont aspergilliformes.

14. Thrincia hispida [Fam. des *Synanthérées semiflosculeuses*]. ⁓ + + Poils des feuilles. Ils sont bifurqués ou trifurqués.

PLANCHE 14. *Anatomie microscopique.*

15. AMYGDALUS [Fam. des *Rosacées*]. ~~~ + + Glandes du bord des feuilles. Elles sont cupulaires.

16. MALPIGHIA URENS [Fam. des *Malpighiacées*]. ~~~ + + Un des poils ou soies de la surface inférieure des feuilles. Ils sont rectilignes, biacuminés, sessiles.

17. DICTAMNUS ALBUS [Fam. des *Rutacées*]. ~~~ + + Poils du pistil. Ils sont capités ou claviformes, et surmontés d'un mucron.

18. BORRAGO LAXIFLORA [Fam. des *Borraginées*]. ~~~ + + Poil. Il est subulé et papilleux.

19. TILIA AMERICANA [Fam. des *Tiliacées*]. ~~~ + + Coupe verticale tangentale du liber. On voit en *a.*, le réseau de cellules alongées que Malpighi compare à la chaîne d'une toile, et en *b.*, le tissu cellulaire qu'il compare à la trame. Telle est ordinairement l'organisation du liber.

20. TILIA AMERICANA [Fam. des *Tiliacées*]. ~~~ + + Coupe verticale tangentale du bois. On voit en *a.*, le tissu alongé qui constitue la partie la plus solide du bois; en *b.*, les rayons ou insertions médullaires; en *c.*, les vaisseaux poreux, coupés dans leur longueur; en *d.*, les restes d'une fausse-trachée qui forme la continuation d'un tube poreux.

PLANCHE 15. *Expériences de Statique végétale.*

1. REPRÉSENTATION DE L'APPAREIL employé au Muséum d'Histoire Naturelle de Paris, par MM. Desfontaines, Chevreul, et moi, pour répéter l'expérience de Hales, sur la transpiration d'un *Helianthus annuus.* (*a.* Balance de Sanctorius. (*b. Helianthus* en expérience. (*c.* Vase vernissé dans lequel il a été planté. (*d.* Lames de plomb qui ferment l'orifice du vase. (*e.* Tube par lequel on arrose la plante.

2. REPRÉSENTATION DE L'APPAREIL employé au Château de Saint-Leu, par M. Chevreul et moi, pour répéter l'expérience de Hales, sur la force avec laquelle une vigne aspire l'humidité de la terre. (*a.* Cep de vigne de dix-huit lignes de diamètre, coupé à dix-huit pouces de terre. (*b.* Virole de cuivre ajustée et lutée à l'extrémité du chicot. (*c.* Vessie recouvrant le lut pour maintenir l'appareil. (*d.* Tube de verre à double courbure, ajusté à la partie supérieure de la virole de cuivre. Ce tube avait cinq lignes de dia-

PLANCHE 15. *Expérience de Statique végétale.*

mètre. (*e. f. h.* Partie du tube remplie par une colonne de mercure dont les deux extrémités étaient parfaitement de niveau en *e.*, et en *f.*, au commencement de l'expérience. (*e. g.* Abaissement le plus considérable (vingt-neuf pouces) du mercure dans la branche, *e. h.*, occasionné par la succion des racines qui force l'air contenu dans les vaisseaux, à se dégager dans le tube. (*f. i.* Élévation du mercure dans la branche *h. k.*, égale à son abaissement dans la branche *e. h.* Il suit de là que la portion de la colonne de mercure *i. f.*, qui s'élève de vingt-neuf pouces au-dessus du premier niveau *f.*, exprime la force de la succion des racines du chicot *a.*

PLANCHE 16. *Racines, Turions, Tubercules.*

1. Arum italicum. Racine progressive, tubéreuse. (*a.* Turion.

2. Orchis militaris [Fam. des *Orchidées*]. ~ Racine scrotiforme. (*a.* Tubercule ancien qui porte et nourrit la tige de l'année. (*b.* Tubercule nouveau qui produira et nourrira la tige de l'année suivante. (*c.* Radicelles fibreuses.

3. Orchis latifolia [Fam. des *Orchidées*]. ~ Racine palmée. (*a.* Radicelles fibreuses. (*b.* Turion.

4. Raphanus sativus, *variété* Rave [Fam. des *Crucifères*]. ~ Racine fusiforme, pivotante.

5. Brassica napus [Fam. des *Crucifères*]. ~ Racine napiforme, pivotante.

6. Daucus carota [Fam. des *Ombellifères*]. ~ Racine cônique, pivotante.

7. Scabiosa succisa [Fam. des *Dipsacées*]. ~ Racine mordue, garnie de radicelles fibreuses.

8. Ophrys nidus avis [Fam. des *Orchidées*]. ~ Racine grumeleuse.

9. Fraxinus ornus [Fam. des *Jasminées*]. ~ Racine pivotante, branchue.

10. Helianthus tuberosus [Fam. des *Synanthérées radiées*]. ~ Racine fibreuse et tuberculeuse.

11. Avena elatior nodosa [Fam. des *Graminées*]. ~ Racine noueuse, articulée, chevelue aux articulations. Cette racine est formée par la base du chaume dont les articles sont renflés.

PLANCHE 16. *Racines, Turions, Tubercules.*

12. GRATIOLA OFFICINALIS [Fam. des *Personées*]. ~ Racine horizontale, progressive, articulée, fibreuse aux articulations. Cette racine formée par la base de la tige, est souvent géniculée.

13. ALLIUM NUTANS [Fam. des *Asphodelées*]. ~ Racine progressive, bulbifère en *a.*, sigillée en *b.*, fibreuse en *d.*

PLANCHE 17. *Racines, Turions, Bulbes, Tubercules.*

FUMARIA BULBOSA [Fam des *Papavéracées*]. ~ Racine fibreuse, bulbifère; bulbe arrondie, tuniquée, tubéreuse. ~ A. Bulbe entière. ~ B. La même coupée verticalement.

2. SAXIFRAGA GRANULATA [Fam. des *Saxifragées*]. ~ Racine chevelue, bulbilifère; bulbilles écailleuses.

3. SPIRAEA FILIPENDULA [Fam. des *Rosacées*]. ~ Racine filipendulée.

4. PHLEUM NODOSUM [Fam. des *Graminées*]. ~ Racine noueuse, articulée, chevelue aux articulations.

5. ALLIUM NIGRUM [Fam. des *Asphodelées*]. ~ Racine fibreuse, bulbifère; bulbe arrondie, tubéreuse. On voit en *a.*, le plateau d'où partent les radicelles fibreuses.

6. IXIA POLYSTACHIA [Fam. des *Iridées*]. ~ Racine fibreuse, bulbifère; bulbe superposée *a.*, tuniquée.

7. GLADIOLUS [Fam. des *Iridées*]. ~ Racine fibreuse, bulbifère; bulbe arrondie, tubéreuse, tuniquée; tunique fibreuse. ~ A. Bulbe entière. ~ B. La même coupée verticalement pour faire voir la structure du turion *a.*

8. ALLIUM CEPA [Fam. des *Asphodelées*]. ~ Racine fibreuse, bulbifère; bulbe arrondie, tuniqueuse. ~ A. Bulbe entière. ~ B. La même coupée transversalement pour faire voir les tuniques charnues dont elle est composée.

9. ASPHODELUS RAMOSUS [Fam. des *Asphodelées*]. ~ Racine fasciculée.

10. POLYGONUM BISTORTA [Fam. des *Polygonées*]. ~ Racine épaisse, progressive, contournée.

PLANCHE 18. *Boutons, Bulbes.*

1. SYRINGA VULGARIS [Fam. des *Jasminées*]. ~ A. Branche portant des boutons mixtes, opposés, revêtus d'une pérule écailleuse.

~~ B. La même, coupée verticalement pour faire voir le thyrse de fleurs formé dans les boutons dès l'automne.

2. Daphne mezereum [Fam. des *Thymélées*]. ~~ A. Branche chargée de boutons à fleurs, latéraux, et d'un bouton à feuilles, terminal. Pérules écailleuses. ~~ B. L'extrémité de la même, coupée verticalement pour faire voir l'intérieur du bouton à feuilles.

3. Dirca palustris [Fam. des *Thymélées*]. ~~ A. Branche après la chûte des feuilles. (*a*. Boutons internes. ~~ B. Portion de la même branche, coupée verticalement pour faire voir le bouton à fleurs, caché dans l'intérieur de la branche.

4. Malus communis. [Fam. des *Rosacées*]. ~~ A. Branche à bourse. (*a*. Bouton à fleurs, revêtu d'une pérule écailleuse. (*b*. Impressions qui indiquent la place qu'occupaient les boutons de l'année précédente. ~~ B. La même, coupée verticalement.

5. Allium sativum [Fam. des *Asphodelées*]. ~~ Racine fibreuse bulbifère; bulbe ovoïde-arrondie, composée, tuniqueuse. (*a*. Cayeux.

6. Lilium candidum [Fam. des *Liliacées*]. ~~ Racine fibreuse, bulbifère; bulbe ovoïde, écailleuse.

7. Crocus sativus [Fam. des *Iridées*]. ~~ Racine fibreuse, bulbifère; bulbe arrondie-déprimée, tubéreuse, tuniquée; tunique fibreuse. ~~ A. Bulbe entière. (*a*. Turions épars. (*b*. Un turion poussant. ~~ B. La même, coupée verticalement.

PLANCHE 19. *Stipe, Tronc, Boutons.*

1. Stipe d'un Palmier, engaîné par une plante grimpante dont les ramifications sont greffées, et qu'on croit être un *Bauhinia*. Ce tronçon, qui a trois ou quatre décimètres de diamètre, a été rapporté d'Amérique. Il est exposé dans l'escalier de la galerie de botanique du Muséum d'Histoire Naturelle, où les curieux peuvent le voir. Je l'ai fait dessiner pour montrer que les stipes des Palmiers ne croissent pas en diamètre, comme les troncs des Dicotylédons. En effet, s'ils étaient de nature à grossir annuellement, une pression exercée à leur surface occasionnerait la formation d'un bourrelet, ainsi qu'on l'observe dans les arbres dicotylédons; mais, quelque puissante qu'ait été la pression du *Bauhinia*, on voit que le stipe a conservé partout sa forme primitive; preuve certaine que cette espèce de tronc n'a pris aucune augmentation en diamètre depuis le développement du *Bauhinia*.

PLANCHE 19. *Stipe, Tronc, Boutons.*

2. Jeune tronc d'un QUERCUS ROBUR [Famille des *Corylacées*], entouré par la tige d'un *Lonicera periclymenum* (Fam. des Caprifoliacées). Comme le *Quercus robur*, qui est notre Chêne commun, est un arbre dicotylédon, son tronc grossit annuellement par les couches qui se développent entre la partie extérieure de l'écorce et le bois; d'où il suit que la pression qu'exerce sur ce tronc, un lien quelconque, par exemple, la tige volubile du Chevrefeuille, y fait naître un bourrelet. Ce bourrelet se produit au-dessus du lien; mais par inadvertence, le dessinateur a renversé le tronçon qui lui servait de modèle, et le bourrelet est representé au-dessous du lien. Pour rétablir les choses dans l'état naturel, il suffit de renverser la gravure. (*a.* Partie inférieure du tronc. (*b.* Partie supérieure.

3. CHAMÆROPS HUMILIS [Fam. des *Palmiers*]. ~~ Jeune arbre. *Voyez* planche 3, un Chamærops ancien. (*a.* Racine fibreuse. (*b.* Stipe commençant à s'alonger. Il est marqué à sa base *b. c.* de cicatrices transversales qui indiquent l'insertion des premières feuilles, lesquelles se sont détachées. (*c. b.* Partie supérieure du stipe, encore recouverte par la base engaînante des pétioles. Cette gaîne, en vieillissant, se divise en fils croisés qui imitent une grosse toile à claire-voie. On peut juger par la disposition des gaînes qui se suivent en décrivant une spirale, que les feuilles de ce Palmier sont essentiellement alternes et spiralées. (*d.* Feuilles terminales, couronnantes, pétiolées, flabelliformes, digitées, plissées dans leur jeunesse; pétioles garnis d'épines folioléennes.

4. PINUS MARITIMA [Fam. des *Cônifères*]. ~~ Bouton composé qui commence à s'alonger en bourgeon. (*a.* Écailles qui formaient la pérule commune; elles se divisent à leur bord en filamens très-déliés. (*b.* Boutons particuliers, avant leur développement. Ils sont placés dans l'aisselle de chaque écaille de la pérule commune et sont revêtus chacun d'une pérule particulière, formée de gaînes membraneuses, emboîtées les unes dans les autres. L'axe de ces boutons ne s'alonge point, ensorte que les feuilles qu'ils produisent, restent réunies en un faisceau, comme on peut le voir dans les *Pinus strobus* et *halepensis*, pl. 21, fig. 3, 4.

5. HIPPOPHAE RHAMNOÏDES [Fam. des *Eléagnées*]. ~~ A. Portion d'une jeune tige. (*a.* Branches ouvertes, opposées. (*b.* Boutons nus. ~~ B. La même, coupée verticalement. (*a.* Écorce. (*b.* Couche ligneuse, qui est la seconde dans la tige *c.*, et la première

dans les branches *d.*, comme il est facile de le reconnaître par la seule inspection de la figure. (*e.* Couche ligneuse qui constitue la première couche de la tige *c.*, et n'existe pas dans les branches *d.*, parce que sa formation est antérieure à leur développement. (*f.* Moëlle.

PLANCHE 20. *Boutons.*

1. MAGNOLIA GRANDIFLORA [Famille des *Magnoliacées*]. ⁓ Extrémité d'une jeune branche. (*a.* Portion d'une feuille. (*b.* Pérule terminale, fusiforme, composée de deux stipules membraneuses, caulinaires, soudées par leurs bords.

2. LIRIODENDRUM TULIPIFERA [Fam. des *Magnoliacées*]. ⁓ Extrémité d'une jeune branche. (*a.* Pérule ouverte, composée de deux stipules caulinaires, ovales, membraneuses. (*b.* Portion du pétiole de la feuille. (*c.* Autre pérule dont on a détaché une stipule *d.*, pour faire voir la situation des feuilles *e.*, et des boutons *f.* Les boutons *f.* sont munis chacun d'une pérule semblable à la pérule *a.*, et à la pérule *c.*

3. PLATANUS ORIENTALIS [Fam. des *Salicinées*]. ⁓ Portion de branche. (*a.* Partie inférieure du pétiole, coupée verticalement pour montrer la cavité *b.*, dans laquelle est logé le bouton *c.* Cette cavité fait fonction de pérule.

4. RIBES [Fam. des *Grossulariées*]. ⁓ A. Jeune feuille plissée. ⁓ B. Coupe oblique de la même.

5. ACONITUM [Fam. des *Renonculacées*]. ⁓ Jeune feuille infléchie.

6. ASPIDIUM FILIX MAS [Fam. des *Fougères*]. ⁓ Jeune feuille circinée. Elle est couverte d'écailles membraneuses, imbriquées.

7. Coupe d'une feuille appartenant à un bouton de feuilles convolutées.

8. Coupe d'une feuille involutée.

9. Coupe d'une feuille révolutée.

10. Coupe d'une feuille appartenant à un bouton de feuilles condupliquées.

11. Coupe de feuilles équitantes, distiques.

12. Coupe de feuilles en regard.

13. Coupe de feuilles obvolutées.

PLANCHE 20. *Boutons.*

14. Coupe d'une feuille plissée.
15. Coupe de feuilles convolutées.
16. Coupe de feuilles involutées, opposées.
17. Coupe de feuilles involutées, alternes.
18. Coupe de feuilles révolutées, opposées.
19. Autre coupe de feuilles équitantes, distiques.
20. Coupe de feuilles équitantes, alternes.

PLANCHE 21. *Feuilles.*

1. PODOCARPUS ELONGATA [Fam. des *Cônifères*]. ~~ Feuille linéaire, de grandeur naturelle.
2. TAXUS BACCATA [Fam. des *Cônifères*]. ~~ Feuille linéaire, de grandeur naturelle.
3. PINUS STROBUS [Fam. des *Cônifères*]. ~~ Cinq feuilles fasciculées, aciculaires.
4. PINUS HALEPENSIS [Fam. des *Cônifères*]. ~~ Deux feuilles aciculaires.
5. JUNIPERUS COMMUNIS [Fam. des *Cônifères*]. ~~ Feuille subulée, de grandeur naturelle.
6. OROBANCHE MAJOR [Fam. des *Personées*]. ~~ Feuille squamiforme.
7. IRIS PUMILA [Fam. des *Iridées*]. ~~ — Feuille très-comprimée, engaînante, ensiforme. (*a. c.* Bords inférieur et supérieur tenant la place des faces inférieure et supérieure des feuilles non comprimées. (*b.* Les deux bords de la gaîne.
8. ASPERULA ODORATA [Fam. des *Rubiacées*]. ~~ Feuilles verticillées, novenées, lancéolées.
9. SALIX ALBA [Fam. des *Salicinées*]. ~~ — Feuille lancéolée, dentelée.
10. FILAGO [Fam. des *Synanthérées flosculeuses*]. ~~ Feuille spatulée, soyeuse.
11. LONICERA SYMPHORICARPOS [Fam. des *Craprifoliées*]. ~~ Feuille ovale.
12. MAGNOLIA GLAUCA [Fam. des *Magnoliacées*]. ~~ — Feuille oblongue.
13. SYDEROXYLON ATROVIRENS [Fam. des *Sapotées*]. ~~ — Feuille elliptique.

PLANCHE 21. *Feuilles.*

14. Cornus mascula [Fam. des *Caprifoliacées*]. ~~ — Feuille ovale-acuminée.

15. Cynanchum erectum [Fam. des *Apocinées*]. ~~ — Feuille cordiforme.

16. Betonica officinalis [Fam. des *Labiées*]. ~~ — Feuille subcordiforme-oblongue, obtuse, crénelée.

17. Asarum europaeum [Fam. des *Aristoloches*]. ~~ Feuille reinaire, émarginée au sommet, veineuse.

18. Rumex acetosa [Fam des *Polygonées*]. ~~ — Feuille oblongue-sagittée.

19. Ulmus campestris [Fam. des *Ulmacées*]. ~~ — Feuille ovale-acuminée, doublement dentelée, à base oblique.

20. Lysimachia nummularia [Fam. des *Primulacées*]. ~~ Feuille arrondie, très-entière.

21. Hydrocotyle vulgaris [Fam. des *Ombellifères*]. ~~ Feuille orbiculaire, largement crénelée, peltée.

22. Sagittaria sagittifolia [Fam. des *Alismacées*]. ~~ — Feuille sagittée.

23. Begonia obliqua [Fam. inconnue]. ~~ — Feuille oblique, cordiforme, sinuolée.

24. Menyanthes nymphoïdes [Fam. des *Primulacées*]. ~~ Feuille cordiforme, obtuse.

25. Polygonum fagopyrum [Fam. des *Polygonées.*] ~~ — Feuille cordiforme-sagittée.

26. Adianthum trapeziforme [Fam. des *Fougères*]. ~~ Foliole trapézoïde.

27. Hydrocotyle lunata [Fam. des *Ombellifères*]. ~~ Feuille semilunée, crénelée.

28. Betula alba [Fam. des *Salicinées*]. ~~ — Feuille triangulaire, doublement dentelée.

29. Plantago cucullata *La M.* [Fam. des *Plantaginées*]. ~~ — Feuille cucullée.

30. Rumex acetosella [Fam. des *Polygonées*]. ~~ — Feuille hastée.

31. Chenopodium bonus henricus [Fam. des *Chénopodées*]. ~~ Feuille triangulaire-sagittée.

PLANCHE 22. *Feuilles.*

1. **Sida rhombifolia** [Fam. des *Malvacées*]. — Feuille subrhombée-lancéolée, dentelée.

2. **Ilex aquifolium** [Fam. des *Rhamnées*]. — Feuille ovale, dentée, ondulée, à dents spinescentes.

3. **Malva crispa** [Fam. des *Malvacées*]. — Feuille septemlobée, crépue, finement crénelée.

4. **Vaccinium vitis idaea** [Fam. des *Ericinées*]. — Feuille ovale, très-entière, ponctuée, à bord cartilagineux.

5. **Solanum pyracanthos** [Fam. des *Solanées*]. — Feuille lancéolée, subpennatifide, épineuse.

6. **Dichondra prostrata** [Fam. des *Borraginées*]. — Feuille arrondie-reinaire, crénelée, veinée.

7. **Hydrocotyle tridentata** [Fam. des *Ombellifères*]. Feuille cunéaire, dentée au sommet.

8. **Corchorus japonicus** [Fam. des *Tiliacées*]. — Feuille ovale-acuminée, doublement dentelée.

9. **Caryota urens** [Fam. des *Palmiers*]. — Portion d'une feuille bipennatifide dont les divisions sont cunéaires et mordues au sommet.

10. **Salisburia asplenifolia** [Fam. des *Cônifères*]. — Feuille flabelliforme, lobée.

11. **Amaranthus lividus** [Fam. *des Amaranthacées*]. — Feuille parabolique, rétuse, très-entière.

12. **Melastoma elaeagnoïdes** [Fam. des *Mélastomées*]. — Feuille lancéolée, trinervée, très-entière.

13. **Melastoma discolor** [Fam. des *Mélastomées*]. — Feuille ovale-acuminée, quintuplinervée.

14. **Ficus religiosa** [Fam. des *Urticées*]. — Feuille subcordiforme-ovale-acuminée, ondulée.

15. **Saxifraga hypnoïdes** [Fam. des *Saxifragées*]. — Feuille flabelliforme, quinquéfide, ciliée.

16. **Liriodendrum tulipifera** [Fam. des *Magnoliacées*]. — Feuille quadrilobée, tronquée.

17. **Aristolochia caudata** [Fam. des *Aristoloches*]. — Feuille reinaire, veinée.

PLANCHE 22. *Feuilles.*

18. Amaranthus blitum [Fam. des *Amaranthacées*]. — Feuille parabolique, rétuse, mucronée.

19. Phytolacca dioïca [Fam. des *Atriplicées*]. — Feuille elliptique, glanduleuse au sommet.

20. Melastoma multiflora [Fam. des *Mélastomées*]. — Feuille lancéolée, dentelée, triplinervée.

21. Erithroxyllum cocca [Fam. des *Malpighiacées*]. — Feuille lancéolée, très-entière, trinervée avec des veines continues. Willdenow nomme cette feuille *folium obtecto-venosum*, voulant exprimer par là que les veines passent par-dessus les nervures.

22. Plantago [Fam. des *Plantaginées*]. — Feuille ovale-arrondie, aiguë, multinervée.

PLANCHE 23. *Feuilles.*

1. Bauhinia porrecta [Fam. des *Légumineuses*]. Feuille articulée, unifoliolée, subbilobée.

2. Passiflora biflora [Fam. des *Passiflorées*]. Feuille bilobée; lobes divergens.

3. Aristolochia bilobata [Fam. des *Aristoloches*]. Feuille bilobée.

4. Hedysarum vespertilionis [Fam. des *Légumineuses*]. Feuille articulée, unifoliolée, bilobée; lobes divariqués.

5. Menispermum canadense [Fam. des *Ménispermées*]. — Feuille arrondie, subtrilobée, peltée; pétiole excentrique.

6. Passiflora incarnata [Fam. des *Passiflorées*]. — Feuille tripartie; divisions lancéolées, dentelées; pétiole glanduleux.

7. Passiflora glauca [Fam. des *Passiflorées*]. Feuille trilobée, subpeltée.

8. Ricinus inermis [Fam. des *Euphorbiacées*]. — Feuille septemlobée, dentelée, peltée; pétiole excentrique.

9. Passiflora serrata [Fam. des *Passiflorées*]. Feuille septempartie; divisions lancéolées, dentelées; pétiole glanduleux; glandes pédicellées.

10. Sterculia platanifolia [Famille des *Sterculiacées*]. — Feuille quinquélobée.

PLANCHE 23. *Feuilles.*

11. Alchimilla hybrida [Fam. des *Rosacées*]. — Feuille plissée, novemlobée, dentelée.

12. Jatropha multifida [Fam. des *Euphorbiacées*]. — Feuille multipartie ; divisions pennatifides.

13. Helleborus niger [Fam. des *Renonculacées*]. — Feuille pédalée, dentelée.

14. Geranium pratense [Fam. des *Géraniées*]. — Feuille septemfide, laciniée.

15. Rumex pulcher [Fam. des *Polygonées*]. — Feuille penduriforme.

16. Erysimum barbarea [Fam. des *Crucifères*]. — Feuille lyrée.

17. Salvia officinalis [Fam. des *Labiées*]. — Feuille ovale-lancéolée, auriculée, crénelée.

18. Paeonia officinalis [Fam. des *Renonculacées*]. — Feuille tripartie, décomposée.

19. Quercus robur [Fam. des *Corylacées*]. — Feuille oblongue, sinuée.

20. Comptonia asplenifolia [Fam. des *Salicinées*]. — Feuille alongée, subpennatilobée.

21. Leontodon taraxacum [Fam. des *Synanthérées semiflosculeuses*]. — Feuille runcinée.

PLANCHE 24. *Feuilles.*

1. Sonchus fruticosus [Famille des *Synanthérées semiflosculeuses*]. — Feuille lancéolée-pennatifide.

2. Rhus glaucum [Fam. des *Térébintacées*]. — Feuille trifoliolée, articulée ; folioles obcordiformes.

3. Dolichos sinensis [Fam. des *Légumineuses*]. — Feuille pennée-trifoliolée, articulée ; folioles ovales-aiguës ; pétiolules stipellés.

4. Hedysarum gyrans [Fam. des *Légumineuses*]. — Feuille pennée-trifoliolée, articulée.

5. Cissus quinquefolia [Fam. des *Vinifères*]. — Feuille digitée, quinquéfoliolée ; folioles lancéolées, dentelées.

6. Marsilea quadrifolia [Fam. des *Salviniées*]. Feuille quadrifoliolée ; folioles cunéaires, très-entières.

PLANCHE 24. *Feuilles.*

7. MIMOSA UNGUIS CATI [Fam. des *Légumineuses*]. ~~ Feuille bigéminée.

8. CASSIA OCCIDENTALIS [Fam. des *Légumineuses*]. ~~ — Feuille paripennée, articulée; pétiole muni à sa base, d'une glande en godet, *a*.

9. ZYGOPHYLLUM FABAGO [Fam. des *Rutacées*]. ~~ Feuille unijuguée, articulée.

10. MIMOSA TERGEMINA [Fam. des *Légumineuses*]. ~~ — Feuille tergeminée, articulée.

11. AESCULUS MACHROSTACHIA [Fam. des *Acérinées*]. ~~ — Feuille digitée-septemfoliolée, articulée.

12. POTENTILLA ANSERINA [Fam. des *Rosacées*]. ~~ — Feuille interrupté-pennée, inarticulée.

13. MIMOSA PURPUREA [Fam. des *Légumineuses*]. ~~ — Feuille bidigitée-pennée, articulée; folioles quadrijuguées.

14. SANGUISORBA MEDIA [Fam. des *Rosacées*]. ~~ — Feuille imparipennée, inarticulée ; folioles stipellées.

15. PARKINSONIA ACULEATA [Fam. des *Légumineuses*]. ~~ — Feuille pennée, articulée ; rachis (c'est ainsi qu'on nomme la partie du pétiole qui porte les folioles) large et comprimé.

PLANCHE 25. *Feuilles.*

1. EPIMEDIUM ALPINUM [Fam. des *Berbéridées*]. ~~ — Feuille surdécomposée-triternée ; folioles cordiformes, ciliées.

2. COREOPSIS FERULAEFOLIA [Fam. des *Synanthérées radiées*]. ~~ — Feuille bipennée, décomposée, inarticulée.

3. GLEDITSIA MONOSPERMA [Fam. des *Légumineuses*]. ~~ — Feuille impari-bipennée, articulée; pétioles secondaires trijugués; folioles multijuguées. Épine superaxillaire, trifurquée.

4. ALLIUM CEPA [Fam. des *Asphodélées*]. ~~ Sommet d'une feuille cylindracée, fistuleuse.

5. ALOE VERRUCOSA [Fam. des *Asphodelées*]. ~~ Sommet d'une feuille charnue, alongée-aiguë, verruqueuse.

6. CACALIA REPENS [Fam. des *Synanthérées flosculeuses*]. ~~ Feuille subclaviforme, canaliculée.

PLANCHE 25. *Feuilles.*

7. Aloe disticha latifolia [Fam. des *Asphodelées*]. — Feuille linguiforme.

8. Mesembryanthemum deltoïdes [Fam. des *Ficoïdes*]. Feuille charnue, deltoïde, dentée.

9. Mesembryanthemum dolabriforme [Fam. des *Ficoïdes*]. Feuille dolabriforme, ponctuée.

10. Aloe retusa [Fam. des *Asphodelées*]. Feuille deltoïde, tronquée.

11. Mesembryanthemum acinaciforme [Fam. des *Ficoïdes*]. Feuille acinaciforme.

12. Mesembryanthemum barbatum [Fam. des *Ficoïdes*]. Feuille semiovoïde, barbue au sommet.

13. Talinum fruticosum [Fam. des *Portulacées*]. Feuille charnue, orbiculaire-subspatulée.

14. Marrubium rugosum [Fam. des *Labiées*]. Feuille ovale-cordiforme, crénelée, ridée.

15. Cercis canadensis [Fam. des *Légumineuses*]. — Feuille arrondie-cordiforme, acuminée, très-entière.

16. Malpighia aquifolia [Fam. des *Malpighiacées*]. Feuille lancéolée, ondulée, bordée de poils roides, biacuminés.

17. Croton penicillatum [Fam. des *Euphorbiacées*]. Feuille arrondie-acuminée, ciliée. Poils capités.

18. Melastoma lima [Fam. des *Mélastomées*]. —Feuille elliptique-aiguë, dentelée, bullée, scabre, quintuplinervée.

PLANCHE 26. *Feuilles.*

1. Melastoma grandiflora [Fam. des *Mélastomées*]. — Feuille cordiforme, aiguë, novemnervée, denticulée.

2. Melastoma [Fam. des *Mélastomées*]. — Feuille cordiforme-arrondie, obtuse, septemnervée, ciliée.

3. Geranium [Fam. des *Géraniées*]. Feuille flabelliforme, plissée, doublement dentée au sommet.

4. Hydrogeton fenestralis [Fam. incertaine]. — Feuille obovale, émarginée au sommet, multiplinervée, veinée transversalement, cancellée.

PLANCHE 26. *Feuilles.*

5. PANICUM PLICATUM [Fam. des *Graminées*]. — Feuille lancéolée, plissée.

6. BROUSSONETIA PAPYRIFERA [Fam. des *Urticées*]. ~~ — Feuilles dissemblables. (*a*. Feuille subcordiforme-arrondie, aiguë. (*b*. Feuille obliquement bilobée. (*c*. Feuille subcordiforme, trilobée.

7. BOEHMERIA [Fam. des *Urticées*]. ~~ Feuilles dissemblables, stipulées, alternes, pétiolées; l'une lancéolée, portée sur un long pétiole; l'autre oblique, cordiforme, portée sur un court pétiole.

8. QUERCUS NIGRA [Fam. des *Corylacées*]. ~~ — Feuilles dissemblables. (*a*. Feuille obovale, très-entière. (*b*. Feuille cunéaire, subtrilobée. (*c*. Feuille obovale, sinuée.

9. DORSTENIA ARIFOLIA [Fam. des *Urticées*]. ~~ — Feuilles dissemblables. (*a*. Feuille entière, cordiforme-sagittée, obcrénulée. (*b*. Feuille quinquélobée, obcrénulée.

10. LUDIA HETEROPHYLLA [Voisin des *Rosacées*]. ~~ Feuilles dissemblables, auxquelles le dessinateur a donné leurs véritables dimensions. (*a*. Feuille arrondie, émarginée au sommet, atténuée à la base. (*b*. Feuille oblongue, atténuée à la base. (*c*. Feuille ovale-lancéolée-rhombée. (*d*. Feuille rhombée. (*e*. *f*. Feuilles arrondies, dentelées.

11. EMBOTHRIUM [Fam. des *Protéacées*]. ~~ Feuilles dissemblables. (*a*. Feuille lancéolée, très-entière. (*b*. Feuille lancéolée, dentelée au sommet. (*c*. Feuille lancéolée, dentelée. (*d*. Feuille pennatifide.

12. SILPHIUM PERFOLIATUM [Fam. des *Synanthérées radiées*]. ~~ — Feuilles trapézoïdes, dentelées, opposées, conjointes.

13. CUSSONIA SPICATA [Fam. des *Araliacées*]. ~~ — Feuille digitée, septemfoliolée; folioles pennées-vertébrées.

PLANCHE 27. *Feuilles.*

1. GLAUCIUM LUTEUM [Fam. des *Papavéracées*]. ~~ — Feuille cordiforme, anguleuse, amplexicaule.

2. BUPLEVRUM ROTUNDIFOLIUM [Fam. des *Ombellifères*]. ~~ — Feuille ovale-aiguë, perfoliée.

PLANCHE 27. *Feuilles.*

3. Coreopsis alata [Fam. des *Synanthérées radiées*]. — Feuilles opposées, sublancéolées, décurrantes.

4. Vicia [Fam. des *Légumineuses*]. Feuille impari-pennée, articulée, cirrifère.

5. Nepenthes phyllamphora [Fam. inconnue]. — Feuille lancéolée, ascidiée.

6. Trapa natans [Fam. des *Onagrariées*]. Feuille quadrangulaire; pétiole creux, renflé.

7. Poa arenosa [Fam. des *Graminées*]. — (*a*. Feuille alongée-linéaire. (*b*. Pétiole engaînant; gaîne fendue. (*c*. Ligule squamiforme.

8. Rhus copalinum (Fam. des *Térébintacées*]. — Feuille impari-pennée. (*a*. Rachis ailé.

9. Genista sagittalis [Fam. des *Légumineuses*]. — Rameaux diptères ou triptères. Feuilles ovales-aiguës.

10. Polygonum persicaria [Fam. des *Polygonées*]. — Feuille ovale-lancéolée. (*a*. Stipule angaînante.

11. Passiflora glauca [Fam. des *Passiflorées*]. — Feuille trilobée, subpeltée; pétiole glanduleux; stipules caulinaires, semilunées. Vrille axillaire.

12. Clematis orientalis [Fam. des *Renonculacées*]. — Feuilles trilobées *a*., ou pennées *b*.; pétioles cirriformes.

13. Citrus aurantium [Fam. des *Aurantiacées*]. — Feuille elliptique-aiguë. Pétiole marginé, obovale.

14. Ribes grossularia (Fam. des *Grossulariées*]. Feuille quinquélobée; épine inferaxillaire, tripartie.

15. Vitis virginiana [Fam. des *Vinifères*]. — Feuille cordiforme, trilobée; vrille opposée.

16. Paliurus aculeatus [Fam. des *Rhamnées*]. Feuille elliptique-aiguë, dentelée. Deux aiguillons stipuléens, géminés, l'un infléchi *a*., l'autre réfléchi *b*.

17. Platanus occidentalis [Fam. des *Salicinées*]. — Feuille subquinquélobée, dentelée; stipule engaînante, hypocratériforme, à limbe anguleux, dentelé.

PLANCHE 28. *Inflorescence.*

1. AMMI MAJUS [Fam. des *Ombellifères*]. — Fleurs en ombelle composée, involucrée *a.*, et involucellée *b.*

2. ACHILLEA CRITHMIFOLIA [Fam. des *Synanthérées radiées*]. — Calathides disposées en corymbe.

3. HELIOTROPIUM INDICUM [Fam. des *Borraginées*]. — Épi circiné; fleurs unilatérales.

4. SYRINGA VULGARIS [Fam. des *Jasminées*]. — Fleurs en thyrse.

5. POPULUS TREMULA [Fam. des *Salicinées*]. — Fleurs en chaton — A. Chaton femelle. — B. Une fleur détachée avec la bractée palmée, ciliée, qui la porte.

6. CEPHALANTHUS OCCIDENTALIS [Fam. des *Rubiacées*]. — Fleurs en capitule.

7. SAMBUCUS EBULUS [Fam. des *Caprifoliées*]. — Fleurs en cyme.

8. ALLIUM OBLIQUUM [Fam. des *Asphodelées*]. — Fleurs en ombelle simple, garnie d'une spathe bivalve. Hampe triquètre.

9. DIANTHUS CAPITATUS [Fam. des *Caryophyllées*]. — Fleurs en faisceau.

10. ARUM MACULATUM [Fam. des *Aroïdes*]. — A. Fleurs en spadix. (*a. b.* Spathe cuculiforme, ventrue à sa base *b.* (*c.* Spadix. — B. Spadix débarrassé de la spathe qui l'environnait, claviforme au sommet *a.*, garni, vers le milieu, d'un anneau de glandes *b.*, prolongées chacune en un filament, plus bas, d'un anneau d'anthères sessiles *c.*, et plus bas encore, d'ovaires sessiles agglomérés *d.*

PLANCHE 29. *Inflorescence.*

1. LOLIUM PERENNE [Fam. des *Graminées*]. — Épi spiculé.

2. SMILAX HERBACEA [Fam. des *Smilacées*]. — (*a.* Vrilles stipuléennes. (*b.* Ombelle simple, axillaire, pédonculée. (*c.* Feuille subcordiforme-ovale, septemnervée.

3. XYLOPHYLLA MONTANA [Fam. des *Euphorbiacées*]. — Fleurs foliaires. Feuille lancéolée, dentée.

4. MONARDA DIDYMA [Fam. des *Labiées*]. — Verticille vrai, multiflore, feuillé, bractéé.

5. CYCLAMEN HEDERAEFOLIUM [Fam. des *Primulacées*]. — — (*a.* Ra.

cine tubéreuse, déprimée. (*b.* Feuilles et fleurs radicales. (*c.* Hampe uniflore, spiralée avant la floraison. (*d.* Fleur penchée.

6. Prunus padus [Fam. des *Rosacées*]. ⁓ Grappe pendante.

7. Holcus halepensis [Fam. des *Graminées*]. ⁓ — Panicule lâche.

8. Polypodium aureum [Fam. des *Fougères*]. ⁓ — (*a.* Racine progressive. (*b.* Feuilles pennatifides, portant la fructification sur la face inférieure.

9. Pilularia globulifera [Fam. des *Salviniées*]. ⁓ (*a.* Tige rampante. (*b.* Feuilles filiformes-subulées. (*c.* Involucres clos, globuleux, axillaires.

PLANCHE 30. *Pistils.*

1. Convolvulus inflatus [Fam. des *Convolvulacées*]. ⁓ + Pistil. (*a.* Style dressé, rectiligne, filiforme. (*b.* Deux stigmates granuleux. (*c.* Ovaire, accompagné à sa base d'un nectaire adhérent *d.*

2. Myosotis palustris [Fam. des *Borraginées*]. ⁓ A. + (*a.* Gynophore dont on a détaché les ovaires, portant immédiatement le style. (*b.* Points d'attache des ovaires. ⁓ B. + Un ovaire séparé.

3. Cynoglossum linifolium [Fam. des *Borraginées*]. ⁓ + Style cylindrique; stigmate déprimé. Quatre ovaires calathiformes.

4. Tournefortia mutabilis [Fam. des *Borraginées*]. ⁓ A. + Pistil : Stigmate hémisphérique, subsessile, entouré d'un bourrelet glanduleux. ⁓ B. + + Pistil coupé verticalement pour montrer l'attache des ovaires *a.*, et la direction des vaisseaux conducteurs *b.*, et nourriciers *c.*

5. Heliotropium europaeum [Fam. des *Borraginées*]. ⁓ + Pistil. (*a.* Quatre ovaires, dont deux visibles sur la gravure. (*b.* Style court. (*c.* Stigmate conique, quadrifide.

6. Menianthes nymphoïdes [Fam. des *Primulacées?*]. ⁓ Pistil. (*a.* Stigmate subsessile, plissé. (*b.* Ovaire muni à sa base d'un nectaire lobé.

7. Scrophularia sambucifolia [Fam. des *Personées*]. ⁓ A. Pistil. (*a.* Stigmate bilobé. (*b.* Ovaire entouré à sa base d'un

nectaire annulaire. ~~ B. + Ovaire et nectaire coupés verticalement pour montrer le placentaire *a.*, et les ovules *b.*

8. BORRAGO LAXIFLORA [Fam. des *Borraginées*]. ~~ A. + Pistil. (*a.* Quatre ovaires entourés à leur base d'un nectaire en forme de bourrelet. (*b.* Style cylindrique. (*c.* Stigmate bilobé. ~~ B. + Le même coupé verticalement.

9. CUCUMIS LEUCANTHA [Fam. des *Cucurbitacées*]. ~~ Pistil. (*a.* Ovaire adhérent au calice. (*b.* Trois étamines avortées. (*c.* Style cylindrique. (*d.* Trois stigmates bilobés.

10. RUMEX SCUTATUS [Fam. des *Polygonées*]. ~~ + Pistil. (*a.* Trois styles divergens, réfléchis. (*b.* Trois stigmates dilatés, ciliés.

11. RUMEX SPINOSUS [Fam. des *Polygonées*]. ~~ + Pistil. (*a.* Trois stigmates plumeux.

12. COTYLEDON TUBEROSA [Fam. des *Crassulées*]. ~~ Cinq pistils; autant de styles. (*a.* Nectaire formé de cinq glandes attachées à la base de l'ovaire.

13. FUMARIA SEMPERVIRENS [Fam. des *Papaveracées*]. + (*a.* Pistil. (*b.* Style décliné. (*c.* Stigmate denticulé. (*d.* Calice bisépale; sépales ovales-aigus, denticulés, peltés.

14. FUMARIA LUTEA [Fam. des *Papavéracées*]. ~~ + (*a.* Pistil. (*b.* Calice bisépale; sépales ovales-aigus, denticulés, peltés. (*c.* Style articulé sur l'ovaire. (*d.* Stigmate en forme de croissant ou semiluné.

15. VINCA ROSEA [Fam. des *Apocinées*]. ~~ A. + Pistil muni à sa base d'un nectaire à deux lobes de la longueur de l'ovaire. (*a.* Style filiforme, rectiligne, dressé. (*b.* Stigmate épais, cilié, portant, à sa partie inférieure, un godet membraneux, renversé. ~~ B. + Le même dont on a enlevé les lobes du nectaire pour laisser voir les deux ovaires chargés d'un seul style.

16. SIDERITIS HYSSOPIFOLIA [Fam. des *Labiées*]. ~~ + Pistil. (*a.* Nectaire portant quatre ovaires. (*b.* Style ascendant. (*c.* Stigmate composé de deux lames canaliculées, dont l'inférieure sert de gaîne à la supérieure.

17. VIOLA ROTHOMAGENSIS [Fam. des *Violacées*]. ~~ + Pistil entouré de cinq étamines réunies par des cils; deux étamines munies chacune d'un appendice basilaire. Style turbiné. Stigmate globuleux, perforé, operculé.

18. SCUTELLARIA ALPINA [Fam. des *Labiées*]. ~~ A. + Pistil.

PLANCHE 30. *Pistils.*

Quatre ovaires portés sur un gynophore *a*. (*b*. Nectaire rostré. (*c*. Style ascendant; stigmate bifide. ⁓ B. + Le même, coupé dans sa longueur pour montrer l'insertion des ovaires et du style. (*a*. Gynophore. (*b*. Nectaire. (*c*. Style.

19. KIGGELLARIA AFRICANA [Fam. des *Euphorbiacées*]. ⁓ + Pistil d'une fleur femelle. (*a*. Cinq styles divergens. (*b*. Étamines avortées à l'exception d'une qui est munie de son anthère.

20. GREWIA OCCIDENTALIS [Fam. des *Tiliacées*]. ⁓ + Etamines et pistil. (*a*. Gynophore staminifère, portant un nectaire velu, en forme d'anneau crénelé.

21. VERBENA GLOMERATA [Fam. des *Verbenacées*]. ⁓ + Pistil avec un calice cupulaire, quinquédenté. (*a*. Stigmate latéral, unciné.

22. SCAEVOLA LOBELIA [Fam. des *Lobéliacées*]. ⁓ + Stigmate contenu dans une cupule membraneuse.

23. VERBENA MULTIFIDA [Fam. des *Verbenacées*]. Pistil. (*a*. Stigmate échancré.

24. COLUTEA [Fam. des *Légumineuses*]. ⁓ Pistil se prolongeant inférieurement en un podogyne grêle. (*a*. Style ascendant, unciné. (*b*. Stigmate latéral.

25. JATROPHA PANDURAEFOLIA [Fam. des *Euphorbiacées*]. ⁓ Etamines de la fleur mâle, ayant à la base, un nectaire composé de cinq glandes (*a*. Androphore divisé en dix filets dont cinq courts, et cinq longs.

26. ASPHODELUS ANNUUS [Fam. des *Asphodélées*]. ⁓ + Etamines et pistil : Étamines inégales, trois longues, et trois courtes, alternes Filets fusiformes, élargis et voûtés à leur base. (*a*. Anthères cordiformes. Stigmate trilobé.

27. CAMPANULA AUREA [Fam. des *Campanulacées*]. ⁓ Pistil : Style cylindrique, rectiligne, dressé ; cinq stigmates linéaires.

PLANCHE 31. *Étamines.*

1. TAMARIX GALLICA [Fam. des *Portulacées* ⁓ + Etamine. (*a*. Anthère. (*b*. Filet dilaté à sa base.

2. CLAUSENA [Fam. des *Aurantiacées*]. ⁓ + Etamine. Filet dilaté et voûté à sa base.

PLANCHE 31. *Étamines.*

3. HERMANNIA DENUDATA [Fam. des *Tiliacées*]. ~~ A. + Étamine. (*a.* Anthère sagittée. (*b.* Filet plane, élargi. ~~ B. + La même vue par derrière, après l'anthèse.

4. RICINUS INERMIS [Fam. des *Euphorbiacées*]. ~~ A. Étamines et périanthe. Androphores rameux. ~~ B. + Portion d'un androphore, grossie.

5. BORRAGO LAXIFLORA [Fam. des *Borraginées*]. ~~ + Étamine vue de profil. (*a.* Anthère subulée. (*b.* Filet appendiculé.

6. CERINTHE MAJOR [Fam. des *Borraginées*]. ~~ + Étamine : Anthère lancéolée, denticulée latéralement, munie de deux appendices basilaires, velus.

7. BEGONIA DICHOTOMA [Fam. inconnue]. ~~ + Étamine : Filet élargi au sommet. (*a.* Les deux lobes de l'anthère adnés latéralement, parallèles, éloignés.

8. ZYGOPHYLLUM MORGSANA [Fam. des *Rutacées*]. ~~ + Étamine : Filet appendiculé à sa base; appendice dentelé; anthère ovale, vacillante.

9. TRADESCANTIA VIRGINICA [Fam. des *Commélinées*]. ~~ A. + Étamine entière; filet barbu à sa base. (*a.* Anthère à deux lobes réniformes, adnés latéralement. ~~ B. + La même, coupée transversalement pour montrer les deux loges de chaque lobe.

10. ERICA COMOSA [Fam. des *Ericinées*]. ~~ + Étamine vue par derrière; anthère munie de deux crètes basilaires. ~~ B. + La même vue de profil.

11. JUSTICIA HYSSOPIFOLIA [Fam. des *Acanthacées*]. ~~ + Étamine : Anthère difforme.

12. MOMORDICA ELATERIUM [Fam. des *Cucurbitacées*]. ~~ A. Étamine. (*a.* Anthère : Lobes linéaires, sinueux, adnés latéralement. ~~ B. Autre étamine à un seul lobe unilatéral, linéaire, sinueux.

13. CUCUMIS LEUCANTHA [Fam. des *Cucurbitacées*]. ~~ Étamines : Trois filets distincts à la base, soudés à leur partie supérieure; anthères soudées, linéaires, sinueuses.

14. SOLANUM [Fam. des *Solanées*]. ~~ + Étamine : Anthère biforée au sommet.

15. MAHERNIA PINNATA [Fam. des *Tiliacées*]. ~~ A. + Étamine

vue de profil; anthère sagittée ; filet coudé et glanduleux à son milieu *a.* ⁓ B. + La même, vue par derrière.

16. Commelina tuberosa [Fam. des *Commélinées*]. ⁓ + Étamine : Anthère difforme, stérile.

17. Sparmannia africana [Fam. des *Tiliacées*]. ⁓ A. Étamine fertile ; anthère didyme. ⁓ B. Étamine fertile ; filet noueux. ⁓ C. Étamine stérile ; anthère avortée ; filet noueux.

18. Thymus patavinus [Fam. des *Labiées*]. ⁓ + Étamine. (*a.* Portion du filet. (*b.* Connectif. (*c.* Lobes de l'anthère divergens.

19. Salvia officinalis [Fam. des *Labiées*]. ⁓ Lèvre inférieure de la corolle portant deux étamines. (*a.* Filets. (*b.* Connectifs alongés, filiformes. (*c. d.* Lobes éloignés. (*c.* Lobes fertiles. (*d.* Lobes difformes, stériles.

20. Melastoma discolor [Fam. des *Mélastomées*]. ⁓ Étamine. (*a.* Filet. (*b.* Connectif filiforme, alongé. (*c. d.* Lobes éloignés. (*c.* Lobe fertile, biforé au sommet. (*d.* Lobe difforme, stérile.

21. Laurus persea [Fam. des *Laurinées*]. ⁓ + Étamine. (*a.* Glandes cordiformes, pédicellées. (*b.* Filet velu. (*c.* Anthère fixe, s'ouvrant par quatre valvules, de bas en haut.

22. Scutellaria galericulata [Fam. des *Labiées*]. ⁓ + Étamine. (*a.* Lobe cilié, solitaire par l'avortement du lobe correspondant. (*b.* Connectif barbu.

23. Scutellaria alpina [Fam. des *Labiées*]. ⁓ + Étamine : Anthère bilobée, ciliée.

24. Anona triloba [Fam. des *Anonées*]. ⁓ + Étamine : Filet tronqué à son sommet ; lobes distincts, adnés, parallèles.

25. Galeopsis ladanum [Fam. des *Labiées*]. ⁓ + Étamine : Anthères ciliées.

26. Plectranthus punctatus [Fam. des *Labiées*]. ⁓ + Étamine : Lobes confluens ; anthères s'ouvrant transversalement.

27. Lavandula multifida [Fam. des *Labiées*]. ⁓ + Étamine : Anthère réniforme, ciliée, s'ouvrant transversalement ; lobes confluens par le sommet, divergens par la base.

28. Ternstromia (Fam. des *Ternstromiées*). ⁓ Étamine : Anthère linéaire, latérale, adnée ; filet proéminent.

PLANCHE 31. *Etamines.*

29. Ocymum basilicum (Fam. des *Labiées*). ⁓ + Étamine : Anthère cordiforme; lobes confluens par le sommet.

30. Monarda fistulosa [Fam. des *Labiées*]. ⁓ + + Grain de pollen ellipsoïde, observé sur l'eau au moment où il lance la liqueur séminale.

31. Malva miniata [Fam. des *Malvacées*]. ⁓ + + Grain de pollen globuleux, hispide. Vu sur l'eau.

32. Serapias longifolia [Fam. des *Orchidées*]. ⁓ + + Grain de pollen quadrilobé, vu sur l'eau au moment où il lance la liqueur séminale.

33. Aster pyrenaeus [Fam. des *Synanthérées radiées*]. ⁓ + + Grains de pollen globuleux, hispides. Vus sur l'eau.

34. Asphodelus fistulosus [Fam. des *Asphodélées*]. ⁓ + + Grains de pollen lisses. Vus sur l'eau.

35. Hybiscus syriacus [Fam. des *Malvacées*]. ⁓ + + Grains de pollen globuleux, muriqués. Vus sur l'eau.

36 Phleum nodosum [Fam. des *Graminées*]. ⁓ + + (*a*. Grains de pollen anguleux, vus à sec. (*b*. Les mêmes, devenus globuleux sur l'eau.

37. Tropaeolum majus [Fam. des *Géraniées*]. ⁓ + + Grains de pollen anguleux. Vus sur l'eau.

38. Impatiens balsamina [Fam. des *Géraniées*]. ⁓ + + Grains de pollen ovoïdes, liés les uns aux autres par des fils. Vus sur l'eau.

39. OEnothera biennis. [Fam. des *Onagrariées*]. ⁓ + + Grains de pollen globuleux ayant trois mamellons disposés en triangle; grains liés par des fils. Vus sur l'eau.

40. Lopezia racemosa [Fam. des *Onagrariées*]. ⁓ + + Grains de pollen globuleux, avec trois mamellons disposés en triangle. (*a*. Grain après l'émission du pollen ; il devient plus transparent. Vu sur l'eau.

41. Cerinthe major [Fam. des *Borraginées*]. ⁓ + + (*a*. Grains de pollen, vus à sec ; ils sont contractés au milieu. (*b*. Les mêmes, vus sur l'eau ; ils ne sont plus contractés au milieu.

42. Vicia hirsuta [Fam. des *Légumineuses*]. ⁓ + + Grains de pollen ovoïdes, lisses. Vus sur l'eau.

43. Campanula bononiensis [Fam. des *Campanulacées*]. ⁓ + +

PLANCHE 31. *Etamines.*

Grains de pollen globuleux, dont l'un commence à lancer sa liqueur. Vus sur l'eau.

44. Anethum segetum [Fam. des *Ombellifères*]. ~~ + + Grains de pollen vus à sec. (*b*. Les mêmes, vus sur l'eau.

45. Commelina tuberosa [Fam. des *Commélinées*]. ~~ + + Grains de pollen oblongs, réniformes, hispides. Vus sur l'eau.

46. Passiflora caerulea [Fam. des *Passiflorées*]. ~~ + + Grains de pollen globuleux, à surface inégale. Vus sur l'eau.

47. Cucurbita pepo [Fam. des *Cucurbitacées*]. ~~ + + Grains de pollen globuleux, hispides. Vus sur l'eau.

48. Azalea viscosa [Fam. des *Rhodoracées*]. ~~ + + Grains de pollen trilobés et quadrilobés, liés entre eux par des fils. Vus sur l'eau.

PLANCHE 32. *Fleurs.*

1. Tripsacum dactyloïdes [Fam. des *Graminées*]. ~~ Épi articulé, monoïque par avortement. Fleurs femelles, placées à la base de l'épi : Glume uniflore, bispathellée ; spathelles épaisses, coriaces. Un style court à deux longs stigmates plumeux. Fleurs mâles, placées au-dessus des femelles. Glume biflore, bispathellée ; spathelles membraneuses. Trois étamines : ~~ A. Portion d'épi. (*a*. Fleurs femelles. (*b*. Fleurs mâles. ~~ B. Fleur femelle entrouverte. (*a*. Deux spathelles composant la glume uniflore. (*b*. Deux spathellules composant la glumelle, ~~ (C. Fleur femelle dépouillée de sa glume et de sa glumelle. (*a*. Style. (*b*. Trois étamines avortées. (*d*. Lodicule bidentée. ~~ D. Fleurs mâles : deux glumes biflores, géminées sur une dent de l'axe de l'épi. ~~ E. Une glume biflore séparée. (*a*. Les deux spathelles de la glume. ~~ F. Une des deux fleurs mâles retirée de la glume. (*a*. Les deux spathellules de la glumelle. (*b*. Deux lodicules tronquées.

2. Casuarina [Fam. des *Casuarinées*]. ~~ Monoïque. Épi femelle oblong, composé de gaînes rapprochées, imbriquées, terminées par des dents en forme d'écailles. Fleurs à longs stigmates saillans, attachées à l'axe de l'épi, et en nombre égal à celui des dents des gaînes. ~~ A. Épi femelle. ~~ B. Portion de l'épi. ~~ C. + Une fleur isolée. (*a*. Périanthe composé de quatre sépales en forme d'écailles charnues. (*b*. Style court. (*c*. Deux stigmates très-longs, filiformes.

PLANCHE 32. *Fleurs.*

3. Agrostis dulcis [Fam. des *Graminées*]. ∽ Glume bispathellée, uniflore. Glumelle bispatellulée. Deux stigmates plumeux.

4. Xylophylla montana [Fam des *Euphorbiacées*]. ∽ Monoïque. Périanthe, simple, quinquéparti. Fleur femelle : Ovaire ceint d'un nectaire glandulaire. Trois stigmates laciniés. Fleur mâle : Androphore cylindrique, divisé en trois filets portant chacun une anthère didyme, s'ouvrant transversalement. Nectaire glandulaire, entourant la base du gynophore. ∽ A. + Fleur Femelle. (*a.* Nectaire. (*b.* Stigmates. ∽ B. + Fleur mâle. (*a.* Nectaire.

5. Artocarpus incisa [Fam. des *Artocarpées*]. ∽ — Monoïque. Fleurs mâles : Chaton cylindracé-claviforme, tout couvert de fleurs sessiles. Périanthe simple, tubulé, bilobé. Une étamine. Fleurs femelles : Chaton ovoïde, chargé de fleurs sessiles. Périanthe simple, tubuleux, oblong, perforé au sommet pour le passage du style. Style basilaire. Stigmate bifide. ∽ A. — Bout de rameau portant un chaton mâle *a.*, un chaton femelle *b.*, et une feuille *c.* ∽ B. — Chaton femelle dépouillé de presque toutes ses fleurs. (*a.* Fleurs entières. (*b.* Fleurs dont le périanthe est entamé latéralement pour laisser voir l'ovaire et l'insertion basilaire du style. (*c.* Périanthe tronqué pour laisser voir la continuation du style. ∽ — C. Une fleur mâle isolée. ∽ D. — La même, dont le périanthe est fendu dans sa longueur.

6. Secale creticum [Fam. des *Graminées*]. ∽ Glume bispathellée, multifore, solitaire sur chaque dent de l'axe de l'épi ; deux fleurs inférieures sessiles, opposées et fertiles ; deux supérieures pédicellées, dont une avortée. ∽ A. Glume entière. (*a.* Spathelles aristées et velues. (*b.* Spathellule inférieure de la glumelle, aristée et velue. ∽ B. Fleur séparée. (*a.* Deux lodicules ovales et ciliées. (*b.* Stigmates plumeux.

7. Scirpus palustris [Fam des *Cypéracées*]. ∽ Fleurs en épi imbriqué de glumes unispathellées, uniflores. Ovaire ceint de soies plus courtes que la glume, et hérissées de pointes rebroussées. Trois étamines attachées sous l'ovaire. ∽ (*a.* Glume. (*b.* Soies. (*c.* Deux stigmates plumeux.

8. Saururus cernuus [Voisin des *Pipéritées*]. ∽ Fleurs en épi, sans périanthe. ∽ A. + Fleur détachée de l'épi. (*a.* Pédoncule. (*b.* Bractée. (*c.* Un pistil quadriparti, tétracéphale. Stigmates révolutés. (*d.* Sept étamines hypogynes ; filets filiformes ; anthères dressées, linéaires.

PLANCHE 33. *Fleurs.*

1. Platanus orientalis [Fam. des *Salicinées*]. ⁓ Chatons sphériques, unisexuels. Chaton mâle, composé d'étamines nombreuses entremêlées de poils. Chaton femelle, composé d'ovaires nombreux, ceints de poils. ⁓ A. Chaton femelle. ⁓ B. + Pistil isolé, ceint de poils à la base. (*a*. Style unciné. (*b*. Stigmate latéral, pubescent. ⁓ C. Chaton mâle. ⁓ D. + Etamine isolée ; anthère tétragone, adnée ; filet épaissi au-dessus de l'anthère.

2. Calla palustris [Fam. des *Aroïdes*]. ⁓ Spathe plane. Spadix cylindrique, couvert d'étamines et de pistils entremêlés et nus. ⁓ A. Spathe et spadix. (*a*. Spathe. (*b*. Spadix. ⁓ B. + Pistil isolé ; style très-court ; stigmate obtus. ⁓ C. + Etamine isolée ; anthère didyme.

3. Larix europaea [Fam. des *Cônifères*]. ⁓ Chatons unisexuels, oblongs. Chaton mâle, formé de bractées imbriquées sur un axe commun, courtes, élargies au sommet, faisant fonction de filets et portant chacune deux anthères oblongues, uniloculaires, adnées. Chaton femelle, composé de bractées mucronées, imbriquées sur un axe commun, ayant à leur base deux cupules lagéniformes, renversées, uniflores, adnées à un pédoncule squamiforme qui s'accroît après la floraison beaucoup plus que la bractée qui le porte. ⁓ A. Chaton femelle. ⁓ B. + Bractée détachée, portant à sa base les deux cupules *a*. lagéniformes sur le pédoncule squamiforme *b*., qui doit se développer après la floraison. ⁓ C. + + Le pédoncule squamiforme auquel les capules sont adnées. (*a*. Cupules coupées longitudinalement. (*b*. Une fleur au fond de chaque cupule, ayant un stigmate sessile et un périanthe simple, adhérent, à peine visible avec les plus fortes loupes dans ce premier développement. ⁓ D. Chaton mâle. ⁓ E. Le même, coupé longitudinalement. ⁓ F. + Une bractée portant deux anthères adnées. ⁓ G. + La même à l'époque où les deux anthères sont ouvertes.

4. Pinus strobus [Fam. des *Cônifères.*]. ⁓ Chaton mâle, oblong, composé de petits chatons rapprochés en épi.

5. Cupressus sempervirens [Fam. des *Cônifères*]. Chatons unisexuels. Chaton mâle, alongé, composé d'environ vingt bractées opposées, dilatées en écaille à leur sommet et portant à leur base, quatre anthères globuleuses, uniloculaires, sessiles. Chaton femelle, arrondi, composé d'environ dix bractées opposées, pel-

tées, portant à leur base un grand nombre de petites cupules uniflores. ⁓ A. + Chaton femelle. On voit entre les bractées, l'orifice des petites cupules. ⁓ B. + + Une cupule séparée et très-grossie; elle est lagéniforme et comprimée. ⁓ C. + + La même vue de côté et coupée dans sa longueur. (*a.* Fleur femelle ayant un stigmate sessile et un périanthe simple, adhérent. ⁓ D. + Chaton mâle. ⁓ E. + Une bractée du chaton mâle, vue par derrière. Elle porte quatre anthères ouvertes.

6. Casuarina equisetifolia [Fam. des *Casuarinées*]. ⁓ Inflorescence mâle : Épi articulé comme les rameaux, et chaque articulation munie d'une gaîne dentée, d'où sortent des fleurs verticillées, monandres, en nombre égal à celui des dents. ⁓ A. Épi de fleurs mâles. ⁓ B. + Une fleur séparée. Elle est composée d'une seule étamine et d'un périanthe simple à trois sépales, qui se détachent par la base et restent unies au sommet comme les pétales de la vigne. ⁓ C. + La même, dépouillée de son périanthe ; anthère terminale, dressée. ⁓ D. + Anthère coupée transversalement pour montrer les quatre loges.

7. Carex vesicaria [Fam. des *Cypéracées*]. ⁓ Épis unisexuels. Chaque fleur accompagnée d'une glume formée par une seule spathelle. ⁓ A. + Fleur femelle, accompagnée de sa glume *c.* (*a.* Périanthe simple, lagéniforme. (*b.* Stigmate, trifide, sortant par l'orifice du périanthe. ⁓ B. + La même fleur, coupée dans sa longueur. (*a.* Ovaire. (*b.* Style, surmonté du stigmate trifide.

8. Scirpus romanus [Fam. des *Cypéracées*]. ⁓ + Fleur hermaphrodite, composée d'un pistil à stigmate trifide, de trois étamines et d'une glume unispathellée.

9. Coïx lacryma [Fam. des *Graminées*]. ⁓ Monoïque. Fleurs en épis, sortant des gaînes des feuilles supérieures. Chaque pédoncule portant un involucre ovoïde, luisant, percé au sommet. Deux fleurs avortées et une fleur femelle, incluses dans l'involucre. Un épi de fleurs mâles, développé au dehors de l'involucre. ⁓ A. Bout de rameau avec une feuille coupée, et deux épis qui sortent de la gaîne. (*a.* Involucre. On voit au-dessus, les deux stigmates plumeux de la fleur femelle qu'il contient. (*b.* Épi de fleurs mâles, sorti de l'involucre. ⁓ B. *a. b.* Une glume triflore, dont deux fleurs fertiles sessiles, et la troisième pédicellée, avortée. (*a.* Spathelle extérieure. (*b.* Spathelle intérieure.

PLANCHE 33. *Fleurs.*

(*c*. Fleur développée. (*d*. Fleur avant son entier développement. (*e*. Fleur avortée. ∿ C. Une fleur mâle. (*a*. *b*. Glumelle. (*a*. Spathellule inférieure, tridentée. (*b*. Spathellule supérieure, bidentée, plus courte que l'inférieure. (*c*. Deux lodicules tronquées. (*d*. Trois étamines pendantes ; anthères bifurquées aux deux bouts.

PLANCHE 34. *Fleurs.*

1. Hura crepitans [Fam. des *Euphorbiacées*]. ∿ Monoïque. Fleurs mâles : Épi serré, pendant. Périanthe simple, tronqué obliquement. Androphore garni de deux rangs d'anthères verticillées. Fleurs femelles, solitaires. Périanthe simple, cupulaire, entourant l'ovaire. Un style long, infundibulé ; stigmate concave, dilaté, denté. ∿ A. — Portion de rameau portant une fleur femelle *a*., un épi mâle *b*., et une feuille *c*. (*d*. Périanthe. (*e*. Style. (*f*. Stigmate. ∿ B. + Une fleur mâle, détachée du chaton. (*a*. Périanthe. (*b*. Androphore épais, cylindrique, portant deux rangs d'anthères verticillées.

2. Euphorbia illyrica [Fam. des *Euphorbiacées*]. ∿ Monoïque. Involucre monophylle, turbiné, multiflore. Une seule fleur femelle au centre de l'involucre; plusieurs fleurs mâles autour de la femelle. Fleurs mâles, composées chacune d'une seule étamine articulée sur un pédicelle. Fleur femelle, formée d'un ovaire pédicellé, surmonté de trois stigmates bilobés. ∿ A. + Calathide multiflore. (*a*. Involucre. (*b*. Fleur femelle, penchée. (*c*. Fleurs mâles ; filet articulé en *d*. ; anthère didyme. ∿ B. + Involucre et fleurs moins avancées, coupés longitudinalement. Le pistil est redressé. ∿ C. + Involucre et fleur femelle après la fécondation. Le pistil est redressé.

3. Aristolochia altissima [Fam. des *Aristoloches*]. ∿ Périanthe simple, monosépale, tubuleux, ventru à la base du tube, et tronqué obliquement au sommet. Dix étamines sessiles, didymes, attachées sous le stigmate sexlobé. ∿ A. Fleur entière. (*a*. Ovaire adhérent. (*b*. Renflement de la base du tube du périanthe. ∿ B. + Fleur débarrassée du périanthe. (*a*. Ovaire. (*b*. Stigmate, presque sessile, épais, sexlobé. (*c*. Anthères sessiles, épigynes.

4. Orchis maculata [Fam. des *Orchidées*]. ∿ Périanthe adhérent, divisé en six lobes, l'inférieur formant un labelle terminé inférieurement en éperon. Ovaire tors. Stigmate dilaté. Anthère

unique, biloculaire, placée sur le style. Pollen grenu, agglutiné en une masse élastique. ⁓ A. Fleur entière. (*a*. Ovaire. (*b*. Anthère bilobée. (*c*. Lobes du périanthe. (*c*. *d*. Labelle. (*e*. Éperon. ⁓ B. + Anthère et stigmate séparés. (*a*. Les deux loges de l'anthère ouverte. ⁓ C. + Pollen extrait d'une loge de l'anthère. D. + Le même, étendu pour faire voir sa structure grenue. ⁓ E. + + Le même, grossi davantage.

5. Limodorum purpureum [Fam. des *Orchidées*]. ⁓ A. Fleur entière. (*a*. Labelle. ⁓ B + Fleur dépouillée du périanthe. (*a*. Style arqué. (*b*. Stigmate. (*c*. Anthère enchassée dans une cavité au haut du style. ⁓ C. + Le style et le stigmate coupés verticalement. (*a*. Lèvres du stigmate. (*b*. Cavité qui reçoit l'anthère. ⁓ D. + Anthère extraite de la cavité du style. (*a*. Huit fossettes. (*b*. Pollen extrait des fossettes. ⁓ E. + Sommet du style vu de face. (*a*. Stigmate. (*b*. Cavité qui reçoit l'anthère.

6. Serapias longifolia [Fam. des *Orchidées*]. ⁓ A. Fleur entière. (*a*. Labelle. ⁓ B. + Style *a*. vu de profil, chargé d'une anthère *b*. ⁓ C. + Le même, vu de face. (*a*. Stigmate concave. (*b*. Sommet de l'anthère. ⁓ D. + Le même, vu par derrière. (*a*. Style. (*b*. Anthère. ⁓ E. + Le même, vu par derrière et dont on a enlevé l'anthère pour montrer la cavité *a*. qui lui sert de loge. ⁓ F. + Anthère.

7. Musa sapientum. [Fam. des *Musacées*]. ⁓ A. Fleur fertile. (*a*. Ovaire. (*b*. *c*. Périanthe simple, à deux lèvres; la supérieure *b*. quadrilobée ou quinquélobée et réfléchie; l'inférieure *c*. convexe. (*d*. Cinq étamines dont les anthères avortent. (*e*. Style cylindracé. (*f*. Stigmate capité, marqué de sillons rayonnans. ⁓ B. Fleur stérile. ⁓ C. La même, débarrassée des deux lèvres de son périanthe. (*a*. Cinq étamines fertiles, ayant des anthères sagittées. (*b*. Une sixième étamine stérile.

8. Gaulteria procumbens [Fam. des *Ericinées*]. ⁓ Calice quinquéfide. Corolle ovoïde-urcéolée, à cinq dents réfléchies. Dix étamines; filets planes; anthères quadricornes au sommet. ⁓ A. + Fleur entière. ⁓ B. + Étamine très-grossie; filet velu; anthère s'ouvrant par deux pores, au sommet.

9. Hyacinthus cernuus [Fam. des *Asphodelées*]. ⁓ Périanthe simple, monosépale, sexparti.

PLANCHE 35. *Fleurs.*

1. Grevillea [Fam. des *Protéacées*]. ⁓ Périanthe simple, tétrasépale ; sépales portant chacune une anthère à leur sommet dans une fossette. Ovaire exhaussé, ceint à sa base d'un nectaire squamiforme. Stigmate déprimé. ⁓ A. Fleur entière. (*a*. Anthères logées dans une fossette des sépales. ⁓ B. La même, dépouillée du périanthe. (*a*. Nectaire. (*b*. Podogyne.

2. Maranta arundinacea [Fam. des *Amomées*]. ⁓ Périanthe double, adhérent. Calice à trois divisions profondes. Corolle tubulée, à limbe à six lobes irréguliers. ⁓ A. Fleur entière. ⁓ B. + Etamines et style tenant à une portion du tube de la corolle. (*a*. Filet pétaloïde. (*b*. Anthère latérale. (*c*. Stigmate tronqué.

3. Ixia chinensis [Fam. des *Iridées*.] ⁓ Périanthe simple, adhérent, à six divisions étalées. Trois étamines. Style trifide. Trois stigmates.

4. Borrago officinalis [Fam. des *Borraginées*]. ⁓ Calice quinquéparti, ouvert. Corolle rotacée, quinquépartie ; orifice du tube garni de bosses. Un style. Un stigmate. ⁓ A. Fleur entière. (*a*. Bosses qui entourent l'orifice du tube de la corolle. ⁓ B. Calice et pistil. Quatre ovaires autour du style. Style grêle, cylindrique, inséré sur le réceptacle.

5. Hydrophyllum virginianum [Fam. des *Borraginées*]. ⁓ Calice ouvert, à cinq divisions linéaires. Corolle campanulée-cyathiforme, quinquélobée, garnie intérieurement de dix lamelles longitudinales, réunies en cinq paires. Etamines saillantes ; filets poilus ; anthères vacillantes. Stigmate bifide. ⁓ A. Fleur entière. ⁓ B. Corolle fendue et ouverte, pour montrer les lamelles longitudinales de la corolle.

6. Hamelia [Fam. des *Rubiacées*]. ⁓ Calice petit, quinquéfide, adhérent. Corolle tubuleuse, pentagone, à limbe quinquéfide.

7. Kalmia latifolia [Fam. des *Rhodoracées*]. ⁓ A. B. Calice quinquéparti. Corolle quinquélobée, campanulée-ouverte, garnie intérieurement de dix fossettes, et à l'extérieur, de dix bosses correspondantes. Etamines ayant les anthères engagées dans ces fossettes jusqu'au moment de la fécondation, où les filets, trop courbés, se redressent avec élasticité.

8. Anchusa italica [Fam. des *Borraginées*]. ⁓ A. Corolle tubulée à cinq lobes ouverts ; orifice du tube garni de cinq bosses velues.

～ B. + Portion de la corolle portant une étamine et laissant voir le repli *a.*, qui forme une bosse supérieure.

9. Asclepias syriaca [Fam. des *Apocinées*]. ～ Corolle monopétale, quinquéfide, réfléchie. Cinq étamines alternes avec les divisions de la corolle. Androphore tubulé, pentagone, ayant un appendice cuculliforme à chaque angle, et portant cinq anthères membraneuses, larges, biloculaires, appliquées contre le stigmate. Pollen des cinq étamines partagé en dix masses, lesquelles sont suspendues, deux à deux, à cinq corpuscules cornés, placés aux cinq angles d'un stigmate épais, pentagone et tronqué. Les deux masses de chaque paire se portent l'une à droite, l'autre à gauche, et se logent dans deux anthères différentes. ～ A. Fleur entière. (*a.* Corolle réfléchie. (*b.* Appendices cuculliformes de l'androphore. ～ B. + La même, dont on a retranché les parties inférieures et les appendices cuculliformes, pour faire voir la disposition des anthères autour du stigmate. (*a.* Androphore. (*b.* Point d'attache des cornets qu'on a retranchés. (*c.* Les cinq anthères larges et membraneuses qui entourent le stigmate. (*d.* Les cinq corpuscules attachés aux angles du stigmate, et qui alternent avec les anthères. ～ C. + Anthère détachée, vue par la face qui regarde le stigmate. (*a.* Corpuscules auxquels sont suspendues les masses de pollen. (*b.* Deux masses de pollen appartenant à deux paires différentes, placées dans les deux loges de l'anthère. (*c.* Point d'attache de l'anthère sur l'androphore. ～ D. + Stigmate débarrassé des anthères, mais portant les masses de pollen réunies par paires *a.* (*b.* Corpuscules attachés aux cinq angles du stigmate.

10. Nerium oleander [Fam. des *Apocinées*]. ～ Calice quinqué-parti. Corolle infundibulée; limbe ouvert, à cinq lobes obliques; orifice du tube garni de lamelles laciniées. Etamines sagittées, terminées par un appendice filiforme, velu. Stigmate épais, tronqué. ～ A. Fleur avant son épanouissement. Les lobes de la corolle sont convolutés. ～ B. Corolle épanouie. (*a.* Lamelles laciniées, qui couronnent l'orifice du tube. ～ C. + Deux étamines *a.*, et stigmate *b*, pour montrer l'union des anthères avec le stigmate. ～ D. + Etamine; anthère sagittée, avec son appendice filiforme, velu *a.* (*b.* Corps par lequel le filet de l'anthère s'unit au stigmate.

11. Valeriana rubra [Fam. des *Dipsacées*]. ～ Calice adhérent, à

limbe *a.* roulé sur lui-même, et se développant en aigrette après la floraison. Corolle tubulée, éperonnée, terminée par un limbe irrégulier. ~~ A. Fleur entière, monandre, monogyne. ~~ B. + La même dont la partie supérieure de la corolle a été retranchée pour faire voir le tube que forme l'éperon, et le style.

PLANCHE 36. *Fleurs.*

1. GERARDIA FLAVA [Fam. des *Personées*]. ~~ Calice subcampanulé, quinquédenté. Corolle irrégulièrement campanulée; tube décliné; limbe ouvert, quinquélobé. Quatre étamines déclinées, didynames. Un style; un stigmate.

2. VERBENA MULTIFIDA [Fam. des *Verbenacées*]. ~~ Calice tubuleux, quinquéfide. Corolle tubulée; orifice fermé par des poils; limbe ouvert, à cinq lobes inégaux, échancrés.

3. ECHIUM VULGARE [Fam. des *Borraginées*]. ~~ Calice quinqué-parti. Corolle irrégulière; tube court; orifice campanulé; limbe oblique, à cinq lobes inégaux. Cinq étamines. Stigmate bifide. (*a.* Bractée.

4. MOLUCELLA LAEVIS [Fam. des *Labiées*]. ~~ Calice très-grand, infundibulé, à cinq dents spinescentes. Corolle bilabiée; lèvre supérieure entière, tendue, concave; lèvre inférieure tendue, plus longue, à trois lobes; le mitoyen grand, plane, obcordiforme. (*a.* Bractée, trifide, spinescente.

5. SALVIA BICOLOR [Fam. des *Labiées*]. ~~ Calice subcampanulé, strié, bilabié; lèvre supérieure tridentée; lèvre inférieure bifide. Corolle bilabiée; lèvre supérieure comprimée, falquée, bifide; lèvre inférieure tendue, trilobée; lobes latéraux étroits; lobe intermédiaire plus grand, arrondi, concave. Style saillant; stigmate bifide. Etamines ascendantes, cachées sous la lèvre supérieure.

6. NEPETA LONGIFLORA [Fam. des *Labiées*]. ~~ Calice tubuleux, quinquédenté. Corolle tubulée, bilabiée; tube long, courbé; gorge dilatée; lèvre supérieure bifide, ascendante; lèvre inférieure abaissée, trilobée; lobes latéraux très-courts, renversés; lobe intermédiaire, plus grand, concave, crénelé. Étamines ascendantes.

7. STACHYS COCCINEA [Fam. des *Labiées*]. ~~ A. Calice cônique, anguleux, quinquédenté. Corolle bilabiée, tubulée; tube recti-

ligne, long; lèvre supérieure voûtée, échancrée; lèvre inférieure abaissée, étalée, trilobée; lobe intermédiaire plus grand, échancré. ⁓ B. Pistil. (*a*. Nectaire hypogyne, crénelé. (*b*. Quatre ovaires acéphales, c'est-à-dire, n'ayant point de sommet organique, ou en d'autres termes, ne portant point le style. (*c*. Style ascendant, infléchi. (*d*. Stigmate bifide.

8. Stachys germanica [Fam. des *Labiées*]. ⁓ Corolle bilabiée; tube court; lèvre supérieure ascendante; lèvre inférieure abaissée.

9. Sideritis canariensis [Fam. des *Labiées*]. ⁓ Calice tubuleux, quinquédenté. Corolle tubuleuse, bilabiée; lèvres courtes, égales.

10. Collinsonia canadensis [Fam. des *Labiées*]. ⁓ Corolle infundibulée, bilabiée; lèvre supérieure très-courte, redressée, bifide; lèvre inférieure à trois lobes, l'intermédiaire plus long et frangé. Style et étamines saillans. ⁓ A. Fleur entière. ⁓ B. Corolle fendue dans sa longueur pour laisser voir deux étamines avortées *a*.

11. Stachys annua [Fam. des *Labiées*]. Lèvre supérieure ascendante; lèvre inférieure tendue.

12. Plectranthus punctatus [Fam. des *Labiées*]. Calice quinquédenté; dent supérieure plus grande que les autres. Corolle bilabiée, résupinée; lèvre supérieure courte, réfléchie, à deux lobes; lèvre inférieure infléchie, à trois lobes, l'intermédiaire concave. Etamines déclinées.

13. Teucrium flavum [Fam. des *Labiées*]. ⁓ Corolle bilabiée; lèvre supérieure bipartie; lèvre inférieure à trois lobes, l'intermédiaire plus grand, concave. Etamines et styles ascendans par la fissure de la lèvre supérieure.

14. Clerodendrum infortunatum [Fam. des *Verbenacées*]. ⁓ Calice quinquélobé. Corolle tubulée, irrégulière; tube court, étroit; limbe étalé, à cinq lobes profonds, ascendans. Etamines et style saillans. Etamines pendantes. Stigmate bifide.

PLANCHE 37. *Fleurs*.

1. Statice monopetala [Fam. des *Plumbaginées*]. ⁓ A. Fleur entière; cinq pétales *a*., conjoints latéralement. ⁓ B. Un pétale

détaché, portant une étamine. (*a*. Lame. (*b*. Onglet. (*c*. Glande nectarifère, attachée à la base de l'onglet.

2. Valeriana cornucopiae [Fam. des *Dipsacées*]. ~~ Corolle irrégulière, tubulée, bossue à la base. (*a*. Limbe bilabié. (*b*. Tube. (*c*. Bosse. (*d*. Calice.

3. Scabiosa agrestis [Fam. des *Dipsacées*]. ~~ Calathide flosculeuse. Calice double, adhérent. Corolle tubulée, à limbe lobé, inégal. Quatre étamines saillantes. Un stigmate. ~~ A. Calathide. ~~ B. Fleur du centre de la calathide. (*a*. Calice extérieur, en godet. (*b*. Calice intérieur dont on voit les divisions en arètes. ~~ C. Une fleur de la circonférence de la calathide. Le limbe est plus grand.

4. Gomphrena globosa [Fam. des *Amaranthacées*]. ~~ Périanthe simple, quinquéfide, velu, accompagné de trois bractéoles colorées, dont deux grandes, latérales, carénées, et une antérieure plus petite. Androphore corolliforme, tubulé, terminé par cinq lobes échancrés, et cinq anthères placées sur un petit filet, dans les échancrures. Style bifide. Deux stigmates. ~~ A. Fleurs en capitule. (*a*. Involucre composé de deux bractées. ~~ B. + Une fleur détachée. (*a*. Trois bractéoles; l'antérieure ovale-acuminée; les latérales carénées. (*b*. Périanthe à cinq divisions aiguës. (*c*. Tube pétaloïde, que des raisons d'analogie font ranger parmi les androphores, quoiqu'il ait beaucoup de rapport avec les corolles. ~~ C. + Fleur dépouillée de ses bractéoles. ~~ D. + Androphore mis à découvert. ~~ E. + Androphore fendu dans sa longueur pour montrer le pistil dont le stigmate est bifide, et les étamines qui sont portées par un filet très-court, au sommet des lobes de l'androphore.

5. Statice armeria [Fam. des *Plumbaginées*]. ~~ Calice à limbe plissé, scarieux. Cinq pétales. Cinq étamines attachées à l'onglet des pétales. Cinq styles. Cinq stigmates. ~~ A. Fleurs réunies en calathide. ~~ B. Une fleur isolée. ~~ C. + Une fleur dépouillée de ses pétales et de ses étamines. Calice campanulé, pentagone. ~~ D. + Pistil mis à découvert. (*a*. Ovaire. (*b*. Styles. (*c*. Stigmates filiformes.

6. Centaurea collina [Fam. des *Synanthérées flosculeuses*]. ~~ A. Calathide flosculeuse. Involucre *a*. arrondi, composé de bractées squamiformes, imbriquées et ciliées. ~~ B. Calathide coupée

PLANCHE 37. *Fleurs.*

dans sa longueur. (*a.* Clinanthe séteux. ⁓ C. Fleuron détaché du clinanthe. (*a.* Caliçe adhérent, surmonté d'une aigrette simple, sessile. ⁓ D. Fleuron coupé dans sa longueur. (*a.* Nectaire. ⁓ E. + Cinq étamines réunies par les anthères ou singénésiques. ⁓ F. + Le tube des anthères fendu longitudinalement et ouvert. (*a.* Anthères. (*b.* Filets. (*c.* Appendices terminaux des anthères. Ceux qui voudront connaître à fond l'organisation des fleurs de cette famille devront consulter les excellens Mémoires de M. Henry de Cassini.

7. Apium graveolens [Fam. des *Ombellifères*]. ⁓ A. Cinq pétales épigynes, infléchis par le sommet. Cinq étamines alternes; anthères didymes. Deux styles. ⁓ B. + Un pétale détaché.

8. Selinum carvifolium [Fam. des *Ombellifères*]. ⁓ A. + Fleur avant son parfait développement pour faire voir l'attache épigyne des pétales et l'inflexion des étamines. ⁓ B. + La même épanouie. Cinq pétales infléchis à leur sommet et comme échancrés. Cinq étamines alternes. Deux styles. ⁓ C. D. + Deux pétales détachés.

PLANCHE 38. *Fleurs.*

1. Andryala cheiranthifolia [Fam. des *Synanthérées semiflosculeuses*]. ⁓ Calathide semiflosculeuse. Involucre simple, multiparti; divisions presque égales. Aigrette sessile, plumeuse. Clinanthe poilu. ⁓ A. Calathide entière. ⁓. B. La même, coupée longitudinalement pour laisser voir le clinanthe *a.* sur lequel sont attachés les demifleurons *b.* ⁓ C. + Demifleuron. (*a.* Fruit couronné de son aigrette calicinale. (*b.* Corolle. (*c.* Filets des étamines. (*d.* Anthères syngenèses. (*e.* Style surmonté d'un stigmate bifide ⁓ D. + Le même demifleuron fendu dans sa longueur.

2. Urospermum picroïdes. [Fam. des *Synanthérées semifloscules*]. ⁓ Calathide semiflosculeuse. Involucre urcéolé, simple, octoparti. Cypsèle sillonnée transversalement. Aigrette pedicellée, plumeuse. Clinanthe nu, ponctué. ⁓ A. Calathide dont les fleurs sont passées, et dont les fruits aigrettés sont mûrs. ⁓ B. La même, dépouillée d'une partie de ses fruits pour montrer le clinanthe *a.*, et la calathide *b.*, dont les divisions sont renversées. (*c.* Cypsèle. (*d.* Pédicelle de l'aigrette, renflé à la base, et persistant.

3. Ximenesia encelioides. [Fam. des *Synanthérées radiées*]. ⁓ Ca-

lathide radiée. Involucre polyphylle, presque égal. Clinanthe paléacé. Cypsèles sans aigrette. ⁓ A. Calathide entière. ⁓ B. Un demifleuron femelle détaché. ⁓ C. + Un fleuron avec la paillette qui l'accompagne. ⁓ D. Calathide coupée verticalement pour montrer la situation des demifleurons, des fleurons et des paillettes, sur le clinanthe.

4. Lobelia fulgens [Fam. des *Lobéliacées*]. ⁓ Calice adhérent, quinquéfide. Corolle monopétale, irrégulière. Cinq étamines réunies par les anthères, formant une gaîne autour du style. ⁓ A. Fleur entière. (*a.* Corolle fendue longitudinalement, laissant passer les étamines par la fissure. (*b.* Anthères réunies en tube. (*c.* Stigmate bilobé. ⁓ B. + Anthères avant l'apparition du stigmate. ⁓ C. Anthères *a.* et stigmate *b.*, après la floraison. Les lobes du stigmate n'étant pas encore ouverts, laissent voir l'anneau de poils *c.* qui est placé immédiatement au-dessous d'eux.

5. Anethum graveolens [Fam. des *Ombellifères*]. ⁓ A. Cinq pétales épigynes, involutés au sommet. Cinq étamines épigynes, alternes. Deux styles. ⁓ B. Un pétale détaché.

6. Coriandrum sativum [Fam. des *Ombellifères*]. ⁓ + Fleur irrégulière. ⁓ A. Cinq pétales dissemblables, inégaux, épigynes. Cinq étamines alternes, épigynes. Deux styles. ⁓ B. + La même, dont on a détaché les pétales. Calice adhérent, à cinq dents inégales.

7. Biscutella [Fam. des *Crucifères*]. ⁓ Calice à quatre sépales dressés et rapprochés, dont deux à base sacciforme. Corolle tétrapétale, cruciforme. ⁓ A. Fleur entière. ⁓. B. Pétale détaché. (*a.* Onglet. (*b.* Lame.

PLANCHE 39. *Fleurs.*

1. Crambe tatarica. [Fam. des *Crucifères*]. ⁓ Calice tétrasépale. Corolle tétrapétale. Six étamines tétradynames ; filets des quatre plus longues, bifurqués au sommet. Pistil à stigmate sessile. ⁓ A. Fleur entière ; calice un peu ouvert. ⁓ B. Un pétale détaché. (*a.* Lame. (*b.* Onglet. ⁓ C. + Fleur dépouillée de son double périanthe. (*a. b.* Pistil. (*a.* Ovaire. (*b.* Stigmate. (*c.* Étamines. (*d.* Nectaires. ⁓ D. + Une des étamines à filets bifurqués. ⁓ E. + Pistil et nectaires. (*a.* Partie du pistil qui ne prend pas de développement.

PLANCHE 39. *Fleurs.*

2. Raphanus sativus [Fam. des *Crucifères*]. ⁓ Calice tétrasépale ; sépales connivens. Corolle cruciforme. Six étamines tétradynames. Une glande nectarifère entre chacune des deux étamines courtes et le pistil. ⁓ A. Fleur entière. (*a*. Pétales. (*b*. Calice. (*c*. Etamines. ⁓. B. Fleur dépouillée de son double périanthe, pour montrer les deux glandes nectarifères *a*., entre les deux étamines courtes.

3. Reseda phyteuma [Fam. des *Capparidées*]. ⁓ Calice sexparti. Pétales irréguliers, laciniés. Etamines indéfinies ; filets courts ; anthères dressées. Trois stigmates. ⁓ A. + Fleur entière. ⁓ B. C. + Deux pétales détachés. ⁓ D. + Fleur dont on a supprimé les étamines et les pétales. (*a*. Pistil. (*b*. Gynophore.

4. Cleome ornithopodioides [Fam. des *Capparidées*]. ⁓ Pétales ascendans. Etamines et pistils déclinés. Etamines attachées près des pétales.

5. Cleome pentaphylla. [Fam. des *Capparidées*]. ⁓ Calice ouvert, tétrasépale. Corolle tétrapétale ; pétales onguiculés, ascendans. Gynophore staminifère. ⁓ A. Fleur entière. (*a*. Calice. (*b*. Pétales. (*c*. Gynophore. (*d*. Pistil. (*e*. Etamines.

6. Silene buplevrifolia [Fam. des *Caryophyllées*]. ⁓ Calice tubuleux, quinquédenté. Cinq pétales onguiculés ; onglet appendiculé à son sommet ; limbe des pétales bifide. Dix étamines, dont cinq alternes et cinq opposées. Trois styles. ⁓ A. Fleur entière. ⁓ B. La même, dont on a fendu le calice, et renversé les pétales pour faire voir le point d'attache des pétales et des étamines sur un gynophore *a*. qui soutient le pistil. (*b*. Appendices des pétales. ⁓ C. Pistil sur son gynophore. (*a*. Gynophore. (*b*. Ovaire. (*c*. Styles. (*d*. Stigmates.

7. Cucubalus fimbriatus [Fam. des *Caryophyllées*]. ⁓ Calice enflé-urcéolé. ⁓ Cinq pétales onguiculés, et sans appendice au haut de l'onglet. ⁓ A. Fleur entière. Pétales laciniés. ⁓ B. Calice. ⁓ C. + Pistil coupé verticalement pour faire voir son placentaire axile *a*., et le nectaire *b*. qui ceint sa base, et qui est enchassé dans le gynophore *c*.

8. Gypsophila fastigiata [Fam. des *Caryophyllées*]. ⁓ Calice campanulé, quinquéfide. Cinq pétales sessiles ; deux styles. ⁓ A. Fleur entière. ⁓ B. Pétale détaché avec une étamine opposée. ⁓ C. + Fleur coupée longitudinalement pour faire voir l'inser-

tion des pétales et des étamines sur un gynophore. (*a.* Calice. (*b* Pétales. (*c.* Étamines. (*d.* Ovaire. (*e.* Gynophore.

9. Cerastium aquaticum [Fam. des *Caryophyllées*]. ~ Calice quinquéparti. Corolle pentapétale. Dix étamines. Cinq styles. ~ A. Fleur entière. ~ B. Un pétale biparti, détaché avec une étamine opposée. ~ C. Fleur dépouillée de la corolle et des cinq étamines qui y étaient attachées. Les autres cinq étamines, alternes avec les pétales, restent attachées sous l'ovaire après qu'on a enlevé la corolle.

10. Saxifraga sarmentosa [Fam. des *Saxifragées*]. ~ Calice quinquéparti. Corolle pentapétale. Dix étamines. Deux styles. ~ A. + Fleur entière. (*a.* Calice. (*b.* Pétales inégaux, lancéolés. (*c.* Nectaire mamelonné, adné à l'ovaire.

11. Cneorum tricoccum [Fam. des *Térébintacées*]. ~ Calice très-petit, tridenté. Trois pétales. Trois étamines. Un style. Un stigmate trifide. ~ A. Fleur entière ~ B. + Fleur dépouillée de sa corolle. (*a.* Calice. (*b.* Gynophore. (*c.* Etamines attachées au gynophore. (*d.* Ovaire. (*e.* Stigmate trifide.

PLANCHE 40. *Fleurs.*

1. Koelreuteria paniculata [Fam. des *Sapindées*]. ~ Calice pentasépale. Corolle tétrapétale. Pétales ascendans ; une écaille bipartie, à la base de chaque pétale. Huit étamines déclinées, à filets velus. Stigmate trifide. ~ A. Une fleur mâle par l'avortement du style et des stigmates. ~ B. Une étamine et le pistil de la fleur A. ~ C. Fleur hermaphrodite. ~ D. Une étamine et le pistil de la fleur C.

2. Anona triloba [Fam. des *Anonées*]. ~ Calice triparti. Corolle hexapétale ; trois pétales intérieurs plus petits. Gynophore globuleux, staminifère. Anthères subsessiles, indéfinies, tétragones. Ovaires exhaussés, terminés chacun par un stigmate. ~ A. Fleur entière ; trois pétales intérieurs, trois extérieurs. ~ B. Fleur dépouillée de quatre de ses pétales, pour faire voir deux des divisions du calice *a.*, et les anthères *b.* agglomérées. ~ C. Fleur coupée verticalement pour montrer le gynophore *a.* qui porte les étamines et les ovaires.

3. Balanites aegyptiaca [Fam. inconnue]. Calice quinquéparti.

PLANCHE 40. *Fleurs.*

Corolle pentapétale. Dix étamines ; cinq alternes et cinq opposées. Nectaire hypogyne, saccelliforme, contenant l'ovaire avant son entier développement. ⁓ A. + Fleur entière. (*a*. Nectaire. ⁓ B. + Fleur dépouillée de son double périanthe pour faire voir l'attache des étamines sur le nectaire. ⁓ C. + La même, coupée verticalement pour faire voir la position de l'ovaire dans le nectaire, et les ovules pendans. ⁓ D. + Fleur dépouillée de son double périanthe et des étamines. ⁓ E. + Ovaire plus avancé, sortant du nectaire. ⁓ F. + Le même, coupé transversalement pour faire voir les cinq loges qui se confondent en une seule dans le fruit, par effet d'avortement.

4. Cookia punctata [Fam. des *Aurantiacées*]. ⁓ Calice petit, quinquédenté. Corolle pentapétale ; pétales naviculaires. Dix étamines libres. Ovaire exhaussé. ⁓ A. + Fleur entière. ⁓ B. + Fleur dépouillée de sa corolle. ⁓ C. + La même, dépouillée de ses étamines pour montrer le gynophore *a*. qui porte l'ovaire.

5. Triphasia [Fam. des *Aurantiacées*]. ⁓ Calice petit, tridenté. Corolle tripétale. Six étamines ; filets subulés, applatis ; anthères cordiformes-sagittées. Stigmate trilobé. ⁓ A. + Fleur entière. ⁓ B. + Fleur dépouillée de sa corolle et de ses étamines. ⁓ C. + Une étamine.

6. Fissilia disparilis [Fam. des *Olacinées*]. ⁓ Calice petit, cupulaire, très-entier. Corolle pentapétale ; quatre pétales soudés deux à deux, le cinquième libre. Huit étamines ; filets applatis ; trois anthères fertiles, et cinq stériles. ⁓ A. + Fleur entière. ⁓ B. + Etamines et pétales détachés. (*a*. Pétale libre, portant une étamine fertile et une stérile. (*b*. Pétales soudés, portant une étamine fertile entre deux stériles.

7. Heisteria coccinea [Fam. des *Olacinées*]. ⁓ Calice petit, quinquéfide. Corolle pentapétale ; pétales uncinés. Dix étamines ; filets planes, linéaires, courbés sur l'ovaire. Stigmate trilobé. ⁓ A. + Fleur entière. ⁓ B. + La fleur dépouillée des pétales et des étamines. ⁓ C. + L'ovaire coupé transversalement pour faire voir les trois loges qui se confondent en une seule dans le fruit, par effet d'avortement. ⁓ D. + Une étamine.

8. Ternstromia elliptica [Fam. des *Ternstromiées*]. ⁓ Calice quinquéparti, bibractéé ; bractées squamiformes ; divisions calicinales imbriquées, squamiformes, inégales. Corolle monopétale,

ovoïde, à cinq ou six lobes dressés. Etamines nombreuses, attachées à la base de la corolle; filets courts; anthères terminales, linéaires-subulées, dressées. ~~ A. Fleur entière. (*a*. Divisions du calice. (*b*. Bractées squamiformes. (*c*. Corolle. ~~ B. Corolle fendue dans sa longueur et ouverte, pour montrer l'attache et la forme des étamines.

PLANCHE 41. *Fleurs.*

1. Ximenia aculeata [Fam. des *Olacinées*]. ~~ Calice petit, quadridenté. Corolle tétrapétale, poilue intérieurement; pétales uncinés au sommet. Huit étamines hypogynes; filets filiformes; anthères longues. Ovaire pyramidal, quadrangulaire; un style filiforme; stigmate simple. ~~ A. + Fleur entière. ~~ B. + Fleur dépouillée de sa corolle. ~~ C. + Une étamine. ~~ D. + Fleur dépouillée de la corolle et des étamines. ~~ E. + Pistil coupé transversalement. Il est quadriloculaire, et chaque loge est uniovulée; mais le fruit n'offre qu'une loge et qu'une graine par effet d'avortement.

2. Ternstromia dentata [Fam. des *Ternstromiées*]. ~~ A. Fleur entière. ~~ B. Corolle détachée. Quoique les divisions de cette corolle ne se séparent pas les unes des autres, on les considère comme des pétales, parce qu'ils n'ont d'adhérence que par leur base, et que l'on peut croire que cette union résulte de la présence des étamines qui seraient jointes ensemble par un androphore annulaire, lequel servirait d'attache à la corolle. C'est en vertu de cette manière de voir que l'on range toutes les Malvacées dans les polypétales. ~~ C. + Etamines détachées; anthères barbues. ~~ D. Ovaire et calice. ~~ E. + Ovaire coupé transversalement.

3. Helicteres isora [Fam. des *Malvacées*]. ~~ Fleur entière. (*a*. Calice campanulé, à cinq dents inégales. (*b*. Pétales. (*c*. Gynophore staminifère. (*d*. Pistil. (*e*. *f*. Anthères réniformes, portées sur de courts filets. (*f*. Anthère dont on voit le filet.

4. Sterculia platanifolia [Fam. des *Sterculiacées*]. ~~ Fleur entière. (*a*. Périanthe simple, quinquéparti; divisions révolutées. (*b*. Gynophore staminifère. (*c*. Etamines. (*d*. Pistil; stigmate quinquélobé, étoilé.

5. Hibiscus rosa sinensis [Fam. des *Malvacées*]. ~~ Calice cam-

panulé, caliculé ; calicule multiparti. Corolle pentapétale. Etamines monadelphes ; androphore tubulé. Un style. Cinq stigmates globuleux. ~~ A. Fleur entière. (*a.* Calice. (*b.* Calicule. (*c.* Etamines couvrant la surface du tube formé par l'androphore. (*d.* Stigmates dont le style est engaîné par l'androphore. ~~ B. Fleur coupée verticalement. (*a.* Calicule. (*b.* Calice. (*c.* Corolle. (*d.* Androphore, (*e.* Pistil.

6. HYPERICUM AEGYPTIACUM [Fam. des *Hypéricées*]. ~~ Calice quinquéparti. Corolle pentapétale. Etamines polyadelphes. ~~. A. Fleur entière. (*a.* Deux bractées. ~~ B. + La même, dépouillée du calice et de la corolle. (*a.* Nectaire triglandulé. (*b.* Etamines triadelphes ; androphores divisés en filets à leur partie supérieure. (*c.* Pistil à trois styles et trois stigmates. (*d.* Pétale appendiculé vers l'onglet.

7. TILIA ALBA [Fam. des *Tiliacées*]. ~~ Calice quinquéparti. Corolle pentapétale. Etamines indéfinies. ~~ A. Corymbe de fleurs avec son pédoncule muni d'un appendice bractéiforme. ~~ B. + Portion de la fleur. (*a.* Lambeau d'une division du calice. (*b.* Un pétale. (*c.* Deux étamines. (*d.* Nectaire formé de cinq lames pétaliformes entourant le pistil.

8. GUAREA TRICHILIOÏDES [Fam. des *Méliacées*]. ~~ Calice très-petit, quadricrénelé. Corolle tétrapétale. Huit étamines monadelphes ; androphore, corolliforme, urcéolé, à limbe très-entier. Stigmate capité. ~~ A. Fleur entière. (*a.* Calice. (*b.* Pétales. (*c.* Androphore. (*d.* Anthères attachées au haut du limbe de l'androphore.

9. ANACARDIUM OCCIDENTALE [Fam. des *Térébintacées*]. Calice campanulé, quinquéfide. Corolle pentapétale. Dix étamines monadelphes ; androphore annulaire. Un style latéral. Un stigmate. ~~ A. Fleur entière, (*a.* Bractée. ~~ B. La même, dépouillée de son double périanthe. (*a.* Androphore annulaire. (*b.* Une étamine plus longue que les neuf autres. ~~ C. Pistil mis à nu. (*a.* Style latéral, eu égard au sommet géométrique *b.* de l'ovaire.

10. ADONIS AESTIVALIS [Fam. des *Renonculacées*]. ~~ Calice pentasépale. Corolle pentapétale ; onglet des pétales nu. Etamines hypogynes, indéfinies. Pistils nombreux, attachés à un gynophore cônique. ~~ A. Fleur entière. ~~ B. + Coupe verticale de la fleur. (*a.* Calice. (*b.* Corolle. (*c.* Etamines. (*d.* Pistils. ~~ C. Pétale détaché, nu à la base, denticulé au sommet.

PLANCHE 42. *Fleurs.*

1. Ranunculus bulbosus [Fam. des *Renonculacées*]. — Calice pentasépale. Corolle pentapétale, roselée. Une glande squamiforme à l'onglet de chaque pétale. Etamines indéfinies, hypogynes; anthères adnées. Pistils nombreux, attachés sur un gynophore; stigmate simple. — A. Fleur entière. — B. Coupe verticale de la fleur, pour indiquer les insertions respectives. (*a.* Calice. (*b.* Corolle. (*c.* Glande nectarifère. (*d.* Etamines. (*e.* Ovaire. (*f.* Gynophore. — C. Pétale détaché, pour montrer la glande squamiforme *a.* attachée à sa base. — D. Une étamine; anthère adnée.

2. Melaleuca hypericifolia [Fam. des *Myrtacées*]. — Fleur entière. Etamines pentadelphes. (*a.* Androphores cylindriques, divisés à leur sommet en une multitude de filets capillaires.

3. Mimosa julibrissin [Fam. des *Légumineuses*]. — Calice monosépale, campanulé, quinquédenté. Corolle monopétale, infundibulée, quinquéfide. Etamines monadelphes. Androphore tubulé, divisé en une multitude de filets capillaires. (*a.* Calice. (*b.* Corolle. (*c.* Androphore.

4. Polygala heisteria [Fam. des *Polygalées*]. — Calice à cinq divisions égales. Corolle monopétale, irrégulière, bilabiée, fendue en dessus, et roulée en tube à sa base. Androphore tubulé, fendu longitudinalement, embrassant le pistil, et divisé à son sommet en sept filets courts, anthérifères. Ovaire quadricorne; style élargi au sommet; stigmate bilatéral, adné. — A. Fleur entière. — B. Corolle détachée. — C. Pistil et androphore. — D. Pistil. (*a.* Ovaire quadricorne.

5. Parnassia palustris [Fam. des *Capparidées*]. — Calice quinquéparti. Corolle pentapétale, roselée. Cinq étamines hypogynes, alternes avec les pétales. A la base des pétales cinq nectaires cordiformes, surmontés de cils à sommet glanduleux. Ovaire à quatre stigmates sessiles. — A. Fleur entière. — B. + Un nectaire détaché.

6. Pelargonium peltatum [Fam. des *Géraniées*]. — Calice quinquéfide; la division supérieure prolongée en un éperon tubulé, adné au péduncule. Corolle irrégulière, comme papilionacée, à cinq pétales, dont deux supérieurs redressés, et trois inférieurs abaissés. Dix étamines, dont quelques-unes stériles. — Un ovaire; un style; cinq stigmates. — A. Fleur entière. (*a.* Pédi-

celle de la fleur. (*b.* Éperon de la foliole supérieure du calice, soudé le long du pédicelle. (*c.* Divisions calicinales. (*d.* Pétales. ~~ (B. La même, coupée dans sa longueur. (*a.* Pédicelle. (*b.* Éperon. (*c.* Glande nectarifère, au fond du tube de l'éperon.

7. TROPAEOLUM MAJUS [Fam. des *Géraniées*]. ~~ Calice quinquéparti ; la division supérieure prolongée à sa base en un éperon libre. Corolle irrégulière, pentapétale ; deux pétales supérieurs attachés à la gorge du tube de l'éperon du calice, et redressés ; trois inférieurs abaissés, onguiculés et ciliés à leur base. ~~ A. Fleur entière. (*a.* Pédoncule. (*b.* Éperon. ~~ B. La même, coupée dans sa longueur.

8. DELPHINIUM ELATUM [Fam. des *Renonculacées* [. ~~ Calice pentasépale ; le sépale supérieur, éperonné à la base. Corolle irrégulière, tétrapétale ; deux pétales supérieurs éperonnés à leur base, et contenus dans l'éperon du calice. Etamines indéfinies. ~~ A. Fleur entière. (*a.* Division supérieure du calice éperonnée. (*b.* Éperon. ~~ B. La même, dépouillée du calice (*a.* Les quatre pétales ; deux supérieurs éperonnés ou cuculliformes ; deux inférieurs barbus au sommet. ~~ C. Etamines et pistils. ~~ D. Pistils avec une étamine disposée de manière à marquer l'insertion.

9. NIGELLA HISPANICA [Fam. des *Renonculacées*]. ~~ Calice grand, pentasépale. Corolle octopétale. Pétales bilabiés, petits, rétrécis en onglet ; lèvre supérieure entière, étroite ; lèvre inférieure concave, et prolongée au sommet en deux lobes. ~~ A. Fleur entière. (*a.* Sépales du calice. (*b.* Pétales. ~~ B. Pétale vu par derrière. ~~ C. Pétale vu par devant. ~~ D. Etamine ; anthère adnée.

10. BAUHINIA [Fam. des *Légumineuses*]. ~~ Fleur papilionnacée, anomale, à pétales ondulés, onguiculés. Calice quinquéparti, divisions ascendantes, distinctes à leur base, soudées latéralement. (*a.* Étendard ascendant. (*b.* Ailes ascendantes, réfléchies. (*c.* Carène dipétale, abaissée. (*d.* Dix étamines ; neuf courtes, stériles ; une longue, féconde. (*e.* Style saillant.

11. DALEA PURPUREA [Fam. des *Légumineuses*]. ~~ Fleur papilionnacée, anomale. ~~ A. + Fleur entière, accompagnée de sa bractée. ~~ B. Ailes, carène et étamines réunis par leur base en un seul corps. ~~ C. Étendard.

12. EPILOBIUM SPICATUM [Fam. des *Onagrariées*]. ~~ Calice adhé-

rent à l'ovaire, et terminé par un limbe à quatre divisions. Corolle tétrapétale. Huit étamines. Un style; un stigmate à quatre lobes révolutés.

PLANCHE 43. *Fleurs.*

1. ROBINIA HISPIDA [Fam. des *Légumineuses*]. ~~ Calice quadrifide, irrégulier. Corolle papilionnacée. Dix étamines diadelphes. Stigmate velu. ~~ A. — Fleur entière. (*a.* Calice. (*b.* Étendard. (*c.* Ailes. (*d.* Carène. ~~ B. La même, dépouillée de son étendard. ~~ C. La même, dépouillée de son étendard et de ses ailes. ~~ D. Étendard. ~~ E. Un des deux pétales qui composent la carène. ~~ F. Fleur dont on a enlevé le calice et la corolle. (*a.* Androphore tubulé, fendu longitudinalement, et divisé en neuf filets à son sommet. (*b.* Etamine libre. C'est un exemple de ce que Linné appelle diadelphie. ~~ G. Pistil. (*a.* Podogyne.

2. CASSIA GRANDIFLORA [Fam. des *Légumineuses*]. ~~ Corolle pentapétale, roselée, un peu irrégulière. Dix étamines libres, dissemblables; trois inférieures plus longues, à anthères longues et arquées; quatre latérales, à anthères plus courtes; trois supérieures encore plus courtes, à anthères stériles. ~~ A. Fleur entière. ~~ B. + Une des trois étamines inférieures. ~~ C. + Une des quatre étamines latérales, les unes et les autres biforées au sommet. ~~ D. + Une des trois étamines supérieures, difforme par avortement.

3. ARACHIS HYPOGAEA [Fam. des *Légumineuses*]. ~~ Portion de tige portant deux fleurs. (*a.* Calice tubuleux, filiforme. (*b.* Calice fendu à sa base et latéralement, pour faire voir l'ovaire *c.* et le style *d.*

4. ROSA CAROLINIANA [Fam. des *Rosacées*]. ~~ Calice urcéolé, quinquéfide. Corolle pentapétale, roselée. Etamines périgynes, indéfinies. Ovaires monostyles, nombreux, cachés dans le calice resserré à son orifice. Stigmates simples. ~~ A. Fleur entière. ~~ B. Coupe longitudinale de la fleur. (*a.* Calice urcéolé. (*b.* Divisions du calice. (*c.* Pétales. (*d.* Etamines périgynes. (*e.* Pistils. ~~ C. Un pistil. (*a.* Ovaire hérissé de poils au sommet.

5. RUBUS ODORATUS [Fam. des *Rosacées*]. ~~ Calice ouvert, quinquéfide. Corolle pentapétale, roselée. Etamines indéfinies, périgynes. Ovaires nombreux, monostyles, placés sur un gynophore

convexe. ⁓ A. Fleur entière. ⁓ B. Coupe longitudinale de la fleur, pour montrer le gynophore *a.*, et l'insertion périgyne des étamines *b.* ⁓ C. + Un pistil. (*a.* Style latéral. (*b.* Stigmate oblique, ondulé.

6. Sanguisorba media [Fam. des *Rosacées*]. ⁓ + Périanthe simple, urcéolé, quadrilobé, tribractéé. Quatre étamines. (*a.* Bractées. (*b. c.* Périanthe resserré à son orifice. (*c.* Limbe du périanthe divisé en quatre lobes. (*d.* Stigmate cilié.

7. Eucalyptus saligna [Fam. des *Myrtacées*]. Périanthe simple, calyptré ; calyptre se détachant à l'époque de l'épanouissement de la fleur. Nectaire lamellaire, adné à la paroi interne du périanthe. Etamines indéfinies, périgynes. Ovaire adhérent. Un style. Un stigmate. ⁓ A. Fleur avant l'épanouissement. ⁓ B. Fleur qui commence à s'ouvrir. La calyptre, qui constitue le limbe du périanthe, se renverse. ⁓ C. Fleur après la chûte de la calyptre. ⁓ D. Coupe longitudinale de la fleur, pour faire voir l'adhérence du périanthe avec l'ovaire, et l'insertion épygyne des étamines. (*a.* Saillie qui indique le nectaire lamellaire, tapissant la paroi intérieure du périanthe.

8. Dorstenia contrayerva [Fam. des *Urticées*]. ⁓ Monoïque. Fleurs en calathide. Involucre ouvert. Clinanthe large, plane, alvéolé. Fleurs femelles, solitaires, composées d'un ovaire monostyle à stigmate bifide, incluses dans des alvéoles profondes. Fleurs mâles composées de deux étamines, et solitaires dans des alvéoles superficielles. ⁓ A. Calathide entière. ⁓ B. + Portion de la coupe verticale pour montrer les fleurs mâles et femelles dans les alvéoles du clinanthe. (*a.* Fleurs femelles dans des alvéoles profondes. (*b.* Fleurs mâles dans des alvéoles superficielles. ⁓ C. + Une fleur mâle dans son alvéole.

9. Ficus carica [Fam. des *Urticées*]. ⁓ Monoïque. Fleurs en calathide. Involucre pyriforme, presque clos au sommet. Clinanthe tapissant toute la paroi interne de l'involucre. Fleurs très-nombreuses, pédicellées ; les mâles, placées vers l'orifice de l'involucre ; et les femelles au-dessous. ⁓ Fleur mâle : Périanthe simple, triparti ; trois étamines. ⁓ Fleur femelle : Périanthe simple, quinquéparti ; un ovaire ; un style ; deux stigmates. ⁓ A. Calathide entière. (*a.* Base de l'involucre garnie de trois bractées. (*b.* Sommet de l'involucre garni de dents qui ferment l'orifice. ⁓ B. Cala-

thide coupée longitudinalement pour montrer l'attache des fleurs *a.* sur le clinanthe *b.* ~ C. + Fleur femelle. ~ D. + La même coupée longitudinalement pour montrer l'attache de l'ovule qui est appendant. ~ E. + Une fleur mâle. La calathide mûre forme un fruit composé, nommé Sycône.

PLANCHE 44. *Fruits.*

1. SALSOLA TRAGUS [Fam. des *Atriplicées*]. ~ Carcérule membraneuse, monosperme, induviée. Induvie périanthienne, inadhérente. Placenta latéral. Embryon nu, apérispermé, dicotylédon, filiforme, spiralé. Cotylédons hémicylindriques. ~ A. + Carcérule recouverte par le périanthe induvial. ~ B. + Carcérule et périanthe coupés verticalement. ~ C. + Carcérule entière dépouillée de son périanthe. ~ D. + Embryon extrait de la carcérule.

2. FRAXINUS EXCELSIOR [Fam. des *Jasminées*]. ~ Carcérule linguiforme, coriace, biloculaire, tétrasperme (uniloculaire, monosperme par avortement). Graine oblongue, comprimée, tuniquée, pendante, périspermée. Embryon dycotylédon, axile; radicule adverse. ~ A. Carcérule entière. ~ B. La même coupée verticalement. On voit en *a.*, la cloison rejetée sur le côté, et trois ovules avortés. ~ C. Graine coupée dans sa longueur.

3. LIRIODENDRUM TULIPIFERA [Fam. des *Magnoliacées*]. ~ Étairion ovoïde, polycamare. Camares imbriquées, épiptérées, monospermes, indéhiscentes. ~ A. — Étairion entier. ~ B. Une camare détachée.

4. COMBRETUM LAXUM [Fam. des *Combrétacées*]. ~ Carcérule oblongue, tétraptère, coriace, monosperme. Graine pendante, tuniquée. Embryon dycotylédon, rectiligne. Cotylédons foliacés, chiffonnés. Radicule adverse. ~ A. + Carcérule entière. ~ B. + La même coupée transversalement. ~ C. + Graine. ~ D. + Embryon.

5. COMBRETUM SECUNDUM [Fam. des *Combrétacées*]. ~ Carcérule pentaptère, coriace, monosperme. Graine pendante, tuniquée. Embryon dicotylédon, rectiligne. Cotylédons convolutés. Radicule adverse. ~ A. + Carcérule entière. ~ B. + La même coupée transversalement. ~ C. + Graine. ~ D. + Embryon. ~ E. + Le même, dont les cotylédons sont écartés.

PLANCHE 44. *Fruits.*

6. Helianthus annuus [Fam. des *Synanthérées radiées*]. ⁓ Péricarpe (Cypsèle) obovoïde, comprimé, coriace, à sommet bipaléacé.

7. Lampsana communis [Fam. des *Synantherées semiflosculeuses*]. ⁓ + Péricarpe (Cypsèle) semi-obovoïde, arqué, coriace, sillonné, chauve.

8. Galinsoga triloba [Fam. des *Synanthérées radiées*]. ⁓ Péricarpe (Cypsèle) turbiné, coriace, velu, aigretté, indéhiscent, monosperme. Aigrette sessile, plumeuse. Graine obovoïde, tuniquée, dressée, apérispermée. Embryon dicotylédon, charnu, rectiligne. Radicule adverse. Cotylédons confluens. ⁓ A. + Cypsèle entière. ⁓ B. + La même coupée dans sa longueur.

9. Hieracium glaucum [Fam. des *Synanthérées semiflosculeuses*]. ⁓ Péricarpe (Cypsèle) cylindracé, sillonné, aigretté, indéhiscent, monosperme. Aigrette sessile, séteuse, paraissant simple à l'œil nu. ⁓ A. + Cypsèle entière. ⁓ B. + La même coupée dans sa longueur. ⁓ C. + Embryon.

PLANCHE 45. *Fruits.*

1. Tragopogon undulatum [Fam. des *Synantherées semiflosculeuses*]. ⁓ Péricarpe (Cypsèle) oblong, sillonné, rude, aigretté. Aigrette pédilée, plumeuse, inégale. ⁓ A. Cypsèle entière. ⁓ B. Cypsèle privée de son aigrette et coupée verticalement. On voit en *a*. que le pédile n'est que le prolongement du péricarpe.

2. Helmintia echioïdes [Fam. des *Synanthérées semiflosculeuses*]. ⁓ Péricarpe (Cypsèle) obovoïde, ridé transversalement, aigretté. Aigrette pédilée, égale, plumeuse. ⁓ A. + Cypsèle entière. ⁓ B. + Une des soies de l'aigrette.

3. Bidens pilosa [Fam. des *Synanthérées radiées*]. ⁓ Péricarpe (Cypsèle) subfusiforme, lisse, quadri-aristé au sommet; arêtes hameçonneuses, c'est-à-dire armées de pointes rebroussées. ⁓ A. + Cypsèle entière. ⁓ B. + La même coupée verticalement.

4. Polygonum scandens [Fam. des *Polygonées*]. ⁓ Carcérule osseuse, ovoïde-trigone, luisante. Graine tuniquée, dressée, périspermée. Embryon dicotylédon, latéral, filiforme, arqué. Radicule inverse, haute. ⁓ A. + Carcérule entière. ⁓ B. + La même coupée verticalement.

PLANCHE 45. *Fruits.*

5. Statice latifolia [Fam. des *Plumbaginées*]. ∼ Capsule uniloculaire, monosperme, s'ouvrant par des dents basilaires. Graine tombante. ∼ A. + Capsule coupée verticalement pour montrer que le funicule part de sa base et se prolonge jusqu'à son sommet. ∼ B. + Graine avec le funicule extraits de la capsule.

6. Ternstromia punctata [Fam. des *Ternstromiées*]. ∼ Carcérule arrondie, crustacée-coriace, biloculaire, polysperme. Cloison générale, longitudinale, fixe. Graines tuniquées, ridées, pendantes, repliées, périspermées. Lorique crustacée. Tegmen membraneux. Périsperme pelliculaire. Embryon dicotylédon, cylindrique, réplié. Cotylédons et radicule adverses. ∼ A. Carcérule entière, accompagnée du calice persistant. ∼ B. Carcérule dont on a enlevé la partie supérieure pour montrer l'attache des graines et les ovules avortés. ∼ C. Carcérule coupée transversalément. ∼ D. Une graine entière avec son funicule *a*. ∼ E. La même coupée longitudinalement. (*a*. Lorique. (*b*. Tegmen. (*c*. Périsperme. (*d*. Embryon.

7. Eroteum undulatum. (Fresiera) [Fam. des *Ternstromiées*]. ∼ Graine tuniquée, arquée, alvéolée, périspermée. Lorique crustacée. Tegmen membraneux. Embryon dicotylédon, cylindrique, arqué, axile. Radicule adverse. ∼ A. + Graine entière. ∼ B. + La même coupée dans sa longueur. (*a*. Lorique. (*b*. Tegmen. (*c*. Périsperme. (*d*. Embryon.

8. Heisteria coccinea [Fam. des *Olacinées*]. ∼ Calice persistant, accru, campanulé, quinquélobé. Carcérule (ou Drupe sec) ovoïde, triloculaire, trisperme (uniloculaire, monosperme par avortement). Graine tegminée, ovoïde, pendante, périspermée; embryon très-petit, subbasilaire; radicule adverse. ∼ A + Carcérule accompagnée de son calice. ∼ B. + Graine coupée dans sa longueur. (*a*. Tegmen. (*b*. Périsperme. (*c*. Embryon.

9. Fissilia disparilis [Fam. des *Olacinées*]. ∼ Carcérule (ou Drupe sec) ovoïde, triloculaire, trisperme (uniloculaire, monosperme par avortement) induviée. Induvie calicinienne. Graine tegminée, ovoïde, pendante, périspermée. Embryon très-petit, dicotylédon, ovoïde, subbasilaire; radicule adverse. ∼ A. + Carcérule entière. ∼ B. + La même, dont on a enlevé la partie supérieure pour montrer un filet noir qui adhère au tegmen et s'incruste dans le périsperme. ∼ C. + Carcérule coupée verticalement. ∼ D. + Embryon extrait du périsperme.

PLANCHE 46. *Fruits.*

1. Polemonium coeruleum [Fam. des *Polémoniacées*]. ⁓ Capsule triloculaire, trivalve, polysperme. Trois cloisons valvéennes médianes. Placentaire axile, persistant, triquètre. Graines appendantes, tuniquées, périspermées, bi-sériées dans chaque loge. Embryon rectiligne, transverse. Radicule basse. ⁓ A. Capsule ouverte. ⁓ B. La même coupée transversalement. ⁓ C. + Graine entière. ⁓ D. + La même coupée longitudinalement.

2. OEnothera biennis [Fam. des *Onagraires*]. ⁓ Capsule quadriloculaire, quadrivalve, polysperme, axilée. Quatre cloisons valvéennes médianes. Nervules circum-axiles, septiles-marginales. Graines apérispermées, tuniquées, bi-sériées dans chaque loge. Embryon dicotylédon, rectiligne; radicule adverse. ⁓ A. Capsule ouverte. ⁓ B. La même coupée transversalement. ⁓ C. + Graine coupée longitudinalement.

3. Lilium martagon [Fam. des *Liliacées*]. ⁓ Capsule triloculaire, trivalve, polysperme. Trois cloisons valvéennes médianes. Placentaire axile, septile, tripartible. Graines planes, bi-sériées dans chaque loge. Les valves après la déhiscence sont encore liées l'une à l'autre par les ramifications d'un filet intermédiaire. ⁓ A. Capsule ouverte. ⁓ B. La même coupée transversalement.

4. Koelreuteria paniculata [Fam. des *Sapindées*]. ⁓ Capsule membraneuse, enflée, trigone, triloculaire, trivalve, oligosperme. Trois cloisons valvéennes médianes. Placentaire axile, septile, tripartible. Graines arrondies, tuniquées, apérispermées. Embryon dicotylédon. Radicule adverse, Cotylédons circinés. ⁓ A. Capsule commençant à s'ouvrir. ⁓ B. La même coupée transversalement. ⁓ C. + Graine coupée longitudinalement.

5. Ipomea purpurea [Fam. des *Convolvulacées*]. ⁓ Calice persistant. Capsule triloculaire, trivalve; loges dispermes. Trois cloisons verticillées, interpositives, persistantes. Placentas basilaires. Graines ascendantes, tuniquées, périspermées. Embryon dicotylédon, recourbé. Cotylédons chiffonnés. Radicule adverse. Périsperme chiffonné. ⁓ A. Capsule avec le calice. ⁓ B. La même coupée transversalement, avec les graines qu'elle contient. ⁓ C. Capsule coupée après sa déhiscence et la dispersion des graines. On voit en *a*. un placenta basilaire. ⁓ D. Une graine. ⁓ E. La même coupée longitudinalement. ⁓ F. Embryon à nu.

6. Evonymus latifolius [Fam. des *Rhamnées*]. ⁓ Capsule quinqué-

loculaire, quinquévalve, axilée, oligosperme. Sutures ptéroïdes. Cinq cloisons verticillées, valvéennes médianes. Placentaire apicilaire, septile, quinquépartible. Graines pendantes, arillées, tuniquées, périspermées. Arille complet, succulent. Embryon dicotylédon, rectiligne. Radicule adverse. Plumule visible. ⁓ A. Capsule fermée. ⁓ B. Capsule ouverte. ⁓ C. Graine dans son arille. ⁓ D. La même coupée longitudinalement. ⁓ E. Deux graines entre-greffées par l'intermédiaire de l'arille.

7. Evonymus verrucosus [Fam. des *Rhamnées*]. ⁓ A. Capsule déformée par l'avortement de plusieurs loges; une graine est suspendue à l'extrémité d'un long funicule; l'arille est ouvert en une cupule irrégulière. ⁓ B. Graine. ⁓ C. La même coupée longitudinalement.

PLANCHE 47. *Fruits.*

1. Rhododendrum maximum [Fam. des *Rhodoracées*]. ⁓ Capsule diérésilienne, quinquéloculaire, quinquévalve, polysperme. Sutures rentrantes. Cinq cloisons valvéennes marginaires, bilamellées. Placentaire axile, rayonnant, persistant. Graines nombreuses, tuniquées, périspermées. Embryon dicotylédon, axile. Radicule adverse. ⁓ A. + Capsule avec son calice persistant. ⁓ B. + La même ouverte. ⁓ C. + Capsule coupée transversalement. ⁓ D. + Graine entière. ⁓ E. + La même coupée longitudinalement.

2. Nigella hispanica [Fam. des *Renonculacées*]. ⁓ Capsule polycéphale, polysperme, nonoloculaire, s'ouvrant intérieurement. Neuf cloisons valvéennes marginaires, fixes. Placentaire axile. Graines tuniquées, périspermées. Embryon dicotylédon, petit, bilobé, basilaire. Radicule adverse. ⁓ A. Capsule entière. ⁓ B. La même coupée transversalement. ⁓ C. + Graine coupée longitudinalement.

3. Papaver somniferum [Fam. des *Papavéracées*]. ⁓ Capsule uniloculaire, polysperme. Huit cloisons incomplètes, valvéennes marginaires, fixes. Placentaire septile. Valves s'entr'ouvrant sous le stigmate large, pelté, persistant. Graines nombreuses, perfuses, réniformes, tuniquées, alvéolées, périspermées. Embryon dicotylédon, petit, arqué. Radicule adverse. ⁓ A. Capsule entière, ouverte. ⁓ B. La même coupée transversalement. ⁓ C. + Graine. ⁓ D. + La même coupée longitudinalement.

4. Antirrhinum majus [Fam. des *Personées*]. ⁓ Capsule bilocu-

laire, polysperme, triforée au sommet. Deux cloisons valvéennes marginaires, obcurrentes. Placentaire central, bilobé. Graines nombreuses, tuniquées, alvéolées, périspermées. Embryon dicotylédon, axile. Radicule adverse. ⁓ A. Capsule triforée. ⁓ B. La même coupée transversalement. ⁓ C. + Graine entière. ⁓ D. + La même coupée longitudinalement.

5. Saxifraga granulata [Fam. des *Saxifragées*]. ⁓ Capsule semi-adhérente, dicéphale, biloculaire, polysperme, s'ouvrant au centre. Deux cloisons valvéennes marginaires, obcurrentes, fixes. Placentaire central, charnu. Graines tuniquées, ponctuées, scabres, périspermées. Embryon dicotylédon, reclus, axile. Radicule adverse. ⁓ A. + Capsule ouverte, avec son calice persistant. ⁓ B. + La même coupée transversalement. ⁓ C. + Une graine entière. ⁓ D. + La même coupée longitudinalement.

6. Silene noctiflora [Fam. des *Caryophyllées*]. ⁓ Capsule uniloculaire, polysperme, à six valves, s'ouvrant au sommet. Placentaire central, cylindracé, persistant, basifixe. Graines réniformes, tuniquées, tuberculées, périspermées. Embryon dicotylédon, annulaire, périphérique. Cotylédon et radicule adverses. Périsperme central. ⁓ A. Capsule ouverte. ⁓ B. Capsule coupée longitudinalement. ⁓ C. + Graine entière. ⁓ D. + La même coupée dans sa longueur.

7. Aconitum pyrenaïcum [Fam. des *Renonculacées*]. ⁓ Étairion tricamare. Camare polysperme, déhiscente. Graines ovoïdes, tuniquées, ridées, périspermées. Embryon petit, dicotylédon, basilaire. Cotylédons divergens. ⁓ A. Fruit entier, ouvert. B. + Graine coupée longitudinalement.

8. Campanula rapunculoïdes [Fam. des *Campanulacées*]. ⁓ Capsule triloculaire, couronnée, portant la corolle marcescente, et s'ouvrant par des pores à la base. Cloisons fixes. Placentaire central, sexlobé. Graines nombreuses, tuniquées, périspermées. Embryon axile, reclus. Radicule adverse. ⁓ A. Fruit entier. ⁓ B. Le même coupé transversalement. ⁓ C. + Graine coupée dans sa longueur.

PLANCHE 48. *Fruits.*

1. Lecythis [Fam. des *Myrtacées*]. ⁓ Péricarpe (Pyxide) s'ouvrant transversalement en deux valves, l'amphore *a*. et l'opercule *b*.

PLANCHE 48. *Fruits.*

2. Plantago stricta [Fam. des *Plantaginées*]. ~ Pyxide ovoïde, biloculaire, disperme. Cloison générale, placentairienne (Placentaire septiforme), libre. Graines ovales, peltées, périspermées. Embryon dicotylédon, rectiligne, transverse. Radicule basse. ~ A. + Pyxide entière. ~ B. + La même dont on a enlevé l'opercule. (*a.* Graines. (*b.* Cloison. ~ C. + Une graine. ~ (*a.* Hile. ~ D. + Graine coupée transversalement. ~ E. + Graine coupée longitudinalement. ~ F. Embryon.

3. Genista hispanica [Fam. des *Légumineuses*]. ~ Péricarpe (Légume) allongé, bivalve, uniloculaire, polysperme. Placentaire unilatéral, marginal, bipartible. Graines tuniquées, périspermées. Embryon dicotylédon. Radicule longue, cylindrique, adverse. Cotylédons réfléchis par les côtés. ~ A. Légume entier. ~ B. Le même après la déhiscence. ~ C. + Une graine. ~ D. + La même coupée transversalement. ~ E. + Embryon.

4 Cassia fistula [Fam. des *Légumineuses*]. ~ Péricarpe (Légume) allongé, cylindrique, carcérulaire, multiloculaire. Cloisons générales, transverses. Placentaire unilatéral. Loges monospermes. Funicules filiformes. Graines ovoïdes, comprimées, tuniquées, périspermées. Embryon dicotylédon, médiaire, rectiligne. Cotylédons foliacés. Radicule arrondie, adverse. ~ A. — Légume dont on a enlevé une portion de la paroi pour faire voir les cloisons transversales, les graines et leurs funicules *a.* ~ B. + Une graine. ~ C. La même coupée transversalement. ~ D. + Embryon.

5. Scorpiurus sulcata [Fam. des *Légumineuses*]. ~ Légume articulé, noueux, sillonné, spiralé.

6. Hedysarum canadense [Fam. des *Légumineuses*]. ~ Légume vertébré. Articles deltoïdes.

7. Astragalus uliginosus [Fam. des *Légumineuses*]. ~ Légume bouffi, biloculaire. Cloison longitudinale, valvaire. ~ A. Légume entier. ~ B. Le même coupé transversalement pour faire voir la cloison.

PLANCHE 49. *Fruits.*

1. Kagenekia [Fam. des *Dilléniacées ?*]. ~ Étairion pentacamare. Camares polyspermes, déhiscentes. Graines tuniquées, épiptérées, apérispermées, bi-sériées. Embryon rectiligne. Radicule

adverse. ⁓ A. + Étairion entier. ⁓ B. + Camare coupée verticalement. ⁓ C. + Camare coupée transversalement. ⁓ D. + Graine entière. ⁓ E. + La même coupée longitudinalement. ⁓ F. + Embryon.

2. Ranunculus acris [Fam. des *Renonculacées*]. ⁓ Étairion polycamare. Camares deltoïdes, monospermes, indéhiscentes. Graine dressée, tuniquée, périspermée. Embryon petit, basilaire; cotylédons divergens. Radicule adverse. ⁓ A. + Étairion entier. ⁓ B. + Camare. ⁓ C. + La même coupée longitudinalement.

3. Clematis erecta [Fam. des *Renonculacées*]. ⁓ Étairion pentacamare. Camares caudées, c'est-à-dire, surmontées chacune d'une queue qui est formée par le style persistant. ⁓ B. Camare détachée.

4. Asclepias nigra [Fam. des *Apocinées*]. ⁓ Double follicule. Follicules uniloculaires, polyspermes, déhiscens. Placentaire obsutural, libre par la déhiscence. Graines tuniquées, pendantes, périspermées. Funicule pappiforme. Embryon rectiligne. Radicule adverse. ⁓ A Double follicule entier. ⁓ B. Un follicule ouvert. ⁓ C. Un follicule coupé longitudinalement. ⁓ D. Une graine surmontée de son funicule. ⁓ E. La même dépouillée de son funicule. ⁓ F. + Une graine coupée longitudinalement. ⁓ G. + Une autre graine coupée longitudinalement, et qui contient deux embryons. ⁓ H. + Embryon.

5. Anagallis arvensis [Fam. des *Primulacées*]. ⁓ Pyxide globuleuse, uniloculaire, polysperme, se partageant en deux segmens, l'un supérieur, nommé *opercule*, l'autre inférieur, nommé *amphore*. Placentaire central, sphérique, basifixe, alvéolé. Graines enchassées peltées, tuniquées, ponctuées, périspermées. Embryon dicotylédon, transverse. ⁓ A. + Pyxide avec son calice persistant. ⁓ B. + La même ouverte. ⁓ C. + Graine entière (a. Hile. ⁓ D. + La même coupée transversalement.

PLANCHE 50. *Fruits.*

1. Ricinus communis [Fam. des *Euphorbiacées*]. ⁓ Péricarpe (Regmate) tricoque, revêtu d'une pannexterne caduque. Coque uniloculaire, bivalve, monosperme. Valves s'ouvrant avec élasticité. Placentaire subapicilaire. Graine tuniquée, caronculée, perisper-

mée, appendante par le bout. Embryon dicotylédon, rectiligne, médiaire. Cotylédons grands, foliacés. Radicule haute, latéralement adverse. ⁓ A. Regmate entier. (*a*. Pannexterne commençant à se détacher de la panninterne. ⁓ B. Le même coupé longitudinalement pour faire voir la structure de la graine et son attache. (*a*. Périsperme. (*b*. Embryon. (*c*. Caroncule. (*d*. Funicule.

2. Hura crepitans [Fam. des *Euphorbiacées*]. ⁓ Regmate déprimé, orbiculaire, côteux, polycoque. Coque uniloculaire, bivalve, monosperme. Valves s'ouvrant avec élasticité. Placentaire subapicilaire. Graine suborbiculaire, tuniquée, périspermée, appendante. Embryon dicotylédon, rectiligne, médiaire. Cotylédons foliacés, arrondis. Radicule latéralement adverse. ⁓ A. — Regmate revêtu de sa pannexterne. ⁓ B. Le même dépouillé de sa pannexterne. ⁓ C. Une coque isolée. (*a*. Portion de la pannexterne. (*b*. Panninterne composée de deux valves. (*c*. Graine. ⁓ D. Graine retirée de la coque. (*a*. Hile. ⁓ E. La même coupée longitudinalement. (*a*. Lorique. (*b*. Tegmen. (*c*. Raphe. (*d*. Chalaze. (*e*. Périsperme. (*f*. Embryon.

3. Toddalia inermis. [Fam. des *Térébintacées*]. ⁓ Fruit ayant de l'affinité avec le regmate et la diérésile. Pannexterne caduque. Panninterne se partageant en quatre coques indéhiscentes, trispermes. Placentaire apicilaire. Graines périspermées, renfermées dans un arille osseux, nuculiforme, qui provient peut-être de trois arilles greffés ensemble. Deux des trois graines avortent. Embryon subrectiligne, axile. Radicule ovoïde, latéralement adverse. ⁓ A. + Fruit entier. ⁓ B. + Le même dépouillé de sa pannexterne. ⁓ C. + Fruit coupé transversalement. ⁓ D. + Coque isolée, dépouillée de sa pannexterne. ⁓ E. + Arille nuculiforme, portant le hile en *a*. ⁓ F. + Le même coupé transversalement. ⁓ G. + Embryon isolé.

4. Smyrnium olusatrum [Fam. des *Ombellifères*]. ⁓ Péricarpe (Crémocarpe) bipartible, axilé, dicoque, Coques indéhiscentes, monospermes, restant suspendues au sommet de l'axe après leur séparation. Placentaire apicilaire. Graine renversée, adhérente, arquée, périspermée. Embryon dicotylédon, très-petit. Radicule adverse. ⁓ A. + Crémocarpe entier. ⁓ B. + Le même coupé dans sa longueur. ⁓ C. + Crémocarpe coupé transversalement.

PLANCHE 50. *Fruits.*

5. CHAEROPHYLLUM AROMATICUM [Fam. des *Ombellifères*]. ∽ A. + Crémocarpe entier. ∽ B. + Le même dont les deux coques séparées restent suspendues à l'axe qui se bifurque à son sommet. ∽ C. + Une coque coupée longitudinalement.

PLANCHE 51. *Fruits.*

1. SECURIDACA VOLUBILIS [Fam. des *Légumineuses*]. ∽ Légume carcérulaire, uniloculaire, monosperme, diptère; une aile petite; une grande. Graine ovoïde, appendante, tuniquée, apérispermée. Embryon dicotylédon, rectiligne. Radicule rétractée, latéralement adverse. ∽ A. Légume entier. ∽ B. Graine. (*a.* Hile. ∽ C. + Graine coupée dans sa longueur.

2. THLASPI CERATOCARPON [Fam. des *Crucifères*]. ∽ Péricarpe (Silicule) arrondi, comprimé latéralement, bivalve, biloculaire, oligosperme. Valves naviculaires carénées, prolongées chacune au sommet en une aile aiguë. Cloison placentairienne (Placentaire septiforme) générale. Nervules marginales intervalves. Graines tuniquées, apérispermées. Embryon dicotylédon. Radicule adverse. Cotylédons réfléchis par les côtés. ∽ A. + Silicule entière. ∽ B. + La même coupée transversalement.

3. ALYSSUM CAMPESTRE [Fam. des *Crucifères.*]. ∽ A. + Silicule ovoïde, comprimée sur les faces, couverte de poils étoilés. ∽ B. + La même, dont on a détaché une valve pour montrer l'une des deux loges. On voit la cloison placentairienne, parallélique *a.*, entourée des nervules marginales *b.*, portant deux graines *c.* pendantes, ovoïdes, comprimées.

4. CHEIRANTHUS CHEIRI [Fam. des *Crucifères*]. ∽ Péricarpe (Silique) subtétragone, linéaire, bivalve, biloculaire, polysperme. Cloison placentairienne (Placentaire septiforme) générale, parallélique. Nervules marginales. Graines tuniquées, apérispermées, pendantes, bi-sériées dans chaque loge. Radicule filiforme, adverse. Cotylédons ovales, réfléchis par les côtés. ∽ A. Silique entière. ∽ B. + La même coupée transversalement pour faire voir les deux loges et la position de la cloison placentairienne générale. ∽ C. Une silique dont on a enlevé une des valves pour faire voir les graines bi-sériées. ∽ D. + Une graine avec son funicule filiforme. ∽ E. + Embryon mis à nu.

5. SISYMBRIUM LOESELII [Fam. des *Crucifères*]. ∽ + Silique ou-

PLANCHE 51. *Fruits.*

verte. (*a*. Valves. (*b*. Cloison placentairienne entourée de ses nervules marginales, portant des graines bi-sériées.

6. Sinapis alba [Fam. des *Crucifères*]. ⁓ A. + Silique rostrée. ⁓ B Une graine globuleuse. ⁓ C. + La même grossie. ⁓ D. + Embryon pelotonné.

7. Galium linifolium [Fam. des *Rubiacées*]. ⁓ Péricarpe (Diérésile) didyme, composé de deux coques indéhiscentes, uniloculaires, monospermes. Graine adhérente périspermée. Embryon dicotylédon, reclus, arqué. Radicule basse. ⁓ A. + Diérésile entière. ⁓ B. + Une coque coupée dans sa longueur.

8. Lavatera arborea [Fam. des *Malvacées*]. ⁓ Péricarpe (Diérésile) axilé, déprimé, composé de cinq ou six coques uniloculaires, nonospermes. Graine peltée. Embryon dicotylédon, courbé. Cotylédons chiffonnés. Radicule basse. ⁓ A. Diérésile à six coques, accompagnée du calice et du calicule. ⁓ B. + Diérésile à cinq coques, coupée verticalement. ⁓ C. + Diérésile à six coques, coupée transversalement; elle est dépouillée du calice et du calicule.

PLANCHE 52. *Fruits.*

1. Cucurbita pepo [Fam. des *Cucurbitacées*]. ⁓ — Pépon coupé transversalement. ⁓ Péricarpe décemloculaire. Loges polyspermes. Placentaire rayonnant à cinq lobes septiformes (Cloisons placentairiennes). Nervules pariétales. Cinq cloisons verticillées pulpeuses, alternes avec les lobes du placentaire. Pour reconnaître ces caractères, il faut prendre le fruit quand il commence à se développer. Plus tard, les cloisons se détruisent. ⁓ (*a*. Nervules du placentaire. (*b*. Lobes du placentaire. (*c*. Cloisons stériles.

2. Cucumis prophetarum [Fam. des *Cucurbitacées*]. ⁓ Pépon spinelleux, triloculaire, polysperme. Cloisons verticillées placentairiennes. Nervules pariétales. Graines tuniquées, apérispermées, bi-sériées dans chaque loge. Embryon dicotylédon, rectiligne. Radicule adverse, centrifuge. ⁓ A + Pépon entier. ⁓ B. + Le même coupé transversalement. ⁓ C. + Graine entière. ⁓ D. + La même coupée transversalement.

3. Rubus idaeus [Fam. des *Rosacées*]. ⁓ Étairion succulent, composé de plusieurs camares drupéolées, entre-greffées, monospermes. Graine tuniquée, apérispermée, appendante. Embryon

rectiligne. Radicule latéralement adverse. ⁓ A. Étairion entier. ⁓ B. Le même coupé longitudinalement. ⁓ C. + Noyau coupé longitudinalement.

4. Cerinthe major [Fam. des *Borraginées*]. ⁓ Cénobion bi-érémé. Érêmes biloculaires, dispermes. Graines tuniquées, peltées, apérispermées. Embryon dicotylédon, rectiligne, transverse. Radicule haute. ⁓ A + Cénobion entier avec le réceptacle *a.* et le style *b.* ⁓ B. + Érême coupé transversalement.

5. Gomphia nitida [Fam. des *Ochnacées*]. ⁓ Cénobion à cinq érêmes, attaché sur un gynophore ovoïde. Érêmes uniloculaires, monospermes. Graine dressée, tuniquée, aspérispermée. Embryon rectiligne. Radicule adverse. ⁓ A. Cénobion entier. ⁓ B. + Érême coupé longitudinalement.

6. Ruellia ovata [Fam. des *Acanthacées*]. ⁓ Capsule biloculaire, bivalve, polysperme. Valves naviculaires. Deux cloisons valvéennes médianes, obcurrentes. Placentaire axile, septile, marginal, bipartible; funicules uncinés. Graines dressées, tuniquées, apérispermées. Embryon dicotylédon, rectiligne. Radicule adverse. ⁓ A. Capsule fermée. ⁓ B. La même ouverte. ⁓ C. La même ouverte et vidée. ⁓ D. + Graine. ⁓ E. + Embryon.

7. Helianthemum mutabile [Fam. des *Cistinées*]. ⁓ Capsule triloculaire, trivalve, polysperme. Cloisons valvéennes médianes, verticillées, placentifères. Graines tuniquées, périspermées. Tunique mucilagineuse, ponctuée. Embryon dicotylédon. Radicule adverse. Cotylédons réfléchis par les côtés. ⁓ A. Capsule avec son calice persistant ⁓ B. La même ouverte. ⁓ C. + Graine. ⁓ D. + La même dépouillée de son enveloppe mucilagineuse ⁓ E. + La même coupée longitudinalement. ⁓ E. + Embryon.

8. Digitalis lutea [Fam. des *Personées* ou *Scrophularinées,* R. Brown.]. ⁓ Capsule biloculaire, bivalve. Deux cloisons valvéennes marginaires, obcurrentes, bilamellées. Placentaire axile, persistant.

PLANCHE 53. *Fruits.*

1. Amygdalus persica [Fam. des *Rosacées*]. ⁓ Drupe succulent, arrondi, uni-sillonné latéralement. Noyau ellipsoïde, scrobiculé, osseux, uniloculaire, disperme (monosperme par avortement), bivalve. Graine larmaire, appendante par le bout. ⁓ A. — Drupe

entier. ~ B. — Le même, dont on a enlevé la moitié de la pannexterne. ~ C. Noyau dont on a enlevé une valve pour faire voir l'attache de la graine.

2. Mespilus germanica [Fam. des *Rosacées*]. ~ Péricarpe (Pyridion) charnu, couronné, arrondi, déprimé, scabre, ponctué, pubescent, quinquénuculé. Nucules verticillés, osseux, comprimés, uniloculaires, monospermes, bivalves. Graine tuniquée, larmaire, ascendante. Embryon dicotylédon, légèrement arqué. Cotylédons grands, obovales, charnus, articulés. Radicule latéralement adverse. ~ A. Pyridion entier. ~ B. Le même coupé transversalement. ~ C. + Un nucule dont on a détaché une valve pour faire voir la graine. ~ D. Une graine. ~ E. Embryon.

3. Malus communis [Fam. des *Rosacées*]. ~ Péricarpe (Pyridion) charnu, couronné, arrondi, lisse, quinquéloculaire. Loges verticillées, dispermes. Pannexterne cartacée. Graines tuniquées, larmaires, ascendantes. ~ A. Pyridion entier. ~ B. Le même coupé verticalement. ~ C. Pyridion coupé transversalement.

4. Ceratophyllum demersum [Fam. inconnue]. ~ Carcérule (ou Drupe sec) uniloculaire, monosperme, coriace, ovoïde, comprimée, ponctuée, munie de trois appendices grêles et pointus. Graine tuniquée, pendante, apérispermée. Embryon tétracotylédon, rectiligne. Radicule inverse. Cotylédons verticillés, deux grands et deux petits. Plumule visible. ~ A. + Carcérule entière. ~ B. + La même coupée longitudinalement. ~ C. + Embryon.

5. Citrus medica [Fam. des *Aurantiacées*]. ~ Baie ellipsoïde, cortiqueuse, ponctuée, multiloculaire, polysperme. Cloisons membraneuses, verticillées. Placentaire axile. Graines subovoïdes, tuniquées, apérispermées. Embryon dycotylédon, rectiligne. Cotylédons grands, charnus. Radicule adverse, rétractée. ~ A. — Baie entière. ~ B. La même coupée transversalement. Elle est remplie de vésicules pulpeuses. ~ C. Graine revêtue de sa lorique et de son tegmen. On voit à sa superficie les traces de sa raphe rameuse. ~ D. Graine dont on a enlevé la lorique, mais qui est encore recouverte de son tegmen. On voit en *a.* la marque colorée de sa chalaze. ~ E. Graine coupée longitudinalement.

PLANCHE 54. *Fruits.*

1. Vitis vinifera [Fam. des *Vinifères*]. ⁓ Baie sphérique, inadhérente, quinquénuculée; nucules osseux, monospermes. Graine dressée ?, tuniquée, périspermée. Embryon dicotylédon, petit, basilaire, rectiligne. Radicule adverse; cotylédons lancéolés. ⁓ A. Baie entière. ⁓ B. la même coupée verticalement. ⁓ C. Baie coupée verticalement ⁓ D. + Nucule coupé verticalement. ⁓ E. + Nucule coupé transversalement. ⁓ F. Embryon extrait du périsperme. On peut indifféremment dire du *Vitis vinifera*, qu'il a cinq nucules monospermes, ou cinq graines revêtues d'une lorique osseuse.

2. Ribes uva crispa [Fam. des *Grossulariées*]. ⁓ Baie sphérique, adhérente, couronnée, polysperme. Placentaire, biparti, bilatéral. Graines ovoïdes. Funicule filiforme. ⁓ A. Baie entière. ⁓ B. La même coupée verticalement ⁓ C. Baie coupée transversalement.

3. Physalis angulata [Fam. des *Solanées*]. ⁓ Baie sphérique, non-adhérente, enfermée dans le calice accru, enflé. ⁓ A. Baie renfermée dans le calice. ⁓ B. La même dépouillée d'une partie de son calice.

4. Cookia punctata [Fam. des *Aurantiacées*]. ⁓ Baie arrondie, ponctuée, pubescente, charnue, quinquéloculaire, pentasperme, (monosperme par avortement). Placentaire subapicilaire. Graines ovoïdes, comprimées, apérispermées, appendantes par le bout; tegmen membraneux. Raphe longitudinale, sinueuse. Chalaze cupuliforme. Embryon dicotylédon, rectiligne. Cotylédons grands, bi-auriculés, charnus, ponctués. Radicule haute, rétractée, latéralement adverse. ⁓ A. + Baie entière. ⁓ B. + La même, coupée verticalement. (*a.* Funicule. (*b.* Raphe. ⁓ C. + Baie coupée transversalement. ⁓ D. + Graine revêtue de son tegmen. (*a.* Hile. (*b.* Raphe. (*c.* Chalaze. ⁓ E. + Embryon nu. (*a.* Auricules des cotylédons. (*b.* Radicule rétractée.

5. Punica granatum [Fam. des *Myrtacées*]. ⁓ Carcérule arrondie, couronnée, multiloculaire, polysperme. Cloisons supérieures, verticillées; cloisons inférieures vagues. Placentaire multiparti pariétal; divisions saillantes; septiformes, alternant avec les cloisons. Graines perfuses, drupéolées, anguleuses, apérispermées. Cotylédons convolutés. Radicule adverse. ⁓ A. — Carcérule entière. ⁓ B. La même coupée verticalement. (*a.* Cloisons vagues. ⁓ C. + Carcérule coupée transversalement. (*a.* Cloisons rayonnantes. (*b.* Divisions septiformes du placentaire. ⁓ D. + Une

graine revêtue de sa lorique pulpeuse. (*a*. Funicule. ⁓ E. + La même coupée dans sa longueur. — F. Embryon convoluté. ⁓ G. + Le même dont les cotylédons sont déroulés. ⁓ H. + Embryon coupé transversalement.

PLANCHE 55. *Fruits.*

1. QUERCUS ROBUR [Fam. des *Corylacées*]. ⁓ Calybion ouvert, unigland. Cupule hémisphérique, formée d'écailles imbriquées. Gland ellipsoïde, coriace, uniloculaire, monosperme par avortement. Graine tuniquée, pendante, apérispermée. Embryon dicotylédon, rectiligne. Radicule rétractée, adverse. Cotylédons grands, charnus. ⁓ A. Calybion entier. ⁓ B. Cupule. (*a*. Deux glands avortés. ⁓ C. Gland coupé dans sa longueur.

2. ROSA RUBIGINOSA. [Fam. des *Rosacées*]. ⁓ Étairion renfermé dans un calice persistant, formant une induvie charnue, ovoïde. Camares ligneuses, indéhiscentés, monospermes. Graine tuniquée, appendante par le bout. Embryon dicotylédon, rectiligne. Radicule latéralement adverse. ⁓ A. Calice renfermant l'étairion. ⁓ B. Le même coupé verticalement pour faire voir la disposition des camares qui forment l'étairion. ⁓ C. + Camare coupée dans sa longueur. ⁓ D. + Graine.

3. MORUS RUBRA [Fam. des *Urticées*]. ⁓ Sorose oblong. Induvie périanthiale, succulente, contenant chacune un drupéole. Noyau monosperme. Graine périspermée, pendante. Embryon recourbé. Radicule et cotylédons adverses. ⁓ A. Sorose entier. ⁓ B. + Un périanthe détaché, contenant un drupéole. ⁓ C. + Drupéole. ⁓ D. + Noyau. ⁓ E. + Le même coupé transversalement. ⁓ F. + Embryon. Ce que je nomme ici un noyau, d'autres le nommeront une graine crustacée. Peu importe cette différence dans les mots, pourvu que l'on s'entende sur la chose. Il n'y a pas, je le répète, de caractères tranchés, entre l'enveloppe qui forme le noyau et les tuniques séminales. De-là vient que dans certains cas on peut employer indifféremment le mot noyau ou graine.

4. AMBORA TAMBURISSA [Fam. des *Urticées*]. ⁓ Sycône ligneux, pyriforme, ouvert au sommet. ⁓ A. — Sycône entier. ⁓ B. — Le même coupé transversalement.

5. PINUS PINEA [Fam. des *Conifères*]. ⁓ Calybions uniglands, réunis deux à deux sur des pédoncules élargis et imbriqués, et

formant un strobile ovoïde. Cupules ligneuses, closes, indéhiscentes. Glands membraneux, uniloculaires, monospermes. Amande nue, périspermée. Embryon axile à douze cotylédons verticillés. Radicule adverse. ~~ A. — Strobile entier. ~~ B. — Le même coupé dans sa longueur.

6. JUNIPERUS VIRGINIANA [Fam. des *Cônifères.*]. ~~ Calybions uniglands, réunis sur des bractées succulentes, soudées ensemble, et formant un strobile baccien, ovoïde. Cupules ligneuses, closes, indéhiscentes. Glands membraneux, uniloculaires, monospermes. Amande nue, pendante, périspermée. Embryon dicotylédon, axile. Radicule adverse. ~~ A. + Strobile entier. Il ne contient souvent qu'un calybion par l'avortement des autres ~~ B. + Un calybion ayant à sa base de petites vésicules remplies de résine. ~~ C. + Un calybion coupé dans sa longueur. (*a* Cupule. (*b.* Péricarpe membraneux, couronné par le limbe *c.* du calice adhérent. (*d.* Vestige du stigmate. (*e.* Périsperme. (*f.* Embryon.

7. THUYA ARTICULATA [Fam. des *Cônifères.*]. ~~ + Strobile formé par quatre bractées.

PLANCHE 56. *Graines et Germinations.*

1. FABA MAJOR [Fam. des *Légumineuses*]. ~~ Graine oblongue, subréniforme, comprimée, tuniquée. Hile linéaire. Embryon dicotylédon, de forme semblable à la graine. Cotylédons grands, charnus. Blastême latéral. Radicule conique, adverse. Plumule visible. ~~ A. Graine revêtue de son tegmen. (*a.* Hile. (*b.* Micropyle. ~~ B. Embryon dépouillé de son tegmen. (*a.* Les deux cotylédons. (*b. c.* Blastême. (*b.* Radicule. (*c.* Base de la plumule. (*d.* pétioles des cotylédons ~~ C. Embryon dont on a détaché un cotylédon. (*a.* Cotylédon vu par sa face interne. (*a. b. c. d.* Blastême. (*a.* Radicule. (*b.* collet. (*c.* Tigelle. (*d.* Gemmule. ~~ D. Graine en germination. (*a.* Tegmen déchiré (*b.* Radicule transformée en racine. (*c.* Tigelle se développant en tige.

2. AVICENNIA NITIDA [Fam. des *Myoporinées*] ~~ Capsule uniloculaire, univalve, monosperme Placentaire basilaire. Embryon dicotylédon, courbé, nu. Cotylédons bilobés, conduppliqués. Collet velu. Radicule hilifère. ~~ A. Capsule entr'ouverte. ~~ B. La même coupée dans sa longueur ainsi que l'embryon qu'elle contient.

PLANCHE 56. *Graines et Germinations.*

〰 C. Embryon en germination. (*a.* Cotylédons bilobés, épigés. (*b.* Plumule. (*c.* Collet. (*d.* Radicule.

3. Mirabilis jalapa [Fam. des *Nyctaginées*]. 〰 Induvie formée par la base endurcie de la corolle, recouvrant une carcérule membraneuse, uniloculaire, monosperme. Graine dressée, périspermée. Embryon dicotylédon, périphérique. Radicule adverse. Cotylédons foliacés, réfléchis. Périsperme central. 〰 A. Fruit entier avec son induvie. 〰 B. Le même, coupé dans sa longueur. (*a.* Base endurcie de la corolle formant l'induvie. (*b.* Carcérule (*c. d. e.* Embryon. *c.* Radicule. *d.* Collet. *e.* Cotylédons. (*f.* Périsperme. 〰 C. Graine commençant à germer. (*a.* Radicule entourée à sa base d'une collerette de poils. (*b.* Collet. 〰 D. Embryon germé. (*a.* Radicule chargée de radicelles coléorhizées. (*b.* Collet ascendant. (*c.* Plumule. (*d.* Cotylédons pétiolés, épigés.

4. Salsola radiata [F[illegible] des *Atriplicées*]. 〰 Utricule membraneuse, discoïde. Noy[illegible]rustacé. Graine périspermée. Embryon dicotylédon, annulaire. 〰 A. + Utricule coupée en deux. 〰 B. + Embryon extrait de la graine.

5. Thuya occidentalis [Fam. des *Cônifères*]. 〰 Calybion clos, unigland. Cupule membraneuse, oblongue, périptérée. Gland membraneux, uniloculaire, monosperme. Graine pendante, périspermée. Amande nue. Embryon dicotylédon, axile. Radicule adverse. 〰 A. + Calybion entier. 〰 B. + Le même coupé longitudinalement.

PLANCHE 57. *Graines et Germinations.*

1. Tropaeolum majus [Fam. des *Géraniées*]. 〰 Graine tuniquée, apérispermée. Embryon rectiligne. Radicule adverse, coléorhizée. Cotylédons charnus, entre-greffés. 〰 A. + Graine en germination. (*a.* Radicule sortie de sa coléorhize *b.* (*c.* Pétioles des Cotylédons. (*d.* Tigelle. 〰 B. + La même, coupée dans sa longueur. (*a.* Radicule. (*b.* Coléorhize. (*c.* Radicelles renfermées dans leurs coléorhizes particulières. (*d.* Tigelle. (*e.* Gemmule. (*f.* Cotylédons.

2. Nymphaea lutea [Fam. incertaine]. 〰 Graine ovoïde, tuniquée. Lorique osseuse. Tegmen membraneux. Amande périspermée. Embryon petit, basilaire, externe, dicotylédon. Cotylédons et

blastême renfermés dans un appendice radiculaire sacelliforme. — A. + Graine entière. (*a*. Hile. (*b*. Micropyle. — B. + La même, coupée dans sa longueur. (*a*. Lorique (*b*. Tegmen (*c*. Hile externe. (*d*. Hile interne ou Chalaze. (*e*. Raphe. (*f*. Périsperme. (*g*. Embryon. — C. + Embryon entier. — D. + Le même coupé, dans sa longueur. (*a*. Appendice radiculaire sacelliforme. (*b*. Cotylédons. (*c*. Radicule. (*d*. Plumule.

3. Pinus maritima [Fam. des *Conifères*]. — Calybion, clos, unigland. Cupule ligneuse, ovoïde. Gland membraneux, uniloculaire, monosperme hypoptéré; aile caduque. Graine pendante, périspermée. Amande nue. Embryon polycotylédon, axile. Radicule adverse. — A + Calybion coupé dans sa longueur. (*a*. Cupule. (*b*. Limbe du calice semi-adhérent. (*c*. Vestige du stigmate. (*d*. Périsperme. (*e*. Embryon. — B. + Embryon entier retiré de la graine. — C. + Calybion en germination. (*a*. Portion du péricarpe qui forme un étui membraneux au sommet de la radicule. (*b*. Vestige du stigmate. — D. + Embryon germé.

4. Sterculia balanghas [Fam. des *Sterculiacées*]. — Graine ovoïde, tuniquée, tricaronculée à sa base. Amande périspermée. Embryon dicotylédon, médiaire, rectiligne. Radicule inverse. — A. + Graine entière. (*a*. Hile. (*b*. Caroncules. — B. + La même coupée dans sa longueur. (*a*. Radicule inverse.

5. Cyclamen europaeum [Fam. des *Primulacées*]. — Graine tuniquée, ponctuée, périspermée. Embryon monocotylédon, rectiligne, transverse. — A. + Graine entière (*a*. Hile concave. — B. + Graine coupée dans sa longueur. — C. Embryon.

6. Chelidonium majus [Fam. des *Papavéracées*] — Graine tuniquée, caronculée, périspermée. Embryon dicotylédon, petit, basilaire. — A. + Graine entière (*a*. Hile. (*b*. Caroncule. — B. + La même, coupée dans sa longueur. (*a*. Embryon. (*b*. Périsperme.

7. Oxalis acetosella [Fam. des *Géraniées*]. — Graine arillée, périspermée. Arille élastique. Embryon rectiligne. Radicule adverse. — A. + Graine revêtue de son arille. — B. + La même, après que l'arille s'est déchiré et s'est rejeté en arrière. — C. + Graine dépouillée de son arille, et coupée dans sa longueur.

8. Nelumbo nucifera [Fam. incertaine]. — Carcérule? uniloculaire, monosperme. Graine pendante, apérispermée. Embryon

dicotylédon, ovoïde. Radicule à peine visible, adverse, inerte. Cotylédons épais, confluens. Plumule allongée, renfermée dans une stipule? cotylédonaire, membraneuse, sacelliforme. ⁓ A. Carcérule. ⁓ B Embryon. (*a.* Cotylédons confluens. (*b.* Radicule inerte. ⁓ C. Le même, dont on a écarté les cotylédons. (*a.* Plumule. (*b.* Stipule cotylédonaire déchirée.

9. Stapelia [Fam. des *Apocinées*]. ⁓ + Embryon germé. (*a.* Cotylédons. (*b.* Plumule. (*c.* Collet. (*d.* Radicule.

PLANCHE 58. *Graines et Germinations.*

1. AEgylops ovata [Fam. des *Graminées*]. ⁓ Cérion oblong, canaliculé. Graine adhérente, (ascendante?) périspermée. Embryon monocotylédon, externe, latéral, oblique (subbasilaire?). Cotylédon scutelliforme, postérieur. Blastême antérieur. Plumule pourvue d'une piléole ou feuille primordiale close de toutes parts. Radicule basse, coléorhizée. ⁓ A. + Cérion germant coupé dans sa longueur. (*a.* Sillon indiquant l'axe idéal du fruit. (*b.* Périsperme. (*c.* Cotylédon. (*d.* Radicule qui a percé sa coléorhize *e.* (*f.* Radicelles encore renfermées dans leurs coléorhizes. (*g.* Collet. (*h.* Plumule. ⁓ B. + Embryon germé. (*a.* Cotylédon. (*b. c.* Plumule développée. (*b.* Seconde feuille de la gemmule. (*c.* Piléole percée à son sommet. (*d.* Racine et radicelles engaînées à leur base par leur coléorhize *e.*

2. Hordeum zeocriton [Fam. des *Graminées*]. ⁓ A. + Cérion dont on a ôté une portion de l'enveloppe péricarpienne pour mettre à découvert la base de la graine. (*a.* Périsperme. (*b.* Cotylédon scutelliforme postérieur. (*c.* Trois mamelons radiculaires renfermés chacun dans une coléorhize. (*d.* Deux radicelles renfermées chacune dans une coléorhize. (*e.* Plumule. La gemmule a une feuille primordiale piléolaire. ⁓ B. + Embryon coupé antérieurement (*a.* Cotylédon. (*b.* Les trois mamelons radiculaires contenus dans leurs coléorhizes. (*c.* Feuille piléolaire, ou piléole qui renferme, avant la germination, toutes les autres feuilles de la gemmule. ⁓ C. + Cérion coupé transversalement en biais. (*a.* Périsperme. (*b.* Cotylédon. (*c.* Blastême.

3. Cornucopiae cuculatum [Fam. des *Graminées*]. ⁓ A. + Cérion coupé dans sa longueur. (*a.* Radicule rebroussée, renfermée dans sa coléorhize. ⁓ B. + Cérion germant coupé dans sa longueur.

PLANCHE 58. *Graines et Germinations.*

(*a.* Cotylédon. (*b.* Radicule sortie de sa coléorhize *c.* (*d.* Tigelle. (*e.* Gemmule avec sa piléole *f.*

4. Holcus saccharatus [Fam. des *Graminées*]. ⁓ A. + Cérion entier. ⁓ B. + Cérion dont l'enveloppe péricarpienne est enlevée antérieurement. (*a.* Cotylédon scutelliforme, à deux lèvres. (*b.* Lèvres du Cotylédon; elles recouvrent et cachent le blastême. ⁓ C. + Cérion coupé longitudinalement. (*a.* Tegmen qui se détache à la base de la graine, de la paroi péricarpienne. (*b.* Périsperme. (*c.* Cotylédon. (*d.* Une lèvre du cotylédon. (*e.* Radicule dans sa coléorhize. (*f. g.* Plumule composée de la tigelle *f.* et de la gemmule *g.*

5. Oryza sativa] Fam. des *Graminées*]. ⁓ A. + Cérion coupé dans sa longueur. (*a.* Gemmule revêtue de sa piléole, et renfermée dans la cavité cotylédonaire, nommée coléoptile. (*b.* Radicule dans sa coléorhize. ⁓ B. + Embryon. Plumule coléoptilée. Radicule coléorhizée.

PLANCHE 59. *Graines et Germinations.*

1. Lolium temulentum [Fam. des *Graminées*]. ⁓ A. + Embryon. (*a. b. c.* Blastême. (*a.* Gemmule revêtue de sa piléole. (*b.* Radicule renfermée dans sa coléorhize. (*c.* Lobule partant du collet et formant une demi-gaine autour de la base de la plumule. (*d. e.* Cotylédon. (*e.* Lèvres du cotylédon recouvrant un peu le blastême. ⁓ B. + Embryon coupé dans sa longueur. (*a. b. c.* Blastême. (*a.* Plumule. (*b.* Radicule. (*c.* Lobule. (*d.* Cotylédon.

2. Oryza sativa [Fam. des *Graminées*]. ⁓ + Cérion germant, coupé dans sa longueur. (*a. b. c.* Plumule. (*a. b.* Gemmule. (*a.* Piléole. (*c.* Tigelle. (*d.* Coléoptile formant gaîne à la base de la plumule. (*e.* Collet. (*f.* Coléorhize formant gaîne à la base de la radicule. (*g.* Radicule. (*h.* Cotylédon. (*i.* Périsperme.

3. Scirpus sylvaticus [Fam. des *Cypéracées*]. ⁓ Carcérule uniloculaire, monosperme. Graine dressée, tegminée, périspermée. Embryon conique, basilaire, externe. Plumule externe. Gemmule piléolée. Radicule interne. ⁓ A. + Carcérule coupée dans sa longueur. (*a.* Périsperme. (*b.* Embryon. ⁓ B. + Embryon entier. (*a. b. c.* Blastême. (*d.* Cotylédon. ⁓ C. + Embryon commençant à germer. (*a. b.* Plumule. (*a.* Sommet de la piléole. (*b.* Saillie de la piléole occasionnée par la pression des feuilles

PLANCHE 59. *Graines et Germinations.*

intérieures de la gemmule qui tendent à se développer. (*c.* Mamelon radiculaire plus tardif dans son développement que la plumule. ~ D. + Graine en germination coupée dans sa longueur.

4. Scirpus romanus [Fam. des *Cypéracées*]. ~ A. Carcérule en germination. (*a.* Gemmule piléolée paraissant la première. ~ B. + La même, plus avancée. (*a.* Plumule. (*b.* Radicule.

5. Carex. [Fam. des *Cypéracées*]. ~ + (*a. b. c.* Gemmule. (*b. c.* Piléole percée vers son sommet par les feuilles internes. (*d.* Tigelle. (*e.* Collet. (*f.* Radicule.

6. Commelina communis [Fam. des *Commélinées*]. ~ Graine tuniquée, operculée, périspermée. Embryon petit, trochléaire, latéral, niché dans un repli du tegmen. Plumule invisible. ~ A. + Graine coupée dans sa longueur (*a.* Hile. (*b.* Périsperme. (*c.* Embryon. (*d.* Opercule (*Embryotége* Gært.). ~ B. + Graine en germination (*a.* Hile linéolaire. (*b.* Opercule soulevé par l'embryon. (*c.* Collet qui s'allonge et pousse en avant la radicule. (*d.* Mamelon radiculaire. (*e.* Lambeaux de la coléorhize déchirée par le mamelon radiculaire développé pendant la germination. ~ C. + La même plus avancée. (*a.* Opercule. (*b. c. d.* Base du corps cotylédonaire dont le sommet est renfermé dans la graine. (*c. d.* Portion du corps cotylédonaire qui forme la coléoptile développée par la germination. (*d. e.* Collet. (*f.* Coléorhize déchirée. (*g.* Radicule. (*h.* Radicelles. ~ D. La même plus avancée et coupée dans sa longueur. (*a.* Sommet du cotylédon renflé par l'effet de la germination. (*b.* Partie moyenne du cotylédon. (*c. d. e.* Base du cotylédon, formant la coléoptile. (*f. g. h.* Plumule. (*f. g.* Gemmule. (*g. h.* Tigelle. (*h. i.* Collet. (*k.* Coléorhize.

7. Tradescantia cristata [Fam. des *Commélinées*]. ~ + Graine en germination. (*a.* Opercule. (*b.* Base du cotylédon qui forme la coléoptile. (*c.* Plumule. (*d.* Collet. (*e.* Radicule (*f.* Radicelles.

PLANCHE 60. *Graines et Germinations.*

1. Phoenix dactylifera [Fam. des *Palmiers*]. ~ Graine tuniquée, canaliculée, operculée, périspermée. Embryon monocotylédon, petit, latéral. Radicule superficielle. Plumule invisible. ~ A. Graine en germination. ~ B. La même, coupée par la moitié. (*a.* Canal qui parcourt la graine dans sa longueur. (*b.* Périsperme. (*c.* Sommet du cotylédon renflé par l'effet de la germination.

PLANCHE 60. *Graines et Germinations.*

(*d.* Base du cotylédon formant une coléoptile. (*e.* Plumule formée par une simple gemmule. (*f.* Radicule dépourvue de coléorhize. ⁓ C. Germination plus avancée. (*a.* Opercule rejeté de côté par l'embryon. (*b* Plumule sortie de la coléoptile. (*c.* Coléoptile déchirée par la plumule.

2. Ruppia maritima [Fam. incertaine]. ⁓ + Carcérule uniloculaire, monosperme. Graine pendante, tuniquée, apérispermée. Embryon monocotylédon. Cotylédon charnu, arrondi. Radicule inerte, confondue avec le cotylédon ? Plumule nue ? munie d'une piléole et dirigée vers le hile. ⁓ Carcérule et graine coupées dans leur longueur. (*a.* Cotylédon. (*b.* Plumule.

3. Tigridia pavonia [Fam. des *Iridées*]. ⁓ + Graine en germination. [*a. b. c.* Cotylédon. (*a. b.* Coléoptile. (*b. d.* Collet. (*e.* Radicule développée. (*f.* Plumule.

4. Calla aethiopica [Fam. des *Aroïdes*]. ⁓ A. + Graine en germination (*a. b.* Base du cotylédon formant la coléoptile. (*c.* Feuille primordiale de la plumule. (*d.* Radicule. ⁓ B. + Graine en germination, coupée dans sa longueur avant le déroulement complet de la feuille primordiale. (*a.* Périsperme. (*b.* Sommet gonflé du cotylédon. (*c.* Base du cotylédon formant une coléoptile. (*d.* Feuilles de la plumule. (*e.* Radicule.

5. Gloriosa superba [Fam. des *Liliacées*]. ⁓ A. + Graine en germination (*a. b.* Partie du cotylédon formant la coléoptile. (*c.* Collet. (*d.* Radicule. (*e.* Plumule. ⁓ B. + La même, coupée dans sa longueur.

6. Zanichellia palustris [Fam. incertaine]. ⁓ Étairion polycamare ; camares indéhiscentes, uniloculaires, monospermes. Graine tuniquée, pendante, apérispermée. Embryon monocotylédon, très-allongé, replié. Radicule inverse. Plumule coléoptilée. Cotylédon réfléchi, plié et replié sur lui-même. ⁓ A. + Une camare et sa graine coupées longitudinalement. (*a.* Hile. (*b.* Plumule. (*c.* Cotylédon. (*d.* Collet. (*e.* Radicule. ⁓ B. + Embryon entier. (*a.* Cotylédon. (*b.* Collet. (*c.* Radicule.

PLANCHE 61. *Graines et Germinations.*

1. Damasonium stellatum [Fam. des *Alismacées*]. ⁓ Graine tuniquée, ridée, repliée, apérispermée. Hile ambigu. Embryon monocotylédon, filiforme, replié. Radicule et cotylédons adverses.

PLANCHE 61. *Graines et Germinations.*

Collet allongé. Plumule coléoptilée. ⁓ A. + Graine en germination. (*a*. Collet. (*b*. Mamelon radiculaire. ⁓ B. + La même coupée dans sa longueur. (*a*. Cotylédon. (*b*. Plumule renfermée dans la coléoptile.

2. Alisma plantago [Fam. des *Alismacées*]. ⁓ + (*a*. *b*. *c*. Cotylédon. (*d*. Plumule perçant la coléoptile. (*c*. *d*. Collet. (*e*. Bourrelet, rudiment imparfait d'une coléorhize? (*f*. Radicule.

3. Asparagus officinalis [Fam. des *Asparaginées*]. ⁓ Graine arrondie, tuniquée, operculée, périspermée. Embryon monocotylédon, cylindrique, transverse. ⁓ A. + Graine. (*a*. Hile. (*b*. Opercule. ⁓ B. + La même, germée. (*a*. Opercule soulevé. (*b*. Coléoptile ouverte et développée en gaîne cuculliforme par l'effet de la germination. (*c*. Lobule. (*d*. *e*. Plumule. (*d*. Tigelle. (*e*. Gemmule. (*f*. Radicule développée.

4. Allium cepa [Fam. des *Asphodélées*]. ⁓ Graine anguleuse, tuniquée, périspermée. Embryon monocotylédon, cylindrique, circiné. Radicule adverse. ⁓ A. + Graine coupée dans sa longueur. ⁓ B. + Graine en germination. (*a*. Plumule perçant la coléoptile. (*b*. Radicule sans coléorhize. (*c*. Radicelles revêtues chacune d'une coléorhize.

5. Arum [Fam. des *Aroïdes*]. ⁓ Graine tuniquée, striée, périspermée. Embryon monocotylédon. Radicule adverse. ⁓ A. + Graine en germination. (*a*. Coléoptile. (*b*. Radicule sans coléorhize. (*c*. Radicelles revêtues chacune d'une coléorhize. (*d*. Feuille primordiale. ⁓ B. + La même, coupée dans sa longueur.

6. Triglochin palustre [Fam. des *Triglochinées*]. Graine dressée, tuniquée, apérispermée. Embryon monocotylédon, fusiforme, rectiligne. Radicule adverse. Collet court. Plumule coléoptilée. ⁓ A. + Une des coques du fruit coupée dans sa longueur. (*a*. Cotylédon. (*b*. Plumule. (*c*. Radicule. ⁓ B. + Embryon entier.

7. Alpinia occidentalis [Fam. des *Drymyrhizées*]. ⁓ Graine arrondie, déprimée, tuniquée, périspermée. Embryon monocotylédon, claviforme, rectiligne, contenu dans un appendice sacelliforme, cartilagineux. Radicule adverse. ⁓ A. + Graine entière. ⁓ B. + La même, coupée dans sa longueur. ⁓ (*a*. Périsperme. (*b*. Appendice sacelliforme. (*c*. Embryon. ⁓ C. + Embryon avec son appendice sacelliforme percé aux deux bouts. ⁓ D. + Embryon retiré de son appendice.

PLANCHE 61. *Graines et Germinations.*

8. Alpinia [Fam. des *Drymyrhizées*]. ~~ (*a. b.* Embryon. (*a.* Cotylédon. (*b.* Plumule et radicule. (*c.* Appendice sacelliforme. (*d.* Périsperme.

9. Costus speciosus [Fam. des *Drymyrhizées*]. ~~ + Graine en germination. (*a.* Coléoptile. (*b.* Collet. (*c.* Radicule. (*d.* Radicelle.

10. Cycas [Fam. des *Cycadées*]. ~~ Embryon dicotylédon. (*a.* Cotylédon. (*b.* Appendice filiforme. (*c.* Embryons avortés.

PLANCHE 62. *Mousses.*

1. Tortula muralis [Fam. des *Mousses*]. ~~ Petite plante vivace qui croît en Europe sur les murs. ~~ Tige courte. Feuilles ovales-lancéolées, surmontées d'un long poil. Point de périchèze. Soie terminale. Urne dressée, cylindracée. Opercule conique, aigu. Coiffe lisse, cuculliforme, se fendant latéralement. Péristôme simple à seize cils capillaires, tors. ~~ A. + Plante dont la fleur femelle commence à paraître. (*a. b. c.* Pistil composé d'un ovaire *a.*, d'un style *b.*, et d'un stigmate *c.* ~~ B. + La même, dépouillée des feuilles qui entouraient la fleur femelle, pour montrer les paraphyses et les fleurs femelles avortées. ~~ C. + La même, très-grossie. (*a.* Ovaire. (*b.* Style. (*c.* Stigmate. (*d.* Fleurs femelles avortées. (*e.* Paraphyses. (*f.* Clinanthe. ~~ D. + Pistil plus avancé. La pannexterne est fendue transversalement en *a.*, et forme par sa partie supérieure *b.* la coiffe, et par sa partie inférieure *c.* la gaînule. On voit en *d.* le style flétri. ~~ E. + Pistil passant à l'état de fruit. (*a.* Coiffe. (*b.* Gaînule. ~~ F. + La même, coupée longitudinalement. (*a.* Coiffe. (*b.* Gaînule. (*c.* Soie. (*d.* Clinanthe. ~~ G. + Fruit encore jeune. (*a.* Coiffe. (*b.* Gaînule. (*c.* Soie s'allongeant et soulevant la coiffe. ~~ H. + Très-jeune fruit débarrassé de sa coiffe et coupé longitudinalement. (*a.* Paroi de l'urne. (*b.* Columelle. (*c.* Partie encore cellulaire où se développeront les séminules. (*d.* Opercule. (*e.* Partie encore cellulaire où se développeront les cils qui doivent former le péristôme. (*f.* Soie. ~~ I. + Plante entière dont la soie a pris tout son développement, mais dont le fruit encore très-jeune est entièrement recouvert par la coiffe. ~~ K. + Fruit plus avancé dont la coiffe *a.*, fendue latéralement, est au moment de tomber. ~~ L. + Le même dont on a enlevé la coiffe pour faire voir l'opercule *a.* ~~ M. + + Le même fendu longitudi-

nalement. (*a.* Urne dont la paroi est composée de deux lames, l'une externe, qui est le *sporangium*, l'autre interne, qui est le *sporangidium*. (*b.* Séminules contenues dans la cavité de l'urne. (*c.* Columelle. (*d.* Opercule de l'urne. (*e.* Cils du péristôme roulés en spirale. — N. + + Sommet de l'urne dont l'opercule s'est détaché. On voit les cils roulés en spirale. — O. + + Opercule. — P. + + Sommet de l'urne à l'époque où les séminules commencent à s'échapper.

2. Polytrichum commune [Fam. des *Mousses*]. — Petite plante qui croît sur la terre dans toute l'Europe. — Tige courte, simple. Feuilles aiguës, dentelées. Fleurs terminales, accompagnées de bractéoles périchétiales. Soie très-longue. Urne penchée, tétragone, portée sur une apophyse discoïde. Péristôme simple, formé de plus de trente-deux dents courtes, réunies par un épiphragme. Coiffe couverte de poils rabattus. Opercule piléiforme. — A. Tige portant le fruit. (*a.* Soie. (*b.* Urne couverte de sa coiffe velue. — B. + Tige prolifère. (*a.* Bractéoles réunies en périchèzes campanulés, contenant des fleurs mâles. — C. + Périchèze coupé verticalement pour faire voir les bractéoles *a.*, les paraphyses *b.* et les étamines *c.* — D. + + Une étamine *a.* et deux paraphyses *b.*, observées sur l'eau. Un seul grain de pollen cylindracé forme l'étamine ; il s'ouvre en bec à son sommet *c.*, et laisse écouler la liqueur fécondante *d.* — E. Urne dépouillée de sa coiffe. (*a.* Opercule. (*b.* Apophyse. — F. Urne dont l'opercule *a.* est détaché. (*b.* Péristôme portant l'épiphragme. (*c.* Apophyse. — G. Urne dépouillée de sa coiffe, de son opercule, et dont l'épiphragme *a.* soulevé, ne tient plus que par un point. On voit les séminules *b.* qui s'échappent par l'orifice *c.* — H. + + Une séminule ; elle est globuleuse.

3. Dicranum pulvinatum [Fam. des *Mousses*]. — A. + Urne ovoïde ; elle est dépouillée de sa coiffe. (*a.* Opercule acuminé. — B. + La même dont on a enlevé l'opercule pour faire voir le péristôme *a.* simple, formé de seize dents bifides.

4. Splachnum ampulaceum [Fam. des *Mousses*]. — + Urne *a.* dépouillée de sa coiffe et de son opercule. (*b.* Apophyse très-grande, ampulacée. (*c.* Péristôme simple à huit dents.

5 Grimmia apocarpa [Fam. des *Mousses*]. — Très-petite plante qui croît en Europe sur les pierres, dans les lieux bas et hu-

mides. ⁓ Tige très-basse. Feuilles ovales-aiguës, carênées. Fleurs femelles terminales. Soie très-courte. Coiffe campanulée. Urne cylindracée sans apophyse. Opercule court, convexe, acuminé. Péristôme simple à seize dents. ⁓ A. + Tige portant un fruit. ⁓ B. + Fruit débarrassé de sa coiffe. (*a*. Clinanthe chargé de quelques pistils avortés. (*b*. Soie. (*c*. Urne. (*d*. Opercule. ⁓ C. + Fruit débarrassé de sa coiffe et de son opercule. (*a*. Péristôme. ⁓ D. + Péristôme détaché avec une portion de l'urne, et déployé pour faire voir les seize dents.

6. Bartramia vulgaris [Fam. des *Mousses*]. ⁓ + + Séminules ovoïdes, hispides.

7. Encalypta vulgaris [Fam. des *Mousses*]. ⁓ Séminules arrondies, ponctuées.

8. Hypnum cupressiforme [Fam. des *Mousses*]. ⁓ Petite plante qui croît en Europe sur les rochers, la terre et le tronc des arbres. ⁓ Tiges décombantes, rameuses ; rameaux redressés. Feuilles ovales-acuminées, unilatérales. Soie longue, dressée. Urne cylindracée, courbée, sans apophyse. Opercule conique, acuminé. Péristôme double à seize dents lancéolées, et seize cils oppositifs, membraneux, réunis à leur base, pourvus de seize soies interpositives. ⁓ A. + Portion de tige ; elle porte un fruit dont la coiffe et l'opercule sont tombés. ⁓ B. + Urne débarrassée de sa coiffe et de son opercule. (*a*. Péristôme. ⁓ C. + Péristôme fendu et déployé pour faire voir ses cils et ses dents.

9. Sphagnum palustre [Fam. des *Mousses*]. ⁓ + Plante dioïque qui croît en Europe dans les marais. Tige rameuse de deux à trois décimètres de long. Feuilles ovales-obtuses, concaves, imbriquées. Soie courte. Coiffe cucullaire, très-petite, fugace. Opercule court, presque plane. Urne ovoïde à orifice sans péristôme, portée sur une apophyse discoïde. (*a*. Urnes débarrassées de leur coiffe et de leur opercule. (*b*. Orifice nu. (*c*. Apophyse.

10. Neckera filiformis [Fam. des *Mousses*]. ⁓ A. + Sommet de l'urne dont on a enlevé la coiffe et l'opercule. (*a*. Péristôme double dont on voit les dents; elles sont au nombre de seize et alternent avec des cils également au nombre de seize et libres. (*b*. Anneau placé à la jonction de l'urne avec son opercule. ⁓ B. + Anneau détaché et vu en dedans. Il est dit composé parce qu'il a deux franges.

PLANCHE 62. *Mousses.*

11. GYMNOSTOMUM PYRIFORME [Fam. des *Mousses*]. ⁓ Germination des séminules, observées par Hedwig. ⁓ A. + + Germination commençante. (*a.* Séminule. (*b.* Radicule. (*c.* Filet succulent qu'Hedwig indique comme un cotylédon. ⁓ B. + + Germination plus avancée. Le filet succulent paraît articulé, et il pousse des mamelons qui s'allongent insensiblement en rameaux.

PLANCHE 63. *Jongermaniées.*

1. MARCHANTIA POLYMORPHA [Fam. des *Jongermaniées*]. ⁓ Petite plante dioïque qui croît en Europe dans les lieux humides. ⁓ A. Individu mâle. (*a.* Fronde lobée. (*b.* Pédoncule. (*c.* Ombrelle sinuée, un peu concave et mamelonée en-dessus. ⁓ B. + Ombrelle coupée verticalement. (*a.* Etamines entières. Elles sont ovoïdes et nichées dans l'épaisseur de l'ombrelle. (*b.* Etamines coupées dans leur longueur pour faire voir leur cavité. (*c.* Petits filets vasculaires des étamines qui aboutissent chacun à un mamelon de la surface de l'ombrelle. ⁓ C. Individu femelle. (*a.* Fronde lobée. (*b.* Orygomes. (*c.* Pédoncule. (*d.* Ombrelle multilobée. ⁓ E. + Ombrelle vue en dessous. (*a.* Portion du pédoncule. (*b.* Périchèzes communs, membraneux, frangés. (*c.* Fleurs renfermées dans leurs périchèzes propres, membraneux, dentés. ⁓ F. + + Une fleur détachée dont on a déchiré le périchèze. (*a.* Paraphyses. (*b.* Lambeaux du périchèze. (*c. d. e.* Pistil. (*c.* Ovaire. (*d.* Style. (*e.* Stigmate. ⁓ G. + + Une fleur détachée, plus avancée que la précédente. (*a.* Périchèze fendu dans sa longueur pour montrer le fruit qui commence à se développer. (*b.* Pannexterne détachée de l'ovaire et formant une gaînule campanulée dentée. (*c.* Vestige du style restant attaché à une dent de la gaînule. (*d.* Ovaire débarrassé de sa pannexterne. ⁓ H. + + Fructification plus avancée. (*a.* Paraphyses. (*b.* Périchèze. (*c.* Gaînule qui n'est autre chose que la pannexterne détachée. (*d.* Soie. (*e.* Capsule. ⁓ I. + + Fructification arrivée à maturité parfaite. (*a.* Périchèze fendu dans sa longueur. (*b.* Gaînule. (*c.* Soie. (*d.* Capsule ouverte dont les valves ou dents sont revolutées. (*e.* Crinules lançant les séminules. ⁓ K. + + Un crinule encore chargé de quatre séminules. ⁓ L. + Portion de la fronde portant deux orygomes. (*a.* Orygome commençant à se développer. (*b.* Orygome tout-à-fait développé, contenant des bulbilles lenticulaires.

PLANCHE 64. *Lycopodiacées, Équisétacées, Fougères.*

1. Lycopodium [Fam. des *Lycopodiacées*]. ⁓ A. + Portion de rameau. Feuilles oblongues-linéaires, très-comprimées, distiques. Stipules solitaires, lancéolées, unilatérales, imbriquées. (*a.* Conceptacles capsulaires. (*b.* Autre sorte de conceptacles capsulaires; les uns et les autres environnés de bractées. ⁓ B. + Un conceptacle tel que ceux qu'on trouve en A. *b.* Il est bivalve, trilobé, trisperme. ⁓ C. + Une séminule tirée du conceptable B. ⁓ D. + La même, ouverte pour faire voir la lorique *a.* et l'amande *b.* ⁓ E. + Un conceptacle tel que ceux qu'on trouve en A. *a.* Il est réniforme, bivalve, polysperme. (*a.* Séminules. (*b.* + + Les mêmes très-grossies pour faire voir qu'elles sont anguleuses.

2. Lycopodium umbrosum [Fam. des *Lycopodiacées*]. ⁓ Conceptacle capsulaire, réniforme, bivalve, polysperme, de la nature du conceptacle, fig. 1. A. *a.* (*a.* Séminules. (*b.* + + Les mêmes, très-grossies pour faire voir qu'elles sont anguleuses et groupées trois à trois ou quatre à quatre en globules.

3. Tmesipteris tannensis [Fam. des *Lycopodiacées*]. ⁓ + (*a.* Conceptacle capsulaire entr'ouvert, accompagné de l'une des deux feuilles entre lesquelles il était placé. Il est bivalve, biloculaire. (*b.* Séminules. (*c.* + + Les mêmes, très-grossies.

4. Bernhardia dichotoma [Fam. des *Lycopodiacées*]. ⁓ A. + Extrémité d'un rameau. On voit les conceptacles *a.* capsulaires, accompagnés de deux bractées. ⁓ B. + Un conceptacle capsulaire trilobé, trivalve; cloisons médianes. (*a.* Séminules. (*b.* + + Les mêmes, très-grossies pour montrer qu'elles sont anguleuses.

5. Equisetum palustre [Fam. des *Equisétacées*]. ⁓ A. + Épi. (*a.* Involucres. (*b.* Conceptacles attachés au revers de l'involucre. ⁓ B. + + Un pistil entouré de ses quatre étamines? roulées en spirale. ⁓ C. + + Un autre pistil dont les quatre étamines? sont déroulées. (*a.* Stigmate?

6. Polypodium filix mas [Fam. des *Fougères*]. ⁓ A. + Une foliole chargée de sores, *sori*, amas de conceptacles, recouverts d'indusies *a.* réniformes, ombliquées, s'ouvrant latéralement. ⁓ B. + + Une portion de foliole ne portant qu'une indusie. (*a.* Glande miliaire. (*b.* Conceptacles ayant chacun un anneau élastique, incomplet, périphérique. (*c.* Indusie. ⁓ C. + + Un conceptacle

PLANCHE 64. *Lycopodiacées, Équisétacées, Fougères.*

isolé. (*a*. Pédoncule. (*b*. Anneau élastique. (*c*. Poche membraneuse, entourée par l'anneau. — D. + + Un conceptacle ouvert et lançant ses séminules.

7. Gleichenia circinata [Fam. des *Fougères*]. — + + Conceptacle entr'ouvert ayant un anneau complet périphérique.

8. Schizæa dichotoma. [Fam. des *Fougères*]. — + + Conceptacle entr'ouvert ayant un anneau complet apicilaire.

9. Myriotheca fraxinifolia [Fam. des *Fougères*]. — A. Extrémité d'une foliole. (*a*. Conceptacles capsulaires, ellipsoïdes, multiloculaires, bivalves, épiphylles. — B. + Un conceptacle isolé.

PLANCHE 65. *Lichens, Hypoxylées.*

1. Scyphophorus pyxidatus [Fam. des *Lichens*]. — Plante qui croît en Europe sur la terre et sur les pierres. — (*a*. Podétion prolifère, fistuleux, infundibulé à sa partie supérieure *c*. (*b*. Podétions nés du bord du podétion inférieur. (*d*. Céphalode épais, irrégulier, sinueux, brun.

2. Opegrapha [Fam. des *Hypoxylées*]. — + Plante qui croît en Europe sur l'écorce des arbres. (*a*. Thalle adhérente, crustacée, lamellaire, mince, fendillée, irrégulière, blanchâtre. (*b*. Lirelles rameuses, noires.

3. Stereocaulon paschalis [Fam. des *Lichens*]. — + Plante qui croît en Europe sur la terre et les pierres. (*a*. Podétion solide, dressé, inégal, scabre, rameux, grisâtre. (*b*. Lobioles laciniées, naissant sur les jeunes pousses. (*c*. Céphalodes terminales, arrondies, d'un brun foncé.

4. Variolaria tumida [Fam. des *Lichens*]. — + Plante qui croît en Europe sur l'écorce des arbres. (*a*. Thalle mince, crustacée. (*b*. Patellules blanchâtres, convexes avant la dissémination, un peu concaves après.

5. Umbilicaria murina [Fam. des *Lichens*]. — + Plante qui croît en Europe sur les pierres. (*a*. Thalle libre, membraneuse, coriace, ondulée, brune. (*b*. Gyrômes sessiles, hémisphériques, noirs.

6. Isidium corallinum [Fam. des *Lichens*]. — Plante qui croît

en Europe sur les pierres. ⁓ A. + Plante entière. (*a*. Podétions solides, cylindriques, rameux, serrés, blanchâtres. (*c*. Globules terminaux. ⁓ B. + Sommités d'un podétion. (*a*. Globules. (*b*. Fossette qu'on aperçoit à l'extrémité du rameau après la chûte du globule.

7. Physcia islandica [Fam. des *Lichens*]. ⁓ + Plante qui croît en Europe sur la terre et dans les graviers. (*a*. Thalle libre, membraneuse, lobioles ascendantes, canaliculées, ciliées, d'un vert marron. (*b*. Peltas.

8. Usnea florida [Fam. des *Lichens*]. ⁓ Plante qui croît en Europe sur l'écorce des arbres. (*a*. Portion d'un podétion cylindrique rameux, formé d'une écorce crustacée et d'un filet central élastique. (*b*. Orbilles terminales.

9. Patellaria ocellata. [Fam. des *Lichens*]. ⁓ + Plante qui croît en Europe sur les pierres. (*a*. Thalle adhérente, solide, crustacée, ridée, aréolée, d'un blanc cendré. (*b*. Scutelles noires, concaves, entourées d'un rebord élevé, de la couleur de la thalle.

10. Calycium sphaerocephalum [Fam. des *Lichens*]. ⁓ + Plante qui croît en Europe sur les vieilles écorces. (*a*. Thalle adhérente, très-mince, d'un blanc-grisâtre, à peine visible. (*b*. Podétion simple, grêle, dressé, noir. (*c*. Pilidions turbinés, noirs.

11. Sphearia [Fam. des *Hypoxylées*]. ⁓ Plante qui croît en Europe sur l'écorce des arbres. ⁓ A. + Strôme adhérent, épais, ligneux, convexe, offrant des ostioles *b*. sur toute sa superficie. ⁓ B. + Portion du même, coupée verticalement pour faire voir les sphérules *a*. ovoïdes enchassées dans le strôme.

PLANCHE 66. *Hypoxylées*, *Champignons*.

1. Sphaeria stigma [Fam. des *Hypoxylées*]. ⁓ Très-petite plante parasite qui croît dans l'écorce des branches sèches du Coudrier. ⁓ A. + Plante entière qui a soulevé la partie supérieure de l'écorce *a*. Elle est représentée au moment où les séminules sortent de sa sphérule biloculaire, sous forme de gelée. (*b*. Bord de l'ostiole. (*c*. Séminules. (*d*. + + Séminules desséchées; elles sont fusiformes. ⁓ B. + La même, coupée verticalement pour montrer sa situation dans l'écorce du Coudrier. (*a*. Cloison qui divise la sphérule en deux loges.

2. Puccinia rosae [Fam. des *Champignons*]. ⁓ + + Très-petite

plante parasite qui naît sur la face inférieure des feuilles du Rosier commun. (*a*. Pédicule transparent renflé à sa base. (*b*. Péridion noir, oblong, mucroné, multiloculaire; cloisons transversales. (*c*, Individu très-jeune. (*d*. Individu vieux dont le péridion se déchire, et qui va répandre ses séminules.

3. Uredo rosae [Fam. des *Champignons*]. ~~ + Très-petite plante parasite qui croît sous l'épiderme de la face inférieure de la feuille du Rosier commun. Chaque individu est un globule membraneux, jaune, transparent, renfermant d'autres globules. (*a*. Portion de la feuille du Rosier. (*b*. Épiderme soulevé et crevé formant comme une espèce de cupule qui contient les *Uredo*. (*c*. + + Globules isolés.

4. Physarum [Fam. des *Champignons*]. ~~ Très-petite plante parasite, naissant sur le bois mort. ~~ A. + Plusieurs individus groupés. (*a*. Péridion crevé au sommet. On voit les cellules intérieures qui récèlent les séminules. ~~ B. + Séminules *a*. observées à une forte loupe; *b*. observées au microscope.

5. Agaricus coprophilus, Bull. [Fam. des *Champignons*]. ~~ Plante qui croît en France sur la terre. ~~ A. Individu jeune. (*a*. Racine. (*b*. Pédicule. (*c*. Chapeau. (*d*. Cortine. ~~ B. Individu plus avancé, coupé verticalement pour faire voir que le pédicule *a*. est fistuleux; que le chapeau *b*. est garni en dessous de lames rayonnantes, falquées, d'inégale grandeur. (*c*. Ombe. ~~ C. + + Portion de l'une des lames. (*a*. Séminules. (*b*. Rebord frangé que Micheli prend pour des étamines, et Hedwig, au contraire, pour des stigmates. (*c*. Séminules détachées de la lame qui leur sert de placentaire.

6. Conferva atropurpurea [Fam. des *Algues*]. ~~ Petite plante qui croît en France dans les eaux courantes. Filamens simples, cloisonnés, d'un rouge foncé, fixés en touffe sur les pierres. ~~ A. Une touffe. ~~ B. + + Un filet jeune. On voit dans son intérieur une ligne foncée; mais on n'aperçoit pas encore de cloisons. C. + + Autre filet plus développé. On voit les cloisons qui partagent son tube intérieur, et l'on distingue dans chaque loge une séminule brune qui a la forme d'un petit parallélogramme rectangle. ~~ D. + + Autre filet plus avancé dont les séminules ont changé de position. ~~ E. + + Autre filet qui contient dans chaque loge deux séminules. ~~ F. + + Autre filet dont les sé-

minules ont changé de position. ~~ G. + + Autre filet dont les cloisons et la paroi déchirées laissent échapper les séminules. Cette série de figures, où l'on peut suivre l'histoire des développemens du *Conferva atropurpurea*, m'a été communiquée par M. Girard de Marseille, botaniste aussi modeste qu'éclairé, qui a fait sur les plantes marines une suite d'observations très-précieuses, dont il serait bien à désirer qu'il enrichît la science.

7. Ceramium polymorphum [Fam. des *Algues*]. ~~ Petite plante marine de l'Océan atlantique, souvent parasite du *Fucus nodosus*. ~~ A. Plante entière. Tiges cartilagineuses, grèles, cylindriques, cloisonnées, rameuses; rameaux dichotômes. Conceptacles globuleux, solitaires, sessiles, subapicilaires. Séminules oblongues. ~~ B. + + Extrémité d'un rameau. (*a.* Conceptacles. (*b.* Petite aigrette qui les couronne. (*c.* Extrémité du rameau qui se prolonge au-delà du conceptacle. (*d.* Rameau stérile. Il est terminé par deux petites frondilles lancéolées, et l'une d'elles contient dans sa substance deux globules *e.* rouges, dont on ignore la nature, mais qui probablement un jour seront indiqués par quelque botaniste sexualiste, comme des organes de la génération. ~~ C. + + Séminules retirées d'un conceptacle.

Ce dessin m'a encore été communiqué par M. Girard.

PLANCHE 67. *Conferves, Fucus, Lichens.*

1. Conferva inflata [Fam. des *Algues*]. ~~ + + Deux individus accouplés en *a.* (*b.* Loges qui se renflent pour s'accoupler. (*c.* Loge dans laquelle on voit les petits grains disposés en spirale, tels qu'ils sont avant l'accouplement des filets. (*d.* Grains passant de la loge *e.* dans la loge *f.* (*g.* Séminules qui résultent de l'accouplement. ~~ B. + + Une séminule en germination.

2. Chantransia rivularis. [Fam. des *Algues*]. ~~ + + Elle flotte dans les ruisseaux. Ses filets sont rameux et cloisonnés. Ses loges contiennent une immense quantité de petits grains qui paraissent être des séminules. Ils se répandent au dehors quand les tubes se déchirent.

3. Claudea elegans [Fam. des *Algues*]. ~~ Plante marine des côtes de la Nouvelle-Hollande. ~~ Empâtement radical tubéreux. Tige rameuse. Frondilles falquées, percées à jour. Côte arquée marginale; nervures unilatérales; veines parallèles à la côte et

croisant les nervures; veinules passant d'une veine à l'autre. Conceptacles nombreux, alongés, membraneux, attachés le long des veines qui servent de placentaires aux élytres qui contiennent les séminules. Élytres réunies trois à trois ou quatre à quatre en globules. ~~ A. Une frondille isolée; elle est chargée de conceptacles *a.* contenant plusieurs élytres *b.* qui ont pour placentaires les nervures *c.* ~~ B. + Portion de la même portant deux conceptacles *a.*, contenant plusieurs élytres *b.*, qui ont pour placentaire les nervures *c.* ~~ C. + + Trois élytres réunies en globule. ~~ D. + + Quatre élytres réunies en globule. ~~ E. + + Une élytre isolée.

4. Fucus vesiculosus [Fam. des *Algues*]. ~~ Plante marine de l'Océan Atlantique. ~~ Fronde plane, alongée, côteuse, dichôtome, parsemée de poils étoilés et portant au voisinage des bifurcations des ampoules globuleuses, souvent géminées. Tubercules creux, oblongs, terminaux, contenant un grand nombre de conceptacles ostiolés. Élytres ovoïdes, nageant dans un mucilage. ~~ A. Portion de la fronde. (*a.* Tubercules terminaux. (*b.* Ostioles des conceptacles. (*c.* Poils étoilés que Réaumur nomme étamines, mais qu'il considère comme des organes excrétoires. (*d.* Ampoules. ~~ B. + + Une portion d'un tubercule avec un conceptacle coupé transversalement. (*a.* Conceptacle. (*b.* Élytres. (*c.* Ostioles du conceptacle.

5. Fucus moniliformis [Fam. des *Algues*]. ~~ Plante marine de la côte Van-Diemen, très-voisine du *fucus articulatus.* Elle est entièrement formée par une suite de tubercules creux, réunis à la suite les uns des autres comme des grains de chapelet. ~~ A. Extrémités supérieures de la plante. (*a.* Ostioles des conceptacles renfermés dans les tubercules. ~~ B. + + Un tubercule coupé transversalement. (*a.* Conceptacles entiers. (*b.* Conçeptacles coupés par la moitié.

6. Sticta sylvatica [Fam. des *Lichens*]. ~~ + Portion de la thalle vue en dessous; elle est velue et porte des cyphèles *a.* éparses entre les poils.

7. Sphaerophorus globiferus [Fam. des *Lichens*]. ~~ Petite plante qui croît en Europe sur les pierres et sur le tronc des Pins et des

PLANCHE 67. *Conferves, Fucus, Lichens.*

Sapins au voisinage de la terre. ~~ A. + Portion de la plante. (*a*. Podétion solide, cylindrique, rameux, d'un gris cendré. (*b*. Rameaux divariqués. ~~ + + Cistule coupée longitudinalement pour faire voir la cavité remplie de séminules, entourant une fongosité fibreuse *a*. (*b*. Séminules sorties de la cistule.

Cette plante a le port des lichens et la fructification des Champignons.

PLANCHE 68. *Méthode de Tournefort.*

I.re CLASSE. Herbes, Arbustes [Classe XX, Arbres et Arbrisseaux] a fleurs monopétales campaniformes. ~~ Fig. 1. Corolle campaniforme proprement dite. *Campanula trachelium* [Fam. des *Campanulacées*]. ~~ Fig. 2. Corolle campaniforme évasée. *Ipomea nil* [Fam. des *Convolvulacées*]. ~~ Fig. 3. Corolle campaniforme globuleuse. *Andromeda polifolia* [Fam. des *Rhodoracées*].

IIe CLASSE. Herbes, Sous-arbrisseaux [Classe XX, Arbres et Arbrisseaux] a fleurs monopétales infundibuliformes et rotacées. ~~ Fig. 1. Fleur en entonnoir proprement dite. *Nicotiana tabacum* [Fam. des *Solanées*]. ~~ Fig. 2. Fleur en entonnoir hypocratériforme. *Phlox reptans* [Fam. des *Polémoniacées*]. ~~ Fig. 3. Fleur rotacée. *Solanum igneum* [Fam. des *Solanées*]. (*a*. Fleur entière vue en dessus. (*b*. Corolle vue en dessous pour montrer le tube court.

IIIe CLASSE. Herbes et Arbustes a fleurs monopétales anomales. ~~ Fig. 1. Fleur anomale personée. *Antirrhinum majus* [Fam. des *Personées*]. (*a*. Fleur entière (*b*. Pistil isolé pour montrer que l'ovaire des Personées diffère de celui des Labiées.

IVe CLASSE. Herbes et Arbustes a fleurs monopétales labiées. ~~ Fig. 1. Fleur labiée. *Salvia africana* [Fam. des *Labiées*]. (*a*. Fleur entière. (*b*. Pistil isolé et calice fendu pour montrer les quatre ovaires au fond du calice.

Ve CLASSE. Herbes et Arbustes a fleurs polypétales cruciformes. ~~ Fig. 1. *Chelidonium majus* [Fam. des *Papavéracées*. ~~ Fig. 2. *Sisymbrium* [Fam. des *Crucifères*]. (*a*. Fleur entière. (*b*. Un pétale détaché.

VIe CLASSE. Herbes et Arbustes [Classe XXI, Arbres et Ar-

PLANCHE 68. *Méthode de Tournefort.*

BRISSEAUX] A FLEURS POLYPÉTALES ROSACÉES. ~ Fig. 1. *Malus communis* [Fam. des *Rosacées*]. ~ Fig. 2. *Potentilla Anserina* [Fam. des *Rosacées*.

VIIe CLASSE. HERBES ET ARBUSTES A FLEURS POLYPÉTALES, ROSACÉES OMBELLÉES. ~ Fig. 1. *Pimpinella magna.* [Fam. des *Ombellifères*]. (*a.* Ombelle composée. (*b.* Une fleur isolée.

VIIIe CLASSE. HERBES ET ARBUSTES A FLEURS POLYPÉTALES CARYOPHYLLÉES. ~ Fig. 1. *Dianthus capitatus* [Fam. des *Caryophyllées*). (*a.* Fleur entière. (*b.* Un pétale et une étamine détachés pour montrer le long onglet qui était caché dans le tube du calice, caractère qui distingue les corolles caryophyllées des corolles rosacées.

IXe CLASSE. HERBES ET ARBUSTES A FLEURS LILIACÉES. ~ Fig. 1. *Lilium phyladelphicum* [Fam. des *Liliacées*].

Xe CLASSE. HERBES ET ARBUSTES [Classe XXII, ARBRES ET ARBRISSEAUX] A FLEURS POLYPÉTALES PAPILLONACÉES. ~ Fig. 1. *Vicia biennis* [Fam. des *Papillonacées*]. ~ Fig. 2. *Crotalaria arborescens* [Fam. des *Légumineuses*].

PLANCHE 69. *Méthode de Tournefort.*

XIe CLASSE. HERBES ET ARBUSTES A FLEURS POLYPÉTALES ANOMALES. ~ Fig. 1. *Aconitum Lycoctonum* [Fam. des *Renonculacées*]. (*a.* Fleur entière. Calice pentasépale, le sépale supérieur galéiforme. (*b.* Fleur dont le calice a été enlevé pour montrer les deux pétales de forme anomale.

XIIe CLASSE. HERBES ET ARBUSTES A FLEURS FLOSCULEUSES. ~ Fig. 1. *Serratula tinctoria* [Fam. des *Synanthérées flosculeuses*]. (*a.* Calathide entière. (*b.* Un fleuron isolé.

XIIIe CLASSE. HERBES ET ARBUSTES A FLEURS SÉMIFLOSCULEUSES. ~ Fig. 1. *Drepania barbata* [Fam. des *Synanthérées sémiflosculeuses*]. (*a.* Calathide entière. (*b.* Un demi-fleuron isolé.

XIVe CLASSE. HERBES ET ARBUSTES A FLEURS RADIÉES. ~ Fig. 1. *Aster patulus* [Fam. des *Synanthérées radiées*]. (*a.* Calathide entière. (*b.* Fleuron. (*c.* demi-fleuron.

XVe CLASSE. HERBES ET ARBUSTES A FLEURS APÉTALES. ~ Fig. 1.

PLANCHE 69. *Méthode de Tournefort.*

Triticum prostratum [Fam. des *Graminées*]. (*a.* Épi de Fleurs. (*b.* Une locuste détachée de l'épi pour montrer la glume *c.* et les fleurs *d.*

XVIe CLASSE. Herbes et Arbustes qui manquent de fleurs, et qui produisent des graines. ~~ Fig. 1. *Polypodium fragile* [Fam. des *Fougères*] Plantes à fructification sur les feuilles.

XVIIe CLASSE. Herbes et Arbustes sans fleurs ni graines apparentes. ~~ Fig. 1. *Agaricus* [Fam. des *Champignons*]. Plantes sans feuilles et sans aucune partie herbacée.

XVIIIe CLASSE. Arbres et Arbrisseaux a fleurs apétales. ~~ Fig. 1. *Pistachia terebinthus* [Fam. des *Térébintacées*]. (*a.* Fleurs femelles sans pétales (*b.* Fleurs mâles sans pétales.

XIXe CLASSE. Arbres et Arbrisseaux a fleurs apétales amentacées. ~~ Fig. 1. *Broussonetia papyrifera* [Fam. des *Artocarpées*]. Arbre dioïque. (*a.* Chatons femelles. (*b.* fleur femelle en fructification. (*c.* Chaton mâle. (*d.* Une fleur mâle isolée.

PLANCHE 70. *Système de Linné.*

Ire CLASSE. Monandrie. ~~ Fig. 1 *Hippuris vulgaris* [Fam. des *Hygrobiées*]. (*a.* Extrémité d'une tige. (*b.* Une fleur isolée, monandre monogyne ~~ Fig. 2. *Blitum capitatum* [Fam. des *Atriplicées*]. (*a.* Une fleur isolée, monandre monogyne.

IIe CLASSE. Diandrie. ~~ Fig. 1. *Syringa vulgaris* [Fam. des *Jasminées*]. Fleur diandre monogyne. (*a.* Une fleur entière. (*b.* Une Fleur coupée dans sa longueur pour montrer les deux étamines. ~~ Fig. 2. *Veronica montana* [Fam. des *Personées*]. Fleur diandre monogyne. ~~ Fig. 3. *Circæa lutetiana* [Fam. des *Onagrariées*]. Fleur diandre monogyne.

IIIe CLASSE. Triandrie. ~~ Fig. 1. *Ixia cepacea* [Fam. des *Iridées*]. Fleur triandre monogyne. (*a.* Fleur entière. (*b.* Périanthe fendu dans sa longueur pour montrer les trois étamines. ~~ Fig. 2. *Nardus stricta* [Fam. des *Graminées*]. Fleur triandre monogyne.

IVe CLASSE. Tétrandrie. ~~ Fig. 1. *Plantago maxima* [Fam. des *Plantaginées*]. Fleur tétrandre monogyne. ~~ Fig. 2. *Cornus*

PLANCHE 70. *Systême de Linné.*

sanguinea [Fam. des *Caprifoliées*]. Fleur tétrandre monogyne. ⁓ Fig. 3. *Cissus orientalis* [Fam. des *Vinifères*]. Fleur tétrandre, monogyne.

Ve CLASSE. Pentandrie. ⁓ Fig. 1. *Lonicera* [Fam. des *Caprifoliées*]. Fleur pentandre monogyne. ⁓ Fig. 2. *Lysimachia ephemerum* [Fam. des *Primulacées*]. Fleur pentandre monogyne.

VIe CLASSE. Hexandrie. ⁓ Fig. 1. *Eucomis punctata* [Fam. des *Asphodelées*]. Fleur hexandre monogyne.

VIIe CLASSE. Heptandrie. ⁓ Fig. 1. *AEsculus hippocastanum* [Fam. des *Acérinées*]. Fleur heptandre monogyne.

VIIIe CLASSE. Octandrie. ⁓ Fig. 1. *Fuchsia coccinea* [Fam. des *Onagrariées*]. Fleur octandre monogyne.

IXe CLASSE. Ennéandrie. ⁓ Fig. 1. *Rheum rhapunticum* [Fam. des *Polygonées*]. Fleur ennéandre monogyne. ⁓ Fig. 2. *Butomus umbellatus* [Fam. des *Alismacées*). Fleur ennéandre hexagyne.

Xe CLASSE. Decandrie. ⁓ Fig. 1. *Tribulus terrestris* [Fam. des *Rutacées*]. Fleur décandre monogyne. ⁓ Fig. 2. *Ledum palustre* [Fam. des *Rhodoracées*]. Fleur décandre monogyne. ⁓ Fig. 3. *Saxifraga hirsuta* [Fam. des *Saxifragées*]. Fleur décandre digyne.

XIe CLASSE. Dodécandrie. ⁓ Fig. 1. *Halesia tetraptera* [Fam. des *Ebénacées*]. Fleur dodécandre monogyne. (*a*. Fleur entière. (*b*. Corolle détachée et fendue dans sa longueur pour montrer les douze étamines.

XIIe CLASSE. Icosandrie. ⁓ Fig. 1. *Punica granatum* [Fam. des *Myrtacées*]. Fleur icosandre monogyne. (*a*. Fleur entière. (*b*. La même, coupée dans sa longueur pour montrer l'insertion des étamines sur le calice.

PLANCHE 71. *Systême de Linné.*

XIIIe CLASSE. Polyandrie. ⁓ Fig. 1. *Clematis erecta* [Fam. des *Renonculacées*]. ⁓ Fleur polyandre polygyne. (*a*. Fleur entière. (*b*. Fleur dont on a enlevé le périanthe et les étamines pour montrer que ces dernières étaient insérées sous les pistils.

XIVe CLASSE. Didynamie. ⁓ Fig. 1. *Teucrium lucidum* [Fam. des

Labiées]. ⁓ Fleur didyname gymnosperme. (*a*. Fleur entière. (*b*. Pistil isolé pour faire voir les quatre ovaires des gymnospermes. ⁓ Fig. 2. *Linaria* [Fam. des *Personées*]. Fleur didyname angiosperme. (*a*. Fleur entière. (*b*. Pistil mis à nu pour faire voir l'ovaire unique des angiospermes.

XVe CLASSE. Tétradynamie. ⁓ Fig. 1. *Cheirantus cheiri* [Fam. des *Crucifères*]. Fleur tétradyname siliqueuse. (*a*. Fleur entière. (*b*. Fleur dépouillée de son calice et de sa corolle pour faire voir les six étamines dont deux plus courtes. (*c*. Silique. ⁓ Fig. 2. *Thlaspi bursa pastoris* [Fam. des *Crucifères*]. Silicule.

XVIe CLASSE. Monadelphie. ⁓ Fig. 1. *Malva fragrans* (Fam. des *Malvacées*]. Fleur monadelphe polyandre. ⁓ Fig. 2. *Geranium* [Fam. des *Géraniées*]. Fleur monadelphe décandre.

XVIIe CLASSE. Diadelphie. ⁓ Fig. 1. *Coronilla emerus* [Fam. des *Légumineuses*]. Fleur diadelphe décandre. (*a*. Fleur entière. (*b*. La même dépouillée de sa corolle pour faire voir ses dix étamines, dont neuf réunies et une libre. (*c*. Le pistil qui était enfermé dans l'androphore.

XVIIIe CLASSE. Polyadelphie. ⁓ Fig. 1. *Citrus medica* [Fam. des *Aurantiacées*]. Fleur polyadelphe polyandre. ⁓ Fig. 2. *Hypericum quadrangulare* [Fam. des *Hypéricées*]. Fleur polyadelphe polyandre.

XIXe CLASSE. Syngénésie. ⁓ Fig. 1. *Coreopsis delphinifolia* [Fam. des *Synanthérées radiées*]. Fleur syngénèse. (*a*. Calathide entière. (*b*. Un fleuron hermaphrodite. (*c*. Un demi-fleuron neutre.

XXe CLASSE. Gynandrie. ⁓ Fig. 1. *Orchis* [Fam. des *Orchidées*]. Fleur gynandre. (*a*. Masses de pollen sorties des loges de l'anthère qui est attachée sur le pistil.

XXIe CLASSE. Monoécie. ⁓ Fig. 1. *Corylus avellana* [Fam. des *Corylacées*]. Arbre monoïque. (*a*. Fleurs mâles réunies en chaton. (*b*. Une des bractées du chaton portant les étamines. (*c*. Fleurs femelles entourées d'écailles. (*d*. Une fleur femelle isolée.

XIIe CLASSE. Dioécie. ⁓ Fig. 1. *Cannabis sativa* [Fam. des *Urticées*]. Plante dioïque. (*a*. Fleur mâle pentandre. (*b*. Fleur femelle. (*c*. Fleur femelle dont on a ôté le périanthe.

PLANCHE 71. *Système de Linné.*

XXIIIe CLASSE. POLYGAMIE. — Fig. 1. *Gleditsia triacanthos* [Fam. des *Légumineuses*]. Plante polygame dioïque. (*a*. Fleur hermaphrodite. (*b*. Fleur femelle. (*c*. Fleur mâle.

XXIVe CLASSE. CRYPTOGAMIE. — Fig. 1. *Asplenium trichomanes* (Fam. des *Fougères*). — Fig. 2. *Hypnum minutulum* Hed. (Fam. des *Mousses*. — Fig. 3. *Scyphophorus cocciferus* [Fam. des *Lichens*). — Fig. 4. *Agaricus*. [Fam. des Champignons].

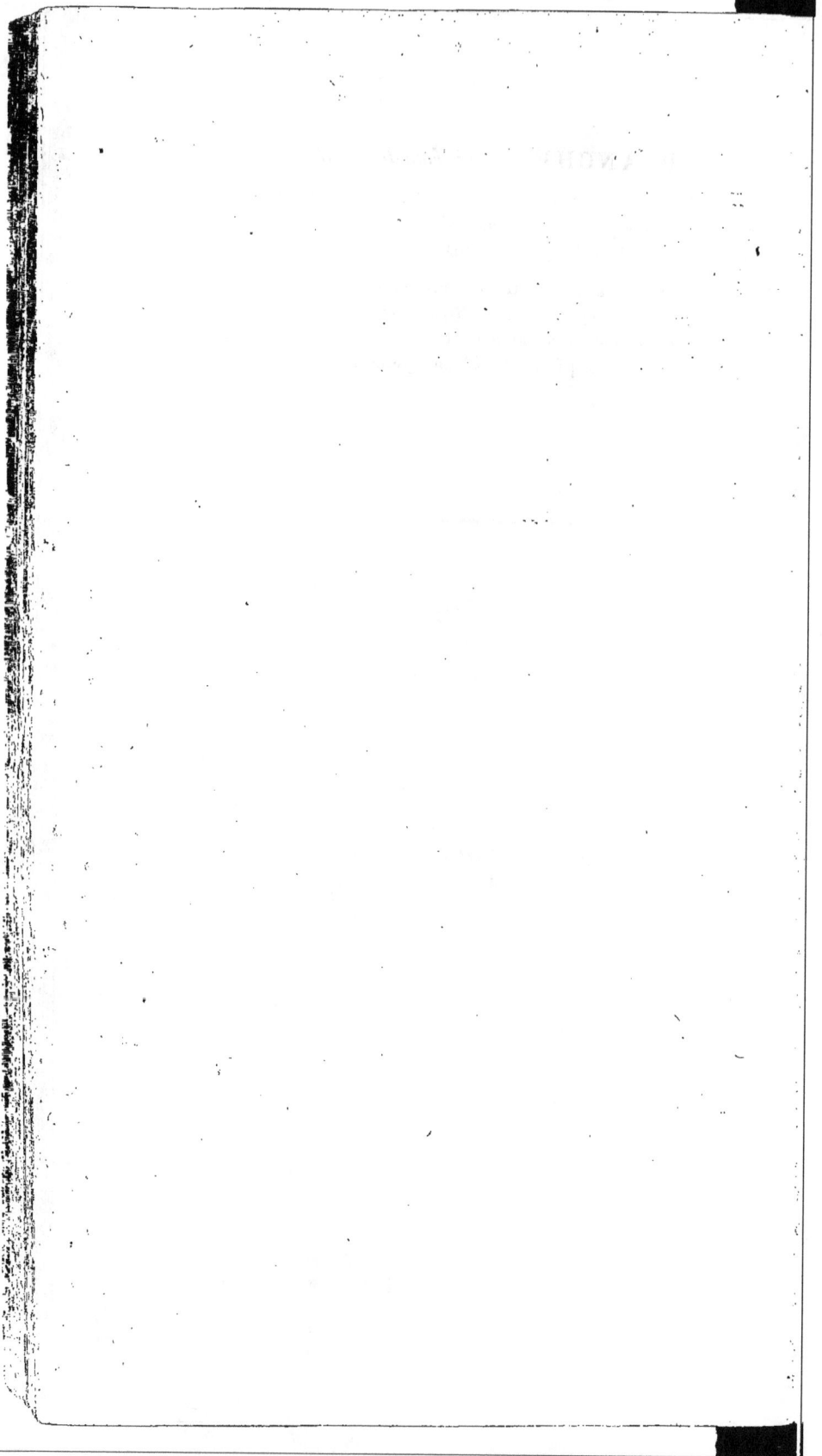

Noms latins des Plantes désignées en français dans cet ouvrage.

A.

Abricotier, *Prunus armeniaca.*
Absinthe, Armoise, *Artemisia.*
Acanthe, *Acanthus.*
Ail, *Allium sativum.*
Alkekenge, *Physalis alkekengi.*
Amandier, *Amygdalus communis.*
Ananas, *Bromelia ananas.*
Ancolie, *Aquilegia vulgaris.*
Arbre à pain, *Artocarpus incisa.*
Arbre à la main, *Chiranthodendron.*
Argentine, *Potentilla anserina.*
Asperge, *Asparagus officinalis.*
Aubépine, *Mespilus oxyacantha.*
Aune, *Betula alnus.*
Aunée officinale, *Inula helenium.*
Avoine, *Avena.*
Azédarach, *Melia azedarach.*
Azerollier, *Mespilus azarolus.*

B.

Baguenaudier, *Colutea.*
Balisier, *Canna indica.*
Balsamine des jardins, *Impatiens balsamina.*
Bananier, *Musa sapientum.*
Baobab, *Adansonia digitata.*
Belle-de-nuit, *Mirabilis jalapa.*
Blé, *Triticum.*
Bluet, *Centaurea cyanus.*
Bois de Judée, *Cercis siliquastrum.*
Bouillon blanc, *Verbascum.*
Bouleau, *Betula alba.*
Boule de neige, *Viburnum opulus sterilis.*
Bourrache, *Borrago officinalis.*
Bruyère, *Erica.*
Bugle, *Ajuga reptans.*
Buglose, *Anchusa.*
Buis, *Buxus sempervirens.*

C.

Cacao, *Theobroma cacao.*
Café, *Coffea arabica.*
Caille-lait, *Galium verum.*
Campèche, *Hæmatoxylum campechianum.*
Canellier, *Laurus cinnamomum.*
Canne à sucre, *Saccharum officinarum.*
Capucine, *Tropæolum majus.*
Carotte, *Daucus carota.*
Carthame, *Carthamus tinctorius.*
Casse, *Cassia fistula.*
Cèdre, *Larix cedrus.*
Céiba, *Bombax ceiba.*
Céleri, *Apium graveolens celeri.*
Cerfeuil, *Scandix cerefolium.*
Cerisier, *Prunus cerasus.*
Chanvre, *Cannabis sativa.*
Chardon hémorroïdal, *Carduus arvensis.*
Charme, *Carpinus betulus.*
Châtaignier, *Fagus castanea.*
Chélidoine, *Chelidonium majus.*
Chêne, *Quercus.*
Chèvre-feuille des jardins, *Lonicera caprifolium.*
Chicorée sauvage, *Cichorium intybus.*
Chou, *Brassica oleracea.*
Ciboule, *Allium schœnoprasum.*
Cierge, *Cactus.*
Ciguë, *Cicuta virosa.*
Clandestine, *Lathræa clandestina.*
Clématite bleue, *Clematis viticella.*
Cocotier, *Cocos nucifera.*
Coguassier, *Pyrus cydonia.*
Coloquinte, *Cucumis colocynthis.*
Concombre, *Cucumis sativus.*
Coquelicot, *Papaver rhœas.*
Cormier, *Sorbus domestica.*
Cornouiller mâle, *Cornus mascula*

Coudrier, *Corylus avellana.*
Courge, *Cucurbita pepo.*
Cresson alenois, *Lepidium sativum.*
Cresson de fontaine, *Sisymbrium nasturtium.*
Cyprès, *Cupressus.*

D.

Dattier, *Phœnix dactylifera.*
Dentaire, *Dentaria.*

E.

Églantier, *Rosa eglantaria.*
Épinard, *Spinacia oleracea.*
Épine-vinette, *Berberis vulgaris.*
Érable, *Acer.*

F.

Faux ébénier, *Cytisus Laburnum.*
Fève, *Vicia faba.*
Figuier des pagodes, *Ficus religiosa.*
Filipendule, *Spiræa filipendula.*
Fleur de la passion, *passiflora cœrulea.*
Fraisier, *Fragaria vesca.*
Framboisier, *Rubus idæus.*
Fraxinelle, *Dictamnus albus.*
Frêne, *Fraxinus communis.*
Frêne à fleurs, *Fraxinus ornus.*
Froment, *Triticum.*
Fumeterre bulbeuse, *Fumaria bulbosa.*
Fusain à larges feuilles, *Evonymus latifolius.*
Fusain galeux, *Evonymus verrucosus.*

G.

Garance, *Rubia tinctorum.*
Gayac, *Guaïacum sanctum.*
Genevrier, *Juniperus.*
Giroflée jaune, *Cheiranthus cheiri.*
Glaciale, *Mesembryanthemum crystallinum.*
Glayeul, *Gladiolus.*
Groseiller, *Ribes.*
Groseiller épineux, *Ribes uva crispa.*
Gui, *Viscum.*

H.

Haricot, *Phaseolus.*
Hêtre, *Fagus sylvatica.*
Houx, *Ilex aquifolium.*
Hypociste, *Citinus hypocistis.*

I.

If, *Taxus communis.*
Iguame, *Dioscorea.*
Ivraie, *Lolium temulentum.*

J.

Jacinthe, *Hyacinthus orientalis.*
Jalap, *Convolvulus jalapa.*
Jujubier, *Zizyphus sativus.*
Jusquiame, *Hyoscyamus niger.*

L.

Laurier, *Laurus nobilis.*
Laurier-cerise, *Prunus lauro-cerasus.*
Laurier-rose, *Nerium oleander.*
Lentille d'eau, *Lemna.*
Lierre, *Hedera helix.*
Lierre terrestre, *Glecoma hederacea.*
Lilas, *Syringa vulgaris.*
Lis, *Lilium.*
Liseron, *Convolvulus.*
Luserne, *Medicago sativa.*

M.

Maïs, *Zea mays.*
Manglier, *Rhizophora mangle.*
Marronier d'Inde, *Æsculus hippocastanum.*
Melèze, *Larix europæa.*
Melon cantalou, *Cucumis melo cantalou.*
Merisier à grappes, *Prunus padus.*
Molène épineuse, *Verbascum spinosum.*
Mouron rouge, *Anagallis arvensis.*
Mufle de veau, *Antirrhinum majus.*
Muguet, *Convallaria majalis.*
Muscadier, *Myristica aromatica.*

N.

Navet, *Brassica napus.*

Néflier, *Mespilus germanica.*
Nénuphar, *Nymphæa.*
Noisetier, *Corylus avellana.*
Noix d'acajou, *Anacardium occidentale.*
Noyer, *Juglans regia.*

O.

OEillet, *Dianthus.*
OEillet d'Inde, *Tagetes erecta.*
Ognon commun, *Allium cepa.*
Oranger, *Citrus aurantium.*
Orge, *Hordeum.*
Ortie, *Urtica.*
Oseille, *Rumex acetosa.*

P.

Palétuvier, *Rhizophora.*
Pastel, *Isatis tinctoria.*
Patate, *Convolvulus batatas.*
Pavot, *Papaver.*
Pêcher, *Amygdalus persica.*
Pensée, *Viola tricolor.*
Persil, *Apium petroselinum.*
Pervenche, *Vinca.*
Petite pervenche, *Vinca minor.*
Pied d'alouette, *Delphinium ajacis.*
Pin du lord, *Pinus strobus.*
Pissenlit, *Leontodon taraxacum.*
Pivoine, *Pæonia.*
Plantain, *Plantago.*
Pois, *Pisum.*
Pois chiche, *Cicer arietinum.*
Pois de senteur, *Lathyrus odoratus.*
Poivre, *Piper.*
Poivre noir, *Piper nigrum.*
Pomme de terre, *Solanum tuberosum.*
Porreau, *Allium porrum.*
Potiron, *Cucurbita pepo luteus.*
Pourpier, *Portulaca.*
Prêle, *Equisetum.*
Prunier mahaleb, *Prunus mahaleb.*

Q.

Quinquina, *Cinchona.*

R.

Rave, *Raphanus sativus.*
Reine marguerite, *Aster chinensis.*
Riz, *Oryza sativa.*
Romarin, *Rosmarinus officinalis.*
Rose tremière, *Alcea rosea.*
Rosier du Bengale, *Rosa diversifolia.*
Rotang, *Calamus.*

S.

Safran, *Crocus sativus.*
Sagoutier, *Sagus farinifera.*
Salicaire, *Lythrum salicaria.*
Salsifis, *Tragopogon pratense.*
Sapin, *Abies.*
Sarrasin, *Polygonum fagopyrum.*
Sassafras, *Laurus sassafras.*
Sauge, *Salvia.*
Saule marceau, *Salix capræa.*
Scamonée, *Convolvulus scamonia.*
Sceau de Salomon, *Convallaria polygonatum.*
Seigle, *Secale.*
Sensitive, *Mimosa pudica.*
Serpolet, *Thymus serpyllum.*
Soleil, *Helianthus annuus.*
Sorgo, *Holcus sorghum.*
Sumac, *Rhus.*
Superbe de Malabar, *Methonica superba.*
Sureau noir, *Sambucus nigra.*

T.

Tabac, *Nicotiana tabacum.*
Tanaisie, *Tanacetum vulgare.*
Tilleul, *Tilia.*
Topinambour, *Helianthus tuberosus.*
Trèfle, *Trifolium pratense.*
Troëne, *Ligustrum.*
Tulipier, *Liriodendrum tulipifera.*

V.

Vesse-loup, *Lycoperdon bovista.*
Vigne, *Vitis.*
Violette, *Viola.*
Vipérine, *Echium.*

TABLE
DES MOTS TECHNIQUES SUBSTANTIFS.

A.

Acide, *um.* Page 182, 461
Aculei. 418
Aigrette, *Pappus.* 324, 797
Aiguillon, *Aculeus.* 176, 679
Aile, *Ala.* 261, 323, 733
Aisselle, *Axilla.* Voy. axillaire. 766
Albumen synonyme de Périsperme. 52, 610
Amande, *Amygdala.* 51, 594
Amentum. Voy. Chaton. 278, 768
Amidon, *Amylum.* 185, 466
Ampoule, *Ampulla.* 407
Androphore, *um.* 240, 704
Angiospermie, *ia.* 845
Anneau, *Annulus.* 392, 401, 698
Anthère, *a.* 242, 708
Anthèse, *is.* 298
Apophyse, *is.* 391
Appendice du Périanthe. 266
Appendice de la Radicule. 59
Arbre, *Arbor.* Voy. Plantes ligneuses. 100, 579
Arbres-verts. 171
Arbrisseau, *Frutex.* Voy. Plantes ligneuses. 579
Arbuste, *um*, *Arbuscula*, *Suffrutex.* Voy. *id.* 579
Arête, *Arista.* 764
Arille, *us.* 47, 612
Arma. Voy. Piquans. 175, 677
Arome, *a.* 187
Article, *ulus.* Voy. articulé. 624
Articulation, *io.* 149
Ascidium. Voy. Feuille ascidiée. 649
Asparagine, *a.* 191, 468
Assolemens. 96
Aubier, *Alburnum.* 106
Aura seminalis 299
Auricula, Oreillette. Voy. Feuille auriculée. 652
Axe, *is.* 273, 751
Axilla, Aisselle. *Voy.* axillaire. 766

B.

Baie, *Bacca.* 345, 821
Bale. 276
Bésimence, *Besimen.* 386
Bifolliculus. Voy. Double Follicule. 339, 814
Blastême, *a.* 54, 600
Bois, *Lignum.* 106
Bosse, *Gibbus.* 268
Bord, *Margo.* 147, 651
Botanique, *ca.* 1
Bourgeonnement. 142
Boutons, *Gemmæ.* 134, 634
Bouture, *Talea.* 130
Bractée, *a.* 274, 754
Bractéole, *a.* 275, 755
Branche, *Ramus.* 124, 627
Brasse, *Brachium.* 829
Bulbe, *us.* 135, 631
Bulbille, *us.* 137, 634
Bulbo-tuber, synon. de Bulbe tubéreuse 634
Bulbulus. Voy. Cayeu. 137, 654

C.

Calathide, *is.* 283, 778
Calcar. Voy. Éperon. 268
Calendrier de Flore, *Calendarium Floræ.* 287
Calice, *Calyx seu Calix.* 252, 719
Calice commun, synon. d'Involucre des Calathides. 757
Calicule, *Calyculus.* 275, 721
Calybion, *io.* 346, 822
Calyptra. Voy. Coiffe. 391
Camare, *a.* 328, 815
Cambium. 104, 196
Camphre, *ora.* 188, 468
Canal médullaire, *aris.* 112
Caoutchouc. 190, 428
Capillitium. 417
Capillus. Voy. Cheveu. 828
Capitule, *um.* 282, 778
Capsule, *a.* 336, 805

Capuchon. 268
Caractère, *Character* 472
Carcérule, *a.* 334, 799
Carène, *ina.* 261, 733
Caroncule, *a.* 49
Casque, *Galea.* 268
Caudex, *Caudex.* 68
Caulis. Voy. Tige. 98, 622
Cayeu, *Bulbulus.* 137, 634
Cellule, *a.* 28
Cénobion, *ium.* 340, 816
Céphalode, *ium.* 413
Cérion, *Cerio.* 333, 798
Chalaze, *a.* 51, 616
Chapeau, *Pileus.* 417
Chaton, *Catulus, Julus, Amentum.* 278, 768
Chaume, *Culmus.* 101
Chevelu, *Voy.* Radicelles. 85
Cheveu, *Capillus.* 828
Cicatricule, syn. de Hile. 44, 615
Cils, *Cilia.* 392
Circumpositio. Voy. Marcotte. 132
Cire, *Cera.* 188, 467
Cirre, *us.* Voy. Vrille, 128, 680
Cistule, *a.* 413
Classe, *is.* 498
Clinanthe, *ium* 273, 752
Cloison, *Dissepimentum.* 324, 784
Coiffe, *Calyptra.* 391
Coléoptile, *a.* 56
Coléorhize, *a.* 56
Colerette, synon. d'Involucre ombelliflore. 756
Collet, *um.* 55, 600
Columelle, *a.* 392
Coma, synonyme de Bractées couronnantes. 755
Conceptacle, *ulum.* 412
Cône. *Voy.* Strobile. 346, 823
Connectif, *ivum* 242, 713
Coque, *Coccum.* 325, 811
Cordon ombilical. *Voy.* Funicule. 44, 792
Cornet, *Cucullus.* 268
Corolle, *a.* 254, 725
Corps cotylédonaire, *Corpus cotyledoneum.* 54
Corps ligneux, *Corpus ligneum.* 102
Cortex. Voy. Écorce. 102
Cortine, *a.* 418
Corymbe, *us.* 280, 774
Côte, *Costa.* 150
Cotylédon, *o.* 57, 605
Couches corticales, *Strata corticalia.* 103
Couches ligneuses, *Strata lignea.* 107
Coudée, *Cubitus.* 829
Couleur, *Color* 263, 739, 827, 909
Couronne du Périanthe. 267
Couronne du Fruit. 323
Crémocarpe, *ium.* 337, 811
Crinules, *i.* 398
Cryptogamie, *ia.* 843
Culmus. Voy. Chaume. 101, 622
Cupule, *a.* 277, 759
Cuticule, *a*, syn. d'Épiderme. 35
Cyme, *a.* 281, 775
Cyphelle, *a.* 412
Cypsèle, *a.* 333, 796

D.

Décagynie, *ia.* 845
Décandrie, *ia.* 844
Déhiscence, *tia.* 331, 810
Déjection, *io.* 199
Demi-fleuron, *semi-flosculus, Flosculus ligulatus.* 284
Dents du Péristome. 392
Déperdition, *io.* 199
Description, *io.* 489
Diadelphie, *ia.* 842
Diandrie, *ia.* 841
Didynamie, *ia.* 842
Diérésile, *is.* 338, 812
Digynie, *ia.* 844
Dioécie, *ia* 843, 849
Disque des Synanthérées. 284
Dissémination, *io.* 348
Dissepimentum. Voyez Cloison. 324, 784
Dodécagynie, *ia.* 845
Dodécandrie, *ia.* 841
Dodrans. Voy. Empan. 829
Double Follic., *Bifollicul.* 339, 814
Drupe, *a.* 341, 818
Drupéole, *a.* 342, 818

E.

Écailles des boutons, *Squamæ*,

Tegmenta Link. 139
Écorce, *Cortex.* 102
Élytres, *æ.* 378
Embryon, *yo.* 53, 595
Empan, *Dodrans.* 829
Ennéandrie, *ia* 841
Entre-nœud, synon. d'Article. *Voy.* articulé. 625
Enveloppe herbacée. 102
Enveloppes florales, *Integumenta floralia.* 250
Enveloppes séminales, *Integumenta seminalia.* 44
Épanouissement. 285
Éperon, *Calcar.* 268
Épi, *Spica.* 279, 770
Épiderme, *a.* 35
Épigynie, *ia.* 851
Épillet, *Spicula.* 280, 770
Épine, *Spina.* 175, 677
Épiphragme, *a.* 392
Érême, *us.* 329, 817
Espèce, *Species.* 477
Étairion, *Etærio.* 340, 814
Étamine, *Stamen.* 235, 700
Étendard, *Vexillum.* 261, 733
Etui médullaire. *Voy.* Canal médullaire. 112
Exspiration, *io* 199

F.

Faisceau, *Fasciculus.* 281, 775
Familles, *iæ.* 480, 853, 858
Fausses trachées, *Pseudo-tracheæ.* 32
Faux. *Voy.* Gorge. 257, 728
Fécondation, *io.* 296
Feuille, *Folium.* 143, 637
Feuilles florales. *Voy.* Bractées. 274, 754
Feuilles primordiales. 70
Feuilles séminales. *Voy.* Cotylédons. 70, 637
Fibrilles, *æ.* 411
Filet ou Filament, *Filamentum.* 240, 704
Fleur, *Flos.* 217, 681
Fleur composée, synon. de Calathide. 283, 778
Fleuron, *Flosculus.* 284
Floraison, *Florescentia.* 285
Foliation, *io.* 162
Foliole, *a.* 153, 654
Folioles du calice, synon. de Sépales. 250
Folioles de l'Involucre, synon. de Bractées. 274
Follicule, *us.* 814, 329
Fronde, *Frons.* 396, 403
Fructification, *io.* 312
Fruit, *Fructus,* 322, 780
Frutex. Voy. Arbrisseau. 579
Fulcrum. Voy. Support. 747
Funicule, *us.* 44, 326, 792

G.

Gaîne, *Vagina.* 152
Gaînule, *Vaginula.* 391
Galbule, *us.* 279
Galea. Voy. Casque. 268
Gelée, *Gelu.* 192
Gemma. Voy. Bouton. 134, 634
Gemmation, *io.* 134
Gemmule, *a.* 56, 602
Genre, *Genus.* 480
Germination, *io.* 67
Gibbus. Voy. Bosse. 268
Gland, *Glans.* 346, 823
Glande, *ula.* 171, 673
Globule, *us.* 413
Glume, *a.* 276, 760
Glumelle, *a.* 276, 762
Gluten. *Voy.* glutineux. 191, 469
Gomme, *Gummi.* 184, 464
Gomme-résine, *Gummi-resina.* 189
Gorge, *Faux.* 257, 728
Gousse. *Voy.* Légume. 334, 800
Graine, *Semen.* 43, 589, 792
Grappe, *Racemus.* 280, 773
Greffe, *Insertio, Inoculatio.* 132
Griffe. 128, 617
Gymnocarpe, *us.* 332, 794
Gymnospermie, *ia.* 845
Gynandrie, *ia.* 842
Gynophore, *um.* 225, 741
Gyrôme, *a.* 413

H.

Habitus. Voy. Port. 126
Hampe, *Scapus.* 99, 273, 749

Heptagynie, *ia.* 844
Heptandrie, *ia.* 841
Herbe, *a.* 369
Hexandrie, *ia.* 841
Hexagynie, *ia.* 844
Hile, *um.* 44, 615
Horloge de Flore, *Horologium Floræ.* 293
Huile, *Oleum.* 186, 467
Hybernacle, *ulum.* 134
Hypogynie, *ia.* 851

I.

Icosandrie, *ia.* 841
Indéhiscence, *tia.* 331
Indigo, *Indigo.* 191, 469
Individu. 476
Indusie, *ium.* 401
Induvie, *ia.* 782
Inflorescence, *tia.* 278, 766
Inoculatio. Voy. Greffe. 132
Insertio. Voy. Greffe. 132
Insertion, *io.* 236, 700
Insertions médullaires. *Voy.* Rayons médullaires. 110
Intorsion, *io.* 129
Inuline, *a.* 185
Involucelle, *um.* 275, 756
Involucre, *um.* 274, 756
Irritabilité, *as.* 91, 163
Iulus. Voy. Chaton. 278, 768

L.

Labelle, *um.* 268
Lacunes, *æ.* 30
Lame, *Lamina.* 147, 257
Lamelles, *æ.* 267
Lamelles des Champignons. 418
Languette, *Lingula, Flosculus ligulatus.* 284
Légume, *en.* 334, 800
Lèvres, *Labia.* 259, 730
Liber. 104
Ligne, *Linea.* 829
Ligneux, *Lignina.* 186, 466
Lignum. Voy. Bois. 106
Ligule, *a.* 153
Limbe, *us.* 257, 729
Liqueur séminale, *Aura seminalis, Fovilla.* 247
Lirelles, *æ.* 415
Lobes de l'anthère, *Lobi antheræ.* 242, 712
Lobiole, *us.* 411
Lobule, *us.* 65
Locuste, *a.* 276
Lodicule, *a.* 276, 764
Loges de l'anthère, *Loculi antheræ.* 243, 713
Lomentum. 802
Lorique, *ca.* 48, 613

M.

Mains, synon. de Vrille. 128, 680
Maladies, *Morbi.* 357
Mammule, *a.* 412
Manne, *a.* 185, 466
Marcotte, *circumpositio.* 132
Medulla. Voy. Moëlle. 111
Mesure, *Mensura.* 828
Méthode, *us.* 497, 833
Micropyle, *a.* 49
Moëlle, *Medulla.* 111
Monadelphie, *ia.* 842
Monandrie, *ia.* 841
Monoécie, *ia.* 843, 849
Monogynie, *ia.* 844
Monogamie, *ia.* 847
Monstres. 221
Mort des végétaux. 369
Mouvement des Feuilles. 163

N.

Nectaire, *arium.* 270, 743
Nervule, *us.* 233, 791
Nervure, *vus.* 150
Nœud, *Nodus.* Voy. noueux. 625
Nom de famille. 492
Nom générique. 493
Nom spécifique. 494
Noyau, *Nucleus, Putamen.* 327, 819
Nucule, *a.* 327

O.

Octandrie, *ia.* 841
Odeur, *Odor.* 265, 826
OEil, *Oculus.* 142
Oleum. Voy. Huile. 186, 467
Ombelle, *Umbella.* 281, 776
Ombellule, *Umbellula.* 282, 776
Ombilic. *Voy.* Hile. 44, 615
Ongle, *Unguis.* 829

Onglet, *Unguis*, *Unguiculus*. 257
Opercule, *um*. 51, 391
Orbille, *a*. 412
Ordre, *Ordo*. 498
Orgya. Voy. Toise. 829
Origome, *a*. 398
Ostiole, *um*. 404
Ovaire, *arium*. 227, 687
Ovule, *ulum*. 313

P.

Paillette, *Palea*. 257, 276
Palais, *atium*. Voy. Corolle personée. 730
Paléole, *a*. 276, 765
Palme, *a*. 829
Panicule, *a*. 280, 771
Pannexterne, *a*. 327
Panninterne, *a*. 327
Pappus. Voy. Aigrette. 324, 797
Paraphyse, *is*. 390
Patellule, *a*. 412
Pédicelle, *us*. 272, 749
Pédicule, *us*. 417
Pédile, *us*. Voy. Aigrette pédilée. 797
Pédoncule, *Pedunculus*. 272, 747
Pelta. 412
Pentagynie, *ia*. 844
Pentandrie, *ia*. 841
Pépon, *Pepo*. 344, 820
Périanthe, *ium*. 250, 717
Périanthe simple, *Perianthium simplex*. 250, 717
Périanthe double, *Perianthium duplex*. 250, 719
Péricarpe, *ium*. 322, 780
Périchèze, *Perichætium*. 390
Péridion, *ium*. 417
Périgynie, *ia*. 851
Périsperme, *um*. 52, 610
Péristôme, *a*. 392
Pérule, *a*. 139, 635
Pes, Support. Patte. Empâtement. 403
Pétale, *um*. 257, 734
Pétiole, *us*. 147, 664
Pétiolule, *us*. 149
Pied, *Pes*. 829
Piléole, *a*. 64
Pileus. Voy. Chapeau. 417
Pilidion, *ium*. 413
Pinnule, synon. de Foliole. 654
Piquans, *Arma*. 175, 677
Pistil, *illum*. 223, 687
Placenta, *a*. 228
Placentaire, *arium*. 228, 325, 788
Plantes, *æ*. 577
Plantule, *a*. 68
Plateau, *Lecus*. Voy. Bulbe. 135
Plumule, *a*. 56, 601
Podétion, *ium*. 411
Podogyne. 225
Poil, *Pileus*. 174, 674
Pointes des Champign., *Aculei*. 418
Polyadelphie, *ia*. 842
Polyandrie, *ia*. 841
Polygamie, *ia*. 843, 847
Polygynie, *ia*. 844
Pollen. 247, 715
Pollex. Voy. Pouce. 829
Pores, *i*. 29
Pores des Champignons. 418
Port, *Habitus*. 126
Pouce, *Pollex*. 829
Poussière fécondante. *Voyez* Pollen. 247, 715
Principes élémentaires, *Principia elementaria*. 178
Principes immédiats, *Principia immediata*. 181
Principe vert des feuilles. 190
Prolongemens ou Productions médullaires. *Voy*. Rayons médullaires. 110
Propagule. 377, 414
Prostype, *um*. 50, 616
Pulvinules, *i*. 412
Putamen. Voy. Noyau. 327, 819
Pyridion, *ium*. 323, 820
Pyxide, *Pyxis*. 335, 805

Q.

Queue, *Cauda*. 324

R.

Rachis. 149
Racine, *Radix*. 85, 617
Radicelles, *æ*. 85
Radicule, *a*. 55, 603
Rameau, *ulus*. 124, 627

Ramification, *io.* 629
Ramille, *Ramunculus.* 627
Ramus. Voy. Branche. 124, 627
Raphe, *a.* 51, 616
Rayons des Synanthérées. 284
Rayons médullaires, *Radii medullares.* 110
Réceptacle, *ulum.* 220, 741
Regmate, *Regma.* 337, 812
Résine, *a.* 188, 468
Reticulus. 417
Rhizoma, syn. de Racine progressive. 91, 620

S.

Saveur, *Sapor.* 827
Scapus. Voy. Hampe. 99, 273, 749
Scutelle, *a.* 412
Semen. Voy. Graine. 43, 589
Séminule, *a.* 378, 413
Sépale, *um.* 250, 723
Seta. Voy. Soie. 275, 391
Sève, *Lympha.* 193
Silicule, *a.* 335, 803
Silique, *Siliqua.* 335, 803
Sobole, *es.* Voy. Bulbille péricarpiale. 635
Soie, *Seta.* 275, 391
Sommeil des plantes, *Somnus plantarum.* 164
Sorédion, *ium.* 414
Sores, *Sori.* 285, 401
Sorose, *us.* 347, 825
Spadix, *Spadix.* 273, 752
Spathe, *a.* 274, 755
Spathelle, *a.* 276, 760
Spathellule, *a.* 276, 763
Species. Voy. Espèce. 477
Sphérule, *a.* 415
Spica. Voy. Épi. 279, 770
Spina. Voy. Épine. 175. 677
Spinelle, *a.* Voy. Plantes spinelleuses. 582
Spithame, *a.* 829
Sporangidium. 391
Sporangium. 391
Stamen. Voy. Étamine. 235, 700
Stigmate, *Stigma.* 23, 693
Stipe, *Stipes.* 100
Stipelle, *a.* Voy. Stipules pétiolulaires. 671
Stipule, *a.* 58, 670
Stolon, *Stolo, Flagellum.* Voy. stonolifère. 587
Strobile, *us.* 346, 823
Strôme, *a.* 415
Style, *us.* 229, 689
Subérine. 186, 467
Substance herbacée. *Voy.* Enveloppe herbacée. 102
Substances végétales. 179
Succion, *Succio.* 196
Suc propre, *Succus proprius.* 194
Sucre, *Saccharum.* 184, 465
Suffrutex. Voy. Arbuste. 579
Supports de la Fleur, *Fulcra floris.* 747
Suture, *a.* 324, 783
Sycone, *us.* 347, 825
Syngénésie, *ia.* 842
Synonymie, *ia.* 495
Système, *a.* 498
Système sexuel. 839

T.

Talea. Voy. Bouture. 130
Tegmen, *Tegmen.* 49, 614
Tégumens floraux, syn. d'Enveloppes florales. 250
Terminologie, *ia.* 486
Tétradynamie, *ia.* 842
Tétragynie, *ia.* 844
Tétrandrie, *ia.* 841
Thalle, *us.* 411
Theca. Voy. Urne. 391
Théorie fondamentale. 471
Thyrse, *us.* 280, 774
Tige, *Caulis.* 98, 622
Tigelle, *a.* 601
Tissu, *Tela, Contextus.* 28
— cellulaire, *aris.* 28
— organique, *cus.* 26
— réticulaire, *aris.* 29
— vasculaire, *aris.* 30
Toise, *Orgya.* 829
Trachées, *Tracheæ.* 32
Transpiration, *io.* 199
Triandrie, *ia.* 841

Trigynie, *ia*. 844
Trioécie, *ia*. 849
Tronc, *Truncus*. 100
Tube, *us*. 257
Tubes des Champignons. 418
Tubercule, *um*, *Tuber*. 90
Tuniques séminales, *Tunicæ seminales*. 45, 612
Turion, *io*. 91, 137, 636

U.

Umbella. Voy. Ombelle. 281, 776
Umbellula. V. Ombellule. 282, 776
Uncia, synon. de Pouce. 829
Unguis. Voy. Ongle. 829
Unguiculus. Voy. Onglet. 257
Urne, *Theca*. 391
Utricule, *us*, Fruit. 342, 818
Utricule, Vaisseau cellulaire. 39

V.

Vagina. Voy. Gaîne. 152
Vaginula. Voy. Gaînule. 391
Vaisseaux, *Vasa*. 31
——adducteurs, *adducentia*. 39
——aériens, syn. de Trachées. 32
——annulaires, syn. de Fausses-trachées. 32
——conducteurs, *conductoria* (*Chorda pistillaris*). 233
——en chapelet, *moniliformia*. 31
——lymphatiques, *ca*. 40
——mammaires, *aria*. 59
——mixtes, *a*. 33
——nourriciers, *nutritoria*. 233
——pneumatiques, syn. de Lacunes. 30
——pneumatophores, *a*. 39
——poreux, *osa*. 32
——propres, *ia*. 34
——réducteurs, *reducentia*. 40
——spiraux, synon. de Trachées. 32
Valve, *a*. 324, 783
Variété, *as*. 477
Veines, *Venæ*. 150
Veinules, *Venulæ*. 150
Verticille, *us*. 282, 777
Vésicule, synon. de Cellule. 28
Vexillum. Voy. Étendard. 261, 733
Volva. 417
Vrille, *Cirrus*. 128, 680

Z.

Zones concentriques, *Strata lignæa*. 107

Note relative à le Table suivante.

Dans la Terminologie, on ne donne la définition d'un adjectif caractéristique que la première fois qu'il se présente, à moins qu'il ne soit employé dans un autre sens, ce qui nécessite une nouvelle définition. Le lecteur peut donc être quelquefois renvoyé par la table à des articles où il ne trouvera point de définition ; mais il lui sera facile de sortir d'embarras en consultant les autres articles où l'adjectif, dont il veut connaître la signification, reparaît.

TABLE
DES MOTS TECHNIQUES ADJECTIFS.

A.

abaissée (Lèvre inférieure de la corolle). Page 732
abruptè-pinnatum (Folium). 656
acaule, *is* (Plante). 588
accrescent, *ens.*
Calice 725
Style 693
acéphale, *um* (Ovaire). 689
acerbe, *us* (Saveur). 828
acéreux. Voy. aciculaire.
aciculaire, *aris*, etc.
Feuille 646
Épine 678
acide, *us* (Saveur). 828
acinaciforme, *is*, etc.
Feuille 646
Légume 801
acotylédon, one, *eus*, etc.
Embryon 595
Blastême 600
Plante 577
âcre, *is* (Saveur). 828
aculeatus. Voy. aiguillonneux.
acuminé, ée, *atus*, etc.
Capsule 807
Feuille 648
acutangulée, *atus* (Tige). 624
acutus. Voy. aigu.
adelphes, *a* (Etamines). 701
adhérent, ente, *adhærens.*
Amande 595
Baie 821
Calice 724
Capsule 810
Carcérule 800
Diérésile 813
Drupe 818
Induvie 782
Nectaire 743
Ovaire 687
Regmate 812
adné, ée, *atus*, etc.
Anthère 708
Placentaire 790
adverse, *us*, etc.
Anthère 709
Radicule 604
Stigmate 694
æqualis. Voy. Égal.
æquinoctiales (Flores). 686
æruginosus. 921
æstivalis. Voy, estival. 685
aérienne, *æria* (Racine). 617
agame, *a* (Plante). 577
agglomérés, ées, *ati*, etc.
Chatons 769
Étamines 703
agglutiné, *atum* (Pollen). 716
aggregatus (Bulbus). 634
aggrégées, *ati (Fleurs).* 768
agrestes (Plantæ). 584
aigrettée, *papposa* (Cypsèle). 796
aigu, ue, *acutus*, etc.
Anthère 710
Capsule 807
Feuille 648
Filet 706
Radicule 603
Stigmate 696
aiguillonneuse, *aculeatus*, etc.
Plante 582
Tige 633
ailé, ée, *alatus*, etc.
Camare 815
Carcérule 799
Coque 813
Crémocarpe 811
Cypsèle 796
Graine 593
Silicule 804
Tige 631
alatus. Voy. ailé. 815
albescens. Voy. gris clair. 924
albidus, blanchâtre. Voy. *albescens.* 924
albo-cærulescens. Voy. blanc bleuâtre. 924

albo-carneus. Voy. blanc de chair. 924
——*cinerescens*. Voy. blanc sale. 924
——*griseus*. Voy. blanc grisâtre. 924
——*lutescens*. Voy. blanc jaunâtre. 924
——*roseus*. Voy. blanc rosé. 924
——*violacescens*. Voy. blanc violâtre. 924
——*virescens*. Voy. blanc verdâtre. 924
albus. Voy. blanc. 924
alliacée, *eus* (Odeur). 827
allongé, ée, *elongatus*, etc.
Connectif. 713
Cotylédons 608
Feuille 645
alpestres, *es* (Plantes). 585
alpines, *æ* (Plantes). 585
alternati-pennées (Feuilles). 656
alternatim-pinnata (Folia). 656
alternes, *i*, etc.
Branches 627
Feuilles 639
Fleurs 767
Rameaux 627
Ramilles 627
Spathelles 760
altus. Voy. haut. 604
alvéolé, ée, *atus*, etc.
Graine 592
Clinanthe 753
Placentaire 788
ambigène, *us* (Calice). 725
ambigu, uë, *us*, etc.
Cloison 787
Hile 615
ambrosiacus. Voy. musqué. 826
amère, *amarus* (Saveur). 827
amphibies, *biæ* (Plantes). 586
amplexicaule, *is*, etc.
Feuille 640
Stipule 670
ancipité, ée, *anceps*.
Filet 705
Hampe 750
Tige 624
androgyne. *Voy*. monoïque. 578
angiocarpiens, *ci* (Végétaux). 346
angulé, ée, *atus*, etc.
Gorge de la corolle 728
Feuille 651
Pédoncule 748
Pollen 715
Tige 624
anguleux, euse, *osus*, etc.
Calice 721
Crémocarpe 811
Cupule 824
Cypsèle 796
Feuille 651
Graine 591
Hampe 750
Stigmate 695
Tige 624
angustus. *Voy*. étroit. 606
annuel, elle, *annuus*, etc.
Feuille 667
Plante 587
Racine 617
Tige 622
annulaire, *arius*, etc.
Androphore 707
Embryon 597
Nectaire 745
anomale, *a* (Corolle). 261, 733
antérieur, re, *or*.
Stigmate 694
Stipule 671
anthracinus. Voy. noir bleu. 924
anticus. Voy. adverse.
apérispermée, *ata* (Amande). 595
apétalée, *atus* (Fleur). 685
aphylle, *us* (Tige). 630
apicilaire, *aris*, etc.
Arête 764
Embryon 599
Graine 794
Placentaire 789
appendante, *ens* (Graine). 793
appendiculé, ée, *atus*, etc.
Anthère 711
Filet 705
Pétale 738
Stigmate 698
Tube de la corolle 728
appressés, ées, *i*, etc.
Branches, Rameaux 627
Feuilles 641
approximatus. Voy. rapproché.
apricæ (Plantæ). 584
aquatique, *ca* (Plante). 585

Racine 617
aqueuse, *aquosus* (Saveur). 827
arachnoïde, *eus*, etc.
Poil 676
Tegmen 614
arenariæ (*Plantæ*). 583
argillosæ (*Plantæ*). 583
aridus. Voy. sec.
arillée, *atum* (Graine). 594
aristé, ée, *atus*, etc.
Anthère 711
Cypsèle, Voy. l'errata. 471
Spathelle 762
Spathellule 764
armeniacus. (Color). 922
aromatique, *cus* (Odeur). 826
arqué, ée, *arcuatus*, etc.
Anthère 710
Embryon 597
Graine 590
Légume 801
Tube de la corolle. 732
Style 692
arrondi, ie, *subrotundus*, etc.
Bractée proprement dite. 754
Capsule 806
Carcérule 799
Cérion 798
Cotylédons 608
Drupe 818
Feuille 643
Graine 589
Pétale 735
Pyridion 820
Pyxide 805
Racine 619
Radicule 603
Regmate 812
Spathelle 761
Spathellule 763
Stipule 672
Strobile 824
articulaire, *are* (Feuille). 637
articulé, ée, *atus*, etc.
Anthère 708
Arête 764
Axe 751
Cotylédons 609
Légume 801
Pétiole 665
Poil 675
Racine 619
Silicule 804
Tige 624
arvenses (*Plantæ*). 584
ascendant, ante, *ens*.
Caudex 68
Collet 600
Étamines 704
Graine 792
Lèvre infér^{re} de la corolle. 731
Pétales 735
Tige 629
Style 692
ascidiée, *atum* (Feuille). 649
aspergilliforme, *is*, etc.
Poil 675
Stigmate 699
asper. Voy. scabre.
astringente, *ens*. (Saveur). 828
atro-cæruleus. 921
——*purpureus* 922
——*ruber* 923
——*rubescens* 923
——*violaceus* 921
——*viridis* 921
attenué, ée, *atus*, etc.
Chaton 769
Feuille. 648
aurantiacus. Voy. orangé. 921
aureus. Voy. jaune d'or. 921
auriculée, *atum* (Feuille). 652
automnale, *is* (Fleur). 685
avenia (*Folia*). 662
aversus. Voy. inverse.
axillaire, *aris*, etc.
Bouton 831
Bolbille 635
Épi 771
Épine 677
Fleur 766
Grappe 773
Panicule 773
Vrille 680
axile, *is*, etc.
Embryon 598
Placentaire 789
axilée, *ata* (Diérésile). 813
azur, *eus*. 921

B.

baccien, enne, *baccatus*, etc.

Diérésile. 814
Étairion 815
Fruit 795
Strobile 824
badius. Voy. brun.
barbu, ue, *atus*, etc.
Anthère 712
Filet 706
Style 691
basse, *demissa* (Radicule). 604
basifixe, *us*, etc.
Anthère 708
Placentaire 789
basilaire, *aris*, etc.
Arête 764
Embryon 599
Graine 794
Placentaire 789
Style 690
basilé, *atus* (Poil). 676
bi-acuminé, *atus* (Poil). 676
bi-ailé. *Voy*. diptère. 593
biconjugatum (Folium). 657
biconjugato-pinnatum (Folium). 657
bicorne, *is*.
Anthère 710
Cypsèle. *Voy*. l'errata. 471
Silicule 804
bidenté, ée, *atus*, etc.
Spathelle 761
Spathellule. 763
bidigitée, *atum* (Feuille). 655
bidigitée-pennée (Feuille). 657
bidigitato-pinnatum (Folium). 657
biennis. Voy. bisannuel. 587
bi-érémé, *mum* (Cénobion). 816
bifide, *us*, etc.
Anthère 710
Calice 722
Feuille 653
Périanthe simple 718
Pétale 737
Style 692
Stigmate 697
Vrille 680
biflore, *us*, etc.
Cupule 759
Glume 760
Pédoncule 749
Spathe 755
bifoliolée, *atum* (Feuille digitée). 655
biforée, *ata* (Anthère). 714
bifurqué, *catus*, etc.
Filet 706
Poil 675
bigéminée, *atum* (Feuille). 657
bijuguée, *atum* (Feuille opposité-pennée). 656
bilabié, ée, *atus*, etc.
Calice 721
Corolle 730
Pétales 736
bilamellé, ée, *atus*, etc.
Cloison 786
Stigmate 698
bilatéraux, ales, *ales*, etc.
Feuilles 641
Lobes de l'anthère 713
Placentaire 790
bilobé, ée, *atus*, etc.
Anthère 712
Cotylédons 609
Embryon 57
Feuille 652
Stigmate 697
biloculaire, *aris*, etc.
Anthère 713
Baie 822
Capsule 808
Carcérule 800
Érême 817
Feuille 643
Légume 802
Noyau 819
Ovaire 688
Pyxide 805
binervulé, *atum* (Placentaire). 791
binatus, *binus*. Voy. géminé.
bipaléolée, *ata* (Lodicule). 765
biparti, ie, *itus*, etc.
Calice 722
Épine 678
Feuille 654
Pétale 738
Placentaire 791
Style 692
bipartible, *ilis*, etc.
Capsule 808
Crémocarpe 811
Placentaire 791
Valve 783
bipennée, *bipinnatum* (Feuille). 658

birostré, *atus* (Cérion). 798
bisannuelle, *biennis*.
Plante 587
Racine 617
bispathellée, *ata* Glume). 760
bispathellulée, *ata* (Glumelle). 763
biternée, *atum* (Feuille). 658
bivalve, *is*, etc.
Capsule 809
Noyau 819
bivalvulée, *ata* (Anthère). 714
blanc, *albus*. 924
blanc bleuâtre. *albo-cœrulescens*. 924
——de chair, *albo-carneus*. 924
——grisâtre, *albo-griseus*. 924
——jaunâtre, *albo-lutescens*. 924
——pur, *albo-niveus*. 924
——rose, *albo-roseus*. 924
——sale, *albo-cinerascens*. 924
——verdâtre, *albo-viridescens*. 924
——violâtre, *albo-violacescens*. 924
bleu, *cœruleus*. 921
bleu barbeau, *cyaneus*. 922
——céleste, *azureus*. 921
——vert, *cœruleo-viridis*. 921
——violet, *cœruleo-violaceus*. 921
blond, *flavus*. 923
bouffi, e, *turgidus*, etc.
Camare 815
Légume 801
Silique 803
brachialis. 829
brachiés, *ati* (Rameaux). 628
bractéé, éée, *atus*, etc.
Épi 772
Fleurs 685
Verticille 778
bractéen, *anus* (Strobile). 824
brevis. Voy. court.
brun, *eus*. 923
bulbeuses, *osæ* (Plantes). 587
bulbifère, *a* (Racine). 621
bulbillifère, *us*, etc.
Plante 91, 588
Tige 631
bullée, *atum* (Feuille). 659

C.

cadens (*Semen*). Voy. tombante. 793
caduc, que, *us*, etc.
Arête 764
Calice 725
Feuille 667
Pannexterne 819
Stipule 673
Style 693
calathidiflore, *um* (Involucre). 757
calcaratus. Voy. éperonné.
calicinienne, *calycinea* (Induvie). 782
caliculé, *atus*, etc.
Calice 721
Involucre 758
calleux, *osus* (Bord des feuilles). 651
calvus. Voy. chauve.
calyptrée, *ata* (Racine). 621
camarienne, *camarea* (Baie). 822
campanulé, ée, *atus*, etc.
Calice 720
Corolle 726
Involucre 757
campestres (*Plantæ*). 584
canaliculé, ée, *atus*, etc.
Cérion 798
Feuille 659
Graine 591
Légume 802
cancellée, *atum* (Feuille). 662
canescens. Voy. gris clair.
capillaire, *aris*, etc. 828
Axe 751
Feuille 645
Filet 705
Pédoncule 748
Racine 618
Style 691
Tige 626
capité, *atus*, etc.
Filet 706
Poil 675
Stigmate 694
capsulaire, *aris* (Fruit). 794
carcérulaire, *aris*, etc.
Drupe 818
Fruit 794
Légume 802
Silicule 804
caréné, ée, *carinatus*, etc.
bractée 754
Feuille 659

Spathelles 761
Valve 784
carmin, *neus* (Couleur). 921
carinatus. Voy. caréné.
carnée, *eus* (Couleur). 921
carnosus. Voy. charnu.
cartacé, *chartaceus*, etc.
Fruit 781
Noyau 820
Tegmen 614
cartilagineux. *Voy*. coriace.
caronculaire, *aris* (Arille). 613
caronculée, *atum* (Graine). 593
caryophyllée, *ata* (Corolle). 733
caudé, ée, *atus*, etc.
Anthère 711
Camare 813
caulescente, *ens* (Plante). 588
caulinaire, *aris*, etc.
Aiguillon 679
Épine 678
Feuille 637
Fleurs 766
Glande 674
Racine 617
Stipule 670
caustique, *cus* (Saveur). 828
cavernaires, *ares* (Plantes). 587
cavus. Voy. creux.
cénobionnaire, *aris* (Fruit). 795
cénobionnienne, *bionea* (Diérésile). 814
central, *is*, etc.
Embryon 598
Périsperme 610
Placentaire 789
centrifuge, *a* (Radicule). 604
centripète, *a* (Radicule). 605
cernuus. Voy. nutant.
charnu, ue, *carnosus*, etc.
Arille 613
Axe 751
Cotylédon 605
Drupe 818
Feuille 642
Fruit 782
Périsperme 611
Placentaire 788
Plante 579
Racine 617
Spadix 752
chartaceus. Voy. cartacé.
chauve, *calvus*, etc.
Cypsèle 798
Graine 594
chermesinus. Voy. cramoisi. 921
chevelu, ue, *comatus*, etc.
Graine 593
Racine 618
chiffonné, *corrugatus*, etc.
Cotylédon 608
Périsperme 612
Pétales dans la préfloraison 738
cilié, ée, *atus*, etc.
Anthère 711
Bractée 754
Cypsèle. *Voy*. l'errata. 471
Feuille 651
Gorge de la corolle 728
Graine 593
Paléole 765
Pétale 737
Stigmate 696
Stipule 673
circiné, ée, *atus*, etc.
Cotylédon 607
Épi 772
Feuille 649, 667
circulaire, *aris*. (Gorge de la corolle). 728
circum-axiles, *es* (Nervules). 792
circumsepientia (Folia). 668
cirrifère, *us*, etc.
Pétiole 665
Tige 631
cirriforme, *is*. (Pétiole). 665
claviforme, *is*, etc.
Calice 720
Corolle 727
Cotylédon 605
Embryon 596
Filet 705
Poil 675
Radicule 603
Spadix 752
Stigmate 695
Style 691
Tube de la corolle 728
clos, ose, *clausus*, etc.
Calathide 779
Calybion 823

coadnatus, *coadunatus*, *coalitus*. Voy. conjoint.
coarctatus. Voy. resserré.
coccineus. 921
cochleatus. Voy. spiralé.
cœruleo-violaceus. Voy. bleu-violet. 921
cœruleo-viridis. Voy. bleu-vert. 921
cœruleus. Voy. bleu. 921
chermesinus. Voy. cramoisi. 921
cinnabarinus. V. rouge-orangé. 921
cohérentes, *cohærentia* (Étamines). 702
coléoptilée, *ata* (Plumule). 601
coléorhizée, *ata*.
Racine 621
Radicule 602
colligatus. Voy. réuni.
collinæ (*Plantæ*). 584
colomnaire (Androphore). 707
coloré, ée, *atus*, etc.
Bractée 755
Calice 725
Chalaze 616
Feuille 664
comatus. Voy. chevelu.
commun, une, *is*, etc.
Pétiole 665
Spathe 755
compacte, *us*, etc.
Châton 769
Épi 771
complet, ète, *us*, etc.
Arille 612
Cloison 785
Fleur 681
composé, ée, *itus*, etc.
Bouton, proprement dit. 636
Bulbe 634
Chaton 760
Épi 770
Feuille 654
Ombelle 776
Pédoncule 749
Pétiole 665
comprimé, ée, *compressus*, etc.
Anthère 710
Axe 751
Calice 720
Camare 815
Capsule 806
Carcérule 799
Coque 813
Crémocarpe 811
Cypsèle 796
Épi 771
Feuille 646
Graine 591
Hampe 750
Légume 801
Lèvre supérieure de la corolle 731
Noyau 819
Silicule 804
Silique 803
Spadix 752
Spathelle 761
Spathellule 763
Tige 623
Tube de la corolle 732
concave, *us*, etc
Clinanthe 752
Feuille 659
Hile 615
Ombelle 776
Pétale 736
Spathelle 761
Spathellule 763
Valve 784
conduplicantia (*Folia*). 668
conduplicatus. Voy. replié.
condupliqué, ée, *catus*, etc.
Cotylédon 607
Feuille 667
confertus. Voy. rapproché.
conferruminatus. Voy. entregreffé
confluens, *entes*.
Cotylédon 609
Lobes de l'anthère 712
conique, *cus*, etc.
Aiguillon 679
Calice 720
Clinanthe 752
Embryon 596
Gynophore 742
Radicule 603
Racine 619
Stigmate 695

Strobile 824
Style 691
conjoints, ointes, *connati*, etc. *coadunati*, etc. *coadnati*, etc. *coaliti*, etc.
Étamines 701
Feuilles 640
Pétales 737
Spathelles 761
Spathellules 763
Stipules 671
Valves rentrantes 783
conjuguée, *atum* (Feuille). 656
connatus. Voy. conjoint.
connivens, entes, *entes*, etc.
Dents du calice 723
Sépales 723
Feuilles 668
constans (Caractères). 474
contigus, uës, *ui*, etc.
Cotylédons 607
Dents du calice 723
Sépales 723
continue, *ua* (Tige). 627
contortuplicatus. V. chiffonné.
contourné, ée, *contortus*, etc.
Racine 620
contracté, *us*, etc. Voy. resserré
Connectif 713
Nectaire 743
contractus in orbem. Voy. pelotonné 597
convexe, *us*, etc.
Clinanthe 752
Feuille 659
Hile 615
Ombelle 776
Réceptacle 741
convoluté, ée, *us*, etc.
Cotylédon 607
Feuille 667
Pétiole 666
cordiforme, *is*, etc.
Anthère 709
Bractée, proprem. dite 754
Cotylédon 608
Embryon 596
Feuille 647
Hile 615
Pétale 736
coracinus. Voy. noir-bleu. 924
coriace, *eus*, etc.
Érême 817
Feuille 642
Fruit 782
Lorique 614
Périsperme 611
Placentaire 788
Plante 579
Spathelle 762
Spathellule 763
Tegmen 614
corné, ée, *eus*, etc.
Périsperme 611
Plante 579
Pollen 716
corniculifère, *us* (Gorge de la corolle). 729
corollée, *atus* (Fleur). 685
corollifère, *um* (Gynophore). 742
corolliforme, *e* (Androphore). 707
coronans. Voy. couronnant.
coronatus. Voy. couronné.
corrugatus. Voy. chiffonné.
corticales (Plantæ). 586
cortiqueuse, *cosa* (Baie). 822
corymbée, *osa*, etc. (Ramification). 629
côteux, *costatus*, etc.
Calice 721
Crémocarpe 811
cotonneux. Voy. tomenteux.
cotylédonné, ée, *eus*, etc.
Embryon 595
Plante 577
couché. *Voy*. procombant.
coudé. *Voy*. géniculé.
courbé, ée, *curvatus*, etc.
Aiguillon 679
Cypsèle 796
Légume 801
Pépon 821
Tige 629
couronnant, ante, *coronans*.
Bractée 755
Feuille 640
Nectaire 744
couronné, ée, *coronatus*, etc.

Baie 822
Crémocarpe 811
Épi 772
court, courte, *brevis*, etc.
Cotylédon 606
Radicule 603
couverts (Fruits). 795
cramoisi, *chermesinus*. 921
crassus. Voy. épais.
crénelé, ée, *atus*, etc.
Androphore 708
Calice 721
Feuille 650
Filet 705
Pétale 737
Stigmate 696
crépu. *Voy*. crispé.
cretaceæ (Plantæ). 583
creux, euse, *cavus*, etc.
Feuille 643
Périsperme 612
Réceptacle 741
crevassé, ée, *rimosus*, etc.
Périsperme 611
Tige 632
crispée, *um* (Feuille). 659
cristée, *ata* (Anthère). 711
croceus. Voy. jaune-orangé. 921
croisés, ées, *decussati*, etc.
Rameaux 627
Feuilles 639
cruciforme, *is* (Corolle). 733
crustacé, ée, *eus*, etc.
Érême 817
Fruit 782
Lorique 613
Plante 579
Tegmen 614
cryptogame, *a* (Plante). 577
cubique, *cum* (Graine). 589
cubitalis. 829
cucullifère, *um* (Androphore). 708
cuculliforme, *is*, etc.
Feuille 660
Pétale 736
Spathe 755
cucurbitine, *a* (Baie). 822
cunéaire, *aris*, etc.
Feuille 644
Pétale 736
cunéiforme (Filet). 705
cupulaire, *aris*, etc.
Arille 613
Calice 720
Chalaze 616
Involucre 757
cupulée, *atus* (Fleur). 685
cupulifère, *us* (Poil). 676
cupuliforme, *is*, (Glume). 760
curvatus. Voy. courbé.
curvinervée, *ium* (Feuille). 661
cuspidée, *atum* (Feuille). 648
cyaneus. Voy. bleu-barbeau. 922
cyathiforme, *is*.
Corolle 727
Glande 174, 674
cylindracé, ée, *eus*, etc.
Capsule 806
Follicule 814
Involucre 757
Légume 801
Noyau 819
Placentaire 789
Silique 803
Spadix 752
Strobile 824
cylindrique, *cus*, etc.
Androphore 707
Axe 751
Calice 720
Capsule 806
Chaton 769
Embryon 597
Épi 771
Feuille 646
Filet 705
Follicule 814
Gynophore 742
Hampe 750
Légume 801
Pédoncule 747
Pyxide 805
Racine 619
Silique 803
Style 691
Tige 623
Tube de la corolle 727

D.

Débile, *is*, etc.
    Pédoncule 748
    Tige 625
Débordant, *marginans* (Nectaire). 743
décandre, *er* (Fleur). 683
décemfide, *us* (Calice). 722
décemloculaire, *aris* (Pépon). 821
décidu, ue, *us*, etc.
    Calice 725
    Corolle 740
    Feuille 667
décliné, ée, *atus*, etc.
    Style 692
    Etamine 704
décombante, *ens* (Tige). 831
décomposé, ée, *itus*, etc.
    Feuille 657
    Tige 626
découverts (Fruits). 794
décrescenté-pennée (Feuille). 657
decrescente-pinnatum (Folium). 657
decumbens. Voy. décombant. 831
décurrente, *ens* (Feuille). 640
décursivé-pennée (Feuille). 657
decursive-pinnatum (Folium). 657
decussatus. Voy. croisé.
définies, *ita* (Etamines). 700
déflorée, *ata* (Anthère). 714
déhiscent, ente, *ens*.
    Anthère 714
    Calybion 823
    Camare 816
    Capsule 810
    Coque 813
    Légume 802
deltoïde, *eus*, etc.
    Camare 815
    Feuille 647
demersæ (Plantæ). 585
demissus. Voy. abaissé, bas.
denté, ée, *atus*, etc.
    Axe 751
    Calice 721
    Feuille 650
    Pétale 737
    Racine 621
    Stigmate 696
    Stipule 673
dentelé, ée, *serratus*, etc.
    Feuille 650
    Nectaire 745
denticulé, ée, *atus*, etc.
    Feuille 650
    Stigmate 696
dependentia (Folia, Foliola). 669
déprimé, ée, *depressus*, etc.
    Capsule 806
    Carcérule 799
    Radicule 603
descendant, *ens*.
    Caudex 68
    Collet 600
dévié, ée, *atum* (Feuille). 641
dextrorsum volubilis (Caulis). 641
diadelphes, *a* (Etamines). 701
diandre, *er* (Fleur). 682
dicéphale, *a* (Capsule). 807
dichotome, *us*, etc.
    Feuille 654
    Pédoncule 749
    Pétiole 665
    Style 693
    Tige 626
dicoque, *dicoccus*, etc.
    Diérésile 812
    Regmate 812
dicotylédon, one, *eus*, etc.
    Blastême 600
    Embryon 58, 595
    Plante 577
    Tige 102
didyme, *us*, etc.
    Anthère 709
    Regmate 812
    Silicule 804
didynames, *a* (Etamines). 702
diérésilien, enne, *eus*, etc.
    Capsule 808
    Fruit 795
difforme, *is*, etc.
    Anthère 709
    Pétale 736
diffus, uses, *i*, etc.
    Branches, Rameaux 628
digitée-pennée (Feuille). 657
digitato-pinnatum (Folium). 657

digité, ée, *atus*, etc.
Epi 770
Feuille 655
Racine 619
digyne, *us* (Fleur). 684
dilaté, ée, *atus*, etc.
Gorge de la corolle 728
Filet 705
Stigmate 695
dimidié, *atus*, etc.
Involucre 756
Verticille 777
dioïque, *ca* (Plante). 578
dipétale, *a* (Corolle). 734
diphylle, *a* (Spathe). 755
diptère, *um* (Graine). 593
discoïde, *eus*, etc.
Baie 821
Étairion 814
Graine 591
Nectaire 745
Regmate 812
discolore, *ium* (Feuille). 664
disépale, *us* (Calice). 719
disperme, *us*, etc.
Baie 822
Capsule 809
Carcérule 800
Érême. 817
Légume 803
Noyau 820
Pyxide 805
dissemblables, *dissimiles*.
Anthères 711
Cotylédons 609
Feuilles 646
Lobes de l'Anthère 713
distans, antes, *antes*, etc.
Étamines 702
Verticilles 772
distincts, inctes, *i*, etc.
Etamines 701
Lobes de l'Anthère. 712
Nervules 792
Stipules 671
Tegmen 614
Valves rentrantes. 783
distiques, *chi*, etc.
Branches 627
Feuilles 639
Fleurs. 767
Rameaux. 627
Spathellules. 763
distyle, *um* (Ovaire). 689
diurne, *us* (Fleur). 686
divariqué, ée, *atus*, etc.
Panicule 774
Rameaux 628
divergens, entes, *entes*, etc.
Branches, Rameaux 628
Camares 816
Cotylédons 607
Folioles 669
Follicules 814
Lobes de l'anthère 712
divergi-nervée, *ium* (Feuille). 661
div.-veinée, *nosum* (Feuille). 662
diversiflore, *a* (Ombelle). 777
divisé, *us*, etc.
Androphore 707
Stigmate 697
dodécaëdre, *on* (Pollen). 715
dodécandre, *er* (Fleur). 683
dodrantalis. 629
dolabriforme (Feuille). 647
dorsale, *alis* (Arête). 764
double. Voyez *multiplicatus*, *calyculatus*.
double, *duplex*.
Périanthe 717
Stigmate 693
douce, *dulcis*.
Odeur 826
Saveur 827
dressé, ée, *erectus*, etc.
Anthères 709
Branches, Rameaux 627
Camares 815
Chaton 769
Cupule 823
Dents du calice 723
Épi. 772
Étamines 703
Feuilles 641
Fleur 767
Follicules 814
Graine 792
Grappe 773
Limbe de la corolle 729
Pétales 735

Sépales 723
Stigmate 698
drupacé, *cus*, etc.
Calybion 823
Fruit 795
Légume 802
drupéolé, ée, *atus*, etc.
Camare 816
Cypsèle 796
Érême 817
Graine 594, 614
Silicule 805
duodecimfide, *us* (Calice). 722
duplex. Voy. double.
duplicato-pinnatus. Voyez bipenné.
duplicato-ternatus. Voyez biterné.
duveté. *Voyez* pubescent.

E.

Écailleux, euse, *squamosus*, etc.
Bulbe 634
Bulbille 634
Fruit 781
Hampe 750
Pérule 635
Racine 621
Tige 630
écarlate, *flammeus*. 921
échancré. *Voyez* émarginé.
echinatus. Voy. spinellé.
effilée, *virgatus* (Tige). 623
égaux, égales, *æquales*, etc.
Divisions du calice 724
Etamines 702
Spathelles 762
élargi, *dilatatum* (Réceptacle). 741
élastique, *cus*, etc.
Arille 613
Filet 706
Pollen 716
Valve 784
ellipsoïde, *cus*, etc.
Baie 821
Capsule 806
Carcérule 799
Crémocarpe 811
Drupe 818
Embryon 596
Érême 817
Graine 589
Pyridion 820
Sorose 825
elliptique, *cus*, etc.
Capsule 807
Cotylédon 608
Feuille 644
Graine 590
Hile 615
Pétale 736
Silicule 804
éloignés, ées, *remoti*, etc.
Feuilles 639
Lobes de l'anthère 713
elongatus. Voy. allongé.
émarginé, ée, *atus*, etc.
Capsule 807
Cypsèle 798
Feuille 649
Filet 706
Lèvre supérieure de la corolle 731
Pétale 737
Silicule 804
Stigmate 696
embrassant. *Voy*. amplexicaule.
émeraude, *smaragdinus*. 921
émergé, ée, *emersus*, etc.
Feuille 642
Plante 586
enchassée (Graine). 794
enervius. Voy. innervé.
enflé, ée, *inflatus*, etc.
Calice 720
Follicule 814
Légume 801
Pétiole 666
Silicule 804
enfoncée, *recessa* (Suture). 783
engaînant, ante, *vaginans*.
Androphore 707
Feuille 641
Pétiole 666
Stipule 670
engaîné, ée, *vaginatus*, etc.
Hampe 750
Tige 631
ennéandre, *er* (Fleur). 683

ensiforme, *is*, etc.
Feuille 646
Style 691
entier, ière, *integer*, etc.
Calice 721
Cotylédon 609
Feuille 652
Lèvre supérieure de la corolle 731
Pérule 635
Spathelle 761
Spathellule 763
Stipule 673
entre-greffés, ées, *coaliti*, etc. *conferruminati*, etc.
Camares 816
Cotylédons 608
entr'ouvert, erte, *hians*.
Calathide 779
Ovaire 689
épais, aisse, *crassus*, etc.
Androphore 707
Chaton 769
Cotylédon 606
Épi 771
Périsperme 612
Spathelle 762
épars, arses, *sparsi*, etc.
Branchés, Rameaux 627
Feuilles 639
Fleurs 767
éperonné, *calcaratus*, etc.
Calice 721
Pétale 736
Tube de la corolle 732
éphémère, *us*, etc.
Fleur 686
Plante 587
épicline, *um* (Nectaire). 743
épigés, *ei* (Cotylédons). 70, 610
épigyne, *us*, etc.
Corolle 726
Étamine 700
Nectaire 744
épigynophorique, *cum* (Nectaire). 743
épineux, euse, *spinosus*, etc.
Bord des feuilles 651
Involucre 758
Plante 582
Tige 633
épipétale, *us*, etc.
Étamine 700
Glande 674
épiphylle, *a* (Plante). 587
epiphytæ (*Plantæ*). 586
éptéré, ée, *atus*, etc.
Carcérule 799
Graine 593
Légume 801
epirhizæ (*Plantæ*). 586
épisépales, *æ* (Glandes). 674
épistaminales, *es* (Glandes). 674
épixylones, *eæ* (Plantes). 586
équinoxiales, *æquinoctiales* (Fleurs). 686
équitans, antes, *equitantes*, etc.
Cotylédons 607
Feuilles 667
Pétales dans la préfloraison. 738
erectus. Voy. dressé.
erosus. Voy. rongé.
estivales, *æstivales* (Fleurs). 685
étairionnaire, *etærionaris*, etc.
Capsule 808
Fruit 795
étalé, ée, *patulus*, etc. *patens*, *divergens*.
Dents du calice 723
Étamines 703
Limbe de la corolle 729
Panicule 774
Pétales 735
Sépales 723
étendu, *expansum* (Nectaire). 744
étoilé, ée, *stellatus*. etc.
Corolle 727
Diérésile 813
Poil 675
Stigmate 695
étroit, *angustus* (Cotylédon). 606
évalve, *is* (Noyau). 819
évanescent, *ens* (Nectaire). 746
excentrique, *cus* (Embryon). 598
exhaussé, *sublatum* (Ovaire). 688
exotiques, *cæ* (Plantes). 582
expansus. Voy. étendu.
exsertus. Voy. saillant.
extérieur, *ior* (Embryon). 598

externe, *a* (Bouton). 636
extraxillaire, *aris.*
Bouton 831
Fleur 766
extrafoliée, *ius* (Hampe). 750

F.

fallax. Voy. faux. 777
falqué, ée, *catus*, etc.
Cotylédon 609
Lèvre supérieure de la corolle 731
farineux, *osum* (Périsperme). 611
fasciatus. Voy. rayé.
fasciculé, ée, *atus*, etc.
Feuilles 640
Épines 678
Racine 618
fastigiée, *ata* (Ramification). 629
faux, *fallax* (Verticille). 777
fauve, *fulvus.* 923
faveolatus. Voy. alvéolé.
femelle, *ineus*, etc.
Chaton 768
Épi 770
Fleur 682
fendu, ue, *fissus*, etc.
Androphore 707
Calice 722
Feuille 653
Lèvre supérieure de la corolle 731
Périanthe simple 717
Style 692
Tube de la corolle 732
fénestré. *Voy.* Pertus.
fertile, *is* (Anthère). 714
fétide, *fœtidus* (Odeur). 826
feuillé, ée, *foliatus*, etc.
Épi 772
Panicule 774
Plumule 601
Tige 630
Verticille 778
fibratus. Voy. filandreux.
fibreuse, *osa* (Racine). 89, 618
filamenteuses, *osæ* (Plantes). 579
filandreux, *fibrata* (Drupe). 818
filiforme, *is*, etc.
Anthère 710
Appendice de la radicule. 605
Axe 751
Cotylédon 605
Embryon 596
Épi 771
Funicule 792
Pédoncule 747
Placentaire 789
Racine 618
Stigmate 695
Style 691
Tige 626
filipendulée, *àta* (Racine). 619
fimbriatus. Voy. frangé.
fistuleux, euse, *osus*, etc.
Feuille 646
Hampe 750
Spadix 752
Tige 623
fixe, *um* (Cloison). 787
flabelliforme, *e* (Feuille). 644
flagelliforme, *is*, etc.
Racine 618
Tige 623
flammeus. Voy. écarlate. 921
flavus. Voy. blond. 923
fleuronée. *Voy.* flosculeuse. 778
flexible, *ilis* (Tige). 625
flexueux, euse, *osus*, etc.
Axe 751
Embryon 598
Tige 630
floconeux, euse, *floccosus*, etc.
Feuille 663
Poil 676
floral, ale, *alis*, etc.
Bulbille 635
Glande 674
Feuille 637
florifère, *us*, etc.
Bouton proprement dit. 636
Bractée 755
Feuille 643
flosculeuse, *osa* (Calathide). 778
flottantes, *fluitantes* (Plantes). 585
fluviatiles, *es* (Plantes). 585
fœmineus. Voy. femelle.
foliacé, ée, *eus*, etc.
Cotylédon 605

Involucre 758
Spathe 756
Stipule 671
foliaire, *aris*
Épine 677
Fleur 766
Glande 674
foliatus. Voy. feuillé.
foliifère, *a* (Bouton). 636
foliolée, *atum* (Feuille). *Voy.* unifoliolée. 654
folioléenne, *eana* (Épine). 678
folliculiforme, *is* (Capsule). 809
fongiforme, *fungiformis*.
Cotylédon 605
Embryon 596
fongueux. *Voy.* subéreux.
fontinales, *es* (Plantes). 585
fornicatus. Voy. voûté.
forte, *graveolens* (Odeur). 826
fragile, *is* (Tige). 625
fragrans. Voy. pénétrante. 826
frangé, *fimbriatum* (Pétale). 737
friable, *ile* (Périsperme). 611
fugace, *fugax*.
Calice 725
Corolle 740
Feuille 667
Spathe 756
Stipule 673
fulvus. Voy. fauve. 923
fungiformis. Voy. Fongiforme.
funiculée, *atum* (Graine). 794
funiliforme, *is* (Racine). 618
fusiforme, *is*.
Embryon 596
Follicule 814
Pépon 821
Racine 618

G.

galeatus, en casque. 731
galéiforme, *e* (Pétale). 736
gélatineuses, *osæ* (Plantes). 578
géminés, ées, *i*, etc.
Feuilles 640
Fleurs 768
Stipules 671
général, ale, *is*, etc.
Cloison 785
Involucre 756
Ombelle 776
Spathe 755
générique (Caractère). 485
géniculé, ée, *atus*, etc.
Arête 764
Embryon 597
Filet 705
Pédoncule 748
Racine 620
Style 692
Tige 625
gibbeux, euse, *osus*, etc.
Feuille 647
Nectaire 745
Paléole 765
Tube de la corolle 732
gibbifère, (Gorge de la corolle). 728
glabre, *er*, etc.
Anthère 711
Feuille 662
Fruit 780
Graine 592
Plante 580
Stigmate 699
Style 691
Tige 631
glaciales, *es* (Plantes). 585
gladié, *atus*. Voy. ensiforme.
glandulifère, *us*, etc.
Anthère 712
Filet 706
Pétale 738
Pétiole 666
Poil 676
glareosus. Voy. *saxatilis*.
glauque, *glaucus*, etc.
Feuille 664
Plante 580
Pollen 716
Tige 631
globosus. Voy. sphérique.
globulaire, *aris* (Glande). 173, 674
globuleux, euse, *osus*, etc.
Anthère 709
Carcérule 799
Cérion 798
Corolle 727

Érême 817
Involucre 757
Noyau 819
Pollen 715
Pyxide 805
Silicule 804
Stigmate 694
glomeratus. Voy. aggloméré.
glumacé, *eum* (Périanthe simple). 718
glumée, *atus* (Fleur). 685
glumelléenne, *eana* (Induvie). 782
glutineuse, *osa* (Plante). 580
gommé, *gummatum* (Tegmen). 614
gracilis. Voy. grêle.
graminea (*Folia*). 645
grand, *magnus*, etc.
Cotylédon 606
Drupe 818
Périsperme 611
graniticæ (*Plantæ*). 583
granuleux, *osum* (Stigmate). 699
grasse, *pinguis* (Saveur). 827
grasses, *succulentæ* (Plantes). 579
graveolens (*Odor*). 826
grêle, *gracilis*, etc.
Androphore 707
Chaton 769
Épi. 771
Radicule 603
Tige 625
Tube de la Corolle 728
grimpante, *scandens* (Tige). 630
gris-bleuâtre, *griseo-cærulescens.* 924
— clair, *canescens griseus vel albescens.* 924
— foncé, *griseus obscurus vel nigrescens.* 924
— jaunâtre, *griseo-lutescens vel olivaceus.* 924
— orangé, *griseo-minians.* 924
— rougeâtre, *griseo-rubescens.* 924
— verdâtre, *griseo-virescens.* 924
— violâtre, *griseo-violacescens.* 924
grumeleux, euse, *grumosus*, etc.
Pollen. 716
Racine. 619
gummatus. Voy. gommé. 614
gymnocarpiens, *ei* (Végétaux). 332
gynandre, *er* (Fleur). 684
gynobasique, *cum* (Nectaire). 743
gynophoré, *atum* (Réceptacle). 741
gynophorien, *ianus* (Style). 690
gynophoroïde, *eum* (Nectaire). 745

H.

hameçonnée, *hamosa* (Épine). 678
hamosus. Voy. Unciné.
hastée, *atum* (Feuille). 648
haute, *supera* (Radicule). 604
helvollus. Voy. jaune de paille. 922
hémi cylindrique, *cus*, etc.
Cotylédon 609
Feuille 646
Hampe 750
hémisphérique, *cus*, etc.
Coque 813
Cupule 823
Gynophore 742
Involucre 757
Stigmate 695
Sycone 825
heptandre, *er* (Fleur). 683
hepaticus. Voy. brun. 923
herbacé, ée, *cus*, etc.
Feuille 642
Périanthe simple 718
Plante 579
Spathelle 762
Tige 663
hermaphrodite, *us*, etc.
Fleur 682
Plante 578
hexacoque, *occa* (Diérésile). 813
hexagone, *us* (Tige). 624
hexandre, *er* (Fleur). 683
hexapétale, *a* (Corolle). 734
hexaptère, *a* (Capsule). 807
hexasépale, *us* (Calice). 719
hians. Voy. entr'ouvert.
hibernale, *alis* (Fleur). 686
hilifère, *us*, etc.
Périsperme 612
Radicule 602
hircine, *us* (Odeur). 827
hirsutus. Voy. hispide.

hirtus. Voy. hispide.
hispide, *us*, etc.
Anthère 711
Feuille 664
Plante 581
Pollen 716
Tige 632
horizontale, *alis*, etc.
Anthère 709
Branche 628
Graine 793
Racine 620
hortenses (*Plantæ*). 583
humifuses, *a* (Feuilles). 642
hybride, *a* (Plante). 307, 582
hyperboréennes, *oreæ* (Plantes). 585
hypocratériforme, *is*.
Corolle 727
Stipule 670
hypogés, *ei* (Cotylédons). 70, 610
hypogyne, *us*, etc.
Corolle 725
Étamine 700
hypoptérée, *ata* (Cupule). 824

I.

icosaèdre, *on* (Pollen). 715
icosandre, *er* (Fleur). 683
idiogynes, *a* (Étamines). 852
imbricantia (*Foliola*). 669
imbriqué, ée, *imbricatus*, etc.
Bulbe 634
Camares 816
Dents du calice 723
Étamines 703
Feuilles 639
Graines 794
Involucre 758
Pétales dans la préfloraison 738
Sépales du calice 723
Spathellule 763
immédiate, *a* (Insertion). 700
immobile, *is* (Anthère). 708
impari-pennée (Feuille). 656
impari-pinnatum (*Folium*). 656
impartible, *ile* (Crémocarpe). 811
inadhérent, ente, *inadhærens*.
Baie 821
Calice 724
Capsule 809
Carcérule 800
Diérésile 813
Drupe 819
Ovaire 687
Regmate 812
inæqualis. Voy. inégal.
inanthérée, *atum* (Etamine). 704
inarticulé, *atus* (Pétiole). 665
incisé, ée, *us*, etc.
Calice. 722
Feuille. 652
inclinée, *atus* (Tige), 629
includentia (*Folia*). 668
inclus, use, *us*, etc.
Etamines 703
Style 690
incolore, *or* (Chalaze). 616
incombante, *ens* (Anthère). 709
incomplet, ète, *us*, etc.
Arille 612
Cloison 785
Fleur 681
inconstans (Caractères). 474
indéfinies, *ita* (Etamines). 701
indéhiscent, ente, *ens*.
Calybion 823
Camare 816
Coque 813
Légume 803
indigènes, *æ* (Plantes). 582
indigo, *indigo* (Couleur). 921
induvial, *is*, etc.
Calice 725
Périanthe 717
induvié, *atus*, etc.
Carcérule 800
Cérion 798
Etairion 815
Fruit 782
Légume 802
inégaux, ales, *inæquales*, etc.
Divisions du calice 724
Etamines 702
Pétales 737
Spathelles 762
inerme, *is*, sans piquans.
inferaxillaire, *aris*, etc.

Épine 677
Feuille 637
Stipule 670
infère, inférieur (Ovaire). 687
inflatus. Voy. enflé.
infléchi, ie, *inflexus*, etc.
Aiguillon 679
Branches, Rameaux 628
Etamines 703
Feuilles 641, 668
Lèvre inférieure de la corolle 732
Lèvre supérieure 731
Pétale 735
Stigmate 698
Style 692
infundibuliforme, *is*, etc.
Corolle 727
Stigmate 696
Style 691
innervé, ée, *enervius*, etc.
Cotylédons 606
Feuilles 662
integer. Voy. entier.
intermédiaire, *ia* (Stipule). 670
interne (Bouton proprement dit). 636
interpositifs, ives, *ivi*, etc.
Cloisons 786
Etamines 702
Fleurs 767
Pétales 734
interrompu, *interruptus*, etc.
Chaton 769
Epi 771
interrupté-pennée (Feuille). 657
interrupte-pinnatum (*Folium*). 657
intervalves, *es* (Nervules). 792
intrafolié, ée, *ius*, etc.
Hampe 750
Stipule 761
introflexus. Voy. infléchi et rentrant.
inveinée, *avenium* (Feuille). 662
inverse, *us*, etc.
Anthère 709
Radicule 604
Stigmate 694
invertensia (*Foliola*). 669
invisible, *ilis.*
Plumule 601
Radicule 602
Tigelle 602
involucrale, *alis* (Épine). 677
involucré, ée, *atus*, etc.
Capitule 778
Epi 772
Fleur 685
Glume 760
Ombelle 776
involuté, ée, *us*, etc.
Feuille 667
Limbe du calice 724
Pétale 735
involventia (*Foliola*). 668
irrégulier, ière, *aris.*
Calice 719
Corolle 726
Corymbe 775
irritable, *ile* (Filet). 706

J.

jaune, *luteus.* 921
jaune-citron, *citrinus.* 921
—— d'ocre, *ochreus.* 921
—— d'œuf, *vitellinus.* 921
—— d'or, *aureus.* 921
—— de paille, *helvollus.* 921
—— de soufre, *sulphureus.* 921
—— orangé, *croceus.* 921

L.

labiée, *ata* (Corolle). 259
lacérée, *a* (Stipule). 673
lâche, *laxus*, etc.
Connectif 713
Corymbe 775
Epi 771
Ombelle 777
Panicule 773
lacinié, ée, *atus*, etc.
Arille 613
Feuille 652
Pétale. 737
Stigmate 697
Stipule 673
lacrimæformis. Voy. larmaire.
lactescentes, *es* (Plantes). 579

lacustres (*Plantæ*). 585
lævis. Voy. uni.
lævigatus. Voy. lisse.
lagéniforme, *is* (Pépon). 821
laineux, euse, *lanatus*, etc.
Graine 593
Feuille 663
Fruit 781
Plante 581
Tige 632
lamellifère, *a* (Gorge de la corolle). 729
lanatus Voy. laineux.
lancéolé, ée, *atus*, etc.
Anthère 709
Axe 751
Bractée 754
Cotylédons 608
Feuille 644
Paléole 765
Pétale 736
Spathelle 761
Spathellule 763
Stipule 672
lapideus. Voy. osseux.
lappacé, *eus*, etc.
Fruit 781
Involucre 755
large, *latus* (Cotylédon). 606
larmaire, *lacrymæforme* (Graine). 590
latéral, *alis*, etc.
Anthère 708
Blastème 600
Cotylédon 606
Embryon 599
Radicule 604
Stigmate 694
Stipule 670
Style 690
latérifoliée, *ius* (Fleur). 767
laxus. Voy. lâche.
léguminiforme, *is* (Camare). 815
lenticulaire, *aris*, etc.
Embryon 597
Glande 173
Graine 591
libre, *er*, etc.
Amande 594
Cloison 787
Induvie 782
Nectaire 744
Placentaire 790
lié, *ligatum* (Pollen). 716
ligneux, euse, *lignosus*, etc.
Cupule 824
Fruit 782
Placentaire 788
Plante 579
Tige 622
Racine 617
Spathe 756
ligulée, *ata* (Corolle). 730
lilas, *lilacinus*. 922
linéaire, *aris*, etc.
Anthère 709
Capsule 806
Cotylédons 608
Feuille 645
Hile 615
Légume 801
Pétale 736
Silique 803
Spadix 752
Spathelle 761
Stigmate 695
Stipule 673
linealis. 829
linéolaire, *are* (Hile). 615
linguiforme, *is*, etc.
Carcérule 799
Feuille 647
lisse, *lævigatus*, etc.
Graine 592
Plante 580
Pollen 715
Tige 631
littorales, *es* (Plantes). 585
lobé, ée, *atus*, etc.
Cotylédon 609
Feuille 652
Nectaire 745
Noyau 819
Périsperme 611
Périanthe simple 717
Placentaire 789
Regmate 812
loculeux, euse, *osus*. etc.
Feuille 643
Pétiole 666

Pyridion 820
long, gue, *us*, etc.
Cotylédon 606
Radicule 603
longitudinale, *alis*, etc.
Cloison 784
Valve 783
loriquée, *cata* (Amande). 594
luisant, ante, *lucidus*, etc.
Feuille 662
Fruit 780
Graine 592
Plante 580
Tige 631
lunulé. *Voy.* semi-luné.
luteo-miniatus. Voyez jaune-orangé. 921
luteus. Voy. jaune. 921
lyrée, *atum* (Feuille). 652

M.

maculé, ée, *atus*, etc.
Feuille 664
Tige 631
magnus. Voy. grand.
mâle, *masculus*, etc.
Chaton 768
Épi 770
Fleur 682
marcescent, ente, *ens*.
Calice 725
Corolle 739
marécageuses, *palustres* (Plantes). 586
marginaire, *are* (Cloison). 786
marginal, ale, *alis*, etc.
Graine 794
Placentaire 790
Stipule 671
marginans. Voy. débordant.
marginé, ée, *atus*, etc.
Cypsèle 798
Graine 593
Pétiole 666
marines, *æ* (Plantes). 585
maritimes, *æ* (Plantes). 585
marron, *castaneus* (Couleur). 923
masculus. Voy. mâle.
matinale, *matutinus* (Fleur). 686
médiate, *a* (Insertion). 700
médiaire, *aris* (Embryon). 598
médiane, *um* (Cloison). 785
médifixe, *a* (Anthère). 708
mediocris. Voy. moyen.
médivalve, *is*, etc.
Graine 794
Placentaire 790
médulleuse (Tige). 623
meloniforme, *is*. 623
membranacé, ée, *eus*, etc., ou
membraneux, euse, *osus*, etc.
Axe. 751
Cupule 824
Feuille 642
Fruit 781
Noyau 820
Périsperme 611
Plante 579
Pollen 716
Spathe 756
Spathelle 762
Spathellule 763
Stipule 672
Tegmen 614
méridienne, *anus* (Fleur). 686
météoriques, *ci* (Fleurs). 686
miliaires, *ares* (Glandes). 172, 674
mince, *tenue* (Périsperme). 612
miniatus. Voy. orangé. 921
mixte (Bouton proprement dit). 636
mobile, *is* (Anthère). 709
monadelphes, *a* (Étamines). 701
monandre, *er* (Fleur). 682
moniliforme, *is*, etc.
Légume 802
Poil 675
monocéphale, *a* (Capsule). 807
monocline. *Voy.* hermaphodite. 578
monocotylédon, one, *eus*, etc.
Blastême 600
Embryon 62, 595
Plante 577
Tige 117
monogyne, *us*, etc.
Fleur 684
Gynophore. 741
monoïque, *ca* (Plante). 578

monopétale, *a.* (Corolle). 726
monophylle, *us*, etc.
Involucre 758
Spathe 755
monophylle. *Voy.* monosépale.
monoptère, *us*, etc.
Carcérule 799
Graine 593
monosépale, *us*, etc.
Calice 719
Périanthe simple 717
monosperme, *us*, etc.
Camare 816
Carcérule 800
Cupule 809
Érême. 817
Légume 803
Noyau 820
monostyle, *um* (Ovaire). 689
monotypes, *i*, etc.
Genres 482
Familles 484
montagnardes, *montanæ* (Plantes). 584
mordu, ue, *præmorsus*, etc.
Feuille. 649
Racine. 620
morinus. Voy. noir-roux. 924
moschatus. Voy. musqué. 826
moyen, *mediocris* (Cotylédon). 606
mucilagineux, euse, *osus*, etc.
Périsperme 611
Saveur 827
mucroné, ée, *atus*, etc.
Feuille 648
Poil 675
Spathelle 762
Spathellule 764
multidigitato - pinnatum (*Folium*). 658
multidigitée-pennée (Feuille). 658
multifide, *us*, etc.
Stigmate 697
Style 692
Vrille 680
multiflore, *us*, etc.
Calathide 779
Glume 760
Hampe 750
Involucre 756
Spathe 755
Verticille 778
multifoliolée, *atum* (Feuille digitée). 655
multijuguée, *atum* (Feuille opposité-pennée). 656
multilobée, *atus*, etc.
Anthère 712
Feuille 653
multiloculaire, *aris*, etc.
Anthère 714
Baie 822
Capsule 808
Carcérule 800
Coque 813
Légume 802
Ovaire 688
multinervée, *ium* (Feuille). 660
multinervulé, *atum* (Placentaire. 791
multiparti, ie, *tus*, etc.
Arille 613
Épine 678
Feuille 654
Placentaire 791
multiple, *ex*.
Ovaire 687
Stigmate 693
Style 690
Tige 626
multiplicatus (*Flos*). 684
multiplinervé, *ium* (Feuille). 166
multivalve, *is* (Capsule). 809
munientia (*Folia*). 668
muriqué, *muricatus*, etc.
Fruit 781
Pollen 716
musquée, *moschatus* (Odeur). 826
mutique, *ca* (Spathelle). 762

N.

nageantes, *natantes*, etc.
Feuilles 642
Plantes 586
napiforme, *is* (Racine). 619
nauséabonde, *nauseosus* (Odeur). 827
naviculaire, *is*, etc.
Pétale 736

Spathelle 761
Spathellule 763
Valve 784
nectarifères, *æ* (Lamelles). 745
négatifs (Caractères). 472
nemorosus. Voy. sylvatique. 584
nervato-veinée, *nosum* (Feuille). 661
nervée, ée, *atus*, etc.
Cotylédon 606
Feuille 660
Spathelle 761
Spathellule 763
neutre, *er* (Fleur). 682
niché, *nidulatus* (Embryon). 599
nidulantes, *ia* (Graines). 793
niger. Voy. noir. 924
nigrescens. Voy. gris-foncé. 924
nigro-bruneus. Voy. noir-brun. 924
nigro-ruffus. Voy. noir-roux. 924
nitidus. Voy. luisant.
nivales, *es* (Plantes). 585
niveus. Voy. blanc pur. 924
nocturne, *us* (Fleur). 686
noir, *niger*. 924
noir-brun, *nigro-bruneus*. 924
——bleu, *nigro-cæruleus*. 924
——roux, *nigro-ruffus*. 924
noueux, euse, *nodosus*, etc.
Légume 802
Racine 619
Tige 625
novemfoliolée, *atum* (Feuille digitée). 655
novemlobée, *atum* (Feuille). 653
novem-nervée, *ium* (Feuille). 660
nu, nue, *dus*, etc.
Amande 594
Bouton 635
Capitule 778
Cérion 799
Chaton 769
Clinanthe 753
Fleur 685
Gorge de la corolle 729
Ombelle 776
Plumule 601
Radicule 602
Tige 631
Verticille 778
nuculeux, euse, *osus*, etc.
Baie 822
Pyridion 820
nudus. Voy. chauve.
nul, nulle, *us*, etc.
Aigrette 798
Connectif 713
Style 690
nutant, ante, *ans*.
Fleur 767
Pédoncule 748
Tige 629

O.

obconique, *cum* (Involucre). 757
obcordiforme, *is*, etc.
Capsule 807
Feuille 649
Silicule 804
obcrénelé, ée, *atus*, etc.
Feuille 650
Légume 801
obcurrentes, *ia* (Cloisons). 787
oblique, *us*, etc.
Embryon 599
Stigmate 698
Tige 629
oblong, ongue, *us*, etc.
Anthère 709
Cérion 798
Crémocarpe 811
Épi 771
Feuille 643
Graine 590
Légume 801
Pépon 820
Pollen 715
Sorose 825
obovale, *atum* (Feuille). 644
obovoïde, *cus*, etc.
Capsule 806
Cypsèle 796
Érême 817
obstruée, *ucta* (Gorge de la corolle). 728
obsutural, ale, *alis*, etc.
Cloison 786
Placentaire 790
obturbiné, ée, *atus*, etc.

Capsule 806
Involucre 757
Pépon 821
obtus, use, *us*, etc.
Capsule 807
Feuille 648
Filet 706
Radicule 603
Stigmate 696
obtusangulée, *atus* (Tige). 624
obversus. Voy. adverse.
obvoluta (Folia). 668
ochreus. Voy. jaune d'ocre. 922
octandre, *er* (Fleur). 683
octofide, *us* (Calice). 722
octonées, *a* (Feuilles). 638
octopétale, *a* (Corolle). 734
oléagineux, *osum* (Périsperme). 611
oléracées, *eæ* (Plantes). 583
oligosperme, *us*, etc.
Baie 822
Capsule 809
Légume 803
olivâtre, *olivaceus*. 923
ombelliflore, *um*. (Involucre). 756
ombiliqué (Stigmate). 696
ombreuses, *umbrosæ* (Plantes). 584
ondulé, ée, *atus*, etc.
Feuille. 659
Pétale 737
onguiculé (Pétale). 734
opaque, *opacum* (Périsperme). 611
operculaire, *aris*, etc.
Anthère 711
Valve 784
operculée (Graine). 593
opposés, ées, *iti*, etc.
Branches 627
Cotylédons 607
Feuilles 638
Fleurs 767
Rameaux 627
Spathelles 761
opposité-pennée (Feuille). 656
opposite-pinnatum (Folium). 656
oppositifs, ives, *ivi*, etc.
Cloisons 787
Etamines 702
Pétales 744
oppositifolié, ée, *us*, etc.
Épi 771
Fleur 767
Grappe 773
Vrille 680
orangé, *aurantiacus*, *miniatus*. 921
orbiculaire, *aris*, etc.
Capsule 807
Carcérule 799
Cotylédon 608
Crémocarpe 811
Feuille 643
Graine 591
Hile 615
Silicule 804
Stigmate 695
orgyalis. 829
osseux, euse, *eus*, etc.
Cupule 824
Érême 817
Lorique 613
Noyau 820
ouvert, te, *patens*, *apertus*, etc.
Branches, Rameaux. 628
Calathide 778
Calybion 822
Feuille 641
Involucre 758
ovale, *is*, etc.
Cotylédon 608
Feuille 644
Paléole 765
Pétale. 736
Spathelle 761
Spathellule 763
Stipule 672
Silicule 804
ové, *atus*, ou ovoïde.
ovoïde, *eus*, etc.
Anthère 709
Capsule 806
Chaton 769
Corolle 727
Crémocarpe. 811
Cupule 823
Cypsèle 796
Diérésile 813
Drupe 818
Embryon 596

Épi 771
Érême 817
Étairion 814
Graine 590
Involucre 757
Légume 801
Noyau 819
Pollen 715
Pyxide 805
Radicule 603
Sorose 825
Spadix 752
Stigmate 695
Strobile 824

P.

paléacé, ée, *eus*, etc.
Aigrette 797
Clinanthe 753
Cypsèle. *Voy*. l'errata. 797
palmaris. 829
palmé, ée, *atus*, etc.
Bractée 754
Feuille 654
Racine 619
palustres, *paludosæ* (*Plantæ*). 586
panachée, *variegatum* (Feuille). 664
panduriforme, *e* (Feuille). 651
paniculé, *ata* (Épi). 770
pappiforme, *is* (Funicule). 792
papillaire, *aris*. (Glande) 173, 674
papilleux, euse, *osus*, etc.
Clinanthe 753
Feuille 663
papillonacée, *ea* (Corolle). 733
papposus. Voy. aigretté.
papuleux, euse, *osus*, etc.
Feuille 663
Plante 580
papyracée, *eum* (Feuille). 642
parabolique, *cum* (Feuille). 644
parallelles, *i*. (Lobes de l'anthère). 712
parallélinervée, *ium* (Feuille). 661
parallélique, *cum* (Cloison). 787
paralléliveiné, ée, *nosum*. (Feuille). 662
parasites, *icæ* (Plantes). 586
parellinus. Voy. violet. 922
pariétal, ale, *alis*, etc.
Graine 794
Placentaire 789
pari-pennée (Feuille). 656
pari-pinnatum (*Folium*). 656
partagé, ée, *itus*, etc.
Arille 613
Calice 722
Feuille 653
Lèvre supér. de la corolle 732
Périanthe simple 718
Style 692
partible, *ilis* (Capsule). 808
particulier, ère, *proprius*, etc.
Involucre 756
Spathe 755
partiel, ielle, *alis*, etc.
Cloison 785
Pédoncule 749
Ombelle 776
Pétiole 665
parvus. Voy. petit. 606
passager, ère, *deciduus*, etc.
Calice 725
Corolle 740
patelliforme, *is* (Embryon). 596
patens. Voy. ouvert, étalé.
patulus. Voy. étalé.
pauciflore, *a* (Calathide). 779
pauciradiée, *ata* (Ombelle). 777
pectiné, ée, *atus*, etc.
Bractée 754
Feuille 653
pédalée, *pedatum* (Feuille). 658
pedalis. 829
pédiaire. Voy. pédalé.
pédicellé, ée, *atus*, etc.
Bouton, proprement dit. 636
Glande 674
pédilée, *atus* (Aigrette). 797
pédonculée, *atus* (Fleur). 767
pédonculéen, éenne, *eanus*, etc.
Strobile 824
Vrille 680
pelliculaire, *are* (Périsperme). 611
pellucidus. Voy. transparent.
pelotonné, *in orbem convolutus* (Embryon). 597
pelté, ée, *atus*, etc.
Anthère 710

Cotylédon 610
Feuille 667
Graine 793
Stigmate 695
pendant, ante, *ulus*, etc.
Branche 628
Chaton 769
Épi 772
Étamine 703
Feuille 641
Fleur 768
Graine 792
Grappe 773
Pédoncule 748
Rameau 628
pénétrante, *fragrans* (Odeur). 826
pénicilliforme, *e* (Stigmate). 699
pennaticisée, *um* (Feuille). 652
pennatifide, *us*, etc.
Bractée 754
Cotylédon 609
Epine 678
Feuille 653
Stipule 673
pennatipartie, *itum* (Feuille). 654
penné, *pinnatum* (Feuille). 655
pennée-décroissante (Feuille). 657
pentacamare, *us* (Étairion). 815
pentacoque, *cus*, etc.
Diérésile 813
Regmate 812
pentadelphes, *a* (Étamines). 701
pentagone, *us*, etc.
Capsule 806
Placentaire 789
Stigmate 695
Tige 624
pentagyne, *us* (Fleur). 684
pentandre, *er* (Fleur). 682
pentapétale, *a* (Corolle). 734
pentaptère, *us*, etc.
Capsule 807
Carcérule 800
pentasépale, *us* (Calice). 719
pentastyle, *um* (Ovaire). 689
perennis. Voy. vivace, persistant.
perfoliée, *atum* (Feuille). 640
perforé, *atus*, etc.
Poil 676
Stigmate 696
perfuses, *a* (Graines). 793
périandrique, *cum* (Nectaire). 744
périanthée, *eus* (Fleur). 685
périanthienne, *ana* (Induvie). 782
péricarpial, ale, *alis*, etc.
Bulbille 635
Épine 678
périgyne, *us*, etc.
Corolle 725
Étamine 700
périodique, *cus* (Fleur). 688
péripétale, *um* (Nectaire). 744
périphérique, *cus*, etc.
Embryon 598
Périsperme 610
périptéré, ée, *atus*, etc.
Carcérule 799
Cupule 824
Graine 593
périspermée, *ata* (Amande). 595
péristomique, *cum* (Nectaire). 744
perpendiculaire, *aris* (Racine). 620
persistant, ante, *ens*.
Arête 764
Calice 725
Cloison 787
Corolle 739
Feuille 667
Nectaire 746
Pannexterne 819
Placentaire 791
Spathe 756
Stipules 673
Style 693
personée, *ata* (Corolle). 730
pertus, use, *us*, etc.
Cotylédon 608
Feuille 662
pérulé, *ata* (Bouton). 635
pétaliforme, *is*, etc.
Filet 705
Nectaire 746
Stigmate 694
Style 691
pétalée. *Voy.* corollée.
pétaloïde, *eus*, etc.
Calice 725
Périanthe simple 718
Spathe 756

pétiolaire, *aris*, etc.
Épine 677
Fleur 766
Glande 674
Stipule 671
pétiolé, ée, *atus*, etc.
Cotylédons 609
Feuille 664
pétioléen, enne, *canus*, etc.
Épine 678
Feuille 643
Pérule 635
Vrille 680
pétiolulaire, *aris* (Stipule). 671
petits, *parvi*, etc.
Cotylédons. 606
Drupes 818
petrosus. Voy. *saxatilis*.
phénogame, *a* (Plante). 577
phylloïde, *eus* (Tige). 624
piléolée, *ata* (Gemmule). 602
pilosus. Voy. poilu.
pinnatus. Voy. penné.
pinnatifidus. Voy. pennatifide.
piquante, *pungens* (Feuille). 648
pivotante. *Voy*. perpendiculaire.
placentairienne, *anum* (Cloison). 786
plane, *us*, etc.
Clinanthe 752
Feuille 659
Filet 704
Graine 591
Lèvre supér. de la corolle 731
Ombelle 776
Réceptacle 741
Valve 784
Sycone 825
plein, eine, *plenus*, etc.
Fleur 684
Tige 623
plissé, ée, *plicatus*, etc.
Cotylédons 608
Feuille 659, 668
Limbe de la corolle 729
Stigmate 696
plumeux, euse, *osus*, etc.
Aigrette 797
Arête 764
Stigmate 699
pluriloculaire, *are* (Ovaire). 688
pluriparti, *itus* (Calice). 722
plurivalve, *is* (Capsule). 809
poilu, ue, *pilosus*, etc.
Aigrette 97
Clinanthe 753
Feuille 663
Fruit 781
Plante 581
Tige 632
pollicaris. 829
polyadelphes, *a* (Etamines). 702
polyandre, *er* (Fleur). 683
polycamare, *us* (Étairion). 815
polycéphale, *a* (Capsule). 807
polycoque, *polycoccus*, etc.
Diérésile 813
Regmate 812
polycotylédon, one, *eus*, etc.
Blastême 600
Embryon 596
Plante 577
polygame, *a* (Plante). 578
polygyne, *us*, etc.
Fleur 684
Gynophore 741
polypétale, *a* (Corolle). 726
polyphylle, *us*, etc.
Involucre 758
Spathe 755
polysépale, *us*, etc.
Calice 719
Périanthe simple 718
polysperme, *us*, etc.
Baie 822
Camare 816
Capsule 809
Carcérule 800
Légume 803
Pyxide 805
polystyle, *um* (Ovaire). 689
polytypes
Genres 482
Familles 484
ponctué, ée, *atus*, etc.
Clinanthe 753
Cotylédon 605
Feuille 662
Fruit 780

Graine 592
Noyau 819
Poil 676
Tige 631
pourpre, *puniceus.* 921
porrectus. Voy. tendu.
positifs, *ivi* (Caractères). 472
præmorsus. Voy. mordu.
pratenses (*Plantæ*). 584
précoce, *ox* (Fleur). 686
primaire, *arius* (Pédoncule). 749
primigeniæ. Voy. primitives.
primitives, *æ* (Plantes). 582
printanière, *vernus* (Fleur). 685
prismatique, *cus.*
Calice 720
Tube de la corolle 728
procombante, *procumbens* (Tige). 629
proéminent, ente, *prominens.*
Filet 706
Suture 783
progrediens. Voy. progressive.
progressive, *a* (Racine). 91, 620
prolifère, *us*, etc.
Feuille 643
Fleur 685
Ombelle 777
prominens. Voy. proéminent.
propre, *ius* (Pédoncule). 749
prostratus. Voy. couché.
pubescent, ente, *ens.*
Anthère 714
Feuille 663
Fruit 781
Plante 580
Stigmate 699
Tige 632
pulpeux, euse, *osus*, etc.
Arille 613
Drupe 818
Fruit 782
Lorique 614
pulvérulent, ente, *entus*, etc.
Plante 580
Tige 631
punctatus. Voy. ponctué.
punctiforme, *is*, etc.
Hile 615
Plumule 601
pungens. Voy. piquant.
puniceus. Voy. pourpre. 921
purpureus. Voy. rouge-violet. 921
pyramidal, ale, *alis.*
Panicule 774
Ramification 629
pyriforme, *is* (Sycone). 825

Q.

quadrangulaire, *aris*, etc.
Épi 771
Feuille 645
Silicule 804
quadri-ailée, *atum* (Graine). 593
quadricorne, *is* (Anthère). 711
quadridenté, ée, *atus*, etc.
Calice 721
Spathellule 763
quadridigitée, *atum* (Feuille). 255
quadridigitée-pennée (Feuille). 658
quadrigitato - pinnatum (*Folium.* 658
quadri-érémé, *us* (Cénobion). 816
quadrifide, *us*, etc.
Calice 722
Feuille 653
Pétale 737
Spathelle 761
Stigmate 693
quadriflore (Verticille). 778
quadrifoliolée, *atum* (Feuille digitée). 655
quadri juguée, *atum* (Feuille opposité-pennée). 656
quadrilobé, ée, *atus*, etc.
Pollen 715
Stigmate 697
quadriloculaire, *aris*, etc.
Anthère 713
Baie 822
Capsule 808
Noyau 819
Ovaire 688
quadriparti, ie, *tus*, etc.
Calice 722
Placentaire 791
quadrivalve, *is* (Capsule). 809
quadrivalvulée, *ata* (Anthère). 714
quadruple, *ex* (Stigmate). 693

quaternée, *atum* (Feuille). 638
quinée, *atum* (Feuille). 638
quinqué - angulée, *atum* (Feuille). 651
quinquédenté, *atus* (Calice). 721
quinqué-éremé, *us* (Cénobion). 817
quinquéfide, *us*, etc.
Calice 722
Style 692
quinquéfoliolée, *atum* (Feuille digitée). 655
quinquéjuguée, *atum* (Feuille opposité-pennée). 656
quinquélobée, ée, *atus*, etc.
Cotylédons 609
Feuille 653
Périsperme 611
Stigmate 697
quinquéloculaire, *aris*.
Baie 822
Capsule 808
quinquénervée, *ium* (Feuille). 660
quinquéparti, ie, *tus*. etc.
Calice 722
Feuille 654
Placentaire 791
quinquévalve, *is* (Capsule). 809
quintuple, *ex* (Stigmate) 693
quintuplinervée, *ium* (Feuille). 661

R.

radiatus. Voy. rayonnant.
radical, ale, *alis*, etc.
Feuille 637
Fleur 766
radicant, ante, *ans*.
Feuille 643
Tige 631
radiée, *ata* (Calathide). 778
ramassées, *conferta* (Étamines). 703
raméal, ale, *is*, etc.
Fleur 766
Racine 617
raméen, enne, *eanus*, etc.
Épine 678
Feuille 643
rameux, euse, *osus*, etc.
Aigrette 616
Androphore 707
Axe 750
Corymbe 774
Épine 678
Grappe 773
Hampe 749
Poil 675
Racine 618
Raphe 616
Spadix 752
Tige 626
rampant, ante, *repens*.
Racine 620
Tige 630
rapprochés, ées, *approximati*, etc.
Étamines 702
Feuilles 639
Lobes de l'anthère 712
Verticilles 772
rayée, *fasciatum* (Feuille). 664
rayonnant, ante, *radians*.
Capsule 806
Placentaire 789
Stigmate 695
rebroussée, *regressa* (Radicule). 604
réceptaculaire, *aris* (Style). 690
recessus. Voy. enfoncé. 783
reclus, *usus* (Embryon). 598
recourbé, ée, *recurvatus*, etc.
Embryon 597
Graine 591
Radicule 604
rectiligne, *neus*, etc.
Aiguillon 679
Anthère 710
Arête 764
Axe 751
Embryon 597
Graine 590
Radicule 603
Raphe 616
Style 691
Tige 630
Tube de la corolle 727
rectinervée, *ium* (Feuille). 661
rectus. Voy. rectiligne.
recurvatus. Voy. recourbé.
recurvus. Voy. recourbé.
réfléchi, ie, *exus*, etc.
Aiguillon 679

Branches, Rameaux 628
Cotylédons 607
Dents du calice 723
Étamines 703
Feuille 641
Involucre 757
Lèvre supérieure de la corolle 731
—inférieure de la corolle 732
Limbe de la corolle 729
Pétales 735
Sépales 723
Style 692
refractus. Voy. rétrofléchi.
regressus. Voy. rebroussé.
régulier, ère, *aris*.
Calice 719
Corolle 726
Corymbe 775
remotus. Voy. éloigné.
reinaire, *aris*, etc.
Feuille 647
Stipule 672
réniforme, *is*, etc.
Anthère 710
Carcérule 799
Cotylédon 608
Graine 590
Pépon 821
Pollen 715
rentrantes (Cloisons). 783
renversé, ée, *resupinatus*, etc.
Corolle 730
Cupule 823
Graine 792
repandus. Voy. sinuolé.
repens. Voy. rampant.
replié, ée, *catus*, etc.
Embryon 597
Graine 591
resserré, ée, *coarctatus*, *contractus*, etc.
Gorge de la corolle 728
Involucre 754
Réceptacle 741
resupinatus. Voy. renversé.
réticulée, *atum* (Graine). 592
réticulée-veinée (Feuille). 662
reticulato-venosum (*Folium*). 662
rétractée, *a* (Radicule). 603
rétrofléchi, ie, *refractus*, etc.
Branche 628
Pédoncule 748
Rameau 628
retrorsa (*Foliola*). 669
rétuse, *um* (Feuille). 649
réunies, *colligati* (Nervules). 791
révoluté, ée, *us*, etc.
Bord de la feuille 652
Dents du calice 723
Feuille 667
Limbe de la corolle 729
Sépales 723
Stigmate 698
rhomboïdale, *alis*, ou rhombée, *eum* (Feuille). 645
ridé, ée, *rugosus*, etc.
Feuille 659
Fruit 780
Graine 592
rigens. Voy. roide.
rigidus. Voy. roide.
rimosus. Voy. crevassé.
ringente, *ens* (Corolle). 730
roide, *rigidus*, etc.
Feuille 642
Pédoncule 748
Tige 625
rongé, ée, *erosus*, etc.
Calice 721
Feuille 650
Pétale 737
rosacé, *eus*. Voy. roselé.
rose, *eus*. 921
roselé, ée, *atus*, etc.
Corolle 733
Feuilles 639
rostré, ée, *atus*, etc.
Camare 815
Cérion 798
Nectaire 745
Silique 803
Silicule 804
rotacée, *rotata* (Corolle). 727
rouge, *ruber*. 921
rouge de sang, *sanguineus*. 922
— mordoré. 922
— orangé, *rubro-miniatus*. 921
— violet, *rubro-violaceus*. 921
rotundatus. Voy. arrondi.

rubanaire, *fasciare* (Feuille). 645
rudérales, *es* (Plantes). 583
rudimentaire, *arium* (Étamine). 704
rugosus. Voy. ridé.
rugueux. *Voy*. ridé.
runciné, *atum* (Feuille). 652
rupestris. Voy. *saxatilis*.
ruptile, *is*, etc.
Arille 613
Spathe 755

S.

sabulosæ (*Plantæ*). 583
sacelliforme, *is*, etc.
Appendice de la radicule. 605
Nectaire 745
sagitté, ée, *atus*, etc.
Anthère 710
Feuille 647
Stigmate 595
Stipule 672
saillant, ante, *exsertus*, etc., *prominens*.
Étamines 703
Radicule 603
Style 690
salée, *inus* (Saveur). 827
salinæ (*Plantæ*). 585
sanguineus. Voy. rouge de sang. 922
sarmenteux, euse, *osus*, etc.
Tige 625
saxatilæ (*Plantæ*). 583
scabre, *er*.
Feuille 663
Fruit 780
Graine 592
Plante 580
Tige 632
scandens. Voy. grimpant.
scarieux, euse, *osus*, etc.
Feuille 642
Involucre 758
Spathelle 762
Stipule 672
scobiforme, *e*.
Graine 591
scrobiculé, ée, *atus*, etc.
Clinanthe 753
Graine 592
Noyau 819
scrotiforme, *is*.
Racine 619
scutelliforme, *is*.
Cotylédon 605
Embryon 596
sec, sèche, *siccus*, etc.
Camare 816
Périsperme 610
Saveur 827
secondaire, *arius*, etc.
Pétiole 665
Pédoncule 749
secundus. Voy. unilatéral.
semblables, *similes*.
Cotylédons 609
Lobes de l'anthère 713
semi-adhérent, ente, *ens*.
Calice 724
Capsule 810
Nectaire 743
Ovaire 687
semi-apertus. Voy. entr'ouvert.
semi-fleuronnée. *Voy*. semi-flosculeuse.
semi-flosculeuse, *osa* (Calathide). 778
semi-luné, ée, *atus*, etc.
Capsule 807
Feuille 647
Légume 801
Stigmate 696
Stipule 672
séminale, *ale*.
Feuille 637
séminifère, *us*, etc.
Cloison 788
Valve 784
semi-ovale, *is*.
Stipule 672
semi-sagittée, *ata* (Stipule). 672
sempervirens. Voy. persistant.
sénées, *a* (Feuilles). 638
septem-angulée, *atum* (Feuille). 651
septemfoliolée, *atum* (Feuille digitée). 655
septemlobée, *atum* (Feuille). 653
septemnervée, *ium* (Feuille). 660
septifère, *us*, etc.

Tegmen 614
Valve 784
septiforme, *e* (Placentaire). 788
septile, *is*, etc.
Graine 794
Placentaire 790
sericeus. Voy. soyeux.
sériés, ées, *ales*, etc.
Etamines 700
Graines 793
Poils 676
serotinus. Voy. tardif.
serratus. Voy. dentelé.
serré, ée *coarctatus* etc., *confertus*, etc.
Corymbe 774
Ombelle 777
Panicule 774
Verticilles 772
sessile, *is*, etc.
Aigrette 797
Anthère 708
Bouton proprement dit 639
Cotylédon 609
Feuille 640
Fleur 767
Gemmule 602
Glande 674
Graine 794
Ovaire 688
Pétale 735
Poil 676
Stigmate 694
sétacé, ée, *eus*, etc.
Aiguillon 679
Bractée 754
Feuille 646
Spathelle 761
Stipule 673
séteux, euse, *osus*, etc.
Aigrette 797
Clinanthe 753
sexérémé, *us* (Cénobion). 817
sexflore, *us* (Verticille). 778
sexloculaire, *aris*, etc.
Capsule 808
Noyau 819
sextuple, *ex* (Stigmate). 693
sigillée, *ata* (Racine). 620
siliculiforme, *is* (Capsule). 805
siliquiforme, *is* (Capsule). 805
sillonné, ée, *sulcatus*, etc.
Calice 721
Feuille 662
Fruit 781
Graine 592
Noyau 819
Pédoncule 747
Stigmate 699
Tige 632
similiflore, *a* (Ombelle). 777
similis. Voy. semblable.
simple, *ex*.
Aigrette 797
Androphore 707
Axe 751
Bouton proprement dit 636
Chaton 768
Corymbe 774
Épi 770
Épine 6-8
Grappe 773
Hampe 749
Involucre 758
Ombelle 776
Pédoncule 749
Périanthe 717
Pétiole 664
Poil 675
Racine 618
Raphe 616
Spadix 752
Stigmate 697
Style 692
Tige 626
Vrille 680
sinistrorsum volubilis (*Caulis*). 641
sinué, ée, *atus*, etc.
Feuille 650
Nectaire 745
sinueux, euse, *osus*, etc.
Anthère 710
Raphe 616
sinuolée, *atum* (Feuille). 651
smaragdinus. Voy. émeraude. 921
soboliferus. Voy. bulbillifère.
solide, *um* (Androphore). 707
solidus (*Bulbus*). Voy. tubéreuse (Bulbe). 634
solitaire, *aris*, etc.

Chaton 769
Épine 678
Fleur 768
Stipule 671
souterrain, aine, *subterraneus*, etc.
Plante 587
Racine 617
soyeux, euse, *sericeus*, etc.
Aigrette 797
Feuille 663
Plante 581
Tige 632
sparsus. Voy. épars.
spathée, ée, *atus*, etc.
Épi 772
Fleur 685
Ombelle 776
spatulé, ée, *atus*, etc.
Feuille 645
Pétale 736
spécifique, *ca* (Description). 490
sphérique, *cus*, etc.
Baie 821
Capsule 806
Chaton 769
Crémocarpe 811
Cupule 823
Drupe 818
Embryon 596
Étairion 814
Graine 589
Ombelle 776
Pépon 820
Placentaire 788
Pyridion 820
Spadix 752
Sycone 825
spiciforme, *is* (Étairion). 815
spiculé, *ata* (Épi). 770
spinelleux, euse, *osus*, etc.
Fruit 781
Plante 581
Spathelle 762
Tige 633
spinescent, ente, *ens*.
Bractée 754
Pétiole 666
Rameau 629
Stipule 672
spinifère, *um* (Feuille). 643
spinosus. Voy. épineux.
spiralé, ée, *alis*, etc.
Coque 813
Embryon 598
Filet 705
Légume 801
Pédoncule 748
Style 692
spithameus. 829
spongieuse, *osus* (Tige). 623
spumescentes, *es* (Plantes). 578
squamiforme, *e* (Feuille). 645
squamosus. Voy. écailleux.
squamuliforme, *e* (Nectaire). 745
squarreux, *osum* (Involucre). 758
staminifère, *us*, etc.
Corolle 700
Gynophore 741
Nectaire 746
stellatus. Voy. étoilé.
stellinervée, *ium* (Feuille). 661
stérile, *is* (Anthère). 714
stipiforme, *is* (Tige). 625
stipulée, *atus* (Tige). 631
stipuléen, éenne, *eanus*. 678
Aiguillon 679
Épine 678
Pérule 635
Vrille 680
stipulifère, *us* (Pétiole). 665
stolonifère, *a*.
Plante 587
Racine 621
strictus. Voy. roide.
strié, ée, *atus*, etc.
Feuille 662
Fruit 780
Graine 592
Tige 632
strigosus. Voy. hispide.
strumbuliforme, *e* (Légume). 801
styptique, *cus* (Saveur). 828
suaveolens (*Odor*). 826
subapicilaire, *aris*, etc.
Épi 770
Panicule 773
subcordiforme, *is* (Stipule). 672
subcylindrique, *cum* (Pollen). 715

subéreux, euse, *osus*, etc.
Fruit 782
Lorique 614
Placentaire 788
Plante 579
Tige 632
subglobuleuse, *osum* (Graine). 589
sublatus. Voy. exhaussé.
submergé, ée, *submersus*, etc.
Feuille 642
Plante 585
subovoïde, *eus* (Etairion). 814
subrotundus. Voy. arrondi.
subsessile, *e* (Feuille). 664
subterraneus. Voy. souterrain.
subulé, ée, *atus*, etc.
Aiguillon 679
Anthère 710
Bractée 754
Crémocarpe 811
Épine 678
Feuille 645
Filet 705
Paléole 765
Placentaire 789
Poil 675
Silique 803
Spathelle 761
Stigmate 695
Stipule 673
Style 691
succulent, ente, *us*, etc. 579
Feuille 642
Plante
Tige 623
sucrée, *saccharatus* (Saveur). 827
sulcatus. Voy. sillonné.
superaxillaire, *aris*.
Epine 677
Fleur 766
superficielle, *alis* (Radicule). 604
supérieur, supère, *superus*, etc.
Calice 724
Ovaire 687
superposés, *iti*.
Bulbes 634
Lobes de l'anthère 712
supera (Radicula). 604
superum (Ovarium). 687
supra decompositum (Folium). 658
surdécomposée (Feuille). 658
sylvatiques, *cæ* (Plantes). 584
syngénèses, *a* (Étamines). 702
systématique, *cus*, etc.
Genre 482
Famille 484

T.

tacheté. *Voy*. maculé. 664
tardive, *serotinus* (Fleur). 686
tegminée, *ata* (Amande). 594
tendu, ue, *porrectus*, etc.
Lèvre supér. de la corolle 731
Lèvre infér. de la corolle 732
tenuis. Voy. mince.
tergéminée, *atum* (Feuille). 657
terminal, ale, *alis*, etc.
Anthère 708
Bouton 831
Épi 770
Épine 677
Fleur 766
Panicule 773
Stigmate 694
Style 690
ternato-pinnatum. Voy. tridigitée-pennée. 658
ternatum. Voy. digitée-trifoliolée. 655
ternés, ées, *i*, etc.
Feuilles 638
Fleurs 768
terraneus. Voy. terrestre.
terrestres, *es* (Plantes). 583
tertiaire, *arius*.
Pédoncule 749
Pétiole 665
testiculatus. Voy. scrotiforme.
teter (Odor). 826
tétracamare, *us* (Étairion). 815
tétracoque, *cca* (Dièresile). 813
tétradynames, *a* (Étamines). 702
tétragone, *us*, etc.
Anthère 710
Axe 751
Carcérule 799
Capsule 806
Feuille 647

Légume 801
Pédoncule 748
Placentaire 789
Silique 803
Stigmate 695
Tige 624
tétragyne, *us*, etc.
Axe 751
Fleur 684
Pédoncule 748
tétrandre, *er* (Fleur). 682
tétrapétale, *a* (Corolle). 734
tétraptère, *us*, etc.
Carcérule 800
Légume 801
tétrasépale, *us* (Calice). 719
tétrasperme, *a* (Capsule). 809
tétrastyle, *um* (Ovaire). 689
tigellée, *ata* (Plumule). 601
tombante, *cadens* (Graine). 793
tomenteux, euse, *osus*, etc.
Feuille 663
Fruit 781
Plante 581
Tige 632
torfaceæ (Plantæ). 586
tors, se, *tus*, etc.
Anthère 710
Arête 764
Limbe de la Corolle 729
Stigmate 698
tortueuse, *osus* (Tige). 630
toruleux, euse, *osus*, etc.
Capsule 806
Filet 705
Silique 803
traçant. *Voy.* rampant.
transitorius. Voy. passager.
transparent, *pellucidum* (Périsperme). 611
transparentes, *vitrei* (Couleurs). 918
transversal, ale, *transversus*, etc.
Cloison 784
Valve 783
transverse, *us* (Embryon). 599
trapezoïde, *eum* (Feuille). 645
triadelphes, *a* (Étamines). 701
tri-ailé, *tri-alatum.* Voy. triptère.
triandre, *er* (Fleur). 682
triangulaire, *aris*, etc.
Feuille 645
Tige 624
tricamare, *us* (Étairion). 815
tricéphale, *a* (Capsule). 807
trichotome, *us*, etc.
Pétiole 665
Tige 627
tricoque, *tricoccus*, etc.
Diérésile 813
Regmate 812
tridenté, ée, *atus*, etc.
Calice 721
Feuille 649
Filet 706
tridigitée, *atum* (Feuille). 655
tridigitée-pennée (Feuille). 658
tridigitato-pinnatum (Folium). 658
trifide, *us*, etc.
Calice 722
Feuille 653
Pétale 737
Stigmate 697
Style 692
Vrille 680
triflore, *us*, etc.
Cupule 759
Glume 760
Pédoncule 749
trifoliolée, *atum.*
Feuille digitée 655
Feuille pennée 655
trifurqué, *catus* (Poil). 675
trigland, *ans* (Calybion). 823
trigone, *us*, etc.
Axe 751
Capsule 806
Carcérule 799
Coque 813
Cypsèle 796
Drupe 818
Érême 817
Pédoncule 748
Placentaire 789
Stigmate 695
Style 691
Tige 624

trigyne, *us* (Fleur). 684
trijuguée, *atum* (Feuille opposité-pennée). 656
trilatéral, *ale* (Placentaire). 790
trilobé, ée, *atus*, etc.
Feuille 653
Périsperme 611
Pollen 715
Stigmate 697
triloculaire, *aris*, etc.
Baie 822
Capsule 808
Noyau 819
Ovaire 688
Pépon 821
trinervée, *ium* (Feuille). 660
tripaléolée, *ata* (Lodicule). 765
triparti, ie, *tus*, etc.
Arille 613
Calice 722
Épine 678
Feuille 654
Placentaire 791
Style 693
tripartible, *ilis*, etc.
Capsule 808
Placentaire 791
tripennée (Feuille). 658
tripétale, *ala* (Corolle). 734
triphylle, *a* (Spathe). 755
tripinnatum (Folium). 658
triple, *ex* (Stigmate). 693
triplinervée, *ium*, etc. (Feuille). 661
triptère, *us*, etc.
Capsule 807
Carcérule 799
Graine 593
triquetre, *er*.
Feuille 647
Tige 624
trisépale, *us* (Calice). 719
trisperme, *us*, etc.
Capsule 809
Carcérule 800
tristyle, *um* (Ovaire). 689
triternée, *atum* (Feuille). 658
trivalve, *is*, etc.
Capsule 809
Noyau 819
trochléaire, *aris* (Embryon). 597
tronqué, ée, *truncatus*, etc.
Anthère 710
Capsule 807
Feuille 649
Paléole 765
Racine 620
Spathellule 763
Stigmate 696
tuberculé, ée, *atus*, etc.
Chalaze 616
Clinanthe 753
Graine 593
Placentaire 788
Tige 632
tubereux, euse, *osus*, etc.
Bulbe (*Bulbo-tuber*) 634
Bulbille 635
Racine 90, 619
tubulé, ée, *atus*, etc.
Calice 720
Corolle 726
Pétiole 666
tubuleux, euse, *osus*, etc.
Androphore 707
Calice 720
Corolle 726
Style 691
tuniqué, ée, *atus*, etc.
Amande 594
Bulbe 634
tuniqueuse, *cosus* (Bulbe). 634
turbiné, ée, *atus*, etc.
Baie 821
Calice 720
Capsule 806
Cypsèle 796
Embryon 596
Graine 590
Pyridion 820
Style 691
turgidus. Voy. Bouffi.
turionifère, *a* (Racine). 621

U.

uliginosæ (Plantæ). 586
umbelliforum. Voy. ombelliflore. 756
umbilicatus. Voy. ombiliqué.

umbrosæ (Plantæ). 584
uncialis. 829
unciné, ée, *atus*, etc.
Feuille 648
Funicule 792
Pétale 738
Stigmate 696
undulatus. Voy. ondulé.
unguiculatus. Voy. onguiculé.
uni, ie, *lævis*, etc.
Feuille 662
Fruit. 780
Graine 592
Plante 580
Tige 631
uni-ailé. Voy. monoptère.
uni-alatus. Voy. uni-ailé.
uniflore, *us*, etc.
Calathide 779
Cupule 759
Glume 760
Hampe 750
Involucre 756
Pédoncule 749
Spathe 756
unifoliolée, *atum* (Feuille). 654
uniforée, *ata* (Anthère). 714
unigland, *ans* (Calybion). 823
unijuguée, *atum* (Feuille). 656
unilabiée, *ata* (Corolle). 730
unilatéral, ale, *alis*, etc.
Étamines 704
Feuilles 641
Fleurs 767
Graines 794
Nectaire 744
Pétales 735
Périsperme 610
Placentaire 790
Spathelles 761
unilobé, ée, *atus*, etc.
Anthère 712
Embryon 57
uniloculaire, *aris*, etc.
Anthère 713
Baie 822
Capsule 808
Carcérule 800
Coque 813
Érême 817
Légume 802
Noyau 819
Ovaire 688
Pépon 821
Pyxide 805
uninervée, *ium* (Feuille). 660
uninervulé, *atum* (Placentaire). 791
unipaléolée, *ata* (Lodicule). 765
unipétale, *a* (Corolle). 734
unique, *unicus*, etc.
Ovaire 687
Stigmate 693
Style 689
Tige 626
unisexuelle, *alis* (Fleur). 681
unisillonné, *unisulcata* (Drupe). 818
unispathellée, *ata* (Glume). 760
unispathellulée, *ata* (Glumelle). 762
univalve, *is* (Capsule). 809
urcéolé, ée, *atus*, etc.
Calice 720
Corolle 727
Involucre 757
urens. Voy. caustique.
utriculaire, *aris*, etc.
Drupe 818
Feuille 643
Glande 173, 674
utriculeuse, *osa* (Racine). 621

V

vacillante, *ans* (Anthère). 709
vaginans. Voy. engaînant.
vaginatus. Voy. engaîné.
vague, *us*, etc.
Embryon. 599
Cloison 785
valvaire, *aris*, etc.
Graine 794
Placentaire 790
valvée, *ata* (Corolle dans la préfloraison). 739
valvéenne, *eanum* (Cloison). 785
variegatus. Voy. panaché.
veiné, ée, *venosus*, etc.
Feuille 662
Fruit 780
velouté, ée, *velutinus*, etc.

Feuille 663
Fruit 781
Plante 581
Stigmate 699
Tige 632
velu, ue, *villosus*, etc.
Clinanthe 753
Feuille 663
Filet 706
Fruit 381
Gorge de la corolle 728
Graine 593
Paléole 765
Placentaire 788
Plante 582
Stigmate 699
Style 691
Tige 632
velutinus. Voy. velouté.
venosus. Voy. veiné.
ventru, ue, *ventricosus*, etc.
Follicule 814
Hampe 750
Tube de la corolle 728
vernalis. Voy. Printanier.
vernus. Voy. Printanier.
verruqueux, euse, *verrucosus*, etc.
Feuille 663
Fruit 780
Tige 632
versatilis. Voy. vacillant.
vert, *viridis*. 921
vertébré, ée, *atus*, etc.
Axe 751
Feuille 655
Légume 802
vertical, ale, *alis*.
Style 691
Tige 629
Verticillés, ées, *ati*, etc.
Branches 627
Camares 816
Cloisons 787
Cotylédons 607
Feuilles 638
Rameaux 627
verticilliflore, *a* (Épi). 771
verus. Voy. vrai. 777
vésiculaire, *aris*, etc.
Glande 172, 674
Lorique 614
villosus. Voy. velu.
vineales (*Plantæ*). 583
violet, *violaceus*. 921
virgatus. Voy. effilé.
viridis. Voy. vert. 921
visible, *ilis*.
Plumule. 601
Radicule 602
Tigelle 601
viscosus. Voy. glutineux
visqueux, *cosum* (Stigmate). 699
vitellinus. Voy. jaune d'œuf. 921
vitrei (*colores*). Voy. transparentes. 918
vivace, *perennis*.
Plante 587
Racine 617
Tige 622
volubile, *is* (Tige). 630
vouté, *fornicatus*, etc.
Filet 705
Lèvre supérieure de la corolle 731
vrai, *verus* (Verticille). 777
vrillée, *cirrosum* (Feuille). 657
zonée, *atum* (Feuille). 664

Liste des mots tirés du Grec avec leurs étymologies.

A, α dans la composition des mots, indique privation ou négation.
Acéphale, sans tête, d'α privatif, et de κεφαλὴ (*képhalé*), tête.
Acotylédon d'α privatif, et de κοτυληδὼν (*kotulédôn*), cavité, écuelle.
Adelphes, de ἀδελφὸς (*adelphos*), frère ou semblable.
Agame, de ἄγαμος (*agamos*), célibataire.
Androphore, de ἀνδρὸς (*andros*), génit. de ἀνὴρ (*anér*), homme, et de φέρω (*phérô*), je porte.
Angiocarpe, de ἀγγεῖον (*angéïon*), vase, réceptacle, et de καρπὸς (*karpos*), fruit.
Angiosperme, de ἀγγεῖον et de σπέρμα (*sperma*), semence.
Anomale, de ἀνώμαλος (*anômalos*), irrégulier.
Anthère, de ἀνθηρὸς (*anthéros*), fleuri.
Aphylle, d'α privatif, et de φύλλον (*phullon*) feuille.
Apophyse, de ἀπόφυσις (*apophusis*), partie éminente qui sort de l'os.
Arachnoïde, de ἀράχνη (*arachné*), toile d'araignée, et de εἶδος (*eidos*), forme, ressemblance.
Ascidié, de ἀσκίδιον (*askidion*), petite outre.
Blastème, de βλάστημα (*blastéma*), bourgeon.
Brachié, de βραχίων (*brachiôn*), bras.
Calathide, de καλαθὶς (*kalathis*), petit panier.
Calybion, de καλύβιον (*kalubion*), petite cabane.
Calyptra, de καλύπτρα (*kaluptra*), voile de femme.
Camare, de καμάρα (*kamara*), chambre voûtée.
Caryophyllée, de καρυόφυλλον (*karuophullon*), clou de girofle.
Cénobion, de κοινόβιον (*koïnobion*), communauté.
Céphalode, de κεφαλώδης (*képhalôdés*), en forme de tête.
Chalaze, de χάλαζα (*chalaza*), petit grain.
Cistule, *cistula*, diminut. de *cista*, qui vient de κίστη (*kisté*), panier.
Clinanthe, de κλίνη (*kliné*), lit, et de ἄνθος (*anthos*), fleur.
Cochleatus, de κόχλος (*kochlos*), coquille, conque en spirale.
Coléoptile, de κολεὸς (*koleos*), gaîne, étui, et πτίλον (*Ptilon*), plume.
Coléorhize, de κολεὸς, gaîne, étui, et de ῥίζα (*rhiza*), racine.
Coque, de κόγχη (*konché*), coquille.
Corymbe, de κόρυμβος (*korumbos*), cime, sommet.

Cotylédon, de κοτυληδὼν (*kotulédôn*), cavité, écuelle.

Crémocarpe, de κρεμάω (*krĕmaô*), je suspends, et de καρπὸς (*karpos*), fruit.

Cryptogame, de κρύπτω (*kruptô*), je cache, et de γάμος (*gamos*), mariage.

Cyathiforme, de κύαθος (*kuathos*), en latin *cyathus*, vase.

Cyphèlle, de κῦφος (*kuphos*), courbure.

Cypsèle, de κυψέλιον (*kupsélion*), coffret.

Décandre, de δέκα (*déka*), dix, et ἀνὴρ, ἀνδρὸς (*anér, andros*), mari.

Di, de δὶς (*dis*), deux fois, ou δύο (*duo*), deux.

Diandre, de δύο, deux, et ἀνδρὸς, mari.

Dichotôme, de διχοτομέω (*dichotoméô*), je coupe en deux.

Didyme, de δίδυμος (*didumos*), double.

Didyname, de δὶς, deux fois, et de δύναμις (*dunamis*), puissance.

Diérésile, de διαίρεσις (*diairésis*), division.

Digyne, de δύο, deux, et de γυνὴ (*guné*), femme.

Dioïque, de δὶς, deux fois, et de οἰκία (*oïkia*), maison.

Diphylle, de δὶς, et de φύλλον (*phullon*), feuille.

Diptère, de δὶς, et de πτερὸν (*ptéron*), aile.

Discoïde, de δίσκος (*diskos*), disque, et de εἶδος (*éidos*), forme.

Disperme, de δὶς, deux fois, et de σπέρμα (*sperma*), semence.

Distique, de δὶς, et de στίχος (*stichos*), rangée.

Dodéca, de δώδεκα (*dôdéca*), douze.

Dodécaëdre, de δώδεκα, et de ἕδρα (*hédra*), face, côté.

Dodécandre, de δώδεκα, et de ἀνδρὸς, génit. de ἀνὴρ, mari.

Élytre, de ἔλυτρον (*élutron*), gaîne, étui.

Émbryon, de ἔμβρυον (*embruon*), dérivé de ἐν, dans, et de βρύω, je crois.

Embryotège, de ἔμβρυον, et de τέγη (*tegé*), toît, couverture.

Ennéandre, de ἐννέα (*ennéa*), neuf, et de ἀνδρὸς, mari.

Épi, de ἐπὶ (*épi*), préposit. dans, sur.

Éphémère, de ἐπὶ (*épi*), dans, et de ἡμέρα (*héméra*), jour.

Épiderme, de ἐπὶ, sur, et de δέρμα (*derma*), peau.

Épiphragme, de ἐπὶ, sur, et de φράγμα (*phragma*), haie, mur de séparation.

Épiphylle, de ἐπὶ, sur, et de φύλλον (*phullon*), feuille.

Épiphyte, de ἐπὶ, sur, et de φυτὸν (*phuton*), plante.

Épiptère, de ἐπὶ, sur, et de πτερὸν (*ptéron*), aile.

Épirhize, de ἐπὶ, sur, et de ῥίζα (*rhiza*), racine.

Épixylone, de ἐπὶ, sur, et de ξύλον (*xulon*), bois.

Étairion, de ἑταῖροι (*étairoi*), associés, compagnons, amis.

Étamine, de *stamen*, qui vient de στήμων (*stémôn*) fil de tisserand.

Exotique, de ἐξωτικὸς (*exôticos*) étranger.

Glauque, de γλαυκὸς (*glaucos*), vert de mer.
Gymnocarpe, de γυμνὸς (*gumnos*), nud, et de καρπὸς (*karpos*), fruit.
Gymnosperme, de γυμνὸς, et de σπέρμα (*sperma*), semence.
Gynandre, de γυνὴ (*guné*), femme, et de ἀνδρὸς, génit. de ἀνὴρ, mari.
Gynobasique, de γυνὴ, femme, et de βάσις (*basis*), base.
Gynophore, de γυνὴ, femme, et de φέρω (*phérô*), je porte.
Gyrôme, de γῦρος (*gûros*), cercle, tour.
Hélice, de ἕλιξ (*hélix*), ligne en forme de vis, volute.
Hémicylindrique, de ἥμισυς (*hémisus*), demi, et de κύλινδρος (*kulindros*), cylindre.
Heptandre, de ἑπτα (*hepta*), sept, et de ἀνδρὸς, mari.
Hex, de ἕξ (*hex*), six.
Hexandre, de ἕξ, six, et de ἀνδρὸς, génit. de ἀνὴρ, mari.
Hybride, de ὕβρις (*hubris*), espèce formée par des espèces différentes.
Hypo, de ὑπὸ (*hupo*), sous.
Hypocratériforme, de ὑπὸ, sous, de κρατὴρ (*krater*), coupe, et de *forma*, forme; en forme de soucoupe.
Hypogé, de ὑπόγαιος (*hupogaios*), souterrain.
Hypoptère, de ὑπὸ, sous, et de πτερὸν (*ptéron*), aile.
Icos, de εἴκοσι (*éikosi*), vingt.
Icosaëdre, de εἴκοσι (*éikosi*), vingt, et de ἕδρα (*hédra*), face, côté.
Icosandre, de εἴκοσι, vingt, et de ἀνδρὸς, génit. de ἀνὴρ, mari.
Micropyle, de μικρὸς (*mikros*), petit, et de πύλη (*pulé*), porte.
Monos, μόνος (*monos*), un, seul.
Monadelphe, de μόνος, un, et ἀδελφὸς (*adelphos*), frère.
Monandre, de μόνος, un, et ἀνδρὸς (*andros*), mari, génit. de ἀνὴρ.
Monocéphale, de μόνος, un ou seul, et de κεφαλὴ (*kephalé*), tête.
Monocline, de μόνος, un, et de κλίνη (*kliné*), lit.
Monogyne, de μόνος, un, et de γυνὴ (*guné*), femme.
Monoïque, de μόνος, un, et de οἶκος (*oikos*), habitation, maison.
Monophylle, de μόνος (*monos*), et de φύλλον (*phullon*), feuille.
Monoptère, de μόνος, un, et de πτερὸν (*ptéron*), aile.
Monosperme, de μόνος, un, et de σπέρμα (*sperma*), semence.
Monotype, de μόνος, un, et de τύπος (*tupos*), forme, type, modèle.
Octode, ὀκτὼ (*oktô*), huit.
Octandre, de ὀκτὼ, huit, et de ἀνδρὸς (*andros*) génit. de ἀνὴρ (*anér*), mari.
Oligosperme, de ὀλίγος (*oligos*), peu, et de σπέρμα (*sperma*), graine, semence.

Panduriforme, de πανδοῦρα (*pandoura*), instrument en forme de guittare.
Papyracé, de πάπυρος (*papuros*), papyrus.
Paraphyse, de παρὰ (*para*), près, auprès, et de φύομαι (*phuomai*), je nais, je sors.
Pédalé, de pédale, mot italien qui vient de *pes*, dérivé de ποῦς (*pous*).
Pelta, du latin *pelta*, qui vient de πέλτη (*pelté*), bouclier.
Penté, de πέντε (*penté*), cinq.
Pentadelphe, de πέντε, cinq, et ἀδελφὸς (*adelphos*), frère.
Pentagone, de πέντε, cinq, et de γωνία (*gônia*), angle.
Pentandre, de πέντε, cinq, et de ἀνδρὸς, mari.
Pentaptère, de πέντε, cinq, et de πτερὸν (*ptéron*), aile.
Pépon, de πέπων (*pépôn*), melon.
Péri, de περὶ (*péri*), autour.
Périandrique, de περὶ, autour, et de ἀνδρὸς, génitif de ἀνὴρ, mari.
Périanthe, de περὶ, autour, et de ἄνθος (*anthos*), fleur.
Péricarpe, de περὶ, autour, et de καρπὸς (*karpos*), fruit.
Périchèze, de περὶ, autour, et de χέω (*chéô*), je répands.
Péridion, de περιδέω (*péridéô*), je lie autour.
Périgyne, de περὶ, autour, et de γυνὴ (*guné*), femme.
Périptéré, de περὶ, autour, et de πτερὸν, aile.
Périsperme, de περὶ, et de σπέρμα (*sperma*), semence.
Péristôme, de περὶ, et de στόμα (*stoma*), bouche.
Pétale, de πέταλον (*pétalon*), feuille.
Pilidion, de πιλίδιον (*pilidion*), petit chapeau.
Phénogame, de φαίνω (*phainô*), je montre, et de γάμος (*gamos*), mariage.
Phylloïde, de φύλλον (*phullon*), feuille, et de εἶδος (*éidos*), forme.
Podètion, de ποῦς, génit. ποδὸς (*pous*, *podos*), pied.
Podogyne, de ποῦς, génit. ποδὸς, et de γυνὴ (*guné*), femme.
Poly, de πολὺς (*polus*), plusieurs.
Polyadelphe, de πολὺς, et de ἀδελφὸς (*adelphos*), frère.
Polyandre, de πολὺς, et de ἀνὴρ, ἀνδρὸς (*andros*), mari.
Polycéphale, de πολὺς, et de κεφαλὴ (*képhalé*), tête.
Polygame, de πολὺς, et de γάμος (*gamos*), mariage.
Polyphylle, de πολὺς, et de φύλλον (*phullon*), feuille.
Polysperme, de πολὺς, et de σπέρμα (*sperma*), semence.
Polytype, de πολὺς, et de τύπος (*tupos*), type.
Pyxide, de πυξὶς (*puxis*), boîte.
Rachis, de ῥάχις (*rhachis*), épine du dos.
Raphe, de ῥαφὴ (*rhaphé*), couture.
Regmate, de ῥῆγμα (*régma*), rupture, fracture avec éclat.

Scapus, de σκάπος (*skapós*), branche ou tige d'arbre.

Sore, Sorose, } de σωρὸς (*sôros*), amas, monceau.

Sphérule, dimin. de σφαῖρα (*sphaira*), sphère, globe.

Spithame, de σπιθαμὴ (*spithamê*), mesure grecque de trois palmes.

Sporangidium, *Sporangium*, } de σπορὰ (*spora*), semence, et ἀγγεῖον (*angéion*), vase, caisse.

Stigmate, de ςίγμα, ατος (*stigma*) vient de ςίζω (*stizô*), je pique.

Strôme, de ςρῶμα (*stroma*), matelas, tapis, couverture.

Strobile, de ςρόβιλος (*strobilos*), pomme de pin.

Style, de ςύλος (*stulos*), style, poinçon.

Sycone, de σῦκον (*sucon*), figue.

Syngénèse, de σὺν (*sun*), avec, ensemble, et de γείνομαι (*géinomai*), je naîs.

Synonymie, de σὺν (*sun*), ensemble, et de ὄνυμά (*onuma*), pour ὄνομα, nom.

Tétra, τέτρα (*tétra*), quatre, syncope de τέτταρα.

Tétradyname, de τέτρα, quatre, et de δύναμις (*dunamis*), puissance.

Tétrandre, de τέτρα, et de ἀνὴρ, ἀνδρὸς (*andros*), mari.

Tétraptère, de τέτρα, et de πτερὸν (*ptéron*), aile.

Tétrasperme, de τέτρα (*tétra*), quatre, et de σπέρμα (*sperma*), semence.

Thyrse, de θύρσος (*thursos*), thyrse, bâton entouré de pampre et de lierre.

Tri, τρεῖς (*tréis*), trois.

Triandre, de τρεῖς, et de ἀνδρὸς, génit. de ἀνὴρ, mari.

Tricéphale, de τρεῖς, et de κεφαλὴ (*képhalê*), tête.

Trichotôme, de τρίχα (*tricha*), en trois, et de τεμνῶ (*temnô*), je coupe.

Trigyne, de τρεῖς, et de γυνὴ (*guné*), femme.

Triphylle, de τρεῖς, et de φύλλον (*phullon*), feuille.

Triptère, de τρεῖς, et de πτερὸν (*ptéron*), aile.

Triquètre, de *triquetrus*, qui vient de τριχῆ, triplement, et de ἕδρα, côté, face.

Trisperme, de τρεῖς, et de σπέρμα (*sperma*), semence.

Errata de la seconde Partie.

N. B. Il nécessaire de faire les corrections suivantes avant de lire cette seconde Partie.

Page 483, lig. 1 : = pour se rendre exacts = *Lisez* : pour les rendre exacts.

523, lig. 1 : = de Fuchs = *Lisez :* de Lobel.

573, lig. 18 : = où brille = *Lisez :* où brillent.

580, lig. 4 : = *leves* = *Lisez : læves.*

580, lig. 8 : = *levigatæ* = *Lisez : lævigatæ.*

586, lig. 19 : = *torfaccæ* = *Lisez : torfaceæ.*

599, lig. 15 : = *Azarum* = *Lisez : Asarum.*

609, lig. 1 : SEMI-CYLINDRIQUES, *semi-cylindrici* = *Lisez :* HÉMICYLINDRIQUES, *hemicylindrici.*

614, lig. 24 : = *à lorica distinctus* = *Lisez : à lorica distinctum.*

660, lig. 1 : = *Thymnus serpillum* = *Lisez : Thymnus serpyllum.*

635, lig. 25 : = *petiolanea* = *Lisez : petioleana.*

635, lig. 27 : = *stipulanea* = *Lisez : stipuleana.*

643, lig. 10 : = *petiolanea* = *Lisez : petioleana.*

643, lig. 13 : = *rameanea* = *Lisez : rameana.*

686, lig. 17 : = *Ornitogalum* = *Lisez : Ornithogalum.*

721, lig. 15 : = Calice = *Lisez :* Calicule.

798, lig. 6 : = *avant le mot* MARGINÉE (CYPSÈLE) : *Lisez les quatre articles suivans qui ont été passés.*

ARISTÉE, *apice aristata* [Pl. 45, fig. 3.]. — Surmontée d'arêtes subulées. — [*Coreopsis. Bidens.* etc.].

BICORNE, *bicornis.* — Surmonté de deux pointes en forme de cornes. — [*Silphium.* etc.].

PALÉACÉE, *apice paleacea* [Pl. 44, fig. 6.]. — Surmontée de petites écailles ou paillettes en nombre insuffisant pour former une aigrette. On compte les paillettes, et l'on dit : BIPALÉACÉE, TRIPALÉACÉE, etc. — [*Helianthus.* etc.].

CILIÉE, *apice ciliata.* — Surmontée de poils disposés en cils. — [*Drepania. Echinops.* etc.].

Errata.

Page 925 et suivantes, Explications des Planches.

Pl. 30, fig. 6 : = MENIANTHES = *Lisez :* MENYANTHES.

Pl. 32, fig. 1 : = TRIPSACUM DACTYLOÏDES, etc., lig. 11 : = (*d* Lodicule bidentée = *Lisez :* (*d* Paléole bidentée. = Lig. 15 = (*b* Deux lodicules tronquées = *Lisez :* (*b* Deux paléoles tronquées.

Pl. 32, fig. 6 : = SECALE CRETICUM, etc., lig. 2 : = multifore = *Lisez :* multiflore. = Lig. 6 = (*a* Deux lodicules = *Lisez :* (*a* Deux paléoles.

Pl. 33, fig 9. : = COÏX LACRYMA, etc., lig. 15 : = (*c* Deux lodicules = *Lisez* (*c* Deux paléoles.

www.ingramcontent.com/pod-product-compliance
Lightning Source LLC
Chambersburg PA
CBHW031716210326
41599CB00018B/2414